口味如何塑造现代世界
How Tea Shaped the Modern World

[美] 埃丽卡·拉帕波特 著 宋世锋 译

茶叶与帝国

A Thirst for Empire

Erika Rappaport

北京联合出版公司
Beijing United Publishing Co.,Ltd.

献给安迪和本

目　录

第三部分　余　味

致 谢

这本书带我踏上了一次漫长的旅途，在旅程中，我不由得对这样一群人心生巨大的感激与赞赏，这些人付出了辛勤的劳动，以求生产出给人带来真正的快乐的一种产品：一杯茶。在这个过程中，我与很多同事、学生、家人和朋友喝了大量的茶和咖啡，他们可能自己都没有意识到他们给予了我多少支持（或者说理解）和灵感。尽管我研究生毕业很多年后才开始写这本书，但我撰写世界史的信念源自我在罗格斯大学（Rutgers University）求学时期。维多利亚·德·格拉齐亚（Victoria de Grazia）和约翰·吉利斯（John Gillis）教我从宏观的角度研究历史，朱迪·沃尔科维茨（Judy Walkowitz）和莱奥诺尔·大卫杜夫（Leonore Davidoff）在我职业生涯的关键时期在罗格斯大学任教，他们向我阐释了历史变迁也在私密和局部的层面发生。

然而，我到加州大学圣巴巴拉分校历史系工作后，才开始研究和撰写本书。本书难免有一些由于个人原因造成的疏漏，但如果没有那些我在圣巴巴拉分校获得的慷慨和智识的滋养，这本书是不可能完成的。我当时所就职的历史系全体都坚信终有一天我会把这本"茶书"写完，数位同事曾读过草稿，并听我喋喋不休地谈论商品、饮食史和大英帝国。在这些同事中，首先必须提到的是丽萨·雅各布森（Lisa Jacobson），她也是从消费文化研究转向饮食史研究的同行，尽管她研究的饮品正是那些被茶饮支持者所轻视的饮品。丽萨对商业史和贸易出版物复杂性的了解，以及从最枯燥乏味的资料中发现意义与幽默的能力，成了一个令人难以置信的灵感源泉。她一直是一位认真的编辑，她阅读了我的全部书稿，我相信由于她的帮助本书才变得更好。我也很幸运地拥有几位对饮食、休闲娱乐、资本主义和殖民主义非常了解的同事。斯蒂芬·米歇尔（Stephan Miescher）和莫奇·切科维罗（Moch Chikowero）为我推荐了很多研究非洲历史的书籍和专家，并且真诚地给了我将南非作为本书的研究地点之一的信心。虽然谢丽娜·赛卡利（Sherene Seikaly）最近才到圣巴巴拉分校工作，但她对于殖民地政治经济的了解，对政治抱有的热情，以及对于本书手稿的很多章节提出的善意无私的审阅意见，都让我更清楚地看到种族和权力在这段历史中发挥的作用。加布里埃拉·索托-拉维加（Gabriela Soto-Laveaga）激发了我对科学史的热情，并且向我展示了看似平凡的植物如何开启全球历史的神奇之门。纳尔逊·利希滕斯坦（Nelson Lichtenstein）、玛丽·弗纳（Mary Furner）和艾丽斯·奥康纳（Alice O'Connor）阅读并点评了书稿的部分章节，并帮助我跟上美国史料编纂学的发展。

我还要感谢圣巴巴拉分校的同事们给予的食品、友谊和严谨态度，特别是希拉里·伯恩斯坦（Hilary Bernstein）、艾琳·鲍里斯（Eileen Boris）、帕特里夏·科恩（Patricia Cohen）、艾德丽安·埃德加（Adrienne Edgar）、莎朗·法默（Sharon Farmer）、萨宾·弗鲁赫斯托克（Sabine Fruhstuck）、比什努普里什·戈什（Bishnupriya Ghosh）、安妮塔·盖林尼（Anita Guerinni）、特伦斯·凯尔（Terence Keel）、玛丽·汉考克（Mary Hancock）、长谷川毅（Toshi Hasegawa）、约翰·马吉斯基（John Majewski）、哈罗德·马库斯（Harold Marcuse）、凯特·麦克唐纳德（Kate McDonald）、西尔斯·麦吉（Sears McGee）、辛西莉亚·加斯特卢曼迪-门德兹（Cecilia Gastelumendi-Mendez）、肯·莫里（Ken Moure）、安·普兰（Ann Plane）、卢克·罗伯茨（Luke Roberts）、巴斯卡·萨卡尔（Bhaskar Sarkar）、保罗·斯皮卡德（Paul Spickard）、杰克·塔尔伯特（Jack Talbott）和郑晓伟（Xiaowei Zheng）。卡罗·兰辛（Carol Lansing）一直是我的导师和朋友，使我在近20年的时间里保持着健康和快乐。

多年来，很多优秀的研究生耐心阅读了书稿的部分内容，并在研讨会和办公时间讨论它。南希·斯多科德尔（Nancy Stockdale）、桑德拉·特鲁吉恩·道森（Sandra Trudgen Dawson）、贾森·凯利（Jason Kelly）、贾斯汀·本格里（Justin Bengry）、比安卡·穆里罗（Bianca Murillo）、简·史密斯（Jean Smith）、妮科尔·帕西诺（Nicole Pacino）、萨拉·瓦特金斯（Sarah Watkyns）和夏洛特·贝克（Charlotte Becker）都已毕业，并且出版了对我的史学研究方法产生影响的著作和文章。桑德拉让我感受到了 20 世纪历史带来的快乐并引导我开始研究工薪阶层的休闲方式。简是一位不知疲倦的研究助理，她教会我如何拍摄清晰的数码档案照片，并慷慨地帮我翻译了我找到的南非荷兰语广告。大卫·拜拉吉昂（David Baillargeon）在威斯康星州学习缅甸语时，在厄尔·纽瑟姆档案馆（Earl Newsom Archives）中发现（并数字化）了一批被埋没的宝藏。他对国际商业和缅甸殖民地矿业的研究也影响了我对 19 世纪殖民地商业的多民族性质的思考。卡什阿·阿诺德（Kashia Arnold）、玛莎·菲德罗娃（Masha Federova）、白里安·格里菲斯（Brian Griffith）、朱莉·约翰逊（Julie Johnson）、劳拉·摩尔（Laura Moore）、蒂姆·鲍尔森（Tim Paulson）、约什·罗查（Josh Rocha）、赛尔金·萨鲁切夫（Sergey Saluschev）、伊丽莎白·施密特（Elizabeth Schmidt）和斯蒂芬妮·斯科塔（Stephanie Seketa）在这些主题上都拓宽了我的思路和方法。在写作接近尾声时，朱莉和伊丽莎白也好心地加入进来，帮我检查枯燥乏味的注释。最后，如果没有凯特琳·拉瑟（Caitlin Rathe）的帮助，这本书是完全不可能完成的，她读完了整本手稿，处理了复杂的版权法律问题，为数十幅图片排版，并自始至终使我对美国和英国的食品政策史保持兴趣。我希望她知道我多么感激她的帮助和友谊。

除了在加州大学圣巴巴拉分校，我还从很多人那里学到了东西，包括梅利莎·卡尔德韦尔（Melissa Caldwell）、卡罗琳·德·拉·皮纳（Carolyn de la Pena）、夏洛特·比尔特科夫（Charlotte Biltekoff）和朱莉·古兹曼（Julie Guthman）以及其他经常参加由加州大学校长办公室支持举办的"加州大学多校区食品、文化和身体研究项目"的其他人员，他们为我提供了一个跨学科研究的基地和大量的反馈意见，特别是关于本书第 2 章的意见。除了那些对我的会议文献和讲话进行了思考与反馈的人，我在北美维多利亚研究协会、北美英国研究会、美国历史协会和贝克郡女性史研讨会遇到的人也使我受益良多。然而，我要特别感谢一些忠实的同事，他们一直为我提出建议，并对我的研究工作给予反馈，包括：艾米莉·艾伦（Emily Allen）、阿列林·阿诺特（Anneleen Arnout）、杰弗里·奥尔巴赫（Jeffrey Auerbach）、约丹娜·拜尔金（Jordanna Bailkin）、普里斯维拉·比斯瓦斯（Prithwiraj Biswas）、阿利斯特·查普曼（Alister Chapman）、丽莎·科迪（Lisa Cody）、贝基·科内金（Becky Conekin）、布赖恩·考恩（Brian Cowan）、马克·克劳利（Mark Crowley）、多尼卡·贝莱尔（Donica Belisle）、安托瓦内特·伯顿（Antoinette Burton）、阿奴玛·达塔（Arunima Datta）、乔伊·迪克森（Joy Dixon）、德巴·戈什（Durba Ghosh）、尼科莱塔·古拉斯（Nicoletta Gullace）、彼得·格尼（Peter Gurney）、迪诺·菲卢加（Dino Felluga）、凯特·弗林特（Kate Flint）、道格拉斯·海恩斯（Douglas Haynes）、安妮·赫尔姆里奇（Anne Helmreich）、戴恩·肯尼迪（Dane Kennedy）、赛斯·科文（Seth Koven）、莱拉·克里格尔（Lara Kriegel）、托马斯·拉奎尔（Thomas Laqueur）、马嘉利·莱文-克拉克（Marjorie Levine-Clark）、真岛忍（Shinobu Majima）、托马斯·梅特卡尔夫（Thomas Metcalf）、莫拉·奥康奈尔（Maura O'Connor）、苏珊·宾尼贝克（Susan Pennybacker）、斯蒂芬·施瓦茨科普夫（Stefan Schwarzkopf）、约翰·斯塔伊尔斯（John Styles）、丽萨·提耶斯腾（Lisa Tiersten）、米歇尔·图桑（Michelle Tusan）和艾米·伍德森-鲍尔顿（Amy Woodson-Boulton）。多年来，艾米给予我友谊和同僚之情，愿意阅读我的作品并给予评价，支撑着我一路走来。杰耶塔·沙尔马（Jayeeta Sharma）慷慨地分享了她在自己所著的有关殖民地阿萨姆（Assam）的书中制作的图纸，她的这部作品对我思考世界历史中茶叶和印度的地位产生了巨大影响。杰弗里·克罗斯克（Geoffrey Crossick）、保罗·德斯兰德斯（Paul Deslandes）、纳德贾·杜巴切（Nadja Durbach）、菲力帕·莱文（Philippa Levine）、阿比盖尔·麦克高安（Abigail McGowan）、斯蒂芬·陶皮克（Steven Topik）、弗兰克·特伦曼（Frank Trentmann）和詹姆斯·弗农（James Vernon）阅读了书稿的全稿或主要部分，帮助我处理了大量资料和我在撰写本书时遇到的各种历史信息。在普林斯顿大学出版社，布里吉塔·范莱因伯克（Brigitta van Rheinberg）一直是一位认真的编辑，他鼓励我试着为多数读者写作。

4

如果没有诸多图书管理员和档案工作者的帮助，这样一本书就无法完成。在加州大学圣巴巴拉分校，谢丽·巴恩斯（Sherri Barnes）的贡献尤多。我还要感谢加州大学伯克利分校的班克罗夫特图书馆（Bancroft Library at UC Berkeley）、大英图书馆、英国国家档案馆、加尔各答社会科学研究中心档案馆（the archive at the Centre for Studies in Social Science，Kolkata）、格拉斯哥米切尔图书馆（Mitchell Library，Glasgow）、伦敦大都会档案馆（London Metropolitan Archives）、市政厅图书档案馆（Guidehall Library Archives）、大众观察档案馆（Mass Observation Archive）、台风公司档案馆（Typhoo Corporate Archives）、广告信托史组织（History of Advertising Trust）、威斯康星州历史协会（Wisconsin Historical Society）、哈格利博物档案馆（Hagley Museum and Archives）以及爱尔兰、新西兰、澳大利亚、斯里兰卡、印度和南非的很多类似机构，他们为我提供材料，协助完成了这本书。

很多出资单位提供的慷慨的经济支持也使这本书的出版得以实现。我要特别感谢国家人文基金会和加州大学校长奖学金计划为我提供了两年休假，为此我心怀感激。我在伦敦大学伯贝克学院（Birkbeck College）度过了一个美妙的夏天，这得益于由弗兰克·特伦曼主管的消费文化研究计划（Cultures of Consumption Research Program）的资助。我还得到了哈格利博物和图书馆的支持，得以研究迪希特（Dichter）的论文；另外，罗伯特和克里斯汀·埃蒙斯（Robert and Christine Emmons）慷慨地资助我到印度做了一次田野调查。加州大学圣巴巴拉分校的跨学科人文中心和学术评议会以及校董会也支持了一些田野调查，并为研究助理和本书的很多图像的复制提供了资金支持。

在本书的创作过程中，我也很幸运能够得到亲朋好友的帮助，使我的生活充满愉悦。我特别要感谢达娜·奥尼尔（Dana O'Neil），她富于感染力的活力和激情一直鼓舞着我。我的丈夫乔丹·威特（Jordan Witt）为本书的完成做出了巨大贡献，他帮我做家务，照看孩子，陪同我做了多次实地调研。无论多么繁忙，他都几乎阅读了我写下的所有内容，而且总是保持着对我的乐观和爱，哪怕我全身心投入到这本书的撰写中时也是如此。我要把本书献给我的两个儿子安迪和本·威特，他们在整个童年时光中与这个写作项目共同成长。我开始写这本书时，安迪上了小学，而我怀上了本。他们两个都表现出超出同龄人的耐心和智慧，他们鼓励我玩玩具、听音乐、看小说、观看很多体育比赛；最重要的是，安迪和本一直让我欢笑。

第 2 章的部分章节曾以《神圣而实用的乐趣：英国工业化早期的禁酒茶会和节制消费文化的创造》（"Sacred and Useful Pleasures: The Temperance Tea Party and the Creation of a Sober Consumer Culture in Early Industrial Britain"）为题发表在《英国研究杂志》（*Journal of British Studies*）第 4 卷第 52 期（2013 年 10 月）第 990—1016 页。第 8 章的部分内容曾以《"茶叶让世界精神焕发"：大萧条时期茶叶广告的解殖民化》（" 'Tea Revives the World'： The Decolonization of Tea Advertising during the Depression"）为题，由宏树新（Hiroki Shin）、真岛忍和田中谕介（Yusuke Tanaka）编辑，发表在《四处运动：消费文化中的人物、事件和行为》（*Moving Around: People, Things and Practices in Consumer Culture*，东京：消费文化史论坛，2015 年），第 27—41 页。第 8 章的部分内容曾以《饮帝国之茶：两战之间英国的保守政治和帝国消费主义》（"Drink Empire Tea：Conservative Politics and Imperial Consumerism in Interwar Britain"）为名发表在埃丽卡·拉帕波特（Erika Rappaport）、桑德拉·特鲁吉恩·道森和马克·克劳利（Mark Crowley）编辑的《消费行为：20 世纪英国的身份、政治和享乐》（*Consuming Behaviours: Identities, Politics and Pleasure in Twentieth-Century Britain*，伦敦：布卢姆斯伯里出版公司，2015 年）。最后，第 5 章的部分内容曾以《客观经验教训和殖民历史：创造印度茶的嘉年华》（"Object Lessons and Colonial Histories: Inventing the Jubilee of Indian Tea"）为题，于 2016 年发表在出色的在线新论坛"英国、代理和 19 世纪历史"（缩略词为 BRANCH）上，该论坛已经上线，由迪诺·弗卢加编辑，参见 http://www.branchcollective.org/?ps_articles=erika-rappaport-object-lessons-and-colonial-historories-inventing-the-jubilee-of-indian-tea。

加利福尼亚州圣巴巴拉

2016 年 8 月

导　论

萨里郡的军人茶会

　　1941 年 11 月底的一个寒冷的周五夜晚,一位不知名的摄影师捕捉到一个安静时刻,当时一群印度士兵来到萨里郡的沃金(Woking),正在休息、祈祷和喝茶。在英格兰南部的这个不起眼的小镇上,这些男人和当地居民在两年多的时间里一直抵抗着纳粹德国及其盟友。德国已经把伦敦的各个街区炸成了废墟,并征服了欧洲大陆的大部分地区,还入侵了苏联,而日本也即将袭击珍珠港。虽然战况在此时看起来非常无望,但英国并非在孤军奋战。1941 年,英国并不是一个岛国,而是一个跨国性的帝国,有能力整编和支持一架庞大的军事机器。无数男男女女从印度次大陆、非洲、加拿大、澳大利亚、新西兰和帝国的其他地区集结过来,参与这场战争。美国已经开始提供资金、弹药和补给,用于打击轴心国。1941年,在战争中支撑着这个国家的是千百万民众和大量的茶叶。20 世纪的大不列颠与包括德国、日本和苏联在内的其他很多民族国家一样,也是一个全球性的创造物。它与多重世界有着千丝万缕的联系,其历史无法从中割裂开来,无论在战争时期还是在和平时期都是如此。《茶叶与帝国》(*A Thirst for Empire*)通过追踪从加拿大西部延伸到印度东部的茶叶帝国的兴衰,向读者揭示了把现代"全球"世界编织到一起,继而又撕裂开来的信仰体系、身份、利益、政治和多种多样的活动。[1]

　　如果我们花时间仔细研究这张军人茶会的照片,我们会发现一个多层次的、在种族和社交方面都呈献出多元化特征的社会,这一点在当代政治和公开辩论中经常被轻易忽略。虽然这张照片看起来可能拍摄于伊斯兰世

7

界的任何一个地方，但其实这个茶会发生在沃金的沙贾汗（Shah Jahan）清真寺前。沃金是一个中等规模的英国城镇，位于伦敦西南约30英里[1]。沙贾汗清真寺于1889年开放，是一座印度撒拉逊（Indo-Saracenic）风格的建筑，也是大不列颠乃至欧洲北部最古老的专门建造的清真寺。[2] 尽管面积较小，这座清真寺却迅速成为一个重要场所，发挥着宗教崇拜地点和社交中心的作用。它的历史告诉我们，19世纪80年代的移民和文化交流与现在一样普遍。英国建筑师W. L. 钱伯斯（W. L. Chambers）设计了这座建筑，海得拉巴（Hyderabad）土邦的尼扎姆（Nizam）出资买下建寺用地。博帕尔（Bhopal）土邦女王沙贾汗和一些穆斯林捐款者为建造工程提供资金。1840年出生在布达佩斯犹太家庭的杰出语言学家戈特利布·威廉·莱特纳（Gottlieb Wilhelm Leitner）博士启动了这个项目，并监督了工程。莱特纳入了英国国籍，曾在殖民地政府工作，精通近50种语言，在克里米亚战争期间当过翻译，去土耳其留过学，并在德国弗莱堡大学获得了博士学位，23岁就成为伦敦国王学院的阿拉伯语和伊斯兰法学教授。之后他移居英属印度，于1864年成为拉合尔新政府学院的院长，并在建造这座清真寺之前，为印度和英国的几个文学与教育项目做出了贡献。我们的世界在种族、宗教和社会方面充满紧张关系，知识分子也争论不休，我并不想把这一切浪漫化，不过我们需要承认这段历史。

　　承认这段历史的途径之一是重新审视一下这张军人茶会的照片。那座清真寺是英国过去称霸全球的实体见证，把流动食堂推到萨里的基督教青年会志愿者亦然，还有他们所服务的军人，以及在幕后生产并销售茶叶的企业、种植园主、政治家和工人乃至这种帝国产品的交易市场，他们都是这样的见证。这本书讲述的正是他们的故事。这些军人喝的茶主要种植于印度和锡兰[2]，英属非洲殖民地也有。茶叶种植园主及其推广者首先鼓励基督教青年会和其他类似机构生产、储存和驾驶数以百计的茶车，为有需求的人提供服务。战争期间，为什么会有那么多人如此辛苦地在萨里工

---

[1]　1英里约合1.6千米（本书脚注均为译者注，后文不再一一说明）。
[2]　斯里兰卡的旧称。

作，为印度军人供应茶水？简单地说，茶能够激励、安慰士兵和鼓舞士气，许多英国人都能轻易理解这一点。"茶应该是这个享有特权的性别特别喜爱的饮料。"海军上将芒蒂文斯（Mountevans）勋爵回忆说，但随后他沉思片刻，说，"相信我，在我们这里服役的所有男人都变成了嗜茶者，特别是在民防系统。它给了我们勇气和那种亲热感，从而使我们不遗余力地帮助我们的同胞。"[3] 对我们之间喝含咖啡因饮料的人来说，他们似乎很自然地认为好茶会缓解疲劳、改善虚弱，几乎不可能想到有那么一段时间有人会对此提出反对意见。然而，这些回忆和萨里的军人茶会就是商业宣传的例子，它们表明殖民地茶产业几乎渗透到盟军训练、战斗或备战的方方面面。

1942 年，在隆美尔"迎头痛击"了第八军并夺取了利比亚的托卜鲁克（Tobruk）之后，一名曾经照顾过伤员的护士回忆道，尽管那些男人几乎都说不出话来，但他们要的第一样东西就是一杯茶。[4] 埃及国家广播电台的一档节目在对军医院的专题报道中承认，公共生活中茶无处不在这一现象实际上是商业宣传所致，但这并没有降低茶叶的魅力。在谈到照顾军人时，这位护士在节目中评论说，"他们很多人当然遭受着失血过多和惊吓的折磨"，但他们一定会康复的，因为"陆军医疗机构发现热甜茶在这种情况下能够帮助他们振奋精神、恢复体力，非常有价值"。这位讲话者继续说："这好像广告用语'茶叶让你精神焕发'的战场改编版一样，但它就是这样神奇，我被告知茶必须要'热的'，并且'必须'是'甜的'。"[5] 陆军医疗机构的指令听起来很像广告用语这一评论很恰当。由于英国和荷兰的茶叶种植园主已在世界各地的主要市场用这种方式宣传了几十年，"茶叶让你精神焕发"的口号已经成了流行用语。战争期间，这种现象也没有减少。举几个例子，战争期间，茶产业的公关机构拍摄了与茶叶和"国防"有关的电影，并在塞得港旋转俱乐部（Port Said Rotary Club）、开罗警察学校和无数其他场合教人们沏一壶好茶的"正确"方法。它发放成堆的海报，宣称"好茶给人带来健康"。[6] 一位行业领袖在 1942 年 3 月解释说，虽然日本占领荷属东印度群岛，切断了来自爪哇和苏门答腊的茶叶供应，但是茶叶正在反击。他所指的不是阿萨姆茶园工人的曲折经历，他们那时正被征召修建道路，以保卫印度，此举被寄望于从日本人手里重新夺回缅甸。[7] 他其实是在描述种植园主为了让人们意识到"茶叶在世界各地的战争中发挥着巨大作用"，已经在公关方面斥巨资。[8] 为了给大英帝国的茶产业创造出世界市场，种植园主们做出了很多努力，《茶叶与帝国》追溯了这些努力的起源、意义、能够预见的和意想不到的后果，以及对此的反对意见。

要研究这段历史，我们须追溯到 20 世纪以前，因为这类宣传背后的观念几乎和茶叶本身一样古老。虽然这种植物的起源仍然不明确，但考古学家最近在中国西部发现了具有 2100 多年历史的茶叶，这证明早在任何有关它的存在的文字记载或先前的考古证据之前，人类已在以某种方式饮用茶叶了。[9] 学者无疑将深入研究埋在皇帝坟墓中的茶叶是如何被使用的，但我们知道，德国科学家弗里德利布·荣格（Friedlieb Runge）于 1819年在茶叶中发现了咖啡因，而中国人早在此前数百年就了解到茶叶具有振奋作用。[10] 有一种植物被西方科学家称为野茶树（Camellia sinensis），几乎所有用其树叶制作饮品的文化都承认它能消除睡意，很多人认为它可以治疗头痛、便秘和其他更严重的疾病。[11] 由于有这些好处，加之它所含的咖啡因有轻微的生理与心理致瘾性，茶叶牢牢抓住了它的饮用者，但还有其他很多摄取咖啡因的方法，而人们通常没有咖啡因也能愉快地生活。在毒品、酒、食物和资本主义的历史中，成瘾起到了重要作用，但它不能解释个体或社会差异、多样的烹制方式、变化无常的偏好或品牌忠诚度这些问题。[12] 经济学肯定发挥了作用，但尽管所有的东西都是平等的，消费者在购买、准备、摄取和考量食品和饮料时，仍会做出无数受文化、社会和政治的影响的选择，即使对于那些具有致瘾性的食品和饮料也是如此。社会和商业界将茶叶和类似商品引入无数人的日常生活和很多国家的政治经济中，化学、生物学和经济学根本无法对其造成决定性影响。

尽管总会有人不喜欢茶的味道，甚至把茶说成是毒药、浪费金钱和危险的舶来品，但实际上几乎每一种与茶叶接触的文化都将其描述为一种文明开化的象征，认为它能带来一种节制的愉悦感。1000 多年前，这样的观点首先出现在中国；而在 17、18 世纪，欧洲的学者、商人和传教士解读并重构了中国人关于茶叶（及类似商品）的思想，并将其转化为欧洲文化的核心组成部分。[13] 有一种早期现代社会思想认为，消费和对外贸易是创造文明和社会和谐的积极力量，茶叶的拥护者将其吸收进来，辩称茶叶平衡了经济，并培养出健康和有适度自制力的消费者。[14] 将茶叶视为文明力量，这种观念对茶叶消费的成败至关重要。大众营销者推动着我们多买、多吃、疯狂购物，我们经常认为节制是对这种营销的反抗。然而，这完全是一种对节制与消费之关系的非常当代的理解。[15] 节制并不排斥物质世界，它发展出一种消费的道德观，一边妖魔化某些商品和消费行为，一边又提倡另一些商品和消费行为。因此，正如我们在本书中所看到的，19世纪的跨国禁酒运动改变了食品和饮料产业，促进了现代饮食的产生，并将消费主义合法化为一种积极的社会力量。[16]

甚至在 19 世纪中叶的美国，当消费者开始更青睐咖啡时，一名美国商人公开表明：

> 没有其他农作物能像它这样刺激地球上最遥远的地区进行交流，也没有任何其他与它利润相当的饮品在口味上如此受到更文明的国家的欢迎，或是成为这样一种舒适的源泉，成为节制、健康和快乐的手段；而其他任何饮品是否具有同样使人恢复健康的能力和刺激人类心智官能的作用，这本身就是令人怀疑的。[17]

这位商人描述茶叶时，把 19 世纪自由主义的核心思想——认为商业是文明教化的媒介——应用到了特定的商品上。然而，这样的想法并不是西方特有的。例如，在日本出生的波士顿美术博物馆东方部部长冈仓天心（Okakura Kakuzo）于 1906 年出版了《茶之书》（*The Book of Tea*），这本英语史书篇幅不长，却广为流传，它赞扬了作者所谓的"人情之杯"（Cup of humanity）。冈仓天心相信，"茶叶的哲学"不仅仅是美学方面的：

> 它同时表达了我们对于人类与自然乃至道德与宗教的全部观点。它是卫生的，因为它对清洁有强制性的要求；它是经济的，因为它表

现出简单的舒适，而非繁杂和昂贵；它是符合道德几何学的，因为它定义了我们对宇宙的主次观念。它使其全部拥护者都拥有贵族的品位，并由此代表了东方民主的真正精神。[18]

见多识广的冈仓天心游历广泛，但最终在美国定居，并融入以伊莎贝拉·斯图尔特·加德纳（Isabella Stewart Gardner）夫人为中心的富人艺术圈。正是在芬威园（Fenway Court）的加德纳家中，冈仓天心首次公开宣读了他的茶叶史著作，并鼓励美国富裕阶层吸收日本文化。在无数的历史著作中，冈仓天心撰写的茶叶史就像外交官，为东方和西方、穷人和富人架起沟通的桥梁。

几乎就在冈仓天心撰写他那本史书的同一时期，印度茶叶种植园主提出，真正的民主、健康和文明的茶叶不是来自日本或中国，而是来自大英帝国。例如，1914 年 10 月，致力于推广印度茶叶的宣传员之一 A. E. 杜谢恩（A. E. Duchesne）在《箭囊》（The Quiver）杂志上发表《茶叶与禁酒》（"Tea and Temperance"）一文。杜谢恩把它发表在这个非宗派的福音派杂志上很合适，该杂志由约翰·卡塞尔（John Cassell）创立，此人是一位禁酒改革家，也是茶叶和咖啡商，并创立了一家重要的出版社。[19] 这些社交关系确保了茶叶与"大英帝国性"（Britishness）和英国的文明使命有了密切关联。这篇文章重申了茶叶作为"禁酒改革家最有价值的盟友"唤醒了英国国民这句格言。杜谢恩写道，茶叶已经使狄更斯时代的"醉醺醺的护士和贪杯的马车夫"不复存在，使商人不必再"端着酒杯谈生意"，并且打破了"醉酒是英国男子汉气概的考验和证据"这种看法。[20] 这种热饮唤起了"关于家庭的愉快联想……童年的天真、母亲的神圣、妻子的爱、优雅女性的魅力"，并借此以一种积极的方式赋予 20 世纪的英国一种女性化特质。这种简朴的商品没有"庸俗""粗暴"和"淫秽"的属性，是"文明的一个因素"。此外，喝茶是一种民主的习惯，"时尚女士""商人""职员和打字员""工厂工人、辛苦的女裁缝和洗衣妇、苦力和军人"等都能平等地享受它。[21] 经历了战争年代的蹂躏之后，这种居家的"大英帝国性"尤其受到人们的赞赏，不过茶叶的倡导者自 17 世纪以来就一直在推动这种故事元素了。

然而，茶叶在1914年不仅仅是一个国家象征。它在一个关乎商业和基督教、民主、文明和帝国的故事中居于主角地位。表面上看来，杜谢恩和冈仓天心的文章十分相似，但事实上，冈仓天心认为茶叶是东方文明的一个范例，而杜谢恩则认为，正是"我们在印度的英国种植园主的活力和商业能力"把这种"富人的奢侈品"转变成"穷人的日常饮料"，而中国农民没有做到这一点。[22] 因此，杜谢恩指出，英国的帝国主义使大众消费和文明传播得以实现。事实上，是中国农民和国际商业社会培育出了在维多利亚时代极受欢迎的中国茶叶，而在19世纪末以前，大多数英国人还没喝过，甚至没听说过他们帝国的茶叶。按照杜谢恩的解释，茶叶使帝国主义合法化了。帝国的批判者也提出相同的观点，并指出茶叶并不是缓和人民与国家间关系的外交官，而是小偷或强盗，为了西方利益而盗取东方财富。

对于茶叶的历史作用，人文主义者和帝国主义者有不同的解读，其分歧在于他们对茶叶在全球经济和文化交流方面的影响所持的态度不同，但他们不约而同地都把茶叶当作阐释人性和全球关系的一种手段。人文主义者倾向于使用一种比较模式，在这种模式中，很多不同的人作为消费者参与其中共同享乐。这种解读方法通常强调消费者的仪式和体验，而非劳动和不平衡的利润。例如，那些创造我们的全球经济并书写其历史的人，往往把消费主义赞颂为人类的普遍特质，却用商品来强化不平等和差异。相比之下，我们所说的帝国主义模式往往强调基于种植园的殖民地经济的不平等，以及它的环境和人力成本。虽然学术史更普遍地落入后者的范畴，但这两个模式都已存在了很长一段时间，并被用来阐释全球性的关联和比较，揭示文化、经济和政治史的交汇。我也把茶叶当作书写全球化历史的手段，但我并不认定全球化过程是不可避免的或者自然发生的，也不认为它带来了更多的平等或者同质化。

通过揭开茶壶的盖子，真正看到它里面的茶叶并研究茶叶是在哪里种植的，是由谁来买卖和消费的，我们就可以解释为什么英国女性和印度军人会一起在战时的沃金喝茶。我们也可以看到大英帝国如何用自己的力量影响了土地、劳动力、口味和世界各地数百万人的日常习惯。本书同时从宏观和微观的视角揭示了广告、零售和其他分配形式怎样创造大英帝国的历史及 17 世纪以来世界经济的一体化，并反受其影响。这种世界历史研究方法以商品为中心，凸显了激发购买者和销售者态度与行为的幻想、渴望和恐惧。尽管我重温的很多主题对于帝国和商品学者、茶产业界人士和茶叶的狂热爱好者来说非常熟悉，但我是从头开始构建茶叶的这样一段历史的。[23] 我在数个国家研究了各种各样的企业、殖民地、广告、社团和个人档案，以求能够发现制造、出售、冲泡和饮用茶叶的人的经历和态度。茶叶的大量档案表明，它的历史并不简单明确，并且从 17 世纪起，这段历史无疑深受资本主义历史的影响。[24]

我们仍然把很多公司或品牌的名称与茶联系在一起，如立顿（Lipton）、布洛克邦德（Brooke Bond）、川宁（Twinings）和泰特莱（Tetley），还有很多我们今天不太熟悉的品牌，如阿萨姆公司（Assam Company）、比利牌茶（Billy Brand Tea）或者霍尼曼公司（Horniman），它们都在这段历史中起到至关重要的作用。然而，我不认为公司是全球化背后的推动力，我主张早期的现代贸易垄断（特别是英国东印度公司）、19 世纪的商业公司和 20 世纪的跨国公司的历史相互交织、相互影响，而这些类型的公司全都参与到一个相互联系的跨国和地方关系网中，并且从中受益。[25] 这些企业全都是以政治、宗教、家族和工业为基础的共同体的一部分，它们既在大英帝国的正式边界内活动，也在远超其范围之处运作。[26]

这段历史始于 17 世纪，那时全球贸易的主导力量刚开始从中国向欧洲进而向英国进行长期性转移。在欧洲人接触到这种饮品之前，中国人和其他亚洲及近东人早已生产、交易和饮用茶叶。与糖、烟草、咖啡和可可等其他热带商品相比，早期现代的欧洲人在茶叶贸易中发挥的作用相对较小。不过，荷兰人、法国人和葡萄牙人在 17 世纪开始青睐这种稀有的奢侈品，并向英国人推荐了这种饮品。随着时间的推移，一群数量不多但颇具影响力的贵族和见多识广的英国人开始将茶叶视为一种能够治疗大多数精神、肉体和社会疾病的万应灵药。英国东印度公司介入茶叶贸易，在它和走私者、个体商人、店主、医学专家及禁酒狂热分子的共同努力下，到

18 世纪末和 19 世纪初，茶叶在英格兰、苏格兰、威尔士、爱尔兰的部分地区，北美洲和大英帝国及不列颠世界的其他地区成了社会生活和饮食的固定特征。

茶叶对财政收入和禁酒有巨大作用，但在重商主义时代，大量消费舶来品滋生了依赖和脆弱，至少理论家是这样认为的。众所周知，英国人开始用印度种植的鸦片换取中国的茶叶，以阻止国库中白银的流失。中国人对鸦片的沉迷和英国人对茶叶的着迷是深度交织着发展的，以至于在这两个国家都出现了这两者具备一定相似性的观点。在整个 19 世纪，这种紧张关系影响到零售、广告、消费和印度殖民征服史，以及茶叶生产的本质。鸦片贸易是针对贸易不平衡和对依赖性的恐惧的一个解决办法，而另一个办法是寻找供应来源的替代品。从 18 世纪后期起，英国人打算在印度的边境地区自己种植茶树。19 世纪 20 年代的英缅战争期间，在找寻新的金钱和权力之源的当地精英的帮助下，一名英国雇佣兵在阿萨姆地区发现了野生茶树，其位置紧靠帝国的边界。"英国"茶树的种植也由此始于对土地和劳动力的暴力攫取，还有在阿萨姆和中国使用的大量诡计。然而，在阿萨姆开创茶产业的新一代种植园主遇到了巨大的阻力，并且犯过很多错误。直到 19 世纪 70 年代后期，这个行业才有了稳定的基础，但那时市场还没有形成。人们就是更偏爱中国茶叶。直到 19 世纪 80 年代，印度茶叶才在英国开拓出主要市场，此时距离开辟第一个种植园已经过去近 50 年了。这些新茶叶的推广者煽动反华情绪，声称印度茶叶是现代的、健康的、纯正的、爱国的，最重要的还是"英国的"，他们通过将这种舶来品转化成熟悉的东西，从而巩固了茶叶市场。推崇纯正食物的激进主义者、零售商和印度茶叶种植园主声称，中国茶叶掺杂了危险的化学用品，还沾染了中国劳工身上的脏东西和汗液。通过编造这类故事，同时再把印度茶叶和中国茶叶调配到一起，英国人适应了这种新茶叶的口味。到 19 世纪 90 年代，英国人、爱尔兰人和澳大利亚人饮用的茶叶都主要由帝国生产。然而，英国市场似乎永不满足，种植园主感到他们不得不征服更广阔的新殖民地和国外市场。他们组建了强大而持久的贸易协会，游说政府并提高支持规模巨大且频繁的全球性广告活动的税款。因此，种植园主、他们的盟友和这类协会培养了很多与现代消费社会史有关的技术和意识形态。

我们需要特别注意种植园主在全球史中发挥的作用。如果我们追踪种植园主在时间和空间上的移动轨迹，我们将看到他们如何塑造与茶相关的政治和文化经济。我所指的文化经济是有关茶叶种植、交易和消费的态度、行为与仪式。种植园主包括庄园、花园或种植园等大规模农业企业的所有者和经营者，但"印度种植园主"（Planter Raj）也包括可能住在也可能未住在印度、锡兰、英属东非与荷属爪哇和苏门答腊，但都认同这项业务的代理公司和类似行业的投资者与成员。这个帝国中从来也没有过很多的欧洲种植园主。19 世纪 50、60 年代，种植园主只是居住在英属印度 1 万名非官方欧洲人——商人、传教士——之中极小的一部分。[27] 他们绝大多数来自苏格兰，但早期种植园产业比预想的更加多样化，有很多混合种族的个人与家族投资和种植茶叶。一些土著种植园主拥有茶园，但整个行业是由欧洲白人和大公司控制的。[28] 妻子、姐妹、母亲和女儿们也帮助确立了支持种植园主阶级的殖民统治体系。女性也会投身于种植业和贸易业，传播相关知识并销售商品，但除了极少数显著的个例，她们通常不管理种植园农业。[29]

印度种植园主发明了很多广告和营销技术，被相似行业沿用至今。早在可口可乐风行世界或麦当劳为数百万人提供快餐之前数十年，茶叶种植园主就把宣传、政治与既有的消费商业文化思想结合起来，在格拉斯哥、辛辛那提和加尔各答等多个不同地区培养饮茶者。虽然遇到了很大的阻力，但种植园主仍然能够改变零售和消费行为，设计新的饮茶习惯，改变身体感受。商业与家庭关系、政治、宗教，以及性别、阶级和种族意识形态，帮助巩固了范围广阔的商业和消费社区，财政、土地和其他国家政策也在其中发挥了作用。种植园主依赖诸多在 19 世纪时刺激了全球化发展的新技术，包括铁路、快速帆船与轮船、电报、连锁店、合作社、茶馆、报纸、杂志和展览。[30] 到了 20 世纪，他们也很喜欢使用收音机、电影、流行音乐、市场研究、公共关系和电视。此外，同业协会和期刊对其社会力量和全球影响有着至关重要的作用，它们为种植园主创造新的全球政治经济和消费文化打下了基础。例如，印度茶叶协会（Indian Tea Association）成立于19世纪后期，是本书后半部分的几个关键主角之一。这个组织与非洲、锡兰及其他地方的类似机构支撑了殖民统治的阶级、性别和种族等级制度，同时也在欧洲、北美、非洲和南亚开辟出大量的茶叶市场。

简而言之，种植园主并不是只待在种植园里。早在19世纪50、60年代起，种植园主就走遍并走出了大英帝国的世界，寻找通向消费者的不同途径。他们推行强制性合作，在政治帝国内外卷入无数的大小冲突。他们在搬去伦敦、格拉斯哥、都柏林、芝加哥或开普敦时，也没有丢掉其殖民主义心态和人脉关系。事实上，他们经常构想用类似征服殖民地的方式来开创市场。他们探索未知的土地，获取当地的知识，为他们的商业帝国攫取领土和臣民。种植园主往往将殖民主义征服的言辞和方法引入市场研究和广告领域，他们所到所居之处，消费和生产的政治都会受到影响。但是，英国人从未完全控制思想、资本和商品的流通。来自印度、锡兰、荷兰、非洲、中东和美国的男男女女也刺激了对帝国茶叶的渴求。最终，大众市场的创建成了一个多变而有争议的政治、经济和文化过程，需要投入大量的金钱、劳动、权力和坚持。这种开着可爱白花的常绿植物的历史展现出帝国在全球层面的波动，以及跨国商业与广告的种族和意识形态基础；它向我们讲述了全球资本主义私密的社会和文化史。

人们通常认为，茶叶的商品链被分为不同的性别、种族和阶级范畴，在过去尤其如此。[31] 至少从19世纪以来，我们最常见到有关白人男性种植园主、有色人种采茶女、中产或贫困白人女性消费者等形象的描绘。维多利亚时代的人们就是这样认为的，虽然他们知道男性也喝茶，但他们常常认为茶叶是一种特别女性化的饮料，饮用场所主要是私人领域，如家中或品位高雅的茶馆里。例如在1874年的时候，一位很有声望的食品科学家爱德华·史密斯（Edward Smith）博士就打趣道："如果做一名英国男人意味着吃牛排，那么做一名英国女人就意味着喝茶。"[32] 茶叶让女性气质在实质上成为英国的特质，尽管这在不同的时间和地点有着不同的含义。在《茶叶与帝国》中我提出了问题：这种想法是如何产生的，又对消费文化、商业行为和政治辩论产生了什么影响？我认为，茶叶所谓的女性气质及它与"大英帝国性"的联系，与其说是市场社会学的一种反映，倒不如说是根深蒂固并且具有持久影响的意识形态造成的结果，它有时有利于销售，但有时也成为盈利的障碍。正如我们会看到的，这个行业花了很多时间争论如何以及是否将茶叶打造成女性化、男性化、民族化或帝国化产品。这些思考提供了一个窗口，从中可以窥视全球商业于何时以及如何构建消费者和生产者的性别特征，但我们将看到，由于这种商品具有女性和家庭形象，使部分女性宣称自己是行业专家，从而能够拥有和管理茶馆、杂货店和专卖店，并且一些女性从中获得了真正的财富和销售帝国商品的政治影响力。当然，她们的行为有助于巩固茶叶的女性气质，并削弱开拓男性市场的努力。性别和种族也影响了生产者的身份和行为。例如，种植园主、零售商和广告商打造了自己阳刚的、以贸易为基础的身份，以帮助他们获得权力，赚取利润。

茶叶史的大致状况已为人们所熟知，其部分原因在于种植园主、生产商和零售商为了影响市场，撰述了大量有关这种商品的过往的著作，并且今天仍在继续。[33] 我们有无数的通史，它们往往基于已经发表的资料，极少深入研究茶叶留下的丰富的档案记录。[34] 我们可以从这些作品中学到很多东西，有时我也觉得有必要依靠它们，但我也研究了这些老套的作品的起源和使用情况。事实上，这个产业在自身历史的编纂中参与得如此之多，这种现象本身正是这种商品的文化中最迷人、最生动的一个方面。印度和锡兰茶产业书写了多种版本的茶叶史，以便将他们国家的产品与中国和荷兰的产品区分开来，并诋毁咖啡和苏打水等其他饮料，借此维护茶叶的影响力，即使是在 20 世纪中期解殖民化的动荡时期。虽然很难窥视官方故事之下隐藏的其他信息，但我仍然能够依靠一些史学家的作品有所发现，他们勤奋且具有创造性地记录下了这种含咖啡因饮品在欧洲和北美殖民地的传播过程。[35] 西敏司（Sidney Mintz）在糖的问题上著有开创性作品，简·德·弗里斯（Jan de Vries）最近考察了他所谓的欧洲的"勤劳革命"，其他很多学者的作品也证明了茶叶在现代早期全球贸易中是如何成为高利润商品的。茶叶助长了加勒比地区奴隶制的发展，并在 18 世纪和

19世纪的英国创造出产业工人阶级，在"开明的"消费革命中成为一个备受赞赏的因素。[36]

不过尽管如此，欧美茶叶市场的规模在当时还远不能和亚洲茶叶市场相比。[37]学者们以地区而不是国家来分类比较，已经证明中国、日本、印度、非洲、中东和美洲的市场经济和茶文化要比19世纪之前的欧洲丰富得多，发达程度也更高，并且欧洲主导的资本主义在扩张时并不总是破坏地方性内涵或地方经济。[38]这种工作多数都从某种角度导向了所谓的西方崛起这个更大的问题。我不直接参与这场辩论，而是退一步询问，尽管参与塑造全球经济的多种民族、资本和技术在本质上是多样化的，但为什么我们如此轻易地把现代历史塑造成西方的崛起呢？《茶叶与帝国》既关注地方和个人，也关注全球，并借此对这样的宏大叙事提出质疑。一些权力格局产生的广泛的模式、差距、边缘和边界造就了当代世界，思考隐秘的、区域性的历史尤其能够使这一点明确化。

19世纪时，茶叶史看起来确实有点像中、英两大帝国之间的一场史诗般的战争。在这种商品的历史中，最戏剧化的事件之一是英国军人、科学家和殖民地官员使用暴力、贿赂、毒品交易和偷窃手段，囚禁和处决其南亚盟友和雇员，并侵占他们的财产。[39]当茶叶种植园开始发展时，奴隶制在帝国境内几乎于同一时期被废除，在19世纪，欧洲的甜菜糖取代了使用奴隶生产的加勒比糖，但强制劳动仍然是维多利亚时代一杯茶中的重要成分。[40]因此，英属印度和其他殖民地的茶叶种植就是历史学家斯文·贝克特（Sven Beckert）所称的"战争资本主义"的例证。贝克特在他的研究《棉花帝国》（*Empire of Cotton*）中指出，资本主义在19世纪依靠国家权力和暴力侵吞广阔的土地，奴役整个种族，并在全球范围内重组"经济空间"。[41]如乔伊斯·阿普尔比（Joyce Appleby）描述的资本主义发展史中所述，这个看似"无情的革命"在全球很多不同的地方反复上演，但她也提出，这段历史中没有什么是"必然的、不可避免的或注定要发生的"。资本主义是由高压政治、文化和偶然因素塑造的历史产物。[42]它也是一个"不可抗拒的帝国"，产生出新欲望、新认同、新意识形态和新事物。维多利亚·德·格拉齐亚（Victoria de Grazia）用这句话

19

来形容在 20 世纪下半叶发展到顶峰的美国市场帝国。[43] 我们在本书中会看到，战争资本主义和不可抗拒的帝国往往是相辅相成的，在英国茶叶帝国的创建中，美国的商业和市场即便不是主导性因素，也发挥了重要的作用，并贯穿其悠久的历史。

本书的核心目的之一就是展示英国及其殖民地的市场结构与他们的贸易伙伴之间的确切联系。[44] 尽管我本可以追溯在俄罗斯、法国或者其殖民地内创造市场的锡兰种植园主，但我将叙述的重点放在了维多利亚时代晚期所谓的不列颠世界的市场形成过程上，尤其聚焦于不列颠群岛、印度、锡兰、南非和美国，与澳大利亚和加拿大也做了一些比较。尽管很多人买不起或不想喝茶，但在不同时期，这些地方都是重要市场。对这些地方如何发展类似机制所做的比较为我们提供了一个独特的视角，我们可以通过它观察一种帝国商品的全球性生产、排斥和永久性的再创造。它也进一步加强了我们对于南亚在影响印度洋区域并将该地区与欧美联系起来时发挥的日益增强的作用的感知。[45]

实际上，研究和撰写商品史并不是新现象，但由于我们的世界日益紧密地联系在一起，再加上 21 世纪初发生的全球经济危机，一系列针对商品的全球流通和意义所做的研究纷纷涌现。人类学家阿琼·阿普杜拉伊（Arjun Appadurai）敦促学者撰写实物和商品的全球传记，"追踪事物本身"，并检验"价值是如何被赋予到其形式、用途和发展轨迹上"，这些对这项工作大有启发。[46] 阿普杜拉伊把商品非常宽泛地定义为"意图用于交易的一切物品"。[47] 历史专业出现的这一"商品转向"，有效地质疑了国家在历史写作、全球化的现代性和现代性的欧洲本质中所占据的中心地位。[48] 它加深了我们对于帝国建设的动机与殖民冲突的性质和后果的理解。它帮助我们把帝国主义视为发生在宗主国和殖民地的事情，把殖民主义视为被殖民者和殖民者之间的一种交换形式。[49] 追踪特定商品的发展也揭示出跨国性的冲突、交易和代理是如何在帝国正式边界内外运作的。我们不把商品当作殖民地价值的量化证据，而是把它们当作意义的载体、争论的场所，以及借之透视帝国、亚帝国与跨帝国关系兴衰的镜头，并以此来做研究。

在当代社会科学和食品研究的多学科领域中，学者和积极分子经常运用商品链这种启发式的工具来展现把商品从工厂送到市场或者从农场送上餐桌的机制。这种方法可以揭露包装和超市文化背后隐藏的东西，从而揭示日常食用的面包所耗费的劳动力和（或）隐藏的添加物。史学家也运用这种模式来研究物品如何变成商品，供应链的什么地方出现冲突，以及不同的劳动力和零售系统是如何形成的。[50] 这些研究为当代问题引入了历史视角，包括全球食品体系在环境、劳动力和健康方面带来的后果，并且强调了工人、分销商和消费者是如何创造历史的。[51]

以商品为中心的资本主义历史尽管流行却并不完美。这个模式使我们难以记录随着时间发生的变化，难以捕捉到我所认为的19、20世纪资本主义混乱、不可预测和极其不稳定的本质。它也通常把消费者定位为被动回应他人工作的人。另一个问题是它倾向于创造客观上并不存在的人工分类。即使是茶叶这种相对简单的商品也并不是稳定的实体，而且和民族国家一样，也必须一遍遍地巩固其边界。此外，制造商经常同时生产和销售多种类型的物品；商店处在复杂的零售系统中，消费者也会一次性购买很多物品。

尽管如此，资本主义创造了一些分类模式和知识体系，使得商品和产业显得独一无二，即便事实并非如此，这也是我在本书中尤其关心的一个问题。广告就是其中一个这样的知识体系，在使产品显得独特的过程中起到核心作用；即使很难证明某一特定广告或活动的效果，这种能力也能很好地解释为什么广告已经成为一个获得如此显著成功的全球性业务。[52] 和广告一样，包装和品牌塑造也会制造和抑制有关商品生产的知识，所有这些过程都可以转移市场，改变商品链，启发基于消费者的政治。正如今天很多食品活动分子很容易注意到的，广告既可以让消费者了解商品的本质，也同样可以隐藏部分相关事实。举个例子，目前肯尼亚是全球前两大茶叶出口国之一，乌干达、马拉维、坦桑尼亚、卢旺达、布隆迪、津巴布韦和南非等地也都有重要的产茶区。[53] 然而在广告、品牌推广和包装的作用下，大多数消费者并不知道他们的"英式"早餐茶里有非洲茶叶。当然，并非全部商品都严重依赖消费者广告，但我们如果对更广泛的贸易广告史加以考虑，那么我们将会更加全面地看到为什么对流通和宣传的研究需要从商品研究和世界史的边缘地带转移到中心位置。

事实上，茶叶史与广告史是分不开的，这与茶叶的性质也有很大的关系。虽然茶树可以在很多气候环境下生长，但它更偏好气温高、湿度大、水分和阳光充足、排水良好、土壤含氮丰富的热带和亚热带地区。一旦成熟，新鲜采摘的叶子必须迅速处理，以防变质，因此不管是在大型种植园还是小农场里，茶叶加工场所通常都要靠近种植区。茶可以做成砖块状、捣成粉末，以各种方式脱水和发酵，使之成为绿茶、红茶、乌龙茶和其他品种。然而，理想情况下所有的茶叶都应该以相对较快的速度从田地送进茶杯，否则其新鲜度、风味和价值就会大打折扣。茶叶不应在仓库里衰败，必须让人迅速把它们买走。因此，虽然这种简朴的商品曾被人当作奢侈品享用，但在 19 世纪，尤其到了 20 世纪，它经常被当成一种非常便宜的大众消费品进行调配、品牌化和零售。它可以用热水和冷水冲泡，加上调味品和香料，用桶、壶和锅烹制，装进茶袋甚或冻干后出售，但与玉米、大豆、糖、食油、棉花甚至钻石不同的是，它没有明确的工业用途。无论种植、生产于何处，茶叶实质上都是一种饮品。这些事实对茶叶的商业历史非常重要。

生产商解决剩余产品，必须主要依靠创造更多的消费者，而不是创造茶叶的新用途。生产商很早就意识到对于寻找、创建和维护国内、殖民地和海外市场的需求。他们成为广告和市场研究的早期采纳者，并尝试使用多种不同形式宣传和分销。我们非常了解大公司是如何引入品牌广告的，但我们对于种植园主组织最初为了创造新口味而进行的合作宣传、形象宣传或集体宣传知之甚少。查尔斯·海厄姆爵士（Sir Charles Higham）曾在 1925 年指出，直接的品牌广告是一个"收获过程"，立竿见影，但是"集体宣传更像是施肥过程，它是农民为了今后能持续获得好收成而做出的勇敢努力"。[54] 海厄姆坚持认为，产品形象广告创造出新的欲望，在口味方面引导公众，并创造了零售商日后会满足的需求。海厄姆在发展他的集体广告理论时，被印度茶叶协会聘用，教美国人饮用大英帝国的茶叶。印度种植园主没有海厄姆所期待的那么耐心，他们没有看到立竿见影的效果，便解雇了海厄姆。然而，这种广告形成了很多文化和制度框架，使大英帝国能够决定思想、商品和知识的流通，这通常被称为全球化。

这个宽泛且含糊的概念有很多定义，但我并未使用当代的定义，而是追溯"全球性"在过去对不同地点的消费者、商人、政治家和其他人意味着什么。因此，我梳理出对于"全球性"的各种想象，并思考人们在哪里及如何获得、使用和失去全球性知识。非洲史学家弗雷德里克·库珀（Frederick Cooper）提出，历史学家必须梳理"长距离"与"全球性"之间的差异，认识到全球性框架的局限性，避免把全球化视为整体的或不可避免的进程。[55] 我遵循他的建议，把关注点放在一种特定商品的商业和消费者文化上，见证这种商品在不同地方之间流通或未能流通的过程。在研究世界历史时，除了同时使用比较法和关联法，我还强调早期现代帝国、现代帝国以及今天的全球化世界之间存在的连续性和裂痕。

"渴望"这个概念在本书中是大有助益的。我在书中赋予了"渴望"两种含义。它是对帝国主义和大众营销的固有欲望的一种比喻，此二者是世界历史中对人力和资源都有不可抑制的欲望的两种力量；同时它也是一种感官体验，虽然我们永远无法完全了解个人是如何体验渴望和满足的，但我们的确知道渴望是有历史的。[56] 我们可以追踪那些催生渴望及满足渴望的力量，并研究人们对食物和饮品的口味偏好的原因，以及这与人们在销售和使用服装、洗漱用品、家具、娱乐用品等物之间可能存在的差异。例如，饮食习惯往往变化缓慢，并且极易受到习惯、传统和环境的影响。宗教和科学文化往往决定了吃什么、如何烹制以及消费的时空历史。一般来说，饮品文化与社会群体和身份的形成密切相关。正如一位学者所解释的，它们"催生出一整套分级的消费模式"和习惯，这是"以葡萄酒与啤酒、茶与咖啡等明显存在的对立为基础的……如同麻醉对立于兴奋、冷对立于热、银器对立于陶瓷"。[57] 因此，饮品文化往往与多样的、交叠的身份联系在一起。它们可以同时强化地区或民族文化以及阶级、性别与种族特征。[58]

虽然我所描述的茶叶帝国主要是苏格兰和英格兰的种植园主和殖民地官员创造出来的，但一般来说，这些人和他们的家人用"英国的"

（British）这个词来形容其身份、家人和他们生产的产品。这个术语不是一成不变的，它在不同的背景下有着不同的含义。例如，"英国的"有时具有种族内涵，往往作为与"白人"有关的一组属性的替代语，但情况并非总是如此。[59] 它也是一个常用术语，用于标示来自殖民地的新茶。同时，我尽可能避免使用"印度的"或"锡兰的"这些词语来界定那些不以此自称的人。然而正如我们所见，早在这些国家实际存在之前，将茶叶和茶产业描述为具有"民族性"特征就已司空见惯。这表明，在印度或锡兰（斯里兰卡）等地成为政治实体之前，经济理论、方法和修辞——尤其是政治经济学的修辞——早已协助创造了国家观念。[60] 为了探索这个过程，我们需要把注意力放在历史研究对象的语言和行为上，对其进行解读，思考他们为什么要使用特定的词语，他们为什么去特定的地方，以及他们之间如何互动、如何理解各种各样的人。

在一次著名的全球化讲座中，文化理论家斯图亚特·霍尔（Stuart Hall）曾经考量过我们应该如何理解商品、奴隶制、帝国和移民是相互关联的力量这一观念，它们塑造了自身和现代英国的身份：

> 像我这样在 20 世纪 50 年代来到英国的人已经存在于那里好几个世纪了；在象征意义上，我们存在于那里已经好几个世纪了。我来到英国就是回家。我存在于英式茶杯底的糖之中。我存在于英国人对甜食的喜爱之中，存在于毁掉一代代英国儿童牙齿的甘蔗种植园之中。在我身边还有成千上万的人存在于这杯茶本身之中。因为他们不在兰开夏种植茶叶，你们知道的。英国境内没有一座茶园。这是英国身份的象征——我的意思是，全世界的人对于英国人最普遍的看法就是英国人离了茶一天都不能活了吧？
>
> 它从何而来？锡兰——斯里兰卡、印度。这是在英国人的历史中的编外史。没有那一段历史，也就没有英国史。[61]

作为一名 20 世纪 50 年代移居英国的牙买加人，霍尔感知到形形色色的英国身份和殖民关系是如何在一杯茶和围绕其生产和消费的仪式和历史中体现的。霍尔提出了疑问："外来"却日常使用的物品是如何揭示本身就是英国历史的"编外史"的？他问道，一种商品的历史如何阐明帝国主义的私密的、社会化的发展过程？我把这个问题放在本书的核心位置，但也把它扩展到思考茶叶是如何同时揭示创造出非洲、南亚、东亚以及美国史的编外史的。[62]

本书研究的是一种全球性商品，它向我们呈现了既私密又公开的场所、个人、机构和反复出现的行为。本书调查研究了能够阐明那些塑造了跨国企业行为的潜在意识形态和文化规范，以及政治和经济思维的关键事件。我尤其关注不同群体之间由于种种原因产生的合作与冲突。首先，在这些时候，未言明的信息被表达了出来，关于人类、身体、场所和经济的隐晦的思想变得明确起来。其次，近距离的仔细分析凸显出天各一方的人们的行为和关注点是如何共同制造出全球资本主义的。再次，我所使用的方法承认性别、种族和阶级在创建全球资本流动和意识形态——或者我所谓的文化经济——的过程中居于核心地位。对微观层面和宏观层面的综合分析可以让我们看到这些不同特征创造全球商业文化的方法。

这项研究按时间顺序和主题分为三个部分。每一章在分析重要事件——如征服阿萨姆、禁酒茶会的历史以及食品科学和包装的种族基础——之前，首先描述了生产、流通、营销和消费的大致发展。本书的第一部分是"紧张的关系"，描述了中国茶叶如何被吸收并同化进 17 世纪到 19 世纪的英帝国文化和经济中。这并不是一个简单的过程，而且一直被外来物品进入英国人的国家和身体这样的担忧所影响。这一部分展示了贸易和殖民主义、进口、零售和出口是如何一次次界定国家和公民的。第二部分"帝国口味"延续了这些主题，但重点关注的是印度和锡兰的新帝国茶叶生产商如何在 19 世纪末到 20 世纪中叶克服巨大的阻力，在英国以及殖民地的外国环境中寻找和维护市场。这一部分记述了一批专业茶叶宣传家的出现，并且展示出他们如何利用政治和宣传创造帝国口味和市场。他们创造的帝国不是地图上标示出的粉红色的政治实体，而是由无数生产和消费行为所界定的物质和文化空间。本书的第三部分是"余味"，考察了解殖民化对这个帝国产业和茶叶消费文化的影响。当国家在他们的新兴政治体中努力确定茶叶、广告、外资和公司等的地位时，他们便不再把茶叶定义为一种帝国商品，而是把它重新定义为一种对国家发展至关重要的全球性产业。与此同时，很多地方的年轻消费者也因为沉迷于新的欧美口味和消费文化，开始摒弃这种帝国饮料。年轻消费者选择咖啡和可口可乐而放弃了茶叶时，也是在用一种形式的帝国取代另一种。本书的最后写道，20世纪70年代印度和斯里兰卡同时努力驱赶外商，但即便如此，也摆脱不了殖民时期的很多不平等现象和问题。我们将会看到，今天的食品联合企业起源于维多利亚时代甚至乔治王时代的公司，其关联程度惊人，不过，食品和饮品行业在20世纪最后25年的迅猛发展和全球化则是另一段故事了。

因此，《茶叶与帝国：口味如何塑造现代世界》勾画出几个相互关联的跨国共同体的历史，这些共同体是由一种强有力的信念统一起来的：茶叶不仅仅是一种植物或一种饮品，而是一股解决身体、国家和世界性问题的文明力量。这些共同体怀着传教般的热情，认为通过传播饮茶习惯，他们正是在终结社会冲突，提升人类智慧，为疲劳的身体提供养分，平复紧张和过度兴奋的神经。中国人、日本人、俄罗斯人和中亚人数百年来都这样看待茶叶，但是随着茶叶成为一种全球贸易商品，它的文明特质变成历史上最长盛不衰和最具优势的宣传魅力之一。很多人不同意这种观点，但是他们仍然帮助建立、维持并最终摧毁了这个由无数次交易和远距离关系所定义的庞大帝国。这个帝国不可避免地遭遇来自敌方帝国的阻力，来自大小规模的叛乱的阻力，来自消费者、劳工和其他生产者的阻力。像所有的帝国一样，它运用了权力来抵御这些阻力。茶叶帝国塑造了现代环境、食物和农业体系、饮食和休闲习惯、国家以及其他政治体。

第一部分

紧张的关系

1

"所有医生都认可的一种中国饮料"

设定早期现代茶桌

    1667 年，塞缪尔·佩皮斯（Samuel Pepys）认为这件事值得写进日记：他回到家发现他的"妻子在沏茶，药剂师佩林先生曾解释说这种饮料对她的感冒和脱发有好处"。[1] 7 年前的 1660 年 9 月 25 日，佩皮斯记述他新任海军部书记官后，结束了一天忙碌的工作，第一次尝试饮用这种新的"中国饮料"。[2] 佩皮斯可能是在一家伦敦新开的咖啡馆里喝的茶，而他的妻子是在家里喝的药。他们两人都为他们的茶叶花了很多钱。是什么推动这对夫妇尝试这种舶来品，并想象它能治愈感冒，或者在结束了一个漫长的工作日之后能用它恢复精力？我认为，这位伟大的日记作家不经意间提及的这些事说明了欧洲消费者如何接受一种中国习俗，并开始把它转化为自己的习俗。消费史上的这两个时刻既重要又平凡，它们为思考大不列颠在现代早期世界中的地位开辟了新的思路。

    1660 年时，极少有英国人听说过茶叶，但此后的一个世纪中在亚洲、近东、欧洲和美洲进行的经济和文化交流，在英国掀起了交易、种植和饮用茶叶的狂热浪潮。佩皮斯记录的茶叶表明欧洲的物资、医疗、商业和烹饪文化出现了重大转变，但茶叶并不是第一种传入不列颠群岛的外国商品。数个世纪以来，香料、盐、丝绸、白银、黄金和其他商品跨越极其漫长的距离进行国际运输，但在 16 和 17 世纪，欧洲的富人开始使用更多种类的外国商品来装饰他们的外表、满足他们的味蕾以及装点他们的房屋。[3] 虽然大多数人的物质世界毫无疑问是本土化的，但长途贸易改变了世界各地的饮食、医疗和消费文化。社群内部以及不同背景的人之间的社交互动改变了人们的口味和习惯。然而，在16世纪至18世纪之间，商人、传教士、军人和医学专家是文化传播的主要渠道，尽管他们也会诋毁自己在故乡之外遇到的地方本土文化。[4] 此外，一小批受过教育的精英热切地对传达有关国外商品知识的书籍、论文、图纸、广告宣传和其他文本资料进行研究。[5] 消费者和销售者改变了新物品的意义，因此，交易从来不是直截了当的，而是同时发生在数个大陆的私密与公共空间中的经济、文化、政治和暴力行为的混合物。

欧洲人并不总是主动发起或主导这些交易，但他们确实从中得利了。起初欧洲人是进口商，对东方商品的生产几乎没有直接的控制，不管是爪哇胡椒、印度棉花、阿拉伯咖啡还是中国茶叶。然而，随着时间的推移，他们复制并出口了自主版本的这类流行奢侈品，刺激了制造和销售技巧的发展，这些技巧与欧洲工业和商业革命有关，并且正在发生转变。[6] 大西洋奴隶制使这种转变得以实现。奴隶劳动力让棉花、糖、烟草等得以大规模生产，也创造了财富，而正是这些财富巩固了现代早期欧洲和美洲出现的消费精致文化。[7] 此外，奴隶制也是一个文化交流的场所，数百万非洲人借此把美食和农业知识带到美洲。[8] 奴隶制因此成为欧美消费社会的核心，这一事实显而易见却鲜为人知。

然而，茶叶之所以独特，很大程度上是因为中国人阻止茶叶的种子、植株和相关知识流传到西方。直到19世纪初，欧洲人才把茶树移植到他们所控制的地区，此后又过了半个世纪才能成功地与中国人在世界市场上竞争。这并没有妨碍一个高利润行业的发展，但也确实意味着在20世纪之前，中国影响着茶叶的全球贸易和消费。与以往的研究不同，我认为现代早期的欧洲人在引入茶叶和茶具的时候，也引入了他们所认为的中国人的信仰和习俗。他们采纳并适应了中国人的观念，相信喝茶能使人身体健康、精神愉悦，使自己更加富有诗意、更加高效、更加清醒。茶叶并非没有受到批判，但在这些攻击中，我们有一种深刻的感受，即饮茶——而且通过扩大茶叶消费——几乎是一种有能力重塑自我的神奇行为。这是消费社会的一种基本思想观念。茶叶不仅是被认为拥有这种力量的唯一商品，而且追溯它的历史也使我们能够看到一种全球性的推动力，这种推动力既使欧洲人对这种商品的治愈能力深信不疑，也促进了它们的流通与消费，同时这段历史也为我们展示了大不列颠对于茶叶可以消除各种形式的邪恶与不适的观念做出的特别贡献。

本章以一代学者的作品为基础，这些学者展示了亚洲、非洲和美洲的文化行为传入欧洲，并建立起新型的权力和权威、社会认同身份与品位的不同方式。例如，饮用咖啡成为启蒙运动中"改善"的标志，并维系着一种新型的理性、"阳刚"的个人形象，他们对其他文化怀有一种世界主义的欣赏与了解。[9] 精英男女也通过消费和展示国外艺术品与其他物品，特别是中国餐具、家具和装饰品，来表现其世界主义。追求东方风格商品或中国风商品的狂热浪潮席卷欧洲、美洲大部分地区和中东部分地区，这种渴望在装饰艺术、室内设计和花园设计、服装与烹饪文化上都留下了印记。[10] 中国瓷器与海外贸易、新型购物和社交之间的关联变得如此密切，以至于评论家们用这种外国时尚来批判消费社会本身。英国尤其如此，在18世纪中叶，英国对中国及其物品的欣赏已达到前所未有的程度。[11] 然而，消费者并没有全盘接受亚洲文化。首先，英国并没有统一的"中国"风格，中国制造商往往会调整他们的设计，以迎合欧洲人的品位。在不同的情境下，中国艺术风格可以代表精致、美丽、精英社会地位和礼貌，也可以体现自负、放荡和奢侈及异域的阴柔效果。[12] 虽然学者们认识到欧洲美学既反映了对亚洲设计的欣赏，也反映出对它的排斥，但我们还没有充分认识到，欧洲茶文化除了物质和艺术行为，也有着中国根基。

各地的社群都会对茶叶的冲泡和意义做大量的本土化改造，但在现代早期世界，从中国到美洲都存在着类似的茶文化。很多地方的男男女女都相信，这种中国饮料具有非凡的治愈功能和文化内涵。早在食品科学家发现咖啡因之前，现代早期的专家就提出，茶叶可以治愈很多小病痛，延长寿命，解酒，激发活力，并使人们的生活更加神圣、智慧、高效。几乎所有地方的人们都认为茶叶能为自身与社会带来和谐。这种观念起源于中国和日本，穿过中亚沿陆路传播，并通过海上贸易传到印度洋和大西洋周围的港口、城市和内陆地区。

人们相信茶叶具有节制和开化的特质，这种观念冲破了政治边界、社会分隔和历史时代的变迁。茶文化虽然普遍而持久，却并不仅仅是一种习惯性力量，它们是历史的产物。人们对外来事物和人民的新态度推动了探索与殖民的发展，也产生了对于健康、经济、政治和家庭方面的全新认知。消费者和资本主义的幻想、欲望与焦虑把现代世界联系在一起，但相似的口味并不意味着处境的平等。实际上，茶叶的全球文化催生了新的社会等级和不平等。人们希望减少痛苦和焦虑，并且从饮茶中寻找乐趣，我们必须认真对待这样的渴望。我们也必须认识到，这种渴望给那些为了制造现代性的解药而辛苦劳作的人带来了巨大的痛苦。

东方和西方

在亚洲、近东、欧洲和北美，茶叶是一种强有力的药物、一种危险的毒品、一种宗教和艺术行为、一种身份的象征、一种城市休闲方式的表现、一种尊重和美德的标志。国家和军队依靠它获取经费，并将其用于战争和支持殖民扩张。这种植物的培育改变了环境并产生了奴役。茶叶是帝国的一种工具，也是抗议帝国权力的一种方式。各个地方的人们都在说，喝茶可以为身体供能，使精神振奋，使内心平静，使饮用者更加文明。旅客账目、船舶货单、税收和遗嘱查验记录、政府和法院文件、艺术和文学、科学和宗教文本以及商业贸易公司的大量档案都告诉我们茶叶是如何从东方传播到西方的，但对于人们的态度和消费习惯如何随商品转移这一问题，我们获得的证据很少。本章前半部分通过考量多个转化亚洲、中东和欧洲的行为与传统的地点和人物来开始研究这个问题。本章的第二部分紧接着考察欧洲人如何从茶叶贸易与饮用中获益，以及他们对此的看法。在法国、荷兰和中欧、南欧、东欧的部分地区，茶叶非常受欢迎，而在英国及其北美殖民地，却产生了一种可与中国和日本相匹敌的茶文化。然而不管在哪里，西方茶文化都是对东亚的习俗和意识形态的解读或转化。

茶叶传到欧洲的时间比咖啡和巧克力晚，但其发展史与其他热饮相似。[13] 欧洲人发现茶叶就像发现新世界的食品和饮料一样，是他们试图胜过主导所有东方香料贸易的阿拉伯商人时意外得到的结果。到 15 世纪，阿拉伯国家及其贸易商人已经牢牢控制住了有限的贸易路线，并阻止欧洲和印度与中国直接接触。亚历山大港成为香料贸易中心，这种情况让威尼斯人和热那亚人受益，但也意味着大多数欧洲人要依赖阿拉伯中间商，才能满足他们对香料和其他"东方商品"的需求。[14] 这个问题促进了大航海时代的到来，但是在一段时间里，欧洲人对香料的兴趣远超茶叶。

中世纪的时候，欧洲人渴求香料是因为他们认为香料有治疗能力，令人惊奇，让人印象深刻。他们寻找香料是为了它们的浓烈味道、色彩和香气。香料的芬芳还让人想起天堂和伊甸园。它们是神圣的标志，并散发出短暂的天堂味道和香气。这些神圣的调味品价格昂贵，数量稀少，因此也意味着它们是理想的地位象征物。胡椒、生姜、肉桂和其他香料也被视作强效药物。人们普遍认为，香料是热性和干性的，能消除湿冷食物的危害、治疗忧郁症等疾病。一些香料，如姜，兼具"热性和湿性"，可以增强性欲。[15] 欧洲人经常用这种方式看待新的饮品，认为它们具有热性、湿性和刺激性，不过它们的效果在医学理论上是有分歧的。

实际上，我们很难把巧克力、咖啡和茶归入当时的流行医学理论当中。就在欧洲人开始接触来自亚洲和新世界的新的食物和药品时，古希腊医生盖伦（Galen）的理论在现代早期的欧洲正在复兴，他提出的健康和饮食观念在古罗马时期的欧洲居主导地位。[16] 在欧洲各地，盖伦提出的原则决定了健康、性格和饮食等概念。肉体和精神被认为是相互结合的整体，食物和药物使 4 种体液 —— 血液、黄胆汁、黑胆汁和黏液 —— 居于平衡状态。所有摄入的物质被定性为湿性、热性、干性或寒性，因为所有的物质都由水、火、空气和土壤 4 种元素组成。因此，食物既可能是健康的，也可能是有害的，这取决于如何烹制、与什么一起摄入，以及食用者自身的特性。食物和药物之间没有明确界限，因为健康的饮食是符合个人的特殊需要的。体液学说虽然很盛行，但欧洲人还是接受了很多有关茶叶对人体和社会产生影响的东方概念。考虑到一小部分欧洲人是于 17 世纪在日本、中国、波斯、印度和爪哇首先品尝到茶的，这种现象应该不会令人意外。

茶叶是东南亚季风区的土产，中国人种植和饮用茶叶比欧洲人早了几千年。自从茶叶在中国神话中第一次出现，它就成了亚洲内部贸易与战争、国家建设、宗教、艺术及鉴赏的重要物品。[17] 气候、土壤和降水决定了这种植物的生长区域，动物和人类的迁徙、宗教和文化习俗对其也都有影响。西汉时期（公元前202—公元8），中国人首先把茶叶当作草药和饮料。到了唐代（618—907），它在更广泛的文化中有了一席之地。[18] 起初，人们只是采摘新鲜的叶子，在阳光下晒干，然后放在水中浸泡。未经处理，茶叶无法长久保存，基本只能在本地饮用。不过到了唐代，人们用未经发酵的茶叶加上一种黏合剂，经过蒸煮制成饼茶，使茶叶得以储存和交易。在元代（1271—1368）和明代（1368—1644），茶叶的现代加工方式出现了。新鲜摘取的茶叶用锅炒制、辗制并做脱水处理后，不会立即氧化，这样生产出来的就是俗称的绿茶。[19]

叶茶慢慢取代了茶饼和茶粉等种类，将成为用于贸易的主要茶叶。绿茶是较早饮用的叶茶，但在16世纪，发酵红茶开始流行起来。它们主要是小种茶（souchong）、工夫茶（congou）和武夷红茶（bohea）——武夷山茶叶的非正宗欧洲术语。红茶是在烘焙前发酵，绿茶则是采摘下来立即烘焙，以防止发酵。烘焙之后，所有茶叶都要经过手工揉捻，以挤出叶子中的汁液，诸如小种茶之类的优质茶可能要经历这一过程达4次之多。工夫茶是用比较纤薄的叶子制成的，烘焙和揉捻的次数要少一些。最好的茶叶须用文火烘干，再用筛子把烧焦或劣质的茶叶剔除，留下质量最高的茶叶。18世纪时，发源于闽南的半发酵乌龙茶在台湾是一种利润非常高的经济作物，而白毫（pekoe）在对俄罗斯的出口贸易中尤为受欢迎。[20]

制茶方式因地而异，而各地制茶方式与生长条件的不同造成了茶叶品种和质量的诸多差异。到18世纪时，中国至少有12个省份种植了茶叶，不过欧洲消费的大部分茶叶都来自安徽和福建。[21] 茶叶的生产分布在规模为1—5英亩[1]的小块农田里，每块农田只有几十个工人。农民们先对新鲜叶子进行处理，然后在公开市场上出售，或者提前抵押给买家，这些买

---

[1] 1英亩约合4047平方米。

家再将叶子转卖给制造商进行加工和包装。[22] 但是，一些比较大的商人雇用的工人多达 300 名，一项研究表明，整个茶叶的生产（处理）操作过程类似于一种流水线生产。[23]

绿茶、红茶和半发酵的茶叶品种都来自相同的工厂，虽然欧洲人直到 19 世纪才意识到这一点。绿茶和红茶的类别达数十种，熙春茶（Hyson）有 13 个品级，其中包括一些最好的绿茶，在 18 世纪的欧洲需求量很大。另外一种用于出口的绿茶在商业上被称为松萝茶（Singlo）或屯溪茶（twankay），产自安徽的屯溪（T'un-chi 或 Twankay）地区。与工艺复杂的熙春茶相比，这些茶叶的生产速度很快，挑拣和制作方式更为随意，因此被认为品级较次，在伦敦的售价大约只有优质的熙春茶的一半。到 18 世纪末，武夷红茶是品质最低的红茶，采摘和加工速度快，并能够大规模生产。例如，一个商人一次可以烘烤多达 70 400 磅[1]的武夷红茶，并将其打包装入 170 磅或更大的箱子里。拿破仑战争之后，武夷红茶的制作方法得到改进，到 19 世纪 20 年代，武夷红茶在伦敦的销量居于第三。[24]

这些茶叶全都要经过很多人之手，每个环节都要缴纳各种税费。从理论上讲，政府只允许广州的少数商行垄断与西方的贸易，不过到 18 世纪后半叶，贸易往来已经十分顺畅。英国东印度公司是主要买家，因此影响着生产标准。然而，中国生产商也影响到公司管理者的行为。例如，中国生产商威胁要拔掉茶树从而使供应短缺，进而迫使东印度公司购买大量的熙春茶，尽管其价格在伦敦有所不同。中国商人和东印度公司买家进行合作与协商，这是保证市场和价格稳定的不可或缺的条件。[25] 中国和英国的私人贸易与走私越来越多，这意味着任何一个实体都无法完全掌控局面，更不必说东印度公司了，而且"影响力的流动从来不是单向的"。[26] 所有这一切都是众所周知并且做过透彻研究的，而不太为人所知的是消费者的活动和文化观念是如何从中国流传过来的。

中国于唐代出现了复杂精细的茶文化和贸易，当时的诗歌、戏剧、史书、专著和其他文字资料都赋予茶叶宗教和文化意义。陆羽在公元 780 年

---

[1] 1 磅约合 0.45 千克。

左右编纂了著名的《茶经》（*Classic of Tea*），该书描述了这种草药的历史、培育和饮用方法。[27] 该书提出，茶叶激发智慧，帮助培养有节制的生活方式，并治愈患病的躯体。诗歌也以类似的方式称茶叶有助于"诗兴大发"，提供了一种超凡脱俗的方式，尽管这种饮品已经成了宴会和社交活动的中心环节。[28] 文人吕温称茶"不令人醉，但微觉清思"。[29] 除了能让身心节制，让思想发生艺术性变化，这种药物也能治疗头痛、抗疲劳、解酒、助消化、减轻焦虑和排毒，并振奋心灵和身体。[30] 佛教、道教和医药学发展出这样的观念，深信茶叶能够过滤体内的不洁之物。[31] 艺术、诗歌和宗教把这些观念传播开来，也意味着茶叶消除了社会冲突，从而把中国多元化的民众统一起来。

南宋时期（1127—1279），评论家开始把茶叶描述为一种大众商品，他们记述富人和穷人都享用这种饮料的时候，使用了类似"必需品"这类词语。1206年，一位作家认为，人无论贵贱都喝茶，特别是农民，集市上到处都是茶馆。[32] 当然，消费者喝茶的品类和方式截然不同。富人可以买名贵的品种，如"万寿龙芽"，它用银、铜、竹和丝绸精美地包装起来。[33] 给茶叶定价、制茶和品茶时，都强调原材料的珍稀和昂贵等因素，早期的品牌体系有助于区别茶叶和消费者的等级，尽管茶叶在整个中国已广为人知。大规模消费和差异化因而齐头并进。

对茶叶奇妙的净化和治疗能力及其精美包装的赞颂，暗含着一个更暴力的强迫劳工和国家扩张的故事。当唐朝覆灭、游牧民族入侵华北时，汉人政府利用茶叶生产和贸易来巩固边界，增强军事力量。1074年，政府确立了被称作"茶马司"的国家垄断机构，它控制着四川的贸易和生产，以购买西藏的战马。这个机构迫使农民低价出售茶叶，并使穿越危险地区运送茶叶的农民和"苦力"饱受痛苦。这个垄断机构未能强化防御，却让国家发了大财，并创造出一个新的官僚阶层。一些商人和企业家富裕起来，而民众却贫穷不堪。[34] 这种情况延续到明代，当时士兵被要求种茶，农民如果未能把茶叶出售给商人就要受到鞭打，与游牧民族交易的走私者会被处决。[35]

在此期间，消费和生产出现了巨大变化。此前，茶叶和茶饼通常被捣成粉末，放在一个温暖的浅碗中，加入热水，用竹制搅拌器打出泡来饮用。[36] 明朝开国皇帝朱元璋要求将全叶茶作为贡品，不要劳神费力的饼茶。因此，用茶壶泡叶茶的饮茶方式越来越流行。这种泡制方法简单，意味着路边摊就可以供应茶水。茶叶发烧友依然强调，技术、茶叶品质和茶具类型体现着优雅和品位。[37] 这一时期，中国精英阶层尤其关注物质世界与社会秩序的关系，茶艺鉴赏也随之发展到新高度。[38] 作家和艺术家继续颂扬茶叶的美德，宗教界人士和医学专家也在中国文化和日常生活中推广茶叶的应用。例如，学者兼政治家徐光启撰写的《农政全书》赞扬这种"神奇药草"有净化饮用者精神的能力，能使种植它的人获利，为国家的财政繁荣提供资源。[39] 此类有关平衡、文明和盈利的理念使茶叶受到更多人的喜爱，使这种饮品能为国家带来财富和能为身体提供慰藉的思想有了深入发展。然而有一个悬而未决的问题：这些思想是如何从天朝传到大英帝国的？

很多人认为，佛教僧侣是把这种饮品的培植和饮用传播到亚洲的早期践行者，尤其是日本的僧侣。[40] 虽然有些人认为这种植物是日本土生土长的，而且我们知道日本从 9 世纪就开始饮用茶叶，不过直到 12 世纪，在中国学习的佛教僧人明庵荣西（Myoan Eisia，1141—1215）才开始在日本文化中推广和宣传禅宗与茶叶的地位。"茶也，养生之仙药也，延龄之妙术也。"明庵荣西在其著作《吃茶养生记》（Kissa yōjōki）的开头这样说。[41] 这本书把中国的医学知识翻译到日本，为茶叶的医疗用途提供了准确的指导方针。[42] 在此后数百年中，有着特殊的规则、器具、茶馆、艺术和诗歌的茶道（chanoyu）发展成为一种复杂的文化现象。茶道给物质世界带来活力，赋予它精神、社会和政治意义。到了 19 世纪，茶叶的饮用——尤其是茶道——更加广泛地受到门外汉和日本人的一致认同，把它当作日本文化、"民族"传统和遗产的决定性因素之一。[43] 然而，欧洲人首次了解茶道的时间还要早得多。

当欧洲商人和传教士初到日本时，茶道正在发展。16 世纪 70 年代，葡萄牙耶稣会传教士若昂·罗德里格斯（João Rodrigues）来到日本时还是一个青少年，他可能见过著名的茶道大师千利休（Sen Rikyu）。罗德里格斯对茶道有诸多记述，并在长崎的耶稣会所建了一间茶室。[44] 1610 年，曾在中国生活多年的著名耶稣会士利玛窦（Matteo Ricci）也出版了非常详细地介绍了中国和日本的饮茶仪式的著作。[45] 然而，此时距这些作品对欧洲文化产生影响的时间还早。尽管如此，在 17 世纪 60 年代，日本政府迫切希望向荷兰商人推销茶叶，而荷兰人似乎对如何使用这种商品毫无头绪，并对被迫从事茶叶贸易深感不满。然而，他们很快意识到这种商品的潜力，并开始在爪哇岛的巴达维亚购买中国茶叶。[46]

然而，在海上贸易得到发展之前，这种商品通过欧亚大陆上的丝绸之路（或茶马古道）向西传播，几位欧洲旅行者在 16 世纪中叶所写的游记中提到了这一现象。[47] 首次提到茶叶的欧洲作品是多卷本游记《航海和旅行记》（*Della Navigationi et Viaggi*，1550—1559），由地理学家兼威尼斯元老院秘书赖麦锡（Giovanni Battista Ramusio）翻译和编辑。[48] 这个威尼斯人声称自己从波斯商人哈吉·穆哈默德（Hajji Mohammed）那里了解到一种被称为"中国茶叶"（Chiai Catai）的草药。[49] 威尼斯过去一直是东西方之间非常重要的商业中心和连接地带，阿拉伯商人和旅行者常常在此向欧洲人介绍亚洲药品、食物和饮食习惯。茶叶和咖啡已经成为中东咖啡馆的主要商品，蒙古人可能早在 13 世纪就已经把茶传到伊朗了。[50] 茶叶出现在少数重要文本中，而波斯语中的"chay"与汉语的"茶"的相似性指出，茶叶早已在亚洲和近东传播。[51]

17 世纪时，少数欧洲精英在波斯、印度次大陆、东南亚、中国和日本见过现泡的热茶。17 世纪 30 年代，荷尔斯泰因公爵（Duke of Holstein）的一个使团中的秘书亚当·奥列里乌斯（Adam Olearius）在波斯宫廷见到茶叶。他将茶形容为一种常见的饮品，经常与"小茴香、大茴香、丁香和糖"混合饮用。[52] 在这次出使过程中陪同奥列里乌斯的约翰·阿尔布雷希特·德·曼德尔斯洛（Johan Albrecht de Mandelslo）回忆说，在西海岸的大型贸易港口苏拉特（Surat，在印度的古吉拉特邦），"在每天的日常会议上，我们只喝'提'（Thé），印度各地都喝它，不仅印度人喝，就连荷兰人和英国人也喝，他们把它当作一种净化胃的药物，并通过其独特的温和热量消化多余的体液"。[53] 传教士和商人此后在游历欧洲、中亚、南海、印度洋和阿拉伯半岛时，也采纳了体液学说和当地的饮茶习惯，并且对其加以改造。

商人们在苏拉特、马德拉斯、万丹（Banten 或 Bantam）和巴达维亚的贸易中心做生意、喝茶。[54] 对于这个贸易世界，最全面的欧洲记录之一出自英国圣公会牧师约翰·奥文顿（John Ovington）之手，他当时受雇于英国东印度公司，记录了 17 世纪 90 年代初自己在苏拉特的生活。奥文顿出生于约克郡的一个自耕农家庭，曾在都柏林三一学院和剑桥大学学习，此后获得神职并到东印度公司的一艘船"本杰明"号（Benjamin）上担任牧师。奥文顿在苏拉特居住了两年多，希望让本地人皈依基督教，并向公司雇员和这个城市里的其他欧洲人布道。[55] 正当东印度公司进入茶叶贸易的时候，奥文顿描述了茶叶在苏拉特是怎样普遍的一种饮品，尤其受到印度商人的欢迎，这些人"为了提振疲惫的精神，一天到晚毫无节制地畅饮茶和咖啡"。然而，他进一步指出，"茶同样也是一种印度所有居民都喝的饮品，无论是欧洲人还是本地人；荷兰人把喝茶当作经常性的消遣，茶壶很少空着"。[56] 除了界定饮用者，奥文顿还描述了饮用习惯，如印度人像波斯人一样在茶里加上糖和柠檬蜜饯之类的事实。这样的证据引出了欧洲人可能是从哪里学会在茶里加糖的问题。我们要小心，不要过分相信奥文顿的作品，因为他所谓的"印度"仅限于苏拉特及其周边地区。不过，他的叙述与亚当·奥列里乌斯和约翰·阿尔布雷希特·德·曼德尔斯洛的叙述非常相似。他可能借鉴了这些早期作者的作品，而这个时期的苏拉特历史让所有这些叙述都合情合理。

17 世纪时，苏拉特是莫卧儿帝国的商业中心，也是现代早期世界最重要的文化交流场所之一。[57] 东印度公司在 17 世纪 20 年代到 60 年代间在此建立了一家工厂，为印度西部和波斯的咖啡市场供应商品，获利颇丰。[58] 然而，欧洲人并没有掌控这种贸易。少数极其富有的人，如维吉·沃拉（Virji Vora），在穆哈（Mokha）、西亚、马来亚和苏门答腊都有生意，他们的代理商把生意做到了整个次大陆。[59] 苏拉特的市场上充斥着来自非洲东海岸以及红海、阿拉伯半岛和波斯湾周边国家的黄金、白银和纺织品。奥文顿无比激动地描述它为"印度帝国最有名的市场，能见到所有的商品"，这些商品"不仅有欧洲的，还有来自中国、波斯、阿拉伯和印度其他偏远地区的。船上卸下各种各样的货物，数量惊人，为这座城市增光添彩，也使这座港口获利丰厚"。[60] 为了激发读者的欲望，奥文顿描述了这座城市里能够看到的天鹅绒、塔夫绸、缎子、丝绸和印花布、珍珠、钻石、红宝石、蓝宝石、黄金和各式各样的硬币，在当时，这个城市比伦敦人口更多，也更加繁荣。相对于以上这些商品，茶叶并不重要，但在这个印度洋港口已有销售和饮用。[61] 目前尚不清楚饮茶习惯是否传播到这座城市之外，但是，在苏拉特生活和工作的印度、波斯、阿拉伯、犹太、荷兰、英国和其他欧洲商人既喝茶又喝咖啡。[62] 然而，正当茶叶在经济和文化上显出重要性时，苏拉特也在走向衰落。[63] 1602年，荷兰东印度公司（VOC）受到特许成立，于1610年首次把茶叶从日本和中国带到欧洲。17世纪30年代，荷兰东印度公司开始在巴达维亚（雅加达）购买茶叶，但与利润更高的丝绸、黄金和瓷器相比，茶叶只占商贸的一小部分。[64] 巴达维亚成为荷属东印度的首府，并与苏拉特一样成为商业和文化交流的重要枢纽。

此后数十年时间里，茶叶进入欧洲大陆，但只有贵族、君主和社会上最富有的消费者才能买得起这种象征身份地位的东西。在法国，路易十四沉醉于奢侈生活，他用黄金茶壶泡茶以凸显其对身份的象征意义。1648年，巴黎的一名医生把这种饮料称为"这个时代粗野的新鲜事物"。[65] 红衣主教马萨林（Mazarin）为治疗痛风而喝茶，而拉辛（Racine）也是茶叶的忠实拥护者。当时茶叶是奢侈消费的理想对象，也是治疗奢靡生活所致疾病的解药。欧洲各国的精英和有教养的文化阶层很快把法国的品位和优雅的概念传播开来，但并不是每个人都喜欢这些东西的味道。德国的公爵夫人奥尔良的伊丽莎白·夏洛特（Elisabeth Charlotte d'Orleans）在一封信中细致地描述了她对它们的厌恶。她写道，"茶让我想到干草和粪便"，咖啡让她想到"烟灰和羽扇豆"，而巧克力"太甜"，让她肚子痛。[66] 由此看来，茶、咖啡和巧克力是后天习得的爱好。这些饮品未能让有些人感受到天堂和东方的乐趣，而是想到了烟灰、动物饲料和粪便的味道。尽管有很多这样的反应，欧洲人还是逐渐喜欢上了这些饮品以及销售这些药品似的东西所获得的利润。

与法国人、荷兰人和葡萄牙人相比，英国人饱受战争蹂躏，政权上四分五裂，而且相对弱小，接受这种饮品比较慢。17世纪50年代，少量茶叶进入英国，一些英国人也在海外见到了茶叶，但直到17世纪60年代，尤其是在1688—1689年的光荣革命之后，新的茶文化才开始在不列颠群岛和北美部分地区生根发芽。在此后的几十年中，茶叶成了一位历史学家最近所谓的"物质大西洋"（material Atlantic）的重要组成部分。[67] 亚洲人对于身体、物质、健康和精神的观念随着这种商品传到大西洋世界的很多地方。

渠道交叠

约翰·奥文顿怀着对茶叶的极大热情回到英国。他在1699年发表了一篇有关这种饮品的文章，毫无保留地对这种"东方"习惯表示赞赏，解释了这种饮品的强大治愈力和温和特性对英国人如何有利。奥文顿指出，如果这种习俗"在这里像在东方国家一样普遍"，"我们很快就会发现男人可能会清醒而快乐，聪慧而不用担心失去理性"。喝茶者也会长寿和快乐，"不会染上某些痛苦和严重的疾病"。[68] 这样的赞颂恰逢其时，因为当时英国东印度公司正好与中国建立了直接贸易关系。也有其他人同样认为茶叶有治疗、清醒和提神能力，但奥文顿在宫廷中有人脉，在东方问题上被奉为权威。英国经历了革命、内战、瘟疫和一场几乎毁灭了首都的大火，因此这样的观念在这个国家颇具吸引力。然而，奥文顿发表文章的时候暗示，"在学者和商人的共同影响下，今后喝茶会在这里流行开来，既能成为宫廷中的私有提神物，也能在公共娱乐场所饮用"。[69] 奥文顿夸大了茶叶在1699年的普及程度，但在学者、商人和贵族既在宫廷内，也在咖啡馆、知识分子圈和游乐园等新公共领域喝这种饮料这一点上，他是正确的。

随着君主制在1660年复辟，特别是荷兰执政威廉和他的新教女王玛丽在光荣革命中获得王位后，饮茶的习惯逐渐形成；然而，当时的社会、经济和政治分歧影响到大众对茶叶的外观和接受状况的描述。有一个发展出多个分支情节的故事，讲述了在 17 世纪 40 年代的英国内战和 17 世纪 50 年代的空位期，移居欧洲的保皇党人是第一批喝茶的英国人。[70] 保皇党人确实在欧洲时髦的宫廷里喝茶，1660 年复辟以后，有些人还把这种珍宝放在包袱中带回国。[71] 与此同时，茶叶在英国还被用来巩固新政治联盟。例如，据说东印度公司为了获得查理二世（Charles II）的好感，给他送了两磅这种稀有物品。[72] 大多数历史学家并未将这件事解释为贿赂和影响的一种形式，而是强调查理二世的葡萄牙王后凯瑟琳·德·布拉甘扎（Catherine de Braganza）于 1662 年嫁到英国后，是如何在英格兰树立起喝茶的风尚的。1663 年，保皇派诗人埃德蒙·沃勒（Edmund Waller）率先说起这个故事，当时他写下了《论茶》（*On Tea*），这是一首为纪念王后生日而创作的诗歌，赞颂"最好的王后、最好的药草"。[73] 这首诗把茶叶、君主制和东方产品的消费表现为女性和顾家的力量。[74] 这就把信仰天主教、出生于葡萄牙的王后和一种中国饮品转变成了值得称赞的英国风格的象征。

后来的历史著作也印证了王后的创举，不过把茶引入英格兰的也可能是她的葡萄牙仆人和其他外国厨师。关于王后的作用，最常被引用的资料是艾格尼丝·斯特里克兰德（Agnes Strickland）在 19 世纪 50 年代所著的《英格兰王后的生活》（*Lives of the Queens of England*）。[75] 斯特里克兰德并没有为自己的论断提供多少证据，却宣称葡萄牙王后用这种温和的饮品纠正了英国朝臣风流放荡的恶习。按照斯特里克兰德的解释，凯瑟琳把茶叶引进来，教化英国的"女士们和先生们"，"那时候他们总是用麦芽酒和葡萄酒刺激或麻痹他们的大脑"。[76] 斯特里克兰德描绘的凯瑟琳看起来与维多利亚女王同时代人眼中的节制的女王异乎寻常地相似，在很多方面与维多利亚时代的禁酒小册子里的情节差不多。现代早期的英国人确实把茶叶当作酒精的解药，但斯特里克兰德的历史著作以维多利亚时代的典型方式强调了女性的道德、社会和文化权威。这个故事也赞扬了大英帝国因为这场婚姻而急剧扩展英国的海外领土。凯瑟琳的著名嫁妆包括丹吉尔，还有与巴西和东印度群岛以及孟买岛的自由贸易权。[77] 当时孟买并没有多大价值，但穷困的查理二世对凯瑟琳随这桩婚姻带来的 50 万英镑异常满意。因此，帝国和女性的影响已经在 17 世纪的茶叶史上书写下了一些篇章，并在后世屡屡被复述。

还有一段非常相似并且也在很久之后才被记录的历史，回忆说意大利天主教徒约克公爵夫人、詹姆士二世之妻——未来的英格兰和爱尔兰王后摩德纳的玛丽（Mary of Modena）——在海牙流亡时喝茶，后来在 17 世纪 80 年代把这种提神物引入爱丁堡的荷里路德宫（Holyrood Palace）。[78] 这对王室夫妇很可能在荷兰喝过茶，不过这种饮品肯定在此之前就已经传到了苏格兰。[79] 就像凯瑟琳的茶桌故事一样，这个故事强调了王室和贵族如何引入这种饮料，贬低了居住在苏拉特、伦敦、牛津和其他商业与知识中心的学者、商人和传教士所代表的国际化世界的重要性。在英格兰，牛津和伦敦为品茶提供了社交空间。

自 17 世纪 50 年代开始，茶叶满足了很多男人（和少数女人）的饮用需求，这些人常常出没于理论家尤尔根·哈贝马斯（Jurgen Habermas）所描述的新公共领域，或者说出现在现代早期的宫廷和家庭之间的场所。[80] 当海外贸易和投资带来的利润助力公共领域的发展时，媒体、咖啡馆和知识社会使政治批评和艺术创作得以表达出来。公共领域推动智慧的社会交流，赞颂理想化的开放状态，但也依赖并创造出有关性别、种族和阶级差异的新概念。[81] 虽然严格来说，公共领域向所有可以买得起一杯咖啡或一份报纸的人"开放"，但它依然制造出了能够产生和强化地方与全球等级制度的社会行为。[82]

然而，我并不认为它是一个被划定的领域，我更倾向于使用"公共文化"一词，学者们用这个概念来强调意象、观念和人跨越地理和社会空间的运动。现代早期的公共文化完全可被视为一个"文化辩论区域"，在这个区域中，民族、商业、大众和流行文化以"新的、意想不到的方式"互动。[83] 这种公共文化包括商业公司、零售店、咖啡馆、购物街、茶园、茶馆、报纸、广告、戏剧和海报。它经常区分男性和女性，但某些场所也鼓励不分性别的社交，即便各种空间的性别区分日益增强。但是我们必须记住，现代早期的家庭并没有与工作和经济的世界脱离，它也可能成为公共文化的一部分。[84]

　　17世纪和18世纪初期的公共文化把国际化知识和口味界定为礼貌和文明社会的例证，但是这种思想也在无意中诱发了贪婪和帝国主义。例如，英国精英消费时尚物品和食品，以炫耀他们所掌握的有关古典时代、意大利文艺复兴和更大的世界的知识。他们收集并展出罕见的标本，对"自然奇观和机械发明"怀有极大的兴趣，并欣赏标新立异的审美观。[85]他们在其社会和城市的咖啡馆中品尝咖啡、茶和巧克力，并讨论其他新鲜外来事物。英国皇家学会是一个非常杰出的社会科学组织，它倡导创新，接受国内外的奢侈物品，怀着建立基督教帝国的全球性渴望。正如一位学者所写的，皇家学会成员具有"广泛的兴趣"，热切希望借鉴其他文化。他们鼓励"富裕者寻找新的欲望和身份……（并提供）新的物品，以支持这一身份"。[86]这个学会的很多成员认为，商业和基督教是英国文明使命的核心。

　　皇家学会创始人托马斯·波维（Thomas Povey）的职业生涯阐明了茶叶在现代早期帝国的商业和政治文化中的地位。波维出身于非常富有的商人家庭，他的两个兄弟都在牙买加和巴巴多斯的甘蔗种植园担任殖民地官员，因此他的家庭从中获利颇丰。波维的表亲是马萨诸塞的副总督和爱尔兰王座庭庭长，1647年，波维进入克伦威尔的议会。到17世纪50年代，波维成了殖民地事务专家。1655年，他被任命为贸易理事会成员，这个新机构可能正是在他的建议下设立的。此后，他投资了各种殖民地贸易计划，并从中获取了财富和权力。复辟之后，波维设法创立了非洲和美洲租金与税收总接收员这一职位，并使自己上任。他还获得了其他相关的任命，包括丹吉尔的司库和食品部总调查员。[87]塞缪尔·佩皮斯后来继承了这一职位与波维从中获取的财富，随后波维又推荐佩皮斯成为皇家学会会员。因此，波维是17世纪帝国的缔造者之一，在食糖贸易和殖民地种植园作物中拥有既得利益。他推广茶叶最有可能是为了使西印度群岛的糖产业受益。波维的倡导行为包括翻译了一部中文作品，其中列出了20个喝茶有益健康的好处，并声称茶能净化黏稠的血液、消除噩梦、治疗眩晕和"头痛"。译文还宣称，茶叶能预防水肿、祛除体内的湿气、清洗并净化发热的肝脏、利于膀胱和肾脏、缓解"疝气"的痛苦，并预防肺结核。茶叶也能提高记忆力和增强意志力。[88]其他作品也承认茶叶具备类似的力量。例如在1690年，一份海报以《咖啡、热巧克力或茶的优点》为题，宣传"生长在中国和日本的一种草药"，因为它"有适度的热性和约束力……能让人一直到老都保持完美的健康"。[89]

另一名茶叶爱好者约翰·张柏莱尼（John Chamberlayne）于1702年当选为皇家学会会员。张柏莱尼16岁时翻译了菲利浦·席尔维斯特尔·杜福（Philippe Sylvestre Dufour）所著的《咖啡、茶和热巧克力的制作方法》（*The Manner of Making of Coffee, Tea, and Chocolate*）。他刚被牛津大学三一学院（在那里他可能会喝茶、咖啡和热巧克力）录取，并把这本书献给了托马斯·克莱顿爵士，后者曾在复辟议会中任职，并且是牛津大学默顿学院的医学钦定教授和学监。杜福的著作承认茶叶来自亚洲，但也宣称茶叶乃出自"天意"，然后他断言，"把各种药物从地球的怀抱里发掘出来"是基督徒的义务，这些药物能够"治愈那些虚弱或疯狂的人"。[90]因此，杜福把这种中国饮品放到西方基督教的框架内。作为狂热的新教徒和基督教知识促进会（Society for the Promotion of Christian Knowledge）的创始成员之一，张柏莱尼无疑同意杜福对茶叶的基督教设定。

张柏莱尼在他所著的作品《咖啡、茶叶、热巧克力和烟草的自然史》（*The Natural History of Coffee, Thee, Chocolate and Tobacco*）中承认茶起源于亚洲，但也相信佛罗里达的土著和"卡罗来纳居民用一种美洲树木的叶子制作饮料，这种叶子从各个方面看都非常像茶叶"。[91]张柏莱尼想提升北美殖民地的价值，但他对茶叶的兴趣也源自他对中国文化的迷恋。他相信，中国的"贵族、王公和有素质的人""一天到晚"都在喝茶，在"每座宫殿和房屋里"自己沏茶，"这些宫殿和房屋里有专门用于喝茶的房间、炉子、器具、茶壶和勺子"，"他们珍视茶叶尤甚于我们珍视钻石、宝石和珍珠"。他还信奉中医理论，认为茶叶能够治疗头痛、痛风、尿道阻塞、醒酒，"纵欲"后喝茶也有用处。最后，张柏莱尼说到亚洲的茶叶饮用方法，指出中国人用"1/4夸脱水"煮"一茶匙"叶茶，他进一步指出，

"中国男孩喝这种茶时可能加一点糖"，而有人看到鞑靼人"把茶叶放在牛奶里煮，并加上一点盐"。[92] 这些东方饮茶模式的引申可能是英国人喝茶时加糖和牛奶这一习惯的源头。英国人后来普遍采用的饮茶方法——每个茶杯中放一茶匙茶叶，茶壶里也放一茶匙——也可能是一种中国人的饮茶方法。

在皇家学会及类似机构的会议上，以及17世纪50年代在牛津和伦敦新开的咖啡馆里，波维和张柏莱尼这样的男人讨论过这种中国饮料。[93] 咖啡馆与早期的证券交易所、保险和银行业以及精英男性俱乐部的前身存在着一些关联，它本质上是男性化机构，对既有的等级制度和权力构成了一种威胁。[94] 查理二世甚至想查禁这些"闲散和不满人员"聚集的地方，但遇到了强烈抵抗，这位国王被迫撤销取缔这些机构的命令。[95] 既然无法压制，政府就决定对这些咖啡馆征税，并于1658年推出一项消费税，规定咖啡馆每售出一加仑的茶水、巧克力和果子露，就要交8便士的税。由于这项税针对的是沏好的茶，所以税务人员经常要在茶水被喝掉之前到咖啡馆称量和检查茶水。[96] 茶水不得不大批量泡制出来，并且要等到税务人员完成检查后才能够饮用，所以这样沏出的茶很可能不太让人满意。[97]

咖啡馆业主经常强调茶叶的东方起源和治疗特性。例如，已知最早的报纸茶叶广告于1658年9月刊登在《政治快报》(*Mercurius Politicus*)上，它在短短的几行文字中解释说，可以在"苏丹皇后"(Sultaness Head) 咖啡馆购买"所有医生"都认可的一种"中国饮料"。[98] 两年后，托马斯·加拉威 (Thomas Garraway) 印刷了一份单页报纸，宣称是自己首次于1657年在街边的"苏丹皇后"咖啡馆中售卖茶叶的。这张报纸告诉人们，这种来自中国和日本的饮品"极受推崇"，最近被"法国、意大利、荷兰和基督教世界其他地方的医生和博学之士"广泛使用。它还解释茶叶如何治疗头痛、促进消化、帮助人们"克服贪睡""使身体变得活跃和健康"。对于"吃肉太多"的"身体肥胖的男性"而言，茶叶的这些效果尤其明显。[99] 换句话说，茶叶会让肥胖的男性感到精力充沛和"强壮"。

商人聚集在咖啡馆里喝新式饮品、交易股票、投资和购买这些新商品。苏珊娜·圣特里夫（Susanna Centlivre）在创作喜剧《妻子的勇敢反击》（*A Bold Stroke for a Wife*，1717）时，设计了一个在"乔纳森的交易联盟"（Jonathon's Exchange Ally）咖啡馆里的场景。在连珠炮式的对话中，服务生们高喊着"新鲜的咖啡，先生们！"和"武夷红茶，先生们？"，打断了南海股票和东印度债券炒家的呐喊。剧中所展现的情形和真实的咖啡馆里一样，花钱买股票、债券和热饮的绅士们是英国、犹太和荷兰的商人与交易员等大都会人群，他们热切等待着有关市场价格和西班牙人插手欧洲战争的消息。[100] 这部戏剧讽刺了这些炒家，不过同时也宣传了茶叶、咖啡和咖啡馆。

男人和女人也在户外喝茶，特别是在泰晤士河南岸的休闲场所或茶园。1728 年，乔纳森·泰尔斯（Jonathan Tyers）雇用艺术家、设计师、建筑师和庭院设计师来建造沃克斯豪尔花园（Vauxhall Gardens），该花园是一个贵族和新兴中产阶级的度假胜地。[101] 那些买得起门票的人漫步在布满精心雕饰的花园中，凝望着水上的景色、灯光和透明彩绘，在"出了名的过于昂贵的茶饮"上花了很多钱。[102] 这类游乐园在欧洲大陆上也有开设，但在英格兰，软弱的宫廷和教会为了社会效益允许这些精心布置的社交场所蓬勃发展。[103]

美洲殖民者建立了自己的咖啡馆和茶园，欣然接受这种中国饮品。在荷兰管辖的新阿姆斯特丹，人们喝茶时加糖、藏红花或桃叶。马萨诸塞早在 1670 年就有了茶叶，此后不久，威廉·佩恩（William Penn）就把茶叶带到了贵格会（Quaker）成员的聚居地。当英国人在 1674 年接管新阿姆斯特丹时，以伦敦度假胜地命名的咖啡馆和茶园变得流行起来。那时的淑女和绅士们听音乐会、观赏烟火、在精心修剪的灌木丛中漫步，一天到晚都在喝茶。[104] 革命之前，富人和统治阶层用茶叶彰显他们的社会地位，表现自己作为全球性不列颠人身份的地位和感受，即使他们买的其实是荷兰茶叶。[105]

在 17 世纪末和 18 世纪初的整个大西洋世界，教育阶层和富人都把茶叶当作亚洲的药物和地位的象征。科学论文、单页报纸和广告宣传这种中国草药可以治病，有振奋作用，能够使欧洲人的身体强壮和协调。宫廷文化、游乐园和咖啡馆强化了茶的外来性，同时使健康和外国文化变得时髦而令人愉悦。无论在英格兰还是在宾夕法尼亚，英国茶文化都是欧洲、亚洲、近东和多种本土风俗与意识形态的混合物。

最具革命性的饮料

喝茶在 17 世纪是件稀罕事，但随着大西洋消费文化在 18 世纪的发展，这种行为迅速传播开来。[106] 普通民众及社会精英消费类似的东西，这是具有革命性的事件。不管是好还是坏，大量消费常常是走私来的外来商品，都打破了传统的等级制度、贸易路线、商业和社会风俗。作为一种被课以重税并常被走私的物品，茶叶造就了旧制度的政治和经济垄断，随之又将其打破。18 世纪的垄断从来不像批评家所暗示的那般绝对，不过社会评论家越来越相信，对茶叶、糖、烟草和其他类似产品进行大量消费或者克制对它们的消费，都可以挑战垄断势力的束缚。无论喜欢与否，人们都开始讨论消费的革命性的和普遍性。因此，即使在美国革命发生之前，茶叶也是一种非常具有革命性的饮品。

欧洲商团之间的竞争——特别是荷兰和英国商团之间的竞争——以及半合法"私人贸易"（走私）的增长、商店的扩增，还有新的财政政策，都增加了茶叶的供应量并拉低了价格，从而为欧洲和美国部分地区茶叶的大众消费的增长奠定了基础。[107] 18 世纪 50 年代，荷兰人开始直接从中国购买茶叶，而不再以巴达维亚为中介，借此降低了成本并提升了茶叶贸易的规模和价值。[108] 此时，荷兰东印度公司在数个城市举行公开拍卖出售茶叶，但阿姆斯特丹是荷兰最重要的茶产业市场。[109]

在拍卖中购得茶叶之后，批发商和大型零售商把茶叶卖给小型零售商，这些小型零售商在沏热茶供人品尝之前，通常会向顾客提供干茶叶样品以供咀嚼和评测，消费者在最终购买之前也要品尝煮好的茶。[110] 随着销售额的增长，政府税收也在增长。为了筹备与法国国王路易十四开战的军费，荷兰对售卖"咖啡、茶、巧克力、冰糕、矿泉水、柠檬汁或者其他一些用水、乳清或牛奶烹煮，并添加鼠尾草或其他香料的类似饮品"的

"全体人民"征收了一项税。[111] 这种税不区分冷热饮品，对外国进口和本国自产的饮品一视同仁，却不经意地刺激了茶叶的出口。通过合法与非法渠道，荷兰茶叶在欧洲大陆和大西洋找到市场，违犯了关于非洲和亚洲货物须用从英国出发的英国船运输的《航海条例》（Navigation Acts）。[112] 这种高利润的贸易最终在18世纪80年代瓦解了，当时英国政府于1784年通过《折抵法案》（Commutation Act），对此我们将在后文讨论。但值得注意的是，该法案大大降低了英国东印度公司茶叶的成本，使荷兰和其他欧洲国家难以与之竞争。

17世纪60年代，英国东印度公司正式涉足茶叶业务，开始时规模非常小，但他们当时不得不以几乎两倍的价钱在荷兰控制的巴达维亚买茶。[113] 然而，英国人从不断变化的中国政策中获取了利益。1685年，中国皇帝放宽了与欧洲的贸易政策以吸引白银流入中国。1713年，中国开放与英国的直接贸易，数年之内，两国之间每年贸易的绝对数额和价值都在稳定增长。[114] 东印度公司最初进军茶叶贸易是为了使茶作为"糖的补充"，因为糖在17世纪后期的英国市场上供应过量。[115] 东印度公司也同样担心荷兰和其他欧洲公司向本土市场供应茶叶。[116] 这种竞争增加了贸易规模，最终从广州出口的货物中，茶叶占70%—90%，一名法国商人清楚地认识到了这一点，评论说："欧洲商船到中国买的就是茶叶，他们只是为了凑品种才进口其他货物。"[117] 虽然英国人逐渐主导了这个行业，但法国、佛兰德斯、瑞典和其他国家的公司也在向欧洲市场供应茶叶。俄罗斯通过陆路进口商品，而中国仍然是茶叶的最大单一市场。[118] 然而在18世纪时，东印度公司日益专注于茶叶贸易。东印度公司的茶叶进口量从17世纪90年代的仅仅数百磅发展至1757年每年进口1200万磅，并在伦敦的仓库储存了1700万磅。[119]

成立于1600年的东印度公司是一个政治和商业强权，对欧洲、美洲、亚洲和非洲历史有着深远影响。一位学者正确地指出，东印度公司是一种"现代早期政府形式"，与包括君主制在内的其他形式的团体权力并没有太大的差别。[120] 东印度公司与英格兰银行一道，成为英国这个"财政-军事"国家和帝国的幕后推动力量。[121] 它也是一个高度灵活的企业，从未形成真正的垄断，尽管它长期大肆宣扬对"自由贸易"的批判。[122] 它经常遇到财政困难，经常遭遇丑闻和批评，但它一直保持着一定程度的政治和经济力量，从而促成了著名的"绅士般的资本主义"。[123] 然而，这家公司并非那么"绅士"，也并不完全属于英国。

英国东印度公司从股票和债券持有者、贷款、贸易利润和18世纪60年代后在印度征收的税款中筹集资金。股东的红利十分可观，高达7%—10%，这些股东来自精英阶层和"中产"阶层，尤其值得关注的是，到1756年，女性占近1/3的股票账户，持有超过1/4的全部股票。[124] 女性持股人后来有所减少，但是东印度公司的股票仍然受到大龄单身女性和寡妇的欢迎。海运业和国会议员在东印度公司的投资是如此之多，以至于霍勒斯·沃波尔（Horace Walpole）在1767年指出，下议院1/3的成员都"染指这种交易"。[125] 美国独立战争之前，荷兰股东也占总数的1/3以上，但此后数量急剧下降。还有少数投资者来自安特卫普、布鲁塞尔、日内瓦、莱格霍恩、北美地区和东、西印度群岛。在频繁召开的股东大会上，持股充足的女性可以对公司政策和公司董事进行投票。股东投票活动在18世纪60、70年代尤其活跃，当时该公司的财务正面临危机。1769年，罗伯特·沃波尔（Robert Walpole）注意到这种情况并评论说，从伦敦西区，"人们跋涉到城市另一端进行投票，决定谁应该统治世界另一端的诸帝国"。[126] 在这些会议上，英国男女非常直白地争论帝国的意义。然而，随着英国东印度公司变成一个以土地为基础并征收赋税的帝国，外国和女性代表的数量不断下降，东印度公司日益成为一个男性化和"英国的"实体。[127]

18世纪时，茶叶带来的收益为战争提供了经济基础，但战争也同样为茶叶的销售打开市场。罗伯特·克莱武（Robert Clive）于1757年在普拉西战役（Battle of Plassey）中战胜了孟加拉的统治者纳瓦布（Nawab），获得了政治权力和税收，二者都有助于东印度公司在英国及其美洲殖民地销售茶叶。东印度公司对孟加拉获取的新控制权促进了鸦片的生产与控制，其收益被用于购买中国茶叶，从而阻止国家的白银储备流向中国。在孟加拉获得的税收也使东印度公司能够购买更多价格更低的红茶。[128] 要想了解东印度公司对于从事诸如武夷红茶等大宗商品交易的决策，还有很多工作要做，但中国和印度次大陆的经济因这个决策发生了彻底的改变。18世纪下半叶，这种变化使得英国东印度公司成为差不多影响了世界各地物料和烹饪历史的亚洲强权。

英国东印度公司的全球影响力在其建筑上展现了出来。在伦敦，大型仓库和富丽堂皇的总部彰显出它在对华贸易和印度次大陆政治影响力上日益增强的作用。随着每一次扩建和翻修，利德霍尔街（Leadenhall）总部展现了一个亦真亦幻的帝国。18世纪20年代，一座帕拉第奥风格的四层建筑取代了原来的木结构建筑，但随着时间的推移，即使有威廉·琼斯（William Jones）新增的建筑，它的空间仍然不够用。18世纪90年代，整座建筑进行了改建和扩建，新的临街门面彰显出一个富裕的亚洲帝国（图1.1）。新门面由理查德·朱普（Richard Jupp）和亨利·霍兰德（Henry Holland）设计，高60英尺[1]，长190英尺。它的新古典主义风格让人想起罗马帝国的威严，耸立在6个大型爱奥尼亚式石柱上的雕带有力地体现出这座建筑的意义和目的。雕带上表现的是亚洲将其财富放到身穿罗马式服装并由不列颠尼亚和自由女神护卫的乔治三世（George Ⅲ）脚下。墨丘利神的形式象征着商业，与航海之神共同站立在国王的左边。大象、恒河和骆驼代表东方，马、泰晤士河和狮子则代表英国。[129]内部装饰也映射着财富和帝国的梦想。茶叶、咖啡和其他商品在一个销售室里进行拍卖，整个房间的装饰彰显着支撑着资本主义的军事和帝国力量。克莱武勋爵、康沃利斯勋爵（Lord Cornwallis）、埃尔·库特爵士（Sir Eyre Coote）和其他重要军事领袖的雕像见证着在这个豪华房间上演的狂热买卖（图1.2）。在英国东印度公司数次面临严重危机的时候，这座建筑依然投射出一种稳定感。直到18世纪80年代，荷兰仍然是英国主要的竞争对手，繁荣的"私人"（或称为国民）贸易也在增长。允许船长和高级船员参与的私人贸易占茶叶市场总量的4%—7%，但也可能要比这个数据高得多，像小种茶这样的高档茶叶，总交易量的75%可能都是通过私人贸易

---

[1] 1英尺约合0.3米。

图 1.1 《东印度大楼》，小托马斯·马尔顿（Thomas Malton the Younger），约 1800 年（保罗·梅隆藏品，耶鲁大学英国艺术中心，耶鲁大学，纽黑文，康涅狄格州 /Wikimedia）

图 1.2 《东印度大楼销售室》，托马斯·罗兰森（Thomas Rowlandson）和奥古斯都·查尔斯·普金（Augustus Charles Pugin），1809 年。亨利·佩恩（Henry Payne），《伦敦微型画缩影》（*The Microcosm of London in Miniature*），1904 年（Wikimedia）

进行的。[130] 而一直以来，走私有助于创建茶叶的大众市场，进而有助于进一步创建资本主义本身。[131] 受英国财政政策的影响，英国的茶叶价格比欧洲大陆高得多，这尤其刺激了低档茶叶的走私。走私可能占全年进口量的三分之二，在美洲殖民地，这个比例可能更高。[132]

茶叶的走私方式有很多种。旅居欧洲大陆的富人回国时，把茶叶和其他珍贵货物藏在自己的身上或行李里。例如在一封写于 1772 年的信中，伊丽莎白·蒙塔古夫人（Lady Elizabeth Montague）传授住在巴黎的嫂子关于走私茶叶、塔夫绸和其他违禁商品的方法。她吹嘘自己"在走私方面有好运气"，并希望这位亲戚能给她带来两磅那种"好茶"，她相信会"和我在伦敦买的每磅 16 先令的茶叶一样好"。蒙塔古也非常精通更为传统的走私方法。1777 年，她又让另一位亲戚给她带"几磅从马尔盖特走私的好茶"。[133] 这种茶通常来自欧洲的船只。瑞典船和法国船以走私品质最好的茶叶闻名，荷兰船运送的茶叶质量则极为低劣。[134] 小型船只把茶叶运送上岸后，小商贩把它们快速高效地配销出去。一些人半夜来到伦敦，把茶叶存放到斯托克韦尔（Stockwell）等地的仓库里，即所谓的"走私者的老巢"。然后经销商购买 1000—2000 磅，只需一个多星期这些茶叶就能扩散到整个不列颠群岛。根据著名的霍克赫斯特（Hawkhurst）帮派的走私者乌利亚·克里德（Uriah Creed）的说法，"那些人被称为货郎，都是步行，穿着大衣，里面能够塞进去 25 磅茶叶，他们就用这种方式把茶叶偷运到伦敦，不会被发现；这些货郎给小贩供货，小贩再把货物带到城里卖给顾客"。[135] 与很多走私者一样，亚伯拉罕·沃尔特（Abraham Walter）先生也作为一名"茶叶经销商"开设店铺。沃尔特是这种秘密生意的专家，他推测在 18 世纪 40 年代，苏塞克斯海岸（Sussex Coast）大约有 2 万名走私者，每年"进口"超过 300 万磅的茶叶。[136] 到 18 世纪 70 年代，这个系统已经发展成非常庞大的规模，数以百计的大型船只资金充沛，全副武装，运来的茶叶最终由伦敦、爱丁堡和格拉斯哥的一些名声显赫的零售商经销。[137] 走私除了给消费者带来大量价格相对便宜的茶叶，还把茶叶和资本带给了"不受上流社会影响的村民"。[138]

然而，这是一桩血腥的生意。走私者有时会谋杀想抓捕或者绞死过其同党的官员、收税员和其他地方执法人员。总的来说，这种交易也公开炫耀了地主的权威，动摇了社会阶级。[139] 我们需要进一步研究才能揭示"进口"、销售和饮用走私货物的含义，不过似乎享用违禁品本身就带来了一些乐趣。下层消费者可能并非模仿上流社会，而是把消费走私商品视作他们独立于汉诺威王室治下的国家的一种手段。殖民地显然就是这种情况，走私被当作一种政治抗议的形式。例如，一位费城商人认为，殖民者寻求荷兰的和其他走私供应的原因是英国进口宾夕法尼亚的小麦数量太少。[140]

然而，到18世纪80年代，"合法"贸易者感到走私严重威胁到了他们的利益，于是联合起来成功推动政府于1784年通过了著名的《折抵法案》，将从价关税降到12.5%。[141] 为了打击走私，政府先前试图降低并重新分配关税，但是帝国战争紧急的态势意味着在《折抵法案》出台之前，茶税几乎是销售价格的110%。该法案大大降低了东印度公司茶叶的成本，并使很多走私者失业。它稳定了东印度公司的财政状况，并使合法茶叶的价格大幅降低了50%左右，从而使消费量急剧增加。[142] 1791—1823年间，人均茶叶消费量增长了约44.7%。[143] 政治经济学家把消费量的激增视为供求规律的表现，并且证明了低税率创造市场。然而，这项税很快就又提升了，而且《折抵法案》进一步提高了政府管控，它让税务专员负责监督茶叶的卸货、储存和销售，并要求实行茶叶经营许可制。该法还规定，东印度公司至少要在仓库中保持一年的供应量，每年举行4次拍卖，销售价格不得超过主要成本、运费和进口费用。它还要求东印度公司把货物卖给出价最高者。因此，该法案使走私者彻底失业，使茶叶贸易更加彻底地掌握在英国政府手中。这个时期也恰逢商店和购买活动迅速扩张。

零售革命

商店的发展和转型被一些历史学家称为"零售革命"，它引发了竞争，降低了价格，并改变了茶叶买卖的性别动态。[144] 在18世纪，独立经营的企业作为与家庭和作坊截然不同的形式发展起来。零售和批发在形式和理念上都开始分离，配备花哨的陈列室并为有钱的顾客提供服务的专卖店也成为市场上的一股力量。小店主也进入茶叶贸易，其中很多是女性，但这个过程并不简单。

直到 19 世纪下半叶，茶馆——卖小吃的小餐馆——才出现，但英国第一家茶叶专卖店的定位是精英女性的消费场所。药店、杂货店和其他类型的商店都卖茶叶，但受资产阶级性别观念的影响，在这一时期主要出售干茶叶和泡好的茶的咖啡馆里，富有的女性难以感到舒适。在一个虚构的故事中，托马斯·川宁（Thomas Twining）声称他已经认识到了这一点，并为女性创建了不同的购物场所。川宁在 1706 年开了一家咖啡馆后，仍然表示他知道女士们不会进入他的店面，宁愿坐在外面的马车厢里等仆人进去买东西。1717 年，英国东印度公司与中国展开持续的年度茶叶贸易的同一年，川宁把他的咖啡店隔壁的房子买下来，为女性购物者开了一家茶馆。如果我们只看这个故事的表面，可能将其归结为一个野心勃勃的企业家为女性消费者创造了一个空间。不过，川宁也扮演了批发商的角色，向其他的咖啡馆业主、女帽商、客栈老板、药剂师和杂货商出售茶叶。在此之前，小零售商本来可以从走私者手中购买质量较差的廉价茶叶，而高档茶叶在英国东印度公司的拍卖会上被大批量出售。[145] 这种体系有利于大型的、资金充足的零售商的增长。小经销商组成协会，一起购买茶叶，但是川宁开辟了另一条能让资本更少的人成为零售商的路径，18 世纪末，成千上万的人选择了这一路径。

川宁也不是当时唯一开设茶馆的公司。事实上，几位女性在 18 世纪初创立了几家著名的公司。例如，我们从 1720 年的一个法庭案例中了解到，一位霍恩夫人（Mrs. Horne）在奥尔德斯盖街（Aldersgate Street）的伦敦主教家旁边开了"茶馆"售卖茶叶及其相关物品。[146] 1725 年，约克郡的一位大龄单身女性玛丽·杜克［Mary Tewk（Tuke）］在东市场路（Eastcheap）开了一家茶馆，并于 1742 年将这家店留给了她的侄子。该公司在 20 世纪发展成一家非常成功的金融公司。[147] 川宁家族自己甚至也从女性的创业精神中获益良多。托马斯的孙子丹尼尔的遗孀玛丽·川宁在 18 世纪 80 年代管理这家商店，后来又把它传给自己的两个儿子理查德和约翰。[148] 玛丽带领这家公司度过了一个竞争极为激烈的时代，根据理查德的说法，那时英国有大约 3 万家"茶商"。[149] 我们不知道女性管理企业的方式是否有所不同，但我们必须承认她们在这种重要的资本主义企业发展中扮演的角色。

化学家、书商、五金商、亚麻布贩、女帽商甚至玩具店老板都卖茶叶，不过杂货商专门出售这种商品和其他"异国情调的"或来自热带的货物。[150]《伦敦商人》（The London Tradesman）是一本为有志于从事贸易的年轻人提供指导的书，出版于 1747 年，它说陶器店和杂货店出售"茶、糖、咖啡、巧克力、葡萄干、醋栗、梅干、无花果、杏仁、肥皂、淀粉、各种蓝色染料，等等。它们中有的经营朗姆酒和白兰地、油、酱菜和其他一些厨房和茶桌的用品"。[151] 这些店主通常利用赊账、廉价商品、广告和免费样品等促销手段来压制竞争对手。[152] 有些店主开始用现金销售以降低成本。在 18 世纪 90 年代的一个经典广告中，位于皮卡迪利街 212 号的"T. 伯特家的茶叶、咖啡和巧克力货栈"（T. Boot's Tea, Coffee and Chocolate Warehouse）告诉"贵族、绅士和其他人"，他们可以"只用现金以最合理的条件"买到"新鲜的好茶、咖啡和巧克力"。[153] 很多经营其他多种商品的零售商也为顾客提供这种饮料以刺激他们的消费欲，使商店气氛更为愉悦友善，让疲惫的顾客恢复精神并向他们推介新的高利润商品。[154]

殖民地的零售业与之不同，那里商店要少得多，地方性差异也更加明显。在切萨皮克，烟草种植园主从伦敦的公司购买补给品，并将这些"库存"（store）卖给他们的邻居（因此在美国使用 store 一词而不是 shop 一词）。18 世纪中叶之后，苏格兰和英国的商业公司开始在河流沿岸和马里兰与弗吉尼亚的腹地开设连锁店。[155] 格拉斯哥的约翰·格拉斯福德公司（John Glassford and Company of Glasgow）是最大的公司之一，它在弗吉尼亚的费尔法克斯县开了商店，主要顾客群体是在店里购买商品同时也向店铺出售农作物以赚取现金的白人男性。[156]

不过，在整个大西洋世界，零售商推动了茶叶、咖啡和其他类似商品的大众消费。[157] 正如一位学者所说，商店存货清单、遗嘱认证和法庭记录表明，"消费等级不完全与社会等级相一致"。[158] 在 1700—1725 年间，我们知道很多英国精英和中产家庭一般都喝茶、咖啡和热巧克力。然而，全国性的消费模式还没有确立，在影响这些新饮品的接受度和相关意义方面，地区和职业与收入和社会地位同样重要。[159] 地理和地方经济性质也常常影响消费者的偏好。例如，与运输和交易行业有关的人较早接受这些新饮品。[160] 1700 年左右，热饮器皿首次出现在伦敦的库存清单中，到 1725 年，60% 的伦敦家庭都开始使用它。[161] 然而在这些年月里，坎布里亚郡和汉普郡几乎没有任何热饮文化的痕迹。[162] 将近 74% 的肯特郡家庭在 18 世纪 40 年代拥有茶和咖啡的制作设备，而在康沃尔郡，只有 12% 的家庭有这样的设备。[163] 我们在苏格兰、美洲殖民地、安特卫普和阿姆斯特丹也见到了类似的情况。[164]

总的来说，18 世纪 30 年代和 40 年代收成好，粮食成本降低，英格兰城乡居民的可支配收入得以增加。[165] 但是，即使居民收入在这个世纪晚期下降，茶叶和糖的消费量仍在上升，并且茶叶的消费量开始超过咖啡。在 1700 年前后，英国咖啡的消费量大约是茶叶的 10 倍，但到 18 世纪 30 年代，这个情况反转过来，直到 18 世纪末，茶叶消费量一直高于咖啡。出于种种原因，英国人倾向于出口咖啡，特别是输出到德国市场，而茶叶则用于国内和殖民地市场。[166] 欧洲人开始在其殖民地种植咖啡豆，一个统一的全球咖啡市场正在形成，但英国人并没有控制这种贸易。[167] 荷兰东印度公司在爪哇岛种植咖啡豆时，首先设法打破了阿拉伯人的垄断地位。咖啡豆随后被移植到苏里南和法属留尼旺岛与波旁岛，后来又扩展到马提尼克岛、瓜德罗普岛和圣多明格岛。英国于 1728 年在牙买加种植咖啡豆，并在大约 10 年之后开始出口，但是甘蔗种植园主拥有更好的土地，帝国关税体系也使糖比咖啡更易赢利。[168] 英国咖啡种植园主也抱怨税收制度对茶叶种植更有利，并解释了为什么"随着茶叶的增加，我们的咖啡消费量在减少"（一位同时代人语）。[169]

由财政政策导致的相对价格差异对茶叶交易更有利。[170] 然而，至少在 17 世纪 80 年代以前，数据不足以得出哪种产品交易量更大的结论，特别是因为价格的波动极大。每杯饮品的成本也难以比较，因为一磅咖啡豆和干茶叶制成的饮品的液体量是不同的，而且烹制方法也不一样。然而，有确切的证据表明，组织严密的西印度群岛食糖游说团体和英国东印度公司利用政治压力，以牺牲咖啡交易为代价，创造了甜茶的廉价市场，其结果是不列颠群岛消费了 60% 以上运往欧洲的茶叶，其糖的消费量则比欧洲其他地区高出 10 倍。[171]

到 18 世纪中叶，茶叶的价格已经降到足够低，很多地区的平民消费者都开始热衷于喝茶。18 世纪 50 年代，法国女子杜博卡夫（Madame du Boccage）写道，即使牛津附近农舍里"最贫穷的村姑也喝茶"。[172] 1759 年，一名特拉华州的牧师发现"茶叶、咖啡和巧克力……是如此普遍，以至于在最偏远的小木屋里都能看到，即使不用于日常饮用，也会用于招待访客，喝的时候加上黑砂糖或粗糖"。[173] 1749 年，纽约州奥尔巴尼市的荷兰定居者在早餐时饮茶，尽管他们在晚餐时还是喝酪乳。[174] 在新泽西州，一些殖民者饮用一种用热水冲泡白雪松片制成的"汤药"，认为这比"外国茶"更健康。[175] 但日常饮用的茶还是中国的甜茶。据一名观察者说，一名住在莫霍克河沿岸的易洛魁族（Iroquois）妇女喝的茶（可能还有糖）太多，以至于患上了"剧烈的牙痛"。[176] 对于茶在这些不同社会中的含义，我们还有很多情况需要了解，但欧洲移民和土著喝的茶也不比英国大都市居民少。[177] 然而，殖民地人喝茶并不只限于美洲地区。在亚洲的殖民地城市，欧洲人、混血儿和本地精英都喝茶，尽管我们不知道这是否被视为当地、亚洲或欧洲习俗。[178]

到 18 世纪末，社会评论家反复描述茶叶是如何传入英国和殖民社会底层的。例如，弗雷德里克·莫顿·伊登（Frederick Morton Eden）爵士在 18 世纪 90 年代所写的英国穷人分析名著中解释说："只要在用餐时间进入米德尔塞克斯和萨里的小屋，你就会发现，茶不仅是贫困家庭早上和晚上的常规饮料，他们甚至在晚餐时也大量饮用。"[179] 喝茶和咖啡的习惯已经迅速蔓延，但值得记住的是，并不是每个人都加入了这场饮品革命，增长并不总在持续。

我们对印度次大陆在这些年间的大众消费的了解很少，与普遍观念不同的是，大多数爱尔兰劳工、很多苏格兰和威尔士人与不少英国工人直到 19 世纪才把茶纳入他们的饮食之中。[180] 在 19 世纪 40 年代的苏格兰，这种饮品在爱丁堡和与英国交界的地方更受欢迎，在北方，特别是苏格兰高地，却几乎完全不为人所知。爱尔兰农场劳工在用餐时通常喝牛奶。爱尔兰中上层阶级、家庭用人和阿尔斯特（Ulster）织工在 18 世纪时都喝茶，但在 19 世纪经济萧条时期停止了这种习惯。[181] 19 世纪 80 年代，居住在凯里（Kerry）山区的人们以"马铃薯和粥为食；很少吃面包，从不吃肉；葡萄酒、啤酒、茶、咖啡对他们来说都是闻所未闻的奢侈品"。[182] 然而，印度和锡兰的茶叶种植面积在 19 世纪末大幅增长，这会降低茶叶成本，到了 19 世纪后期，大多数爱尔兰家庭都可以负担得起一直有"面包和茶"的饮食。[183]

因此，饮食的变化并非源自突如其来的消费革命。1784 年的《折抵法案》颁布后，饮茶的人大幅增加，但到 19 世纪初，税率的上升、贫困人口的增加、与中国日益增多的冲突甚至针对茶饮的文化反弹都意味着英国的茶饮消费出现了停滞。从 1801 年到 1810 年，英国人均茶叶消费量为每年 1.41 磅。到下一个十年，这个数字下降到 1.28 磅，直到 19 世纪 40 年代才恢复到先前的消费量。[184] 不过，鉴于走私盛行，人均统计数字充其量是估计的，并弱化了很多地方性差异。尽管如此，我们可以得出结论，到 18 世纪末，英国城乡的大部分人都在出售和饮用茶叶。在中国的高效生产方式和商业公司及私人贸易商、走私犯和零售商之间竞争的影响下，茶叶成本得以降低，整个不列颠世界的消费者都能买得到茶叶。对于这种现象人们毁誉参半，但无疑它是不容忽视的。很多道德家开始担心，认为工人阶级和女性消费外国物品这样的现象表明国家出现了可怕的、不可逆转的腐败。约翰·奥文顿（John Ovington）等人倡导茶叶在治病、延长生命和创造幸福方面的潜力。然而，批评家则关注着每一名"夫人、爵士和普通下等人"都喝茶产生的消极后果。[185]

"我们的女士们钟爱异域口味"

越来越多的文章、书籍和宣传册列出了茶叶带给英国及其殖民地的无尽的好处和弊端。医生、教士和商人无法在茶叶是天赐珍品还是慢性毒物这一问题上达成一致。每个人都认为茶叶有极大的治疗功效或伤害力，但正反双方的观点是基于对消费者及进口和饮用舶来品的后果所持的不同观念。然而在大西洋两岸，批评者们用性别和种族的陈词滥调来谴责茶叶的大众消费，提出这种外来物品造成了阴盛阳衰的恶果，使国民士气低落。他们指责，茶叶酝酿依赖和柔弱，美国人对这种担忧永远无法释怀。关键问题在于消费多少这种外国商品会损害或提升一个人成为独立公民和国民的能力。

对茶叶的担忧源于以下几种情况的变化：走私和掺假的规模可能会损害这种商品的道德属性；英国东印度公司的所谓合法贸易也引发争议，政治经济学家开始谴责垄断产生了腐败的影响；重商主义者担心国家财富的过度流失。在种族和民族差异方面产生的新观念也增加了人们对消费外来物品的担忧。废奴主义者对消费由奴隶劳动所生产的糖提出道德方面的质疑，而新的性别意识形态对很多形式的女性权威表示谴责，包括对茶桌的主导权。最后，热衷于外来文化的大都会贵族男性气质逐渐受到厌恶，这也威胁到了茶叶日益增长的地位。例如，那些穿着印度当地服饰并沉迷于东方享乐的殖民地官员越来越受到质疑，而信誉良好、顾家、信仰基督教的中产阶级男性则成为英国男子气概的新典范。[186] 欧洲人曾经欣赏中国的知识文化，不过这种倾慕在 18 世纪已经消失了。[187] 这些变化滋生了社会焦虑与反茶情绪。支持者最终会把这种商品与其中国起源剥离开来，不过他们首先会谴责中国饮品日益增加的消费量。

例如，住在谢菲尔德的苏格兰医生托马斯·肖特（Thomas Short）博士写了一部长篇著作《论茶》（*Dissertation Upon Tea*，1730），在文中指责约翰·奥文顿的专业知识不系统，是以旅行者对"东方国家"的观察为基础，反映的是想出售其"进口货"的商人的自利观点。[188] 肖特有点古怪，以坚守"老家（苏格兰）饮食"闻名，却是一个公认的饮品专家，并出版了数本有关牛奶、葡萄酒、矿泉水和茶的书籍。他不依赖法国人或中国人的说法，而是在自己的厨房里用盛满"混合物的杯碟"做了各式各样的实验。[189] 肖特认识到"这小小的碎叶"已经给"英格兰国王"带来大量税收，致使"穷人担负的一般性税收大大减轻"。他也承认，茶在"集会"和咖啡馆里被广泛饮用，促进了"商业、谈话和智识生活的发展"，防止了"浪费和放荡"。[190] 茶因此受到欢迎，能够赢利并且对人有益，但他告诫说，不要指望"任何药物或食物对年龄、性别、体质等方面各不相同的人产生相同的效果"。[191] 然后，他阐述了喝茶为什么有益或有害，谁喝茶有好处，谁喝茶不利于健康，以及如何安全地喝茶。他在叙述中引入了性别问题，因为他认为女性有"更为松散和脆弱的肌肉纤维，而且更容易出现多血质或体液过多的现象"，所以喝茶尤应适度。然而不管是谁，只要拥有"非常敏感和灵活的神经"，或者"出现颤抖或惊吓的症状，"都应该避免饮茶。[192] 他主张适度饮茶，抵制中国的知识，并引入了男女身体对同一物质会有不同反应的思想。

其他人对茶叶的谴责更加严厉，这些言论引发了对性别倒错、社会动荡和种族退化的恐惧。这些人指责道，茶和咖啡与咖啡馆一样，是外国进口物品，可能会使英国男人变成无能的女性化生物。1733 年，约翰·沃尔德龙（John Waldron）在他的讽刺作品《反茶讽刺诗》（A Satyr against Tea）中刻画了著名的"女奥文顿"。沃尔德龙把所有喝茶者都描绘成热爱奢侈品和没有脑子的女性，认为这些人使国家陷入穷困：

> 我们的女士们钟爱异域口味，
> 她们在过度奢靡中闪耀光辉，
> 她们不可一世，喜不自禁，
> 把自己的银钱肆意挥霍，
> 最终都进了外邦人的腰包。

在用更多的大段文字嘲笑奥文顿的健康主张后，作者得出结论："茶能治疗头晕？它实际上有助于——尿床。"[193] 茶根本不能治疗头痛和增强活力，而是使男人变得女性化，还会尿床。用性别化和情色化进行批判是欧洲关于奢侈品消费的更广泛的辩论的主要特征，而并非是茶叶市场本身的社会化反映。话虽如此，批评者确实认为茶叶有着强大的负面力量，会威胁到男性的阳刚、独立和健康。

诋毁茶叶的人还认为，女人喝茶会使充满阳刚气概的不列颠民族受到侵蚀，变得柔弱，甚至不贞洁。乔纳斯·汉威（Jonas Hanway）写了一本近 400 页的书讥讽茶叶，极大地推动了这种论点的发展。汉威是商人，在里斯本和圣彼得堡待过很多年，然后于 1750 年返回伦敦。他在皇家交易所东边的"约翰的咖啡馆"里做生意，因此他与很多茶叶倡导者生活在一起。然而汉威在他的后半生成为著名的慈善家，并且彻底反对消费这种外国商品。1756 年，他发表了批判茶叶的长篇作品，同年，他向伦敦育婴堂捐献了一笔巨款，并被推选为育婴堂的管理者之一。此后，他努力改善穷人——特别是娼妓和水手——的生活状况，并发展出一种被一名学者描述为"基督教重商主义"的思想。[194] 汉威的《论茶》（*Essay on Tea*）重申了重商主义的基本信念，即大量进口和消费外国商品会削弱本国经济。

虽然汉威有很多女性读者，并且承认精英女性消费者的力量，但他的理论是基于性别化和种族化的观点，例如他把中国人描述为一种"女性化的民族"，难以胜任"任何男性化劳动"。[195] 汉威尤其关心这种中国饮品如何削弱英国的"平民秩序"。[196] 他认为，女仆和其他人随意饮茶，鼓励了中国人制造假冒伪劣和不健康的商品，使英国被削弱。茶是"一种懒惰的习俗、一种荒谬的开支，常常滋生不切实际的幻想和坏习惯，因此必定剥夺我们的快乐，或者使我们境地悲惨，而我们本不该如此"。[197] 茶缩短了人们的寿命，使穷人无论在国内外都找不到合适的工作。"姜酒和茶叶摧毁了怎样一支伟大的军队啊！"他大声疾呼。[198] "那些曾经在克雷西和阿金库尔打过胜仗的人，他们难道是品茶者的后代吗？"汉威问道，然后断言这个"流行性疾病"会不可逆转地使英国人变得衰弱，就连这个国家的乞丐也受其影响。[199] 茶叶简直创造了一种"身体政治上的疾病"。[200] 这本书出版的时候，英国进入了所谓的七年战争的第二年，这些担忧是非常现实的。茶未必削弱了军人的力量，但是这场战争引发了一系列事件，从而削弱了整个大英帝国的力量。这也使英国的帝国财政陷入崩溃，因此不得不为东印度公司撑腰，而这引发了美国革命。

在英国和北美，高税收和重商主义政策引起了消费者及他人的抗议，但是在殖民地，这些行为导致的政治矛盾已经酝酿了一段时间。所谓的波士顿茶党已被载入美国的政治文化，并成为纳税人和个体反抗垄断政府的象征。从一定程度上说，殖民地纳税人确实反对格伦维尔勋爵（Lord Grenville）在 1765 年通过的《印花税法案》（Stamp Act），其中就包括对茶征税。该法案在一年后被废除，但茶叶税仍然要交，1767 年的税收法案对此再次予以确认。就像在不列颠群岛一样，征税使走私活动兴旺起来，殖民者从荷兰人那里购买茶叶，而不再从英国东印度公司那里购买。东印度公司担心自己正在失去殖民地市场，又想卖掉大约 1700 万磅的剩余茶叶，于是呼吁诺斯勋爵（Lord North）授予他们对美洲出口贸易的直接垄断权，这是前所未有的事情。1773 年的《茶叶法案》（Tea Act）达成了这一目的，通过消除英美中间商来降低茶叶成本，将实际税率降低到每磅 3 便士。然而众所周知，美洲商人及其盟友怂恿殖民地同胞停止进口、购买和饮用茶叶，稍后出台了主要关于个人责任和日常消费选择的强制令。[201] 美洲茶商和走私者十分反感殖民地政策授予英国东印度公司的新垄断地位，他们在波士顿、格林威治、查尔斯顿和费城等地发起了后来被称为"茶党"的组织。

消费者的抵制和波士顿茶党等有组织的抗议，引发了以普通消费者作为政治主体的新观点。美洲政治文化承认了消费者的公共意义，并呼吁他们拒绝成为被殖民的对象。美国人举行集会，撰写文章和宣传册，给茶叶贴上"奴役和毒害所有美国人"的标签。[202] 18 世纪 70 年代，围绕茶叶进行的抗议一再强调饮茶的习惯不是"单纯的奢侈"。一位评论家断言，美国革命前夕，这种饮品是如此便宜又充足，已"成为穷人的必需品和日常饮品"。[203] 还有人强调喝茶是一种政治罪恶。"一位女士"在马萨诸塞的一本杂志上提出这个观点，她写道："饮茶是公共的罪恶，不是私人的事情。"[204] 男男女女为了庆贺他们新的美国身份将茶叶付之一炬，或者劝说殖民者放弃这种"慢性毒药，它不仅破坏我们的宪法，还危害我们的自由，并把成千上万的资金从我们的国家卷走，来喝我们美国本土植物制成的茶水吧"。[205] 有些人喝鼠尾草、迷迭香和由新泽西茶树的叶子制成的拉布拉多茶烹制的"草药茶"，另外一些人转而去喝咖啡。关于美国作为咖啡之国的诞生有一个可信度不高的故事，说的是 1774 年，约翰·亚当斯（John Adams）结束了马萨诸塞腹地的长途旅行之后，写信给阿比盖尔（Abigail）说，他在投宿休息时问女主人："一位疲惫的旅客如果喝完全走私过来或者没有交过税的茶来振奋精神，是否合法？"令人惊异的是，这位女士回答说："不，先生……我们这里没人喝茶。我不会沏茶，但是我可以给你冲咖啡。"据此亚当斯向阿比盖尔坦白说他后来每天下午都喝咖啡，而且"非常适应"。[206] 这个引人入胜的故事展现了个人消费者和家庭主妇的政治力量。亚当斯从一个远离政治或经济权力中心的女人那里学会了如何做一个公民。他声称自从他爱上了喝咖啡的新习惯以后，革命政治也是愉快的。

　　引发了美国革命的抵制活动和其他消费者的抗议活动虽然对茶叶予以谴责，但并没有反对饮用茶叶这一行为本身。事实上，这些抵制活动的前提是对大众市场的力量有信心。后来很多美国人将美国革命称为这个国家不再喜爱茶叶的时刻，但事实并非如此。1783 年，英美签订《巴黎条约》，一年后，第一艘从纽约驶向中国的美国船只"中国皇后"号（*The Empress of China*）起航。它于 1785 年 5 月回国，并带回了 700 箱武夷红茶、100 箱熙春茶，还有大量瓷器。[207] 这次航程的成功触发了美国人对中国商品资源的争夺，在接下来的 30 年时间里，数百艘美国船只驶向中国。威廉·莫里斯（William Morris）、约翰·雅各布·阿斯特（John Jacob Astor）、斯蒂芬·吉拉德（Stephen Girard）等商人在与中国进行的贸易中赚了大钱。[208] 19 世纪末和 20 世纪初是令英国茶叶种植园主难忘的时代，美国消费者和商人在这个时期对茶叶充满热情，而英国茶叶种植园主渴望重温这种跨大西洋文化。

　　乔纳斯·汉威和殖民地革命者认识到，一些私下的行为可能会导致广泛的公共性、政治性后果。评论家激发了公众对进口和贸易不平衡的恐惧，并且宣称只想进口商品而不能出口这种情况会导致依赖性，使国力衰微，并使国人丧失阳刚之气。北美人把茶叶称为英国东印度公司垄断的可耻的外国货。正如我们所见，不列颠及其帝国中的很多人也会这样谴责东印度公司，但他们对于茶叶会采取相反的立场。汉威和美国革命者的观点是基于有关茶叶的异域性的不同观念。汉威对这种亚洲物品感到担忧，而美国人担心的是则一种罪恶的英国产品。18世纪的批评家是在谴责一种使人衰弱的异域诱惑，却并不想要一种使人清醒健康的中国草药。

———————

本章以塞缪尔和佩皮斯太太及佩林先生开篇，因为在17世纪和18世纪，他们代表了将这种外来的异域物品转变为欧洲和不列颠群岛的大众商品和日常习惯的典型人物。欧洲商人、传教士和贵族首先在中国、日本、印度次大陆和近东地区接触这种饮品。他们把这种中国植物视为一种强劲的药物、一种贵族时尚、一种智识上的好奇和一种都市乐趣。对茶叶的渴望激发了欧洲——特别是英国——对新口味、全球贸易、帝国和征服的渴求。这种渴望重新改变了地方文化和环境，但它始于一种认定摄入这种外来物质能使欧洲人更健康、更强壮、更文明的观念。然而随着时间的推移，大城市和殖民地的英国人开始抗拒茶叶的异域特性。直到19世纪，英国人对这种饮品的态度都一直在喜爱和排斥之间徘徊。

全球贸易改变了消费者的行为，继而又改变了他们的欲望和需求，这个循环过程成为世界经济的一股驱动力。销售、消费和口味日益把欧洲与中国和其他遥远地区联系在一起，这一点在我们研究一位著名历史学家所称的"消费束"（consumption bundle，一同购买和消费的一组商品）时越发清晰。[209] 在接下来的章节中，我们会更为细致地了解到饮茶涉及的多种物品，其中包括糖、牛奶、瓷器、家具等，还有时间和空间。对茶叶的需求为英国在亚洲的制造业创造了相应的市场，并刺激了英国的工业化。但是，鉴于不列颠及其帝国的世界主义受到越来越多的批判，这些欲望必须加以克制，转化为安全、健康和道德的需求。中产阶级和工人阶级的消费者完成了这一步骤，并围绕茶叶、糖，小麦和棉花，在19世纪初创造了一种新的节制消费文化。

2

禁酒茶会

创造 19 世纪的禁酒文化

在美国独立革命和法国大革命结束后的几十年里，受战争、经济混乱、工业化以及在大西洋世界内外传播的很多激进和保守意识形态影响，消费者和茶叶这样的大众商品的性质与意义发生了改变。除了这些变化，阶级、大众文化、政治改革、福音主义、新的家庭和性别思想在英国得到发展，也改变了休闲时间的性质。对于中产阶级来说，家庭被理想化为一个与工作相隔离的空间，而家政用人大军的默默劳动则虚构出"悠闲的"女士形象。[1] 然而，对于中产阶级和工人阶级来说，工作之余的时间变得更加有条理、更加商业化，休闲被视为理所当然。[2] 茶叶适应了这个新的休闲世界，但其历史受到政治辩论、宗教热情、工人和中产阶级的渴望及职场位置和性质剧变的深刻影响。福音派基督徒及其盟友在不断发展的禁酒运动中把茶叶赞颂为圣物。政治经济学家认为，它是控制经济增长与平衡社会交流必不可少的关键商品之一。在这些思想潮流和社会变化的共同作用下，茶叶进一步被奉为最道德和最有用的商品。在早期工业化的英国，喝茶尤其被视为一种理性的娱乐，使社会等级较低的人成为可预测的消费者。以充满矛盾的众多方式，茶叶成了道德和自由的帝国和富有生产力的国家的道德来源和象征。

18 世纪时，茶叶并非不可避免地会引发民族情绪，或许只有北美例外，在那里，拒绝这种英帝国主义的象征对创建新的美国认同感而言至关重要。正如我们所见，一些英国人钟爱他们的茶叶，但另一些人则抗拒这种收税的毒药，认为它增强了英国对中国的依赖。尽管如此，在19世纪上半叶，越来越多的英国人接受了这种被他们视为温和、文明、健康的"英国"饮品。在英格兰北部和苏格兰，自由派商人和棉花企业家营造出对茶叶的这种印象，那时他们正在攻击东印度公司垄断对华贸易，他们渴望获得中国市场，并想要一支节制且有生产力的劳动力队伍。中下阶层的手艺人和店主也认为，喝茶的人花钱比较理性，不会把金钱浪费在没用的娱乐上。政治激进分子、社会主义者和女权主义者把茶叶和禁酒当作在政治领域和家庭中获取公民权、实现性别平等的途径。保守党重申社会等级制度，福音派人士则在茶桌上成为基督徒的表率。无论自身差异有多大，这些社群一致认为，茶叶贸易和消费是道德和政治稳定的基石。

然而，这种表面上符合道德的商品也是帝国的一种工具。英国人、中国人、荷兰人、美国人和本土精英为了种植茶叶而剥削工人、征服新土地。可以肯定的是，棉花是那时流通最普遍的商品。美洲的奴隶劳动、工业化和全球商业网络把利润集中转移到英国和其他工业化地区。[3] 然而，茶叶、棉花和糖类的发展经历了一段共同的历史。人类学家西敏司向我们展示了，添加了奴隶生产的糖的大量茶饮消费如何推动了英国工业革命的进程，并借此揭示了这段共同历史。[4] 他认为，英国工人发现甜茶是一种廉价和方便的提神物，这在工厂漫长的值班时间中必不可少。西敏司提出，糖和面包成为工业化食品，可以快速有效地填饱机器般工作的工人。[5] 在此我认为，这些商品也以一些西敏司所没有觉察到的方式相互关联，而且茶叶和糖对工人有益的观念并不总是容易被工人或其雇主所理解。事实上，正如我们在本书中所看到的，有人认为茶叶是工人的理想饮料，在很多方面，这种想法被创造出来的方式与原棉变为有销路商品的方式相同。茶叶有助于提高工人生产力的这个概念最早是在英国工业化的时候提出的，但它成了茶叶史上最引人注目和反复出现的主题之一。在19世纪早期的英国，茶叶并不总是便宜或容易烹制的，而且它提供的能量比工人饮用的啤酒和其他食物更多这一点并不是显而易见的。然而，禁酒倡导者、自由贸易者和福音派人士逐渐发展出茶创造优秀工人、可靠消费者、稳定社会和健康经济的观念。这些社会群体坚定地认为，清醒节制的饮食和社交方式能让轻浮者变得节俭，让懒惰者具有生产力，让反叛者顺从听话。

正如我们在本章和后面两章会看到的，英国工业工人阶级的诞生，南亚和东南亚种植园农业和契约劳动制度的产生，购买、销售和饮用茶叶的新模式，这三者共同推动了新的全球经济的产生。为了真正了解这段历史，我们必须考察工业化的英国消费茶叶的方式及原因，以及究竟是哪些人提倡饮茶。通过聚焦这些问题，我们可以看到相似的信仰和社会是如何建立英国的帝国化和工业化经济，并创造与商品、口味和消费者行为的引入与输出相关的新道德观念。本章探询了新教徒特有的关于食物和身体的思想、社区在社会上和宗教上对人有所助益这样的工作阶级的观念以及对商业文明力量的自由信仰如何共同发挥作用，在英国打开茶叶的大众市场。这些力量在维多利亚时代的禁酒运动中相互交汇。禁酒创造了一个跨阶级、跨性别的公共文化，在其中，工人把自己视为消费者，商人学会重视工人阶级的市场。加入这场运动的工人和雇主、商人和企业家以及男人和女人都支持茶叶，并最终将其作为一种带有基督教属性的、自由的商品出售，他们认为茶叶可以消弭很多蔓延在这个快速城市化、发生着社会与政治剧变的时代里的危机。所有这些思想都聚集在禁酒茶桌上，把工业工人阶级市场转变成大众市场。

"它里面没什么有用的力量"：茶叶的道德和政治经济

19 世纪初期，出售茶叶的商店非常多，很多家庭的食品柜里也都有茶叶，它在外贸和政府财政中占据着中心地位，这意味着它已经引起了公众的极大关注，形形色色的人都在考虑它在英国社会、政治经济和家庭中的地位。人们的态度很难被明确地归类，一些激进分子、自由主义者和保守主义者仍坚持认为，茶叶是一种没用的商品，会浪费时间和金钱，不能提供真正的能量。很多人甚至进一步认为，茶叶是一种麻醉剂，与其他消耗工人阶级的资源和体力的邪恶物质无异。还有些人认为，茶叶对工人阶级是有害的，这是他们受到政治和社会压迫的标志。

其中一个问题是税收，它也曾令美洲殖民者心烦意乱。英法战争期间及战后，茶叶、咖啡和酒都是重税商品，一些激进分子提倡禁止购买、出售和饮用所有这些商品。[6] 因此，议会改革巴斯联盟协会（Bath Union Society for Parliamentary Reform）"认真地建议"他们的成员，不要把钱花在"酒吧里，因为这些钱有一半都被缴了税，喂养贪腐的蛆虫"。[7] 格拉斯哥的改革者禁掉了威士忌、麦芽酒、烟草和茶叶。一个苏格兰的激进协会甚至制造了一个"假茶壶……受到家庭主妇的称赞，由其领袖砸碎"。女性活动者在示威时带着"倒置的威士忌酒杯和茶壶，并举着写有'拒绝奢侈品'的标语牌"。[8]

另一些人则撰文彻底地批判这种没用的"奢侈品"。19世纪20年代，激进记者威廉·科贝特（William Cobbett）在他所写的家庭指南《小屋经济》（Cottage Economy，1822）中批判了工人阶级喝茶这一行为。科贝特认为，喝茶浪费女性的劳动和男性的时间。他描绘了泡茶涉及的很多重复性活动，以及农村家庭主妇如何因而变成家庭奴隶，以此证明自己的观点。喝茶也把男人变成游手好闲的懒人，把大量时间浪费在"无聊地等茶"上。茶叶也很昂贵。商店里的茶叶价格可能不高，不过如果算上时间、空间和与喝茶习惯有关的全部商品，包括牛奶、糖、燃料和茶具等，那成本就很高了。科贝特还否认茶能补充能量。相反，他认为这种饮品是"一种破坏健康的东西，使身体衰弱，让人沾染女人气和惰性，把年轻人变成浪荡子，给老年人制造痛苦"。此外他还坚持认为，"它里面没什么有用的力量——它不含任何营养成分——不仅毫无价值，还有坏处……它没有为身体注入任何力量"，因此，"它没有在任何程度上提升劳动效率"。[9] 因此，茶叶是不健康的，对生产没有帮助，有一股阴柔之气，并且不适合农场劳动者的生活方式。科贝特的长篇反茶言论是基于他对过去的幻想，他认为那时本地商品占据优势、能够自给自足并且税收较低，他的言论一定程度上是为了得到种植酿造啤酒所需谷物的庄园主的支持的一种手段。[10] 然而，作为英格兰南部农业区平民家务劳动的敏锐见证者，科贝特意识到了英国工人阶级在19世纪20年代喝茶是多么困难和奢侈。

一些福音派教徒与科贝特的意见完全一致。埃丝特·科普利（Esther

Copley）的父亲是一位胡格诺派丝绸商人，丈夫是一位浸礼会牧师，她在《小屋舒适》（*Cottage Comforts*，1825）中发表了自己的观点，该书也想指导"劳动阶层"如何"使自己获得体面的居所、健康的食物和得体的衣服"。[11] 科普利抄袭的不只是科贝特的标题，她与这位记者有着一样的担忧，不过她对茶叶的态度较为矛盾。尽管她建议工人阶级的食品橱里应该添置一只"好的铜茶壶"，认为这是最耐用的东西，但她坚持认为"茶叶是一种奢侈品，在家里喝茶越少，越能省钱，而且不会损害他们的健康"。她还哀叹面包和奶酪、啤酒与粥的老式早餐正在消逝。科普利与科贝特一样，向往乡村的、居家的、自给自足的时代，那时的代表性物品是自酿啤酒和温暖的"薄荷汁、烤谷物"，以及其他的"英国药草"，这些东西"和外国茶叶一样好，一样让人愉快"。[12] 科贝特和科普利都关心农场劳工饮食在商业化的英格兰南部发生的转变，那里以前很繁荣，以享用数量惊人的牛肉和啤酒著称。[13] 他们还捍卫本地的产品，而非外国进口商品，从而产生了有关地方性和民族的新思想——在这种情况下不包括茶叶，它是民族衰败的象征和缘由。

一些知名的自由派人士也为面包、糖、茶叶和咖啡等工人阶级的新饮食而哀叹。例如，威廉·拉思伯恩·格雷格（William Rathbone Greg）写道，品质低劣的低档茶叶"对所有劳动者的身体来说都是致命的"，只是缓解"身体疲倦和精神萎靡"的暂时性措施。更糟糕的是，它往往会"唤起对更强烈的刺激的需求……劳动者长期习惯饮茶，最终会沦落到喝的每杯茶中都要加入大量烈性酒。在我们的工业生产者中，这种有害的做法极度普遍，并且不分年龄和性别"。[14] 很多对工厂制度持批评态度的人都同意这种观点。詹姆斯·菲利普斯·凯-夏特沃斯（James Phillips Kay-Shuttleworth）博士、彼得·加斯克尔（Peter Gaskell）和激进的社会主义者弗里德里希·恩格斯（Friedrich Engels）都坚持认为，混合了烈性酒和其他刺激物的劣质茶叶象征着贫穷而非繁荣。[15] 威廉·奥尔科特（William Alcott）博士是禁酒积极分子，他同样把茶叶称为"麻醉剂"，认为它只提供了一种"虚幻的力量"。他这样说道："依靠茶叶恢复精力的女性和用烈酒提神的劳工、用鸦片药丸振作精神的土耳其人完全一样。当然，我们是就刺激物而言。"[16] 他的另一段话警告说，"串门喝茶打开了各种诱惑的闸门"。[17] 茶叶不是酒的解药，而是一种消耗金钱、使身体衰竭的药引子。这些作者全都把茶叶、酒与工人阶级的堕落联系在一起。像 E. P. 汤普森（E. P. Thompson）这样富有同情心的历史学家也曾如此认为，他有段名言，称劳动者"在'经济发展的好处'中所分得的是更多的马铃薯、几件为家人准备的棉布衣物、肥皂和蜡烛、一些茶叶和糖，还有《经济史评论》（*Economic History Review*）中的诸多文章"。[18] 汤普森坚持认为，在弥补工厂生活中漫长乏味的劳动、传统休闲方式的丧失以及政治和社会的严格压制方面，茶叶起不到什么作用。

不管有多少人怀疑茶叶的价值，认为这种饮料是健康的、温和的、能够治疗酗酒和其他危险性娱乐的思想还是占了上风，因为茶在政治、宗教和社会范围中获得了有力的、完全的支持。很多福音派教会甚至可以说是对这种中国饮品上了瘾。卫理公会创始人约翰·卫斯理（John Wesley）曾在 18 世纪 40 年代亲口谴责这种饮料，但是到了 1761 年，他却委托世界著名陶艺家乔赛亚·韦奇伍德（Josiah Wedgwood）为他制作了一个 1 加仑[1] 容量的茶壶。其他卫理公会成员也爱上了喝茶。[19] 著名福音派诗人威廉·柯珀（William Cowper）所写的诗《任务》（*The Task*，1785）是最为人所熟知的茶叶颂歌，它使茶叶具有节制特性的观点得以不朽，这首诗最初是这样写的："几杯茶，带来欢乐但不醉人。"[20] 柯珀的诗句引申出无数版本，成为有关茶、家庭和消费道德物品所具有的力量的福音思想的缩影。在帝国范围中，传教士和殖民地官员强化了这些观念，他们用茶叶教化土著人并使其改变思想，教导土著人以认真工作和勤俭节约为荣。在宗主国英国，茶叶具有节制特性的观点缓解了工业化、国际贸易和消费中国商品带来的焦虑。

正如我们在上一章所看到的，很多早期现代文化都认为，茶叶能够使人们变得节制、自制和理性。19 世纪初期，自由贸易者和福音派人士也持同样的看法，并认为茶是有助于节制的，而节制是英国人的明确特

---

[1]　1 加仑约合 4.5 升。

征。[21] 作为实现禁酒的一种方式，廉价的茶不仅合乎道德，而且对于民族归属感和民族发展来说也至关重要。禁酒也是一种有性别倾向的概念，有助于传播关于婚姻、家庭的新观念。禁酒的小册子、布道和政治论述描绘了朴素的夫妻如何创建健康的家庭和社会。特别的是，它们重新定义了英国男子气概，指出禁酒的男人是顾家的，他们需要回归到平静温和的家庭中，以洗清自己与公共世界的不洁的往来。[22] 因此，禁酒使家庭、家户及其内涵变得神圣。然而，正如我们在本章和随后的章节中所看到的，无论禁酒团体对私人领域给予多少赞颂，它们还是打造了很多公共空间，这些空间成为新型大众消费社会的基础。他们还发展出一种思想框架，使消费具有生产性并符合道德，而非浪费和罪恶的。

禁酒在成为有组织的政治和社会运动之前，曾作为一种意识形态引发了政治辩论。例如，19 世纪初期的自由主义者谴责重商主义是一种不道德的经济制度，他们所依据的主要例子之一就是东印度公司利用垄断地位限制道德的商品——特别是茶叶——的贸易，滋生了放纵的行为。东印度公司反过来称，这种节制的力量平衡了自由贸易经济中的热情。[23] 历史学家非常关注东印度公司和自由贸易商之间的这场斗争，以求借此研究商业对政治的影响，以及议会之外的游说活动的增长。[24] 然而在曼彻斯特、利物浦和格拉斯哥的自由派商人眼中，英国对茶叶的大量消费非常有助于加强他们与中国和印度做生意的能力，而人们忽视了这一点。这些商人组织了各种商会和商团，他们认为工人阶级增加茶叶摄入是全球经济运转所必需的。

在 1812—1813 年和 1829—1833 年这两个关于重续英国东印度公司特许状的争论进行到关键时刻的阶段，以及在后来的财政斗争中，自由贸易商做了两件重要的事情。他们把英国的茶叶消费与销往中国的棉花和其他曼彻斯特商品联系在一起，他们认为，如果阻碍这种道德的贸易的发展，就是在帮助和教唆不道德的贸易的增长，因为茶叶能够促进产生节制和善行。在这段时间，格拉斯哥和利物浦的商人、曼彻斯特的棉花制造商以及其他卷入东印度贸易的商人都一再攻击东印度公司，称其为一个不科学、低效率、陈旧过时的机构，阻碍了合法而道德的"节制"渴望，特别是茶叶的自由贸易。[25] 1812 年，一名通讯员加入这场争论，他给《格拉斯哥纪事报》写信说，英国东印度公司维持茶叶的高昂价格，使人们无法享用茶叶"这种烈酒的天敌"是不道德的。[26] 格拉斯哥的商人可能真的相信茶叶能够禁酒，但也可能只是想借这些言论跻身利润丰厚的对华贸易。

柯克曼·芬利（Kirkman Finlay，1772—1842）是一位格拉斯哥棉花企业家，也是一位有影响力的自由贸易游说者，他是这场运动的领导者之一。[27] 芬利及其同道获得了部分成功，1813 年，东印度公司的特许状得到修改，除了茶叶贸易，其他一切商品都开放竞争。然而，这只是斗争的开始。[28] 19 世纪 20 年代末和 30 年代初，英国东印度公司的特许状再次陷入争议，曼彻斯特、利物浦和格拉斯哥的商人与制造商通过了多项决议，并印制了很多宣传册和文章，表明垄断是如何限制国内外的茶叶和棉花市场的。[29] 芬利的儿子詹姆斯后来创立了詹姆斯·芬利公司（James Finlay and Company），它成了苏格兰纺织公司的领头羊，深度涉足亚洲市场的创建，并最终在大英帝国开展茶叶种植。芬利公司如今仍然是世界最大的茶叶生产商之一。[30] 现在我们知道，英国东印度公司在对华贸易的最后几十年的垄断，并非如柯克曼·芬利等人所说的那么封闭与低效，但承认这一点会削弱他们的观点的效力。[31] 到 19 世纪 20 年代，"私人"贸易在广州体系内已取得一席之地，当时英国东印度公司已经失去特许状，一半以上的贸易已经由私人控制。[32] 清朝的政策承认对外贸易的合法性，中英两国商人都能够按照自己的需要来改变规则。[33] 然而，很多自由主义者都坚持认为，英国东印度公司的垄断还是强大的，并且具有限制性。[34]

詹姆斯·西尔克·白金汉（James Silk Buckingham）身兼东方旅行者、自由主义改革者、禁酒与和平活动分子及女权信仰者，他在 19 世纪 30 年代初领导了反对东印度公司和酗酒的斗争，并且提出了一种以自由贸易为基础的道德社会的构想。白金汉的生活就像小说一样，但与柯克曼·芬利相同的是，他代表着大部分新自由主义中产阶级。白金汉于 1786 年出生在康沃尔郡，那里经历过福音派的狂热，并在白金汉的儿童时代成为卫理公会的堡垒。雅各宾主义和反雅各宾主义也曾在那里扎根，特别是在对法战争激起爱国热情之后。康沃尔也充满了来自美洲、欧洲、印度和中国的商品与思想。在不列颠群岛西海岸，法尔茅斯是该地区的主要港口和商业城市，合法和非法的全球贸易都在这里蓬勃发展。商船和军舰在穿越大西洋或去其他岛屿时，会在法尔茅斯港口停靠，它们在返程途中往往也首先抵达该港口。美洲的木材、大米和谷物，西班牙和葡萄牙的羊毛，以及西印度群岛的糖只是在法尔茅斯卸载的外国商品中的一小部分。另外，违禁商品交易在这里也非常活跃，一位评论家在 1800 年指出，几乎"镇上每一个男人、女人和孩子……都从事合法性存疑的商业活动，除了收税员"。[35] 正如我们在上一章看到的，茶叶是这种非法经济的核心商品，白金汉的家人和年轻的白金汉本人可能也从事这种非法交易。然而，他后来投身到提倡自由贸易和茶叶之类的商品的合法化的事业中去了。

白金汉 10 岁时就随父亲出海，他父亲在成为农民之前曾是一名水手。在白金汉的第二次航行中，一艘由英国叛国者操纵的法国私掠船俘获了他的船，把他与同船水手送进西班牙的一座监狱，在那里，他爱上了典狱长的女儿。[36] 他被西班牙政府释放后，于 1797 年告别初恋情人返回家乡，为一名航海设备经销商工作，学习了法律，结了婚，并在 1806 年再次出海。这一次，白金汉接触到了有关禁酒的外国思想。在向加勒比的拿骚航行时，他的船长禁止船员说脏话、喝烈酒，并鼓励水手保持个人卫生和铺位清洁。[37] 很难说白金汉的禁酒思想是否受到这些严苛纪律的影响，因为他也宣称，自己是通过直接观察穆斯林的饮食和禁酒习惯而受到的启发。他除了航行到加勒比海与美洲，还经过地中海航行到埃及，学会了阿拉伯语，给穆罕默德·阿里（Mehmet Ali）当过顾问，甚至萌生了在地中海和红海之间挖掘运河的想法。白金汉成了著名的东方学家，即专注于学习和了解有关东方的知识的西方人，他在 1816 年前往印度后返回，经陆路穿过巴勒斯坦、叙利亚、美索不达米亚和波斯，并在 1817 年回到印度。[38]

白金汉到达印度时，正好是东印度公司被迫开放与南亚次大陆的贸易的 4 年后，他成了东印度公司的主要批评者，谴责其为专制政权。他主张新闻自由，并于 1818 年 9 月创办《加尔各答杂志》（Calcutta Journal），这是一个自由派媒体，内容包括国际新闻、文学和赞颂英国激进派的文章。[39] 白金汉将该杂志视为政府权力的制衡力量，因此任由读者来信板块变成批评东印度公司的平台。由此，就在政治联盟要求改革国会和扩大国内选举权的同一时期，白金汉成了印度"陋规"的批评者。不过印度不是英国，白金汉因为从事激进的新闻报道，最终在 1823 年被驱逐出境。不出预料，白金汉回到家乡后继续攻击东印度公司，同时进一步推进自己作为作家和记者的职业生涯，他发行的刊物包括 1824 年的《东方先驱与殖民评论》(*Oriental Herald and Colonial Review*) 及 1828 年的《雅典娜神庙》(*Athenaeum*) 等。同时他还积极参与国内的政治和禁酒运动。

1832 年，白金汉代表谢菲尔德当选第一届改革议会议员，他领导了很多改革社会的斗争，包括禁酒、保护妇女、爱尔兰人和工人阶级的权益等。他真心实意地相信酗酒是当时社会的主要问题之一。他自己在 1826 年便不再喝酒，并于 1832 年正式"宣誓"彻底戒酒。[40] 两年后，他领导一个议会特别委员会调查酗酒的成因，并成为大不列颠与海外禁酒协会(British and Foreign Temperance Society) 的副主席。1834 年，白金汉在下议院发表演说时断言，大量"最无可否认的证据表明……酗酒就像一场强大而具有毁灭性的洪水，正在迅速吞没这片土地"。[41] 他努力反对英国东印度公司，使禁酒和自由贸易结合起来，这一点在当时广为英国的绝对禁酒分子所知。1834 年 10 月，即英国东印度公司丢掉茶叶贸易垄断权数月后，一位绝对禁酒领袖在利物浦举行的一次禁酒会议上公开宣称，"在开放对华贸易方面，白金汉先生为国家做出的贡献比英国其他所有人员或组织都多。酗酒改革远比议会改革重要得多"。[42] 按照这位倡导者的设想，自由贸易将创造一个节制的国家，这不仅仅是因为商业是文明的，更是因为茶叶贸易现在是自由的。在接下来的几十年时间里，白金汉继续支持自由事业；他反对在爱尔兰使用武力，呼吁废除奴隶制度，要求进行海军改革，此外还做了许多其他相关工作。[43] 白金汉于 1837 年辞职，启程到美国和加拿大举行巡回演讲，从事禁酒和反对《谷物法》(Corn Laws) 的运动，并于 1848 年参加了在布鲁塞尔举行的世界和平大会(World Peace Congress)。[44] 终其一生，白金汉奉行的信念是和平与自由贸易齐头并进，他对战争和帝国征服充满憎恶。

1833 年，白金汉和他的同事成功使东印度公司对茶叶贸易的垄断权被废除，但他与其他自由贸易商继续抱怨说，政府的政策限制了茶叶和棉花的自由流通。[45] 首先，他们并没有像预期的那样打开中国市场，而且随着自由贸易的开始，茶叶价格很快变得更加高昂。由于担心会损失大约 330 万英镑的茶叶税收，英国政府推出了一项新的三段税，提高了主要由工人阶级饮用的最低档茶叶的价格。[46] 这项广受诟病的政策催生了新的联盟，使茶商、棉商、工人阶级和中产阶级禁酒积极分子团结起来，共同反对这项税收及其他新税种。"如果政府真心关注劳动阶级的真正利益"，《普雷斯顿禁酒倡导者》（*Preston Temperance Advocate*）杂志于1836 年发表意见说，那么它"从道德方面考虑，就会降低茶叶、咖啡和糖的税率"。[47] 一位激进的杂货商和宪章主义绝对禁酒者 J. J. 福克纳（J. J. Faulkner）以一种有些戏剧性的姿态，穿着中国服饰在他的牛津商店里卖茶叶和其他杂货，以此抗议这些税收。后来他不再出售这些商品，并解释说他不愿成为政府的收税员。[48]

19 世纪 30、40 年代，茶叶的节制特性成了自由贸易和财政政策争论的焦点。19 世纪 40 年代初，英国决定发起第一次鸦片战争之后，制造商和贸易商进一步陷入一种幻想，认为"拥有无尽人口的中国现在就要从我国进口我们的产品了……它也准备向我们供应茶叶作为交换"。[49] 被称为桑顿子爵（Viscount Sandon）的第二代哈罗比伯爵（2nd Earl of Harrowby）在议会上代表利物浦，他于 1846 年在利物浦降低茶税委员会（Liverpool Committee to Reduce the Tea Duties）的一次会议上提出，降低税率会使英国工人更多地"饮用一种健康、愉快、无毒的饮品"，并且"扩大与中国的商业往来"。代表南兰开夏郡的威廉·布朗（William Brown）也提出了类似的观点，他宣称，"我很关注提升社会舒适度和百姓的家庭幸福"，这就意味着"用道德的茶壶替换不道德的酒壶"。[50] "为什么要向茶叶和咖啡征税呢？它们能够解酒，这些自由又便宜的饮品极有可能会解决酗酒问题。"1849 年，茶叶经纪人爱德华·布罗德里布（Edward Brodribb）在利物浦金融改革协会发表有关税收问题的演讲中这样问道。[51] 布罗德里布在发言争取低税率时，采纳了 19 世纪早期自由贸易商和禁酒活动家所用的言辞，他深化了这些观点，声称自由贸易本身就是一股节制的力量。[52] 类似的观点也影响到了帝国的财政政策。[53] 它们还拥有持久的影响力。1882 年，威廉·格莱斯顿（William Gladstone）在预算演说中提出，"国内喝茶的习惯极有好处，能够有力地遏制住饮酒的习惯"，他的这些话只是对数十年来一直存在的言论的重申与强调。我们也会把禁酒辩论看作 20 世纪初围绕茶叶发生的财政斗争的一部分。对这些言辞的强调体现了一种非常现实的看法，即认为英国大量消费茶叶，对于打开难以捉摸的中国市场来说非常关键。自由主义者为降低税率而斗争时，用在当时象征着道德的茶壶比作他们对全球商业道德的信仰。

当然，节制性饮品并非只有茶。咖啡一直很受欢迎，而且很多人主张适量饮用啤酒、葡萄酒和苹果酒。殖民地的美利坚人和乔治三世时代的英国人实际上以极为相似的态度看待葡萄酒和茶。葡萄酒和茶一样，被当作药物、待客之物和健康饮料。[54] 很多人还认为，啤酒的自由销售将会减少过度的烈酒消费[55] 当然，啤酒是地方产品，与农业经济密切相关。因此，赞成政治改革、废除奴隶和禁酒的辉格党政治家布鲁厄姆（Brougham）勋爵谴责茶叶是一种外来物品，它与啤酒的不同之处在于"英国就连一英亩用于栽培它的土地也没有"。尽管布鲁厄姆的政治立场与白金汉相似，但他喜欢啤酒，认为这是"一种可靠、有益健康且有保健作用的饮料"。[56] 身兼《爱丁堡评论》（Edinburgh Review）创始编辑、英国圣公会牧师和禁酒倡导者的西德尼·史密斯（Sydney Smith）表达了同样的思想，他问道："有哪两种概念比啤酒和大不列颠更密不可分吗？"[57] 在 19 世纪初期，很多激进分子和自由派人士都举着麦芽酒杯为不列颠干杯，他们还不相信茶叶这种中国饮品的益处。19 世纪 20 年代末期形成的新型的禁酒团体改变了这一切，因为它们想要追随者滴酒不沾。

禁酒团体中的食物和盛宴

1832 年 7 月 11 日，来自北部工业城市普雷斯顿的 540 名工人和妇女参加了一场名为禁酒茶会（temperance tea party）或茶会（tea meeting）

的新型公共宴会。[58] 这次活动在谷物交易所的交易大厅里举行，时间是赛马日的间歇，这个时间段传统上正是滥饮的时候。[59] 地点、菜单、装饰、桌子用品、演讲、歌曲表演以及对这些事件的解读，都让人想起禁酒和自由贸易的承诺。茶叶是这场演出的明星，不过成堆的面包、黄油、蛋糕、水果和棉质装饰品也为这次集会增色不少。一名禁酒杂志的记者描绘了这场美观而可口的盛宴，证明了这种跨越阶级和性别的休闲形式所具有的文明效应。这位持支持态度的评论家指出，墙壁"全部被极有品位地排列着的漂白印花布覆盖，并装饰着各种纹章"。食物和饮料"很好"，"以震惊游客的秩序和规律上茶"。那些"从来沉迷于比赛、通常醉醺醺的"男人"如今与他们的妻子和朋友一起坐在桌子旁"！喝完茶后，各种演讲嘉宾向观众发表讲话，第二天，演讲继续在普雷斯顿摩尔公园（Preston Moor）的室外会议上举行。这名记者得出结论说，这个活动确实是一场"理性的盛宴"。[60]

从 19 世纪 20 年代后期开始，在英格兰、苏格兰、爱尔兰、美国、加拿大、澳大利亚、印度、牙买加和南部非洲等地，成千上万的平民和中产阶级社群在工厂、谷仓、帐篷、学校、教堂和商业场馆参加类似的聚会，这种趋势到 19 世纪 30 年代日益明显。主办者摆上桌子，铺上洁白的棉质桌布，煮好大罐的热茶，烤出各种糕点、面包和其他甜品。他们用花卉和棉衬衫衣料装饰大厅，衣料上印有解释这些美味佳肴的意义的格言。墙上的标语解释说，这些饮食与宗教和丰收相关。禁酒并不意味着放弃这些感官上的享受。相反，禁酒活动把它的支持者转变为消费者，他们的需求就成了道德的需求，并且可以从中获利。[61] 在不列颠群岛，禁酒茶会表现出了自由贸易和基督教所具备的文明潜力。在这些活动中，工人阶级和中产阶级发展出一种不依赖于酒馆和客栈、不区分性别的新型社交文化。禁酒茶会在经济衰退、高税收、政治压迫、极度分裂的工业化和快速城市化过程中出现，对为了糊口而挣扎求生的工薪阶层来说，它带来了维持更美好生活的希望。中产阶级参与这些活动主要是为了向腐败的精英和桀骜不驯的工人宣示自己新获得的社会和政治权威。一来到这类场所，他们就会惊讶地发现，平日里麻烦不断的工人在安静地享受宗教、棉花、糖和茶。亲眼见证消费带来的平静效应后，中产阶级逐渐相信，如果佐以宗教，消费主义可以把工人阶级暴民转化为一个文明的市场。因此，禁酒茶会是一场综合了味觉、触觉和视觉的多层次表演，展现了消费茶叶、咖啡、糖、小麦和棉花所具有的道德和经济效益，更不用说宗教方面的好处了。

然而，这种新的社会行为很可能是由社会主义者和其他早期激进团体发明的。19 世纪 20 年代，罗伯特·欧文（Robert Owen）的空想社会主义信徒为了筹集资金、宣传思想并表达他们对性别平等的坚信不疑而举办了多次大型茶会。[62] 在接下来的数十年里，其他激进团体也在自己举办的茶会上宣传在激进的家庭、政治和社会整体中实行性别平等和社会平等。[63] 对这些激进分子来说，禁酒茶会象征着他们眼中的公平和富裕的世界。在这些场合中，数以百计的男女老少享用美食，喝着温和的饮品，聆听和发表着演说，并载歌载舞直到深夜。例如在 1831 年初春，一个贝尔法斯特合作社举办了一次茶会，有很多"衣着得体的有声望的女士"参加。茶会上"没有任何烈性酒"，演讲者们用一杯杯的茶和咖啡向他们的激进男女英雄致敬。他们把"劳动人民"尊崇为"一切财富的源泉"，期待着"旭日般的合作"取代"萎靡不振的竞争"。他们赞颂女权主义英雄和思想，包括"弗朗西斯·赖特小姐（Miss Frances Wright）、惠勒夫人（Mrs. Wheeler）和妇女权利"。[64] 弗朗西斯·赖特又叫范妮·赖特（Fanny Wright），出生在苏格兰，是自由思想家和女权社会主义者，她移居美国后成为废奴主义者，并与大西洋两岸的美国、法国和英国的激进分子相交甚广。赖特这些人为茶叶和禁酒运动注入了力量，使男人和女人都能够拥有政治及社会公民权。他们一边喝茶一边组织反对阶级压迫和不公正的法律。例如，1836 年在布莱顿有一场全女性茶会，抗议《济贫法修正案》（New Poor Law，1834）中固有的阶级特权，这一法律创造了新的济贫院制度，在工人阶级团体中极受诟病，以至于被称作《饥饿法案》（Starvation Act）。[65] 由此，这些激进团体修正了先前有关茶叶的激进思想。社会主义者把喝茶视作一种解放，而不是把它当作压迫的工具。[66] 我们将会看到，受基督教启发的绝对戒酒者对此态度极为不同，但他们借鉴了欧文的空想社会主义与相应的社会行为，特别是早期社会主义者致力于创建的异质社交性（heterosociality）。

1826 年，美国禁酒协会（American Temperance Society）成立，受此启发，苏格兰、英格兰、威尔士和爱尔兰在 1829 年夏天开始出现新的禁酒组织，到 1830 年，大多数主要城市都有了这样的协会，其中包括格拉斯哥、普雷斯顿、曼彻斯特、利兹、都柏林、伯明翰、布里斯托尔、纽卡斯尔、布拉德福德和伦敦。[67] 这些社团举行大型茶会，招募追随者，筹集资金，并为其成员提供其他形式的娱乐休闲活动以替代饮酒。禁酒茶会把激进和改革政治的公共特性与卫理公会式的帐篷聚会以及皈依过程中的个人证词结合起来，成为大众自由主义和福音复兴在物质和饮食方面的体现。[68] 不过，这些社群对自由贸易的好处将信将疑。[69] 例如，禁酒倡导者认为，1830 年通过的"自由"的《啤酒法案》（Beer Act）不再要求啤酒经销商向地方行政官申请执照，进一步放纵了酗酒的罪恶行为。事实上，《啤酒法案》的通过以及 1832 年通过的《改革法案》（Reform Act）未能实现普遍选举权这件事，才真正使很多激进分子确信，他们必须改革工人阶级文化，才能创造一个对投票选举有所准备的阶级。[70]

19 世纪 30 年代初和 40 年代，绝对禁酒团体在英格兰、苏格兰、爱尔兰和威尔士的工业区迅速发展。普雷斯顿是兰开夏工业中心一个生产棉花的城镇，被认为是查尔斯·狄更斯在《艰难时世》（*Hard Times*）中描绘的"科克敦"（Coketown）的原型，它在这场新的绝对禁酒运动中处于核心地位。普雷斯顿和科克敦一样，是一个腐臭、嘈杂又单调的城镇，充斥着蒸汽机的轰鸣声。该城镇的人口在 1810 年只有 11 887 人，1851 年增加到 69 542 人，有 60 多家纺织厂雇用了近 40% 的青少年女孩和 25% 的青少年男孩。[71] 这些年轻的操作工以桀骜不驯著称，在 19 世纪 30、50、60 年代发起过多次罢工。虽然这些工厂工人经常因为薪水和工作条件与经理和大商人发生冲突，但是又因为不服从国教和戒酒而与他们联合起来。[72]

狄更斯等人将禁酒嘲讽为工厂经理为了自己的目的而操弄的压迫性工具，但是绝对禁酒运动在很多方面是一次跨阶级的尝试。约瑟夫·利夫西（Joseph Livesey）原来是手工织布工，他通过自学成为奶酪经纪人，并与其他几位兰开夏商人和工人一道开创了这场改革运动，并将其推广到普雷斯顿以外的地区。[73] 参与过政治改革的这一群人日后将在反谷物法联盟（Anti-Corn Law League）和类似的自由派事业中成为活跃分子。辉格党报纸和棉花制造商及其妻女加入社团、举办聚会并在会上发言。[74] 对于这些中产阶级追随者来说，禁酒是一种自我完善的行为，使他们可以向工人灌输节俭的观念，培养他们良好的行为。禁酒文化除了鼓励劳动者遵守规定和保持生产力，还为中产阶级提供了一个确认其"社会抱负和认同"的场所。[75]

"绝对禁酒"（teetotal）这个词并不等同于饮茶，尽管绝对禁酒者特别喜欢喝茶。有传言说，口吃的理查德·特纳（Richard Turner）发誓"绝……绝……绝……绝对"（t-t-t-total）禁酒的时候，无意中创造了这个词语。它的意思是指彻底拒绝购买、出售或饮用所有的酒精饮料，包括葡萄酒和啤酒。一些更加激进、在社会上更边缘化的持异议的教派可能对这种绝对禁止行为产生了影响，因为一些教派早已提倡在吃饭时拒绝"食用动物食品和令人喝醉的液体"，比如工人阶级的索尔福德圣经基督教会（Salford Bible Christian Church）。[76] 然而，禁酒倡导者在谴责酒的同时，开创了一种提倡茶、咖啡和其他非酒精饮品的节制的生活方式。绝对禁酒主义者相信，教育的力量、道德的劝说和替代性饮品是反对饮酒和酒吧的最佳手段，他们建立了一种节制的消费者文化。

正如一位历史学家所说，绝对禁酒主义渗透着"大众福音主义"（popular evangelicalism），并且禁酒运动利用了从英美"奋兴运动"（revivalism）中学到的宣传技巧和组织方法。[77] 普雷斯顿社团举行的第一次会议由一位卫理公会牧师主持，地点是在一座卫理公会教堂里。利夫西是一位苏格兰浸信会教友，他试图以"耶稣的仁慈宽容精神"指导自己的行为。[78] 对于绝对禁酒主义，英国圣公会教徒和很多卫理公会教徒的态度是矛盾甚至敌对的，不过英格兰西部的公理宗教徒（Congregationalists）、守旧派卫理公会教徒（Primitive Methodists）、美道会教徒（Bible Christians）、英格兰和威尔士的加尔文主义卫理公会教徒（Calvinistic Methodists）对此相当热心。贵格会成员的表现也很突出，虽然他们并不是绝对禁酒者。这个组织禁止信徒酿造、出售或饮用烈性酒,但他们认为啤酒没有任何问题。卡德伯里(Cadbury)等著名贵格会家族建立起商业帝国,出售温和的酒类,我们将在后面的章节中讨论这个话题。[79] 一些不服从国教的牧师获得了职业地位并成了工业城市中的精神和文化领袖,他们常常在这些茶会中布道,而前酗酒者也出来现身说法,坦白宗教如何帮他们戒掉"对杯中之物的贪爱",一个靠养老金生活的人在 1833 年 10 月举行的一次博尔顿茶会上如是说。这位退休老人解释说,自从加入新禁酒协会(New Temperance Society)以后,他已经有 14 个星期没喝过刺激性大过"茶或咖啡"的东西了。他现在相信,自己"能够更为言行一致地做我们神圣宗教的虔诚信徒了"。[80] 这样的忏悔把茶叶和其他节制性饮品神圣化为圣洁生活的象征和实现方式。

茶会的组织者几乎总是宣称他们正在推进"节制、勤劳和宗教"。[81] 在初期,茶会经常在圣诞节举行,并把这个曾经热闹非凡的节日转变成消费者导向的家庭事务。[82] 然而,不管茶会在什么时候举行,都能让人短暂品味到甜蜜的生活,并证明对沉湎于不道德的享乐的拒绝会如何带来一个食物丰盛、家庭幸福的永恒世界。禁酒刊物描述了这些事件有趣的细节。1834 年,有 1200 人参加了在圣诞节举行的禁酒茶会,这是最早的这类活动之一。组织者用饰有五彩玫瑰花结和常青花环的白色麻纱装点普雷斯顿谷物交易所大厅的墙壁和窗户。630 英尺长的桌子上也覆盖着同样的麻纱,40 名已经戒酒的前酒鬼为人们端茶,他们都身着正面印有"禁酒"一词的白色围裙。《普雷斯顿禁酒倡导者》杂志描述说:"桌子上摆满了饮品和食物,丰盛的食物似乎在对客人微笑。""丰盛"当然是这次聚会想要传达的一种正式信息,它被印在结彩装饰的墙壁上,此外还有"禁酒""节制""和平""幸福"这些词。这场聚会最终在由一个小乐队柔和地伴奏的禁酒赞美诗中平安结束。[83]

举办茶会的地点对这些组织的主张来说很重要。普雷斯顿谷物交易所是一个公共市场和拍卖场,不久前才于 1824 年开业,很多宗教、公民和商业协会为了创造共同价值观与归属感而举行聚会时,往往选择这类场所(图 2.1)。年复一年,禁酒运动很好地利用了这些新的公共场所。1836 年,普雷斯顿的交易大厅再次"被漂亮的常青树、玫瑰花饰、人造花朵（和）果树装点"。56 扇窗户也"装饰得精致而有品位"，桌子和墙壁上覆盖着"900 码[1]长的白色棉衬衫衣料"，上面又一次印有"节制""清醒""和平""幸福""丰盛"等字样，而"丰盛"这个主题直接就体现在摆满面包和黄油的桌子上。丰盛、规律、快乐和社会和谐等主题也在对这些活动的描述方式中体现出来。例如，描述这次活动的作者明确指出，就在"4 点半钟"的时候，"75 组漂亮的茶和咖啡饮具"以及"34 个装有 250 加仑茶水的茶壶"是怎样为 1200 到 1300 位客人服务的。他还提到，普雷斯顿市长带着"他的夫人和儿子"，看到"豪华的会场，还有人们饮用振奋精神却不会令人喝醉的饮品，脸上流露出了欢乐和愉快，感到心满意足"。[84] 支持这些活动的评论家描绘了理性、愉快而有纪律的场景。这种解说不仅仅是一种事实陈述，而且还是一个政治和经济论断。

1836 年，在这个茶会举行的同时，普雷斯顿的技术工人正在罢工抗议工资的下降。[85] 利夫西向他们解释了禁酒如何能够帮助他做斗争。他指出，"雇主们不断地发明新机器，以便节省劳工"，因为他们"无法依

图 2.1　卫理公会宴会，1856 年 5 月 29 日，谷物交易所，普雷斯顿

---

[1]　1 码约合 0.9 米。

靠他们的雇工，后者总是滥饮误事"。[86] 他认为，工人如果能够保持清醒，机器就没有存在的必要。因此，茶叶是一种有用的商品，因为它能够防止劳动力的浪费，而这反过来又提高了生活水平。[87] 利夫西还相信，通过禁酒，不管经理们提高还是降低工资，工人都能改善自己的物质条件。他提出为人们带来丰盛、和平和幸福的是宗教、个人改过自新与社会和性别和谐，而非暴力和激进主义。这个论断随着禁酒运动的发展而传播开来，在各个地方，茶叶都与社会和谐建立了关联。

很快，普雷斯顿的茶会就变得高度程式化，与早期的形式几乎没有什么变化。[88] 1889 年，《利夫西道德改革家》（Livesey's Moral Reformer）杂志提到这件事，报道说这个城市的圣诞节茶会"一直被当作一种范式"，年复一年，普雷斯顿和整个英格兰都在效仿举办。[89] 这绝非巧合。利夫西及其同道发起他们所谓的"禁酒传教"旅行，用来传播其理念。1833年夏，他们访问了布莱克本、海伍德、罗奇代尔、奥尔德姆、斯托克波特、曼彻斯特和博尔顿，在这些地方敲响钟声，发起集会，并且挥舞着一面小小的白色丝绸旗帜，劝告他人"不要碰、不要尝、不要拿、不要喝、不要买、不要卖、不要酿造、不要蒸馏会让人喝醉的酒"。[90] 然而，这些城市中有很多已经举办过茶会。在 1832 年 11 月 5 日的盖伊·福克斯节（Guy Fawkes' Day）上，300 人坐在奥尔德姆的卫理公会学校教室里喝茶。[91] 12 月 22 日，大约 100 人在切斯特的布朗街安息日学校举行派对。[92] 1 月 12 日在海伍德，450 人在"斯科菲尔德（Scholfield）夫人的一间磨坊的大房间里"喝茶。村里的牧师、浸信会牧师、卫理公会牧师、校长和反谷物法联盟领袖约翰·布赖特（John Bright）都在那天和工人们一起喝茶。[93] 1836 年在利物浦举行的一次聚会中，2500 名城里的"有钱人、美女和有识之士"聆听了"一位英国人、一位威尔士人和一位苏格兰人"的讲话，其中 500 人立即发誓完全禁酒。[94]

桑德兰、米德尔斯堡、布拉德福德、格洛斯特、伯明翰、诺丁汉以及威尔士的几个城镇也举办了这类活动。[95] 有些活动会持续好几天。1835年 4 月，在约克郡西区的布拉德福德附近的威尔斯登，一个茶会始于街上的游行，然后在"12 点钟整，教堂的门打开了，群众走进去，在凳子上坐下来"。绝对禁酒者们祈祷、唱赞美诗并聆听演讲，然后到搭在教堂外面的一座"华丽的帐篷"里参加宴会。禁酒史学家塞缪尔·库林（Samuel Couling）在 30 年后记述这段历史时，再次刻画了平静丰裕的主题，如此之多的与会者都能安静地进餐，没有发生一丝混乱，着实让他和其他人感到吃惊。库林详细描述了这次聚会的大小、规模和感觉。在一个"长 135 英尺、宽 54 英尺……由 3 排柱子支撑，每排 8 个，装饰着旗帜、常青树和人造花"的帐篷里，这次聚会——

> 从 5 点钟开始，秩序井然，座无虚席，茶水和佐茶物有 1400 份。这些人刚饮用完，就"有秩序地同步离开"，为另外 1100 名在外面耐心等待的人腾出位置。第二批人离开后，大约 200 位领导者、官员和其他人等也开始享用。因此，在这场盛大的活动中，坐下来喝茶的人达到 2700 位。[96]

并不是所有的茶会在规模上都能与在威尔斯登和普雷斯顿举行的茶会相比。[97] 但是，不管是肯德尔的铜矿工在一间谷仓和农舍里举行茶会，还是伦敦人在西奥博尔德路（Theobald Road）的大房子里享用"使人兴奋却不会让人喝醉的饮品"，他们的饮品食物、装饰物品和传达的道德信息都是非常相似的。[98]

参与者赶过来，亲历这场茶、糖、面包、黄油和蛋糕带来的视觉、嗅觉和味觉盛宴。利夫西声称，这样的盛宴是借鉴历史和《圣经》中的例子，他特别指出，《新约》中的婚礼晚餐是一种公开而且符合道德的盛宴。利夫西认为，茶会是一种理性的盛宴，有效取代了"在这个国家极为盛行的奢侈放荡的饕餮和滥饮"。[99] 然而，禁酒茶会消耗了大量的面包、蛋糕、黄油、奶油、水果、糖、茶叶和咖啡。在一次宴会中，1400 人吃掉了"700 磅葡萄干面包、364 磅普通面包、130 磅方糖、60 磅红糖、81 夸脱奶油、30 磅咖啡、10 磅茶叶、50 磅黄油、84 打橙子（和）800 磅苹果，等等"。[100]

食物成了奇特的景象。禁酒游行者推着满载食物的小推车在城市街道上穿行，以之象征"绝对禁酒主义的成果"。例如在曼彻斯特，一辆禁酒推车上面满载着一大袋鲜花、一个 65 磅重的火腿、85 磅的奶酪，还有一块重达 60 磅的面包，这样的推车唤起了人们对神秘的"安乐乡"（Land of Cockayne）的想象，只是这个版本节制而不失富饶，在"安乐乡"，农民们没有饥饿之忧，过着安逸的生活。[101] 在这一时期，突出展示食物很常见，零售商拉着满载硕大火腿和奶酪的推车，在城市街道上炫耀。[102] 即使是最普通的杂货店，也很乐意在窗口堆满食物和其他日常用品。

享受和幻想食物是人们非常古老的传统，不过茶会是现代的盛宴，提供的是在商店和公共餐馆购买的新型食物而非家庭自制的东西。[103] 糖的作用非常突出，既可以放在蛋糕和甜面包中烘烤，也可以添加到冷热饮品里，还有水果中的天然糖分，都能够为禁酒餐桌增光添彩。诸如可可、汽水、姜汁啤酒、柠檬水和咖啡等甜饮料也普遍都会加糖饮用。[104] 西印度群岛咖啡的低税率与 1815 年以后锡兰迅速扩大的种植规模导致了咖啡价格的降低以及 19 世纪 40 年代市场的迅速扩张。1847 年，伦敦有 1500 到 1800 家禁酒咖啡馆，供应价格合理的茶和咖啡，也为聚会和活动组织提供了场所。[105] 因此，禁酒咖啡馆和茶会是两种新型大众餐饮形式，有助于塑造清醒的工人和理性消费者。咖啡馆的目标顾客群体是城市中的男性工人，而茶会则旨在"防止男女青年混迹于酒店和啤酒馆"。[106] 在这几年中，价格的下降和其他因素致使糖的消费量大幅增长；此外，禁酒肯定也激发了英国人对甜食的喜好。[107] 简而言之，禁酒有助于创造现代化的饮食方式，因为它促进了饮食从酒和燕麦之类的谷物扩大到咖啡、糖和小麦等更多种类的食物。

茶会往往在公共场所举行，但它们也展示了与福音派相关的新的性别和家庭观念。茶会除了使工人阶级变得清醒节制，还重新定义了富家女的消费主义。18 世纪的评论家经常给精英女性喝茶这件事贴上轻佻的标签，称之为无所事事浪费时间。[108] 茶会把这种私人消遣转变为一种公共福祉。[109] 富裕的女性往往引领了这种变化。当利夫西和他的商人朋友们开创这项运动的时候，当地的精英女性为这一事业捐赠钱款、食物，提供场所，付出时间。她们使自己的消费习惯合法化，并通过改造他人的消费主义而在公共领域为自己赢得一席之地。博爱而富于改革精神的女士们尤其乐于申明，一种作风端正、跨越阶级、为人们所共享的消费文化可以促进社会理解，终结阶级冲突。嫁给著名的工厂制度辩护者的威廉·库克·泰勒（William Cooke Taylor）夫人形容说，茶会证明了"主仆之间的良好感情"，还有"工人和雇主之间的诚挚友谊"。她特别指出，尽管举办活动的场地是在一个"挤满男男女女的大房间里，里面的人都是厂里的……（但是）一切都有条不紊……（而且）整个事情有点儿违背规矩甚至礼节，这个房间好像就是个时髦的餐厅，但没有一丝噪声或混乱"。[110] 凯瑟琳·马什（Catherine Marsh）是一位著名的福音派慈善家兼作家，她为建筑工人、工厂工人、村民和主日学校的学生组织茶会。[111] 马什相信，分享食物和饮料，特别是分享茶和蛋糕，能够促进跨阶级的友谊和共同的基督教行为的产生，这将消弭深深困扰维多利亚社会的深层阶级分裂。[112] 福音派女性明白，分享食物是一种非常符合基督教教义的行为，展现了资产阶级的举止礼仪和规矩以及饮食方式。

然而，工人参加茶会是因为茶会符合他们自己的关注点和幻想。18世纪的工人已经开始在饮食和打扮方面加大投资了，因此消费主义并不一定是强加给平民阶层的中产阶级价值观。[113] 工人阶级和中下阶层的组织者都相信，茶会上有女性出席具有教化的力量，而且很多"实诚小伙儿和漂亮姑娘"到茶会上寻求清醒的生活伴侣。[114] 这一点并非不重要。贪杯滥饮与男性工匠文化中更为暴力的方面有关，而且消耗了工人大量的薪水，煽动家庭暴力，使工人阶级家庭内部对稀缺资源的争夺具体化。[115] 但是，1838年圣诞节在维根镇（Wigan）商业大厅举行的聚会上，我们开始看到禁酒在以某种方式物化女性。一位作家暗示这些活动背后隐含着性乐趣，他写道："那些在活动中从事茶饮服务的女士多达30人，她们自行安排现场，装扮得非常漂亮，这远比她们背后那些糟糕的产品更为有趣。"[116] 这类描述表明，异性求偶与伴侣式婚姻的商业性质在这一时期日益成为流行思想。

对消费社会的历史而言，最重要的也许是茶会改变了管理者看待其工人的方式。根据社会理论和很多流行的观点，管理者认为工人天生就是不听话和懒散的。这些制造商学习的是托马斯·马尔萨斯（Thomas Malthus）和大卫·李嘉图（David Ricardo）的经济学理论，他们也认为提高薪资会导致工人酗酒更加严重、家庭人口更多、转向赤贫的速度更快。这些理论家猜想，如果不遵守道德、不能控制个人情感，就不可能维持健康的大众市场，更不可能带来经济的增长。然而，他们的关注点在于工作和如何发展机构——工厂、劳教所和种植园——以及塑造优秀工人的政策。持自由主义思想的禁酒倡导者注意到了这些问题，但提供了一种消费和经济的新观念。他们认为，在正确的地方消费正确的商品，解决了马尔萨斯陷阱[1]问题，不会造成贫困，反而会催生一支工业劳动力。茶叶成为这类特殊商品之一，它能够刺激感官却不会使人情绪失控，更重要的是，它使人们能够在市场上做出理性决策。它从本质上创造出"自由的"个体，或者说是人们不受激情左右、可以自由做出选择的观念。虽然自由主义有很多方面，很多禁酒倡导者也并不将自己定位成自由主义者，但他们都相信，公民是有自制力的，能够控制自己的肉体欲望。欲望必须被重新引导到有意义的目标上来。简而言之，使用好的东西能够防止人们被不好的东西引诱。[117] 在这个构想中，茶叶和商业一样，变成一种节制的激情，在真正的意义上实现了自我提升并惠及整个国家。交易商和制造商通过目睹成百上千的工人平静地享用堆成小山的商品，每一次公共茶会都以大量棉花织就的桌布做装饰，感受到了消费的教化力量。在阿尔斯特、格拉斯哥、普雷斯顿、布拉德福德和利兹的非国教纺织品制造业社区中，反烈酒社团尤其活跃，而且工厂主们会主持聚会、当众发言并经常出现在认购名单上，这并不是巧合。[118] 这些制造商需要大众市场。

禁酒运动特别强调此类问题，并认为禁酒者学会了如何配置稀缺资源，做一个收入可以自由支配的优秀购买者，也就是易于预测的购买者。正如一位爱尔兰活动家所解释的，"啤酒馆、酒店等会被面包店、小吃店和咖啡馆所取代"。禁酒可以把钱节省出来，用于购买"衣服、美食、生

---

[1] 人口增长是按照几何级数增长的，而生存资料仅仅是按照算术级数增长的，多增加的人口总是要以某种方式被消灭掉，人口不能超出相应的农业发展水平。这个理论被人称为"马尔萨斯陷阱"。

活中所有舒适的享受，总之，可以很好地报答种植者和制造商"。[119] 利夫西鼓动店主们支持他的事业，因为"如果绝对禁酒主义流行起来，几乎所有花到酒馆里的钱都会花到你们的商店里"。[120] 利夫西与普雷斯顿的很多自由主义事业都有联系，他坚定地相信，绝对禁酒根本不会伤害贸易和农业利益，反而会把工人转变成消费者。他断定茶叶而非酒精会为布料和其他商品带来更多收入，并借此揭示出国内外市场的联系。因此，禁酒对外国和本地市场都有推动作用。[121]

新禁酒运动因此得出结论，认为大量消费茶叶解决了一个正处在工业化和扩张中的帝国经济的中心难题，即如何塑造现代化的高效劳动者和消费者。他们把追随者当作消费者，并且相信对饮食、物资和其他消费活动进行改革会得到物质上和精神上的奖励，有助于人们保持身心健康，能够为人们赢得社会公民权甚至政治公民权。[122] 禁酒运动逐渐发展出一套道德说辞，声称只要人们约束自己的消费欲望，就会在肉体和精神、社会和政治方面得到奖赏。禁酒倡导者在装点了具有特殊意义的饰物的特定场所供应了特定的食品和饮品，以此表达并阐释这些观点。那时禁酒茶会上的商品和消费者是一场包括了空间和物质、视觉和烹调表演的"场面调度"（mise-en-scène）。最终，茶会推动了在19世纪初成形的消费文化的发展，并对其加以利用。不是每个人都会成为绝对禁酒主义者，但是禁酒依然成了一种主流政治意识形态和社会行为。它影响了经济理论与饮食口味和习惯。禁酒鼓励工人向往一种高尚却以消费者为导向、以家人和家庭生活为中心的生活方式。它也让零售商和雇主去构想能够消费糖、黄油、小麦、茶叶和棉花的男女工人。在19世纪30年代的禁酒场所中，清醒的工人阶级市场这一概念逐渐清晰起来。

茶会旅行

普雷斯顿是新型全球经济和文化的中心，但在范围远大于此的禁酒运动中，它只是其中的一个中心。[123] 维多利亚时代的禁酒史学家 P. T. 温斯基尔（P. T. Winskill）相信，只有上帝才能为发展如此迅速的全球运动播下"种子"。[124] 除了造物主，还有谁能跨越广阔的海洋推动这样一个现象级的运动迅速传播呢？然而，在这些年来推动使用全球商品的那股力量恰恰也传播了禁酒及其饮食方式。识字率的提高、文字作品的传播以及传教士、军人、实业家、经销商和慈善的"女士们"组成的庞大网络，把北美地区和大英帝国联结起来，并协助建立了共同的禁酒消费文化。[125] 在电报和其他现代通信系统诞生之前，流动人口和志趣相投者摆脱地域和距离的限制，传播了一系列思想和习惯。禁酒是19世纪早期同时向多个方向传播的全球性贸易流动和交换的一个例证。尽管如此，类似活动仍然受到不同种族和阶级、性别与殖民政治的影响。

绝对禁酒社团始于美国，并由那些1829年秋季停靠在利物浦的船长们带到了大西洋对岸。他们分发美国的宣传册并推动了禁酒运动在这一港口城市的开展。一位在普雷斯顿有业务的利物浦铁器商人亲自"改造"了他酗酒的商业伙伴，此人正是托马斯·斯温德赫斯特（Thomas Swindlehurst），他后来成了普雷斯顿绝对禁酒团体的最早创始人之一。几乎就在同时，一位艾伦小姐和一位格雷厄姆小姐听说了美国的这场运动，并在格拉斯哥附近建立了一个女性禁酒团体。[126] 很多美国人旅行到格拉斯哥和利物浦，这些思想观念也因而从那里传播给帝国的本土居民。不过，也有可能是美国人在这些城市中学到的绝对禁酒。例如，格里诺克彻底改革协会（Greenock Radical Association）反对酒、茶、咖啡和烟草等一切成瘾物品，其主席詹姆斯·麦克奈尔（James McNair）先生于1819年在苏格兰建立了一个完全禁酒团体，之后他搬到新西兰，19世纪30年代早期在毛利人和英国殖民者中推广绝对禁酒主义。[127]

福音传教士也走在这场全球性运动的最前沿，当激进的社会主义者在英国举办茶会的时候，他们同样也在大英帝国范围内举办茶会。[128] 这并不是说英国的禁酒团体没有受到美国组织者的启发，但福音主义和社会主义都是有助于禁酒思想与行为传播的跨国运动。茶会无论在哪儿都是传教士的手段之一，不过在南非尤其盛行。尽管欧洲各国传教士在南非遇到多种族裔、语言、土地使用制度和经济体系，但英国传教士仍然坚信一杯茶可以消弭一切殖民冲突。

19世纪20、30年代，英国人希望能够实现经济自由化和货币化，并鼓励白人到南非的开普殖民地定居。[129] 这个时代的传教士往往出身于中产阶级，他们越来越相信英国式的家庭生活、服装要求、家居舒适以及类似的理性享受是使转变能够发生的关键所在。[130] 和在普雷斯顿一样，他们相信茶象征并创造出一个基督徒的物质世界。约翰·坎贝尔牧师（Reverend John Campbell）是伦敦传教会（London Missionary Society）的一名巡视员，他描述了1820年春天自己在开普敦的经历，谈到一位非洲"国王"带着"他的两个妻子进入帐篷，介绍给我们认识；但他们的主要目的似乎是来看我们的茶壶，他们对此已有所耳闻。他们非常专注地看着这个茶壶，并举起双手以示惊讶"。[131] 塞缪尔·布罗德本特（Samuel Broadbent）先在锡兰的卫理公传教会工作，之后来到非洲南部，他也喜欢喝茶，并于1823年首次把茶带给南非的茨瓦纳人。后来他在日记中回忆说："当两个女人走进我的小屋……我让她们品尝我的茶，并且把针、线和顶针送给她们每个人。"[132] 通过这种方式，传教士试图灌输新的性别和家庭观念。对传教士来说，茶是欧洲家庭生活的象征，也是改变非洲人的物质和烹调文化的一种手段。[133] 在这些记载中，茶叶成了基督教商品和家用商品，是男性传教士和女性土著之间的一个连接点。这样的故事展示出传教士如何赋予茶叶及其相关事物以神圣的意义，而不仅仅是非洲人。

传教士无论到哪儿，几乎都是用食物、物质文化、餐桌礼仪和茶来传播基督教和商业的道德与行为。例如，《伦敦福音杂志》（London Evangelical Magazine）在1825年报道说，在南太平洋诸岛，泰尔曼牧师（Reverend Tyerman）和他的兄弟目睹"父母、子女、酋长和其他人共计1000余人"吃晚餐：

> 以英国人的方式坐在桌子旁的沙发上。沙发有200多个，桌子的数量也差不多。所有人都以同样的方式一起喝茶。桌子成排摆放在聚居地的一个宽敞的地方，并用本地的布料遮挡太阳。每张脸上都洋溢着喜悦，我们全心全意相信上帝的恩典，感谢他的"和平福音"的祝福。[134]

在这段描述中有几个非常重要的元素。文中对这一事件的描述几乎与传教士和绝对禁酒者后来对英国茶会的描述一样。我们在这里看到餐桌特定排布方式的重要性，还有对于跨越阶级和性别的"大众"的讨论。"每张面孔"都洋溢着"喜悦"，表明这些南太平洋岛民在享用美食和饮茶时感受到了上帝的恩典和祝福。换句话说，正是在这样的集体盛宴中，"异教徒"被转化为基督教。在描述茶会的言语之下隐含的是关于天赐的观念。1855 年，在牙买加的西班牙镇举行的大型浸信会茶会上，美国废奴主义报纸《解放者》(The Liberator) 特别指出，"茶、咖啡、冰激凌、蛋糕、馅饼"是如何"免费地"被分发出去供人"自由享用"。[135] 这种天赐之物与商业并不矛盾，因为它意味着自由或自由选择的观念，这对新兴的自由主义和市场文化概念来说也是至关重要的。因此在这个世纪的上半叶，分享茶和多种甜品成为英国、牙买加、南非和南太平洋诸岛等地的基督教文化和传教活动的重要元素之一。

这种文化也扩展到了印度，并在那里成为军事经济和文化的一部分。很多陆军军官是福音派教徒，他们在印度军队中传播饮茶和禁酒的习惯。例如，一位上校在印度卡尔纳尔开了一家禁酒咖啡室，他声称是在阅读美国和英国的禁酒文学时受到了启发，于 1837 年为自己指挥的军团和其他军团举办了大型茶会。[136] 因此，军队也被茶叶教化了，并有助于在从美洲延伸到印度次大陆的英美世界中传播禁酒文化。我们将会看到，茶叶产业逐渐认为军队提供了绝佳的营销机会，并把传教士当成忠诚的盟友。

当然，禁酒在美国政治中成了一场大规模运动和一股重要影响力，整个 19 世纪，大型茶会经常为禁酒和其他事业募集资金。例如，一小群德贝郡的守旧派卫理公会教徒到威斯康星州戴恩县阿尔比恩镇定居，他们在 1849 年举办茶会以筹集资金修建教堂。[137] 另一群威斯康星州普拉特维尔市的守旧派卫理公会教徒于 1851 年新年夜举办茶会时，向每一位参与者收取 5 美分的入场费，共筹集到 50 美元，"用于清理其教堂所欠债务"，剩下的食物还足够第二天上主日学校的孩子们吃。[138] 在宾夕法尼亚州，时髦的主办方开展抽奖活动，被人指控违反该州的反赌博法，尽管这些资金实际上是"专用于宗教目的"的。[139] 在马萨诸塞州，废奴主义者举行大型茶会以支持他们的事业，并让来自英格兰的游客有宾至如归的感觉。有时茶会的规模真的能达到非常壮观的程度。例如1843年，辛辛那提的女士们在一场禁酒茶会上招待了前总统约翰·昆西·亚当斯（John Quincy Adams），超过5000人出席。美国禁酒联盟（American Temperance Union）执行委员会发现，整个活动达到了"极其庞大的规模"。[140] 约翰·昆西的父亲在美国革命时期可能曾对饮茶行为予以谴责，但到了19世纪40年代，美国企业大量参与茶叶贸易，而且这种饮品不再对美国的独立构成任何威胁。在19世纪中，美国各地的城乡举行政治、宗教和社交聚会时，茶叶依然不可或缺。[141] 但不得不承认，美国的禁酒运动对咖啡尤其钟爱。[142]

在所有这些地方，社会和经济精英向比他们低的社会阶层提供饮食是常见的事情，这是对社会规范和等级制度的一种颠覆。领袖和孩子们共进晚餐，工厂老板与手下同席就餐。对于那些由于种族、阶级和性别而经常被归于仆役地位的人来说，这种颠覆非常有意义的。这种现象的含义可以从多个方面来解读。对一些人来说，它可能意味着由基督教的生活方式带来和影响着的物质上的好处；另一些人则可能已经把这种环节视作获取权力和权威的时刻。正如前文所述，在跨越政治和地理边界的时候，茶会本身的意义已经有了转变。

和任何一种公共事件一样，茶会有着多种用途，可以用于推进任何事业。例如，宪章主义者、罗奇代尔合作社分子（Rochdale Co-operator）和反谷物法联盟都喜欢茶会。[143] 保守派组织也喜欢这种活动。伯明翰忠诚宪政协会（Birmingham Loyal and Constitutional Association）为纪念其成立两周年，甚至在1836年12月26日举行群众茶会而不按常规方式庆祝。[144] 沙夫茨伯里伯爵（Earl of Shaftesbury）在1846年的日记中记述了他在新福音派组织——基督教青年会——主持的一次茶会。他说，看到400名"店员带着他们的母亲和姐妹，怀着真正的宗教精神来参加"，是"一个极其惊人的场面"。[145] 在19世纪和20世纪，茶会完全成了筹集资金、社会交际、改造工人阶级或殖民对象的标准手段。

信仰也变成了大生意，对英国相对较小的贵格会团体来说尤其如此。这些坦率的倡导者一点儿也不觉得赚钱在道德上有问题，他们特别擅长利用新形式的宣传和零售来创造大众市场。伯明翰辅助禁酒协会（Birmingham Auxiliary Temperance Society）的创始人约翰·卡德伯里（John Cadbury）在19世纪20年代是伯明翰的茶叶和咖啡商。[146] 他最先购买荷兰人C. J. 范·豪滕（C. J. van Houten）发明的可可加工机器，这种设备不再需要用马铃薯淀粉和西米粉当作淀粉添加剂，因此卡德伯里可以宣传其产品的纯度。[147] 和很多食品制造商一样，卡德伯里很乐于把宗教、社会改革和商业结合起来。

出版巨头约翰·卡塞尔（John Cassell）也是使宗教、改革和大众市场实现关系互补的一个例证。卡塞尔于1817年出生在曼彻斯特，最初是织布工，后来做了木匠。1836年，约瑟夫·利夫西赢得了卡塞尔的支持，卡塞尔后来成为绝对禁酒运动的主要"传教士"之一。[148] 作为全国禁酒协会（National Temperance Society）的演讲者，卡塞尔的足迹遍布英国的大部分地区，传播禁酒的信条。1839年，他成为新成立的大不列颠与海外禁酒协会（British and Foreign Temperance Society）的一名代表，并在禁酒聚会和茶会上做过无数次演讲。[149] 卡塞尔很快认识到，"便宜的茶和咖啡不仅会促进群众禁酒，而且能让钱流入禁酒宣传者的腰包；如果有了资本他一定要成为这样的禁酒宣传者"。[150] 婚姻给他带来了这样的资本。后来，他创建了一家出版社来印刷茶叶广告和包装以及《绝对禁酒时报》（Teetotal Times）等禁酒手册和期刊，并逐渐小有名气。[151] 到19世纪50年代，卡塞尔已经是一名成功的出版商，不过他仍然会在巡回茶会上发表演讲。[152] 卡塞尔等人的传记夸大了真相，也隐藏了部分事实，他们自己却常常强调道德上的诚挚如何创造出了大众市场。卡塞尔这些人从道德改革中吸取经验，并且利用他们在这类社团里树立起来的好名声做买卖。

然而，随着时间的流逝，禁酒完全变成了一门生意。小吃点心承包商为一切想举办茶会的组织提供茶点，少数有魄力的零售商还创建"禁酒茶"的品牌，不管在公共活动还是家庭中都予以供应。[153] 自由主义者在19世纪70年代开始控制酒饮贸易之后，酒馆老板、啤酒商和蒸馏酒商都期望保守党保卫他们的利益。尽管如此，自由主义者和保守派都同意，茶改善了不同阶级和性别之间的关系，推进了国际贸易，并且为工人和厂商创造了就业机会和利润。

————

禁酒运动引入了新的口味和饮食习惯，带来了从啤酒和烈酒向含咖啡因饮品的长期转变，尽管酒吧在19世纪仍然处于英国工人阶级生活的中心位置。[154] 下午茶这种社交仪式可能也是由禁酒社团发明的。关于这种"用餐"历史，标准的说法是贝德福德公爵夫人（Duchess of Bedford）安娜·玛丽亚（Anna Maria）在19世纪40年代设想出这种加餐，以消解从午餐到晚餐之间的漫长下午出现的饥饿和疲劳——当时午餐也是新出现的，而晚餐的时间正在被推后。[155] 茶肯定是在晚餐前的下午喝的，但是私人茶会一般安排在晚餐后的夜里。据说公爵夫人提出了下午喝茶吃点心的想法，从此之后，女士们开始在下午聚在一起闲聊、喝茶和吃点心。相比之下，工人阶级的茶餐只是变成了晚餐，除了茶、面包和黄油，还会尽可能加入肉、鱼和其他蛋白质食物。[156] 然而，更清淡、更甜的茶或许并非是沿着社会阶梯向下传播的，而是开始于禁酒团体。至少在公爵夫人把晚茶会转变成下午茶之前10年，在英国及其帝国和美国的教室、工厂、会议厅等地方，工人、店主、商人、传教士和厂商就开始在晚上和下午喝茶吃甜点。[157] 公爵夫人是福音派教徒，她肯定知道、参与过甚至主持过禁酒茶会。关于宗教和其他社交网络如何在英国及其帝国的社会不同阶层之间创造出这种习惯这一问题，我们还需要做更多的研究。然而正如我们所见，社会主义者、自由主义者、福音派和有组织的禁酒倡导者开始随着茶一起供应甜点，并提出这种饮食方式具有宗教、政治、阶级、性别和种族内涵。这种新的消费文化赋予茶叶与自我和宗教有关的道德和快乐的含义，它显示出喝茶会带来家庭幸福、阶级与性别和谐、政治公民权以及一个天堂般的家。

当然，人们参加禁酒运动有着多种原因，也并不总是接受领导者们所设想或提倡的价值观。然而，当工人阶级和中产阶级不分性别坐在一起喝茶时，他们正在对工业化、长途贸易和消费社会带来的社会、生理和精神后果产生影响。他们正在把异域物质吸收进"地方政治和文化经济"。[158] 茶会体现的不仅是基督教和自由主义的价值观，也在创造一种新的"推广文化"。它们与广告或其他一切大众文化形式相似，在使某些商品合理化的同时贬低其他商品为非理性的、浪费的和有害的。然而和广告一样，工人、店主、厂商和贸易商在参加茶会时，对它的理解和误解也不尽相同。棉花工正在经历产业转型，正在应对工资减少和休闲时间受限的情况，他们无疑对茶会供应的丰富的食品和饮品表示赞赏。这些团体也开始相信，放弃饮酒会收获家庭幸福、社会进步和政治公民权。小店主们协助创建了绝对禁酒运动并一直是热切的追随者，他们想借此在体面的社会中为自己留下一席之地，同时也认为自己能够通过禁酒运动赚到通常流入酒吧的那些利润。大厂商参加禁酒运动有宗教性的动因，但他们也相信禁酒将创造出一支清醒节制的劳动力队伍和一个稳定的国内外市场。工厂主设想通过在英国刺激仍然完全源自中国的茶叶的大众消费，他们将在中国为英国制造的商品创造一个大众市场。[159] 福音派信徒不认可尘世的愉悦，他们不跳舞、不饮酒，也没有其他刺激性和不虔敬的娱乐活动，但他们专注于促进某些特定形式的物质享受与消费习惯和选择。不管他们持何种政治、宗教和社会立场，这些林林总总的利益在茶会上聚集在一起，从而塑造了消费文化的历史。宗教和自由主义试图控制消费者，但也增强了消费者的欲望和愉悦。节制和愉悦一直是交织在一起的。

随着时间的推移，茶叶超越了阶级和党派，成了国家级的饮品。但我们应该记住的是，19世纪30年代仍然有很多人怀疑这种饮品会带来种种不良后果，是那些禁酒倡导者和自由主义者坚信茶叶对社会和精神都有好处，认为它神圣而有益。他们在具有个人、政治和经济意义的大众茶会和公共聚餐上宣传这样的观念。我们将在下一章中看到，在茶叶被宣扬为一种道德的商品的同一时期，它导致了英国与中国之间的战争，促使英国对印度实行殖民征服，并且在奴隶制被废除后创造出了新的强迫劳动制度。

3

一点鸦片、甜言蜜语和廉价的枪支

在阿萨姆培育全球性产业

1838 年，东印度公司为了它的最新产品——在阿萨姆种植的茶叶——而向英国王室、贵族和商人寻求认可。他们得到的反应各不相同，不过那些心怀帝国利益的人对于国家在最新征服的殖民地上种植出的茶叶深表喜悦。年轻的维多利亚女王热情地宣称，她对这种茶叶的"品质和味道"感到"非常满意"，并且预言"这项实验"将"对英帝国在东方的繁荣昌盛产生重要影响"。[1] 索菲娅·玛蒂尔达（Sophia Matilda）公主在品尝了这种新"礼赠"之后同样写道，"想到茶叶在英属印度趋于完美"，她的"民族情感……得到满足"。[2] 富有的爱丁堡杂货商和茶叶批发商安德鲁·梅尔罗斯（Andrew Melrose）认为这一新商品可与中国最高等级的红茶比肩。[3] 另外一批阿萨姆茶获得了更多的认可。印度总督威廉·本廷克（William Bentinck）的夫人声称她非常喜欢这种茶。罗伯特·皮尔（Robert Peel）爵士的夫人朱莉娅女士也对阿萨姆茶"卓越优异的品质"表示赞赏。1840 年 1 月，前印度总督兼威灵顿公爵的兄长理查德·韦尔斯利（Richard Wellesley）勋爵宣称，他享用了一种"最出色"的饮料。[4]

我们不能断言这些精英消费者是否真的喜欢喝茶，但我们知道他们有动机公开宣称阿萨姆茶确实香甜。阿萨姆茶叶的出现恰逢其时，当时英国和中国政府正在互相挑衅，很快就会导致全面战争的爆发。正如另一位特权消费者品尝了印度茶后所说的，在印度种植能够"供应本土市场"的茶叶将会有望"使这个伟大的国家摆脱中国的制约"。[5] 如果能够在英国

71

的殖民地种植茶叶，英国就可以反击天朝，改善每况愈下的贸易赤字，并在东印度公司失去对华贸易垄断权之后为帝国税收与合法性找到新来源。因此，这些颂扬宣传的是一种新商品和一个不断扩张的帝国。

在英国人到来之前，阿萨姆地区早已在种植茶树并饮茶，但大英帝国把这个地区变成了一个能够供应全球市场的广阔茶园。[6] 这是一桩肮脏的生意。19 世纪 20 年代到 70 年代，英国及其盟友为了保障种植茶叶的土地和劳动力供应，对地方领袖使用战争、威胁和奖赏等手段。[7] 很多人从未屈服，他们顽强的抵抗迫使种植园主使用法律、国家机器和军队来保护其产业，并扩张到卡恰尔（Cachar）、大吉岭（Darjeeling）和其他很多地方。因此，征服阿萨姆地区并将其重新纳入种植园经济不是孤立事件；实际上，它证明了帝国扩张、国际冲突和创建大众市场之间存在的联系。当我们把视线从普雷斯顿转向阿萨姆时，我们就能看到英国消费革命背后严酷的殖民力量和种族暴力。

"一种彻底国产的东西"

1834 年的圣诞节，禁酒倡导者和自由贸易提倡者正在普雷斯顿一同坐下喝茶，与此同时，英属印度一个官方茶叶委员会宣布，阿萨姆的茶叶是货真价实的，也就是说和中国种植的那种植物一样。[8] 同一时刻在地球的两边，英国人正在将茶叶打造成英国的产品。我们将会看到，白人男性种植园主控制了这个行业并将其定义为英国的产品，尽管当地的土地所有者、统治者、企业家和投资者也在其中发挥了一些作用。[9] 这种侵占行为揭示出英国人与他们对亚洲的渴望、恐惧和幻想做斗争时的复杂心态。《对阿萨姆的详细描述》（*A Descriptive Account of Assam*，1841）的作者威廉·鲁宾逊（William Robinson）把阿萨姆与那里出产的茶叶评价为打破中国垄断的工具，能够防止"大不列颠的商人"不得不"屈从于无数限制、侮辱和偶有的贸易中断"。于是，鲁宾逊号召英国政府支持印度茶叶，因为它是"一种彻底国产的东西"。[10] 自从佩皮斯的时代以来，英国对中国的态度已经发生了极大转变，不过即使英国和中国日益视对方为蛮夷，英国人的生活也已经无法再离开茶叶了。因此，中国对茶叶贸易的掌控危及了英国的民族荣誉、商人的自由及民众的日常生活习惯。

阿萨姆的命运与中国、英国、缅甸和地方政权之间的相互作用和紧张关系密切相关。这个地区是殖民想象的产物，由消费者的欲望、商人的忧惧和国际关系共同塑造。英国人认为阿萨姆靠近中国且与中国相似，既是通往中国的道路，也是阻挡中国的屏障。这个地方也需要被施以保护，以免受到另一个正在扩张的亚洲帝国——缅甸——的威胁。1824—1826年英缅战争期间，英国军人首先在阿萨姆发现了茶，这也是他们与居住在阿萨姆的土著景颇族（Singpho）的一些成员结盟的收获，当地人居住的这个阿萨姆的区域生长着大量茶树。景颇族宣示了对茶园土地的主权，并把茶叶当作与缅甸和英国斗争的资源。然而，英国政府称他们为无政府的、游牧性的"部落"人，对其所居住的土地没有主权。多种亚洲人所持的不同看法决定了阿萨姆及其茶叶的命运。

1833年，新改革的英国议会废除了英国东印度公司对茶叶贸易的垄断。随即在1834年1月，印度总督威廉·本廷克勋爵建立了一个由12名成员组成的"茶叶委员会"，调查在英属印度的什么地方可以种植茶树以及如何种植茶树，并证实了在阿萨姆早已有野生茶树的传言。[11] 尽管有关这种茶树的故事自19世纪20年代就已经流传开来，不过先前并没有经济上的刺激来推动英国东印度公司开辟另一种替代的茶产业。然而，形势在19世纪30年代发生了变化。英国东印度公司除了丧失对华贸易垄断权，还要面对多种不利状况：美国人成为茶叶贸易中的一支越来越显著的力量，荷兰人已经开始在爪哇种茶，中国人则威胁要切断对英国的茶叶供应。英国东印度公司的管理者认为，"印度"茶叶会给英国在这一行业带来更多的掌控权，还会给他们的印度帝国提供一种新的赚钱方法。威廉·本廷克于1835年掌权后引入了自由主义改革，这在1830—1833年的地产商崩溃、信贷危机和经济萧条过后建立起了稳定的经济基础。[12] 到1834年，东印度公司因对缅作战承担了大量债务。本廷克削减政府支出，并确保使用印度税收来管理印度。[13] 本廷克是波特兰公爵的第二个儿子，曾两次出任首相，是辉格党领袖，与重要的福音派成员联姻，并且支持废

73

除奴隶制。[14] 虽然与上一章描述的团体相比本廷克的社会地位更高，不过他对那些团体抱有一定的同情，而且毫无疑问地把茶叶视为一种道德的饮品和一种能够盈利的作物。同时，他也密切关注着英国人的老对手荷兰人。

荷兰自由主义者和英国人一样，也提倡在殖民地实行自由贸易，他们也在寻找在殖民地赚钱的新方法。1824年，荷兰东印度公司驻日本负责人把茶叶植株及种子运到巴达维亚。1826—1827年，在新任农业首席专员雅各布斯·伊斯多罗斯·罗德维吉克·列维恩·雅各布森（Jacobos Isidorous Lodewijk Levien Jacobson）的管理下，茶树苗在一个植物园和一个实验性茶园里生根发芽了。雅各布森出生在鹿特丹的一个茶叶和咖啡经纪人家庭，曾经作为茶叶专家在广州为荷兰贸易公司工作过。他在最后一次去中国的时候，设法带走了数目惊人的700万粒种子和15名工人，其中包括种植园主、制茶者和茶叶包装制造者。中国政府悬赏要雅各布森的人头，但他还是带着赃物跑掉了，中国只抓到了他的译员。[15] 所以难怪中国人与欧洲人打交道时越来越警惕了。

首批荷兰殖民地茶叶于1828年春季问世，但也有证据表明，中国移民早已在爪哇的家庭花园里种植茶树了。然而，荷兰人遇到了很多问题，其中包括一次中国工人的起义。[16] 殖民政府仍然深深介入这项生意，真正的私有制时代直到19世纪60年代初才开始。此后，归荷兰人、英国人所有的种植园在西爪哇的丘陵地区迅速扩张，后来又发展到苏门答腊岛东北部。种植园主也在寻求印度和伦敦的技术支持，他们最终引进了现代化加工方法和阿萨姆茶种（jat）。[17] 本地小农也为当地的市场种植绿色的、芬芳的茶叶。因此，"荷兰"茶产业是一个多国项目，包含数种生产方式，但种植园生产的红茶在出口贸易中占据主导地位。[18]

当本廷克组建茶叶委员会时，他想到的是荷兰和中国，并且他明白英国要想生产替代中国茶叶的产品，还缺乏必要的种植和加工知识。[19] 中国限制欧洲人进入其领土，并且禁止茶叶种植和加工知识流传到国外，他对中国的这些手段非常反感。虽然欧洲人的知识在增长，但即使是最有学问的欧洲植物学家也仍然对这种植物相当无知。早在1778年，著名博物学家约瑟夫·班克斯（Joseph Banks）就曾建议在印度种植茶树，而且他于1793 年随同马戛尔尼（Macartney）勋爵去了中国以便了解茶树。[20] 18 世纪 80 年代，孟加拉步兵团的罗伯特·基德（Robert Kyd）上校在他的加尔各答私人植物园里种植茶树，还有少数这种植物生长在巴西和马拉巴尔（Malabar）。[21] 另外一些人在中国之外搜寻茶树。1815 年，一位英国军官声称，他听说景颇族采集并食用一种野生茶叶。第二年，居住在尼泊尔的爱德华·加德纳（Edward Gardner）也报告说，他认为加德满都的王宫花园里种植了茶树。他把标本送给当时的加尔各答皇家植物园管理者纳撒尼尔·沃利克（Nathaniel Wallich）博士，但沃利克认为那不是真正的茶树，而是一种被称作山茶（Camellia kissa）的植物。[22]

19 世纪 20 年代，随着中国人加强对外贸易的限制并且拒绝购买英国制造的产品，英国人对印度茶产业的期望越来越高。自由贸易商拼命地想要增加与天朝的贸易，但是众所周知，中国人对英国制造的商品并不特别感兴趣。中国正在大量购买印度鸦片。然而对于中国政府把商人限制于特定港口、试图限制鸦片进口、拒绝输出茶叶知识这些行为，英国政府将之解读为拒绝自然法则，妨碍商人的自由。[23]

对一些人来说，唯一的解决方案就是战争。对于英国发动第一次鸦片战争（1840—1842）是为了保护贸易利益还是为了捍卫英国的国家荣誉这一问题，历史学家一直有争议。[24] 这两种因素是密不可分的。战争爆发前的数年时间里，英国自由贸易者大力宣传天朝的邪恶堕落。例如，19 世纪 20 年代末和 30 年代初，鸦片和茶叶贸易商怡和洋行（Jardine and Matheson）在其"自由贸易"刊物《广州记录与行情报》（Canton Register and Price Current）中将中国描绘得腐败不堪。这份报刊描述说，不管对欧洲人还是中国人来说，中国都是一个利益与危险交织的地方。读者可以在这份报纸上看到关于茶叶商遭到抢劫的报道，还有可怕的洪水"把房屋、人和野兽全都冲走"。[25] 该报还透露中国是个充满疾病、动乱和性暴力的地方。[26] 这份报纸逐渐成了公开发泄对中国的不满的地方，并且发展出一种道德优越感。例如 1831 年，一名商人在给报纸编辑所写的信中说，英国宁可彻底切断茶叶贸易也不应屡受中国侮辱。他威胁说：

"必须中国让醒悟过来，必须让中国知道，英格兰具有商人审慎的性格，会精确计算它所买的商品的价值，不会同意蒙受着国家屈辱高价购买茶叶。"[27] 英国人是谨慎的顾客，不会为了得到茶叶而牺牲国家荣誉。于是，自由贸易商利用民族主义和性别来营造道德说辞，用于批判中国的经济政策并推动自由贸易。[28]

就是在这样一种中国和英国日益敌对的背景下，印度茶叶的吸引力逐渐增强。1828 年，在广州生活和工作的茶商约翰·沃克（John Walker）给政府写了一份长篇备忘录，描述印度茶叶如何能够"打破中国的垄断"。[29] 这份备忘录影响了政府的政策，也影响了后世对茶叶及其历史的理解。[30] 沃克声称，英国与中国的商业关系处于不确定状态，这种情况"和大英帝国的尊荣不般配"。他严厉谴责了"中国政府与所有国家打交道时满怀妒忌的政策"，说这些政策——

把我们限制在帝国最西端的港口广州港（之前我们曾进入过其他港口），离政府所在的北京极远；即使在广州市，也在一些区域设置了英国人不得越界的地方；因此，所有到中国的英国商人眼中所见的中国，就和我们被限制在瓦平区不超过伦敦塔的地方所看到的英国或者伦敦一样。[31]

因此，沃克把中国试图维持其主权的行为描绘成对英国人阳刚气概的羞辱。他认为，在中国做生意感觉就像一种无比压抑和充满无力感的监禁。在沃克的备忘录里，中国成了垄断和专制的有力象征。

"我们不能自欺欺人，"沃克解释说，"中国是世界现存的最重要、面积最广阔、人口最多的帝国，也许自古至今都是如此，它在各个方面都能自给自足。"中国是强大的敌手，而且它完全明白英国在亚洲日益壮大的力量。他接着解释说："由于我们的武器在飞速发展，而且印度帝国扩张速度十分惊人，以至于其北部和东北部边界几乎挨着中国边界，中国政府的恐惧被激发了出来。"[32] 这场斗争的胜出者是谁还不明朗，不过沃克担心英国对中国茶叶无法满足的渴望会让亚洲占据优势。他意识到，茶叶每年可以为政府赚取大约 400 万英镑的税收，而且饮茶已经与英国人的"风俗习惯交融在一起，难以轻易舍弃"。[33] 对沃克等人来说，中国茶叶的大规模消费已经成为不列颠强权的基础及其问题所在。

其他国家的人当然也喜欢喝茶，不过英国仍是此时中国茶叶最大的出口市场。从表 3.1 可以看出，1834 年英国茶叶的年进口量为 4000 万磅，并且全部进口自中国。英国在包括印度在内的殖民地的定居者又消耗了 275 万磅。这个不列颠世界愿意为它的茶叶而战。1839 年 2 月，在新成立的阿萨姆公司（首家在印度种植茶叶的私营公司）召开的第一次会议上，一位发言者向公司董事会报告了这一情况：

> 众所周知，中国当局经常毫不遮掩、毫无理由地中断贸易，甚至连借口也不找；他们公开把英国人称为"野蛮人"，并命令我们这些"野蛮人"离开他们的国家——这些行为给我们带来了极大的不便和尴尬，每一名从事茶叶贸易的商人都感到自己处在最耻辱的环境里，渴望摆脱对"天朝"的依赖，他们为了从交易一种曾是奢侈品而现在已经成为生活必需品的商品中赚取利益而不得不卑躬屈节——如今一个机会首次出现在英国商人面前，使他们及其国家能够在茶叶贸易中摆脱中国的控制。[34]

这个演讲发表后一个月，英国商人被囚禁在他们在广州的库房中 6 个星期，数月之后，两国之间爆发了战争。印度茶叶提供了一种替代途径，既能够满足消费者的需求，又不会使商人遭受羞辱。

但是，印度茶叶的倡导者考虑的不仅仅是英国市场。沃克和其他推动这个产业发展的人都向投资者保证他们会获得几乎无限的全球市场。沃克认为，"整个欧洲大陆……加拿大、美国、北非海岸和印度本身"都会购买次大陆的茶叶。事实上，他声称在东印度公司的领土上，特别是在加尔各答，已经存在一个相当大的市场。沃克依据自由贸易商和禁酒狂热分子普遍相信的健康益处，宣称对于印度消费者，尤其是"饮料只有水"的"印度人"来说，价格合理的茶叶"是他们的国内经济中最令人耳目一新

表 3.1 欧美茶叶市场 1834 年大致年消费磅数

市场	磅（百万）
大不列颠	40.0
美国	10.0
俄罗斯	6.5
荷兰	3.0
德国	1.0
英属美洲和西印度群岛	1.5
英属印度殖民地	1.0
英属澳大利亚殖民地	0.25
法国	0.25

来源："茶叶关税报告"，按照下议院命令，1834 年 7 月 25 日印刷，《威斯敏斯特评论》（*Westminster Review*），第 22 卷，第 44 期（1835 年 4 月）：369—370

的消费品，也是一种有益健康的饮品，对那些暑热导致的致命热病有缓解效果"。[35] 印度的茶叶还有另一重好处。沃克认为，孟加拉国的"本地（棉花）织工"因为不敌曼彻斯特和格拉斯哥工厂的竞争而陷入困顿，他们会很乐于迁移到阿萨姆的茶叶生产地区去工作。

因此，在 19 世纪 20 年代和 30 年代初期，印度茶叶逐渐被视为一系列环环相扣的全球性问题的解决方法。阿萨姆能够供应一种廉价而健康的饮品以满足世界的需求，可以为英国政府提供稳定的收入，并且让中国彻底明白英国是两个帝国中更为强大的一个。这样的想法此前已在流传，但是当中国威胁要切断英国的茶叶供应时，这种想法就变得越来越重要。然而在 19 世纪 20 年代，阿萨姆的大部分地区严格来说并不属于大英帝国，英国政府也没有正式承认阿萨姆茶叶是真实存在的。10 年之后，情况会极为不同。

边疆地区的战争和欧洲人对茶叶的"发现"

一个发现，极其重要

堪比种（茶树）的大自然之手

在大不列颠广袤的领土之内

一个发现，必定会实质性地

影响国家之命运。

——G. G. 西格蒙德，《茶叶：它的医疗效果和道德影响》

    这段描述"发现"阿萨姆有野生茶树的文字是在 1839 年出版的，就在英国人消除了该地区的所有地方自治的几个月后。这位作者提出"大自然"在大不列颠"广袤的领土"之内撒下茶树种子，而且这将"影响国家之命运"，在这一点上他是正确的。阿萨姆现在正式属于英国了。然而在 5 年前的 1834 年圣诞节前夕，情形还并非如此，茶叶委员会当时公开宣布"茶树无疑是上阿萨姆地区土生土长的"，而且"在与茶叶相关的事情上"，这一"发现"是"迄今为止关于这个帝国的农业或商业资源最重要也最有价值的"。[36]

    征服阿萨姆和在此种植茶树是同一个过程的两个方面。战争和贸易把英国人带到了阿萨姆，使他们在丛林里"发现"茶树。军事力量和殖民地力量可以征服生产茶叶所需的土地和劳动力，这种征服激起了一直持续到 20 世纪的反抗。[37] 大部分有关印度茶叶的历史叙述都承认了这个帝国故事的这些方面。[38] 关于这次吞并的政治和经济方面的记叙也都体现了茶叶在其中发挥的作用。[39] 然而，这一过程中本地人的参与一直被淡化，有一位学者就曾评论说："阿萨姆人在发现茶树方面没有发挥任何重要的作用。"[40] 阿萨姆往往只被当作军人和博物学家冒险的背景，这些军人和博物学家努力培育来自中国的植物，或勇敢地探索危险的丛林以寻找茶树。[41] 实际上，几个民族和诸多混血的后裔共同改变了这些东北部边境地区的政治经济。政治、种族和性别意识形态也影响了这个复杂地区的历史。[42] 一项重要的新研究表明，季风气候和不断变化的河流体系影响到了行政实践、主权观念、经济、社会和文化史等概念。这个边疆地区虽然远离英属印度的中心，却处于次大陆殖民地和后殖民地历史中的核心地位（地图 3.1）。[43]

阿萨姆王国的边界虽然在18世纪和19世纪发生过变动，但一直位于布拉马普特拉河沿岸，长约400英里，宽约60英里。在布拉马普特拉河及其支流的丰富水源灌溉下，阿萨姆的土壤异常肥沃。这里也是世界上最潮湿的地方之一，雨季特别长，而且降水量非常大。这个地区有一些丘陵地带，但整体地势平坦，并且生长着茂密的丛林。一群被称为阿洪人（Ahom）的掸族人自13世纪从上缅甸迁移而来，在大约600年的时间里一直统治着这个王国。除了短暂受到莫卧儿王朝的统治，阿洪人的统治一直到18世纪60年代都极其稳定。[44]

虽然阿萨姆如今被视为印度的边缘地区，不过无论是在所谓的西南丝绸之路的商业和移民路线中，还是在连接中国与印度及东南亚的陆上商业网络中，它都曾经是一个重要地区。[45] 阿洪国王推动与邻近地区的贸易往来，特别是与孟加拉、不丹和中国的贸易。阿萨姆对孟加拉和中国西藏地区的一些主要出口产品是蒙加丝（muga silk）、虫胶、象牙、棉花、胡椒和芥菜籽。阿萨姆王国从孟加拉进口盐、铜、英国毛纺织品和香料。中国

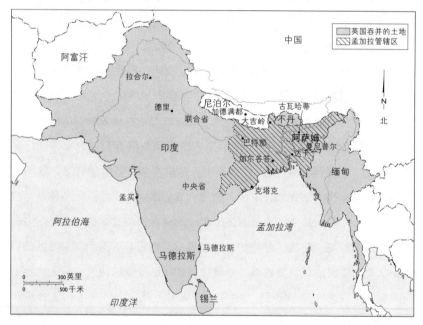

地图 3.1 英属印度，可见孟加拉管辖区和阿萨姆（本书所有插附地图系原文插附地图）

80

商品（如丝绸和烟斗）通过西藏进入阿萨姆。阿萨姆商人也会穿过萨地亚（Sadiya）和几座山脉，直接去云南。山地居民与中国及南亚进行香料、棉花、盐和白银交易。[46] 英国东印度公司对阿萨姆产生兴趣恰恰是因为其位置处在孟加拉和中国之间，他们希望能够与这些"边疆部落"建立商业关系，并通过他们直接与中国发生商贸往来。还有人认为阿萨姆地区拥有丰富的黄金矿藏。例如 1792 年，J. P. P. 韦德（J. P. P. Wade）给一位朋友写信说："阿萨姆没有钻石，但是金沙储量丰富。我想我可以大显身手了。"[47] 韦德写这封信时，正在陪同托马斯·韦尔什（Thomas Welsh）上尉在阿萨姆考察，康沃利斯勋爵想通过这次考察评估阿萨姆和孟加拉发生商业关系的可能性。这些人看到了潜在的赢利空间，这里种满了甘蔗、胡椒藤、罂粟、槐蓝属植物、芥菜籽、烟草、槟榔、生姜和稻米。他们还在雅鲁藏布江的沙滩里及其他山脉与河流中发现了铁、硝石和黄金。[48] 他们没有注意到阿萨姆的丛林中种植的茶树，或是对这些茶树并不感兴趣。

英国对阿萨姆的殖民征服是一个持久而血腥的过程，这段历史与美国西南部分地区的历史相似。虽然东印度公司的官方政策是不干预该地区的自治，但它对阿萨姆地区的财富和贸易网络垂涎三尺，并最终致使其政治和社会出现动荡。[49] 东印度公司于 18 世纪 60 年代开始干涉阿萨姆的统治，这个时期通常被描述为社会动乱、"弱势"王公、"邪恶"辅臣和宫廷阴谋的时代。[50] 在阿洪王朝统治的最后岁月，也就是大约从 18 世纪 60 年代到 19 世纪 20 年代，阿萨姆从一个稳定的国家变成了一个边疆地区，对土地和权力观念各异的群体在这里争权夺利。[51] 帝国和较小的本地群体争夺权力，但直到 1817 年缅甸入侵并占领该地区之后，阿萨姆的命运才确定下来。[52]

阿瓦王朝（Kingdom of Ava，或称缅甸帝国）的力量和信心越来越强大，他们对东印度公司对阿萨姆地区日益增加的兴趣很是担忧。这两股势力于 1824 年爆发了战争。在冲突初起之时，英国人试图让阿萨姆人相信他们无意进行征服。英国人向"阿萨姆居民"发布了一份公告，开头写道：

众所周知，缅甸人数年前侵占了你们的领土，从那时起，他们推

81

翻了王公，掠夺这个土邦，屠杀婆罗门、妇女和奶牛，亵渎你们的寺庙，并且犯下诸多最为野蛮的暴行。因此，你们的广大同胞不得不流亡到我们的领土上，他们一直在恳求我们施以援手。[53]

事实上，英国人多年来一直没有理睬阿萨姆人的求援。现在他们宣称自己是阿萨姆的保护者，正如这则公告所解释的，"我们不是怀着对征服的渴望来到你们国家的，而是为了自我保护，为了使我们的敌人不再对我们造成困扰"。"因此，你们可以放心，"公告继续写道，"我们将会携手向前，直到把我们的敌人赶出阿萨姆，在这个国家重建起你们想要的政府，并且提升各个种姓的幸福感，那时我们才会离开。"[54] 虽然可能大多数阿萨姆人并没有听说这则声明，但当时有一首当地民谣说："英国人来了，人们由衷感到高兴。"[55]

英国人把自己定位为来到阿萨姆驱逐缅甸人的朋友和保护者，他们把缅甸描述为以恐怖手段进行统治的专制残暴的王国。[56] 通俗报道和历史著作一再说起缅甸人如何在该地区进行掠夺，并且谋杀男丁、强奸妇女和折磨幼童。在阿萨姆协助建立茶产业的阿萨姆贵族马尼拉姆·德万（Maniram Dewan）这样叙述缅甸的占领：

> 袭击某位富人的家园时，他们会用绳子绑住他然后施以火刑。漂亮女人哪怕在公路上碰到缅甸人也是很危险的。婆罗门被迫去装运牛肉、猪肉和葡萄酒。印度教托钵僧的财产全部被剥夺。谁要把女儿嫁给缅甸人，就会迅速获得财富和权力。[57]

马尼拉姆口中的缅甸人在性和道德方面邪恶堕落，不尊崇宗教和性别规范，也不尊重财产权。[58] 他这样描述缅甸人可能是为了吸引英国的支持，而这番解读被载入了官方记录。约翰·巴特勒（John Butler）少校在19世纪50年代发表了对该地区的研究，他愤怒地描绘"缅甸人的野蛮行径，他们侵略阿萨姆人，冷血地屠杀大量居民"。他把缅甸人描述为残忍的野蛮食人族，称他们"割掉可怜的受害者的耳垂，选择身体的某些部位，如肩膀，真的会活活割下受害者的肉生吃"。[59] 巴特勒描述了缅甸人的食人行径之后，紧接着说起英国东印度公司的统治："现在我不再讲述这些有悖人性的残酷的行为了，我会愉快地记录阿萨姆在英国统治下所获得的改进。"[60] 于是，通过对比缅甸与英国，他为英国对这一地区的干预做了辩护，并给人以阿萨姆属于无主之地，英国的征服恰逢其时的感觉。在一篇名为《向新阿萨姆公司的股东提供信息》的文章中，阿默斯特勋爵称阿瓦战争（英缅战争）解放了"我们东北边境的阿萨姆人和其他部族，使之脱离缅甸的桎梏"。[61] 英国人把自己定位为解放者，在林林总总有关茶叶的发现的记叙中，这种观点一再出现。因此，英国人对阿萨姆的兴趣似乎就有了一种人道主义色彩。英国东印度公司吞并阿萨姆看起来不是赤裸裸的殖民扩张和对新商业资源的搜寻，而成了一种遏制邪恶的缅甸帝国的手段。

事实上，这场代价高昂而且艰难的战争危及了英国东印度公司和该地区其他政治组织的稳定。英国人除了对缅作战，还与地方团体发生了冲突，尤其是桀骜不驯又觊觎当地政权的景颇族。他们的一些领导人利用了这段时期的混乱局面突袭村庄、奴役居民。[62] 景颇族虽然没有与缅甸人正式结盟，但他们生活在缅甸和阿萨姆，偶尔也会参加缅甸人的袭击行动。奴隶制是景颇经济的一个重要组成部分，因此，当英国人于1843年在东印度公司控制区释放囚犯并废除奴隶制度时，地方经济被扰乱，从而激起了景颇族的叛乱。正是在这个地区，英国人发现了似乎是野生的茶树。

1826年2月下旬，缅甸官员签署了《扬达波条约》（Treaty of Yandabo），阿瓦国王就此放弃了他对阿萨姆及邻近的卡恰尔、贾阳提亚（Jayantia）和其他自己征服的省份（地图3.2）的主权。英国人宣称，他们想要恢复阿洪王国的政府体系并提高当地土地的产量。大卫·斯科特（David Scott）是总督驻东部边境的代表，他极力主张重建土著王朝。[63] 然而，英国人未能对合法的继承世系做出决定，致使很多阿萨姆贵族和平民的公开叛乱仍在继续。[64] 经历多年的动荡之后，英国政府于1833年春季把普兰达尔·辛哈（Purandar Singha）立为上阿萨姆国王（地图3.3）。但是，英国人攫取的贡金高达5万卢比，而且保留了一旦发现辛哈是个无能的统治

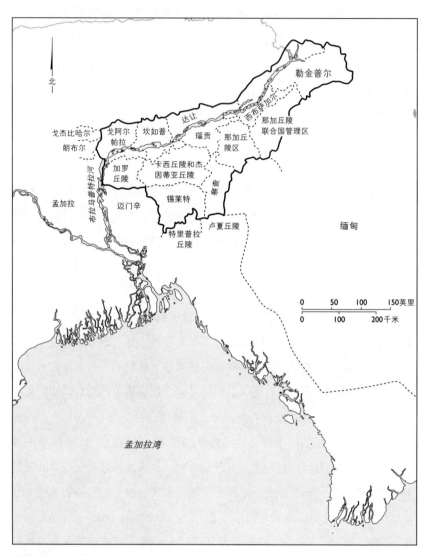

地图 3.2　英属阿萨姆的区域地图

者就可以废黜他的权利。下阿萨姆仍然直接受英国控制。[65] 没过几年，英国人指控辛哈犯下种种罪行，并于 1838 年干脆将他赶下台，吞并了他以前控制的所有领土。[66] 在此之前，普兰达尔·辛哈及其主要顾问马尼拉姆·德万协助开创了种植园经济。

　　在《扬达波条约》签订前后数年动荡的时期里，有几个人在阿萨姆"发现"了茶树。当地人已经在喝茶了，但只有当外界宣称阿萨姆茶树与

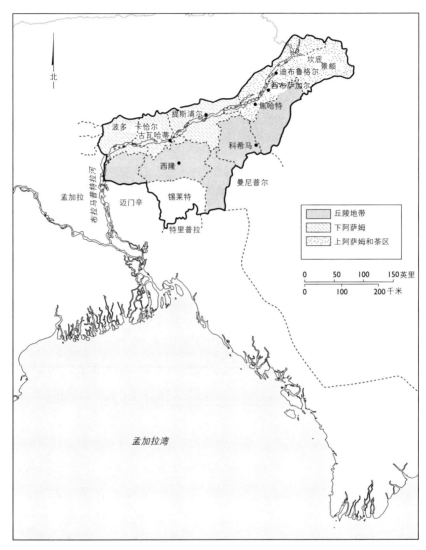

地图 3.3 上下阿萨姆及其主要城镇

中国茶树相同时，它才在真正的意义上被"发现"。对于到底是哪个欧洲
人在这一科学"发现"中功劳最大，当时的人和后来的历史学家还有争
议，不过实际上很多人在这个漫长的过程中都有贡献。茶叶委员会把这次
"不知疲倦的探索"归功于东北边境总督代表詹金斯（Jenkins）上尉和阿
萨姆轻步兵团的查尔顿（Charlton）中尉，他们于 1831 年在比萨（Beesa）
附近低矮的山脚下发现了近 14 英尺高的茶树。[67] 查尔顿是主管该地区

的官员，根据一部阿萨姆人的编年史，他在追赶缅甸人时首先发现了这种茶树。这部编年史还提到，查尔斯·布鲁斯（Charles Bruce）、纽夫维尔（Neufville）上尉、克尔（Kerr）中尉、贝丁菲尔德（Bedingfield）上尉、曼尼拉姆·德万和鲍罗拉姆·卡哈里亚·富坎（Baloram Khargharia Phukan）也都与詹金斯和查尔顿一道发现了茶树。[68] 对于查尔顿或罗伯特·布鲁斯（查尔斯的兄弟）是否应该被视为阿萨姆茶的真实发现者这一问题还有不同意见，这个历史性事件是发生在 1823 年还是 1831 年也存在争议。这个争议强化了茶树是由外来者偶然发现的看法，而非将其视为征服和殖民的过程。

罗伯特·布鲁斯少校作为一名商人和雇佣兵来到阿萨姆，早在英国正式卷入战争之前就已经在与缅甸人作战了。1821 年，布鲁斯从英国东印度公司采购武器和弹药，并指挥普兰达尔·辛哈的军队反击缅甸人。[69] 在 1823 年的一次贸易探险期间，马尼拉姆把布鲁斯介绍给一位景颇族领袖比萨头人（Beesa Gaum），他生活的地方有茂密的茶树。比萨同意向布鲁斯提供茶树种子和茶树。之后不久，罗伯特·布鲁斯就去世了，但此前他把有关茶树的事情告诉了他的兄弟查尔斯。1824 年，比萨遵守协议，把种子和茶树都送给了查尔斯。[70]

在这段历史中，另一个重要人物是加尔各答政府的植物园主管兼茶叶委员会秘书纳撒尼尔·沃利克（Nathaniel Wallich）博士。沃利克的名字起初叫内森·沃尔夫（Nathan Wolff），是一位丹麦犹太人，随丹麦东印度公司一起来孟加拉当外科医生。沃利克一开始认为阿萨姆的茶树不是真正的茶树。然而，从阿萨姆传来的报告使沃利克和其他人相信，这种植物是野茶树（Camellia sinensis，即以林奈氏分类系统命名的中国茶树）的一个品种。[71] 沃利克支持查尔斯·布鲁斯的主张，并建议雇用布鲁斯，把阿萨姆的野茶树移植到经营性的种植园里。沃利克指出："是布鲁斯先生和他已故的兄弟 R. 布鲁斯少校多年前在乔哈特最先让公众注意到阿萨姆茶，当时根本没有人想到会有这种植物。"他还对布鲁斯关于当地的知识的了解、他的道德和旺盛的精力表示欣赏：

他长期住在阿萨姆，对于当地和邻近地区很多部落的风俗、语言、偏见等都非常熟悉。他有着优秀的品德……体格极为强壮，因此能够直面最凶险的丛林，即使是在任何人靠近那里都随时可能丧命的季节里；考虑到所有这些因素，他显然最有资格承担这项任务。[72]

于是，沃利克把布鲁斯描绘成了一个英雄人物，面对丛林中的危险能够应对自如，这种能力使他成为培育一个年轻产业的最佳人选。后来的历史著作也经常呈现出种植园主既好斗又接受过精心教养的特点。[73]

查尔斯·布鲁斯认为，自己的唯一追求是为英国人和阿萨姆人带来快乐和利润。当布鲁斯向茶叶委员会毛遂自荐时，他描述了自己如何从16岁时以海军准少尉的身份离开英格兰，如何"两次参加激战后"两次被法国人俘获，"（以及）在刺刀战结束后行军穿越法兰西岛（Isle of France）……直到它被英国占领"。在被囚禁的时候，他"遭受到很多痛苦，曾有两次失去了一切，并且从未得到过任何赔偿"。获释以后，他就成了一名军官，"登上进军爪哇的军舰，参与了夺取爪哇的行动"。此后，当英缅战争爆发时，他为"当时的总督代表斯科特先生服务，受命指挥一艘炮艇"。这次任职非常凑巧，因为他的司令部位于东北角的萨地亚，他的兄弟曾告诉他，茶树就是在这里"狂野地"生长。布鲁斯断言，他是"第一个穿越这片丛林，在英属萨地亚看到茶树生长区并带走了土壤、果实和花朵标本的欧洲人，也是首次发现其他很多茶树生长区的欧洲人"。他还宣称，他曾经保卫茶树不受景颇族领袖"杜法头人（Duffa Gaum）与其追随者"的伤害，这些人"威胁要突破我们的边境防线，幸而我利用炮艇的两个有利位置两次将他赶走"。[74]

1836年，查尔斯·布鲁斯被茶叶委员会任命为茶文化负责人之后，他在丛林中进行勘察并发现了茶树生长区，对景颇人威逼利诱，从而学会了如何种茶和制茶。然而，布鲁斯发给上司和茶叶委员会的备忘录和信件却揭示出当地人相互勾结与反抗的复杂局面。布鲁斯、沃利克和其他人为了寻找茶树多次冒险进入丛林。大多数人把这些冒险经历描绘成艰辛而又刺激的工作。例如，沃利克描述了1836年2月行经穆托克（Muttock）的旅程是多么可怕。他抱怨"这里整日整夜下雨","让人极其痛苦，因为在这种情形下我们还是不得不艰难地旅行，不得不穿越恐怖的丛林……这就是阿萨姆！"[75] 威廉·格里菲斯（William Griffith）也参加了这次探险，他对上阿萨姆地区的气候并没有感到特别厌烦，倒是详细记录了该地区的景象、植被和民族。他在1836年1月的记载尤其典型："今天早上，我们越过了名叫毛莫（Maumoo）的小溪，登上了一个相当高的河岸，几码之外就生长着茶树；我们越向丛林深入进发，茶树就越发茂密；事实上我们在几码之内就能发现多株这种植物。"[76] 他们也渴望得到这片在他们眼中非常肥沃的土地，尽管那里很潮湿又难以辨别方向，不过只需要"一个稳定的政府"，它就能够变成"对英国政府有巨大价值的收获"。[77] 这些著述把殖民描绘成一个充满男子气概的欧洲工程，旨在揭开并刺破遥远沃土的黑暗秘密。[78] 想要生产茶叶必须先征服大自然。巴特勒少校曾是孟加拉本地步兵团的军官，后来成为阿萨姆的一名官员，他的回忆录从一场大洪水开始，有力地描绘了布拉马普特拉河的洪水如何卷走他的新房子，而当时他的妻子和年幼的孩子就住在里面。大自然既慷慨又危险。它为我们提供了苹果树、桃树、橡树、杉木、咖啡树还有茶树，但巴特勒也在其中看到一片"沉闷、阴郁、荒凉的荒野"。[79] 种植园主的回忆录与"救赎的隐喻"交织在一起，他们正在培育这片贫瘠而又有潜力变得富饶的土地，使它变得更加有用而神圣。[80]

公开发表的那些记述倾向于忽视或淡化这样一个事实——当地居民并不愿张开双臂欢迎英国人与其盟友。事实上，英国人卷入了两个景颇组织的争斗之中，其领导人物分别是比萨头人（他们的盟友）和杜法头人（他们的敌人）。杜法是个十分棘手的人物，以至于布鲁斯在1836年写道："只要杜法头人还逍遥法外，我在那里就一事无成。"[81] 穆托克地区的布拉·森帕提（Burra Senpattee）控制着上阿萨姆的中心位置，他是杜法头人的一个盟友，也想阻碍布鲁斯的尝试。[82] 用布鲁斯的话说，森帕提"不情愿地"给布鲁斯提供了"一头大象和一些苦力"，还试图阻止手下向他透露茶树的位置。布鲁斯向村民施以"善意和礼物"，"并让这里的人自由接触我的人，结果他们都蜂拥过来看我"，他相信自己赢得了村民的支持。

之后他们告诉他"一个又一个的茶树生长区,尽管他们被严格禁止向我提供任何信息"。[83] 布鲁斯显然与森帕提"和解"了,詹金斯描述森帕提"对我们占领茶树森林非常嫉妒"。[84]

这份殖民地档案透露出来的信息非常多。詹金斯、布鲁斯和他们的同事拒绝认为森帕提在行使主权。相反,他们声称森帕提心怀嫉妒、不情不愿、天真幼稚而且贪得无厌。布鲁斯在给詹金斯的一封信中写道:"我想返回景颇领地,给那些可能支持我们事业的头人送点礼物,我希望我们的枪炮已经在运输途中了,他们一看到这些军火就会愿意许下任何承诺。"布鲁斯向詹金斯解释说,他已经告诉"这里的所有人,我是为了他们好,是来教他们如何种植和生产茶叶的"。下一句话颇具启发性,他写道:"我认为他们没有一个人相信我,他们都被强烈的偏见所左右。"然而,他很确信自己可以促使他们去"了解自己的利益",不久"上阿萨姆全境(将会变成)一个茶园"。[85] 因此,尽管布鲁斯意识到自己不受当地人的信任,但这并没有阻止他完成任务。这些信件从征服者的立场叙述了征服过程,不过它们也确实告诉我们,尽管有一些人公然抵制英国人,但也有一些人利用英国人和他们的礼物在这个动荡的时期赢得力量和盟友。

茶叶委员会支持布鲁斯并且把他描述成一个英雄,因为布鲁斯以很小的代价获得了茶树种植区,只是承诺给本地人"一点鸦片,还使用了'少量甜言蜜语'"加上一点"廉价的"枪支。在尼格鲁(Nigrew),当地头人"起初不承认他知道该地区还有更多的茶树",直到布鲁斯"给他一点鸦片当作礼物,并告诉他如果呈上实情他会从长官那里得到多少礼物"。他抽起景颇烟斗,称呼这位头人为"大哥",之后头人拿起布鲁斯的双管枪,并"请求"布鲁斯去问长官自己是否也可以得到一支这样的枪。布鲁斯答应把枪送给他以交换茶树生长区的信息。因此,茶叶委员会称赞布鲁斯"在粗野的部落里建立了友好的情感,在这些部落的村庄里,发现了野生茶树"。[86] 布鲁斯申请了更多的枪支用于收买这些部落。

景颇人的服从可能是出于恐惧、对回报的渴望以及对于利用英国人压制周围邻居的需求。毫无疑问,布鲁斯挑动了不同部族间的矛盾,而且他的甜言蜜语背后总是有炮艇撑腰。尽管茶叶委员会把他描绘成英国的孤胆英雄，但他们两兄弟都娶了当地女人并生了 8 个孩子。查尔斯的混血侄子布鲁斯上尉也常常支持他，布鲁斯也是普兰达尔·辛哈的民兵指挥官。[87] 布鲁斯家族、比萨头人、普兰达尔·辛哈和马尼拉姆·德万一起生活、一起工作、一起战斗，正是这种跨种族群体在阿萨姆开启了印度茶产业。例如，普兰达尔·辛哈相信，商业生产对他的族人会有帮助，并且可以为他带来"丰厚的利润"。[88] 他帮助英国人招募"阿萨姆最好的工人"，自己也开始投身于种植园产业。[89] 他把茶树林分给英国人和自己，并期待英国人"指导他的族人照管茶树和生产茶叶"。詹金斯上尉支持这一计划，因为它可以争取到"所有土著头人的善意"，让王公们"为这项事业提供热情的帮助"。[90] 然而，这种微妙的合作关系持续时间并不长，当英国人不再需要辛哈的帮助时，他们便于 1838 年废黜了他。

马尼拉姆·杜塔·巴罕达尔·巴鲁阿（Maniram Dutta Barbhandar Barua，也就是马尼拉姆·德万）也遭受了相似的命运。数十年来，马尼拉姆与英国人的合作一直非常成功，他也因此成为一位备受争议的人物，既被视为通敌者，又被看作一位早期的民族主义领袖。马尼拉姆出身高贵，支持现代化，在他的帮助下，该地区从"地方封建经济转变为外国殖民地种植园经济"。[91] 他在 19 世纪 20、30 年代为英国东印度公司效力，并担任普兰达尔·辛哈的首席顾问。他重组了当地政府，向贫困的农民征税，并帮助英国人打败了山区部落，从而努力建立起种植园经济。马尼拉姆与印度和欧洲商人有着密切的联系，并且认为以种植园为基础的经济将有助于阿萨姆的现代化进程，并为他带来丰厚的收入，从而抵消英国的征服带来的经济损失。他被贬为"平民"之后，立刻设法让新政权为他服务。[92]

1839 年，新成立的阿萨姆公司聘请马尼拉姆·德万担任总经理，并给他开出 600 万卢比的非常高的年薪。马尼拉姆主要管理账目，说服那加人（Naga）和景颇人在该公司的种植园工作，并在当地开创了茶叶市场。[93] 他帮助这家新公司克服了一系列障碍，取得了非常大的成功，对此，有一位主管在 1841 年写道："我发现办公室里的原住民事务部在马尼拉姆的出色领导下处于最有益的状态，他的智慧和活动对我们的公司做出的贡献最大。"他还评论道："他宣称，他正在我们这里和周边地区创建的贸易场所将具有相当重要的作用。"[94] 换句话说，马尼拉姆协助培育出了印度市场。

然而，马尼拉姆的成功导致了他的最终垮台。阿萨姆公司里的欧洲人开始挑战他的权威，马尼拉姆和欧洲官员之间爆发了冲突，其中一次涉及未经证实的谋杀指控。马尼拉姆于 1845 年辞去职务，在锡布萨格尔（Sibsagar）的赛龙（Selung）和乔尔豪特（Jorhaut）的辛内马拉（Cinnemara）开办了两个种植园。[95] 他招募中国人和本地劳动力，生产出高品质的茶叶，在阿萨姆地区和国外销售，并在 1851 年的万国工业博览会上展出样品。1858 年，辛内马拉的茶叶年生产量为 7 万磅。[96] 然而，马尼拉姆并没有从这次成功中获益，因为那年他涉嫌参与印度民族大起义而被处以绞刑。

尽管如此，本地精英及外邦公民还是与英国人合作，把资本主义带到了阿萨姆。茶叶委员会里还有一名中国人和两位"本地"绅士。沃利克是丹麦犹太人，布鲁斯兄弟是苏格兰人，他们的孩子有一半阿萨姆血统。早期的阿萨姆公司最初也是一个"种族混合企业"。例如，德瓦尔卡纳特·泰戈尔（Dwarkanath Tagore）是董事会成员，马尔瓦尔人（Marwaris）为茶庄提供贷款。[97] 然而到该世纪中叶，白种英国人在紧张的种族关系和纯粹的贪欲的驱使下，制定出相关法律和土地分配制度，只允许最富有的当地精英继续从事这个新兴行业。[98] 欧洲人——特别是苏格兰人——主宰种植园业，但印度人也投资了茶产业，并协助建立新的资本主义企业。

1839 年 1 月 10 日，12 箱共计约 350 磅的阿萨姆茶在伦敦商品交易所（London Commercial Sale Rooms）进行拍卖。这些样品与让维多利亚女王、朝臣以及如安德鲁·梅尔罗斯的零售商兴奋不已的茶叶出自同源。尽管它被运到加尔各答时已经处于受损状态，但一位名叫"皮丁船长"（Captain Pidding）的极其招摇的零售商还是以前所未闻的价格把这些茶叶全部买了下来，最后一批的售价达到每磅 34 先令。就像女王的支持一样，这次拍卖的目的也是做宣传。根据英国东印度公司董事会的说法，它引发了"高度的兴奋和激烈的竞拍"，因为这种"新颖而令人好奇"的商品卖到了一个"可观的价格"。[99] 2月份，阿萨姆公司在伦敦成立，50万英镑的资本被分为1万股。欧洲人和印度人也组建了孟加拉茶叶协会（Bengal Tea Association），它也是一家拥有1000万卢比资本的股份公司。这两家公司最终合并，1866年，加尔各答董事会被取消，伦敦控制了合并后的公司。[100] 到那个时候，阿萨姆公司和其他私营及联合股份公司认为，他们已经在印度帝国的东北边境找到了"黄金国"（El Dorado）。

"他们不愿开垦丛林"：制造茶叶生产者

英国东印度公司在证实阿萨姆可以种植茶叶之后，将大部分种植园转让给私人经营，以阿萨姆公司为主。但是，国家层面并没有减少对茶叶种植的支持。政府代表对该地区进行了调查和测绘，制定了垦荒规则，允许以优惠条件将土地授予欧洲人和少数富有的本地精英，并赋予种植园主管理治安的权力，以保护他们的土地并强迫劳工劳作。国家税收帮助建立起了交通和通信系统，将种植园与外部世界联系起来。正如我们在后面的章节中会看到的，殖民地国家也资助了全球广告和市场研究，帮助种植园主与重要零售商达成协议。然后，殖民地政府通过以上及其他多种渠道，促进了种植园经济的发展和全球市场的创建。

阿萨姆公司的档案阐明了最初几年种植园主所持的想法，也明示了移民工人和地方团体是如何一同构建这个行业的。公司管理者和投资人被引导相信"茶叶生产的过程非常契合阿萨姆人的和平习惯"，因而在该公司成立时持非常乐观的态度。[101] 然而不久之后，阿萨姆公司发现它无法诱惑当地人为得到薪金而工作，而且景颇人、卢谢人（Lushai）、僜人（Mishmi）、卡西人（Khasi）和那加人不断袭击种植园主及其家人。[102] 英国人以牙还牙，例如在1835—1851年间，他们仅仅针对那加人就发动了10次军事远征，尽管该地区直到1898年才完全被纳入英属印度的控制范围。[103] 我们应该记住的是，大型种植园不是大规模生产茶叶的必备条件。在中国，自耕农在小农场里种茶，然后卖给收茶者，收茶者随即将其转卖给工厂，由工厂把采摘下来的叶子制成茶叶，用于家庭消费和出口市场。[104] 英国人本可以采用这种制度，但他们缺乏劳动力、相关知识和能够保证新鲜度与质量的有效的运输系统。他们进口中国的种子、茶树和技术知识，但并没有引入自耕农体系。[105] 相反，印度引入了在美洲和加勒比地区使用的种植模式，这种茶叶种植园也被称为"庄园"或"花园"，需要大量的廉价劳动力。在印度，专家认为种植园至少应该有 500 英亩地，每英亩的劳动力不能少于 1 人。[106] 工人们清理并耕耘土地、栽种植株、除草并照管幼苗。（图 3.1）春天，他们采摘新鲜的叶子，把它们送到种植园里或者附近的工厂，鲜叶在那里完成分拣，然后经过一个程序转化为可销售的商品。欧洲的或混血的管理者监督这个加工过程，早年间这个程序全部由手工完成。[107] 种植园和工厂的结构设计不仅要保证高效和规模经济，还要考虑到对一支极其缺乏热情的劳动力队伍的监督。

经过数十年的战争、内乱以及英国最初几年的统治，阿萨姆本地人遭受了残酷的折磨，人口大量减少。[108] 布鲁斯和他的同事们并不关心阿萨姆地区的人口为什么那么少以及为什么那么多人不想在种植园工作，而是一再用种族化的话语诋毁"不幸吸食鸦片的阿萨姆人"，为他们的失败辩解。[109] 例如，1837 年，查尔斯·布鲁斯沮丧地报

图 3.1　茶园工人，阿萨姆，班菲尔德·富勒爵士（Sir Bampfylde Fuller），《印度帝国》（*The Empire of India*，Boston: Little, Brown, 1913）

告说："我无法让景颇人按照我的意愿干活，他们的工作方法和工作时间完全都按他们自己的心情来。他们毫无约束，根本不想工作。"布鲁斯无法让他们开垦从林，并感觉到"只要有足够的鸦片和大米"，他们根本就不会为挣钱而工作。他担心这个地区无法变成一棵摇钱树，"除非我们引入劳动力从而使景颇人变得更加勤奋"。[110] 他们不仅对英国的统治感到抵触，而且怀有反叛之心。

1839 年，布鲁斯沮丧地写道，"这个边疆地区不幸陷入的困境"使他很难将自己的"想法写出来"。[111] 他恳求政府为了英国的商业想办法使这个边疆地区安定下来："马塔克（Muttuck）是个盛产茶叶的地方，可以被建设成为一个广阔而美丽的茶园"；"我们的茶树，"他承认，"在这里是不安全的……大概一两个月前，一次袭击给了我们一个极大的警告，我的人不得不从我们的茶园撤走。"他继续说："自那次苏迪亚（Sudiya）的不幸事件发生以来，我们必须有保护自己的手段以防备突然袭击。"[112] 这个"不幸事件"指的是卡姆提（Khampti）叛乱，上阿萨姆政治代表 A. 怀特（A. White）少校和其他几人在叛乱中被杀。布鲁斯所写的信件表明，虽然他认为茶树和这个地区是属于英国的，但当地团体并不这样认为。他呼吁政府保护"英国"的利益。然而，使用武力只会使情况更加恶化，1843年 1 月，景颇人袭击了尼格鲁和比萨的英国前哨。所有头人都参加了这次袭击，其中包括先前曾帮助英国人找到茶树的比萨头人。英国人把比萨头人拘押起来，并采取了其他措施镇压当地居民。[113] 至少有一名种植园主逃离了这个地区，此人名叫弗朗西斯·博宁（Francis Bonynge），最终在美国南部落脚，开始使用非洲奴隶种植茶树和其他热带商品。[114] 因此，工人叛乱促进了生产和劳动力的全球化。

和其他很多种植园社区一样，这些种植园主开始从远离种植区域的地方引进契约劳动力。[115] 1860—1947 年间，300 多万移民从印度其他地区被送到阿萨姆的茶园工作。[116] 没有这种非同寻常的人员流动，茶叶的大众消费就不可能实现。起初英国人想要引入中国工人，但在 1841 年发生的一起涉及新加坡一个极其桀骜不驯的团体的著名事件之后，这种情况很快发生了改变。这一大批新加坡工人与孟加拉土著发生了冲突，"闹出了人命"。英国地方法官囚禁了 57 名华裔男子，但是有"太多的困难"使对他们的审判被推迟，最终也没人能提供他们的任何罪证。那些未被监禁的人要求释放他们的老乡，否则就拒绝去阿萨姆，"当这些人获释时"，理所当然地又"进一步要求提前支付工资，并向他们供应鸦片和食物"。报告指出，他们仍然"不会让步；我们对他们无能为力，因此他们被当场释放了"。[117] 这些工人之后在加尔各答闹事，最终被流放到毛里求斯。另一份试图解释这起事件的报告评论说："这些人的脾气十分暴躁——他们骚动不安、顽固不化而且贪得无厌。"[118] 阿萨姆公司依赖种族性和文化性的刻板印象来解释他们的问题。他们认为中国人是"骚动不安"的，而阿萨姆土著则一再被描述为懒惰的。

布鲁斯承认，阿萨姆的农民相信"为获得报酬而工作"是"卑鄙可耻的"，他们更倾向于"耕种一小块解决温饱的土地"。然而，他并不把这些人看作思想独立的农民，他指责这些人十分懒惰，并最终将他们的行为归咎于对鸦片的沉迷。[119] 在 19 世纪的阿萨姆，鸦片种植十分普遍。[120] 欧洲人首次描述阿萨姆时就把鸦片与矿产、木材和水果一起归为有用且具有潜在利润的物品。[121] 只有在它威胁到茶叶生产并对孟加拉的鸦片贸易构成威胁时，种植园主和官员才开始称阿萨姆的鸦片是一种道德上可疑的奢侈品，而非由农民掌控的经济作物。

布鲁斯曾用鸦片换取有关茶叶的情报，但他又一再声称鸦片毁掉了这个地区及其居民，并且一点儿也不觉得自相矛盾。有一次，布鲁斯强烈呼吁政府取缔鸦片种植，他推测"嗜好鸦片——这种可怕的瘟疫……使这个美丽的地方人口灭绝，成了野兽的乐园……并使阿萨姆人从一个优秀的人种退化成印度最可怜、最卑鄙、最狡猾、最堕落的种族"。鸦片使阿萨姆人失去工作能力，并使其劳动力无法繁衍。他表示，"与其他地区相比，这里的女人生育的孩子更少"，而男人则极其"衰弱"，以至于"比女人还女人"。[122] 其他茶叶种植园主向投资者和政府官员解释他们的失败时，也认为鸦片耗尽了有效的劳动力供应，腐蚀了工人的身体和道德。19世纪 30 年代后期在阿萨姆担任总督代表的约翰·巴特勒悲叹道，"三分之二的人口对鸦片成瘾"，这种毒品让阿萨姆人"淫乱放荡"，并导致了他们的堕落。[123] 阿萨姆公司的年度报告也讲述了同样的故事。[124] 1857 年 5 月（就在印度民族大起义前夕）的一份报告断定："阿萨姆地区放任鸦片的种植，对阿萨姆人造成了不利影响，并大大危及劳动力的供应。" [125] 这些报告中描述茶叶种植园主深受不服约束的当地消费者行为的伤害，并且通过对比凸显出茶的道德性。这种对鸦片的负面评价从未完全被认可，一些殖民地官员认为鸦片能够塑造更好、更顺从的工人，使他们能够承受对体力要求高的工作。[126] 然而，新生的印度茶产业把鸦片看作本地人拥有的产业，与茶产业和英国控制的孟加拉鸦片构成直接竞争，于是，1861 年，英国禁止在阿萨姆种植鸦片。[127] 鸦片就像茶叶一样，能带来利润又具有药用价值，却成了茶产业所面临的无数问题的替罪羊。

全世界所有的借口都无法掩盖这样一个事实——在 19 世纪 40 年代，查尔斯·布鲁斯和他的同事们犯了很多错误，与此同时，阿萨姆公司在严重的财政危机的边缘摇摇欲坠。[128] 劳动力短缺、满怀怨恨的地方势力的反抗和极度的无知使阿萨姆公司很难有扭亏为盈的能力。[129] 然而，股东和其他相关报道仍然保持乐观态度。[130] 例如，1843 年的一份报道将阿萨姆公司的失败浪漫化描述为先行者的经验的一部分，并解释说"这项创新性的事业、这个地区的荒凉原始状态、最初付出高昂代价从遥远的地方大批量引入劳动力的必要性，以及种植园位置的不健康状态，这些因素相互叠加，如果不及时解决，会使我们公司在这里的前期开支急剧增加"。[131] 1847 年的财政危机过后，阿萨姆公司的运气开始出现转机。它出产的茶叶在 1851 年的万国博览会上获得奖章，大众媒体上也刊登出一些赞颂的文章。[132] 然而，仍然有人抱怨这家管理不善的公司，称其茶叶"味道粗劣"。[133] 与此同时，阿萨姆公司也发现它不再是最重要的角色。

1849 年，东印度公司将大部分剩余的种植园卖给一名中国员工，但他的作物在送往加尔各答的路上遭窃，他被迫将这个名为楚巴（Chubwa）的种植园卖给阿萨姆公司的创始人之一詹姆斯·沃伦（James Warren）。沃伦的生意蒸蒸日上，他是这个行业公认的先驱之一。[134] 另一位先驱 F. S. 汉内（F. S. Hannay）中校在 1851 年开了一座茶园，其他几位殖民地官员、军官和种植园主也很快效仿。1853 年，老乔治·威廉姆森（George

Williamson）和他的堂兄弟来到这里，开始建设茶园并租赁其他部分茶园，包括马尼拉姆·德万最先开设的辛内马拉种植园。到 1859 年，私人开设的茶园达到 51 家，同时出现了一家新的主要竞争对手——乔尔豪特茶叶公司（Jorehaut Tea Company），它是第二家涉足这一行业的有限责任公司。[135] 政府的劳工和土地政策有助于这种行业扩张，尤其是在政府于 1854 年扩展了以前的垦荒政策之后。先前 1838 年的政策规定，被认定废弃的土地，即未开垦的土地，任何人都可以免费租用，只要他们同意进行勘查和耕种。而 1854 年的规定则坚持说，能够免费租用的土地不应少于 500 英亩。这鼓励了大型种植园的发展，而且激发起一场土地争夺的热潮，人们竞相争抢他们无力开垦培植的土地。[136] 然而在 19 世纪 50 年代，茶叶的种植面积、产量和利润都在增长。例如，阿萨姆公司在 1853 年种植了 2921 英亩的茶树，出产了 366 687 磅茶叶。到 1860 年，他们的种植面积增加到 4726 英亩，茶叶产量为 880 154 磅。[137] 1862 年，荒地规则得到简化，划分的大块土地面积达到 3000 英亩，每个人都可以购买若干块。土地购买申请纷至沓来，不久之后，阿萨姆地区有了 160 家种植园，业主包括 5 家股份公司、15 家私营公司和一些私人经营者。[138] 这种土地狂潮再加上劳动力短缺和地方抵抗导致了可怕的"苦力"贸易的发展，很多人将其比作大西洋的奴隶贸易。

契约劳工的使用是由上述问题引发的，不过当地工人要求的薪水过高也是原因之一。从 19 世纪 50 年代到 60 年代，工资水平翻了一番，公司经理们感到不得不引入大量廉价和顺从的劳动力，以便维持赢利水平。[139] 1850 年以后，特别是在 19 世纪 60 年代，极端贫穷、未受教育的工人被鼓励移居到阿萨姆。一首当地民谣记录了阿萨姆给这些工人做出的承诺："来吧，让我们去阿萨姆，我的女孩，因为我们的家乡苦难太多，我们去阿萨姆，去郁郁葱葱的绿色茶叶种植园之地。"[140] 这些"女孩"和男性工人都没有意识到劳动合同条款事实上会令他们永远不能重返故乡。根据一位学者最近的说法，"'阿萨姆苦力贸易'让人联想起发生在非洲、美洲和西印度群岛的奴隶贸易"。[141]

从大英帝国各地招募来的劳工涌入孟加拉、奥里萨（Orissa）、西北地区和奥都（Oudh）的贫困乡村。[142] 欧洲人和印度人都成立了企业，成为村民们非常惧怕的苦力劫掠者。尽管政府实行了许可证制度，但很多招募者并未登记，欺诈行为十分盛行。即使是有执照的招募者（sirdars），也常常被认为是"乡村垃圾"、窃贼、小偷和其他"坏人"，对招来的人的福利漠不关心。[143] 招募者用贷款、酒和女人来引诱工人。年轻女孩被绑架，然后在招募站点被嫁给工人们，这就是所谓的"站点婚姻"（depot marriages）。[144] 一旦"被招募"，工人们必须经历漫长而危险的旅程前往种植园，在那里他们要遭受长时间工作、饥饿和疾病（如霍乱与疟疾）的折磨。一些种植园的工人死亡率可能高达50%。[145] 一位阿萨姆公司的医生后来在著作中为这样高的死亡率找借口，他问道："如果一群虚弱有病的苦力被运送到不卫生的地区，医生难道能用往喉咙里灌药的方法来保住他们的性命吗？"[146]

种植园主对他们的工人也拥有极高的处置权。事实上，随着1865年《第六号阿萨姆合同法案》（Assam Contract Act VI）的通过，孟加拉政府规定种植园主无须通过批准就可以逮捕逃跑的工人，并且能够采取严厉的惩罚手段。[147] 尽管政府对茶园劳动状况做了多次调查，尤其是在1868年和1873年，并且通过法律禁止最严重的虐待行为，但工人们仍然经常受到鞭打、监禁、性虐待和身体虐待。很多工人得不到报酬，并且工作和生活条件依然可怕得令人震惊。茶产业界在19世纪80年代争辩说，虐待行为是早期的"不合格"种植园主犯下的恶行，经验和政府规定已然改善了这种情况。但事实并非如此。在19世纪80年代以后，工人实际上还是受到奴役，高死亡率、低出生率、疾病与虐待行为一如既往。[148]

然而在这些年中，工人们一直在与他们艰苦的劳动条件抗争，并且有时会参加甚至发起全面政治叛乱。1857年，在印度民族大起义期间，阿萨姆公司尤其对"骚动和不满"的工人感到不安，他们"潜逃"，被抓住后，还会再次逃脱。[149] 公司报告从未显示逃跑的工人是在反抗这个茶产业机构或英国的统治；报告认为，他们只是糟糕的工人。正如一份报告在1863年所指出的，"卡切里（Kacharrie）和当哈（Dhangha）的苦力似乎能克服当地的气候和困难，而孟加拉苦力则变得灰心丧气，百病缠身，无法工作，不能挣钱购买充足的食物果腹——他们逐渐衰弱乃至死亡"。[150] 这份报告至少承认，那些来自孟加拉的人在阿萨姆感到沮丧。

当印度士兵和印度北部很多地区的民众于1857年起义时，英国的信心发生了动摇。但在很多地区，后起义时代的政府继续推进由东印度公司治下的印度开创的经济趋势。[151] 英国王室对印度拥有直接管辖权，而且用一位学者的话说，他们"试图积极地……规范市场活动和组织"。[152] 商业和财产法律、关税政策和劳工法都鼓励棉花、黄麻、咖啡、小麦和油籽的大规模种植，这些作物和茶叶一样都是用于出口的商品。[153] 灌溉工程、道路建设、蒸汽航运、铁路交通降低了生产成本，提高了印度农业的产出。直到很久以后，阿萨姆地区才有了铁路，不过有汽船经雅鲁藏布江及其多个支流把茶叶运到加尔各答。加尔各答于1861年底开始拍卖茶叶后，一些茶叶直接卖给了买家；然而，大多数茶叶还是被装上快船送往伦敦，另有少量去了其他一些重要市场。到19世纪末，交通运输、劳动力和环境等方面发生的变化意味着印度农产品就像亚洲、非洲和美洲其他地区的农产品一样，日益占据了工业化的西方的食品贮藏室，并成为其工厂的原材料来源。[154] 因此，农民土地所有体系和仅能维持生计的农业被资本密集的单作农业所取代，并不可逆转地依赖于剧烈波动的全球经济。

"世界各地都想向所有其他地方供应茶叶"

维多利亚时代中期的人们对茶叶怀有极大的热情，无论是作为一种饮品、一种农作物还是一笔投资。世界各地的种植园主和资本家梦想着茶叶几乎无限的可能性。中国的茶产量大幅增加，日本开始出口茶叶，锡兰、东南亚、南非、巴西、高加索、加利福尼亚、南卡罗来纳和佐治亚也出现了实验性种植园。到19世纪80、90年代，印度和锡兰在世界茶叶市场占据了主导地位，但在19世纪中叶，这一点并不明显，而此时亚洲、非洲、美洲和欧洲地区的政府、企业和个人都正在为茶叶而痴狂。因此，印度茶叶代表了一个更普遍的现象，即从19世纪50年代到1914年，种植园农业和商品交易的规模、速度和重要性都在以惊人的速度发展，食品处于这个新的全球化世界的前沿。[155]

有一段时间，茶树被认为是"真正的黄金国"。[156] 阿萨姆的故事在印度南部的卡恰尔、大吉岭、杜阿滋（Dooars）、吉大港（Chittagong）、尼尔吉里斯（Nilgiris）和其他地区也在重复上演。大吉岭的发展非常迅速，到1874年，该地区的113个茶园年产茶叶3 928 000磅。[157] 在有些地方，地方投资和所有权占据相当大的比重。例如，1863年，在库马盎（Kumaon）、台拉登（Dehra Dun）、加瓦尔（Garhwal）、西姆拉（Simla）、锡莱特（Sylhet）和坎格拉山谷（Kangra Valley）共有78个种植园，其中欧洲人拥有37个，印度人——包括克什米尔王公——拥有41个。[158] 孟加拉的律师和文员于1879年创办了第一家由印度人管理的公司杰尔拜古里茶叶公司（Jalpaiguri Tea Company），不到两年时间，又有两家这样的公司成立。[159]

殖民政策、增长的股息以及蜂拥出现的赞颂刊物催生了淘金热的心态。19世纪80年代，印度茶专家J. 贝里·怀特（J. Berry White）在伦敦发表了演说，把茶叶贸易的狂潮描述为一种上瘾现象："尽管茶叶本身以能够振奋精神却不醉人而著称，不过开拓新的种植领域这种热情却对茶叶种植与贸易的参与者产生了最奇怪的致瘾影响，只有探险家的热情梦想才可以与之相比。"怀特回忆说，19世纪60年代初期是一个"狂热的兴奋和投机"的时代。[160] 像皇家艺术、制造和商业协会（Royal Society of Arts, Manufactures and Commerce）这样的组织给这种新茶叶颁发荣誉和奖章，致使茶叶热进一步升温。[161] 早已因从中国盗取种子而闻名的罗伯特·富钧（Robert Fortune）推广了印度茶叶，但他也担心"在印度，每个人似乎都认为自己不必掌握与这门学科有关的任何知识就有资格承担茶叶种植的管理工作。我甚至曾经听到有人说，一位女士毛遂自荐，想去管理一个政府种植园"。富钧并不是真的担心女性种植园主的出现，但他害怕"我们的国民饮品"展现出的"魅力"会使不合格的人受到误导，觉得自己可以在印度依靠种茶大发横财。[162] 他也许还担心由印度人开设的茶园。大都会贸易杂志《便利店》（The Grocer）在1865年明确宣称人们不应该信任"本地"种植园主。尽管"本地资本家当然不能被剥夺购买这些

（荒废的）土地的权利……但应该采取一些手段，以防止土地被卖给没有诚意进行耕种的人"。[163]

专家们也担心不够格的白人成为种植园主。农业专家威廉·纳索·利斯（William Nassau Lees）在1863年分析了这个行业之后，满怀信心地断定印度茶叶"孕育着希望"，但他也不赞成这个行业野蛮无序的发展形势，担心它像美国西部的发展一样，招来梦想着快速发家致富的不体面的人物。[164] 1873年，孟加拉政府的初级秘书A. J. 韦尔·埃德加（A. J. Ware Edgar）写道，1863—1865年间，人们展现出"一种危险的投机精神"，"急切地想尽快得到荒地，拿到地之后，象征性地对其中的一部分进行耕种，然后转手卖给新成立的公司攫取高额利润"。他写道，更糟糕的是"野心勃勃的商人"说服"股东投资实际上根本不存在的茶园"。埃德加担心，很多英国年轻人都被凭空捏造的东西吸引到阿萨姆，最终却发现自己"突然在一个最不友好的国度漂泊流浪，没有一文钱、一个朋友；一些人送了命，还有一些人仅能勉强只身逃出阿萨姆，大多数人都会受到人身伤害，并为他们一生中最美好的几年时光都浪费在那里而追悔不已"。[165] 投机泡沫进一步推动了对劳动力的需求，加尔各答的承包商和招募者把所有"有能力走或者爬的人都送上汽船，运往阿萨姆……盲人、疯子、病入膏肓者——实际上是各种废物的大集合，都以特定的价格被征发到阿萨姆，招募者和其他参与这种生意的人从中赚取了大额利润"。[166] 这种情况使"合法"种植园主、他们的工人和投资者深受其害，并且致使印度在19世纪60年代没有生产出多少质量稳定的好茶。曾担任种植园主的茶叶专家爱德华·莫尼（Edward Money）也总结了这一观点，他解释说："在其他方面一事无成的人却被认为能把种植园搞好。"他回忆说，"那个时候有一群怪人，包括退役或被开除的陆军海军军官、医生、工程师、兽医、轮船长、化学家、各种店主、摊贩、前警察、文员和天知道什么样的人"，都尝试这个职业。[167] 1865—1866年，茶产业的大崩盘不可避免地到来了，正如莫尼所说的，到了1867年，"茶叶根本无法赚钱，每个人都想卖掉它们，所有的茶叶股票都在暴跌，引发了公众的大范围恐慌。不只是少数个人受到影响，很多公司都难以为继，他们不得不关门大吉抛售地产，尽可能换点儿钱……而'茶叶'这个词在商界变得臭名昭著"。[168]

然而，茶叶狂热不仅仅是一场印度病，中国人也染上了此病。中国商人在外国和本地银行的支持下，动员起"土地、劳动力和金钱"，以"史无前例的高水平"生产茶叶。[169] 土地使用方式发生了变化，茶叶种植面积扩大，满足了世界市场不断增长的需求，一些中国官员却谴责这种种茶热潮，一位福建总督相信，茶叶会带来外国的腐败，使社会环境陷入骚乱，并让未来发生动荡：

> 自从（福建）开放经商，外国船只纷纷涌入，商人遭受利润的腐蚀。越来越多的山峰都被用于耕种。青翠的悬崖被挖掘出红色的土壤，清澈的溪流（由于）胡乱开垦而变成黄色。[170]

这位官员谴责了非理性的投机并预见了过度生产的危害。这是一个十分敏锐的评价。

日本也陷入茶叶狂潮。甚至在 1853 年日本还没有正式开放世界贸易的时候，长崎女茶商大浦庆（Kay Oura）夫人已经通过一家荷兰公司向美国、英国和"阿拉伯"发送了茶叶样品。1856 年，一位英国买家购买了大浦庆的茶叶，不久之后，怡和洋行在日本设立了办事处，美国公司也如是仿效，他们最终与其日本盟商一道占领了这个市场。中国的台湾岛也开始在世界市场上销售茶叶。1861 年，英国领事对这个产业的发展前景做了报告，数年之后，另一位英国人成立了多德公司（Dodd and Company），并开始从台湾购买茶叶。1869 年，这家公司尝试把一批货物运往纽约，到 1879 年，美国人购买了 5000 万磅台湾乌龙茶。外国公司从整体上控制着台湾茶叶种植的加工和包装。[171] 在爪哇，政府资助让位于私人企业，那里出产的茶叶开始寻找市场，特别是在荷兰和德国北部。[172]

种植园主和投资者也在非洲南部、南美、高加索、亚速尔群岛、柔佛、斐济乃至加利福尼亚沿海等地种植茶树。[173] 《便利店》杂志早在 1866 年发表的有关巴西茶叶的文章就打趣说："世界各地都想向所有其他地方供应茶叶。"[174] 巴西当然成了咖啡大国，但在 19 世纪 60 年代，那里似乎也会种茶。北美人也开始创建茶叶种植园。弗朗西斯·博宁在阿萨姆创办的 4 座茶园被景颇人摧毁后，他搬到了佐治亚，种植茶树、咖啡、杧果、棕枣、荔枝、西瓜和槐蓝属植物。[175] 1848 年，朱尼厄斯·史密斯（Junius Smith）也在南卡罗来纳州的格林维尔（Greenville）附近种茶，他成为将这种亚洲作物美国化的倡导者。[176] 史密斯是跨大西洋蒸汽航运的早期推动者，因此在全球化历史上是一位重要人物。他来自康涅狄格州，毕业于耶鲁大学，后来搬到英格兰并在那里成为航运商，娶了一位英国女子，于 19 世纪 30 年代成为英美轮船公司（British and American Steam Navigation Company）的所有者和推动者。到 19 世纪 40 年代，他已经有了可用于投入其他新经营项目的资本。

不过，史密斯承认做茶叶生意是他女儿的主意。露辛达·史密斯（Lucinda Smith）小姐于 1840 年嫁给英国牧师爱德华·K. 马多克（Edward K. Maddock），他是东印度公司的随军牧师，婚后这对夫妇搬到了印度西北部的密拉特（Meerut）。与很多殖民者的妻子一样，年轻的马多克太太在喜马拉雅山区消磨夏日时光，有一次在回家的路上，她品尝了一些东印度公司种植园里出产的茶叶。她在信中写道："我们听说它的质量能够超越中国茶叶，可能会成为东印度公司最有价值的投资。一些茶叶已被送到伦敦，并在那里卖到每磅 1.5 美元的价格。"[177] "我一读到这封信，"史密斯写信说，"就突然想到如果在喜马拉雅山脉能够成功培育茶树，那么应该就没有什么生长条件方面的困难会妨碍这种植物在美国生根发芽。"[178] 史密斯给专家们写信求教，大量阅读资料，并在伦敦的东印度大厦图书馆展开了研究。[179] 史密斯通过几个途径得到了茶树种子，包括通过阿萨姆公司和他女儿从"她的一位店主"那里买到树种。她让一位女性熟人把种子带回家里，相比于"公共运输"，她父亲可以通过这种方式更快得到它们。[180] 这种茶树在南卡罗来纳州蓬勃生长，直到 1853 年史密斯遭遇暴力袭击而亡。史密斯在不幸去世之前已经鼓舞了其他人在美国种植这种农作物。

由此，史密斯和他的女儿及其朋友正在缔造一种从印度延伸到大西洋的全球经济。跨国家庭在历史学家所称的不列颠世界中传播商业知识。[181] 这些个体人物将茶叶和相关知识传遍整个不列颠世界，甚至传输到大英帝国的正式边界之外。我们在后面的章节中将会看到，在 19 世纪后半期和 20 世纪的大英帝国，英美的家庭和同事经常在茶叶贸易中合作。[182] 然而在此时，史密斯这样的人相信茶树实际上是可以在美国生长的。例如，在撰写有关得克萨斯州种茶的可能性时，史密斯提出，从得克萨斯将货物运到伦敦要比从阿萨姆经加尔各答中转到宗主国容易得多。这篇文章写于苏伊士运河启用之前，史密斯作为一位跨大西洋运输公司的老板，深知"距离和时间一样，长短是通过比较而定的"。[183]

当美国人试图种植茶树时，很多"英国种植园主"移居美国种茶卖茶，并对美国的政策产生了影响。例如，苏格兰阿萨姆公司的一名经理在佐治亚州开设茶园，并游说美国政府支持这一新兴行业。[184] 美国内战结束后，美国农业部真的给南卡罗来纳州、佐治亚州和加利福尼亚州的农民发放了很多茶树。[185] 英国贸易杂志《便利店》早在 1864 年就报道称，在旧金山，"都勒教会（Mission Dolores）附近的苗圃在过去的 12 个月里成功地育出了数千棵茶树"。"毫无疑问，"该杂志表示，"不久之后，这个州的每一个农场至少都将出于家用目的而种茶。"[186] 几年后，种植园主把日本茶树移植到位于纳帕谷中心的卡利斯托加（Calistoga）；1872 年，富有而勇于创新的地主 W. W. 霍利斯特（W. W. Hollister）上校把 5 万株茶树引入他在圣巴巴拉开的农场。[187] 今天，加利福尼亚州几乎没有什么出名的茶。然而，英国杂货商、印度种植园主和美国商人那时都以为，由于该州已经有足够多的"天朝人"（中国人）来打理种植园，那里很快就会遍地都是茶园。[188] 纽约的《本土和殖民地邮报》（Home and Colonial Mail）记者在 1880 年预计，不久之后"这个国家将种植成千上万的茶树"。这位记者打趣说，把茶树种植引入美国，是农业部部长勒迪克将军的"小癖好"之一。[189] 美国的劳动力成本高于中国或印度，但专家们设想"有创造力的"美国人可以"通过使用机器"，使这个产业赢利。[190] 这些种植园主也对不断扩大的国内市场抱有信心。美国的人均茶叶消费量虽然很小，但是呈增长态势。[191] 茶叶贸易的从业者认为，美国人是天然的消费者，只是他们的口味自独立革命以来出现了偏移。我们将会看到，他们携手共同努力，想要夺回这个失去的市场。[192]

虽然有那么多人想种茶，不过最终种植规模能与印度匹敌的是位于印度东南沿海附近的一个相对较小的岛屿——锡兰。数世纪以来，锡兰一直是全球贸易商的必争之地，并且历经了欧洲的征服浪潮。 葡萄牙人在 1505 年首次以贸易商的身份来到锡兰，他们的影响力在 16 世纪逐渐增长。17 世纪中叶，荷兰人获得了以前属于葡萄牙的财产，包括种植园农业，并对当时该岛最重要的出口产品——肉桂——维持严格垄断。英国东印度公司在 18 世纪 90 年代后期获得锡兰的控制权，1802 年 1 月，锡兰成为英国直辖殖民地。锡兰拥有自己的行政体制，并没有纳入英属印度。 尽管如此，英国东印度公司掌控利润丰厚的肉桂专卖权一直到 1833 年，而且咖啡很快成为那里最赚钱的作物。[193]

在 19 世纪初，锡兰咖啡享受着优惠关税保护，使这个产业得以迅速发展，并且英国的咖啡饮用量激增。[194] 如果不是一种真菌——咖啡驼孢锈菌（hemileia vastatrix）——于 1869 年底来袭，英国人喝咖啡的习惯可能会一直保持强劲势头。通俗历史著作称赞茶叶挽救了咖啡种植园主，使其免于遭受灭顶之灾，不过实际上真菌用了数十年才毁掉咖啡产业，而且早在这种真菌首次肆虐的两年之前，商业规模的茶树种植就开始了。[195] 早在 1839 年，纳撒尼尔·沃利克博士就把“阿萨姆本土植物”的种子送到位于康提（Kandy）附近的佩勒代尼耶（Peradeniya）的皇家植物园，他当时身兼加尔各答植物园负责人和印度茶叶委员会成员。这些茶树蓬勃生长，证明它们可以适应锡兰的气候。[196] 一些咖啡种植园主也在他们的种植园种茶，不过首次在自己的土地上进行茶树的商业化种植的是苏格兰人詹姆斯·泰勒［James Taylor，1867 年在他的鲁勒勘德拉（Loolecondera）种植园，就在同一年，印度发生了茶产业大崩盘］。茶树种植之所以会成功，是因为它可以在更大的海拔范围内栽培，而且锡兰岛上的强降雨不会危及茶树，咖啡树则不然。茶叶的创业成本比咖啡高，因为它需要即刻加工，但由于锡兰的茶叶与中国或印度的不同，可以常年采摘而非季节性采摘，所以种植园主可以更快赢利。[197] 因此在 19 世纪 70、80 年代，染病的咖啡树被连根拔起，为茶树让位。

"锡兰向来以咖啡生产国著称",《种植园主公报》(*Planters Gazette*)在 1878 年写道,不过该杂志预测,这个岛屿可能很快就会变成"阿萨姆的劲敌"。[198] 1872 年,锡兰首次出口茶叶,当时只有区区 23 磅。但到1884 年,运往伦敦的茶叶量是 1880 年的 20 倍。[199] 当爱德华·莫尼的畅销教科书于 1883 年出版第四版时,他在书中对近期茶叶生产的极速全球化及工业化感到惊讶,并对锡兰的茶叶生产状况印象尤其深刻。然而,莫尼对这一产业并不乐观,他预言茶叶种植会不可避免地衰退,并苦涩地断言"茶叶已经太多了"。[200]

———————

19 世纪上半叶,由英国人、阿萨姆人和其他印度本地人组成的多元化社会团体开启了印度的茶产业。很多民族主义者后来把茶叶标榜为欧洲殖民事业的主要范例,但地方土地所有者、统治者和工人在反抗、顺从和逐利之间摇摆不定。阿萨姆并非独一无二的,但其历史证明了茶树是可以在中国以外的地区进行商业化种植的。到 19 世纪 50、60 年代,茶叶种植转移到印度其他地区、南亚和东南亚乃至美洲。然而,它在殖民环境下发展尤盛,因为殖民地国家用廉价的土地、劳动力和其他利好条件滋养着这个产业。

到 19 世纪 80 年代,英国种植园主和公司掌握了在阿萨姆和帝国其他地区大规模种茶的土地、劳动力和技术知识。他们在这些地区成了家、建了房子,并用当地和故乡的物品共同装饰房屋。他们穿着礼服共进晚餐,在花园里喝茶,周围有仆人、宠物和满屋的资产阶级家庭用品(图 3.2)。虽然他们称自己为英国人,但实际上大多数都是苏格兰人,而且我们知道很多人都与当地女性结了婚或者生了孩子。他们的后代回到故乡求学、结婚或从帝国的生活压力中抽身休养生息,但我们依然倾向于想象这些种植园主和他们的家人处于一个与大都市相隔离的世界。[201] 他们确实在偏远的地区,而且我们可以从这些不知名的种植园主的肖像中看出,不管拥有多少茶叶,都无法消除生活在帝国中并试图在全球化经济中赚钱招致的

图 3.2 茶叶种植园主在他的花园里喝茶，19 世纪 80 年代

孤独感、恐惧感和焦虑感。这种情绪往往会激起种族主义和无休止的暴力行为，还有为控制工人、政府和土地而采取的极端措施。我们将在下面的章节中看到，这种情绪迫使一些种植园主离开他们的茶园，组织和运用政治权力，最终成为销售人员，学习相关的文化专业知识以征服全球市场并改变大众口味。虽然我们看到他们孤身一人或与家人一起待在印度，不过"印度种植园主"也是一个全球性现象。这些种植园主与广告商、展览专家以及其他知名人士一道，围绕"英国的"茶叶创造出新的消费文化。然而，这些种植园主从来不是孤军奋战，他们从未停止寻找朋友、亲属和盟友，以帮助他们构建对帝国的一种渴望。

4

包装中国

在全球市场宣传食品安全

1826 年，贵格会成员、废奴主义者、禁酒狂热分子和议会改革者约翰·霍尼曼（John Horniman）开始销售预先称重并密封包装的茶叶。[1] 茶叶包装制度花费了一些时间才建立起来，但在数十年内，这项创新巩固了霍尼曼作为茶叶贸易领袖的地位。到 19 世纪 80 年代，预先称重、密封包装成了行业规范，大众市场上的公司都开始以这种方式销售茶叶。我们将在本章中看到，当时这些公司开始把少量新的印度和锡兰茶掺入其包装好的茶叶中，而消费者对此并不知情。然而，约翰·霍尼曼在这个世纪早期首次包装茶叶是为了应对日益严重的担忧：那时很多英国人认为中国人常常把不卫生甚至有毒的东西掺进茶叶里，特别是绿茶。虽然他们的同胞也在本国的茶叶供应中掺假，不过偏执的英国人依然把这种欺骗手段怪在中国人头上，他们大都认为这种情况在 1833 年东印度公司垄断茶叶贸易后开始变多，特别是在 1842 年第一次鸦片战争结束、英国强行让中国"开放"以后。自由贸易确实带来了自由放任，因为缺乏经验、易受愚弄的商人现在可以航行到中国，购买中国人供应的不管什么样的"茶叶"。茶叶贸易向这种新模式的转变产生了深远的影响，其中包括英国人对中国的进口商品产生越来越多的猜疑。英国人想出了各种方法来缓解他们日益增长的恐惧，但他们的解决方法往往倾向于进一步传播这种恐惧，尽管他们的本意是想遏制它。

在上一章，我们看到中国和英国间的敌意日益增长，促使英国人征服阿萨姆并建立起了印度茶产业。类似的反华态度促进了包装和品牌化的应用，并推动了食品科学和食品体系国家管理的发展。对茶叶等外国进口商品的担忧为我们如何在全球市场中讨论食品安全设定了框架。[2] 在维多利亚时代中期，商人、科学家和国家官员承诺要保护英国公众不受危险的东方娱乐和更为野蛮的市场的伤害。这些权威宣称，他们可以对商品、生产方式、流通和消费方式的好与坏划定界线。霍尼曼公司（Horniman and Company）的广告率先推广了这种专业文化，里面大量引用了化学家和汉学家的成果、探险家的话及政府文件。最终，霍尼曼卖出大量的茶叶，不过对于茶叶掺假的担忧和防范造假的相关立法使英国人不再青睐中国绿茶，并创造出条件促使公众喜爱来自南亚的他们所认为的纯正、现代的英国茶。因此，从 19 世纪 30 年代末到 70 年代，中国和大不列颠动荡的经济、外交和文化关系塑造出了新的口味、态度和市场。[3]

维多利亚时代的食品恐慌：“我们吃的很多东西都有毒”

掺假对身体有害，但它也暴露了自由放任主义经济原则存在的不完善之处。[4] 食物一直以来都是危险的，不过自 19 世纪以后食物恐慌才成为公共事件。在我们当今的时代，倡导食品改革的记者、作家和电影制片人通过强调我们的食物中潜在的危险而引发受众的情绪化反应，从而为他们所期望的持久的政治、经济和社会变革争取支持。[5] 例如，迈克尔·波伦（Michael Pollan）和埃里克·施洛瑟（Eric Schlosser）继作家兼活动家厄普顿·辛克莱（Upton Sinclair）之后，揭露出一些引人注目的问题，意在提高人们对全球化和工业化食品系统带来的威胁的警惕。[6] 然而，我们并不是第一代谴责食物全球化和工业化的人。维多利亚时代的人们在创建全球工业化食品体系的同时，也与我们一样对食品全球化和工业化做了批判并思考解决途径。[7] 他们相信，科学、技术、品牌商品和殖民主义将保护消费者，使其免受食物供应中潜藏的危险的伤害。

食品恐慌对历史学家尤其有用。它们作为进入公众意识的惊恐的范例，展示出了口味发生变化的细微过程。所有食品都可以产生令人愉悦或厌恶（尤其是在它们被想象为不洁净或受污染的情况下）的感受。[8] 进食提醒我们，自己的身体脆弱而易受伤害。[9] 人体对摄入不洁之物怀有根深蒂固的恐惧，食品偏好、烹饪和餐桌礼仪是它所带来的文化反应的一部分。然而我认为，食品恐慌突显出自我与社会、身体和市场之间的联系。它们展现出口味的文化、社会和历史属性，尽管它们也深受生物学的影响。[10]

在维多利亚时代中期的英国，食品和饮品引发的公众关注也许比今天更多。法律法规、重要庭审案件、流行陈列和广告都提醒消费者，那些陈列在杂货店和面包店货架上的商品即便不是大多数也有相当一部分掺假。[11] 这种情况绝不是新鲜事，但随着大众消费的发展、零售业竞争的加剧、国际贸易管制的取消以及食品添加剂检测科学方法的进步，这种活动的意义和范围发生了改变。考虑到这些改变，著名食品科学家爱德华·史密斯博士在 19 世纪 70 年代推测，因为"与遥远国家的交往日益变多"和其他问题，"食品和饮食学科已经引起公众的关注"。[12] 换句话说，史密斯相信公众已经认识到他们消费的食品是在世界的另一端生产出来的，并且对这个问题很感兴趣。

对这些问题的关注在 19 世纪中叶达到顶峰，其关注程度可与那些年里席卷英国的夺命霍乱大流行比肩。事实上，几名参与确诊霍乱的人员确实也研究过食品供应。[13] 这些专家在该世纪后半叶就逐渐明白摄取不洁净的水或食物会传播霍乱等疾病，而科学家直到数十年后才接受这种思想。霍乱患者的病情发展迅速，很快出现脱水症状，大多数在几天内就会死亡。这种疾病在患者的身体上会显现出明显的症状。食品掺假的致死方式比较缓慢而不易察觉，但它引发了类似的对科学的功效和公共健康管理状况的担忧。[14] 然而，并非所有的食品和饮品都会引发这样的担忧。那时英国人眼中的茶叶掺假意味着与中国做生意的风险，以及在自由贸易时代监管国家边境的困难。

自 13 世纪以来就有打击掺假者的法律。18 世纪甚至有法律专门惩治茶叶和咖啡的造假。[15] 但是，越来越普遍和危险的掺假案例表明这些法律并没有效用。[16] 19 世纪初，分析化学家宣称他们拥有能够检测食品、饮品和药物成分的工具和知识。[17] 到 19 世纪 50、60 年代，很多分析化学家成为著名的食品专家，他们到政府委员会作证，使有关食品掺假的科学和法律成形，并声称他们可以保卫一个健康、道德的市场。如果有人用掺假和其他形式的商业欺诈对商品作伪，化学保证能够使它们原形毕露。

在 19 世纪 20 年代，化学家弗里德里希·阿库姆（Friedrich Accum）出版了一本畅销书，断言掺假"作为一种无耻邪恶的行为……现在几乎被应用到从生活必需品到奢侈品的每一种商品上，而且在联合王国各处都在以惊人的程度发展"。[18] 虽然阿库姆后来因在一个科学图书馆里毁坏图书而名誉受损，但他在当时很有影响力，而且其他化学家也很快保证化学可以"建立一道屏障，抵挡奸诈商人的贪得无厌"，"它还会赋予每个人以力量，确保人们的健康和财富不受疾病和掺假的伤害"。这样一来，这位作者断言化学已经直接介入"普通生活"，并不是"很多人眼中的不必要、无用处的探求"。[19] 家庭指南描述并推广这门科学，并解释化学检测和显微镜如何把生产商和分销商隐藏起来的东西展现出来。[20] 当然，随着食品加工出现变化，关于什么是有害添加剂这个问题仍然存在争议，但化学家成功地将食品纳入了自己的专业领域。

社会改革家同意化学家的基本结论，他们尤其担心城市中的穷人的饮食。例如，1831 年，威廉·拉思伯恩·格雷格警告说，食品伪劣掺假是使英格兰工人阶级遭受巨大痛苦的因素之一。他描述说，穷人喝的"茶被稀释到与热水差不多的程度，泡茶的原料根本不是中国货，而是那些用于欺诈穷人的无数产品之一"。[21] 一系列报纸文章和下流出版物都在描述"阴险邪恶、不讲道德的掺假食品"如何夺走人们的生命，如《揭秘致命掺假和慢性毒害，或锅碗瓢盆中的疾病和死亡》（*Deadly Adulteration and Slow Poisoning Unmasked or, Disease and Death in the Pot and the Bottle*）。[22] 在这些作品中，商人阶层显得尤其恶毒和鬼祟。[23]

很快，公众开始要求获得解决方案。例如，一名"英国教士"主张国家应该设立"一类值得信赖的人"或食品"侦探"，他们会检测"最常用的生活必需品"的纯净程度。这位教士持典型的托利党社会改革的父权制国家观，认为英国的"父权政府"必须保护平民消费者，使其不受邪恶市场的伤害。[24] 然而，工人阶级消费者并没有等待官方的食品侦探，他们在19世纪40年代开始组织合作零售团体，公开宣称销售纯净食品，消灭欺诈成性的中间商和不诚实的小零售商。[25]

19世纪50年代，被称为"打假使徒"的亚瑟·希尔·哈索尔（Arthur Hill Hassall）博士领导了食品改革斗争。[26] 哈索尔以霍乱方面的工作和使用显微镜的卓越技能而著称。[27] 他认为，这种仪器比当时使用的化学检测更能"检测"掺假。化学检测并未被弃用，但哈索尔和他的追随者把显微镜当作一种重要工具，并宣称能用它更清楚地看到物质的组成元素，从而确定其性质。19世纪50年代早期，哈索尔开始深入调查全国食品质量，这个活动得到备受尊敬的医学杂志《柳叶刀》（The Lancet）的支持。[28] 他的工作以及它所引发的公众呼声促使议会于1854—1855年成立特别委员会，并在1860年通过第一部反食品、饮品和药物掺假的综合法。1855年夏，哈索尔和他的同事用了数天时间向该委员会展示证据，证明几乎所有可食用的东西都存在掺假现象。[29] 哈索尔报告说，最常见的家用消费产品——糖、蜂蜜、面包、牛奶、罐装肉、罐装蔬菜、香料、芥末、腌菜、醋和一切可以想象得到的饮品——都含有大量的添加剂，他认为那些东西都是有害的。[30] 他和"散布在全国各地"的很多显微镜学家和化学家的工作都证明，英国的食品的确受到了严重污染。[31]

当然，并非所有的造假产品都是致命的，但哈索尔坚持认为掺假会导致健康问题，是不道德的，也是一种犯罪行为。他宣称，掺假只是由"增加利润的欲望"驱动导致的欺诈。[32] 掺假者声称他们捍卫"贸易自由"和"宪法所规定的国民权利"，但哈索尔断定这些并不是有原则的自由主义者提出的主张，而只是用来"吓唬胆小鬼"的"难题"。他认为，"能够发现掺假的有效科学组织和对这种罪行实施足够的惩罚"会使国家的食品问题拨云见日。[33] 由此，科学家和国家可以保卫"深受掺假活动所害的消费者"。[34] 哈索尔相信，这是一个"重大的民族问题，密切影响着消费者的存款、国家税收以及人民的健康和道德"。[35]

在这个时期，掺假的法律定义仍然是模糊的，但它包含了两个不同的方面。它被视为一种疏忽行为，但也是一种可能致使受害者患病的刑事犯罪行为。同时它也是一种民事犯罪行为，因为这种行为破坏了在商店购买商品时默认的基本契约，欺骗了消费者。1860年的纯净食品法表达了这一定义的两个方面，称某物品被掺假是"被加入某种异质物质……不符合该物品的本质"。当一种食品或饮品含有"任何可能导致此类物品对消费者健康有害的成分"，或者它与"明显增加其重量、体积、浓度，或者使其增添虚伪价值的任何物质混合在一起"，也被视为掺假。[36] 掺假食品本质上是虚假的商品，或至少包含使其增加虚假价值的元素。

在大众对于掺假的理解中，作伪的概念处于核心位置。乔治·多德（George Dodd）曾在1856年发表一篇题为《伦敦食品》（"The Food of London"）的深入概述，他问道："这些商品是否与它们看上去的样子一致……一磅标称的咖啡是一磅货真价实的咖啡吗？茶叶或巧克力、葡萄酒或啤酒、牛奶或醋、面包或面粉——这些购买和消费的东西是否名副其实？"[37] 1871年，有一首题为《毒害和偷窃：批发和零售》（"Poisoning and Pilfering: Wholesale and Retail"）的诗揭露掺假的盛行，开头贴切地说："买到的珍贵商品——或者说我以为如此——是那种他们让你以为珍贵的东西。有毛发被当成羊毛卖，有棉花成了亚麻。把糖假造成蜂蜜，牛油成了蜂蜡……在我们所吃的东西中，很多都是有害的。"[38] 因此，掺假明确揭示出维多利亚时代的一个中心问题，即辨别真假。[39]

《资本论》一书写于掺假恐慌的高峰时期，卡尔·马克思在论述欺诈是不受约束的资本主义市场的固有行为时引用了哈索尔的话。马克思认为掺假是资本家"诡辩论"的一种形式，表明"一切都只是表象"。[40] 20世纪初，当沃尔特·本雅明（Walter Benjamin）解释电影之类的视觉技术如何从根本上打乱了原物与复制品之间的感知关系时，又回归到这个问题。[41] 然而，这样的担忧有着国际和种族维度。消费者、零售商和相关专家想知道，他们如何能够信任由外族在狂热的19世纪中期经济体系中生产的外国商品？

中国：茶叶自由贸易时代的"掺假温床"

茶的掺假是一个现实问题，也象征着国际商业中固有的边界混合与分裂。几乎所有维多利亚时代的专家都认为，"中国"是"掺假的真正温床"。[42] 一位权威专家指出，"中国供应商和中国艺术家"是掺假艺术的大师。[43] 另一位专家描述了危险化学品是如何传入"中国口岸"的。[44] 虽然这种情况由来已久，但是对中国掺假的担忧在 19 世纪 50 年代发展到了顶峰，彼时英国、中国和美国都饱受内部动乱和帝国反叛的影响，仇恨情绪高涨。西方国家对于喝中国茶既无比担忧，却又无法割舍。这种担忧推动了茶叶种植的全球扩张，也固化了中国人不诚实的形象。维多利亚中期对于中国茶几种不同的激烈情感态度揭示了"自由贸易帝国主义"给人体、文化和科学带来的后果。[45]

自由贸易大大复杂化了食物从田间到餐桌的过程，并取消了特许公司时代起作用的旧有控制权。英国东印度公司雇员在广东检查商品供应和确保质量控制的时代已经一去不复返了。[46] 19 世纪 30 年代，垄断的终结带来了一场为争夺茶叶发生的真正的混乱，似乎"每个曾经见过一箱茶叶的商人和船东都把注意力立刻转向中国"。[47] 对茶叶贸易知之甚少的商家开始出口各种劣质茶叶。[48] 英国和美国财政政策的转变也助长了欺诈和掺假。1834—1853 年间，英国政府启动了一项新税制，低档茶叶的税率达到顶峰。[49] 与此同时，自由贸易商和禁酒倡导者在 1832—1833 年间迫使美国政府取消了所有的茶叶进口税。一年多以后，美国重新征收这项税款，但与此同时茶叶的需求量激增。1833 年和 1834 年，美国公司向中国派出大量船只，他们对绿茶尤其感兴趣，这是美国消费者的最爱。[50] 绿茶开始供不应求。[51] 中国人的解决之道是使用颜料把红茶染成了绿茶。一名美国贸易商认为，"茶叶在被允许交到基督教野蛮人手中之前，没有一盒……不是被广东经销商打开并弄成劣质货的"。然而他承认，它"在进入我们的茶室以前，也发生了一种自由主义的美国化（Yankification）转变"。[52] 英美世界向自由贸易的转变在本质上是迅速而不均衡的，这刺激了假货的生产和销售。中国人在绿茶中掺假有着多种原因，但最重要的因素是他们在这个自由贸易新时代对市场性质变化所做出的反应。和走私一样，掺假是一种有助于创造大众市场的准非法行为，但西方国家不承认这方面的经济动机，而仅仅用种族意识形态来解释掺假行为。

中国"掺假者"使这些年来出现在西方大部分地区的刻板种族偏见被放大。尽管很多早期现代欧洲人崇拜中国的文明和文化，但维多利亚时代的欧洲人认为中国人懒惰、肮脏、不诚实，喜欢卖假货。19 世纪上半叶，种族科学成了一种有声望的学科，它加速了这种观点的发展，并使种族成为固定的特性而非文化特征。国际关系和商业关系的衰退没有扭转这种情况。第一次鸦片战争结束时，英国人控制了香港岛并有权进入 5 个通商口岸，即广州、厦门、福州、上海和宁波。英国商人获得了赔偿，中国人则被迫接受治外法权的概念。一位作家说，很多英国人认为这意味着这个"强大帝国"的资源如今对英国消费者"开放"了。[53] 尽管对华贸易量很大，而且还在不断增长，但人们对此寄予的过高期望并没有实现。1835年，英国进口了 4400 万磅茶叶，1856 年略超 8600 万磅。[54] 众所周知，英国人面临的问题是在 1854 年时出现超过 800 万英镑的贸易失衡。[55] 政府并不希望限制茶叶进口，因为茶叶的利润和税收对英国的工业和全球经济至关重要。1836 年，中国茶叶的税收是皇家海军年度支出的 112%。这个数字后来又下降了，但到 1850 年再次攀升，又能够抵消海军运转的全部成本，即便这些年海军的支出一直在飙升。[56] 因此，政府认为需要保持健康的茶叶贸易，并且必须找到其他手段来抵消贸易不平衡。

在 19 世纪 40、50 年代，英国人试图就条约条款重新谈判，希望能够进入中国内地，在长江自由航行，使鸦片贸易合法化，并消除外国货物的过境关税。进入长江流域后，英国人将能够直接从茶产区购买货物，从而降低成本。谈判失败后，时任首相的帕默斯顿（Palmerston）利用一个站不住脚的借口再次与中国开战。"亚罗号战争"——或称第二次鸦片战争（1856—1860）——部分是为了促进茶叶贸易而发动的。[57] 理查德·科布登（Richard Cobden）等一些坚定的自由贸易者因反对帕默斯顿而受到了政治迫害，但很多零售商和茶叶进口商支持用军队实现他们的商业目标。

强烈的沙文主义和反华情绪开始高涨。乔治·克鲁克香克（George Cruikshank）等人在报刊文章和插画中将中国人描述为一个特别野蛮的民族，对外人和他们自己的民众犯下无尽的暴行。[58] 尽管英国人在战前和战争期间都犯下很多"野蛮"行径，但大众媒体关注的是中国人的野蛮。1857年，英国大众获悉有人试图把砷加到面包里来毒害在香港的外国人，此后便更加坚信中国下毒者众多。这起事件发生在1月，但民众是于3月初在下议院关于战争的辩论中了解到的下毒事件。《泰晤士报》在3月2日发表了一则简短的通知，第二天，《早间快讯》（Morning Post）刊登出一篇更为全面的报道，支持帕默斯顿的对华武力政策，并且抨击下毒事件背后的"恶毒畜生"。[59] 这一事件影响了关于战争的争论，并且激起英国民众对茶叶掺假的担忧。因此，香港面包店的毒面包引发的恐惧蔓延到了英国本土。1857年初，在印度北部发生起义之前，歇斯底里的英国公众找了一个好理由来担心中国人可能会把致命物质掺到茶叶里。

1860年战争结束后，英国人再次期待他们终于能够进入中国市场。《天津条约》承诺开放内陆地区，很多人认为英国制造商将获得"4亿人口的巨大市场"。[60] 一位评论家对上海的茶园感到惊奇，他也写下类似的话："中国不再是一本对旅行者紧闭的书。"[61] 然而从商人的角度来看，得到市场最多算是部分胜利。军事胜利带来贸易让步，但也破坏了清朝的稳定，并导致了暴力和持久的内战。19世纪50年代到60年代早期，太平天国起义席卷中国南部，英美人更加担心他们的茶叶供应会被切断。[62] 这场动乱也迫使清政府和地方当局增设一系列新税，极大加重了贸易成本。中国和英国一样，用茶叶税款支付战争费用，并把它当作重要的收入来源。[63]《便利店》杂志对这场叛乱和它引发的反应会对茶叶贸易带来的严重损害感到担忧，它在1862年警告读者："中国的状况处在最动荡的时候，从东方发来的每一封邮件传递的都是流血、叛乱和内乱进一步扩大的情报。"[64]

就在中国陷入动乱的时候，美国公司开始威胁英国在茶叶贸易中的主导地位。长期以来，北美商人一直在参与这项贸易，但在英国《航海条例》于1849年被废除之后，美国公司有了在英国和其他市场销售茶叶的机会。在福建，太平天国的行动破坏了内陆贸易路线，不过美国经销商罗素公司（Russell and Company）利用与从前的一位行商建立的长期关系，成了第一家从福州出口茶叶的公司。其他英美公司也纷纷效仿，促进了福建茶叶的繁荣发展。[65] 美国人还发明了高速航行的"波士顿飞剪船"，使中国到美国和欧洲的时间在该世纪中叶大幅度减少。[66] 从中国的港口到伦敦通常需要 100 到 130 天，但乘飞剪船的话有些航程不到三个月就能完成。飞剪船代表着技术征服距离的现代奇迹，也促使世界秩序发生了转变，美国正在成为对华贸易的真正竞争对手。苏格兰和其他英国船员模仿美国的设计，并建造了很多这个时代最著名的船只，但美国超凡的造船实力威胁着英国在这个新"解放"的茶叶贸易中占据的统治地位。

著名的茶叶竞赛带有全球贸易的速度感与力量感。船舶设计创新、投注代理、粉丝俱乐部和优胜者奖励把茶叶贸易转化为一种国际体育赛事。[67] 从 19 世纪 40 年代到 1869 年苏伊士运河开通，兴趣盎然的公众迫不及待地等待着飞剪船满载最新鲜的春茶归来。引人注目的是，竞争对手通常在几小时内同时抵达。贸易杂志《便利店》捕捉到这项运动带来的快感，它在 1866 年报道说："劳埃德（Lloyds）银行里的人们极度兴奋，赌注非常高。"这篇文章提到的是最著名的比赛之一，"太平"号（Taeping）率先在伦敦靠岸，数分钟后竞争对手"羚羊"号（Ariel）抵达，后面还紧跟着"赛里卡"号（Serica）。[68] 茶叶竞赛庆贺着东西方之间距离的缩短。技术、政府政策和军事力量已经终结了垄断，并且鼓励商船提高贸易速度，不过这些成就引发了对于监管和真货的担忧。

"假冒伪劣"茶叶并非都是由中国人生产的，这个问题也不是自由贸易造成的。1818 年，一位检察官指控某杂货商炮制掺假茶叶，他向陪审团解释说："现在（公众）认为他们喝的是一种让人舒服且营养丰富的饮品，但实际上他们喝的很有可能是在城市周围的树篱中长出来的东西。"[69] 税务官员当年至少逮捕了 10 个犯有这种罪行的人。[70] 这些指控和出版物让消费者了解到，他们的"茶叶"实际上是茶叶或茶叶末里混合加了颜料的山毛榉叶、榆树叶、橡树叶、柳树叶、杨树叶、山楂叶、黑李叶。[71] 根据国内税务局在 1843 年发表的报告，至少有 8 家伦敦制造商重复使用了旅馆、咖啡馆和其他公共场所用过的茶叶。他们对泡过的茶叶做干燥处理后，再做"表面处理"，即与树脂、玫瑰红、黑铅或类似物品混合，然后当作新茶出售。[72] 玫瑰红是把洋苏木注入碳酸钙里得到的颜料。黑铅是维多利亚时代家仆常用的一种东西，含有碳和铁。

这些化学物质给残茶染上深色，并复原出新茶叶的卷曲形状。[73] 向来敏锐的记者亨利·梅休（Henry Mayhew）估计，仅在伦敦就有大约 7.8 万磅这样的残茶"被转变成新茶"。[74] 一期比较早的《反掺假评论》（*Anti-Adulteration Review*）里描述说，"穷人的茶壶往往就像垃圾桶，里面装满各种垃圾"。欺骗贫穷消费者是门大生意，"用残茶、柳树叶、落叶、硬填料和泥土填饱妇女儿童的肚子是门红火的生意"，很多人都在干。[75] 平民家庭主妇也在制造自己的茶叶仿制品，欺骗毫无戒心的家庭成员。贫穷的母亲把烧焦的面包皮、烧焦的大麦糕饼皮和类似的东西混到茶叶里，以便节省茶叶。薄荷茶也是一种廉价而受欢迎的夏季饮品。[76] 尽管生产这些仿制品并不违法，但在工人阶级心里，它们仍然是艰难岁月的标志。[77] 19世纪的大部分时间里，工人阶级经常喝的要么是混入伦敦树篱的茶叶，要么是更危险的重复利用的残茶，那是更有钱的阶级在公共场所喝完后扔掉的。有诸如此类的现象存在，难怪一些社会改革家会对饮茶的负面后果如此关注。

虽然掺假在那个世纪非常普遍，但据说最危险的混合茶是中国人制造的。化学家罗伯特·沃林顿（Robert Warrington）利用化学检测和旅人的描述来支持其观点，即中国人用有害物质给他们出口的茶叶上色。[78] 他后来写道，一个典型的中国茶样品包含以下东西：

> 混有泥土和沙子的茶垢，凝聚成大块的黏性物质，最可能是用米粉制成的，然后根据需求做成特定大小的颗粒，最终根据茶叶品种需求干燥和着色，如果需要制成红茶就用石墨，如果要对绿茶造假则用普鲁士蓝、石膏或姜黄色。[79]

中国人常常用普鲁士蓝把劣质红茶伪造成绿茶。普鲁士蓝是一种铁盐，据哈索尔说是"并非完全有毒的"，但"能够施加有害影响"[80]。石绿、铜绿和砷酸铜等颜料则是非常危险的有毒物质，铬酸盐溶液和重铬酸盐溶液等化学物质已知会引起支气管和鼻黏膜发炎、抽搐及瘫痪，摄入它们的最坏情况可能会致命。[81]

中国绿茶掺假如此严重，以至于被视为"慢性毒药"。著名植物学家和探险家罗伯特·福琼写道，所有绿茶都是"染料的作品"，并开玩笑说："要是我们的口味发生变化，我毫不怀疑中国人可以用红色或黄色替代我们喜爱的茶叶颜色，并且引导我们选择更加耀眼的色彩！"[82] 一年后，前东印度公司茶叶督察塞缪尔·鲍尔（Samuel Ball）指出："现在普遍或几乎都采用造假手段，目的是模仿或增加自然色彩的效果。"[83] 当罗伯特·福琼于19世纪50年代初回到中国时，为了"获得"茶叶种子和深入了解中国的茶叶生产，他伪装成"中国人"。他写道，在冒险过程中他发现中国人使用了太多色素，以至于"工人的手都变成蓝色了"。福琼不禁想道："如果喝绿茶的人亲眼看到这种造假手法，他们的口味一定会改变。"[84]

福琼伪装身份做调查的行为让我们知道，对于茶叶种植的知识欧洲人仍然知之甚少。与查尔斯·布鲁斯等人对阿萨姆的挫败感到沮丧相类似，欧洲科学家对中国人对种茶和制茶知识的垄断感到绝望。例如，1830年，食品科学家J. 史蒂文森（J. Stevenson）博士愤怒地谴责中国人压制西方科学的发展，他写道："中国人目前仍在维持狭隘和嫉妒的政策，因此对于这种特殊植物的自然史中很多让人感兴趣的特殊细节，欧洲人都一无所知。"[85] 1839年，皇家医学-植物学会的药物学教授G. G. 西格蒙德（G. G. Sigmond）博士（也是印度茶叶的大力支持者）也同样抱怨说："几个世纪以来，中国人的性格、风俗习惯和体制依然笼罩着深深的迷雾，只因为这一点，就难以从他们那里获知有关种茶的任何信息。"[86]

直到19世纪40年代，欧洲植物学家还不清楚绿茶或红茶是否出自同一种植物（事实上它们出自同一植物），但他们普遍开始怀疑，绿茶可能是一种不健康的饮品。[87] 几乎所有专家都认为，绿茶比红茶刺激性更强，如果喝"那些被公认为刺激性较强"的茶，可能会导致"严重后果"。对于体弱的人来说，绿茶可能会引发"颤抖、焦虑、失眠和极其痛苦的感觉"。[88] 西格蒙德告诫说，对一些人来说，绿茶"几乎是一种麻醉剂"。[89] 医学报告也偶尔描述深受绿茶之害的嗜茶者的悲惨命运。在一个此类案例中，一位"英国旅行者在绿茶的刺激下，冒着炎炎夏日走了一段距离后"，开始感到晕眩，出现脉搏不规律、呼吸困难、心悸等症状。[90] 医生相信，在评估茶叶对身体的影响时，需要考虑饮茶者的身体和心理状况。然而，绿茶的危险也是中国人欺瞒消费者的一个标志。

英美小说着重描述了中国绿茶如何毒害西方消费者的灵魂和心理，使这样的忧虑广为散播。虽然很多小说都赞扬饮茶带来的舒适的家庭生活，但绿茶仍然象征着商业的危险。例如在伊丽莎白·加斯克尔（Elizabeth Gaskell）的小说《克兰福德镇》（*Cranford*, 1851—1853）中，销售绿茶凸显了一位中产阶级女性进入茶叶市场的道德窘境。贫穷的大龄单身女性马蒂·詹金斯（Matty Jenkyns）小姐决定向邻居推销茶叶，她认为这是一份体面的工作。她很快就遇到所有销售定位不明的商品的店主都面临的问题：她是应该只满足公众的需求，还是在道义上有责任保护其顾客免受危险产品的侵害？马蒂小姐选择了折中。尽管她卖绿茶，但她也向体弱的顾客解释说，那是"慢性毒药，肯定会破坏神经并产生各种恶劣影响"。有些"顾客太年轻太天真，不熟悉绿茶在某些情况下产生的恶劣后果"，她尤其感觉有必要警告他们。[91] 绿茶是《克兰福德镇》一书中讽刺和笑料的源泉，但在其他作品中，绿茶造成的后果则更加凶险。

爱尔兰的哥特小说家 J. 谢里登·勒法努（J. Sheridan Le Fanu）在《绿茶：德国医生马汀·赫塞柳斯报告的一个病例》（*Green Tea: A Case Reported by Martin Hesselius, the German Physician*）中，把这种饮品描绘成一种邪恶且致瘾的东方毒品。在这个鬼故事中，绿茶是一种危险的对精神有明显影响的东方物质，破坏了一位体面而富有的单身汉的心理健康。主人公詹宁斯牧师（Reverend Jennings）是一位富有创造力的作家，特别爱喝绿茶，但他感到这种爱好使人上瘾，并导致了一种病态的思想和幻觉，其中包括一个无法摆脱的猴子幻影。[92] 在这部小说中，绿茶使一位端庄正直而受人尊敬的人变成了受东方困扰的迷失的灵魂。

美国作家南希·史密斯（Nancy Smith）夫人在 1861 年所写的文章《一个喝绿茶者的自白》（"Confessions of a Green-Tea Drinker"）中讲述了类似的故事。这个标题模仿了德·昆西（de Quincy）的著名中篇小说[1]，因此已假定了鸦片和绿茶的相似性。史密斯夫人认为自己是一个易焦虑的女人，通过饮用绿茶神游于"神界与自然界之间"。医生试图让这位作家相信，她的茶叶中所含的普鲁士蓝、靛蓝和石灰硫酸盐对她产生了慢性毒害，并使她产生一种"兴奋感"。史密斯遵循医生的命令，戒掉了这种饮料，但是她想念自己曾听到过的"夜晚的声音"。[93] 这种耸人听闻的唯灵论和饮茶故事似乎是幻想出来的，但美国专家确实怀疑，"在北方的几个州的女性中盛行的神经疾病"是她们"普遍饮用"的掺假茶叶造成的。[94] 绿茶可以被说成是致命的，但人们也可以借它通灵。

认为鸦片和茶叶类似的绝不仅仅是英国人和美国人。1850 年，商业杂志《霍格指导报》（Hogg's Instructor）发表了一篇关于中国茶叶掺假的文章，提出有些中国人认为鸦片和茶叶实际上是一回事。"国内普遍报道，"一位中国知情者告诉这位英国同事，"你们购买我们的茶叶，目的是把它们变成鸦片，然后再把这些鸦片转售给我们。"[95] 当然，中国人认为鸦片比绿茶更加让人衰弱，但英国人和中国人都认为，这些物品的使用为外国入侵开启了大门。[96]

对绿茶的担忧是种族化的恐怖，与在日益全球化的市场里消费商品有关。事实上，对成瘾这一概念的现代定义这时正在形成，部分原因是它表达了物质可能对消费者产生的强烈影响。维多利亚时代的人们日益发现，在全球化市场中做出合理的经济抉择非常不易，甚至不太可能。成瘾意味着这种力量超出了消费者的理解范畴。掺假也同样引发了消费者对贸易的恐惧，特别是长途贸易，因为消费者再也无法在这个过程中看到生产这些食品和饮品的实际劳动过程。当然，牛奶等很多本地食品也被掺假了，

---

[1] 德·昆西（1785—1859）是英国散文家、文学批评家，1821 年曾发表著名作品《一个英国鸦片服用者的自白》（Confessions of an English Opium-Eater）。

但绿茶揭示出了外国生产者能够影响到国民健康的方式。茶商必须找到克服这种焦虑的方法。

宣传纯正：约翰·霍尼曼和包装食品的兴起

1860 年 4 月，几家大型进口商在广州召开会议，讨论如何改善茶叶掺假现象。这些商人发誓一点儿掺假的茶叶也不买，并通过其中一个前行商伍怡和（Woo E-ho）传达命令，称任何销售掺假茶叶的人都要受到惩罚。就像在英国对绿茶的广泛讨论一样，这次行业自我规范的调整是在谴责中国人欺骗可敬的欧洲商人，并想对中国人实施惩罚。[97] 怡和洋行和其他公司摆出种种姿态，把责任完全归咎于中国人，而事实上中国政府和中国商人经常努力控制和惩罚掺假者，不过由于生产规模太大，生产又极为分散，想有效管理并不是一件容易的事情。[98]

在英国和其他消费市场，这种担忧催生了新的零售、广告和品牌化形式。掺假导致了种族恐惧，使国际商业的教化力量受到了质疑，但商业找到了将这种担忧转化为利润的方法。想出这一策略的大师是广受信任的贵格会商人约翰·霍尼曼，他被誉为包装、品牌化和宣传纯正无掺假茶叶的第一人。我们可以将他的广告想象成一种全球性的碰撞，它引导买家和卖家思考他们的消费热情所包含的异域本质。

特别是在 19 世纪末和 20 世纪初，欧美广告充斥着帝国主义意识形态，极易引发种族差异和白人至上的观念。欧洲消费者开始学会盯着其他的种族团体，后者经常被看作生产西方消费者所需物品的劳动者，当然，也并不总是如此。这类种族形象也确立了新的性别和阶级认知。[99] 当时，广告是塑造和推广国家身份的地方。广告和商品自身划分了新式的国家边界，并创造出"想象的共同体"，尽管商品本身往往无视国界；但这一点在 19 世纪 70 年代之前通常很有限。[100] 很多外国商品根本没有广告，很多维多利亚时代的人认为广告只是像掺假一样的吹嘘，目的是混淆消费者对商品本质的认识。著名的作家和政治家，还有知名度不太高的记者和学者，经常一致认为广告只是一种误导天真的消费者的策略。[101] 约翰·霍尼曼的主要创新之举不是排斥中国产品，而是用广告、品牌名称和商品包装传达信任。他的所有广告都不厌其烦地谈论商品的安全问题，并让消费者明白，认真包装、密封和打广告的商品是纯正而无掺假的。这位贵格会商人利用了人们对天朝、广告以及整个市场的担忧，把自己定位为家长式的食品改革者，而非毒药和吹捧广告的传播者。

贵格会引入了很多新的零售方式，这一组织是我们在第2章中研究过的大型禁酒、废奴和其他改革派团体的一员。约翰·霍尼曼的个人历史与家族历史与这一以改革为导向的世界完美契合。他于1803年出生在雷丁（Reading），起初进入这个行业时在怀特岛（Isle of Wight）做杂货商，1850年左右移居伦敦。他致力于很多宗教和慈善事业，并且到处做广告，借此树立起诚实的声誉。霍尼曼于1893年去世，积累了巨大的个人财富。他最终为多种贵格会事业留下了遗产，其中包括留给和平协会（Peace Society）的1万英镑，贵格会海外布道会（Friends' Foreign Mission Committee）的1.25万英镑，另外留给了贵格会本土布道会（Friends' Home Mission Committee）1.1万英镑、贵格会禁酒联合会（Friends' Temperance Union）2000英镑。[102] 在第2章中，我们看到了禁酒如何传播对喝茶的喜好，而霍尼曼的职业生涯使我们意识到，茶叶的利润也有助于禁酒、宣教活动和其他类似事业的推进。

约翰·霍尼曼把他蓬勃发展的公司转交给儿子弗雷德里克，弗雷德里克除了管理家族生意，还在伦敦郡议会担任公职，并于1895年成为代表康沃尔郡的彭林（Penryn）和法尔茅斯（Falmouth）的国会议员。弗雷德里克还成了一位积极的英国国教徒，不过他和父亲一样，支持社会改革和禁酒。他也成了著名的世界旅行家和人种志收藏者。[103] 为了收纳他的帝国收藏品，弗雷德里克在伦敦南部建造了一座精巧的新艺术风格建筑，后来被遗赠给伦敦郡议会，成为人们熟知的霍尼曼博物馆。弗里德里克和詹姆斯·西尔克·白金汉一样，是一位信奉自由主义的东方学家和社会改革家。弗雷德里克虽然坚决反对南非战争，但是接受了对布尔共和国的吞并，正如一位记者所解释的，"他的爱国主义是正确的"。[104] 弗雷德里克的儿子埃姆斯利·约翰（Emslie John）延承父志，成为代表伦敦切尔西区的自由党议员。弗雷德里克的姐姐安妮比弟弟更为进步。她推动了先锋剧院和女性艺术创业的事业。除此之外，她还把萧伯纳初期所写的戏剧引入了伦敦，提携了 W. B. 叶芝和其他爱尔兰剧作家，在都柏林创建了阿比剧院（Abbey Theatre），并在曼彻斯特的欢乐剧场（Gaiety Theatre）开启了"轮演剧目"运动。[105] 因此，霍尼曼家族成为贸易、慈善与自由主义帝国文化结合的典范。帝国的利润支撑着这个文化和社交世界，约翰和弗雷德里克都在这个大都会中推动了"帝国的凝视"（imperial gaze）。与此同时，霍尼曼家族在英国的艺术、社会改革和商业领域都留下了永恒的遗产。

约翰·霍尼曼的公司留下了一套非常丰富多彩的档案，其中包括平面广告、营业卡、传单、小册子、海报、通告和包装。[106] 它的广告无处不在，渗透到了流行文化中，并启发了诸多幽默故事和虚构角色的塑造。[107] 虽然霍尼曼从 19 世纪 20 年代就开始包装茶叶，但直到 19 世纪 40、50 年代才开始认真开展广告宣传。然而，这个时代广告的例子数量有限，因为广告、包装纸和报纸仍需交纳重税。[108] 到 19 世纪 60 年代，这些所谓的知识税被取消，印刷技术发生了改变，国民文化水平得以提升，因此大规模发行的报纸杂志也得以发展。然而，此时的发行量仍然相对较低，因此霍尼曼在各种期刊中购买广告版面，包括禁酒杂志和面向酒商和鉴赏家的报纸。[109]《泰晤士报》《星期六评论》《国民评论》《评论家》《雅典娜神庙》（白金汉创办的报纸）中都刊登过茶叶广告。[110] 霍尼曼的第一个广告很简短，插在充斥着治疗普通感冒、廉价无痛牙科手术、道德出版物以及早期品牌商品宣传的广告栏中（如利亚和佩林斯公司的伍斯特郡沙司与克罗斯和布莱克韦尔公司的"东方泡菜、咖喱或咖喱鸡汤酱"）。[111] 尽管不起眼，这些广告也共同反映出维多利亚时代中产阶级和下层中产阶级消费者平凡而全球化的消费品位。

在配有插图的杂志中，霍尼曼刊登了他著名的茶叶包装图片（图 4.1）。这个包装本身就是一个广告，既讲述了掺假的故事，又宣传了有信誉的品牌商品的价值。有一个典型的例子，从 1863 年 1 月起，这个广告向读者保证，霍尼曼在"过去 15 年中"供应的都是尚未被中国人"上

图 4.1 霍尼曼的茶叶广告，《贫民免费学校联盟杂志》（*Ragged School Union Magazine*），第 15 期，第 169 页（1863 年 1 月）

过色的"纯正茶叶。他的无数其他广告都警告英国公众注意来自中国的掺假威胁，然后宣布霍尼曼的品牌是"不含常用的人造上色粉末"的进口商品。[112] 1856 年的一则广告向《英格兰葡萄酒杂志》（*England Wine Magazine*）的读者解释说，"商人和科学家都在下议院委员会面前确认了一个事实"，即中国人用颜料粉末给普通茶叶"上色"，但霍尼曼公司认识到"公众喜欢纯茶"。因此，包装和品牌化能够保护"买家不受伤害"。[113] 该广告宣称，包装是一道屏障，能够保护英国消费者免受欺诈成性的零售商和道德败坏的中国生产商伤害。包装是让这种东方商品变得安全称心的一种技术。

由于杂货商的声誉通常建立在调配茶叶的技巧上，他们对这项新技术不太关注，很多人拒绝买入霍尼曼的茶。于是霍尼曼公司转向其他零售商，包括药剂师、糕点师、书商和其他"代理商"。[114] 我们尚不清楚这种代理体系是否起源于禁酒运动或制造商，因为这些领域之间存在着紧密的联系。[115] 1873 年，一家名为"伦敦茶叶协会"（London Tea Association）的公司甚至雇用了卫理公会传道者作为代理人，销售他们的二等茶叶，并坚称这项工作会让经济拮据的牧师改善自己的财政状况。贸易杂志《便利店》嘲笑了这一投机行为，并声称这个被误导的想法是"从美国借来的"，在这个国家很可能"行不通"。[116] 然而，这并不是严格意义上的美国观念，而且代理制度后来成了一种行业规范。到 19 世纪 70 年代末和 80 年代，霍尼曼在英国、法国、德国、俄罗斯、挪威、意大利、奥地利、比利时、瑞士和丹麦有了数千家代理商。在所有这些地方，他的广告都强调其产品的纯正特点，同时利用并刺激了反华恐慌。

霍尼曼公司制作的营业卡、传单、小册子、通告和海报堆积如山。[117] 一名皮里米科（Pimlico）杂货商妒忌地批评他的邻居，"一个面包师"，在"每一种可以印刷的媒介上"为"霍尼曼茶叶"做广告。[118] 一些广告简洁精练。拉姆斯盖特（Ramsgate）的一名糖果店店主兼花式面包饼干师 J. 伍德赫斯特（J. Woodhurst）只是简单地宣称他是"亨特利、帕尔默和罗伯公司饼干，名品莱斯特猪肉派，进口葡萄酒和霍尼曼包装茶叶"的代理。[119] 其他的广告案例的描述则更加丰富，不过所有的广告都向消费者保证，购买"霍尼曼公司的纯正茶包"是安全的。[120] 很多广告都利用食品改革家、科学家和其他专家的形象做宣传，其中包括法国药剂师罗伯特·福琼和亚瑟·希尔·哈索尔博士，以及国内税务局报告。[121] 1862 年，有一个典型广告引述了哈索尔博士的话，他向公众保证说他亲自参观伦敦码头时，在霍尼曼公司的储备货物中发现了"茶叶，完全纯正的茶叶"。[122]《国民评论》的另一个广告版本同样暗示，哈索尔更喜欢霍尼曼的品牌茶叶。[123] 由此，哈索尔似乎赞成塑造品牌和打广告的行为，而霍尼曼则建立起进步的食品改革者的形象。[124]

霍尼曼的广告也是倡导自由贸易和低税率的政治文件。一些广告引用"伟大的政治经济学家亚当·斯密博士"的话，敦促当时的首相约翰·罗素（John Russell）勋爵降低茶叶关税。[125] 其广告暗示，高税率刺激了掺假行为，并最终使自由贸易受到限制。对于那些在 19 世纪 40 年代末和 50 年代遵守茶叶税政策的零售商和消费者来说，这些主张是有意义的。另一则广告详细介绍了这一问题及从垄断过渡到自由贸易所产生的影响，解释了自从"可敬的东印度公司不再追逐商业利益后……中国人如何开始输送假冒茶叶……（这些假货）如今正在整个王国的每一个村镇大量销售"。[126] 虽然垄断让质量把控不复存在，但霍尼曼也不想代之以政府的控制。相反，他提出了以市场为基础的解决方案。例如，他在一则广告中警告说，高税收抑制了英国的消费，并威胁到英国的民族凝聚力："茶不再以国民饮品自居。不可否认，普通茶叶的消费量并未与人口同比例增长。"[127] 约翰·霍尼曼把广告当作政治论坛，鼓励消费者在自由贸易时代信任有品牌和包装的产品。

在谴责高税率和垄断的同时，霍尼曼还引发了社会上对性别和家庭的担忧，以进一步强调中国人的不诚实。[128] 例如，一则报纸广告解释说，当"中国人"用有毒的颜料"为茶叶上色"时，他们欺骗了英国人的身体，并破坏了家庭的神圣。广告呼吁，女性作为购物者有义务"购买优质的食品和茶叶"，以保证"孩子健康，家庭幸福"。[129] 一则广告把家庭和帝国主义联系起来，承认说："阳光下的每一片土地都应被彻底利用起来，为英国男女供应生活中的美好物品，没有哪个其他国家的女性有这样营造幸福快乐的家庭的机会。"[130] 男性和女性都喜欢茶叶和家庭生活，不过霍尼曼的广告把喝茶描绘为女性化和非正式的仪式，将这个难以控制的产品家庭化了。展示商品从生产到消费过程的商品链型广告也使用同样的方法。例如，明信片、小册子和交易卡都详细介绍了茶叶从上海的茶园到伦敦港，再到英国人的客厅，这一路上霍尼曼如何使茶叶保持清洁纯正。[131] 这些广告提醒中产阶级消费者，茶叶是一种外国产品，但是品牌化、包装和广告保证了这种产品的安全。

19世纪70、80年代，霍尼曼和很多其他品牌将消费者描绘成顽皮地享受家庭乐趣的中产阶级妇女或女童。这些广告把对纯正性的强调从商品转移到消费者身上，他们大多是中产阶级的白人女性。1887年，霍尼曼的年历上画的是一个儿童茶会，周围环绕着茶花和中国符号（图4.2）。该广告再现了一片赏心悦目如诗如画的前现代中国的田园风光，就像令人怀念的前工业化时期的英格兰，有着小村庄、农场和手工作坊。这一令人心安的形象把中国包装得像英国一样，但并非所有的广告都赞扬田园主义。一些广告强调了现代工业化的英国制造业如何让古老的中国服务于全球市场。[132] 中国和掺假问题从1888年的年历中消失了（图4.3）。然而，"霍

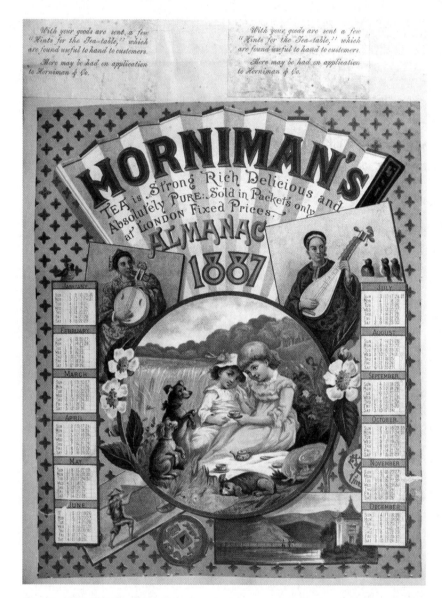

图 4.2 霍尼曼年历，1887 年

尼曼纯正茶叶"的短句依然保留着，一直延续到 20 世纪，此时茶叶掺假问题已经是遥远的过去，英国人也很久不再喝中国茶了。

当然，霍尼曼对中国形象的描绘只是一家之言。维多利亚时代的流行文化中充满了对天朝正反两面的描绘。19 世纪中叶，中国的艺术品和

图 4.3 霍尼曼年历，1888 年

物质文化在博物馆等地方展出，其中大部分是战利品。[133] 其他公司也描绘出各种中国形象。1839 年，皮克兄弟公司（Peek Brothers）模仿报纸、公报的形式和内容发行了一张传单。它报道了英国与中国的战争，以及战争引发的商业"狂潮"，并且断定："对华贸易存在巨大的不确定性。"这则广告向顾客保证，该公司不会投机，并将继续从事"体面的合法贸易"。[134]

其他公司也把战争和贸易的不确定性转化为宣传手段。一名牛津杂货商兼茶叶商用插画纪念 1842 年攻占"镇江府城"，并描述了这个事件如何展现出英国人的超凡勇气。[135] 商人几乎可以将一切坏消息都转化为广告文案。例如，旺兹沃思（Wandsworth）的一个茶叶和咖啡仓库在 1857 年发布了一则广告，承认"在这样的时日里，印度兵变肆虐，中国的战事仍然没有结束……我们完全只关注最优质的商品，永远拒绝那些低劣货"。[136] 所有这些方法都激起了消费者对中国的兴趣，并为他们提供了一个在这个全球化市场中安全购物的场所。[137]

1870 年元旦，《便利店》杂志承认，"包装茶叶已经成为茶叶贸易中的一个惯例"。[138] 又过了数十年时间，这种销售方式才在茶叶贸易中全面推广，但包装和品牌化的发展创造了新的供应链，并使大型进口商和零售商受益，因为他们可以根据自己的需要改变包装的内容。约翰·霍尼曼坚信他这样做都是为了消费者的利益，不过包装最终却为大型进口商增添了力量。讽刺的是，纯正食品立法带来了意想不到的后果，它保障了大品牌和印度茶叶的利益。

变化中的口味：绿茶的衰落

维多利亚时代中期，茶叶掺假引发的极度焦虑与应对措施导致中国绿茶的进口、销售和饮用量在英国、加拿大和美国普遍开始下降。[139] 整个 19 世纪，加拿大人和美国人依然偏爱绿茶，但总体而言，大西洋两岸的消费者开始厌弃"绿茶的味道"。[140] 茶叶经销商相信，在大量曝光、广告宣传、议会设立的专门委员会以及针对店主而非进口商的纯正食品立法等因素的影响下，绿茶饮用量急剧下降。食品杂货商认为新的立法对他们约束过多，并批评政府干涉他们的贸易。他们还认为，纯正食品立法已经加剧了公众的担忧，对市场造成了损害，并且改变了人们的口味。他们尤其相信，1872 年的第二部《禁止食品掺假法》（Adulteration of Food Act）损害了他们的声誉，并放大了"公众心目中的掺假之罪"。[141] 茶叶进口商奥古斯塔斯·索恩（Augustus Thorne）直言不讳地说，该法案本身导致"公众的口味""不再偏好绿茶"。[142] 一名曾在中国工作多年的前茶检员同样认为，该法导致绿茶和花茶在英格兰大幅降价。[143] 一名伦敦茶零售商敏锐地指出，"很多出自流行刊物的段落，《死亡茶罐》《杂货店毒师》和形形色色耸人听闻的标题"改变了这个行业，总体而言"对茶叶贸易造成了极为有害的影响"。然后他开玩笑说，这样的文章可能"在写出来的时候，就想着哪天同一份报纸上会塞入一则广告，上面说人们想要一件真正的好东西，就必须到他们指定的商店购买"。[144]

1872 年法案对被判犯有销售掺假茶叶罪的店主进行罚款，因此店主们越来越排斥绿茶和花茶，转而从霍尼曼等公司购进包装茶叶，并且开始慢慢销售新的印度茶叶，广告宣传这些茶叶也不存在"中国人"掺假的问题。与此同时，这项立法中对掺假的定义比之前更加狭隘，而且 19 世纪中叶弥漫的掺假大恐慌已经有了相当程度的缓和。一位曾在杂货店工作 37 年的伦敦市议员兼郡长向另一个掺假委员会提供证据时，甚至拿绿茶的不良影响开玩笑。当被问及绿茶是否不健康时，他回答说：

> 当然不是。我记得 30 年前的一件事，一位绅士来到我的营业地点，要买两磅红茶。我的助手问他："你会买绿茶吗？"他说："不，绿茶就是慢性毒药。"一位 80 多岁的老太太坐在旁边的椅子上，她说："啊，它肯定是非常慢性的毒药，一定是这样，因为我只喝绿茶喝了 60 年，而我还没有死呢。"[145]

很多医学专家也改变了他们的立场。一名苏格兰医生解释说，像普鲁士蓝这样的化学物质"不是很好……但它添加的剂量极小，不足以证明它对人体有害"。[146] 另一名医生打趣说，茶叶中发现的恶心的东西并非都有害健康。他曾经"在一些茶叶中"发现一片"中国人的脚趾甲"，但他接着声明，"我并不把这叫作掺假"。[147] 然而，科学界在这一点上远未取得共识。

当年迈的哈索尔博士来到茶叶委员会面前时，他重申了自己的观念，即给绿茶染色是具有欺诈性质并且对消费者的身体有害的行为。他指出，普鲁士蓝等添加剂特别危险，因为它们会在体内累积。此外，他认为零售商应该对销售欺诈性商品这一行为负责。事实上,他呼吁建立一个积极主义的政府,来"教导人们了解一切商品的构成成分"。[148] 哈索尔重申20年前就坚持的立场,主张说:"进入商店后要求购买某种特定物品的消费者有权期望自己能够得到真正想要并且物有所值的商品。"[149] 哈索尔认为,正确的标记有助于确保交易透明度,并让消费者真正了解他们购物时买了些什么。哈索尔对政府干预和消费者保护的深入理解对如今的很多消费者积极分子和食品改革者意义非凡。他是公共健康、市场规范和标签法的早期倡导者,彼时这类思想还并不流行。尽管这类观念在当时的社会仍占少数,但亚瑟·希尔·哈索尔相信政府需要了解食品在什么地方、以什么条件生产和销售。哈索尔和同时代的其他人都非常信任支持科学的政府。他认为全球贸易本身并不是一个问题,但自由市场确实需要明智的监管。然而,他的远见并未得到承认。委员会的报告断定,绿茶染色对人体并没有太大的伤害,尽管它可能掩盖劣质商品。报道指出,消费者应该受到保护,但并不"认为议会希望不必要地妨碍或限制贸易"。[150] 1875年的法案修正了1860年和1872年的法案,进一步缩小了对于掺假这一概念的定义。[151]

类似的法律影响了大英帝国和美国的市场。美国循英国的先例,于1883年通过《茶叶掺假法案》,这是第一部管理进口食品的联邦法律。[152] 科学家和农业部都独立做了调查,并得出结论认为大多数进口的中国茶叶和日本茶叶都是人为染色的。[153]《美国茶叶法案》(The U.S. Tea Act)旨在防止进口假冒或掺假茶叶,于1882年《排华法案》通过之后问世。这两部法律都是在对中国入侵带来的恐慌做出应对措施。[154] 受大规模市场推广的影响,美国消费者越来越多地偏向购买日本绿茶,它也被宣传为纯正无掺假的茶叶。掺假茶叶没有消失,但这种恐慌无疑有损中国进口茶叶的声誉,并增加了英国殖民地茶叶的市场份额。澳大利亚、英国、爱尔兰和其他地区的饮茶者开始习惯饮用包装茶叶,这种茶叶通常供应自印度和锡兰的英国种植园,因此,纯净食品立法、掺假和广告使世界市场发生了改变。

———

正如我们所见，维多利亚时代中期关于掺假的争论涵盖了消费者权利、政府责任和科学功效等多种概念。像哈索尔博士这样的食品改革者和约翰·霍尼曼等商人断言，消费者需要了解商品的生产地点和生产方式。这些争论的关键问题是国家或这个产业是否会保护消费者的利益和知情权。对于茶叶掺假问题的特别关注可以使我们看到化学家和零售商如何定义健康产品和消费者，如何定义生产、分配和消费的形式。它也在国内消费关键环节暴露出一些国际问题。在维多利亚时代早期和中期的英国，茶叶通过人们对中国产品的掺假作伪进行政治、科学和大众辩论而获得了新的含义。欧洲人并不认为所有的茶叶都是同样健康的，他们也没有把整个亚洲视为一个整体。但他们确实一致认为，对英国消费者来说，西方科学和产业的发展会使东方世界变得更有利可图、安全放心和健康卫生。

第二部分

帝国口味

5

产业和帝国

在维多利亚时代的英国塑造帝国口味的偏好

1881 年夏天，时髦的女士们在伦敦西区的切尔西为当地医院举行了一场募捐活动。那一年，她们选择的募捐方式是办集市，并取了个充满怀旧意味的名称——古英国集市（Old English Fayre）。[1] 在 19 世纪 80 年代，这样的聚会都会供应茶饮，即便是装作现代早期集市的聚会。但集市上销售的茶叶已经非常现代化了。这是由种植园商行供应的纯正无杂质的印度茶叶，他们认为伦敦社交界可以帮助他们为自己的新产品找到市场。这一发生在伦敦西区的平淡事件似乎早已被人淡忘，但它标志着茶叶、广告和种植园主影响城市消费文化的历史开始进入一个新的阶段。它代表着殖民地企业开始有意地塑造帝国口味的偏好和相应的商品。

在 19 世纪最后三分之一的时间里，印度和锡兰的茶叶种植园主尝试了各种手段，向英国顾客和店主推销他们的新"帝国茶叶"。[2] 自从阿萨姆公司首次在伦敦拍卖自己的产品以来，印度茶叶历经 40 多年，慢慢在茶叶包装品牌和商店调配茶叶中都找到了销路，不过零售商总体而言不喜欢这种产品。印度茶叶没有明显的价格优势，而且消费者通常觉得它味道不好。茶叶投资泡沫在 19 世纪 60 年代出现然后又破灭，而且《钱伯斯通俗文学杂志》（*Chambers's Journal of Popular Literature*）在 1880 年发表的一篇有关阿萨姆地区的文章中揭露说，种植园主"对待自己的工人就像对待牲口，工人们报酬很低，劳动强度过大，居住条件很差，常常处于半饥饿状态，并且会受到种植园主的残忍体罚"，这致使顾客和店主对帝国种植的茶叶更无好感。然而，这篇文章也是我们现在所称的公关活动中的一个环节，它解释了一个"有良知、有正确思想的男性群体"如何取代早期剥削工人的恶棍。[3] 该活动采取了多种形式，并且延续了数十年，它除了改善种植园主的肮脏形象，还引导长期满足于中国茶叶的顾客、消费者和政治家爱上大英帝国的产品。

特别是在 19 世纪后四分之一的时间里，跨越国界四处游走的印度种植园主（Planter Raj）包括了那些种植茶叶的人和销售茶叶的人。我所用的"种植园主"这个词指的是真正从事茶叶种植的人和离开茶园去销售产品的人。我们将会看到，种植园主成了一支强大的销售力量，他们以各种方式呼吁"消费者"协助他们与中国人、不情愿的经销商以及有些冷漠的宗主国政府做斗争。种植园主之间有合作和竞争，尤其是印度和锡兰的种植园主，这种形势促进了广告、市场营销和零售业的发展，并为一种新的帝国政治提供了动力。我们将阅读种植园主的商业期刊，并听取他们在新的公司机构和贸易协会中的对话，以此追踪这些发展过程。[4] 在这些场所，"产业"随着其成员的共同话题、政治信仰和身份的发展开始成形。信件、文章和评论记录了劳动力问题、立法变化、商品价格和股价、新技术以及零售和消费者行为。商业媒体和行业协会将地方性焦点问题置入国际框架之内，将从前的个人网络正规化，并成为帮助生产商说服零售商购买其商品的促销舞台。因此，贸易杂志是帝国的工具和全球化的手段，但它们也揭示了这两种力量可能产生怎样的矛盾。

帝国的宣传家创作出一个非常简单而有力的民族故事，他们说：英国人是聪明勇敢的工程师，热爱"发明"和"改进"。他们天性上进，建造出蒸汽机、动力织布机和工厂，对棉花和其他商品进行大规模加工。在印度和锡兰，英国男性也同样开垦了丛林，并且发明出机器以生产高品质低价格的新茶叶，从而满足全世界的需求。当阿诺德·汤因比（Arnold Toynbee）在 1884 年发表的以此为主题的著名演讲中造出"产业革命"（Industrial Revolution）一词时，现代英国茶叶的故事已经有了很大的发展。棉花和茶叶革命的主要元素是一样的，都包括用机器替代人力生产，以及竞争（而非监管和垄断）会自然地降低成本并创造大众市场的信念。[5] 在大英帝国，人们把生产纯正、健康、文明的"英国"饮品归功于种植园、机器和英国男性。在19世纪80年代后期，贸易统计的结论揭示出此时英国消费的茶叶一半以上来自英国而非天朝，从而支撑了这一观点。[6]维多利亚女王预言，终有一天，印度茶叶会在东方使她的帝国富裕繁荣，这一过程花费了半个世纪，不过最终似乎实现了这一点。

创造大众市场

帝国出产的茶叶，即在英国殖民地栽培和生产的茶叶，是资本主义和工人阶级、中产阶级与上层阶级消费文化在国内和全球发展的产物。[7]从19世纪50年代到1914年，商品交易的规模、速度和重要性在以惊人的速度发展，而食品处在这个新的全球化世界的最前沿。[8]新的加工方法和冷藏技术层出不穷，使得易腐食品在从农场到餐盘的过程中实现了更远距离的运输。例如，第一批冷冻肉于1874年被运到英国，到19世纪80年代中期，英国人已经吃上了从爱尔兰、澳大利亚、新西兰和南美洲进口来的肉。肉膏、炼乳和人造黄油等加工食品也被摆上杂货商的货架。[9]农业和食品生产的工业化一起创造出新的食品，并改造老产品。但是，食品行业的从业者心知肚明，要想将新产品推向市场，需要无数中间人的共同合作。

印度茶叶的推广得益于这个时代的很多技术发展。以蒸汽为动力的铁路、河流和海洋运输提高了国内和全世界的贸易流通速度。有了精心设计的道路、桥梁、码头和仓库后，大量茶叶能够被转运到伦敦、利物浦、阿姆斯特丹、纽约、旧金山和其他地区的主要市场。然而从19世纪60年代到80年代，茶叶从中国经过中亚到俄国这条有数百年历史的商队贸易线路依然在沿用。这条路线长达1.1万英里，走完需要耗时16个月，经常要渡过海洋与河流，要调用数以百计的人员、马匹和骆驼，并穿越艰险异常的道路，其中包括800英里长的戈壁沙漠。随着西伯利亚大铁路于1900年建成，这条贸易路线发生了一些变化，但并没有被完全弃用。[10]然而，商队贸易使我们明白，尽管现代技术非常有助于促进货物的流通，但在整个 19 世纪中，对人力和动物性能源的大量使用也创造出了大众市场。

　　尽管茶叶从田间走上餐桌有着多种途径，伦敦明辛街（Mincing Lane）仍成了公认的全球茶叶贸易的金融和实体中心。[11] 随着东印度公司垄断的结束，茶叶拍卖活动和茶叶交易商迁移到了大街上。[12] 这个大都会提供了资本、商业信息、仓储和销售设施，还有庞大的本地市场。19 世纪 20 年代英国出现了建设码头的热潮，旨在为来自世界各地的货物提供服务。圣凯瑟琳码头（St. Katharine's Docks）对于茶叶贸易尤其重要，它是一个建设速度惊人的工程奇迹（图 5.1）。这些码头于 1828 年启用，其中包括 6 座优雅的六层楼仓库，通过一条 190 英尺长的运河与泰晤士河相接，每年能够吞吐 70 万箱茶叶。[13] 货物装卸的过程极为高效。例如，1864 年，"血十字"号（Fiery Cross）从中国运来 1.4 万箱货，从早上 4 点到 10 点在短短 6 个小时内卸货完毕。[14] 苏伊士运河于 1869 年通航，淘汰了过时的飞剪船，大大提高了贸易速度并降低了成本，从而推动了进口贸易的发展。[15]

　　一旦进入港口，劳工就把茶叶转运到仓库，称重、检查、分类、品尝、嗅闻、征税，并用看起来宛如埃及象形文字的符号做标记。十几个奇

图 5.1 圣凯瑟琳码头雕版画，1860 年，选自沃尔特·索恩伯里（Walter Thornbury）著《新旧伦敦》（Old and New London）

怪的符号记录着尺寸、质量和口味等信息，描述语有"木质""枯萎""多灰""极多灰""烧焦""气味奇怪"等。[16] 由此，试茶者把这些符号所记录的茶叶口味和气味转译成语言，然后标出价格。随着从印度、锡兰和其他地方运来的新茶叶调配到一起，这些过程已经变得无限复杂。尽管如此，这些标记使得各种茶叶符合准科学分类系统，并且对那些可以雇用专业的品尝师和调配师的伦敦大买家十分有利。

大多数消费者仍然对这些细节一无所知，因为他们只从本地商店购买少量的茶叶。然而在19世纪60、70年代，包装公司、百货公司、合作社、连锁商店和连锁茶叶店改变了店铺分布的关系网络，并引入了固定价格、低价格、新购物体验以及与食品购买和使用相关的社会意义。小店主、小商贩及街道和市场销售商仍然是茶叶流通系统的重要环节，但全国性品牌在增长，并接管了很多预配销过程。连锁店和合作社向工人阶级市场销售廉价茶叶和类似产品，这对商业帝国的创建做出了突出贡献。

在英国，合作社运动对食品流通史和工人阶级消费文化有着深远的影响。该运动始于19世纪40年代，是基于共享所有权和社会主义原则开展的，不过它也开创了很多新的零售形式。茶叶批发合作社（Co-operative Wholesale Tea Society）成立于1863年，是由500多个独立的合作社组成的生产商兼批发商。茶叶批发合作社通过引入集中批量采购和加工的方式降低了成本。1882年，它建立了一个茶叶采购部门，次年在伦敦阿尔德盖特附近的雷曼街开设了一个大型仓库。茶叶批发合作社最初绕过了一批捐客和中间商直接从中国进口茶叶，但它很快也开始从印度进口，并于1902年在锡兰置办了自己的茶叶庄园。1913年，该合作社在印度和锡兰共拥有超过3万英亩的土地，并调配了2500万磅自产的和其他地方的茶叶。[17] 在所有权和意识形态方面，合作社与私营公司有所不同，但其经营方式与零售业在其他方面发生的改变一同改变。[18]

其他公司除了像合作社和百货公司那样发展多样化的商品，还开设了只出售限量商品的分店。单个的商店可能很小，但它们的经营规模不小，很多店铺都引入了批量进货、固定价格、标准化和现金交易等手段，这些方式降低了销售价格。[19] 例如，国际茶叶公司（International Tea Company）在1885

年开设了 100 个分店，10 年后这个数字翻了一番。[20] 在苏格兰和英格兰北部，坦普尔顿和科奇兰公司（Templeton's and Cochrain's）最初从明辛街的买家那里进货，不过他们很快开始在多个商店自行调配和包装自己的茶叶，并打广告宣传。[21] 本土和殖民地商店（Home and Colonial Stores）也成了一个主要商家，到 1900 年，它在英国各地的主街上拥有 400 家分店。[22] 这家公司名副其实，于 19 世纪 90 年代在科伦坡和加尔各答开设了购货办公室，增加了出口业务。[23] 这些连锁店既出售小包装茶叶，也调配和包装自己的茶叶。因此，独立零售商为了与它们竞争不得不降低价格，并向顾客赠送各种免费礼品，包括珠宝、书籍、茶壶、黄油碟甚或小马驹。[24] 1885 年，一家格拉斯哥的商店甚至赠送了"免费茶叶"。[25]

托马斯·立顿（Thomas Lipton）爵士是开发大众市场的最有名的杂货商。他那具有传奇色彩的个性、表演能力、运动生涯、对广告的信心以及对留下一份永恒遗产的渴望使立顿得到了超出一般水平的历史关注。他并不是独一无二的，但他的职业生涯确实代表了一些关键性的趋势。立顿与去了阿萨姆、卡恰尔、大吉岭和锡兰的那一代种植园主一样来自苏格兰，但他是在美国了解到种植园和广告业之后，才在大英帝国开启了职业生涯。立顿的父亲是一个典型的格拉斯哥小杂货商，对创新怀有明显的反感。立顿年轻时就去了美国，在烟草种植园和水稻种植园当过劳工，并在一家纽约高档杂货店做过助理，获得了第一手的食品加工和销售知识，若非如此，他可能会追随父亲的脚步。立顿声称，他在美国了解到了销售和展览的"现代"思想。1871 年，他回到故乡，在格拉斯哥开了一家小店，出售廉价的熏肉、鸡蛋、黄油和奶酪，货源主要从爱尔兰和美国进口。几年后，他创建了一个重要的出口企业，到 1878 年，立顿的火腿已经远销西印度群岛。[26] 他主要经销廉价食品，但并没有忽视中产阶级。他在伦敦开的第一家商店就在时髦的韦斯特格罗夫（Westbourne Grove）购物街上有名的怀特利百货商店正对面。[27]

托马斯·立顿直到 1889 年才开始销售茶叶，但他从根本上改变了茶叶市场，他并没有把价格定为每磅 2 先令，而是为一份标准茶叶定价为仅 1 先令 7 便士。这个销售技巧吸引了一群伦敦银行家的注意力，他们代表着数家想卖掉锡兰地产的东家。由于真菌肆虐，咖啡种植园在19世纪80年代跌价了。立顿回顾购买种植园的决定时，并没有提到经济原因，但他写道自己"相当喜欢作为一个茶产业种植园主的感觉"。在广告和自传中，立顿（错误地）断言，他是第一个"出售自己所产茶叶的……茶叶种植园主"。[28] 1890年立顿在锡兰买下第一个种植园后，他在媒体上大规模宣传，发布了大量茶叶种植园和茶厂的图片，并声称他的进口茶叶直接从"茶园到茶杯"。像约翰·霍尼曼一样，立顿的广告提出了一种现代茶叶贸易观，并暗示消费者这个品牌是可以信任的。而与霍尼曼不同的是，他认为只有包装是不够的。消费者需要购买大英帝国的产品。[29]

立顿之所以取得成功，不是因为他购买了种植园或做了很多广告，而是因为他认识到了英国工人阶级的购买力。[30] 1851的人口普查显示，不列颠群岛的人口超过2700万人，其中1800万人居住在英格兰和威尔士，300万人在苏格兰，600万人在爱尔兰。到1911年，英国人口又增加了1800万，尽管爱尔兰因为人口灾难基本上被苏格兰追平，不过二者的人口仍都在450万左右。[31] 1850—1910年间，国民生活水平严重失衡，三分之一的人口仍然处在真正的赤贫状态，但总体来说人们的实际工资水平在提高。在工人阶级社会中，金钱和食物的分配都不均衡，男性吃的肉更多，而他们的妻子只能靠甜茶维生。[32] 立顿尤其迎合了这种工人阶级的女性消费者。

低税收为大众市场的创造提供了有利条件。1863年，威廉·格拉斯顿（William Gladstone）把茶叶税降低到1先令，1865年又降到了6便士，茶叶消费量和进口量都随之增长。[33] 虽然情况有好有坏，不过在整个19世纪60年代，每年茶叶进口量都有大约4%到11%的增长。1866—1867年间发生了贸易灾难，但是1868年的茶叶进口量比1867年高出10%。[34] 专家们相信，格拉斯顿的自由主义财政政策造就了19世纪50年代到70年代的消费增长，而这种增长使零售商尤为振奋。1863年，《便利店》杂志指出，"统计数字显示，茶叶消费还没有达到极限"。[35] 在这期间，国家统计数据倾向于缩减地域差异，并且让评论家将市场描述为拥有共同的民族品位、身份和实体属性，可以成长或萎缩，并且有自己的个性。[36] 市

表 5.1　茶叶：1811—1871 年间英国茶叶平均价格、关税和消费比例

年	每磅平均价格	消费者支付平均税款	平均人均消费量（盎司）
1811	6 先令 8 便士	3 先令 4 便士	1.4
1821	5 先令 8 便士	2 先令 9.5 便士	1.4
1831	4 先令 7 便士	2 先令 2.75 便士	1.4
1841	4 先令 2.75 便士	2 先令 2.25 便士	1.6
1851	3 先令 4.75 便士	2 先令 2.25 便士	1.15
1861	2 先令 10 便士	1 先令 5 便士	2.11
1871	1 先令 10.5 便士	6 便士	3.15

来源：《茶叶消费》,《皇家艺术学会杂志》第 20 期（1872 年 8 月 23 日）：812

场有需要和欲望，可能是未出现的、不饱和的、受到刺激的或完全饱和的。[37] 量化能使维多利亚时代的人们对激情理论化并加以控制，于是就使消费市场归化和国有化了。

政府和产业专家还在专注于衡量国民消费习惯，而此时英国的茶文化已增强了阶级和性别差异。例如，高度仪式化的下午茶往往象征着维多利亚时代富裕女性的私人社交世界。[38] 家庭茶会可以是非常简朴、非正式的事情，但到了 19 世纪末，下午茶已成为一种社交表现形式，其中的菜单、家具摆设、礼服选择、娱乐项目——当然还有宾客名单——都反映着女主人的家世和品位。皮埃尔·布迪厄（Pierre Bourdieu）等理论家揭示过品位和文化专门知识如何演变成阶级的标记，维多利亚时代的作家预见了这样的理论，他们指出，奉茶的方式显示出一个人的社会地位。[39] "有教养和没有教养的区别"，一位作者指出，表现在"微小的细节"和"谦恭举止"上。[40] "一位贵族成员"在 19 世纪 70 年代末写了一份建议书，定义了至少 3 个级别的"5 点茶"（five o'clock teas）。其中规模最大的级别通常有专业音乐表演，为多达上百位宾客服务。第二种级别的茶会有20—40 位宾客，通常有"业余"艺术表演者参加，而最后一类被认为是小规模的联谊茶会，往往是 5—15 位亲朋好友聚在一起，主要是聊天而非娱乐。这些聚会存在很多细微的社会差别。食物、组织、设施、装饰和服装都要与特定的场合相适应。在规模比较大的茶会活动中，女仆和其他女佣站在餐桌后面，从大壶里倒出茶和咖啡，而在规模较小的茶会中，女

主人拿着精致的中国茶壶来倒茶。常规的茶点包括茶和咖啡、雪利酒、香槟、红酒、"冰激凌、水果、花式饼干和蛋糕……面包和黄油、罐头野味三明治，等等"。[41] 食物总是很丰盛、很昂贵，并且经过精心的准备。茶会上也提供咖啡和其他饮料，夏天的时候一般既有热茶也有冰茶。比较小的非正式下午茶会往往人员不多，而且如一位作者所述，"茶会的准备工作除了多摆几只茶杯，多放一点面包和黄油，别无其他"。[42] 虽然茶会上常常会有可口的菜肴，尤其是在被称为"高桌茶"（high tea）的晚餐上，不过茶会总体而言以吃甜点为主。1887 年，一名社交记者甚至开玩笑说，在这些茶会上，享用甜品是如此时兴，以至于"牙医以后有得忙了，我们肯定为他们攒下了很多工作！"。[43]

在规模较大的茶会上，女主人会聘请专业或业余音乐家做表演，并且组织跳舞、打牌和猜谜等其他游戏。[44] 在花园茶会上，除了喝茶，还有棒球、羽毛球、草地网球和射箭之类的活动。[45] 主要的娱乐活动往往是亲密的交谈，尤其是在当时人们相信茶叶能带来"社交、快乐和生机"的情形下。[46] 考虑到这些情况，女主人必须亲自参与家具的摆放。一位权威专家建议，房间应该"看起来不空荡"，不过家具不应妨碍客人的活动，桌椅需要安排妥当，使"客人自然将自己融入小团体，并可以从一个小团体轻松转到另一个。房间安排如果过于呆板，会影响客人交谈和欢笑的愿望。"[47] 据一名时尚记者说，一件漂亮的礼服也会使茶"喝起来更甜，使杯子看起来更漂亮"。[48]

下午茶会无论规模大小都被设想为一种女性活动。参加茶会的男性数量远少于女性，而且他们普遍表示"不关心"这类聚会。[49] 维多利亚时代的人们认为，茶"本质上是淑女的膳食"，所以当男性参加茶会时，他们需要淡化对这种嗜好的喜爱，以免被人认为是柔弱的。[50] 然而作者们承认，"私下里"绅士们非常享受这些活动；正如一个权威人士所说的，"你看他们在这些场合喝茶，津津有味宛如喝威士忌和水一样，就像小奥利弗急切地要求'再多来一点儿'"。[51] 有一首名为《下午茶》的滑稽歌曲打趣道："人们并不在意我们喝的是什么，也不在意我们看到的人……在下午茶会上，到处是爱情和丑闻。"[52] 这些茶会的目的是利用食物、时尚和调情来赢得男性的注意。因此，茶会是一种关乎视觉、性和美味的风流韵事。

茶会也可能是非常孩子气的活动。维多利亚时代的女孩很乐于在填充动物玩具、家庭宠物、朋友、兄弟姐妹、仆人或父母面前扮演女主人。有时候，宠爱孩子的父母甚至给他们的特殊儿童茶会请来"会表演节目的狗或猴子，或其他一些特殊娱乐"。[53] 绘画、文学、诗歌和音乐等艺术形式将儿童茶会描绘为根植于英国乡村中的天真、田园式的体验。事实上，这些以消费者为导向的茶会有着玩具茶具、特殊歌曲和游戏，并不只是儿童过家家。[54] 而且维多利亚时期的茶会并非全都是私人的或天真的。

在 19 世纪 80、90 年代，新潮男女在博物馆和画廊举办波希米亚风格和艺术风格的茶会，艺术界、音乐界和文学界的名人经常前来光顾。[55] 这一时期甚至出现了"展览茶会"，一群朋友去参观在伦敦举行的临时展览之前，会先在家里举办茶会。参加聚会的"青年男女"享受着他们的"波希米亚式"氛围。[56] 不管是不是波希米亚风格，下午茶都把这种曾经节制的饮品重新塑造为炫耀性的消费新文化的核心。奉茶刺激了对相应的服装、家具、食品、劝诫文学及与茶叶相关的事物的购买、展示和使用。它需要仆人、付费表演者和能够承办这些事情的房屋或公共空间。忧心忡忡的批评家表示，喝茶从简单的乐趣转化为一种毫无节制的行为。班戈大教堂教长甚至在 1883 年把茶叶视为导致革命的因素，尽管后来他收回了关于茶叶的这个说法。[57] J. 默里–吉布斯（J. Murray-Gibbes）博士也担心茶叶的激进本质，他在 1893 年断言，"在争取女性权益和过度消费工夫茶之间，存在着明显联系"。茶叶过度刺激了女性的大脑，产生了一种"进入职场，真正地取代男人养家糊口地位"的反常欲望。[58] 女权主义媒体对这类指控毫不在乎，把茶叶视为女性力量的源泉。[59]

下午茶和它的"表兄弟"禁酒茶会很像，把消费和休闲混杂在一起，创造并维持着社会等级和性别身份，而且把一种相对廉价的饮料变成了一种特殊商品。它还把异域食品融入本地社会、阶级和性别体系中去，从而制造出围绕着一种全球商品的新含义。这些餐饮使茶叶具有英国属性，但它们也推销帝国的茶叶和大众形式的帝国主义。然而，在我们转而研究这段历史之前，首先需要研究为什么种植园主招募女性和其他代理人，来帮助他们推销产品和对帝国的愿景。

"印度茶单独喝起来味道糟透了"

维多利亚时代的英国人喜欢喝茶，但 19 世纪 90 年代前他们并不太喜欢英国自己生产的茶叶的味道。在那段时间之前，品尝纯印度调配茶的消费者通常会抱怨茶叶的口味很糟糕，因此零售商自然不愿意购买这种新产品。19 世纪中叶以后，少数包装茶叶的公司开始偷偷把这种新茶掺到他们的调配茶叶中，但英国茶叶种植园主称这种掺假做法是背叛和欺诈，并且认为小商贩不愿购买他们的茶也是同样性质的行为，因为这些做法都致使消费者陷于无知和消极状态。19 世纪 60 年代之后，印度茶叶的供应量继续增加，同时种植园主和杂货商在 19 世纪 80 年代初对于如何或者是否出售帝国产茶叶产生了分歧，紧张关系也随之升温。在这场斗争中，他们相互指责对方不够帝国主义。直到 19 世纪 70 年代，店主们还占着上风，他们迫使种植园主建立新的分销链，绕过杂货商，发起一轮消费者广告和宣传攻势，提倡对帝国有利的各种政治、经济和以健康为基础的主张。在茶叶调配和引入品牌商品的行动中，茶叶种植园主和经销商之间看似微不足道的争吵，直击长途供应链中的一个核心问题，即这一供应链是如何出现、如何变化、如何在零售和购物中制造出敌友关系和变革的。在该世纪中叶，在塑造市场的过程中消费者能够扮演什么角色以及应该扮演什么角色都尚不明朗。何种形式的零售业能够创造帝国口味和大众市场这一问题也无法确定。种植园主、大型批发商和较小的商贩互不信任，他们憎恨对方在市场上拥有的力量。在这几年中，这场关于如何买卖茶叶的辩论中关于消费者和商品的帝国论调与相互竞争的视野逐渐浮现出来。

在整个 19 世纪，专家们都承认，阿萨姆的茶叶"在采摘、卷制和烘焙方面都有缺陷"。[60] 此外，在不同的气候和土壤条件下生产的茶叶在外观、气味与口味方面都显得奇怪而且不招人喜欢。[61] 消费者抱怨说这种新茶叶泡的茶太浓太苦，而专家则形容印度茶叶"气味刺鼻"，还有人认为这些茶叶泡出来的水表面漂浮着的"黏黏的、气态般的那层薄膜"会对健康产生危害。[62] 其他人只是认为印度茶叶的味道很冲，不够纯正。[63] "中国茶叶依然受到青睐的一个主要原因"，一位专家在 1880 年写道，就是它们的味道"圆润芳醇"，而印度茶叶"不能很好地与牛奶融合在一起，喝起来像草"，"有一股外国杂草味"。[64] 19 世纪 80 年代初期最先尝试在伦敦销售纯正印度茶叶的"绅士"在回忆这种产品尝起来有多么异样时说：

> 消费者已经习惯于饮用中国茶叶，一些中国茶味道很香，而且掺有其他香料。于是我突然让他喝了一种从未喝过的茶。我本应该先用一些中国茶的。一开始，我从代理人那里接到了各种投诉。消费者认为我的茶叶根本不算茶叶……我试图说服所有相关人员我的茶叶才是真正的茶叶，那种明显的麦芽味是印度茶叶的优点之一，但没有人相信我。有些人抱怨说这种茶难以下咽，还有人说它的味道太强烈，也有少数人说茶味不够。[65]

一般而言，"印度"的称谓不是卖点；而且，就像前种植园主爱德华·莫尼中校在 1883 年所解释的，"（英国）公众"不久前"对印度茶叶还一无所知"。他指出，"在伦敦和格拉斯哥，甚至只有一两家商店出售纯正的印度茶叶"，"在英国甚至几乎没有人知道印度是一个茶叶生产国"。[66] 莫尼和他的种植园主同伴们开始教导无知的消费者，激发他们对帝国产品的热情。

莫尼和他的同行都乐于指出，印度茶叶明显具有的浓郁风味也是有一些优点的。对于这种新茶，虽然与顾客关系密切的小公司和商店很快接到了一些负面反馈，不过大公司发现，用这种新茶进行调配，会对廉价、寡淡的中国茶叶起到加强和改善的效果。因此，这些公司开始聘请专业的品茶师，调配多种档次和品种的茶叶，创造出他们所声称的质量均衡稳定而可靠的产品，这种茶叶无论何时何地购买，都是相同的口味。[67] 调配茶叶并不新鲜，但个体店主是在自己的商店里调配出独特的秘密配方并以此建立起自己的声誉的。因此，当大公司开始调配茶叶并创立品牌时，小型商店无法再用自己的茶叶调配手法留住常客，便无力再与他们竞争。销售调配茶叶的大公司让这一茶叶调配技能逐渐消失，他们为自己的行为辩护说，他们逐步引导消费者喜爱口味浓郁的茶叶，并逐渐创造出我们可以称为"帝国口味"的一种口味。[68] 种植园主并不同意这种逻辑，因为他们担心对茶叶进行调配和品牌化，会使消费者无从知道自己购买或饮用的到底是什么。最终，这种情况真的发生了，但在此之前种植园主曾努力抗争过，想阻止这种发展趋势。

茶叶种植园主反对调配的习惯，称这是一种非法的贸易惯例，它抹去了所有"原始进口的痕迹"。[69] 杂货商把中国茶叶和印度茶叶（后来还有锡兰和其他品种的茶叶）混合起来后，消费者无法辨别出其中的差异，也无法为帝国消费。这里有很多花招。试举一例，早在 1872 年，纽卡斯尔的威廉·斯图尔特（William Stewart）就告诉消费者"英国企业、资本和工业如何使印度成为世界上最好的茶园"。这个广告继续说，印度茶叶是阳刚而浓郁的，具有"持久的力量……（并且）饮用这种维持生命的'快乐杯中物'（Cup of Pleasure）更能让人心满意足"。[70] 然而，在斯图尔特的商店前面设有一个展示模型，描述了茶叶从东方到西方的运输过程，在这个过程中，各种亚洲茶叶都被混合在一起。这个场景描绘了陆上大篷车贸易，并且把中国和印度都描述为茶叶来源地。很多包装和广告中也做了类似的描绘。这种不分青红皂白的亚洲形象激怒了印度种植园主，他们想把中国茶叶从市场上清除出去，并根绝茶叶与中国的联系。

1873 年，曾经主管大吉岭茶叶种植的阿奇博尔德·坎贝尔（Archibald Campbell）博士在皇家艺术学会印度分部发表演讲，哀叹种植园主在"国内市场"上面临的问题。他担心杂货店和公众几乎"对印度茶叶一无所知"。[71] 1880 年，种植园主仍然持有这样的观点，但他们也开始抱怨，说茶叶经销商只用"印度茶叶辅助和强化中国茶叶"。一位种植园主坚称，"有利益相关的印度茶叶爱好者或无私的爱国者，希望看到……大英帝国实现自给自足的那一天"。[72] 1880 年，种植园主的刊物《本土和殖民地邮报》上发表了《印度茶叶滑稽剧》（"The Indian Tea Farce"），讽刺了种植园主与杂货商之间的斗争：

经销商: （在一个人要求买纯正印度茶叶之后）

毫无疑问，是个种植园主那边的人，没必要害怕：

你就说，印度茶单独喝起来味道"糟透了"。

杂货商: 我告诉人们，印度茶种出来只是用于调配的，

这样我可以以3先令6便士的价格出手中国"调配茶"了。

经销商: 当然。纯正的印度茶叶太浓郁了，

公众的口味需要引导，否则很快就会出问题。

杂货商: 让那些人去卖印度茶叶吧，我宁愿调配；

我不想假装和印度种植园主是朋友。

我想追求的是利润。

经销商: 让我们进去吧。

杂货商: 我想用一些浓烈的印度茶给中国垃圾提提味。

（他们互相使个眼色，进入仓库）[73]

这一讽刺剧显示出种植园主的忧虑，他们根本无法控制经销商。[74] 他们反复抱怨说，调配使产品披上伪装，让消费者感到困惑，无法用自己的购买力支持大英帝国辛勤劳作的同胞。

为了回应此类批评，杂货商和包装茶商公开发誓对大英帝国保持忠诚，并声称他们没有"共谋使印度茶叶无法得到公正的评判"。[75] 他们公开声明说："如果印度茶叶与中国茶叶调配在一起，公众就会逐渐被引导去喜爱印度茶叶的风味。"[76] 随后，他们预言公众会开始喜爱喝风味浓郁的南亚红茶，尽管他们自己没注意到这种口味的变化。[77] 因此，对于消费者知情的价值和本质，种植园主和经销商的想法存在分歧。一些供应商设想，中产阶级和上层消费者希望购买帝国茶叶，以此表现他们的忠诚，但他们不认为工人阶级消费者会关心这些问题。1880年，一位贸易专家关注到这种想法，他警告说：

那些期待普通消费者会因为茶叶来自印度就花钱购买而不在乎价钱的人，都在做白日梦。有少部分人购买印度茶叶可能是为了促进对

印度而非中国开展贸易，但我们担心，只靠这一点不足以达到我们的目的。[78]

杂货商对消费者的帝国主义情怀做出这样的论断时，一再自辩说，他们对帝国保持忠诚。

当《便利店》于1862年创刊时，它的编辑把杂货店贸易称为"文明国家的社会生活大机器中最不可或缺的车轮之一，尤其是对大英帝国及其庞大的殖民附属国来说"。[79]虽然这种论断很大程度上是真的，但它也巧妙利用了当时的人们对帝国主义的理解来为这种饱受非议的贸易增光添彩。该报纸频繁而明确地表达对帝国主义的拥护，但从来不提倡在大英帝国内部专买专卖的思想。事实上，该报和其他类似刊物为零售商提供了在全球市场上进行贸易所必需的技能和知识。[80]《便利店》只是将大英帝国的扩张描绘成在全球商品市场中增加选择的一种手段，并且它起初非常支持印度茶产业的发展。例如在19世纪60年代，该报建议读者囤积印度茶叶，投资种植园，并支持使用军事手段保护这个新兴产业。[81]它还替在"不丹"发动的"小规模"战争辩护，认为这场战争将使"阿萨姆的种植园主"受到保护，以免遭到他们的"无法无天的邻居"的伤害。[82]殖民政策的推进艰难而又令人欣慰："在印度尤其如此，无论南印度还是北印度，都存在着需要与之抗衡的邪恶和困难。印度的老虎比道路还多——那里有苦力，但他们并不乐意聚集到种植区来——印度平民从古至今一直抵触外来者"，但是，"成千上万英里的森林最终将被开垦出来，种上咖啡树、茶树、金鸡纳树和其他有用的作物"。[83]对于这家报纸来说，帝国和大众消费是齐头并进的。[84]然而，1866—1867年茶叶市场崩盘后，该报的言论开始变得谨慎，并开始警告读者远离有风险和未经检验的殖民企业。[85]有篇文章附和绝对禁酒主义者的观点，对种植园的劳动条件表示担忧，并主张"在印度，不能再让苦力住在简陋的地方、食不果腹、遭到无情的鞭打……他们乘坐漂浮的牢笼从家乡一路过来时，已经受到了许多非人的待遇，这简直就是奴役"。[86]

种植园主受到了针对他们的产业和茶叶的公开指责。例如1868年

12月，在数家阿萨姆地区茶叶公司担任秘书的查尔斯·亨利·菲尔德（Charles Henry Fielder）在伦敦统计学会发表了一次演讲，承认该行业有一份"不完美的履历"，但他也夸耀了茶叶行业所做的无数改进，包括孟加拉政府提供支持、引进机械生产、"厉行"节约，以及引入适于从事这项工作的英国男性来管理种植园。[87] 其他与菲尔德类似的人也在重塑锡兰的公众形象。在19世纪60年代末，咖啡驼孢锈菌彻底摧毁了锡兰的咖啡作物。[88] 很多公司倒闭了，不过当时的研究和后来的历史著作都把茶树视作这个殖民地岛屿的救星。事实上，首位种植茶树的詹姆斯·泰勒是在1867将茶树从阿萨姆移植到他的种植园的，比枯萎病疫情第一次暴发早了两年，但随着茶树种植面积的扩大和咖啡种植的失败，维多利亚时代的历史著作就把茶树塑造成了救世主，化解了"降临在这个岛屿上的大灾难"。这个故事描述说，"勇敢""明智"而坚定的英国茶叶种植园主拯救了锡兰。[89] 统计数据似乎支持这个说法。1875年，锡兰仅仅向英国出口了282磅茶叶，但到1885年，运到伦敦的锡兰茶叶达到了4 353 895磅。[90]

对于印度和锡兰茶叶历史的积极一面，没有比《本土和殖民地邮报》报道得更为全面了。该报于1879年创刊，宣称自己替"种植行业向本土和印度、锡兰与远东读者"发声。它声称要向"商人、种植园代理、股东和所有对茶叶感兴趣的人"提供"销售服务、股票、机械工具和所有必要的信息"。[91] 一名编辑后来承认，该报已经开始成为"把印度茶叶推向市场"的销售工具。[92] 该报向远东示好的行为阐释了正式和非正式帝国的重要性，不过它同时也逐渐促进了殖民地生产。几乎每一期《本土和殖民地邮报》都追溯印度茶叶从种植园到餐桌的过程，利用商品的流动来说明都市与殖民地之间的经济和文化联系。[93]

茶叶种植园主也巩固了他们的力量，并通过加入贸易协会而打造出一个集体身份。这些机构协助培养了一个"专业移居群体"，由一群在英语世界内部和之间工作的人组成。[94] 到19世纪下半叶，这些机构也成了一种新的全球经济的支柱。[95] 他们在政治上拥有强大的影响力，深深涉入劳工问题，资助了科学研究和产品开发，并组织和支持全球广告活动，这一点对本书的研究最为重要。[96] 他们也倾向于补贴规模化生产和零售的发展，我们会在下一章中看到这一点。

　　锡兰种植园主协会（Planters' Association of Ceylon）成立于1854年，处理土地、劳工及其他相关问题，在19世纪70、80年代协助了从咖啡业向茶产业的转型，并开发了橡胶等其他出口导向的种植作物。[97] 与它有关联的伦敦锡兰协会（Ceylon Association in London）是个游说团体，有一位支持它的作家吹嘘说，伦敦锡兰协会的作用是"把该岛所有的利益联系在一起。它培养企业，传授有关锡兰资源的知识，并且构成一个耀眼夺目的中心，向外辐射能量、生产力和慷慨"。[98] 伦敦锡兰协会和种植园主协会把努力满足英属锡兰的需求作为共同使命，使各个种植园主、茶叶公司、记者和政客联合起来。

　　印度茶叶协会甚至更为强大。[99] 它由两个独立的组织合并而成，其中一个是印度茶区协会（Indian Tea Districts Association）。印度茶区协会于1879年7月在伦敦格雷欣街的奎德尔塔温酒店（Guildhall Tavern）成立，自我定位为一个"相互交流的媒介"，为那些对"在英属印度种茶"有兴趣的人服务。它意在"观察印度和英国那些会对茶产业造成影响的立法进程"，并"促进更全面和更自由的移民流动"，以求有助于获得廉价和顺从的劳动力。[100] 印度茶区协会代表了大约27家英国公司和代理机构，大约4/5的北印度种植园都掌握在它们手里。[101] 最初的成员几乎包括了所有重要公司的董事和经理，如塞缪尔·伯德（Samuel Bird）、亚历克斯·劳里（Alex Lawrie）、詹姆斯·沃伦（James Warren）、J. 贝里·怀特（J. Berry White）博士和其他20余人。

　　1894年，印度茶区协会与加尔各答的印度茶叶协会合并，后者是1881年5月在孟加拉商会（Bengal Chamber of Commerce）举行的茶园代理公司会议上成立的一个组织。[102] 新合并的组织被称为印度茶叶协会，在加尔各答和伦敦都有总部。伦敦总部游说英国政府，负责创造市场，而加尔各答总部则主要关注生产和劳工问题。该组织早期的主席、秘书和成员是种植园主和（或）殖民地官员。董事们通常出生在英格兰或苏格兰，往往作为东印度公司、私营公司或军方雇员来到印度。例如，此前也是印度茶区协会首任主席的托马斯·道格拉斯·福赛斯（Thomas Douglas

Forsyth）爵士于 1827 年出生在利物浦，并且曾在东印度公司当过撰稿人。1849 年，他成了旁遮普的助理专员，后来又当过拉合尔和奥德的专员、立法委员会成员，并于 1874 年获得印度之星勋位。福赛斯还曾被任命为缅甸特使，退休后，他掌管过几家印度铁路公司，并帮助组建了印度茶叶协会，从 1879 年到 1886 年一直担任该组织的主席。[103] 福赛斯和其他很多人的职业生涯从东印度公司统治时代持续到 20 世纪，在时间上和空间上都保持着连续性。

印度茶叶协会以多种不同的方式捍卫着种植园主在种族、性别和阶级方面的特权。[104] 除了在廉价和稳定的劳工流方面得到国家支持，这个机构还捍卫白人优先的观念，即使这意味着与政府的政策相左。例如，在著名的反《伊尔伯特法案》（Ilbert Bill）斗争中，该组织发挥了突出作用，这个法案于 1883 年提出，意在允许印度乡村（mofussil）刑事法院的非欧洲法官有权裁决涉及欧洲人的案件。该法案在英国本土引发了强烈反应，在印度则有很多人认为它将"对茶叶、咖啡和槐蓝属植物种植业"造成"致命打击"。[105] 这只是很多例子中的一个，证明了这个产业利用政治手段捍卫其经济和社会利益。这些种植园主协会创造和宣传了一种关于帝国的新观念，即帝国是由多种买卖行为联合起来的一个由经济界定的空间，而我们对这种思想的发展程度尚未有足够的认识。当印度和锡兰的种植园主提出英国买家应该喜爱"英国种植"的茶叶时，他们打造出了这种帝国形象。

种植园主、公众宣传，以及帝国推销用语的创造

帝国的茶叶种植园主在 19 世纪后三分之一的时间里逐渐打造出一台非凡的宣传机器。对于这类帝国宣传的范围和意义，学者们已经洋洋洒洒写了很多，但很少有人研究过维多利亚时代的商界是如何就帝国主义的价值是一种推销用语而辩论的。[106] 正如我们将看到的，全球政治经济的转变引发了特定形式的帝国主义宣传，这一发展形势在维多利亚时代晚期的茶产业中尤为明显。远早于 19 世纪末期之前就已经有一些企业在利用帝

国主义意识形态和意象来销售商品，但由于消费者保守的喝茶口味、零售商的抗拒和这个时代的经济衰退，茶叶种植园主不得不更加主动地思考如何销售商品。他们断定，最有可能击败中国人的方法是唤起消费者的爱国主义。然而，用爱国主义本身推销太过僵硬，种植园主必须拿出许多说辞来解释为什么英国茶叶更适合英国消费者。

直到19世纪60、70年代，如何在本土市场销售印度茶叶的问题才开始浮现。在此之前，殖民地茶叶曾在博览会上亮相，但消费者基本上不知道这种茶叶的存在，直到"殖民地""英国种植""印度产"或"阿萨姆产"等新的关键词开始出现在广告和包装上，情况才有所改观。[107] 与此同时，打着"印度茶叶直销公司"和"纯正印度茶叶供应商"等名号的公司开始面向消费者直接销售未经调配的印度茶叶。[108] 这些公司宣称，所有的印度茶叶都是纯正、健康、可口、划算的，并具有爱国的属性。[109] "纯正印度茶叶供应商"在1881年初发布的一则广告就是例证。这家公司用粗体大写字母写道：

印度茶叶更纯正。

印度茶叶更芳香。

印度茶叶更浓郁。

印度茶叶更便宜。

印度茶叶更有益健康，

因此在各个方面

都比中国茶叶好。

这则广告呼吁："全体盎格鲁-撒克逊人，心怀我们种族的繁荣的人……尝试着喝印度茶叶吧。"该广告将消费者定义为有影响力的白人男性，如神职人员、部队军官、律师、医务人员和教师，并鼓励他们购买印度茶叶，以此"协助促进国民福祉"。[110] 除了鼓吹爱国主义之外，该公司还再次说明帝国出产的茶叶如何比堕落的中国产品更纯正、更浓郁、更芳香、更健康、更便宜。在自由贸易主导政治话语的时代，这种广告轻而易举地大行其道。它们不要求在帝国关税或其他方面得到优惠，相反，它们敦促消费者和零售商自愿运用购买力来影响帝国的命运。除了吸引有影响力的男性，种植园主还常常启发工人阶级消费者和女性顾客看到选择帝国产品所具有的美德。

从 19 世纪 70 年代末到 80 年代，原产地广告和帝国主义诉求变得更加普遍，而且几乎都拿落后的中国与现代化的印度做对比。[111] 印度种植园主及其盟友激起了反华情绪，并在掺假现象消失后仍然让公众保持对掺假的恐惧。例如，爱德华·莫尼曾发表耸人听闻的作品《茶叶论战：印度茶叶对阵中国茶叶。哪个掺假？哪个更好？》(*The Tea Controversy: Indian versus Chinese Teas. Which Are Adulterated? Which Are Better?*，1884)，他坚持认为印度茶叶是"在受过教育的英国人监督下，在大庄园里种植和加工的"。而在中国，茶叶是在"贫困阶层简陋的房子里用最粗鲁的方式采集和生产的，没有技术性的监督"。为了煽动对疾病和传染病的种族主义恐惧，莫尼发表言论认为"印度茶叶是干净的，中国茶叶不是"。莫尼接下来表示，造成这种现象的原因很多，但主要是因为"印度茶叶现在都是机器生产，但在中国，茶叶是手工生产的，手工生产并不是一个洁净的过程……（它是）一个非常肮脏的过程"。碾压茶叶尤其需要很大的压力，"必须消耗极大的力量，是由几乎一丝不挂的人俯在滚压茶树叶片的桌子上完成的。他们的汗水就流淌到桌子上：结果自然不必细说了！"。因此中国茶叶里几乎都沾染了光着身子的中国佬的汗水，而印度茶叶"根本不会被手碰到"。莫尼基于已有的对裸体和肮脏的异教徒的反感和恐惧，提醒读者说，中国茶叶经常掺杂异物，"而在印度茶叶中，除了茶树叶子再也没有其他东西"。[112] 在宣传用的文字和图片中，赤脚的意象反复出现。当然，这是在暗示，如果茶叶里含有劳工身体的残留物，泡出来的茶肯定不好。事实上，所有的茶叶都堆积在肮脏的地板上，都被工人的脚踩过。在伦敦和殖民地，工人把茶叶打包进盒子里时，脚下就踩着茶叶，直到 19 世纪 80 年代，挑选茶叶还只是用一个筛子般的装置翻动茶叶，让比较小的叶子落在茶厂地板上（图 5.2）。

不足为奇的是，制造生产茶叶处理机器的人也宣传技术带来的好处。

图 5.2 挑选茶叶，锡兰，19 世纪 80 年代，C.A. 科伊（C.A. Coy）拍摄

贝尔法斯特的塞缪尔·C. 戴维森（Samuel C. Davidson）爵士的职业生涯就说明了这段历史的多面特性。和很多年轻人一样，塞缪尔在 1864 年去了印度，帮他的父亲经营茶园。他在 19 世纪 70 年代挣了大钱，把他父亲的产业买了下来。1874 年，戴维森回到贝尔法斯特，在那里发明了一种用热风烘干茶叶的机器。他的第一台机器于 1877 年问世，紧接着他又于 1879 年发明了著名的西罗科（Sirocco）烘干机。到 1886 年，从印度运到英国的 7000 万磅茶叶中，有 5000 万磅都是由西罗科烘干机加工处理的。戴维森在贝尔法斯特设厂制造西罗科烘干机，并开始销售他的卡恰尔茶园出产的茶叶。他为朋友和家人供货，并建设仓库，在他的工厂和位于贝尔法斯特市中心的沙夫茨伯里广场（Shaftesbury Square）销售茶叶。[113] 到 19 世纪 80 年代末，戴维森的西罗科茶叶已经行销爱尔兰、英格兰、苏格兰、美国和欧洲。[114] 戴维森公司从 1889 年就把它的卡恰尔茶园画到"有精美插图的"小册子之类的公司广告上，并把由现代机器加工的茶叶与"肮脏的（中国）苦力赤膊"生产出来的茶叶做直接对比。[115] 这种方法尤其使爱尔兰消费者成为印度茶叶的忠实拥趸。早在 1881 年，北爱尔兰 75% 的零售

茶叶都来自印度。

其他种植园主和戴维森一样，也在城市地区开拓销售空间，到英国一些最时髦的购物街——尤其是伦敦西区——开店出售纯净印度茶叶，或者主营印度茶叶。例如，1881 年初，一家印度茶叶店在牛津街开业了。[116] 同年 3 月，一家商店入驻杰明街，销售阿萨姆、卡恰尔、锡莱特、吉大港、大吉岭、坎格拉、库马盎、德拉敦、内尔格里斯（Neilgherries）、锡兰和新加坡等地出产的茶叶。[117] 一位访问英国的种植园主评论这些事态的发展时，发现"漫步在伦敦的街道上时，不可能不被告知印度产茶叶的优点"。[118] 那年年底，《本土和殖民地邮报》就断言："形势大为改观！到处都非常欢迎印度茶叶。它的优点和价值得到中间商、经销商、零售商和消费者的公认……购买它不再存在困难……不久前，在牛津街上只有一家商店可以买到印度茶叶，而现在到处都是印度茶叶的宣传海报。"[119] 在曼彻斯特、格拉斯哥和伯明翰，也出现装饰着"描绘印度种植园主生活的艺术画"的商店。[120] 1882 年，《本土和殖民地邮报》兴奋地报道说："公众的目光已经注意到印度茶产业的重要性。"[121]

种植园主也转而向朋友和家人，特别是女性亲属，传播他们的产品的口味，并增加其社会和经济价值。例如，1881 年担任切尔西"印度"茶叶摊位主席的卡多根伯爵夫人（Countess of Cadogan）来自一个保守派精英家庭，她丈夫在 1878—1880 年间曾经当过殖民地次官。这位伯爵夫人在装饰着茶园插图和现代茶叶加工过程插图的摊位上奉茶，并借此为印度和帝国注入时尚元素。一名记者评论说，销售茶叶为慈善事业筹集了大量资金，同时也"传播有关我们的印度帝国茶叶的知识，并且激发了人们对此的求知欲"。[122] "纯正印度茶叶供应商"为这次活动及其他类似的活动提供了茶叶和装饰品。[123] 例如，在一个为爱尔兰国家眼科和耳科医院募捐的展览会上，该公司聘请两名"医生"和"穿着民族服饰的帕西人"供应印度热茶。另一家来自阿萨姆地区的哈提巴里茶叶公司（Hattibarree Tea Company）也在这次爱尔兰的募捐活动中出售"纯正无掺假的饮品"。[124] 这些活动都是市场营销机会，种植园主和富裕的女性把这种以前不受待见的帝国产品引入他们的时尚、奢华和博爱的世界。

有一家公司极其重视女性的影响力，甚至决定给那些向朋友推荐印度茶叶的女士支付佣金。《本土和殖民地邮报》喜欢这个想法，是因为"在茶叶贸易中，弱势性别被认为是有用的盟友"。[125] 另一位种植园主在兴奋地记述 1886 年在伦敦举行的"殖民地和印度博览会"时，表达了同样的观点，因为他认为"很多女士会来参观"。[126] 有些公司甚至开始聘请女性茶叶专家。例如，詹姆斯·克雷吉·罗伯逊（James Craigie Robertson）教士的女儿英尼斯（Innes）夫人在这一时期成了职业品茶师。[127] 种植园主还支持开始开设或管理茶馆的女性。这些场所开张时，并非都有明确的帝国主义销售理念，但种植园主喜欢它们带来的营销机会，并且认识到女性的品位带来的宣传潜力。

格拉斯哥是英国最先创建禁酒社团的地方，它与种植和航运界有着密切的联系，也以茶馆闻名。克兰斯顿（Cranston）家族承办禁酒宴席，并且经营旅馆，他们开办了格拉斯哥最有名的茶馆。斯图尔特·克兰斯顿曾在 19 世纪 60 年代初做过约瑟夫·泰特莱的二级代理，从事过茶叶批发生意，后来成了茶叶和咖啡品尝师。19 世纪 70 年代，他成立了自己的企业，并开了一家连锁茶馆。斯图尔特的父亲是女权的早期支持者，他在 1878 年帮助女儿凯特开了王冠茶馆（Crown Tea Rooms），并且把一家禁酒旅馆作为结婚礼物送给了凯特的妹妹玛丽和她的丈夫。[128] 凯特是所有兄弟姐妹中最有冒险精神的人，她在 19 世纪 90 年代委托查尔斯·伦尼·麦金托什（Charles Rennie Mackintosh）为柳树茶馆（Willow Tea Rooms）设计精美的室内装饰（图 5.3）时，发起了著名的"艺术与工艺运动"。"那些格拉斯哥茶馆非常漂亮独特，如今伦敦的任何一家餐厅都比不上它们。"侨居国外的美国艺术家缪尔黑德·波恩（Muirhead Bone）回忆说。[129] 因此，禁酒、女权和现代艺术在格拉斯哥的核心地带创造出了令人振奋的茶文化。

一些茶叶店为推广帝国新茶做出了很多尝试，比如汉德下午茶公司（Hand's Afternoon Tea Company）。[130] 1886 年，印度与锡兰茶馆及艺术博览会（Indian and Ceylon Tea Room and Art Exhibition）在伦敦西区女性俱乐部街中心地带的伯纳斯街（Berners Street）18 号开幕，就是为了宣传新茶。在这个"装饰高雅"的商店里，"女士们"有机会一边欣赏音乐

图 5.3 查尔斯·伦尼·麦金托什的"豪华房间",格拉斯哥柳树茶馆,1903 年

独奏,一边"品尝印度和锡兰茶叶"。[131] 在维多利亚时代晚期的伦敦,兰伯特(Lambert)小姐和巴特利特(Bartlett)小姐这两位单身女士甚至决定,愿意为"一位在锡兰拥有茶园的朋友充当伦敦代理商"。她们在邦德街(Bond Street)的一家手套店楼上租了一个小房间,开始出售"包装很吸引人"的茶叶。[132] 但她们很快意识到,人们喜欢在买茶叶之前先品尝一下,所以她们开了一家茶馆,迅速配置好桌椅,每天上门的顾客多达 200 人。她们自称"女士茶叶协会"(Ladies' Own Tea Association),并在生意上取得了巨大成功,这两位女士在 1892 年以 2000 英镑的名义资本将她们的企业上市,共分为 2000 股,每股 1 英镑。[133] 这两位女店主的"漂亮公司"开在新邦德街 90 号,她们在那里购买、调配并供应帝国茶叶。更了不起的是,这两位女士"在锡兰买下了一座大茶园"。[134] 女士茶叶协会开始培训女性参与管理、簿记、购买和茶叶贸易的其他方面。因此,这些女性有足够的资本倡导垂直整合。并非所有的女性企业都支持大英帝国,但大多数帝国种植园主都对女性企业和下午茶的社会礼仪持鼓励态度。[135]

类似的茶文化开始在欧洲大陆发展。例如,惠罗百货公司(Messrs. Whiteaway and Laidlaw)在欧洲各大城市开设了 20 家"上好仓储",出售沏好的、带包装的和散装的印度茶叶。[136] 1900 年，英国乳品公司（British Dairy Company）在巴黎拥有 3 家茶馆。[137] 与在英国一样，种植园主相信，借助茶馆可以找到"处在杂货店派系以外的合适阶层"的人员，"充当他们的代理人"。[138] 这些合适的类型常常是富裕阶层女性，如两位罗马"女士"把自己的小店发展成了大企业，第一年就销售了 2000 磅茶叶。印度种植园主也帮助一位德国女性在柏林莱比锡大街（Leipzigerstrasse）开了一家豪华茶馆，雇用安静的印度侍者提供"高品质印度茶"。[139] 很快，其他分店在柏林、汉堡和布鲁塞尔开业。[140] 帝国、时尚女性消费主义和利润在德国、意大利、法国等地共同发展起来，我们也将在下一章看到，它们也同样在美国和殖民地环境中协同发展。

　　下午茶成了一门大生意，到该世纪末，仅在伦敦就有大约 7000 家茶馆。[141] 男性也会光顾这些茶馆，但它们"精致"的食物和装饰、商业区中的地理位置以及它们供应茶食这一情况本身，都显示出其女性公共空间的特征。这些茶馆也是向我们展示了女性企业家如何利用帝国主义事业及已经起步的性别和城市空间变化的帝国公共机构。同时，茶叶种植园主喜欢茶馆，因为这些商店可以绕过冷淡的采购员、骗人的调配者和用人，直接向富有的女性消费者销售产品。茶馆也使帝国茶叶成为时髦之物。1891年，一名女记者问一位女性报纸读者："我想知道，你们中间有多少人真的很喜欢印度茶叶，又有多少人是因为时髦才喝它？"[142] 19 世纪 90 年代，饮茶者可能依然偏好中国茶叶的口味，但广告和高雅的茶馆改善了帝国茶叶的声誉。种植园主偏爱女性创业者，因为他们知道富裕女性能够提升产品形象，从而创造出新市场。女性拥有和管理的茶馆取得成功的原因多种多样，但最重要的原因是这些机构都属于家庭、宗教、政治、慈善和商业社团的一部分，能够提供资本、客户和货物储备。

博览现代口味

　　与其他很多新产品和新思想一样，新问世的帝国产茶叶的支持者也最大程度地利用国际和本地博览会来寻找买家，并改变大众口味。1884 年，伦敦举办了国际卫生博览会，两年后又举办了殖民地和印度博览会，这种新茶在两次博览会上都引起了很大的轰动。在这两次博览会上，茶叶种植园主为数以百万计的游客描绘了产业和帝国的故事。这两次博览会促进了印度和锡兰茶叶市场的开拓，但随着殖民地生产者开始在这类活动中争夺买家，它们也成了紧张关系的根源。

19 世纪和 20 世纪初期的博览会是改进版的现代早期集会，满足了多种目的，并传达出有关种族和国家、经济和现代性的多重含义。[143] 正如沃尔特·本雅明在 20 世纪 30 年代所理解的，19 世纪的博览会成了"商品迷恋者的朝圣地"。[144] 博览会强调殖民地的物质前景，并将种族等级作为一种娱乐形式展现出来。它们把世界变成了一个百货市场。[145] 饮食给奇异的博览体验锦上添花，创造出一些学者所谓的美食民族或民族美食。[146] 但是，这些奇幻世界并非只为消费者而存在。商界和官场沉浸于对这些展会的新产品和市场的幻想之中。博览会促使买卖双方围绕特定商品建立关系。它们是大型集会，人们聚集于此，思考全球资本主义的性质、魅力和问题。

1884 年在伦敦举办的卫生博览会有 400 万人参加，这是一场奇怪的活动，它既是博览会，也是公共卫生会议。讲座、展览和茶点体现出住房、用水、服装、禁酒和饮食等方面的进步，也体现出新的"科学"食品生产方式的发展。[147] 印度种植园主对这次活动尤其感到兴奋，因为他们早已在把自己的产业当作这个新的卫生世界的范例来推介。[148] 这个博览会中出现了太多的印度茶叶，以至于一名《本土和殖民地邮报》记者开玩笑说："参观者从走进这座大楼开始，直到离开……他要是没有被场地内供应的香气扑鼻的茶饮提起神来，那一定是他的嗅觉出了问题。"在印度茶叶协会的展馆和茶馆、全国厨师培训学校的茶点室、洛克哈特公司的茶点室、伊岑伯格公司的茶与咖啡摊位和汉德公司的下午茶摊位，都能买到印度茶叶。在科学和艺术部"布置得非常整洁的帐篷"里，也可以喝到锡兰茶和咖啡。此外，"水分极少的印度茶叶""随处可见"，如卡特公司的种子摊位及"菲利普公司、撒宾公司、汉德公司、鲍登公司、巴里公司和锡兰茶叶公司的摊位"，都有装着这种茶叶的玻璃容器。然而，印度茶叶协会的展览是最令人印象深刻的，展品包括"各种生产过程、茶园和机器"的照片。印度展区展出了一台"西罗科热风烘干机"和其他很多制茶机器的工作模型，以及一大张印度地图，其中种茶区被标成绿色，并突出展示着各区域茶叶相对产量的统计表。展会上分发的小册子告诉消费者，印度是茶树的真正故乡，并告诫消费者"向你的茶叶经销商要纯正无添加的印度茶叶"。所有这些努力都是为了"推广印度茶叶"。[149] 在这里，锡兰只是印度的一部分。[150] 展会官员在真正的意义上把帝国茶叶都混合到了一起。

在印度大楼对面是壮观的中国展区，那里把中国描绘成一个精心保护消费者权益的地方，以此反驳英国民众心中中国落后的印象。游客们漫步在一条仿建的中国购物街上，在英国第一家中餐馆里品尝"中国"食品，喝上等的"皇家"中国茶。[151] 一位著名的澳大利亚游客对博览会中的"上等茶叶"印象颇深，尽管品尝茶叶时的伴奏音乐古怪而"粗俗"。[152] 然而与很多博览会一样，中国展区的展览是由多个国家共同促成的。英国霍兰父子公司（Messrs. Holland and Sons）使用南肯辛顿的印度博物馆馆长珀登·克拉克（Purdon Clarke）先生的设计图建起这座餐馆。中国厨师在"一名有经验的西区俱乐部经理"的领导下工作，英国女孩在茶馆里当服务员，而这些活动所获的收益都捐给博览会作为普通基金。[153] 然而，参观者并不关心茶叶来源的真实性，他们无疑很享受在高雅的东方背景下饮用"真正的"中国茶。[154] 在卫生博览会上，印度茶叶和中国茶叶似乎来自完全不同的国家，但展览总是由多国共同的努力促成的，并且两个展区都是由英国的专家帮助布置的。

然而，随着殖民地和印度博览会策划的开展，帝国的团结瓦解了，因为锡兰坚定地拒绝将其茶叶与其他任何殖民地或国家的茶叶"归为一类"，特别是"它最大的对手印度"。[155] 锡兰是一个单独的殖民地，但是展会、广告、零售和语言实践往往把该岛描述得像是次大陆的扩展。例如，"英国产""帝国产""帝国""殖民地"之类的标签都被用于大英帝国正式范围内种植的所有茶叶，有时甚至只用"印度"这个标签。然而，1886 年，锡兰官员想创造一个独立的品牌特征，这得是一种"与印度茶馆或其他所有殖民地茶馆都极为不同"的茶馆。[156] 这座建筑在结构和陈列方面努力想表现出僧伽罗文化的独特元素，并且突出这座海岛殖民地的秀丽风光。官方指南解释说，"不管从哪个方向接近"，都能看到锡兰"展现着无与伦比的壮美景色"。[157] 在这次博览会上，锡兰成了美丽海滩、气息芬芳、微风撩人和茶香醉人之地。

约翰·劳丹-尚德（John Loudan-Shand）是锡兰这一形象的主要推手。众所周知，约翰·劳丹-尚德于 1845 年在苏格兰出生，后来远赴锡兰冒险，并成了一名咖啡种植园主。[158] 种植咖啡失败后，他转向种茶和从政。他担任过种植园主协会主席，在立法会中成为种植园主的代表，并且于 1886 年和另一名种植园主 R. C. 哈尔丹（R. C. Haldane）一道返回伦敦，组建了尚德哈尔丹公司，成为茶园和橡胶园的代理和进口商。他有 10 个儿子，其中一个 W. E. 劳丹-尚德追随父亲的脚步，起先也做种植园主，然后返回伦敦，于 1916 年加入这家公司，从事销售业务。约翰·劳丹-尚德具有宣传天赋，他在 1886 年组织了一个有才华的团队，在伦敦宣传推广锡兰。[159] 曾经当过锡兰政府建筑师的 J. G. 史密瑟（J. G. Smither）设计了展览大厦，并交予伦敦西区最时髦也最成功的建筑商之一梅普尔公司（Messrs. Maple and Company）建造。尚德也成了一位帝国理论家，他辩称"生产和消费的力量是我们最强大的帝国纽带"，不过对于这次博览会来说，他的任务是推介锡兰，而非整个帝国。[160]

尚德在宣传时，除了介绍这个岛屿的美丽风光，还强调了它的佛教传统。例如，锡兰展厅使用了黄色的墙壁和屋顶，以象征佛教的神圣色彩。9 英尺高的墙裙上装饰着大象、狮子、公牛、马和鹅的形象，"就和这座岛上古城中废弃的雕塑上刻画的一样"。一个檐壁笼罩在这些画上，上面布满了"一些流行的佛陀本生故事"的绘画。锡兰茶馆是一个独立的建筑，位于锡兰展厅和老伦敦展厅之间，面对着印度展厅，这是一座僧伽罗木结构建筑，里面有一面由茶树和莲花的花和叶组成的饰壁。7 名僧伽罗人被"引入"到英国为客人奉茶，而且穿着"民族服装"，"头发上插着发梳"，据称这样的形象是"该国最显著的特征"。[161] 虽然这些装饰体现出锡兰古老的佛教传统，不过观众会明白，这些成果还是依靠英国的技术得到的。在这个展厅的 4 个小房间里挂着绘画，描绘的是科伦坡港的景色、茶园、工厂和平房、低垂的树叶，以及画着房子和迷人的瀑布的顶普拉（Dimbula）的德文庄园美景。在大厅的尽头，展会组织者挂起一幅画，画面描绘的是泰米尔女孩采摘茶叶的经典形象。这些图片和小册子也强调，锡兰茶叶是用现代殖民工业技术生产出来的。[162] 展览目录还描述了英国消费者应该如何购买帝国产品，声称"消费我们帝国出产的物品，而非外国产品，会让民族情感日益强烈"。[163] 这些言论教导英国消费者说，这个奇异而温和的风光无限的岛屿是属于他们的，并且在某种意义上是为他们的享乐而存在的。[164] 然而，官方出版物给所有来自帝国内部的茶叶都贴上了英国产或帝国产的标签，这样的行为削弱了这些为品牌化做出的努力。[165] 例如，殖民地和印度博览会的报告吹嘘说，大英帝国提供了47 239磅干茶叶和730 980杯沏好的殖民地茶。[166] 19世纪80年代，随着各个地区开始日益分化发展，帝国的统一性开始瓦解，锡兰等地的种植园主希望消费者了解其产品的独特性质，他们尤其不想让买家认为锡兰属于印度。[167] 这种紧张关系在1884年还没有出现，但到1886年，锡兰将其岛屿及茶叶的独特性展现出来，无论前来的游客是否了解殖民地茶产区之间的差异。

尽管博览会很受欢迎，但也并不是人人都喜欢。一名种植园主抱怨说，他在"农业大厦举办的一个博览会"上送了一个星期的茶叶，"每一个'筋疲力尽'的参观者都喝了茶，而且都表示很喜欢，但没有一个人花钱买"。[168] 因此，免费送样品并不总会提高销量，尤其是当茶叶不太好喝的时候。[169] 然而，这些博览会与广告和其他宣传一道，稳步扩展了帝国茶叶在英国市场上的销量和比例。到1887年，英国的种植园主宣称他们终于在茶叶贸易上击败了天朝。

印度茶叶周年庆典

1887年是维多利亚女王登基五十周年，全英国用无数的官方和商业出版物、展览与活动纪念她的金禧庆典。自从维多利亚女王登基以来，这个国家在半个世纪中发生了很多变化，评论家必然会思考这些变化。[170] 很多机构也"发现",它们的历史与女王的统治相重合,或者以某种方式存在着关联。人们纪念着相同的生日,书写着物质的进步和成功的故事。和其他很多方面一样,印度茶产业也被卷入周年庆狂热的浪潮,宣布1887年为其五十周年。E. M. 克拉克(E. M. Clerke)在《亚洲评论季刊》(Asiatic Quarterly Review)上宣布的"阿萨姆茶产业五十周年纪念"把第一批印度茶叶抵达英国的1837年当作开端,而1887年4月则是印度和锡兰茶叶进口量首次超过中国茶叶的时刻。[171] 这两种说法并不完全真实。印度茶最早于1839年在英国销售,而且要把印度和锡兰茶叶1887年的进口量全部加起来才能超过中国茶叶。茶叶五十周年纪念也忽略了一个事实,即爱尔兰消费者几年前就转而购买和饮用印度茶叶。因此,茶叶五十周年庆典是种辉格式的历史(Whiggish history)[1],把一些有关人物、地点和权力的全球故事编辑到一起,同时也忽略和屏蔽了另外一些方面。周年庆典活动忽略了买卖双方、管理者和工人以及不同殖民地之间的紧张关系,并将国家 / 帝国 / 殖民地视为一个有边界、有凝聚力的领域。[172]

当然,印度茶产业不是突然间诞生的。种植园经济从来不完全是"英国的",在19世纪的大部分时间里,这是一项有风险的事业。即使是它备受推崇的机器生产方式也直到该世纪末才普遍投入使用,虽然机器应当比手工制作更能生产出好茶。[173] 1887年,看似统一的帝国茶产业欢欣鼓舞地庆贺,认为英国工业、殖民主义和阳刚气质战胜了中国的迟钝、软弱和阴柔气质。很多行业在五十周年庆典期间也不厌其烦地做宣传,把物质进步称颂为理想和成就。[174] 然而在帝国背景下,这样的话语经常用于赞美白人的帝国主义阳刚气概:英国种植园主总是通过把丛林改造成有用且能够创造利润的伊甸园从而将它"拯救"出来。[175] 这段历史放大了手工生产和工业化生产、中国和印度、亚洲和欧洲、强大和弱小以及过去和现在之间的差异。

---

[1] "辉格式的历史"又称"历史的辉格解释"(Whig Interpretation of History),该词由英国史学家赫伯特·巴特菲尔德(Herbert Butterfield)创造,意指19世纪初期,属于辉格党的一些历史学家从辉格党的利益出发,用历史作为工具来论证辉格党的政见,依照现在来解释过去和历史。

1887 年 5 月，皇家艺术协会正式庆祝茶叶五十周年庆典，邀请产业创始人 J. 巴里·怀特就这种商品的过去和未来发表演讲。当罗珀·莱斯布里奇（Roper Lethbridge）爵士介绍怀特时，他用印度茶叶来描述英国人是个勤劳的民族。"茶产业，"莱斯布里奇指出，"可能是不列颠民族会为之自豪的一个成就。它过去的历史，特别是不久之前的历史，在很大程度上证明了不列颠民族的勇气和勤劳，还有未来的前景。"[176] 莱斯布里奇刚被选为保守党议员，此前他担任孟加拉教育部教授、加尔各答大学职员、印度政治部代理、新闻专员和《加尔各答评论季刊》编辑。[177] 莱斯布里奇的介绍滋生了经济民族主义，并且设法把印度茶叶描述为表现自由贸易与英国种族和产业优越性的产品。

怀特登上讲台后，提供了历史、商业和统计方面的丰富证据，以支持莱斯布里奇的主张。怀特作为种植园主、阿萨姆地区的医务官员和印度茶叶的长期推广者，对帝国的产业革命和英国的消费者革命做出了清晰的阐述。怀特淡化了殖民地本地人的所有权、投资和消费，着重讲述了一个英国的帝国故事。他首先开始讲述的是英国人在阿萨姆发现木地茶树，把这种植物传播到其他地区，并从 19 世纪 60 年代的投机和经济崩溃中恢复过来的过程。他用耕种面积、资本投资以及创造的产值、出口和消费等指标来评述帝国。接着，怀特解释了如何利用更有效的种植、生产、运输、储存和其他现代化创新手段来降低印度的生产成本。他承认了虐待劳工问题，并特别谴责了行业内曾经存在的劳工招募"恶性制度"，但他争辩道，行业改革目前已经创造出了一支"更快乐、更知足"和高效率的劳动力队伍。[178] 现代商业手段、规模经济、劳动改革和优化的交通系统降低了茶叶生产成本，并在口味上掳获了英国人的支持。虽然一些听众对怀特的结论提出了质疑，但其他人很欣赏他对统计学驾轻就熟的了解和对困难问题的解决方式。

在发表出来的演讲稿中，怀特附上了一个表格，他把印度和锡兰的茶叶产量加在一起，与英国和中国茶叶的消费量做比较，并说明英国经济增长与中国衰落之间的联系（见表 5.2）。为了显示大英帝国是这场较量的胜出者，怀特不得不把印度和锡兰的茶叶进口量叠加起来。[179] 虽然该

表 5.2 1865 至 1886 年联合王国消费印度茶叶和中国茶叶百分比

年	印度茶百分比 （含锡兰）	中国茶百分比	全部
1865	3	97	100
1866	4	96	100
1867	6	94	100
1868	7	93	100
1869	10	90	100
1870	11	89	100
1871	13	87	100
1872	15	85	100
1873	16	84	100
1874	17	83	100
1875	19	81	100
1876	23	77	100
1877	22	78	100
1878	28	72	100
1879	22	78	100
1880	28	72	100
1881	30	70	100
1882	31	69	100
1883	34	66	100
1884	37	63	100
1885	39	61	100
1886	41	59	100

来源：J. 巴里·怀特，《印度茶产业：五十年间的崛起、进步和商业视角的展望》（"The Indian Tea Industry: Its Rise, Progress during Fifty Years, and Prospects Considered from a Commercial Point of View"），《皇家艺术学会杂志》（*Journal of the Royal Society of Arts*），1887 年 6 月 10 日，第 740 页

表没有统计到 1887 年，但表格内容告诉读者，1887 年 4 月是"这个产业历史上一个真正值得纪念的月份"，因为印度和锡兰茶叶进口量加在一起"占到总进口量的 51%"。[180] 因此，印度茶叶五十周年庆典恰如其分地标志着英国战胜了天朝。

官方资料给出的数据略有不同，但也传达了同样的信息。关税与国内税务局（Board of Customs and Excise）每年都会对进口记录与人口增长

和再出口做比较，从而得出人均消费率，并予以公布。1873 年，该部门开始区分进口货物的原产国。[181] 根据这些报告，印度茶叶在 1864 年仅占整个市场的 2.84%。到 1870 年，这个比例达到了 9.17%，到 1880 年升至接近 22%，而同年锡兰的出口茶叶仅占 0.3%。到 1885 年，印度茶叶的市场占比为 30.35%，锡兰茶叶为 2%，但到 1888 年，印度和锡兰茶叶合起来的市场占有率攀升到超过 50%。[182] 19 世纪 90 年代，锡兰茶叶开始取得显著的进步，到这个年代末进口量超过了中国茶叶，市场占有率上升到 36% 以上。由于 1 磅干燥的茶叶能够泡出大约 7 加仑茶，到 1891 年，英国民众一年中大约喝掉了 37 加仑的茶，是 1821 年的 4 倍。[183] 有一份发表于 1889 年的报告被广泛引述，委员们在该报告中敏锐地提出推论说，"把种植园主和祖国连接起来的无处不在的强大纽带"改变了英国人的口味。[184] 他们也承认，在购买决策中，民族主义发挥的作用越来越大，并提出建议说，广告要让买家相信，帝国产品物有所值。[185] 这些官员认为，个人关系、民族主义、广告和经济在大不列颠和爱尔兰塑造出帝国的口味偏好。

　　大多数对于中英之间茶叶贸易竞争的叙述都太过简单化了。比如，作家阿瑟·蒙蒂菲奥里（Arthur Montefiore）在 1888 年热情洋溢地说："中国被迫放弃了垄断地位，退居第二位，而英国人用顽强和活力再次证明了他们的优越性。事实上，白人遇到天朝后，凭借绝对的优越地位，一步一步地削弱了天朝的优势。"[186] 这位作者于 1889 年在《钱伯斯杂志》上发表了一篇恰当地题为《茶叶革命》的文章，他在文中辩称，借助机器和欧洲人的监督，英国人生产出了一种更好、更现代的茶叶，完全不同于老式的中国垃圾产品。"这是自然而合理的，"作者接着总结说，"我们应该共同庆贺我们的印度产业取得的胜利。"[187] 社会分析家 C. H. 德尼尔（C. H. Denyer）在 1893 年报告说："在白教堂（Whitechapel）及其他类似地区，对一便士价格的茶叶和糖的需求量巨大。工厂里的女孩整天都用火炉烧茶喝……（而且）她们坚持要用最浓烈的印度茶叶。"[188] 1897 年，退休的种植园主兼茶叶机械销售商大卫·科罗尔（David Crole）在他的教科书中谈到茶产业时说，由于中国人"顽固野蛮"，而"我们（英国）文明且充满活力"，所以"才使西方在这个鲜花盛开之地获得胜利"。[189] 科罗尔从军国主义、民族主义、历史和种族的角度来理解市场竞争。这个故事也以图像的形式呈现出来。在宣传册《一些关于印度茶叶的事实和如何冲泡》(*A Few Facts about Indian Tea and How to Brew It*) 中，印度茶叶协会加上了一幅表现茶叶之战的引人注目的绘画。这幅漫画名为《比较消费》，描绘了印度从一个小不点长成威猛高大的巨人，力压日渐萎缩的中国。[190]

人们在演讲厅、贸易杂志和期刊上发表对印度茶叶五十周年庆典的庆贺，并借此宣称帝国和宗主国是统一的市场，买卖双方可以互相帮助，而且也应当互相帮助。只要中国是印度的主要竞争对手，而且如果人们能够忽略有不同的民族参与中国、印度和锡兰茶产业这个事实，这种思想就有意义。参加庆典的人得出非常简单的结论，他们认为种族差异可以解释市场的变化。例如，中国人之所以热衷对茶叶掺假，并且拒绝将生产方式现代化，与其种族特性有关，而英国人创新的驱动力也来自他们的"种族"。当然，这些解释忽视了中国人创造出了大众市场的事实，无视了英国人也经常掺假之事，而且对很多英国种植园主直到该世纪末才使用机械这一事实闭口不谈。然而，这个故事通过引导消费者钟情于殖民地商品而把消费者文化民族化了。

玛莎威特的奶奶和立顿的黑人部队

然而，种植园主构想出来的产业和帝国的历史永远不会完全主导公众的论断。到19世纪末，一些零售商和进口商发展成了重要品牌，它们对种植园主讲述的故事态度有些矛盾，部分支持、部分反对。19世纪90年代，立顿、唐宁、布洛克邦德、玛莎威特（Mazawattee）、英国茶叶公司、利吉威（Ridgways）、霍尼曼和其他一些企业在媒体广告上斥巨资推广他们的品牌。有时，新品牌似乎在推介和种植园主所宣传的那种产业和帝国思想一样的想法，其品牌中固有的概念却在暗示，并非所有的茶叶都是一样的。

19世纪90年代初，进口商登沙姆父子公司（Densham and Sons）注册了玛莎威特牌的茶叶，他们的广告宣称自己的茶叶是直接从"芬芳的锡兰岛"进口的。[191] "玛莎威特"这个名字是用印地语中表示美味的词和僧伽罗语中表示茶园或种植的词合成的，暗指茶叶从茶园到壶中几乎没有距离。[192] 玛莎威特的广告声称，锡兰与该公司是健康茶叶的来源。[193] 例如，它的广告经常描绘该公司在塔丘（Tower Hill）总部所设的"科学"品尝和调配房间。[194] 另外一些广告则充满了民族主义腔调，很多都提到了当时的国际问题，如委内瑞拉边界问题、北极探险和南非危机。有时候，玛莎威特的广告读起来就像是有关殖民地新闻的评论。例如，1896 年的一则广告让张伯伦在德兰士瓦（Transvaal）对克鲁格（Kruger）说："至少你应该同意我们可以一边喝上一杯美味的玛莎威特茶，一边讨论最好的解决方法。"在另一则类似的广告中，约翰牛（John Bull）用如下建议安抚詹姆森："你要经受严峻的考验了，吉姆博士，所以喝了这杯玛莎威特茶定一定神吧。"[195] 还有一则广告表现的是南非黑人从开普殖民地（Cape Colony）向"参加马塔贝莱兰战争（Matabele War）的军队"运送玛莎威特茶叶。[196] 19 世纪末，帝国的建设者正在南非扩展帝国的影响力，这些广告全都指出，锡兰的现代茶叶既使这群人心神安定，又让他们充满活力。

然而，与玛莎威特相关的最著名的符号是戴着帽子微笑的维多利亚老奶奶，她和孙女一起啜饮着"让人回想起 30 年前的好茶"的茶水。[197] 玛莎威特的老奶奶形象唤起怀旧、舒适、家庭、乡村和对"大英帝国性"的女性礼赞（图 5.4）。到这个时候，喝茶的老年女士已经成为流行文化、广告、文学和艺术中的一个常用形象。[198] 老太太端着茶，坐在小屋壁炉旁，时间仿佛凝固了，政治、市场和其他现代的烦恼统统被忘却。儿童饮茶者也能给人以这样的印象。无论是艺术还是通俗文化，都开始在儿童室、花园、客厅、温室和早餐桌上重现这些温情的场景。[199] 这样的形象把喝茶转化为一种女性化的消遣，根植于近代以前那段逝去的时光。[200] 如果我们把这些广告放在一起看，这个时代的玛莎威特广告表明，茶叶是一种现代的帝国产品，使英国人的家庭生活得以维持。玛莎威特老奶奶对那些不想思考历史变迁的消费者可能具有号召力，但这个新品牌也致力于推销流行的帝国主义。

图 5.4　玛莎威特茶叶广告，约 1892 年

　　英国茶叶公司是玛莎威特公司的主要竞争者之一。这家公司的广告通常以中国官员和其他形象为特色，但有一则从 19 世纪 90 年代初开始广泛使用的广告，捕捉到了维多利亚时代后期茶叶贸易的全球性质而非帝国性质。在这个广告中，英国市场被表现为一个巨大的、沉睡中的中产阶级女人，她不知道自己的茶壶里装的东西具有全球性质（图 5.5）。中国、爱尔兰、苏格兰和英国的精灵们把一包茶叶拉到茶几上，放进睡梦中的女巨人的茶壶里，同时还嘲笑和捉弄这个不知情的消费者。这个广告引用了维多利亚时代的精灵画、斯威夫特的《格列佛游记》和流行的睡美人题材，不经意间引出对英国民众消费的外国货的恐惧和幻想。然而它与这个时代其他广告勾画出的饮茶者形象相似，把中产阶级女性消费者放在全球贸易的中心，但她睡着了，对周围的世界毫不知情。正如我已经表明的，这并没有准确体现女性与茶叶或全球资本主义的关系。中产阶级女性也不是茶叶最重要的市场：当托马斯·立顿于 1889 年跻身茶产业时，他非常明白这一点。

　　1890 年，托马斯·立顿在格拉斯哥的大街上检阅他所谓的"黑人部队"。他制造了一个宣传噱头以示自己要进军茶叶贸易，把他的大型仓库

图 5.5　英国茶叶公司广告，1892—1893 年

改建成了舞台化妆间，里面摆着"200 套锡兰服装"。他聘请化妆师给人化上他所谓的奇妙妆容，把数百名工人阶级格拉斯哥人打扮成僧伽罗"土著"。穿上衣服化好妆后，每个人身上都挂着一块夹板广告牌，宣称"立顿茶是世界上最好的茶"，它是"直接从茶园送进茶壶的"。关于这次戏剧化的角色扮演广告活动的效果，有一个可信度不高的故事，说立顿回忆起一位愤怒的妻子向挂着夹板广告牌的丈夫喊道："你应该为你自己感到羞愧，你这个黑鬼，去格拉斯哥干一份苏格兰人该干的工作！"这时，附近的一名警察提醒她："这些家伙今天早上才从印度来到这里，你说的话他一个字也听不懂。"[201] 然而，那天晚上这位妻子得知她和警察都被骗了，实际上她严厉斥责的正是自己的丈夫。立顿设法让媒体把这个故事刊登出来，因为他觉得这个故事巩固了他作为宣传和狂欢节大师的名声。立顿和其他广告商已经在这座城市的街道上做过大型火腿、奶酪和其他商品的广告游行，但这次表演及有关一个家庭主妇的种族主义和一名警察的愚蠢的故事的意义在于，它们强调了位于维多利亚时代晚期的商品文化核心的种族、阶级和性别的驱动力。立顿的黑人部队把帝国带回本土，将苏格兰工人阶级定位为白人和帝国主义消费者。

像托马斯·立顿这样的种植园主和零售商用表演和游行、展览、印刷广告、茶叶店和商品历史来书写英国工业革命的帝国篇章。这种关于茶叶的过去的描述是对中国的刻意贬低，借此引导英国人偏好他们帝国的口味。到19世纪90年代，特别是世纪之交后，中国茶叶已经被逐出了英国市场，种植园主应该对此感到十分满意。然而，随着大品牌的力量得到增长、利润增加、茶叶价格下滑，宗主国政府却对支持茶叶种植园主似乎毫无兴趣。我们在接下来的章节中将会探讨，这种情况驱使种植园主探索和征服殖民地与海外市场，刺激他们组建政治组织，以保护他们得之不易的市场。

很多年前，约瑟夫·熊彼特（Joseph Schumpeter）指出，本杰明·迪斯累利（Benjamin Disraeli）于1872年在水晶宫发表的演讲和1874年的大选使"帝国主义成了国内政策中的一句口头禅"，并开始在商业广告活动中出现。[202] 然而正如我们在这里看到的，这不是一个简单的发展过程，也不是一蹴而就的。如果我们仔细看看消费者和贸易广告中体现帝国主义的具体例子，就可以发现大英帝国的根基出现了裂痕。在19世纪70、80年代，商人、种植园主和广告专业人士争论是否应引导消费者更倾向于大英帝国的茶叶，以及如何做到这一点。但到19世纪80年代末，大众帝国主义（popular imperialism）已经获胜；大多数本土英国人认为，殖民主义、种植园农业和工业生产形式保证了全球化世界中的产品安全。因此，纯度成为一个工业概念和帝国概念。帝国的新茶如今有了种族、民族、道德和性别特征，购买和饮用它成为一种帝国姿态和政治态度。

爱德华时代的本土英国人几乎只喝印度茶叶，但他们也觉得必须要用种族和现代性的话语来解释和庆贺这一发展。1912年，一系列商业史流行著作的作者伊迪丝·布朗（Edith Browne）形容锡兰茶厂是"工业世界最美丽的景点之一"，与中国"农夫"使用的"老旧"方法完全不同。中国人在牲口棚、仓库和茅房里制茶，"干活时衣不掩体、汗水四溢，就像在洗土耳其浴"。[203] 因此，在 20 世纪初期，通俗历史著作仍然强化英国的现代性，而中国则被贬低为一个充斥着裸露、肮脏、满身是汗的劳工的国度，其产品玷污了西方人的身体。中国人对这些批评言论一清二楚。例如，福建省谘议局的一名成员抱怨"西方人运用民族主义的原则……他们用机械化来迷惑耳目……他们的报纸诽谤中国茶叶不卫生，激起了外国市场的反感。如果他们能用民族主义压制我们的市场，我们怎么不能用民族主义来恢复自己的名誉呢？"[204] 这是一个很好的问题，也是一个不会消失的问题。

从 19 世纪 70 年代到第一次世界大战之间，英国市场受到民族主义、帝国主义和有关性别、阶级与种族差异的强大观念的影响。英国种植园主在推销他们的茶叶时声称，帝国主义使全球食品变得可以接受、易于认知、安全和廉价。他们还引导买家、消费者及政府偏好技术和同质化，而非手工劳动带来的多样性。这个故事宣传了一个"帝国和工业"版本的茶叶、大不列颠和消费社会。到 19 世纪末，广告、政治和个人关系结合在一起，共同改变了英国人的饮茶口味，伦敦已成为茶叶贸易的全球中心。于是，茶叶利用生产、贸易、资本投资和口味，将帝国的经济和文化编织到一起。[205] 然而，无论是种植园主还是分销商，都没有满足于这个成就，因为权势和金钱的汇集确实能够使茶叶开始新的扩张，这种扩张会巩固大英帝国在一个更大的全球世界中所占据的位置。

6

种植园主在国外

在 19 世纪末开拓国外市场

1882 年，阿萨姆公司的董事向其股东透露，他们在去年与其他印度茶叶种植园主共同组建了一个财团，"在英国以外开拓直接市场"，尤其以殖民地和北美洲为重点。[1] 种植园主不满足于只在不列颠群岛兜售他们的商品，于是展开了一场史无前例的全球市场营销活动。[2] 在 19 世纪 70 年代中期到 90 年代的经济低迷时期，对面临库存日益增加和价格下跌困境的茶叶贸易行业来说，这种举措具有典型性。然而，正如种族和帝国的意识形态塑造了商业惯例、消费者口味和英国的公共政策，同样的因素也影响着市场扩张的布局。这些年来，种植园主们关注的关键问题是什么地方最容易创造或培育市场：人口不多却非常狂热的白人定居者殖民地、消费者富有而且似乎"有英国味"的美国，抑或是将受益于茶的健康益处与"开化"特性的众多极度贫穷的印度民众。与此同时，种植园主不想忽视英国国内的工人阶级和中产阶级市场。我们将会看到，殖民地间的竞争和跨国关系、移民以及误解影响了很多决定，并塑造出在 19 世纪末成形的全球茶叶帝国的边界。

正如我在前一章中开始指出的，到 19 世纪 70 年代末，种植园和宗主国、殖民地及对外销售领域出现了大量的重叠。种植园主设计出消费者和商业广告，并为之付费，他们与经销商和顾客进行了无数次的面对面接触。在开拓新市场和改变民众口味时，商业广告和促销尤为重要，因为生产者必须鼓励分销商进他们的货，而不是销售其他茶叶商品或品种；归根结底，他们必须证明他们的产品将会大卖。无论是与顾客、小商贩还是大买家打交道，帝国的茶叶种植园主都相信，人们需要见到、品尝和嗅闻产品，才能了解商品的味道。这鼓励了茶馆等新机构的发展，促进茶商持续不断地参加博览会，也催生出一支不折不扣的有偿和无偿茶叶专家大军，他们为观众讲解、展示如何冲泡和饮用茶叶，并提供大量的免费样品。几个相当强大的新种植园主协会率先发起这样的活动，使个体种植园主在面对劳工、采购员、顾客、宣传家和政治家时拥有很大的影响力。这些行业机构试图界定茶叶帝国的轮廓和特点，并在此过程中成为种植园主的公共和全球代言人。

几乎所有的茶叶种植园主都有苏格兰血统，他们也是历史学家所描述的不列颠世界的一部分。总的来说，所有的英国人在 19 世纪都具有极大的流动性。在本章中，我们可以看到那些通常以种植业开启职业生涯的人们如何在殖民地之间流动并从殖民地前往宗主国和美国。在消费市场，这些人在转变成分销商及热带产品和经济的专家时，充分发挥了他们的跨国知识和跨国关系的作用。[3] 我们可以看到，他们在科伦坡、加尔各答、伦敦、格拉斯哥、费城、查尔斯顿、蒙特利尔、悉尼和芝加哥等地种植与销售茶叶。英属印度和亚洲与非洲的其他帝国殖民地也是这个茶叶世界的一个组成部分，而且我们发现跨国的"印度种植园主"也在印度、大西洋和太平洋的舞台中影响着商业和消费文化。[4] 通过听取种植园主的谈话并跟随他们前去所有这些地方，我们抓住了一个绝无仅有的机会，可以了解这些四处流动的个体所持的种族、阶级和性别态度如何揭示出他们对世纪末的消费者和市场的理解。这些流动的"印度种植园主"试图为他们所认为的一种英国商品建立一个全球市场，不过他们往往并没有创造跨国的英国消费文化，而是创造出具有不同国家性和其他地方性的消费文化。

茶叶的全球营销揭示出欧洲和日益强大的美利坚帝国之间的紧张关系与合作。19 世纪末到 20 世纪初是欧洲殖民扩张发展的最高峰，也是一种新的、更加强势的美国全球霸权的开端。联合果品公司、福特汽车公司和智威汤逊广告公司（J. Walter Thompson）等美国的跨国公司开始改变欧洲、中美洲和世界其他很多地区的土地、人民和政治。[5] 与此同时，少数欧洲国家"争先恐后"地在非洲开疆辟土，并且加强对他们已经占有的殖民地的剥削。这些征服的冲动是受经济和政治方面的焦虑及竞争驱动的，也是对殖民地和宗主国的变化做出的反应。虽然最近关于全球和帝国历史的研究已经记录了跨越千山万水的各国人民、货物和资本之间的联系，但在本章中，我还研究了仇恨、嫉妒、陈规和偏见在塑造这个世界时所具有的意义。[6] 混乱也在这一世界的塑造中起到了重要作用。虽然英国的殖民企业相信，他们和美国及白人定居者殖民地在传统和种族方面的相似性会使得他们在这些地方销售商品更加容易，但无论他们去哪里都会遇到莫名的障碍，因此不得不努力了解不同的地区、文化和经济的特性。为了扫清这一障碍，企业依赖于简单的比较和对比，更加确信种族、性别和民族会决定人们的口味和购买习惯。制订创造市场的计划，一定要考虑到大英帝国是否重要以及大英帝国对于谁重要这些棘手的问题。最后，本章记录了广告、宣传和帝国主义等社会世界之间的联系；市场营销和殖民主义的说辞几乎完全相同，这绝非偶然。

"更大的不列颠"的茶叶战争

印度和锡兰在 19 世纪 80 年代征服了英国的茶叶市场，受到广泛赞誉，但这并没有打消很多种植园主日益增长的忧虑，像一位专家说的那样，"英国人沉溺于喝茶，联合王国范围内的物质消费是无法继续增长了"。[7] 英国消费者对茶叶的渴求达到极限这种想法无论是否准确，都驱使着种植园主走向海外，并引发了印度与锡兰之间的斗争。据一位权威人士所说，一场新的"茶叶战争"已经开始了。这位贸易记者在发表于1894 年的作品中宣布，对市场的争夺已经从东西方的斗争转变为"英国生产者自己"之间的斗争。作者把斗争和物资短缺置于社会达尔文主义的框架中，警告说它"不再局限于英国市场，而是扩展到世界市场，这场斗争势必爆发"。他想知道锡兰和印度在试图"在大英帝国以外的广大地区"销售"英国"茶叶时，是会合作还是争斗。[8] 这两个殖民地茶产业最终将会合作，但在 19 世纪 90 年代到 20 世纪头二十年，二者之间的敌对才是常态。

锡兰在这种竞争的环境中表现出色。虽然它的茶叶与印度茶叶没什么不同，但如我们在上一章中所见，这个殖民地在19世纪80年代末开始将自己出产的茶叶乃至整个岛屿品牌化，以求与印度区别开来。[9]例如，在这种动力的驱使下，1886年在伦敦举办的殖民地和印度博览会上推销帝国茶叶的方式变得更为复杂。从此，锡兰茶叶开始被定位为比印度茶叶更加高级的产品，而这场活动只是这一漫长过程的开端。在19世纪下半叶，锡兰种植园主成了世界上最内行的宣传家，这是当时人们公认的事实。一名种植园主认为，是"苏格兰的冷酷"和"英国的勇气"罕见地结合在一起，从而使这个殖民地的种植园主下定决心"不被任何人或任何东西击败"。[10]当然，印度种植园主和他们是一个模子刻出来的，一些思想开明的商人坚称，"两个殖民地的友好竞争"将"激励印度茶叶种植园主努力，而非使其一蹶不振"。[11]然而到19世纪80年代末，印度对锡兰取得的瞩目成就充满了恐惧，并嘲笑他们热衷于使用激进而不体面的方式推销商品。1888年，一个自称"老顽固"（OLD FOGEY）的人记述他如何烦恼地发现，"在每一个公共场所，总能看到锡兰茶叶的广告和形象，而印度茶叶利益集团基本上连影子也看不到"。[12]印度于1879年真正地开启了斗争，当时印度种植园主组织了一个专门向殖民地和美国出口茶叶的财团。这个组织与阿萨姆公司向其股东提及的是同一机构，而且也极有可能与印度茶区协会的成立和《本土和殖民地邮报》在同年出版有关。[13]当时锡兰几乎还没有开始生产茶叶，但是不久之后，那里的种植园主也开始开垦田地种植茶叶，《锡兰观察家报》（*Ceylon Observer*）编辑兼前种植园主 A. M. 弗格森（A. M. Ferguson）称之为耕耘"新的土地，以之作为我们产品的出路"。[14]对寻求全球市场的渴望，以及这两个"茶叶"殖民地之间的激烈竞争，催生了各种各样的出口计划和宣传运动，并且一直持续到20世纪末。全球市场营销活动的出现是源于茶叶库存增加和价格下跌，以及大英帝国内部的殖民地之间的竞争。

每个殖民地都在讨论到哪里以怎样的方式开辟新领域，但种种因素共同引领他们向着澳大利亚、加拿大、美国和印度等地奋力拓展市场。这些地方尽管与大不列颠有着截然不同的政治关系，却是被称为"更大的不列颠"（Greater Britain）疆域的一部分。"更大的不列颠"在这些年里是一个极具可塑性的强大思潮，流传甚广，它可以通过多种方式暗指真正意义上的大英帝国范围内的所有不同地方、定居殖民地和"讲英语的"或由盎格鲁-撒克逊人组成的国家，其中包括美国。[15] 查尔斯·迪尔克（Charles Dilke）在 1869 年出版《更大的不列颠》（*Greater Britain*），J. R. 西利（J. R. Seeley）于 1883 年出版《英格兰的扩张》（*The Expansion of England*），这两部出版物为这个思想赋予了连贯性。茶叶种植园主对"更大的不列颠"这一概念坚信不疑，并积极地努力对其加以强化。总的来说，很多英国商人都把美国想象成一个又大又饥饿的英国孩子，迫不及待想要消费来自英国工厂和种植园的剩余商品。那些殖民地居民也这样想，甚至一些美国人同样持这种观点。例如，当美国人约翰·布莱克（John Blake）于 1903 年发表长篇作品《给零售商的茶叶提示》（*Tea Hints for Retailers*）时，他建议美国人应该购买和出售英国产的茶叶，因为"我们不得不佩服盎格鲁-印度的茶叶种植园主、调配者、出口商和经纪人的商业活力和敏锐性。我们与他们同种同族，我们做生意的方法和他们的差不多"。[16]

"更大的不列颠"有一个鲜明的特点，那就是在繁荣时期经常在淘金热的推动下吸引到投资和移民，尤其是那些决心在新边疆发家致富的年轻定居者。[17] 这样的繁荣易于刺激城市化进程的高速发展，芝加哥和墨尔本这类新城市膨胀成为庞大的大都会中心，广阔的内陆地区可以从中受益。例如，詹姆斯·贝利奇（James Belich）指出，墨尔本在 1891 年已拥有差不多 50 万居民，并"控制着维多利亚地区，那是一个人口众多的殖民地，1890 年时的富有程度堪比美国的加利福尼亚"。[18] 这些地区在繁荣时期也吸引来形形色色的零售商和分销商，因此，"更大的不列颠"形成了拥有购物区和商业街、食品市场、杂货店、大众媒体和广告文化的城市中心。[19] 乡村地区也从中受益颇多，而且那里的民众似乎特别喜欢喝茶。[20] 各个国家的确切数据或有不同，但所有的政府机构都承认，在 19 世纪末，澳大利亚人、新西兰人和塔斯马尼亚人的人均饮茶量最大，而大不列颠、美国、俄国则是最大的国家级茶叶市场。[21] 锡兰和印度虽然也在俄国和欧洲其他地区进行贸易探险，但他们还是把大部分资源用在了英语世界，争夺那里的关注。澳大利亚名列榜首，如一位官员在 1910 年所说，它是"世界上最大的饮茶国之一"。[22]

作家理查德·图彭尼（Richard Twopeny）在 1883 年评论澳大利亚的饮茶习惯时称，"茶完全可以说是国民饮料"。[23] "澳大利亚最近成了一个消费大户。"由印度种植园主转为作家的乔治·巴克（George Barker）在 1884 年也这样说。[24] 在整个 19 世纪，澳大利亚的人均茶叶消费量比不列颠世界的任何地方都多。[25] 澳大利亚人对这种热饮如此热情的原因十分复杂，而且并没有得到透彻的理解，不过看起来似乎是殖民地文化、经济和贸易关系共同创造出了这个市场。第一批殖民者于 18 世纪 80 年代来到这里时，他们已经热衷于喝茶，于是开始用当地的植物做实验，到 18 世纪 90 年代，军方官员开始从中国进口茶叶。[26] 澳大利亚与中国建立起了稳定的贸易合作关系，到 19 世纪 20 年代，澳大利亚的茶叶库存已经很充足，尤其在悉尼这类城市。[27] 不过，澳大利亚乡村地区的人特别喜欢喝茶。工人和犯人的口粮配给就包含茶叶，禁酒茶会和茶话会也很受欢迎。[28] 19 世纪 40 年代，澳大利亚人平均每年饮用近 10 磅茶叶，昆士兰人和西澳大利亚人是最热情的茶叶消费者。[29] 茶叶有解渴的特性，因此在闷热的澳大利亚无疑极具吸引力，但气候只是这种情形的部分原因。

一些学者提出，这个特殊市场的关键之处在于殖民者喜欢用大杯泡茶，"浓得足以鞣制一张马皮"。[30] 然而，消费者显然必须能负担得起这种喝茶的方式。19 世纪末，澳大利亚的城市化速度非常快，殖民者的生活水平相对较高，它是世界上增长最快的经济体之一。[31] 因此，维多利亚时代的澳大利亚人能消费得起更多各种各样的商品，但受殖民地态度和很多存在于英国世界周围的个人、商业、军事和其他联系的影响，澳大利亚也形成了自己的饮茶习俗。[32] 澳大利亚等社会的定居者常常推崇被标榜为"欧洲的"食品和饮料，他们相信消费这些商品能显示出自己与被殖民者的区别。[33] 当然，被殖民者也可以消费同样的物品，但制造种族差异的欲望培养出了特定的消费模式。在澳大利亚，喝茶维系着定居者的社会和种族身份，即便大家心知肚明原住民也喝茶。[34] 进口商和零售商急切地对这些思想加以利用。[35]

澳大利亚人十分热爱他们的祖国及其帝国，同时日益担忧中国人以当初占领英国市场的相同方式来攻占这个茶叶市场，印度和锡兰的种植园主利用了这些心理。19世纪80年代，加尔各答茶叶联合会（Calcutta Tea Syndicate）聘请詹姆斯·英格利斯（James Inglis）组织了一场全大陆范围的广告活动，并在悉尼和墨尔本举办的两场重要国际博览会上举行大型展览。选择漂泊不定的英格利斯算是找对了人。他在1845年生于苏格兰，19岁移民新西兰，1866年到印度当起槐蓝属植物种植园主。因为健康问题，他被迫离开次大陆，但仍然保持着与那个殖民地之间的联系。此外，他成了一名记者，把澳大利亚描写成英、印资本的投资地点。他是一名在印度和苏格兰问题上的著名演说家，也像查尔斯·迪尔克爵士所说，是"一个彻底的自由贸易者"。[36] 他对四处推销茶叶的热忱努力反映出了这一立场，但如果没有印度殖民地政府和加尔各答茶叶联合会的资源和官方支持，他不可能取得成功。各方报道都表明，英格利斯在1879年的悉尼国际博览会和1880年的墨尔本博览会上开展了壮观的展示活动。[37] 这些博览会也是更大规模的宣传活动的重心，其内容包括展示、演讲、小册子和报纸广告。印度茶叶种植园主认为这些广告物有所值，因为出口到澳大利亚和新西兰的茶叶从1881年下半年的684 327磅增加到1882年的2 246 847磅。[38] 1887年，澳大利亚人的茶壶里泡的东西主要变成了"印度草药"，这一过程与英国保持了同步。[39] 19世纪90年代初期，澳大利亚人喝掉了印度和锡兰销往大不列颠以外的2000万磅茶叶中的几乎一半。[40] 澳大利亚在1892年成为锡兰的第二大市场，仅次于英国。[41] 澳大利亚在20世纪偏爱锡兰茶叶的口味，品牌广告对此大加利用。例如，布歇尔士（Bushells）从20世纪初期开始，就经常在广告中使用漂亮的锡兰采茶者的形象，并发展成了一位历史学家所谓的著名品牌。[42]

这是怎么发生的呢？一位作家指出，印度种植园主引诱澳大利亚这个"表亲"与"野蛮人断绝关系"并不是一件容易的事情。要达到这个目的，需要使用微妙的求爱和调情手段。追求澳大利亚需要耐心，因为她"难以从中国的怀抱中被抢走；对于更换情郎，她既腼腆又胆怯"。[43] 英属印度需要取悦、满足和追求澳大利亚，因为茶叶种植园主认为只靠王室成员无法说服中国茶叶饮用者改变口味。[44] 澳大利亚杂货商不愿意采购这种新茶叶，因为它们不受消费者欢迎。[45] 在强烈的反华情绪助力下，印度的澳大利亚运动促使帝国产的茶叶品种获得了更多利润。[46] 博览会和广告让澳大利亚人认识到，中国茶叶存在掺假问题，不利于健康，而印度茶叶是纯正的、现代的，并且是由机器生产的。[47] 帝国出产的现代化茶叶是爱国的、健康的、划算的选择。

另外，如我们在其他地方所见，茶叶种植园主经常成为展览专家、零售商和广告商。例如，詹姆斯·英格利斯创立了自己的公司，销售一种名为"比利茶"（Billy Tea）的新品牌，短短几年内，这个品牌成为澳大利亚和新西兰最成功的产品之一。[48] 到 1890 年，比利茶在澳大利亚、新西兰和塔斯马尼亚的年销售量达到 600 万磅。[49] 比利茶——或者说是野营时用罐头盒泡的茶——是丛林生活中非常值得回忆的部分，而且移民的人在回忆录里描述这些开拓者一天到晚都在喝比利茶。[50] 因此，比利牌茶叶为生活在边疆地区的白人的男子气概赋予了商业化意义，其广告和包装上描绘着抽着烟、与袋鼠聊着天同时还喝着茶的丛林男子。于是在澳大利亚殖民者开始产生民族意识这一时期前后，英格利斯制造出了澳大利亚民族认同的一些关键标志。可以肯定的是，针对中国劳工的移民限制和 1901 年组建联邦的各种曲折，标志着种族在澳大利亚身份认同的形成中发挥的作用，但广告也在其中做出了贡献。[51] 比利牌茶叶成为创造民族口味偏好和国际商业文化的全球进程、地方进程以及帝国进程的范例。事后来看，我们还可以发现，在男性工作文化能够欣然接受茶叶的地方，大众市场往往迅速发展，澳大利亚也不例外。

澳大利亚的反华情绪很强烈，但中国的创业技巧也拓展了澳大利亚的市场。其中一个最成功也最具创意的茶商叫梅光达（Mei Quong Tart），他于 19 世纪 50 年代出生在广州。梅光达使用的销售技巧和托马斯·立顿、凯特·克兰斯顿或詹姆斯·英格利斯很相似。他在悉尼拱廊商场向顾客免费赠送样品，并开设连锁茶馆，其中一家茶馆位于国王街，建造和装修花了 6000 英镑。[52] 同时，中国茶叶进口商也谴责印度和锡兰在报刊和广告中

"歪曲"他们的产品，但他们无力阻挡帝国产茶叶销售量的稳步增长。[53]

然而令人吃惊的是，大洋洲消费者开始喜爱饮用帝国茶叶的同时，他们的人均茶叶消费量却开始下降。1895—1899 年间，西澳大利亚人年均消耗的茶叶量仍有 14.6 磅，但在 19 世纪 90 年代前半期，这个数字在达到 15.7 磅之后开始下降。不久，澳大利亚其他殖民地的人均茶叶消耗量下降到 6 至 7 磅，只比当时的英国平均茶叶饮用量稍高。[54] 澳大利亚经济确实经历了衰退，但茶叶价格非常低。人均茶叶消费量的下降可能与口味的关系更加密切。正如我们已经看到的，新的帝国产茶叶比大多数中国品种色泽更深、味道更浓郁，因此澳大利亚人泡茶时用的茶叶可能比以前少。然而在这段时间，茶叶利益集团并没有仔细考虑这些问题，还以为大多数市场问题都可以用广告和宣传来解决。因此在澳大利亚和新西兰，印度和锡兰茶叶的广告在增长，人均消费量却出现下降。

英国茶叶种植园主也把目光投向了加拿大，这也是一个对茶叶向往已久的定居殖民地。[55] 19 世纪后半叶，英国人大举移民到这片辽阔而多样化的土地，把茶叶带到牧场和客厅里。[56] 零售商、禁酒社团和 20 世纪出现的具有帝国主义倾向的妇女团体——如大英帝国女儿帝国会（Imperial Order of the Daughters of the British Empire）和英国妇女海外定居协会（Society of the Overseas Settlement of British Women）——将茶叶作为一种帝国产品来推广。[57] 但是，帝国口味也必须在这里培养起来，特别是因为加拿大和美国一样，非常喜欢东亚的绿茶。很多与印度和锡兰种植园团体联系密切的人们为了改变这种情况而移居加拿大。查尔斯·弗雷德里克·艾默里（Charles Frederick Amery）就是这样的一个人，他此前在印度林业局工作，是著名的保守派和亲帝国的英国政治家利奥波德·艾默里的父亲。他在蒙特利尔设立了一家销售印度茶叶的机构，相信加拿大拥有"一个足够大的市场，足以消化整个印度的产量"。[58] 艾默里还让种植园主开始研发一种优质绿茶，并借此颇具讽刺意味地促使了加拿大民族口味和习惯的形成。和澳大利亚一样，品牌广告和茶馆同时促进了大英帝国性、帝国主义和加拿大身份认同的发展。[59]

茶叶种植园主也对美国十分着迷，并怅然怀念着美国独立革命之前的日子，那时候殖民者非常喜欢茶叶这种饮品。我们会注意到，19 世纪的美国商人拥到中国，而禁酒活动家则热情地在美国各地大量举办茶会。然而，美国的人均茶叶消费却停滞不前，英国茶产业认为，受独立革命和欧洲大陆近期的移民影响，美国消费者疏远了茶叶。该产业还幻想着大批居住在美国的英国人可以让这个国家回归茶叶帝国。在该世纪的后三分之一时间里，美国人口从 4000 万增长到 7600 万，增长速度远高于同期人口从 3100 万上升到 4100 万的英国。[60] 很多"美国人"出生在爱尔兰、苏格兰、英格兰或英国殖民地，直到该世纪末，大约 2/3 的英国移民还是更喜欢把美国当作殖民目的地。[61] 从 19 世纪 60 年代到 1900 年，移民的浪潮一个接一个地到来，仅在 19 世纪 60 年代，就有大约 60 万英国移民来到美国。另一个移民高峰出现在 1887 年和 1888 年，当时大约有 13 万各行各业的英国人到美国定居，而美国西部对他们尤其具有吸引力。[62]

这些移民为英国商品建立了跨国商业关系和市场。[63] 从 19 世纪 60 年代到 1900 年，大约有 1500 家专门与跨密西西比西部做生意的英国公司成立了，而且他们的雇员经常往来于美国和人英帝国之间。[64] 一些人和托马斯·立顿一样，成长于这个新世界，学会了销售技能并建立起个人关系，这些都有助于他们日后创建跨国商业帝国。另一些人则在英国、各殖民地和美国之间奔走，充当进口商、广告商、宣传员和会展专家。美国拥有大量的财富，作为其他英国制成品的销售市场能够发挥持久作用，同时美国人普遍欣赏新产品和新口味，并且被认为拥有英国传统，这一切都使茶叶种植园主感到兴奋。美国人并不完全是英国人，政府也在设置关税和其他贸易壁垒，但是很多种植园主坚信英国与美国拥有共同的盎格鲁-美利坚文化，确信英国产品能够而且应该在这个"大国"占据优势，包括它的味蕾。[65] 就在同一时期，美国的理论家越来越相信，美国的市场的规模不足以消化掉它的剩余产品，英国茶叶种植园主被这片有潜在的盎格鲁-撒克逊口味、大城市、现代工业、富裕的工人和成熟的广告业的地域广袤而人口众多的土地迷惑了。

茶叶种植园主争先恐后地想要超越对手率先征服美国消费者，他们所持的很多意识形态和态度与那些导致 19 世纪 80 年代到 90 年代对非洲殖民地的争夺的思想很相似。19 世纪 80 年代，阿萨姆公司、印度茶区协会（很快就要成为印度茶叶协会）和个体商人开始收集有关这片广袤大陆的"盎格鲁-撒克逊"消费者的信息。[66] 就像在英国一样，专门销售印度和锡兰茶叶的特别代理机构在这一时期层出不穷。[67] 1881 年，阿萨姆公司报告说，它在"殖民地和美国的出口业务取得了显著成功"。尽管如此，该公司的董事仍持谨慎态度，并解释说"有必要防范新市场出现货物积压"。[68] 总体而言，印度最大的生产者对"投机活动，如开放新市场"表示担忧。[69] 这样的态度延误了一次全方位攻势，使锡兰有机可乘。一位有洞察力的评论家后来评述说，锡兰更具冒险精神，因为在这个规模较小、分散程度较低的行业，沟通更为容易，而且锡兰政府对于促进该岛的商业活动更加积极。[70] 实际上，印度在英国、澳大利亚和印度本土取得了极大的成功，以至于有些人认为美国市场无关紧要。对于应该向北美投入多少资金的问题，印度种植园主存在着分歧。19 世纪 80 年代初，他们对此做过心不在焉的尝试，一些种植园主在此后 10 年里认为，尽管"美国和加拿大市场必须去争取，但目前还没有人为印度茶叶做过什么，除了少数具有进取精神的人努力在行业成员中唤起'前进'的精神"。[71] 种植园主们为印度做的并不只是这些，但该作者这样写是在拿锡兰在这块土地上取得的进步与印度做比较。[72]

　　锡兰也在澳大利亚发动攻势，但锡兰种植园主发现，美国那些富裕而猎奇的消费者尤其具有吸引力。[73] 然而，美国既存在着独特的可能性，也有独特的问题。1883 年秋季，锡兰种植园主协会在康提举行会议，讨论如何将茶叶引入"外国"市场。他们的话题很快转向美国。其中一名种植园主 H. R. 斯廷森（H. R. Stimson）热情地讨论了美国和加拿大，并对一些正计划要在纽约、辛辛那提和波士顿举办的展览感到兴奋。斯廷森指出，美国人特别擅长举办这些活动，因为他们乐于观看、购买和品尝新事物。随后，他在人群中传阅即将送到波士顿博览会展出的版画，要人们注意图画中吸引人的大规模建筑。斯廷森敦促锡兰去波士顿参展，他解释说："我们去那里举办展览给那些感兴趣的人看，能够借此开阔他们的眼界，使他们了解可以在锡兰做些什么。"[74] 殖民地的主要茶叶宣传家和会展专家约翰·劳丹-尚德更喜欢在美国工作，因为他发现，"澳大利亚的人全部加起来，也比不上一个冉冉上升的美国州"。[75] 在另一篇文章中，劳丹-尚德使用了帝国主义论调，他写道："美国和加拿大是两个伟大的国家，我们必须用茶叶征服它们。"他接着指出，这两个国家"主要由盎格鲁-撒克逊人和凯尔特人组成——与联合王国饮茶者的构成基本上一样"。然而他警告说，德国人和其他喝咖啡的民族已经在逐步围剿英美口味。[76] 劳丹-尚德、斯廷森和其他人对美国庞大的人口和似乎天生的消费新事物的欲望心动不已。他们被对美国的商业和消费文化的强烈幻想而驱动，希望从 19 世纪末的经济大增长中获利。他们还把加拿大和美国所在的北美地区想象成与盎格鲁地区类似的地方，认为它们都受到外国（非英国）移民的威胁。

事实上，出口商面临的问题比习惯于喝咖啡的移民更严重。当锡兰首次将茶叶运往纽约时，一个"帮派"把整批货物全都买了下来，并将其转运到伦敦。劳丹-尚德和他的亲密伙伴 H. K. 拉瑟福德（H. K. Rutherford）回应这一挑衅行为说，只有采取"统一行动"和"明确计划"，才能击败纽约黑帮，"把我们的茶叶引入美国"。[77] 另外一位种植园主建议绕过纽约和常规分销线路，直接争取消费者的支持，特别是"新英格兰城镇……以及中西部各州的户主和家庭主妇"。[78] 然而又有一个人认为，通往零售商和"户主"的最可靠途径是直接与他们对话。"我们知道，要想让美国人了解，没有什么手段比演讲更好了。"这位作者相信。[79] 此后，锡兰聘请劳丹-尚德"在美国和加拿大做明智而审慎的巡回演说"。[80] 这些讨论表明，锡兰种植园主认为美国人是有教养的、理性的，可以用客观事实来征服他们的口味。我们将会看到，这与出口商看待非洲和印度消费者的态度截然不同。

劳丹-尚德和他的同事们在北美旅行时，既在传授市场知识，也在不断学习。[81] 巡回演讲使供需双方得以接触，理想的情况下，双方离开时都能得到市场知识。劳丹-尚德了解到了美国人的习惯，但他并没有为了适应当地的口味而改变自己的工作方式。相反，他很擅长从其他展览中吸收利用思想、展示和广告材料，不管身在何处，他都习惯性地谴责中国的

"劣质茶叶"。[82] 他不仅仅将这样的思想和手段用于美国。19 世纪 80 年代末，劳丹-尚德曾聘请殖民地商人和种植园主作为代理，在欧洲、澳大利亚、新西兰、南非、西印度群岛以及其他英属殖民地宣传印度茶叶，同样还有阿根廷、爱尔兰、俄国、奥地利和奥斯曼帝国等地。[83] 当然，关键问题在于他如何为这些努力买单，如何请到合适的人推广锡兰的故事。

有几个以前当过种植园主，如今在美国定居的人申请这项工作。1885 年，詹姆斯·麦康比·默里（James McCombie Murray）和他的伙伴 R. E. 皮尼奥（R. E. Pineo）搬到费城，并且创建了一家公司，在北美地区"劲头十足地"推销"纯正的锡兰茶叶"。默里出身阿伯丁的一个名门家族，他放弃了追求音乐事业，转而移居锡兰种植咖啡，但他很快也尝试着种茶。他娶了一个美国女人，夫妇二人一起搬到费城。[84] 皮尼奥在 19 世纪 70 年代也从事咖啡和茶树种植，两个人毫无疑问在锡兰岛上就认识了。[85] 皮尼奥和默里在开张之初向费城的头面家族和格罗夫·克利夫兰总统免费赠送他们的"可恬"（Kootee）牌茶叶样品，克利夫兰总统无疑曾给他们写了一张条子，说自己觉得他们的茶叶喝起来味道"不错"。无论真实与否，这个故事都是一个优秀的广告文案，并开始把锡兰和饮茶与精英社会地位联系起来。[86] 然而，这家公司的大部分广告述说的都是锡兰茶产业如凤凰涅槃一样，从惨不忍睹的咖啡种植园的灰烬中奇迹般地成长起来。这个宣传直接面向美国女士，把一个产业和一个岛屿的命运置于她们的茶杯里，同时也谴责了印度不合格的产品：

> 淑女们！全体，魅力无限的淑女们，
> 这些诗句，如今只为你们倾诉，
> 我们感到，所有的希望都取决于你们
> 我们希望，只有你们能让我们心想事成。
>
> 我们是陌生人，对！但不能一直陌生，
> 除非我们长期工作，而且一事无成，
> 如果你们，淑女们，用微笑问候我们，

我们不会再为锡兰香料岛而憔悴……

印度，我们的北方邻居，是热情的，

但很快，我们的迅速成功会招来嫉妒；

因为对于茶杯中蕴含的力量，他们与我们势均力敌，

但作为纯净的茶饮，我们的味道可以胜过他们。[87]

　　皮尼奥和默里工作很努力，但他们进展缓慢。皮尼奥解释说，尽管默里拥有"绅士的活力和冲劲"，但两个人面对美国辽阔的国土还是感到不知所措。然而，他们从自己犯的错中学到了很多东西，所以当他们在1888年为种植园主如何进入美国市场提出建议时，他们极力主张应对茶叶做调整以适应北美地区的口味，避开杂货商、零售茶叶经销商和批发商，并雇用"有冲劲、有活力、资本充裕并且完全精通美国的广告艺术的人"。[88] 几个月后，默里重申，要"在这个国家取得进步……你必须要有侵略性"。[89] 纽约企业家 S. 埃尔伍德·梅（S. Elwood May）是皮尼奥的一个合伙人，他曾推广过几种不同的新商品，因此是合适的人选。[90] 他承诺，如果自己"正式被任命为锡兰种植园主协会的代表"，他将大量打广告，用"有吸引力的"方式包装锡兰茶叶，并且免费派送。[91] 一些种植园主不喜欢这种大胆的计划，并对梅的性格和动机表示质疑，但顶普拉种植园主协会最终决定与他合作。[92] 不过更多的种植园主协会还是拒绝了梅的建议，因为梅只有在被任命为协会的特别代理后才肯买他们的茶叶。[93] 梅虽然遭到了拒绝，但是并未气馁，他与 R. E. 皮尼奥和约翰·约瑟夫·格里林顿（John Joseph Grinlinton）联合起来，于1889年开创了"锡兰种植园主的美国茶叶公司"。[94] 到1893年，他的纯正锡兰茶叶已经被卖到了波士顿、纽约、芝加哥、圣路易斯、克利夫兰、华盛顿、费城和巴尔的摩的大型分销商。尽管取得了这样的成功，这家公司还是在那一年倒闭了，原因是他们在信贷和银行方面遇到了困难，以及托马斯·立顿被任命为芝加哥世界博览会的锡兰茶叶代理。[95] 皮尼奥离开了这个行业，成了一名唱诗班指挥，而梅则继续销售自己的茶叶。格里林顿在芝加哥当上了锡兰的

茶叶代表，后来长期从事茶叶游说推销和公关工作。

19 世纪 80、90 年代，很多英国和殖民地出生的移民在英语世界里销售英国茶叶。例如，查尔斯·克尔·里德（Charles Ker Reid）出生在泰恩河畔纽卡斯尔，但在 18 岁时于 1852 年移居墨尔本，在墨尔本做起阿萨姆茶叶的专业经销商，后来他带着一大家子人搬到费城，创建了一个咖啡烘焙和茶叶包装公司。[96] 里德成了直率的印度茶叶代言人。[97] 他还敦促种植园主开发美国人喜欢饮用的茶叶产品，与皮尼奥和默里一样，他认为要对这个国家的"口味进行革命"，需要付出"传教士"般的努力，这项任务的艰巨程度可与创立新的宗教相提并论。[98] 到 19 世纪 80 年代末，早已被遗忘的企业和尚未成名的品牌也开始占领美国市场。[99] 利吉威在 1886 年把"女王陛下调配茶叶"（Her Majesty's Blend）引入英国，仅仅两年之后，他们开始把这种茶叶推介到大西洋对岸，这一举措使该公司的海外收入得到了增长。[100] 与此同时，布洛克邦德的创始人亚瑟·布洛克在芝加哥和新奥尔良开设了零售网点，不过他最终也在美国成了批发商。在美国停留期间，布洛克对宣传产生了极大热情，数年后，他的公司雇用了一名出生于美国的广告顾问，为公司的销售部门注入了新的活力。[101]

托马斯·立顿是在美国最负盛名的英国人。此前他于 1890 年在锡兰置办茶园，很快那个海岛上的种植园主就开始把立顿称为"世界上最伟大的广告茶叶杂货商"。当他暗示自己将在澳大利亚和美国开辟新市场时，这些种植园主期待着他会开创伟大的事业。[102] 1890 年 6 月，立顿与皮尼奥和梅一起吃午餐，讨论了美国业务。当《锡兰独立报》（Ceylon Independent）报道这次会谈时挖苦地暗示说，如果立顿决定在美国销售茶叶，那么他"会像鲨鱼一样大咬一口，相比之下，（皮尼奥和梅）的公司简直是跳蚤叮咬"。[103] 立顿在锡兰买下哈普塔勒种植园（Haputale Estate）后，成了种植园主协会成员，并向该组织捐赠了一笔广告基金以讨协会欢心。[104] 然而，很多人对立顿的作风十分反感，并且指出，他甚至在还未购买一个茶园的时候，就已经打广告说他的茶叶是直接从茶园到茶壶。批评者还担心，虽然他会让锡兰"名扬"美国，但他会把锡兰茶叶与印度和中国的茶叶掺在一起。[105] 然而《锡兰观察家报》向读者保证说，立顿"在很短的时间里就能为这个殖民地做很多事，而这些事是我们的茶叶基金委员会和锡兰美国茶叶公司可能在很长时间内都做不到的"。这家报纸建议立顿接管所有"茶叶基金"的宣传工作。[106] 种植园主协会并没有把整个经营活动都移交给立顿，但给他提供了一些补贴，并且在芝加哥世界博览会的展览中给他的品牌提供了荣誉位置。立顿赢得了这份合同，因为他早已是个著名的商人，他使锡兰的种植园主相信，他将在美国开设数以百计的零售网点，还要投入巨额广告费用来宣传锡兰。[107] 立顿还与其他大型食品加工商保持着良好关系，并宣称他的好朋友肉类加工大亨 P. D. 阿穆尔（P. D. Armour）是"他的首批私人客户"之一。[108]

托马斯·立顿回忆说："一个商人如果有进取心，而且对自己的商品充满信心，那么美国对他来说真的是一个无限的市场。"他认为这个国家富有、开放而且无知，在茶叶方面尤其如此。立顿回忆说，他花了一两天时间"粗略了解"美国茶叶贸易之后，发现"美国实际上根本没有茶叶贸易"，对此他"惊讶到无以复加"。他举了个例子，回忆说他在旅馆里要求喝茶的时候，侍者"茫然惊异"地看着他，仿佛从未听说过这种饮料。在出售茶叶的地方，立顿注意到美国人对这种商品的处理十分草率。在纽约和芝加哥大量出售的干茶叶既昂贵又"糟糕"，它们被放在敞口的容器里，并且处理方式"与大麦、大米和玉米的无异"。和典型的企业家自我塑造的故事一样，立顿解释了自己如何拥有独特的能力去发现隐藏的可能性，并克服无知和落后。然而，他从来没有开过零售商店，而是作为批发商利用老牌商店来销售立顿茶叶。不过，他确实在美国和加拿大投了一小笔资金，做了一次"洲际广告活动"。[109] 立顿认为这项工作取得了巨大成功，后来他吹嘘说，他在公司新泽西州的霍博肯总部的大楼上设置的巨型高楼广告牌已经成为"纽约人和每一个跨大西洋旅行者都熟悉的地标"。[110] 立顿的广告牌耸立在哈德逊河上，和自由女神像一样是时代的象征。它标志着英美资本主义帝国的力量日益成长，并且从加利福尼亚一直延伸到锡兰。[111]

从芝加哥到圣路易斯：世界博览会上的美国梦

到 1888 年夏天，约翰·劳丹-尚德已经去过了太多的博览会，他写道，他"自己……已经厌倦了这些活动"。然而他建议说，他可能"想不出还有比博览会更好的方法能推广我们的茶叶"，并且敦促锡兰不要"丢掉任何地方的展览机会!"。[112] 在过去的 10 年时间里，他和几位同事去过澳大利亚、印度和大不列颠。[113] 1883 年他们去了阿姆斯特丹，1884 年和 1886 年是伦敦，1887 年在利物浦，1888 年到了格拉斯哥、布鲁塞尔和墨尔本，1889 年是法国和新西兰，而他们很快又要在 1893 年去芝加哥，1894 年去俄国，1904 年前往圣路易斯。[114] 在一些规模较小却依然非常重要的展览中，茶叶也会参展。[115] 不过他们投入时间和金钱最多的地方，是美国的中西部地区。

19 世纪 90 年代，当世界各地的商人想到美国时，首先浮现在他们脑海中的是芝加哥。1893 年，数百万人参观了在芝加哥举办的世界哥伦布纪念博览会（World's Columbian Exposition），惊奇地看到正在全球化的了不起的经济和文化发展。[116] 芝加哥在 19 世纪 90 年代是一个门户城市，它把农业与商业财富连接起来，也把东海岸和整个世界与美国中西部地区连接起来。[117] 包装好的肉从"猪肉城"（porkopolis）的畜场运往整个美国，运往大西洋对岸。世纪之交过后，戈登·塞尔弗里奇（Gordon Selfridge）将美国风格的百货公司从芝加哥转移到爱德华时代的伦敦，一同带来的还有深刻而持久的对于宣传的信念。[118] 这些芝加哥的富豪就是托斯丹·凡勃伦（Thorstein Veblen）在 19 世纪 90 年代观察到并写进著作《有闲阶级论》（*The Theory of the Leisure Class*）的那群人。[119] 厄普顿·辛克莱也通过观察芝加哥的牲畜围栏对现代工业食品系统提出了尖锐的批评。[120] 因此，世纪之交的芝加哥成为资本主义的乌托邦和噩梦。如果谁想从持续扩张的美国大众市场获利，来芝加哥最合适不过了。[121]

茶叶种植园主将芝加哥世界博览会看作一次千载难逢的机会。[122] 美国在购买和销售新鲜事物的无尽欲望的驱使下，成为一个以工业和消费为导向的国家，这次展览将使美国的这一名声晓谕世界。[123] 芝加哥证实了很多茶产业人士早已知道的事情：美国是全世界最大的市场，但它也是最难征服和控制的市场，需要付出极大的成本。芝加哥世界博览会的举办是为了纪念哥伦布抵达美洲，它庆祝了新世界的工业和帝国主义的进步。但是，锡兰和印度在芝加哥所做的展览也使旧世界帝国主义显得诱人不已。这个时代所有的这类世界博览会都经常用种族来宣传商品，特别是新食品。事实上，广告形象"杰迈玛姨妈"（Aunt Jemima）首次在芝加哥的南茜·格林（Nancy Green）身上体现出来，她曾经是肯塔基州的奴隶，开了一个设计得宛如巨型面粉桶的摊位，向博览会参观者出售薄饼。[124] 对非白种人的展示随处可见，也在无数的卡通形象和评论中不断再现，但种族主义的运作方式多种多样，而且往往是自相矛盾的。[125] 例如，参观者会接触到多种版本的亚洲。其中一个例子就是日本中央茶叶协会在芝加哥和其他很多美欧博览会上令人印象深刻的展览。[126] 这个组织还在 20 世纪初发起了大规模的广告宣传活动。[127] 日本、锡兰、中国和印度都在争夺美国消费者，市场上的亚洲茶叶种类如此之多，以至于除了那些最老练的买家，其他人都感到困惑不已，不知如何选择。

然而，困难不仅在于消费者的无知。总的来说，展览倾向于打破它们之间的差异，制造出一种"土著"民族服务和取悦西方人的遗传学上的感觉。展览把东方当作一个一般性的概念，或者说是一个在与一体化的西方做对比时才产生意义的理想化概念。当旅行者遇到真正的亚洲场所时，他们往往会因其陌生感而迷惘，那里似乎与博览会和相关企业展示出的无数东方复制品完全不一样。这促使西方人对这种混乱的地方进行殖民，即促进东方"恢复秩序"。[128] 商品文化使用这种方法，不仅反映了帝国主义，也推动了帝国主义的发展。这也使得消费者很难理解和欣赏亚洲的多样性。因此，多个民族、帝国和殖民地在这些活动中往往时而汇聚时而分离。这些世界性展览产生了很多持久的后果，尤其是在全球广告业务中。

芝加哥世界博览会开幕以前，锡兰和印度已经在美国做了 10 多年广告，不过，就像印度和锡兰美国广告联合基金会主席在 1906 年所解释的，"在芝加哥（博览会）之前，那种积极推动印度和锡兰茶叶的机制并不存在"。[129] 对于机制这一概念，他主要是指金钱和专业知识。在芝加哥博览会开幕之前，这笔钱来自自愿基金和政府补贴，但这些钱还不足以支撑印度和锡兰茶叶参加芝加哥的活动。[130] 1892 年，锡兰种植园业界的领军人物 H. K. 拉瑟福德鼓励殖民地政府征收强制性和制度性出口税，为展览会提供资金支持。政府同意了，于是锡兰于 1893 年 1 月推出这项税收，税率是每 100 磅茶叶征收 0.1 英镑。这项被公认为是地方税的税收随着出口的增长而日渐增多。20 世纪初期，锡兰取消了这项地方税，但又在 1932 年恢复征收。印度循锡兰的先例，于 1903 年开征一项地方税，为第二年在圣路易斯举办的世界博览会筹集资金，这项税收在整个 20 世纪一直持续存在。地方税基金为将会扩大市场的全行业广告和政治活动提供资金支持。种植园主有时对这些税收抱怨不已，但地方税有助于改变全球范围的分销制度，支持私营产业，并资助了大量广告。该基金由准政府机构管理，很快成了种植园主阶层的推销机构。20 世纪 30 年代之前，印度茶叶协会的一个小组委员会——印度茶叶地方税委员会（ITCC）——处理印度的全球性广告，而在锡兰，这项工作由三十人委员会（Committee of Thirty）负责。[131]

锡兰征收地方税比印度早了 10 年，得益于此，锡兰能够在芝加哥力压印度这个竞争对手。在锡兰征税后的第一年，三十人委员会把 80% 的预算投到芝加哥，并且还从殖民地政府、商会和种植园主协会获得了 2.1 万英镑的额外资金。因此，该岛的芝加哥茶叶专员 J. J. 格里林顿有了足够的资金支持，在芝加哥待了整整一年，与博览会官员建立了良好的工作关系。锡兰种植园主对这些发展感到异常兴奋，但有些人担心"庞然大物之地"（land of big things）影响到格里林顿，因为他花的钱已经远远超过当初提出的预算。[132] 托马斯·立顿在芝加哥成为锡兰茶叶的独家代理，他可能也影响了格里林顿增加自己的开销。这反过来又促进了锡兰的茶叶出口，并帮助立顿在全球扩张。

"锡兰庭院"（Ceylon Court）把古代文化与现代艺术和工业结合在一起，并且创造了一种视觉语言，使消费者在未来的多年时间里将它与锡兰联系在一起。[133] 主庭院比以往博览会上的更加宏伟，完全使用本地木材建造，并精雕细琢，展示出这个海岛的古老建筑风格。它的结构和装饰图案都展现出锡兰的宗教和艺术历史。例如，建筑两边树立着眼镜蛇雕像，守卫着通往主庭院的台阶，眼镜蛇的形象源于阿努拉德普勒（Anuradhapura）和波隆纳鲁沃（Polonnaruwa）这两座古都废墟中的雕刻。在整个锡兰的神庙中都能够看到这类雕像，人们相信它们能够抵御邪恶。[134] 柱子、窗户和天花板上都以类似的手法装饰着大象、狮子、舞者和其他僧伽罗文化的象征。僧伽罗艺术家用画笔描绘佛陀的生活场景，巨大的佛像和毗湿奴像也耸立在中央大厅附近，共同展示出这个海岛的宗教信仰。[135] 在女士厅宽敞的茶室里，摆满了地毯、纺织品和各种日用品，看起来简直是东方学家的美梦和（或）噩梦（图6.1）。富有的波特·帕尔默（Potter Palmer）夫人负责管理女士厅，格里林顿说服她腾出一个专门空间设为锡兰茶室，一个以锡兰总督夫人哈夫洛女士（Lady Havelock）为首的女士委员会负责装饰这个房间。[136] 格里林顿在主展厅辟出专门空间，设置了3个小型展览，其中都有"土著"仆人为参观者奉上热茶。在这个博览会上，锡兰展馆的建筑本身及其位置的独特性把这个海岛殖民地展现为一个独特的经济体和独立空间，而非一个帝国体系的组成部分，尽管它确实表现出了东方主义的味道。"锡兰庭院"处在法国和奥地利展馆

图6.1　女士厅的锡兰茶室，芝加哥世界博览会，1893年

之间，挪威展馆的对面，距离厄瓜多尔、危地马拉和哥斯达黎加展馆很近。锡兰展馆离大不列颠馆不远，但也不是太近。从游客的角度来看，锡兰可能看起来像一个历史和文化积淀深厚的国家、一个富有异国情调的岛屿天堂，而不是英国的附属品。

印度的应对方式是雇用芝加哥著名建筑师亨利·艾夫斯·科布（Henry Ives Cobb）为其设计展馆。科布设计的结构是"用微小细节再现东方"，包括镶嵌着金银丝和贵金属的马赛克作品。[137] 缠着头巾的印度人拿着手绘陶器，"免费向所有前来参观的人送上小杯茶饮"。[138] 印度茶叶专员理查·布莱钦登（Richard Blechynden）先生在一次采访中表示，他不会坐视印度"被竞争对手锡兰超越"。他每天送出近 6000 杯"芳香扑鼻的饮料"，宣称顾客几乎只要一品尝这种饮品，就会相信印度红茶比他们习惯喝的"颜色浅淡的饮料"更好。[139] 此类夸张的言论登上了报纸，还被冠以"来自老孟买""寻找新市场""他们希望与美国建立贸易"等标题。[140] 布莱钦登实现了自己的目标，超过 1500 家美国公司在芝加哥签署协议，购入印度茶叶。博览会结束后，布莱钦登又投入 7000 英镑，用于协调一次报纸宣传活动，并为身穿"图画般服饰"的"印度仆人"发放薪水，让他们在美国中西部地区去了一家又一家商店、一个又一个城市，在"美国主要的茶叶公司"、百货公司和"美食秀"上为人奉茶。[141] 锡兰也维持着积极的宣传活动，一位贸易观察家在 1897 年坚称，不管在哪里，他都能看到"锡兰茶园的照片和风景"。其中很多这种宣传品都强调茶园的美丽风光，还有"机器生产的茶叶"的优点。[142]

在整个美国、印度和锡兰，人们都能感受到芝加哥博览会带来的影响。格里林顿把芝加哥茶室里的地毯、家具和其他物品收拾起来，转移到他在芝加哥市中心的国家大道上开的一家大型商店中。格里林顿向锡兰的种植园主解释这个项目时争辩说，国家大道就像伦敦的牛津街，是富裕女性购物者时常出没的地方，除此之外她们没有其他可以"喝杯茶，闲坐一小时"的地方了。[143] 国家大道店倒闭了，但格里林顿获得了骑士身份，在此后的数十年时间里，芝加哥仍然是一个重要的促销中心。[144] 印度认为，尽管自己做出了很大的努力，但他们的小对手的表演更加出彩。下一次，他们会更加精心地准备。

1904 年，圣路易斯举办的路易斯安那交易博览会（Louisiana Purchase Exposition）也对殖民地茶产业带来了类似的影响。印度种植园主预料到即将开幕的博览会需要资金，于是要求当时的总督寇松勋爵开征一项地方税。经过多番讨论，《印度茶产业地方税法案》（Indian Tea Cess Act）（第 9 号）在 1903 年生效，创立了一个"基金，用于促进印度茶产业的利益"。[145] 该法案延长了出现于 1893 年的自愿性基金，这项基金在印度独立前后曾被数次更新和延长。[146] 印度茶叶地方税委员会对这项基金加以管理，并聘请广告代理机构，补贴大型分销商，从事营销和科研还有产品开发。[147] 与三十人委员会一样，这个组织研究人口规模和财富，以及分配制度、税收、关税和相关政策，并且讨论性别、阶级、种族、宗教和民族习惯如何影响饮茶口味与营销手段。

1904 年，印度和锡兰在密苏里州投入大量精力。[148] 锡兰极为活跃，《本土和殖民地邮报》宣称，"人们所见所闻都是锡兰，新闻界也都是锡兰"。[149] 印度不遑多让，并且仿照阿格拉（Agra）的伊蒂穆德-乌德-陶拉（Itmad-ul-Dowlah）清真寺，建了一座引人注目的展馆（图 6.2）。这座清真寺提供茶饮，里面还有一个巨大的耆那寺木雕。[150] 一个可信度不高的故事讲述了所谓的美国发明——冰茶，说是密苏里州天气炎热，印度的茶叶专员理查·布莱钦登不方便给参观者喝热茶，所以就指示他的"土著"供应冰茶。事实上，早在此前很长时间，英国、印度和纽约市就开始喝冰茶了。[151] 至少早在 1875 年，马里昂·哈兰（Marion Harland）所著的《早餐、午餐和茶》（Breakfast, Luncheon and Tea）等食谱就推荐过这种"美味的夏季饮品"，不过在圣路易斯世界博览会期间发明冰茶的故事一直延续到今天。[152] 我们将在第 8 章看到为什么会这样。

博览会本身只是宣传营销活动的一部分。在圣路易斯博览会期间和结束后，布莱钦登在芝加哥发起了一次"系统化"的广告宣传活动。[153] 他认为广告有助于茶叶销售，同时也能够在分销贸易中交到朋友，这对于控制供应链至关重要。[154] 因此，他将广告打在"只印内页的报纸"上，或是地区报纸的内页，还有中西部星期日报纸的大型彩色增刊中。1904 年

图 6.2 "东印度凉亭",路易斯安那贸易博览会,1904 年,选自《路易斯安那和博览会:世界、人民与其成就之博览》(*Louisiana and the Fair: An Exposition of the World, Its People and Their Achievements*),J. W. 比尔(J. W. Buel)编著,6:2154

下半年，他的茶叶广告已经刊登到 669 份周报和 11 家星期日增刊上，涵盖密苏里州、部分伊利诺伊州、印第安纳州和堪萨斯州地区，受众人口估计达到 1125 万人。[155] 尽管做出了这样的努力，布莱钦登还是常常抱怨说没有充足的资金。[156] 如果锡兰和印度联手，这个问题就可以解决了。[157] 布莱钦登邀请锡兰为他的活动提供帮助，并在一段时间内同时推销这两个殖民地的茶叶。[158] 然而，印度和锡兰的联盟一次又一次破裂，然后一次又一次复合。这意味着有时茶叶只被定义为一种饮品的统称，而有时又可能会被定义为来自锡兰、印度或者大英帝国的产品。这无疑把零售商和消费者都弄迷糊了。

尽管如此，锡兰三十人委员会和印度茶叶地方税委员会还是为大众营销和零售业的发展提供了补贴，改善了种植园主与美国商人的关系，并将南亚文化和产品带到美国的中心地带。锡兰与立顿密切合作，而理查·布莱钦登与美国气势最盛的连锁店和包装茶叶公司携手，如纽约的詹姆斯·巴特勒（James Butler）、大西洋和太平洋茶叶公司和费城的零售杂货商协会，该协会当时控制着大约 700 家商店。刊登在报纸上的广告声称，在纽约州、宾夕法尼亚州、新罕布什尔州、佛蒙特州、亚拉巴马州、田纳西州、路易斯安那州、新泽西州、特拉华州、马里兰州和其他地方的上述连锁店中，都能买到印度茶叶。[159] 为了换取免费广告，零售商向布莱钦登提供客户邮寄名单，布莱钦登则利用这些名单寄出数以千计的明信片，上面印制着"土著"采茶女的形象。[160] 这样的广告得到了地方税基金的支持，使美国零售商相信，南亚茶叶已经"成为时尚"。[161] 美国人开始偏爱英国产茶叶，《美国杂货店》（*American Grocer*）等杂志也称赞布莱钦登的"杰出工作"。[162]

与其他很多人一样，布莱钦登、立顿和劳丹-尚德开始围绕着茶叶，在美国发展一种商业和消费文化。1899 年 1 月，美国主要进口商创办了美国茶叶协会，这个贸易组织传递商业情报，参与运输和仓储问题，并游说政府，比如在掺假立法和税收政策的制定过程中产生影响。[163] 1901 年，威廉·哈里森·尤克斯（William Harrison Ukers）在纽约创办了《茶叶和咖啡贸易杂志》（*Tea and Coffee Trade Journal*），并成了 20 世纪可以说是最伟大的茶叶和咖啡专家。[164] 他是土生土长的费城人，最初成为杰贝兹·伯恩斯公司的内部刊物《香料磨坊》(The Spice Mill)杂志的编辑时并没有接触过这些商品。伯恩斯是个苏格兰人，依靠卖咖啡烘焙机发了财。伯恩斯拒绝把公司内刊变成正式的贸易刊物，于是尤克斯便自己单干。[165] 最终，《香料磨坊》确实也成了一份重要杂志，但尤克斯的很多出版物提供了大量有关在拉丁美洲、非洲、欧洲、东亚和南亚等地种植、流通和销售茶叶、咖啡及相关商品的信息。尤克斯与国际商界人士一起工作，并为他们撰稿，借此结识了托马斯·立顿，并于1906年成为这位锡兰茶叶专员的顾问，首次到锡兰这个茶叶生产国参观。[166] 尤克斯代表着美国日益增长的全球力量，但他和立顿一样是一个混血儿，他的母亲来自英国，还有很多跨大西洋和跨帝国的社会关系。当他周游世界，为写作《茶叶全书》(All about Tea)做调研时，他参观了每一个产茶区，在大英博物馆的图书馆做研究，并且雇用了一个研究员小组，其中包括一位英国妇女奥斯勒(Osler)夫人，她在一张照片中只被简单标为"他的英国研究员"。[167] 这本书于1935年出版时，尤克斯向许多人和协会致谢，但没有提到奥斯勒夫人。这部两卷本著作的出版依赖于国际性的联系和研究，却把尤克斯认定为首屈一指的"美国"茶叶专家。

像尤克斯和立顿这样的男性在全球茶叶贸易中名声大噪，而美国资产阶级和上层女性像英国的一样，也发展出美国的茶文化和知识。女大学生和其他"新式女性"在主要城市、度假胜地和美国高速公路经营着数以千计的茶馆，也作为顾客光顾各地的茶馆。[168] 在南方，进步女性在茶馆聚集，讨论妇女权利、禁酒和很多其他问题。[169] "茶馆业席卷美国。"刘易斯茶馆学院的一则广告称。该机构承诺，将对"极有"兴趣在这个新兴而刺激的行业中担任经理、服务员、领班、买家和高管的女性提供培训。[170] 美国茶馆形式十分多样，包括装修成格林威治村的黑暗波希米亚窝点、日本茶馆、殖民式企业、典雅的酒店和百货公司的茶室等。即使在佛罗里达潮湿的夏天，美国女士们也能盛装打扮，坐在棕榈树下享受下午茶（图6.3）。茶文化是属于女性和资产阶级的，但也可能成为世界性文化。《日本和中国茶饮》和《世界各地的茶饮》之类的文学期刊和文章都

70743 AFTERNOON TEA AT THE ROYAL POINCIANA, PALM BEACH, FLA.

图 6.3　佛罗里达州棕榈海滩的波恩西阿纳皇家花园酒店下午茶，1910 年

暗示，无论在哪里，茶都是一种复杂的、世界性的饮料。[171] 这些文章和亚洲主题的茶室可能对正在收集日本艺术和文化产品的富有美国人道主义者特别具有吸引力。[172] 男性也会光顾这些企业，但这些茶馆的所有权属于女性，大量使用的棉布、蕾丝、粉色油漆、花卉壁纸和满是甜点的菜单都把茶馆限定为女性空间。英国的情况也是如此，但英国的连锁茶叶店在装潢上往往没有那么女性化，而且与像立顿这样的商业巨头有联系。然而，在美国，茶室是由女性主宰的。

喝茶的时候，美国妇女可以明确肯定自己的盎格鲁–撒克逊传统。广告商和礼仪作家经常强调下午茶具有英国性。《早餐和晚餐聚会》（*Breakfast and Dinner Parties*，1889）之类的食谱教美国家庭主妇如何烘烤英格兰和苏格兰蛋糕，还有英格兰馅饼和布丁。[173] 19 世纪 90 年代，总部设在波士顿的伦敦茶叶公司在《女士家庭杂志》（*Ladies' Home Journal*）上打广告，向其读者推销优质的"英式装饰"的茶叶和咖啡瓷器。[174] 然而，下午茶并不总是蕴含着英国性。以殖民地为主题的茶馆让人想起美国独立革命把这种饮品从殖民地家庭剔除之前的那段岁月。1905 年，一位专家甚至推荐用茶会作为一种愉快地庆祝华盛顿诞辰的方式，并解释了应当如何摆设"爱国茶桌"。[175] 如果能够看到茶叶不再像以前一样

被视作不忠的商品，并且茶桌上装饰着美国国旗和其他国家标志，华盛顿将军可能会感到十分震惊。

美国的茶馆和下午茶文化从来都不是完全英式的。茶馆里可能有司康饼和英式蛋糕，但也提供美国特产，如华夫饼、肉桂吐司、炸鸡、饼干和冰茶等。[176] 食谱、广告和消费者行为都把喝茶美国化了，但茶叶并没有取代咖啡，即使在茶桌上也是如此。S. T. 罗勒（S. T. Rorer）夫人曾在 19 世纪 90 年代为《女士家庭杂志》工作过，她与其他食品作家和营养学家把茶叶列入"食物敌人"名单，说它会导致消化不良、头疼和其他健康问题。[177]《女士家庭杂志》当然没有反映出所有美国消费者的实际习惯和口味，但它是一部非常有影响力的出版物，并且促进了美国消费文化的发展。[178] 阿格尼丝·莱佩利尔（Agnes Repellier）在这个问题上是敏锐的专家，她在 1932 年写道："我们不能认为茶叶带给美国人的东西和带给英国人的一样。"不过，茶馆却捕获了美国女性的想象力。

> 自从独立革命以来，我们从未再次这样尽情喝茶……无数"茶馆"点缀在新英格兰海岸，这些迷人的小平房周围的环境倾尽大地和海洋的美景。那里坐满了女性，她们吃着冰激凌，喝着冰凉爽口、颜色艳丽的甜品饮料，或者购买标记为"礼物"的商品来赠予别人。

当莱佩利尔指出"环境"比食物和饮品的质量更重要，并嘲笑一些茶馆甚至不卖茶饮时，她可能是正确的。[179]

在世纪之交，茶叶在美国文化中获得了一席之地。茶产业发展成为一个系统性更强的产业，成百上千的商店都销售茶叶，而且越来越多的茶叶来自大英帝国，尽管很多美国人也喜欢日本茶叶。在托马斯·立顿、威廉·尤克斯、理查·布莱钦登、J. J. 格里林顿和无数开设迷人的小屋风格茶馆并出售"礼物"的女性的帮助下，茶叶帝国得以建立。然而，茶叶并没有取代咖啡，种植园主的努力从长远来看可能适得其反。无数东方展览出现在美国商店里，出现在芝加哥和圣路易斯，也出现在数百场食品展上，这些东方展览激发起美国人对锡兰等遥远的热带岛屿的兴趣，但我们无从得知消费者是否会把这些地方视作大英帝国的一部分。在印第安纳州的曼西、密苏里州的乔普林和艾奥瓦州的苏城，男男女女每天阅读早报、打开信箱和逛杂货店时都能与南亚邂逅。然而，他们未必将南亚视为英国的；相反，那里成了蕴含着他们自己的欲望和开拓精神的领域。

印度和锡兰的种植园主和英国零售商于 19 世纪 80 年代来到美国，并且认为他们只需要引导美国人重新发现他们遗失的大英帝国性就好。在世纪之交，这个计划似乎发挥了作用。美国整体茶叶消费量在 1880—1897 年间为人均 1.36 磅。此后茶叶总消费量开始下降，但在整个市场份额中，美国人消费的英国茶叶比例开始增多，正如一名专家在 1901 年所写的，"没有什么能比广告里的'牛皮大话'更能让美国佬信服"。[180] 事实可能的确如此，但我们将会看到，总体而言美国人越来越认为茶叶让人联想起令人反感的殖民依赖，更糟糕的是，这种女性化的饮品极不符合"阳刚"的美国口味。在后殖民时期的美国，英国企业家并没有完全放弃美国属于英国这种想法，但是美国人完全不这样想，而且他们对帝国殖民的回忆也导致了茶叶贸易在 20 世纪的美国衰落下去。在印度，殖民地政治也决定了茶叶消费的性质和意义，但其方式比在芝加哥和圣路易斯更为直接。

在印度殖民地创造饮茶者帝国

1901 年，新杂志《茶叶》（*Tea*）上发表了一篇题为《印度茶叶的印度市场：如何触及本土消费者》的文章，作者称，"有些奇怪的是，印度种植园主在等待外国市场开放的同时，显然竟然忽视了广大的印度市场，这里可能会消费大量过剩的产品"。虽然作者认识到美国和非洲大陆不应被忽视，但也推测"仅仅 7000 万人口的孟加拉就应该能够消耗掉阿萨姆周围茶园的产出"。[181] 另一名记者在加尔各答的期刊《资本》（*Capital*）上发表评论说，"在美国投入资金是很好的"，但"每个印度人如果每年喝掉至少 4 盎司的茶叶，美国的市场就相形见绌了，而一个新客户每年要是消费 5000 万或 6000 万磅，那么茶叶贸易立刻就会飞速发展了"。这位记者推测，"喝茶是一种很容易养成的习惯"，只需要把茶叶做成 2 盎司的小包装，每包茶叶售价 1 安那[1]，然后由商店和流动小贩叫卖"。要是"这块土地上的每一个苦力和农夫"都喝茶，印度将实现"一场商业革命"。[182] 这些作者立场一致，都相信印度是一个庞大而不发达的市场，由于它是一个殖民地，可能比美国更容易加以掌控，而且开拓市场的成本肯定会比美国更低。这类对殖民地市场的思考，使人们接纳了把印度视为一个国家空间的观念。[183]

创造印度市场的过程是与民族和殖民政治交织在一起的。[184] 世纪之交时，印度总督寇松勋爵前往茶叶种植区，并向种植园主提出建议说，如果印度人学会了喝茶，那么他们的劳动力问题就可以得到解决。埃德温·阿诺德（Edwin Arnold）爵士身兼诗人、作家、记者和前《每日电讯报》编辑，他对这个想法表示赞同。阿诺德也曾是蒲那的政府学院院长，并创作了一部 1879 年出版的有关佛陀的生平与教义的史诗《亚洲之光》（The Light of Asia）。阿诺德想象，这种社交性饮品将使印度人不再喝对健康有危害的水，让他们的身体得到滋养，并创造出"平等对话与家庭和谐"。对于"病人和柔弱的女人"来说，茶叶也将是一种特殊的恩惠，因为"这些人极少能享受到此类乐趣"。然而阿诺德承认，印度的喝茶方式与欧洲不同。他认为，"印度主妇"最有可能"像日本人那样"喝茶，"只用茶叶简单冲泡，不使用累赘的茶具和其他物品"，如牛奶、糖以及"勺子、盘子和奶油小壶"。[185] 阿诺德曾经在日本居住过一段时间，娶了个日本女人，他相信可能存在泛亚洲的饮料文化。他当然认为茶叶是一种教化的力量。

当时，寇松和阿诺德提倡喝茶，并提议要"教"印度人喝茶，而反奴隶制协会（Anti-Slavery Society）和原住民保护协会（Aborigines' Protection Society）等团体公开质疑在非洲和其他地方引进了现代奴隶制的葡萄牙、比利时和英国种植园主的"文明有礼"。[186] 尤其是在爱德华时代，大众媒体充斥着关于刚果殖民暴行的故事和图片。阿萨姆地区首席专员亨利·科顿爵士甚至承认，他所在地区的茶叶种植园主是监督奴隶工作

---

[1]　旧时在印度和巴基斯坦使用的铜币。

204

者，而在 1903 年，一个臭名昭著的法庭案件使人们更加坚信这些看法。年轻的种植园主 W. A. 贝恩（W. A. Bain）因为在卡恰尔将一名苦力殴打致死，被判处 6 个月有期徒刑。他被认定犯有"轻微人身攻击"，但法官指出，由欧洲人组成的陪审团对此案的处理过于轻率，因此他对贝恩做出更重的判决以"防止当地人做出类似的惩罚"。[187] 贝恩的兄弟对此案提出上诉，但贝恩似乎按照判决服刑了。他还成了行业领袖，茶叶种植园主被指控为"南方各州奴隶主的 20 世纪代表"时，他站出来牵头反对。[188] 种植园主在印度出售茶叶赚钱，并且处理剩余货物，但他们也把茶叶和广告视作改善公众形象的一个途径。

在印度，种植园主经常把广告描述得像传播福音一样，而和传教士一样，宣传家往往并不受欢迎。例如，商界报纸《茶叶》对种植园主的"慈善努力"致意，因为他们"向坐在黑暗中抽鸦片的异教徒传播茶叶的福音。愚昧的印度人要想让社会向前发展，那么他们需要茶，而且必须喝茶"。[189] 有些种植园主还成立了一个非正式的"禁酒党派"，鼓动人们反对喝酒而支持饮茶。这些倡导者一再称赞茶叶是"健康和节制的源泉"，认为茶叶可以治疗发烧、痢疾和其他疾病。[190] 虽然我们并不知道印度消费者对这种教化故事是否买账，但宣传家在描述他们的努力时所使用的语言与该时期在美英推广时所使用的大不相同。基本上，种植园主和分销商都在宣传这样一种观点，即他们必须教会印度人知道什么东西对他们有益。

虽然英国和印度的民族主义者都认为，喝茶的习惯是殖民主义创造出来的，然而我们在第 1 章中看到，事实并非如此。[191] 17 世纪的时候，生活在苏拉特的商人就喝中国茶，而且据我们所知，加尔各答在 1780 年就开了第一家咖啡馆（也提供茶）。[192] 居住在阿萨姆和东北部其他地方山区的人们以及中亚地区边界沿线的贸易商也都喝茶。19 世纪初期，欧洲和印度的种植园主开始直接出售他们的庄园，我们也知道马尼拉姆·德万在 19 世纪 40、50 年代开发出了本地茶叶市场。冈格拉山谷（Kangra Valley）种茶人是一个包含两名女性种植园主的独特组织，它自称是"在印度本地居民中引入喝茶习惯的先驱"。[193] 种植园的发展不可避免地带动了当地市场的增长，但是我们应该指出，印度人和其他很多地方的人一样，也在大量进口中国茶叶。1880 年，印度进口了超过 150 万磅的中国茶叶，种植园主认为，其中大部分是"本地人"消费的。[194]

19 世纪末，商人和茶叶种植园主开始努力使印度人和英国殖民者放弃对中国茶的偏好，并引导那些原本对印度茶叶一无所知的人喝印度茶。英语和地方语言的报纸为印度人的商店和品牌刊登广告。[195] 1899 年（甚至可能更早），加尔各答茶商 I. B. 古普塔（I. B. Gupta）在主流英文报纸《政治家》（*The Statesman*）和孟加拉妇女杂志《安塔普尔》（*Antahpur*）上投放了广告。[196] 古普塔针对富裕的印度家庭主妇、英国人和盎格鲁–印度社区，在广告中声称他的茶是"最受欢迎的饮品"，行销四方。[197] 普兰基森·查特吉（Prankissen Chatterjee）也在加尔各答开茶叶公司，他于 1899 年在《政治家》上投放广告，宣传他的"纯正印度茶叶：茶园直销"。[198] 总部设在伦敦的印度皇帝茶叶压缩公司（Kaiser-I-Hind Tea Press Company）销售把碎茶和茶粉加工成压缩茶饼的机器，这是一种方便廉价版的"印度茶叶"，用来卖给最贫穷的消费者。[199] 1887 年，茶产业界的一些"绅士"在加尔各答召开了一次会议，目的是成立一个公司，购买低档次茶叶，加工成小包装，让地方乡村里的店主分销，他们断言："众所周知，本地人不管属于什么阶级，都非常喜欢喝茶。"[200] 投资者为这一计划注入了资金。[201] 大约与此同时，乔治·佩恩、布洛克邦德和立顿等英国人拥有的大型公司开始面向印度消费者做茶叶广告。[202] 印度茶叶协会与这些大经销商合作，他们热切地执行起把印度"本地人群体打造成饮茶者帝国"的任务。[203]

虽然这些商人全都对印度消费者满怀期待，但同时他们也持有简单化的种族、宗教和阶级的刻板印象，并且认为印度人头脑空虚，需要被逼着才有新需求，不是有教养的理性消费者，不同于本章前面提到的美国人。1901 年，一名记者承认，"在大多数情况下，苦力完全不知道喝茶会带来的巨大益处……（但）我们正在采取一些措施来让他们意识到自己的需求"。这位记者称赞印度茶叶协会开始说服苦力相信自己确实需要茶："当苦力喝完免费赠送的全部样品，他们被希望能养成喝茶的习惯，而且他的安那有助于为这个产业提供物质支持。"[204] 被动的语气在这里很重要。印度消费者经常被描述为被动和无知的人，需要对其严厉教导。这种语言表明，这位作者对印度文化漠不关心，甚至可能对其感到困惑不解，尤其是印度无数种姓和宗教传统塑造的饮食习惯。这也体现了一个英国大型产业为了生存而需要殖民地消费者时感受到的一种不适。其他殖民对象往往也受到同样的贬损式的描述，特别是非洲和中东的被殖民者。例如，在评论前往埃及的商务旅行时，亨利·布瓦（Henry Bois）先生告诉"喝茶闲聊者"说，他或许"能够使农夫相信，英国占领他们的国家后给他们最大的好处就是能够享用英国产的茶叶"。[205]

这种傲慢的态度塑造了当时的商业和广告行为。虽然茶种植园主不太可能看过托斯丹·凡勃伦的作品，但他们与他一样，都认为口味从"掌权的头人"——特别是那些访问过欧洲的人——顺着社会阶层慢慢传递到政府公务员和村庄地主。[206] 凡勃伦认为消费是一种特定形式的宗教，不过茶叶专家们担心印度的宗教可能会阻碍市场的发展。一些人相信正统印度教徒对"喝茶"有偏见，但多数人觉得茶叶没有受到这样的饮食限制，而且事实上，宗教信条可以使茶叶受益："茶叶对苦力来说应该是名副其实的天赐之物，这些人由于宗教和种姓偏见，不得不在选择饮品时非常挑剔。穆罕默德禁止饮酒，但不管是他的信条还是印度教的信条，据我所知都没有任何阻止喝茶的内容。"[207] 当专家否认印度人群的多样性并把印度民众分成了穆斯林和印度教徒两大类别时，种族和宗教改变了商业决策。当然，这两大类别人群的口味都是"东方的"。同样，茶产业界相信美国人有英国传统，从而塑造了他们的口味，他们还认为，印度人在"东方"天性的影响下，天生就喜欢喝茶。例如，一位作者确信，旁遮普、信德和俾路支的穆斯林"会欣然接受喝茶，因为茶在阿富汗和中亚的大城市里，以及每一个重要的露营地，都是普遍的饮品"。[208] 因此，这位作者希望印度的穆斯林也和那些生活在丝绸之路（茶马古道）附近、喝了千百年茶的人拥有相同的嗜好。

讽刺的是，尽管茶叶推广者花了很多时间描述印度古老的文化传统，但当印度茶叶协会发起广泛、持久的宣传活动时，他们的宣传方式与内容和在美国、澳大利亚以及大不列颠的宣传几乎没有什么不同。这一组织把茶叶带到公共聚会上，展示种茶的方式与地点，并向消费者展示如何"正确"地沏茶和喝茶。在火车站、邮局、大型工作场所、休闲活动、宗教庆典和其他节日期间，印度茶叶协会都设立了茶摊。[209] 该组织还鼓励开设茶馆，并在很多博览会上设置了茶叶展馆。最后，他们补贴英国人拥有的大型零售企业，保证它们有能力持续发展。

在寇松提到了饮茶的教化作用之后不久，尤尔公司（Messrs. Yule and Co.）同意向"当地居民"免费供应 3 年的茶叶。这次尝试耗费了 100 万英镑，而印度茶叶协会的大多数大型成员组织贡献了这笔资金的四分之三。[210] 他们还资助了帕里公司（Messrs. Parry and Co.）、立顿公司和布洛克邦德公司。1903 年，这些公司和印度茶叶地方税委员会真的将印度划分为不同的区域，这一举动的目的就像布洛克邦德公司的一名高管所解释的，是为了"防止任何贸易冲突或重叠"。该协会每年还补贴布洛克邦德500 英镑，以帮助他们提高印度人的茶叶消费量。[211] 它在 1910 年聘请立顿公司，在联合省博览会（United Provinces Exhibition）和其他博览会上展示印度茶叶。这些博览会和他们在其他地方举办的展览一样，参观者有免费茶喝，可以阅读小册子，观看颂扬印度茶园现代性的图片。[212]

一般而言，正统印度教对茶叶并无偏见，但印度教不赞成在公共场合饮茶，因为他们担心洁净问题和食品烹制问题，而且在公共场所进餐还被认为"容易使用餐者受到邪恶的影响"。[213] 然而在大城市里，一种公共餐饮文化还是出现了。例如，来自波斯的帕西人在孟买、德里和其他地区的印度城市开了茶馆。这些商店通常靠近大的劳动场所，迎合不同的宗教和种姓背景，为他们提供汽水、茶和咖啡。这种茶被称为"伊朗"茶，然而最初是从中国进口而来的。[214] 伊朗咖啡馆演变成了正常餐馆，设有大理石桌面、镜子和曲木椅子，提供独特的帕西菜肴，被称为"穷人小店"，虽然有些店还有接待家庭的设施，并且有"女士的特别食宿设施"。它们还出售罐头食品、饼干和其他"西方化物品"。据说孟买在 1909 年有 494家茶馆和咖啡馆，这两种新饮料的口味得到了推广。[215] 茶馆在各地促进着茶叶市场的发展，不过在印度，这些地方起初是男性专属区。

欧洲人、混血人种和当地雇员分发出大量免费样品。通常情况下，这些代理商已参与到茶叶销售中去了。例如，印度茶叶协会雇用了一名德国海军军官，他曾在波斯边界、波斯西部和中亚分发茶叶。[216] 这名代理还对印度军队的需求尤其关注，因为他觉得军人不像本地人那样"对欧洲消费物品打心眼里就怀疑"。[217] 根据一份报告，"在地方军队、铁路、展览会、剧院的人群里"，还有矿工、云母工人和黄麻工人中，这些付出得到了回报。[218] 这样的公开活动在印度尤其有用，因为尽管茶叶推销者赞助了"如何将印度茶叶带入印度家庭"这类话题的印地语征文比赛，不过总体而言，他们依然感觉自己被很多私人家庭拒之门外。[219] 有一名印度茶叶协会雇员是个"达卡出生的精明印度助理"，他甚至开始细分这个市场，明确告诉印度教徒"茶是素食的饮料"，而对普通印度人则只强调茶是"他们的祖国的产品"。[220]

当然，大多数印度人只能勉强糊口，没有多余的钱花在购买茶叶上。印度茶叶协会了解这一点，并生产了一种中国砖茶的变种，这种商品价格低廉，并且可以长期保存而不会陈腐变味。他们还试图出售冰茶，在圣路易斯博览会开幕前几年，印度一家茶叶公司在拉合尔和加尔各答的火车站、集市、码头和足球比赛中出售这种"提神的饮料"。[221] 理查·布莱钦登在把这种饮料推向圣路易斯之前，无疑很清楚这些营销活动做出的尝试。然而，这段历史一直被隐藏在档案馆里，并没有在一个多世纪的广告中得到大力宣传。在印度，市场营销通常相当简单，不过印度茶叶协会也一股脑地使用了最现代的广告形式。就在第一次世界大战爆发之前，印度茶叶协会雇用了法国著名企业百代电影公司（Messrs. Pathé Frères）拍摄一部电影，教"本地人"如何制作茶叶，希望借此让他们认识到这种饮料是本地出产的。[222] 这些大力投入试图对该商品做一些调整以使其适合当地市场，并开始把一种"欧洲"商品重塑为本地商品。

种植园主一边忙于在印度、美国、澳大利亚、加拿大和其他地方宣传其帝国产品的优点，一边涉足英国政治，因为他们认识到创造市场需要的不仅是广告、讲座和免费样品。种植园主明白，即使在成熟的市场，财政和贸易政策也会影响到价格和销售。虽然茶叶种植园主在殖民地上无疑拥有巨大的政治能量，但在宗主国并非如此。事实上，他们学习政治游说和影响技巧时，很多人认为自己在政治方面是弱势的局外人，在宗主国缺乏发言权。这种局外人的感觉自世纪之交起尤其强烈，当时宗主国政府正依赖于他们国家非凡的饮茶习惯来筹集战争经费。

爱德华时代的茶叶征税和种植园主政治

南非战争期间（1899—1902），英国保守党政府提高了茶叶税，以抵消这场战事的开销。这个决定引发出一段为期不长但很有趣的种植园主激进主义插曲，显示出了种植园主如何影响宗主国的政治以保护他们的国内市场，这些活动促使自由主义在爱德华时代的英国发生了转变。在这段时期内，大多数种植园主是支持自由贸易的自由主义者，不过他们还是开始发展出一些论点，并由保守党在第一次世界大战以后正式提出。[223] 当种植园主反对开征新茶叶税时，他们依据的是比较老的观念，即认为茶叶是一种清醒和健康的饮料，他们用对这类观念的倡导回应了近一个世纪前自由主义者对东印度公司垄断的批评。然而，自由主义政治的手段已经发生了很大的变化。种植园主调动了他们从锡兰和印度茶叶地方税中积累的大量资源，依靠他们在其他地方推广茶叶的同一笔基金来为政治提供资金支持。这一政治时刻还有一个让人感到震惊的地方，即茶叶种植园主想要与工人阶级女性结成联盟，他们认为这些人是公民消费者。降低新税的抗争也使印度和锡兰结为统一战线，这种合作方式有助于它们在 20 世纪面对新的问题和竞争对手。

南非战争比预期的更长、更艰难。它彰显出帝国的虚弱和工人阶级糟糕的健康状况，并再次提出了贫穷的消费者是否应该承担战争开支以及应如何承担这一问题。保守党政府认为，消费者应该这样做。1900 年，财政大臣迈克尔·希克斯·比奇（Michael Hicks Beach）爵士把茶叶税从每磅 4 便士提高到 6 便士。军费支出大幅增加的同时，政府和社会改革的成本也在不断攀升，致使政府开支不堪重负，威胁到维多利亚式的财政国家（fiscal state）的自由主义基础。[224] 希克斯·比奇也提高了咖啡、可可、啤酒、烈酒和烟草的税收，并恢复了糖税，但茶叶种植园主协会、进口商和分销商指出，虽然咖啡和可可"主要从国外进口"，但茶叶是"由英国臣民种植的，而且是……英国资本"。[225] 由于英国人不再喝中国茶，希克斯·比奇无意中提出了一个新的问题——为了帝国国防而征收的税是否有失公允地惩罚了一个大英帝国的产业？

战争结束后，上调的税率并没有回落，而且到了 1904 年，约瑟夫·奥斯汀·张伯伦（Joseph Austen Chamberlain）把这项税款进一步提到每磅 8 便士。1905 年，加征的 2 便士被减掉，但这个"战争税"岿然不动，因此，印度和锡兰的种植园主组建了反茶税同盟（Anti Tea-Duty League），反对"不公正的高税收"。[226] 反茶税同盟是一个非党派的游说机构，它的唯一目的是向政府施压，使其降低茶叶税，这个组织把各个殖民地的种植园主联合起来，并表达了将工人阶级消费者视为帝国公民的新看法。因此，这一组织的鼓吹内容就有了政治和经济背景，在 20 世纪初期的商品文化中推动了帝国修辞和意象的运用。[227]

反茶税同盟的主要意义在于他们利用了新的媒体和宣传技巧，在殖民地种植园主和工人阶级消费者之间建起一个假想的联盟。联盟四处宣传种植园主无私地在丛林中劳作以满足穷困且以女性为主的饮茶者的需求，而且他们确实使这群人得到了慰藉。反茶税同盟使用了最新的广告技术，由茶叶地方税提供相关的资金支持，巧合的是，这项地方税刚刚资助完路易斯安那贸易博览会。反茶税同盟的论调和战术在这一时代的自由贸易运动中收获颇丰，因此受到主流自由主义者的支持。[228] 然而，它的大众帝国主义观念类似于刚刚由约瑟夫·张伯伦创建于 1903 年的关税改革同盟（Tariff Reform League）。[229] 关税改革同盟的诉求是建立特惠关税待遇，以发展帝国市场，刺激国内经济发展，解决失业问题，并协助为迫在眉睫的社会改革提供资金支持。而自由贸易商则认为，关税改革会提高食品成本，从而伤害到贫穷的消费者。在这一点上，反茶税同盟把赌注押到自由主义者身上，并帮助他们在 1906 年赢得那场著名的压倒性胜利，但我们也将在下一章看到，战争结束后，这些种植园主将放弃自由贸易，越来越急于维护帝国的利益。然而在这时，他们的努力支持了自由党，促使该党对大英帝国做出进一步思考。

1905 年 1 月，印度茶叶协会、锡兰种植园主协会、大型分销商和殖民地政治家举行联席会议，创建了反茶税同盟。印度茶叶协会主席、焦尔哈特和大吉岭茶叶公司高管 F. A. 罗伯茨（F. A. Roberts）被选中担任主席。曾经担任锡兰总督的韦斯特·里奇韦（West Ridgeway）爵士成为董事长。执行委员会还包括锡兰最著名的种植园主宣传家 H. K. 拉瑟福德、约翰·劳丹-尚德和约翰·格里林顿爵士。如前所述，格里林顿在 1904 年的路易斯安那贸易博览会上担任锡兰茶叶专员，他在 1912 年成为锡兰协会主席和锡兰立法委员会的种植园成员。布洛克邦德公司老板亚瑟·布洛克，还有英国首屈一指的茶叶统计与经济专家、茶叶经纪公司威尔逊和斯坦顿公司创始人 A. G. 斯坦顿，都在反茶税同盟的董事会中担任分销商代表。[230] 我们在 1887 年介绍 J. 巴里·怀特时提到过罗珀·莱斯布里奇，这场运动的很多经济主张都是他提出来的。[231]

反茶税同盟的日常运作几乎完全由赫伯特·康普顿（Herbert Compton）负责，他是一名退休的种植园主、通俗作家和著名政治宣传家。康普顿曾是关税改革联盟的主要宣传者之一，因此茶产业要求他"就像'四十年代'为玉米宣传鼓动的那样，为茶叶做些事情"。[232] 这个请求指的是自由贸易出版物《饥饿的四十年代》（*The Hungry Forties*），这本书于 1904 年问世，作者是科布登的孙女简·科布登·昂温（Jane Cobden Unwin）与其丈夫，它是一本英国老人的书信集，回忆他们在 19 世纪 40 年代废除玉米法之前，因食品价格居高不下而受的饥饿之苦。正如弗兰克·特伦曼所说，《饥饿的四十年代》有助于为自由贸易创造一段广为传播的记忆或历史。[233] 事实的确如此，但康普顿仍然认为这本书是一个糟糕的宣传案例。尽管如此，他还是同意："在这个国家，对食品征税确实就像活人从坟墓里挖尸体时闻到的味道一样令人厌恶，完全是这样，而且永远是这样。"[234] 康普顿相信，他可以为廉价茶叶赋予和廉价面包一样的重要象征意义。

康普顿狂热地给林林总总的报纸编辑撰写新闻稿和信件，而且还创办了一份刊物，即《反茶税同盟通讯月刊》（*Monthly Message of the Anti-Tea-Duty League*）。他出版了一本书，名叫《来与我们喝茶》（*Come to Tea with Us*），还有一本书信和文章集，标题是《联盟为什么出现？》（*What Started the League?*）。[235] 他也喜欢用海报来做宣传。1905 年夏天，8000 张反茶税同盟的海报贴遍英国各地的墙板上，报纸、期刊和贸易媒体也对此进行了转载。几个月的时间里，康普顿还在报刊上投放了 50 张卡通漫画与大约 3000 封书信和文章，然后他把这些报刊发给英国、印度和锡兰的政界人士，还有代理机构、批发公司、杂货商、餐饮公司、航运企业、禁酒和慈善机构及公共图书馆。反茶税同盟的伦敦办事处也成了一个固定的"茶叶展览馆"，这些展览旨在教导政府和产业界。最后，该联盟游说执政者和有潜力的政客，并为那些支持其事业的候选人（通常是自由党人，但并不总是如此）拉票。[236]

自由贸易、关税改革、爱尔兰自治、妇女选举权以及其他很多问题竞相在广告牌上做宣传，反茶税联盟必须在那里找到一席之地，所以它的海报使用鲜艳的颜色、重复的口号、幽默的内容、简单的设计和强有力的论据，让人相信穷人支付的茶税比富人多。[237] 在《来与我们喝茶》这本书中，康普顿基本上重申了以前用过的那种自由主义论调："茶叶是温和的，是舒适的，是我们短暂生命中的慰藉。茶叶使我们不至陷入诱惑，支持我们保持清醒，使我们更加勤劳，并激励我们进行更长时间的劳动。茶叶对我们、女人和我们的孩子来说，和口中的面包一样不可或缺。茶叶必须免税！"[238] 这些想法都不是新出现的，而且在这段时期，自由贸易和关税改革的斗争尤其使妇女儿童的饥饿和痛苦政治化了。[239]

然而，反茶税同盟的信件、海报和卡通漫画用视觉形象和语言宣称，是这些茶叶种植园主在为贫穷的女性消费者而战斗。例如，一个"休假的茶叶种植园主"提出疑问，这种茶叶税如此之高，是否因为"女人喝的饮料"对男性选民来说无所谓，而啤酒征税就不一样了。一个自称"阿刹迈"（Assamite）的人坚持说："茶叶是我们日常饮食的绝对必需品……是极端穷困者的安慰，尤其是妇女和儿童，它是推动禁酒的一个显著因素。"[240] 虽然很多海报突出强调贫穷女性需要保护，但另一些海报则将女性描绘为政治行动者——在女性选举权运动的声势正在加强，并且威胁到政治属于男性特权的定义的时候，这是一种激进行为。这并不是说该联盟支持女性选举权，他们回避这个问题，但康普顿确实雇用了女性说客并展出了一系列艺术作品来说明女性公民消费者的集体力量。例如，一幅"女佣致议会候选人代表"的海报回顾了法国女性消费者于 1789 年 10 月在凡尔赛举行的游行。女性消费者攻击法国君主制的权威，并谴责它不能养活人民，同时也对议会候选人"必须提高税收"这一主张提出质疑。[241] 这些女性消费者地位不及讲台上那位政治家高，不过她们似乎是自由贸易和低税率的道德高尚的捍卫者。诚然，数个世纪以来，女性消费者已经确保了道德经济的实施。而这里的不同之处在于，殖民地商人利用女性消费者来实现他们自己的政治目标。

该联盟的宣传也使工人阶级男性的政治权力合法化。在海报"在我看来好像不对"中，一名工人写下这些诗句：

> 有一个问题关系到我们每一个人，
>
> 每天触及我们两次，
>
> 只要我们喝上一杯茶
>
> 你知道我们需要付出什么吗？
>
> 我们要交的税堪比茶叶本身的价格
>
> 可以清楚看到
>
> 我们喝 1 便士的茶
>
> 要付 1 便士的茶叶税！ [242]

一张关于这幅海报的照片再次刊登在《反茶税联盟通讯月刊》上，展示了男人们聚集在伯明翰、曼彻斯特、伦敦和利物浦观看这幅海报的场景，并借此集中凸显了群众的政治力量和海报的视觉效果。从这个例证可以看出，爱德华时代的广告牌基本上把购买和饮用品牌廉价商品与公民权利杂糅在一起。然而在这个时刻，茶叶种植园主要求工人用他们的投票来保卫帝国的商业。

反茶税联盟的宣传册从社会贫困状况和预算研究、政府蓝皮书、亚当·斯密以及其他政治经济学家的观点中得出证据，认为对茶叶征税威胁到了国家和自由主义本身，比如《茶叶：不公正的高关税》（*Tea: The Injustice of the High Duty*）就是这样的作品。康普顿辩称："我们是自由贸易者，如果我们以收益为目的对人民饮食中不可缺少的一种东西征税，如果我们残忍地向一种英国产的商品征税，那么我们的免税食物观就是一纸空谈。"[243] 联盟的宣传甚至称赞波士顿茶党是所有殖民者抗议宗主国专制暴虐的象征。在一个关乎帝国治理和民主化的更宏大的背景下，这一举措似乎使他们基于贸易的政治成了一个新篇章。在《来与我们喝茶》中，康普顿对美国独立革命家表示赞赏，因为他们曾在 1773 年公开宣称"茶叶不应征税"。[244] 这种殖民地故事对种植园主具有吸引力，他们认同无代表不纳税的号召，并借此给自己贴上无政治发声权的标签。美国革命在另一处关键的转折中也发挥了重要作用，即种植园主被塑造成一种政治和社会局外人的形象。

因此，反茶税联盟的话语强调的是殖民地和宗主国、种植园主和消费者团结一致。种植园主支持者的来信对他们所谓的受迫害大加利用。在写给《利兹使者报》（*Leeds Mercury*）编辑的一封信中，一名种植园主描述自己如何"在印度的边境丛林中耗尽一生中最美好的时光，却发现自己并没有挣到多少钱"。[245] 另一位作者提出，"英国茶叶种植园主们远在万里之遥，没有办法投票，所以政府能够肆无忌惮地对他们进行掠夺"。[246]《丛林十年》（"Ten years in the Jungle"）忆述了一个悲惨的故事，一名种植园主"勇敢地坚守在茶园……却遭到彻底损失，没有能力让他的孩子接受正常教育……一切都是因为这个残忍无情的茶叶税"。[247] 1905 年 1月，康普顿给《帕马公报》（*Pall Mall Gazette*）写了一封长信，表示他注意到"人们极少听到关于茶种植园主的任何事情。他们在帝国中不善辞令、默默无闻，因为他们所有的实际需求与话语权都被埋葬在了丛林里，就像他们自己的茶树一样"。种植园主没有奢侈的生活，而是被"恶劣的气候……发烧、霍乱、痢疾"折磨得筋疲力尽。这些勤劳的英国臣民陷入这样的困境中，"没有时间给报纸写信……（而且）没有政治投票权"，因此必须呼吁"消费者""帮他发挥力量，让他的议会代表做出承诺"。[248] 反茶税联盟在所有宣传中都一再表示："消费者是唯一能挽救这种状况的人。"[249] 一位作者表示，虽然种植园主在丛林中辛苦劳作，不过他们声称自己和比约克郡的羊毛厂商一样都是英国人。[250] 印度和锡兰的茶叶是"英国人在英国领土上种植的，使用的是英国资本，受到英国种植园主的直接监督，还有英国殖民地臣民的劳动……永远不要忘记，生产者不是外国人，而是我们同种族的人"。[251] 种植园主——乃至整个帝国——生产出"一种具有普遍性的食品……一种国民饮料"。"中国茶叶是富人的奢侈品，但现在印度茶叶是穷人的安慰剂"这句话成了反茶税联盟一再重申的箴言。[252]

当然，种植园主也花了无数时间给报纸写信，把自己描述得无比可怜，以此来影响政策。[253] 当奥斯汀·张伯伦在 1905 年降低茶叶税时，他承认了反茶税同盟的力量，并重申了"目前供应给我们的这种物品几乎完全来自英国的附属地和殖民地"这一论断。[254] 很多自由党候选人在参加 1906 年大选时也这样说。[255] 反茶税联盟随后宣称，他们的鼓动宣传确保自由党获得了胜利。康普顿解释说，他花了 3000 英镑，印制了 200 万张传单、6 万张海报，还为选举基金捐款，帮助了 163 个支持同盟的候选人赢得席位。[256]

然而，就在自由党取得压倒性胜利之后，反茶税同盟突然解雇了赫伯特·康普顿，原因可能是他开始批评那些曾经支持其事业的大型经销商。康普顿丢掉这份工作后，组织了免税茶叶联盟（Free Tea League），并且抨击了茶叶购买商协会（Tea Buyers' Association），称这个机构代表着"资本主义垄断者"。他说，这个协会"一方是资本，另一方是人民和种植园主；是垄断者对阵消费者和殖民者"。[257] 康普顿准确地看出了这个产业中的购买方是如何获得力量的。1906 年，大约 20 家公司控制了英国的茶叶销售，关税的提高促进了公司的兼并，因为只有比较大的公司才能负担得起税款。[258] 康普顿对茶叶购买商协会的敌意是一种紧张关系的重新表达，就是这种关系在 19 世纪 80 年代影响了有关茶叶调配的讨论。他相信购买商对帝国毫不在意，从某种程度上说，他是正确的。然而，康普顿的事业却提前终结了，因为他在 1906 年乘船去马德拉时溺水身亡。目前我们尚不清楚这是一起事故还是谋杀或者自杀，因为康普顿在政治上遭受挫折从而出现了精神失常，还常年受到疟疾的折磨。[259] 不过他的思想和方法在 20 世纪 20、30 年代开始流行起来，得到了大众的普遍认可。

———————

印度、锡兰、中国、日本相互竞争，鼓励多家机构寻求出口市场，开发美国、殖民地和逐渐被理解为"土著"或本地的印度市场。种植园主在宣传方面已经获得了巨大的信心，他们相信，只要有充足的资金、干劲和对当地的了解，他们就可以利用宣传在任何地方开拓市场。锡兰和印度茶叶协会相信，在他们的努力下，北美在芝加哥世界博览会之后，正在慢慢地从喝东亚绿茶转变为喝南亚红茶。[260] 他们还注意到澳大利亚和大洋洲其他地区也出现了相同的转变，并且忽视了在 20 世纪初期人均消费量开始下降的事实。如我们所见，种植园主为茶叶所做的努力非常多，印刷广告只是其中的一小部分。人际交往和关系也非常重要，因为它们也在影响英国市场。那些种植园主虽然转型成为零售商、展览专家、记者、购买商和广告商，却与他们的朋友、家人和种植园里的同事保持着密切联系，这个跨国社群帮助他们营造了一种帝国消费者文化，这种文化表面上看起来在帝国和在美国没有什么不同，但同时也开始反映出日益强烈的民族主义。托马斯·立顿是这个社群的著名成员，赫伯特·康普顿、约翰·劳丹-尚德、理查·布莱钦登、J. J. 格里林顿、威廉·尤克斯以及一名未具名但"出生于达卡的聪明的印度助手"也都和立顿一样，试图引导本地居民享受茶叶的"福祉"。如果要进一步研究印度和其他市场的消费社会史，我们需要探索地方文化在不同环境中塑造茶叶含义的方式。然而在这里我强调的问题在于，一个通过报纸和贸易杂志、博览会、会议和家庭形成的跨国商业团体如何一方面承认消费者的能力和消费欲望存在差异，一方面又相信可以用同样的方式在世界各地培养喝茶的口味。

无论去到哪里，种植园主都认为创造市场与殖民化进程类似，他们的很多设想是由种族和民族主义思维决定的。他们持有传教士般的信念，认为尽管各个地方的人都不一样，但所有的人都有可能喜欢和想要相同的东西。他们创造了一种全球消费者的理想化形象，认为对于任何商品，消费者就算不能真的买下来，也会有购买意愿。这种思想在 19 世纪和 20 世纪初的全球化形势中占据着中心地位。这种情形在茶产业中尤其明显，因为茶叶已经成了一种廉价商品。然而，这种版本的全球化观念不是一个民主化或均衡的概念，而且它并没有创造出一种相同的全球消费者文化。例如，在讨论北美人和澳大利亚人的时候，种植园主想象他们将文明的饮料带给了见过世面的"英国"消费者。当种植园主在印度努力开拓时，他们认为自己是在向那些他们认定没有接触过市场的人传播消费主义的福音。在既有的想法、地方经济和政治以及消费者和零售活动的作用下，与这种商品相关的意义和用途得以形成。茶叶种植园主和他们的宣传家同时用全球性和地方性的眼光看待世界，他们相信消费主义在本质上是统一的，但同时又拥有提倡差异的种族和民族意识形态，他们在这二者之间努力寻找平衡点。第一次世界大战期间和战后，随着政府和公民开始对经济、消费和国家之间的关系产生新的理解，这一窘境也变得日益政治化起来。

7

"每个厨房都是一个帝国厨房"

帝国消费主义政治

1923 年 6 月的一个夜晚，近 300 名政界和商界人士聚集在伦敦大皇后街的阿萨姆年度晚宴上。这是帝国和宗主国政治掮客的一次聚会，虽然聚会奢华而轻松，却并非完全与政治无关。大多数出席者的整个职业生涯都在管理种植园，或者为出口、进口和零售公司工作。还有人涉足航运和保险公司、银行及代理公司等行业。印度事务大臣皮尔子爵（Viscount Peel）、印度高级专员 D. M. 达拉尔（D. M. Dalal）和即将成为第一任英奇凯普伯爵的英奇凯普子爵（Viscount Inchcape）当晚也一起出席。[1] 与会者中有些人在 20 世纪 20 年代是最有影响力的全球经济缔造者。例如，英奇凯普本名詹姆斯·麦凯（James Mackay），是一名富有的船长的儿子，但到 1923 年，他已经在统治着一个商业帝国，其中包括世界上最大的航运集团，控制着英国、亚洲和澳大利亚之间的航线。麦凯在煤炭、黄麻、棉花、羊毛、咖啡和茶叶等大宗商品中都有盈利，其影响力远及南亚、东南亚、远东、波斯湾和西非。[2]

印度茶叶协会主席 W. A. 贝恩是一个被定罪的杀人犯，他在欢迎致辞中形容晚宴是个好机会，可以用来"恢复从前的友谊，唤醒往昔的记忆，追忆已经逝去的旧日好时光，讨论在座的来宾当前的问题和困惑，还可能发发牢骚，并畅想未来的美好图景"。他所说的这些困惑包括总体战造成的混乱、俄国革命、商品价格的迅速变化，以及茶产区和整个南亚次大陆的劳工动乱和民族主义。在描绘未来的"美好图景"时，贝恩向来宾保证，工人抗议活动已经被平息了，制造业也有所改善。他还开玩笑地说，最近研究表明茶叶富含维生素 B，这意味着"阿萨姆的茶园"现在可以和"伊顿的运动场"一道，在"帝国的胜利"中享有一席之地了。当皮尔子爵登上讲台的时候，他也很忧虑，但他用自己的担忧开了一个关于女性选举权的玩笑："如今，当女性有了选票——她们是你们的大客户，我想茶叶消费在政治舞台上有了前所未有的地位。"女性选票改变了游戏规则，但使茶产业政治化的不止女性选举权。正如皮尔自己解释的，种植园主巧妙地调动起"政府、军队和公共机构的整个政府机构……作为你们自己的广告机构"。他在这里指的是印度，并描述了茶叶协会在过去 20 年的时间里是如何让政府支持他们不懈地追寻印度消费者的。[3] 这些话可能是以轻松愉快的口气说出来的，但它们捕捉到了两次世界大战之间的帝国商业焦虑。战时的物资短缺、社会主义的发展、有组织的劳工运动、"本土"资本主义的扩张、印度和帝国其他地方的宪政变革，都把帝国商品及其消费者政治化了，更不用说世界贸易的崩溃与大萧条的开始。自从波士顿茶党以来，这种现象还没有出现过。

在 1923 年 6 月的那个夜晚，茶叶与其他商品相比，在某种程度上处于独一无二的地位，因为大英帝国几乎完全垄断了这种商品的全球贸易及其附属业务。1931 年，英国皇家经济委员会在一份报告中解释说，茶叶"是大英帝国的一个主要关注点"，它已经占到世界贸易商品总价值的 1%。报告继续说：

> 70% 以上的出口茶叶是在帝国生产的，近 70% 的茶叶都是由帝国所消费的。2/3 以上的茶叶生产资本由帝国提供。印度和锡兰使用的所有机器都来自帝国，而 60% 用于茶叶运输的箱子是从帝国各地进口而来的。[4]

然而，这种垄断从来都不是绝对的，荷属东印度的茶叶在主流市场上也取得了进展，而中国也开始面向澳大利亚出口茶叶、打广告。[5] 为了应对这些问题，种植产业创建了强大的新企业机构，投身于政治运动，并动员股东、店主和消费者的政治与文化力量。皮尔子爵调侃了女性选举权和茶叶种植园主使用"政府机构"来创造市场的习惯，但他真正想要阐述的是一个近乎被全世界遗忘的思想，即政治和经济——以及公共和私人——应该各自划分为不同的领域。第一次世界大战结束后，几乎所有自由主义、法西斯主义、社会主义和民族主义的国家和政党都对自由贸易失去了信心。然而，这种自由主义的信仰危机使消费者获得了能够创造或破坏国家和帝国的力量。[6] 消费国有化使广告和文化产业合法化并得以进一步发展，并且在以一种反常的方式变得全球化。

几乎在每一个民族背景中，战争期间的经济民族主义都改变了消费者的含义和茶叶这类帝国商品的意义，不过它带来的影响却各有不同。[7] 在英国，茶叶搭上一个强大的"购买英国货"理念的便车，获得了帝国市场委员会这类准政府机构、保守派理论家、政治家和新闻记者的支持，保守派女性对它的支持尤其坚定。[8] 这些组织携起手来，将消费英国产茶叶提倡为一种帝国责任，而不是个人享乐方式，更不是个人主义的表现，甚至也不是一种民主权利。在美国，高水平的消费主义逐渐被视为民族认同、生活方式、"正义和权利"的一个决定性特征。[9] 政府政策影响和创造了这个思想体系，并且使美国权势向海外输出这一行为正当化。然而，当人们相信消费是一种民族性活动，茶叶市场却受到了损害，因为消费者把资金用于购买新的、更令人兴奋的"美国"饮品，而茶叶则被视为老式的、非美国人的、女性化的饮料。在印度，殖民地行政人员和茶叶利益集团提出，喝茶可以平息劳工和民族主义者的动乱，民族主义者的观点却恰恰相反，他们视茶叶广告和"印度种植园主"为欧洲帝国主义的一种形式，对其避之唯恐不及。然而与革命性的美国不同的是，民族主义者抵制英国品牌的号召对人均消费并没有产生明显影响，印度市场在继续扩张。但是，各地的男男女女不分阶级和政治派别，对一件事情达成了共识：消费主义是一种强大的政治力量，可以维系或推翻帝国和国家。这使得女性、工人阶级和非白人殖民地消费者在全球商业中的关系变得亦敌亦友。在1923年举办的伦敦阿萨姆晚宴上，虽然他们刚刚被邀请入场，但这些令人不安的话题依然未曾平息。那天晚上一起吃饭的政治掮客也很快开始互相争吵。最终，消费者成了帝国公民，但并不是以那些出席阿萨姆晚宴的人们预期的方式。

战争与和平时期的下午茶

利吉威公司自从 19 世纪 80 年代以来就一直向美国出口茶叶，1917年 7 月，该公司员工约翰·梅特兰（John Maitland）向他的一名美国代理解释说："不用我多说，我们正处于一个非常困难的时期……这个国家的出口业务完全停止了，我们必须从东方直接安排货物供应美国。"[10] 梅特兰的话反映出了全球政治经济的急剧变化。第一次世界大战使全球资本主义的扩张迅速终止，并宣告欧洲——尤其是英国——的世界贸易份额进入了衰退阶段。[11] 劳动力和物资短缺、运输困难以及工业发展重点向军工生产的转变，改变了商品在世界各地的生产和流通。殖民地茶产业的发展方向也发生了改变。当然，英国与德国和奥地利的贸易停止了，随着出口量在下降，地方税的征收数额也在减少，在美国开展的广告活动也终止了。在英国——而且很可能在其他地方也是如此——政府出于限制消费的需要，对那些无比豪华的下午茶提出了道德上的质疑。然而，对于军人、工厂工人和殖民地消费者来说，茶叶有着完全不同的意义。尽管茶叶消费存在很多问题，而且供不应求成了普遍趋势，种植园主和出口商还是在继续打广告，开拓新市场，捍卫茶叶在战时饮食中的地位。

战争使所有交战方的食品和供给都政治化了。一方面受到贸易封锁的影响，另一方面由于油料和肥料被用于生产武器而非粮食，大后方发生了大饥荒，尤其是在俄国和德国。讨要粮食的动乱爆发，消费者的抗议内容不仅是对粮食的绝对需求，还质疑政府养活人民的能力。[12] 即便是在英国，国家干预也成了标准手段，而当初参战时英国还相信可以坚持"正常"的自由放任原则。[13] 尽管英国近 60% 的粮食供应依赖进口，但并没有遇到其他国家那样的极端短缺。平民确实感到粮食供应不足，但较高的收入、较小的家庭规模和家庭开支的调整有助于让工人阶级维持常规饮食水平，有时还能得到改善。[14] 然而，基本食品价格上涨，购物也要长时间排队，消费者因此变得政治化，尤其是工人阶级的家庭主妇。新的消费者委员会、女权主义者和劳工组织让消费者在公共领域有了发声和行动的条件。[15] 消费已经成为一种政治行为，一位工人阶级母亲对此深有感受，她描述战时短缺时说："我总是有点社会主义倾向，但我现在是排在队伍的最前列，我在下一次大选中有投票权。我想要表达出自己的想法，当我在暴民中等待时，不会闭口不言。没有什么比想喝一杯茶更能让我为之发声。"[16] 茶产业并没有压制这种消费者权益的表达，而是对其加以利用，而政府却只对消费者的需求做出了草率的回应。

到战争中期，由于食品短缺、消费者和劳工动乱，英国政府不得不放弃对自由贸易的承诺。1916 年，食品部成立，在不到一年的时间里，它的 4 万名工作人员执行起改组整个粮食供应系统的任务。关于如何对待茶叶这个问题，这个机构出台的政策有些矛盾。一些措施将茶叶标记为应该收重税的外国奢侈品。战争初期，自由党的财政大臣雷金纳德·麦克纳（Reginald McKenna）把茶叶、咖啡和可可的关税提高了 50%。印度茶叶协会对此抗议，但效果不大。[17] 然而在战争初期，茶产业的发展状况相当好。大种植园主和投资者已经着手多样化经营，开始涉足橡胶和其他对战备有用的商品贸易。[18] 1915 年和 1916 年的茶叶大丰收有助于保持供需平衡，而且种植园主大多都把茶叶卖出了好价钱。军方既是一个重要市场，也是个规模庞大的市场，它保证士兵们能够得到充足的补给。然而到 1916 年，股票开始下跌，海运成本增加，导致茶叶在英国的零售价格比 1914 年几乎翻了一番。[19] 茶叶价格原来是每磅 1 先令 6 便士，如今涨了到每磅 3 先令。消费者举行的抗议很快迫使政府考虑茶叶在战争中的重要性。1916 年，食品管制官达文波特勋爵开始推行价格管制，规定 40%的茶叶零售价格不得超过 2 先令 4 便士。实行价格管制，意味着茶叶是必需品，但同时食品部还把它保留在奢侈品进口限制清单的食品和饮品名录里。这种情况致使进口量出现减少，引发了供应短缺，又招来了消费者的抗议。[20] 1917 年秋，购物者为了买到有限的物品，要排着长长的队伍等待数个小时。[21] 11 月底，谢菲尔德和其他地方的女性威胁要突袭商店，到了冬天又出现类似情况，群众挤到商店和货摊里，要求得到茶叶和其他基本食品。[22] 政府于是采购了更多的茶叶补充供应，并对 90% 的茶叶实行新的价格管制。1918 年 2 月，政府对茶叶实施配给制度，消费者必须先到杂货店或其他经销商那里登记，才能以每磅 2 先令 8 便士的价格买到每周 2 盎司的国家管制茶叶。

供不应求、消费者和产业界的抗议以及政府的反应，都在质疑茶叶究竟是奢侈品还是必需品。政府当局和食品科学家坚称，"从食物的角度来看，茶叶的价值是微不足道的"。[23] 营养科学并没有太关注这种饮品。[24] 这些新专家认为谷物和动物蛋白是必要食品，而茶叶是一种奢侈品。[25] 由于粮食短缺和运输困难增加，政府中的一些人开始抨击下午茶，把它定义为一种挥霍性的社交习惯，参加者都是有钱的女人，这些人除了吃甜点找不到更好的事情去做了。[26] 1916 年 11 月，军火海外运输主管伯顿·查德威克（Burton Chadwick）带头发起抨击。"下午茶不是一顿饭，而是一种习惯。"他在写给《泰晤士报》的信中说。禁止这种"有钱人的习惯"，将缩小阶级差距，并让所有的平民学会为了实现胜利而付出必需的"自我牺牲"。[27] 男女消费者和为他们提供服务的中下阶层经营者对查德威克的观点提出了质疑，并提出茶叶完全是战时必需品的观念。

中下阶层茶馆及餐厅的经营者和顾客都声称，下午茶是民主的餐饮，不同性别、不同阶级的人们都很享受它，因此它对战争有帮助。[28] 它是一种单纯的快乐，能够帮助人们应对战时的物资短缺、饥饿和长时间劳作。一位官员很好地捕捉到了这种情绪，他写道："只要有茶喝，男人就几乎能容忍一切匮乏。"[29] 一名"南伦敦工人"也为那些在兵工厂 12 个小时轮班的女员工辩护，认为她们有权利享受下午茶。[30] 餐饮业者和他们的顾客坚持认为，在这种民主、温和、健康的饮品以及与其搭配的食品的帮助下，劳动者能够保持生产力和满足感，军队也能够保持战斗力。

尽管经营者和消费者都在抗议，但下午茶还是受到了战时短缺带来的不利影响，达文波特勋爵于 1917 年 4 月 18 日发布"糕点令"（The Cake and Pastry Order），抑制"精美糕点的生产和销售"，并真的取缔了"松糕、烤饼和茶点"，只允许生产面包、无糖烤饼和其他面粉含量不超过 30% 或糖含量不超过 15% 的食品。[31] 因此，舆论和政策转而开始反对下午茶作为最甜蜜的化身。在茶馆、酒店和其他公共度假胜地喝茶吃甜点的女性被描绘成逃避现实的人，而贫困的家庭主妇、兵工厂工人和为国家效力的军人却赢得了喝热茶的权利。烤饼和松饼带来的享受变得不可靠了，茶叶却被当作战争武器保护起来，茶叶进口商和种植园主在政府中发挥起更大的作用。例如，有一家兼营进口、包装和批发的公司，其资深合伙人理查德·皮戈特（Richard Piggott）成了茶叶管制委员会主席，之后又担任了食品部的茶叶供应部门主管。[32]

战争期间，印度茶叶的输送畅通无阻，皮尔在1923年的阿萨姆晚宴上承认，种植园主将继续把"政府、军事和公共部门的整个机关"调动起来，使之成为"（他们）自己的广告机器"。[33] 虽然茶馆在英国受到了严格审查，但成千上万的茶馆在"印度的四面八方"涌现，出售的茶叶价格低廉，甚至连"当地最穷的人"也负担得起，布洛克邦德公司的一名高管对这些茶馆表示了肯定。[34] 战争也确保了印度军队能够得到充足的茶叶供应。H. W. 纽比（H. W. Newby）曾是立顿公司的加尔各答经理，现在成了印度茶叶地方税委员会的印度专员，他说服了200多名军官为属下开设茶室，让工厂业主在他们的战时福利社中供应茶饮。[35] 印度茶叶地方税委员会在1917年的报告中解释说："工厂的消费量不是最终目标。我们期待员工在工作中学会喝茶后，会把这个习惯带到家中，让他的亲朋好友也养成喝茶的习惯。"[36] 因此，工作场所实际上是通向家庭的一条大道，是一个培养新口味的重要场所。

1917—1920年间，纽比和他的员工还向杂货店兜揽生意，在无数乡村集市上演示了如何沏茶，在旁遮普、联合省、孟加拉、加尔各答和印度南部的铁路和内河轮船上提供喝茶服务。[37] 他们在城市墙面上画下支持茶叶和反咖啡的绘画。留声机、电影放映机、游戏、音乐、奖项和其他琳琅满目的诱惑在战时印度的公共场所涌现出来，刺激了大众对喝茶的兴趣。[38] 这样的战术似乎发挥了效果。1910年的时候，印度人每年只消费1300万磅茶叶，而到了1920年，该国茶叶消费量达到了6000万磅。[39] 印度的人均茶叶消费量仍然很低，但这里正在发展成一个重要的消费市场。印度茶叶地方税委员会相信，军队和其他公共场所的殖民化对此产生了强烈影响。

不管消费量是在增加还是减少，第一次世界大战都使茶叶的消费文化政治化了。在英国，茶叶逐渐开始被当作战时必需品，受到控制和保护，但烤饼、松饼和点心则被谴责为对国家资源的挥霍。尽管宗主国政府试图抑制茶叶的消费和配给，殖民地政府还是与产业界合作，以确保军人、工人甚至社会最贫困的消费者能够得到一杯热茶带来的慰藉。居住在茶叶产区或附近地区的人们喝下了那些无法送到战时欧洲或美国的茶叶。在帝国，种植园主阶级拥有的权力比在本土要大得多，他们能够影响公共政策，使公共领域充满泛滥的茶叶。讽刺的是，这种情况使成千上万被称作"茶瓦拉"（chai wallahs）的小茶贩涌现出来，他们在整个南亚次大陆的各个地方卖茶。在英国，小型茶叶经销商感到生存条件越来越困难，而大型餐饮公司则更有能力度过这个困难时期。战争期间，营销人员承认了工人阶级和殖民地消费者的重要性，但战争刚一结束，他们就立即返回了美国，那里的经济在蓬勃发展，是战时联盟，而且开始禁酒，似乎是一个充满机遇的世界。

强扭的瓜不甜；
或者说，在爵士乐时代的美国销售老太太饮料的挫败

20 世纪 20 年代，英国企业开始考虑使用一种"双重营销"，他们会学习新的"美国式"销售策略，经过英式"提炼"后再返销给美国消费者。什么是美国式的销售策略实际上并不是很清楚，但一般而言，专家认为它们包括市场调查、专业广告机构，以及使用简单、重复的短语和漂亮的图画制作出来的广告，同时还包括大量新媒体的应用，尤其是电影院和收音机。[40] 虽然这些手段在英国和其他国家也日益普遍，但美国吹嘘这是自己的独创，并且是这些年来美国经济增长的关键。英国茶产业心不在焉地在美国尝试了这些方法，却完全没有说服美国人放弃那种认为喝热茶是女性化、爱挑剔和不阳刚的行为等成见。虽然茶叶贸易不能改善茶叶在美国的形象，但它们确实发展出了一些持久的友谊和伙伴关系。如果种植园

主没有花那么多时间向不情愿的美国消费者推销茶叶，殖民地茶产业就不会像后来那样培养出全球的销售大军。

20 世纪 20 年代初，英国茶叶种植园主和出口商希望依靠富裕的"盎格鲁–撒克逊"美国的巨大胃口来保护大英帝国的利益。但是为了利用这些欲望，种植园主需要花钱和雇用专业人士。1921 年，美国茶叶协会敦促印度的同事们认识到，"越来越多的美国人在购买商品时会受到广告的影响。人们逐渐感到，广告中宣传的是物有所值的东西"。[41] 确实有某些评论家——如《金融时报》的——认为，为了茶叶贸易而在美国花钱相当于打水漂，但印度政府和种植园主不同意，并指出美国人正在从喝东亚绿茶转向喝南亚红茶。相同重量的茶叶价格是咖啡的两倍，但由于美国开始禁酒，而且中国台湾和日本都在开展大规模推销，该协会受到了鼓舞，大力发起新的活动。[42] 在这段时间，锡兰没有征收茶叶地方税，但印度政府提高了他们的地方税税率，并于 1924 年聘请英国最重要的广告商之一查尔斯·海厄姆（Charles Higham）爵士，指导为期五年、投入数百万美元的大型广告活动。[43]

查尔斯·海厄姆爵士被《种植园主纪事报》（*Planters' Chronicle*）称赞为"广告大王"和"超级宣传家"，是在两战之间主宰英国广告业的两个机构负责人之一。[44] 海厄姆的职业生涯与他的朋友托马斯·立顿爵士非常相似。他出生在英国，十几岁时移居美国，在那里尝试过很多工作，包括在布鲁克林的一家报社做记者。在美国军队中服役并参加美西战斗后，海厄姆投身于广告业。海厄姆对于搬到洛杉矶还是伦敦这个问题难以抉择，他用投币的方式来决定自己的命运，最终返回了家乡，并于一战期间在招募士兵和出售战争债券方面取得了骄人的成绩。1918 年，海厄姆成为 1918 大选的联盟宣传主任（Director of Publicity for the Coalition），并且一直到 1922 年都是代表南伊斯灵顿的议员。[45] 此后，海厄姆成了一个宣传家，致力于促进英国和美国之间的文化、政治和经济联系。有一次，海厄姆在 1922 年到美国旅行，《纽约时报》称赞了他的成就，但同时也指出他"可以部分算作美国的产物"，因为他曾在美国学到了宣传艺术。[46] 但是，海厄姆到美国是为了推广英国的业务。英国报业巨头北岩勋爵

（Lord Northcliffe）派海厄姆西行，邀请世界联合广告俱乐部（Associated Advertising Clubs of the World）的美国成员来到伦敦，参加该集团将在1924年举行的年会。他也在美国鼓励贸易，在无数的演讲中解释和宣传"美国在英国有多么巨大的机会……因为英国人的餐饮和衣着中充满美国产品"。[47] 海厄姆相信，两国都将从英美消费文化的发展中获益。

因此，当印度茶叶协会试图改变"大陆的风俗习惯"（一个标题中这样描述）时，他们聘请了海厄姆，因为此人"同时精通英国和美国的心理学"。[48] 他之所以被选中，还有一个原因是他以狂热地使用"集体"广告而著称。海厄姆认为，成功的"集体"广告能够提升产品或服务的品位，而不是依靠品牌争夺市场份额。[49] 美国水果行业已经在用这种方法销售菠萝、柠檬、李子和核桃。[50] 英国广告商也利用这种方法推销汽车、马铃薯、鱼、水果与其他很多商品和服务。[51] 海厄姆将这些做法提高到理论水平："集体宣传在创造市场、维持市场、刺激更昂贵的舒适生活欲望和引导公众的口味方面极其有用。"[52] 然而海厄姆知道，为了让无品牌广告发挥作用，必须确保自己能够获得媒体和零售商的好感。因此，他会见了以波士顿为基地的朝圣者宣传协会（Pilgrims' Publicity Association）等团体，这个组织代表着广告商、批发商和茶叶商。他也拜访了广告俱乐部（Advertising Club）和狮身人面像俱乐部（Sphinx Club），以及其他出版商、广告商和代理商成员。《纽约时报》发行人路易斯·威利（Louis Wiley）宣布，海厄姆是茶叶运动的幕后首脑；六点联盟（Six Point League）也这么说，该组织几乎代表着美国的所有报纸。立顿、泰特莱、利吉威、萨拉达（Salada）和美国连锁店组织也支持海厄姆，对他向美国消费者推销印度茶叶时付出的努力表示认同。[53]

海厄姆的演讲在电台播出，在无数的期刊和报纸上发表，使人们对英美关系产生了更多的思考。[54] 一些持支持态度的记者将印度茶叶运动形容为英国活力的典范，并赞扬它开创了"在全世界范围内代表英国工业的普遍广告运动"。[55] 回到英国后，海厄姆却对美国消费者表达出了轻微的蔑视。他在老殖民地俱乐部发表一篇题为《今日美国》的演讲时，讥笑美国人"愿意为英国物品支付比美国货高出一半的价钱"。[56] 在自给自足帝国

228

联盟（Self-Supporting Empire League）的午宴上，查尔斯爵士反驳了有关美国化的时兴看法。"尽管看起来美国好像经常力压英国，是个推销大师"，但事实上，"印度已经打败了美国……（因为它是）世界上唯一能够做到在某种产品的种植园主或生产商的建议下，利用议会法案让政府征收一项地方税，并用它来推销一种有争议的商品的国家"。因此，海厄姆认为大英帝国在推销的新技术方面能与美国相匹敌。[57]

依靠印度的资金支持，海厄姆的推销活动强调消费的情感和社会体验，而不谈饮用现代英国产茶叶的益处。[58] 他的广告也刻意试图改变茶的性别认同，称之为"男人的饮料"。[59] 一则典型的广告说："有人告诉我，很多美国男人认为喝茶是娘娘腔！但是男人 20 年前抽烟时舆论是怎么说的，1914 年以前男人戴腕表时舆论又说了些什么呢？不——真正的男人不管干什么，男人味都不会减少。"[60]《茶叶和咖啡贸易杂志》中说，这类广告还对认为茶是"娘娘腔喝的东西"这一观念提出了反驳。[61] "娘娘腔"是对男同性恋的委婉称呼，因此，这一说法使我们知道产业界最担心的事情，即茶叶会危及美国人的阳刚气概、异性恋取向和民族性。然而，那些向读者提及真正的男人不喝茶的广告却在无意间强化了这种观念。不过，海厄姆并没有把茶叶一贯呈现为阳刚气或美国式的。为了吸引中产阶级的美国女性，很多广告强调下午茶的英国味。1925 年的一则典型的广告解释了在英国，"无论小屋还是豪宅"，"无论办公室还是车间"，都提供下午茶。另一则广告则强调美国女性如何能够学会"用英国方式"喝茶。[62] 现代时尚的女性围坐在茶几旁的插图呈现出大不列颠的古朴、精致和温柔。它不是特别现代化，也不包含"真正的"男人。

一名广告专家谈到海厄姆的工作带来的影响时断言，"在不到一年的时间里，整个美洲大陆正迅速养成喝茶的习惯，而英国人在一个多世纪里经过反复教导才养成了这样的习惯"。[63] 到 1927 年底，海厄姆宣布，广告已经把美国变成了一个"喝茶"的国家，全世界 1/6 的茶叶供应都是美国消费的。《本土和殖民地邮报》还坚称，"美利坚合众国真正具有英语种族的本能，他们终于站了出来"，开始喝茶。[64] 然而，怀疑论者质疑这样的结论。1925 年，纽约一家广告公司的总裁曾经评论说，这场广告运动并没有"圆满达成"。它"缺乏精髓和活力",没有"一个鼓舞人心的目标"。它们只是广告而已。[65] 一名销售专家认为,大多数客户仍然认为茶叶"是那种我们的祖母喝的草药饮料"。当然,这位专家建议应该投放更多的广告,以便把茶叶打造成"具有男子汉气概的饮料"或者受时髦女性追捧的"时尚"。[66] 几个月后,另一名广告商辩称,与咖啡广告相比,印度茶叶广告运动没有真正打动"美国人"。[67] 市场调查开始将美国归为不同区域乃至微区域都有不同口味的国家,这些区域划分主要受移民结构的影响。[68] 然而,海厄姆忽略了种族或区域差异,而研究显示,不存在一个全国性的美国消费文化之类的东西。[69]

统计数据显示,美国的茶叶市场没有新的发展,甚至出现了下滑,这致使一个海厄姆的批评者说:"马不喝水不能强按头。美国人就是这样。"[70] 1927 年 12 月,印度茶叶协会解雇了海厄姆,转而雇用利奥波德·贝林(Leopold Beling)。贝林于 1869 年生于锡兰,曾于芝加哥世界博览会期间担任锡兰茶叶专员兼反茶税同盟的创始人之一 J. J. 格里林顿的秘书。贝林曾在英国公司"皮克兄弟和温奇"的美国分部工作过,并于 1927 年负责纽约一家进口公司的茶叶部门。[71] 海厄姆是广告专家,推销过很多产品,而贝林则是受过维多利亚时代后期殖民地商业训练的茶叶界人士。

贝林把他的执行部门更名为"印度茶叶局"(India Tea Bureau),把新办公室搬到了壮观的辛格大厦——纽约最著名的摩天大楼之一,还聘请纽约的广告公司"帕里斯和皮尔特"(Paris & Peart),开展了一场更明确的"针对美国家庭主妇"的运动。[72] 茶叶地方税基金一直在健康发展,在其支持下,贝林的广告刊登到了 150 家报纸上,其中包括美国 3 家主流的家庭和女性杂志,即《星期六晚邮报》《妇女家庭杂志》《好管家》。这次的运动使用了一个新标志,包含印度地图的剪影与鲜明的黑色"印度茶叶"字样,这样的标志印在所有包含"充足比例的"印度茶叶的包装和品牌展示材料上。[73] 印度茶叶的具体比例一直是含糊的。然而在整整一年时间里,"1.22 亿则杂志的信息"提醒着 4000 万消费者,如果他们希望得到世界上最好的茶叶,他们应该寻找含有印度地图的茶叶品牌标志。[74] 消费者不需要考虑为什么要这样做。事实上，印度茶叶标志很像《好管家》的正式认证标志，告诉消费者不需要对他们的选择有所顾虑。一篇题为《为美国女性展示如何选择好茶叶》的文章解释说，这个标志"引领（妇女）摆脱品牌和调配方面的困惑"。[75] 这个标志简化了茶叶选购过程，并利用其"引人注目"的设计吸引消费者。事实上，与这些主流报刊上的其他广告相比，这个印度茶叶标志很小，也没有什么新意。[76] 贝林没有试图打消美国人认为喝茶不阳刚的观念，他的广告运动恰恰强调了茶叶的女性气质，并认定其购买者和饮用者都是女性。

贝林在学校、餐馆和女性商店等场所向女孩和家庭主妇推销茶叶。1929 年，印度茶叶局与家政教育服务机构（Home Makers Educational Service）合作，为学习家政课程的女学生制定教学方案，茶叶局在一份备忘录中解释说，这会创造出"与下一代家庭主妇之间的纽带"。[77] 在一年的时间里，100 多万妇女和女孩在高中的烹饪家政课上参加了饮茶演示。[78] 茶叶局也为成年女性开设课程。1930 年，250 万"家庭妇女"参加了茶叶局的展示活动，电影院、电台、报纸、行业期刊和宣传册刊发了7.5 亿则印度茶叶的"消息"，120 个品牌打上了印度茶叶标志，其中 46%声称自己是纯正的印度茶。[79] 茶叶绝不是唯一一个把学校变成商业场所的产业，而且美国只是 20 世纪 20 年代出现的一个范围更广的全球文化的一个组成部分，但美国的广告活动规模是巨大的，并使茶叶是一种女性饮品这种观念更加深入人心。

1934 年的一项市场调查发现，茶叶仍然被视为"女性饮料，男人不适合喝，与男人的身份不相称，除非他是个娘娘腔"。年轻人认为这种饮料"不对味"，并解释了他们为何喜爱新的软饮料。[80] 这项调查无法解释为什么美国人坚持这样的信念，但几个因素正在共同发挥作用。中国台湾和日本在茶叶广告上的投入差不多赶上了印度。日本请了威智汤逊公司为其服务，虽然这些广告精致而老练，但它们往往强化了茶叶的异域和女性形象。正如我们在前一章所看到的，美国的茶室非常女性化。美国从1920 年开始禁止出售和饮用所有的酒精饮料，这项政策直到 1933 年才被废除，可能在某些区域促进了茶叶的销售，但这种情况也可能使茶叶更难摆脱令人扫兴的名声。最后，印度种植园主没有得到美国军队或工业家的支持，男性市场的缺乏可能也是很重要的因素。然而，种植园主和美国茶叶贸易商并没有放弃美国市场，他们继续投入资金努力开拓，尝试这个国家所具有的的最新的广告和营销工具。虽然茶叶在美国保留着负面形象，但在 20 世纪 20 年代，印度茶叶协会确实在一定程度上成功改变了美国人的口味。到 1931 年，帝国经济委员会估计，美国茶叶消费量的一半都来自印度和锡兰。[81] 我们将在后面的章节中回顾这个坚持不懈的努力尝试，因为虽然它从来没有成功过，但茶产业在其他地方尝试"美国"式广告，取得了比在美国大得多的成就。

"每个厨房都是一个帝国厨房"：保守派为了帝国而消费

在 20 世纪 20 年代的英国，保守派政客、新闻记者和私营企业采纳了海厄姆和贝林的方法，试图将保守党从自由贸易转向保护主义，或者委婉地称之为帝国自由贸易。俄国革命、1925 年黄金本位制的回归以及外国增加关税，都使得制造业难以坚守传统市场。很多保守派人士认为，采取保护主义的时机已经成熟，但他们实现保护主义的方法之一是利用和改造公民消费者的思想，这种观念基本上是自由主义者发明的。著名历史学家弗兰克·特伦特曼（Frank Trentmann）的研究领域是自由贸易的流行和政治文化，他简洁地解释说，在 20 世纪 20 年代的英国，"保守派把公民消费者从它的自由主义父母那里夺过来，赋予其保守主义的血统"。[82] 保守主义者对放弃自由主义的方式和时机存在分歧，但他们一致认为他们需要激发帝国的购物习惯。茶叶种植园主共同决定推动自愿和正式的帝国优先权，以及总体上从自由党转向保守党，这种观念是背后的原因之一。购买帝国货的思想也使种植园主的利益统一起来，并有效地平息了地区争端，正是这些争端在 19 世纪 90 年代导致了"茶叶之战"。

大多数英国保护主义者不提倡国家关税，他们想要的是围绕整个大英帝国建立经济自由贸易联盟。基于约瑟夫·张伯伦在爱德华时代建立的关税改革联盟，他们认为差别关税可以解决国内和帝国的经济问题，并在帝国的不同实体构成部分之间建立更为紧密的联系。[83] 然而，保守党对于是否和如何建立帝国优先政策的问题出现了分歧，党派内部受到了动摇。[84] 20世纪20年代初，大多数保守党人还不支持关税，但他们希望自愿优先权或帝国消费主义能解决经济停滞的问题，并对新获得选举权的重要女性选民产生号召力。特别是在短命的工党政策于1924年失败之后，随着帝国和国内劳工运动的发展和激进化，保守党政客、大众保守派组织和私营企业开始把手伸向店主、股东、家庭主妇和儿童。专业营销人员和广告商通过多种途径传递这一信息，但他们特别感兴趣的是争取女性的购买和政治权力。与美国的情况不同，这些情况使下午茶有了政治合法性。20世纪20、30年代，茶叶在整个购买帝国货运动中成为典型范例。

购买帝国货运动的相关学者已经开始探讨它是如何代表保守党内部选举策略的转变的，但大部分的话题都集中在帝国商品行销局（Empire Marketing Board）的成败上。帝国商品行销局是一个受政府资助的机构，从1926年到1933年，它的职责是创造一场"全国性运动，目的是推广和培养（这样一种思想），即购买帝国货能够提升对英国制造产品的需求，从而刺激国内就业"。[85] 在天才的宣传家斯蒂芬·塔伦茨（Stephen Tallents）的指导下，帝国商品行销局使用了宣传、教育、资助科学和经济研究以及营销计划，倡导从物质至上的层面理解大英帝国。[86] 虽然这个机构常常面临资金不足的问题，并且存在时间也不长，但是它依然成了一个新兴的公共关系领域的学校——很多男人和女人在这里学会如何推销商品、工业、服务、民族和帝国。例如，它的宣传局里人才济济，包括威廉·克劳福德（William Crawford），他是英国最重要的一个广告机构的创始人和负责人，并且是查尔斯·海厄姆的主要竞争对手；弗兰克·麦克杜格尔（Frank McDougall），他是伦敦郡议会主席的儿子，在澳大利亚种植水果，并作为澳大利亚干果委员会代表返回伦敦；弗兰克·皮克（Frank Pick），他是伦敦地铁管理局总经理，而那时的伦敦地铁以引人注目的艺术宣传海报著称；伯纳姆（Burnham）勋爵，他是《每日电讯报》（Daily Telegraph）的所有者；伍德曼·伯比奇（Woodman Burbidge）爵士，他是哈罗德百货公司的主席。[87] 如一份早期的报告中所解释的，帝国商品行销局也是一个独一无二的"帝国间机构"，它的成员来自印度和自治领土，他们与殖民地政府保持协作，而且也鼓励政府提供财政支持。[88] 虽然帝国商品行销局是一个非党派团体，但其工作与培养购买帝国货习惯的保守派发展趋向完全吻合。

购买帝国货运动的另一个领导者是加拿大出生的比弗布鲁克勋爵（Lord Beaverbrook）。比弗布鲁克本名马克斯·艾特金（Max Aitken），出身相对不是很高，他是不列颠世界的一个典型代表，也是商业和政治日益融合的一个例证。他的父亲是一名苏格兰长老会牧师，移居加拿大安大略省，在那里和妻子创立了一个大家庭。马克斯是他们的儿子，出生于1879年，到30岁的时候已经在多个行业投资并且因此积累了一大笔财富，他的投资行业包括工程和电力公司、水泥和报纸。1910年移居英国后，艾特金加入了统一党，在下议院赢得了一个席位，并于1911年被乔治五世封为骑士。此后，他成了一流的公关人员，获得了《每日快报》的控股权，并在伦敦创建了加拿大军事档案局（Canadian War Records Office），利用最新的宣传技巧，宣传加拿大为战争所做的贡献。他还被任命为贸易委员会（Board of Trade）主席，并于1917年获封贵族，以加拿大风格的"比弗布鲁克"作为封号。战争结束时，他成了第一任信息部部长，负责在同盟国和中立国做宣传。他扩展了自己的报业帝国，不过在工党获得胜利，以及因受到保守党领导人斯坦利·鲍德温（Stanley Baldwin）的批评而恼怒之后，转而开始支持独立的保守党人，并于1929年发起他所谓的"帝国十字军"。[89] "帝国十字军"逼迫鲍德温和保守党领导人采取保护主义措施。比弗布鲁克解释说，帝国优先权将使"英国人民"——包括殖民地的那些人——"有能力把自己与世界上的经济蠢行和苦难隔绝开来"。[90]比弗布鲁克甚至为帝国十字军成员创建了一个独立的政党，不过它只存在了很短一段时间。[91]

1931年，由保守党主导的新当选的国民政府还没有采取保护主义措施，但它确实发起了一场大规模的"购买英国货运动"。这场运动是和平时期实施的规模最大的政府宣传运动之一，试图利用劝说手段而非关税来解决英国日益严重的贸易逆差、失业和利润下降等问题。[92] 这场运动把英国产品定义为那些在不列颠群岛种植和生产的产品，或者退一步说是在帝国种植或制造的产品。帝国商品行销局向英国一些最重要的机构争取支持，包括农业部、贸易委员会、邮政局、合作社、英国广播公司、童子军、英国工业联合会、铁路公司、足球俱乐部和其他无数部门。这些机构一致要求英国人每次购买商品或坐到餐桌旁准备吃饭时，都要先考虑一下帝国的利益。

理论上，帝国商品行销局和比弗布鲁克的方法在阶级上和性别上都是中立的，但实际上，他们认为女性——尤其是家庭主妇——在这个国家的采购行为中占了很大的份额，而且她们对钱袋子的问题很关注。[93] 例如，比弗布鲁克勋爵谈到鲍德温不愿意采取保护主义措施时告诫人们："英格兰的女性……给那些犹豫的政客以安慰，向他们展示如何对英国和帝国拥有更深的信念。"[94] 大英帝国生产者组织（British Empire Producers' Organization）是一个代表了很多帝国和本土产业的贸易组织，它以女性为主要受众，并做了大量宣传，引导普通家庭主妇认识到她们的购物篮和厨房也是帝国空间。[95] 很多保守女性接受了这项事业。例如，强大而有力的"樱草花联盟"（Primrose League）将女性的购物定义为统一"家庭、国家和帝国"的一种方式。[96] 支持帝国的女性团体论坛俱乐部（Forum Club）举办了"购买英国货"的午餐会和会议，商人告诉女性，"作为店主"，他们"雇用英国劳工，并协助在海外建立大英帝国"。[97] 约克公爵夫人宣布，只有"帝国产品"能进王室厨房，帝国主妇联盟的座右铭变成了"每个厨房都是一个帝国厨房"。她们在宣言中解释说："我们能够作为一个国家而存在是依赖于从本土和帝国的生产者那里购买尽可能多的东西。"[98] 此外，帝国日勋章协会（Empire Day Medal Association）教导孩子们，"海外领地的繁荣与宗主国工人阶级的繁荣有着密不可分的联系"。[99]

在 1924 年的温布利国际博览会上和 1932 年英国在渥太华采用帝国保护主义的时候，这种民族主义购物运动最为流行。这些想法并不是新的，但随着殖民地想要争取更大的政治自主权，以及美国正进入被视为是英国市场的地方，它们开始有了紧迫感。1929 年股市崩盘和全球市场几近崩溃之后，印度的民族主义以及《威斯敏斯特法案》（Statute of

Westminster）——它在 1931 年 12 月将自治权授予自治领土——的通过只使得该计划更加紧迫。这些积极分子并不认为消费者天生就偏爱帝国，但他们确实认为可以引导消费者。[100] 他们坚持认为，受过教育的消费者可以保护大英帝国。因此，消费者教育而非社会福利成为解决 20 世纪 20、30 年代国内和国际挑战的首要应对办法。正是在这个政治化的时刻，茶产业把消费者当作盟友，与政府、主要生产商和工人斗争。

帝国标签的争夺

尽管在 1920 年和 1921 年初，茶叶受到了全球经济衰退和其他问题的冲击，但茶叶生产和消费在 20 世纪 20 年代仍在稳步扩大。[101] 印度的产量从 1901 年的 2.01 亿磅增加到 1928 年的 4.04 亿磅，而阿萨姆地区的生产量仍然独占鳌头，每年为 1.74 亿磅。锡兰的茶叶产量从 1.44 亿磅增加到 2.51 亿磅，而且尼亚萨兰、肯尼亚和坦噶尼喀也开始出产茶叶。[102] 在 1920—1930 年间，爪哇和苏门答腊的茶树种植面积翻了一番，出口量从 1921 年的 3.5 万吨增加到 1929 年的 7.2 万吨。[103] 那一年，荷兰产茶叶占英国进口量的 16.1%，相比而言，1925 年这个比例只有 11.4%。[104] 茶叶消费量与供应量保持同步增长，一直持续到 1930 年。在英国，茶叶进口总量翻了一番，人均消费量从 1901 年的 6.06 磅攀升到 1931 年的 9.56 磅，这个数据中还不包括爱尔兰自由邦的消费量，因此实际消费总额甚至比这些数字更高（表 7.1）。[105] 如果仅统计成年人的数据，1931 年英国的茶叶人均消费量达到 11.24 磅。[106] 在 1911—1921 年的 10 年间，尽管供应存在短缺、战争结束后茶叶依然实行配给制度而且没有茶点可吃，但茶叶的平均消费增长率仍然是最快的（表 7.2）。这些数据中包括送给军人的茶叶，消费量的异常激增很可能来源于此。然而，从 19 世纪 70 年代到 20 世纪 30 年代初的这一整段时间中，只有烟草比茶叶增长得更快，而且在这段时间里，茶叶价格仍然很低，特别是与生活成本相比而言，因此茶叶只占据了工人阶级的一小部分预算（表 7.3 和表 7.4）。[107]

236

表 7.1　1871—1937 年英国人均茶叶消费量（磅）

年	人均消费量	调整后
1871	3.88	4.89
1881	4.67	5.87
1891	5.28	6.56
1901	6.06	7.45
1911	6.47	7.88
1921	8.43	10.81
1931	9.56	11.24
1937	9.37	10.91

来源：杰维斯·赫胥黎（Gervas Huxley），《机密通告》（*Confidential Circular*），"茶叶价格"，1951 年 11 月 16 日，ITA Mss Eur F174/2074，大英图书馆

注释：根据人口年龄变化调整后的数字，是以成年人口的比例为基础，这段时间，这一比例随着人口的增长而增长

曾经在 19 世纪末期销售茶叶的几家零售商如今都发展成了零售巨头。英格兰和苏格兰批发合作社（English and Scottish Wholesale Co-operative Society）是全英国最大的一家茶叶分销商。1927 年，它的年销售量达6000 万磅，约为世界茶叶产量的 1/10。20 世纪 30 年代初，它的销售量达到约 1.27 亿磅，大约相当于全英国 1/5 的茶叶供应量。[108] 同时，开茶馆也成了一门大生意。[109] J. 莱昂斯（J. Lyons）于 1894 年在伦敦皮卡迪利开设了第一家店，他的茶馆和餐馆每周接待顾客约达 1000 万人，1927 年的时候，每天能售出约 100 万包干茶叶。该公司在米德尔塞克斯郡的格林福德开了一家新工厂，在那里对近 70 种不同的调配茶叶进行包装。[110] 这家工厂建于 1921 年，在世界同类工厂中规模最大，J. 莱昂斯依靠它牢牢控制住了持续增长的工人阶级市场。布洛克邦德、莱昂斯与合作社继续对茶叶供应链施加影响力，他们收购规模较小的进口商，购买南亚和非洲的种植园，并且越来越多地投资和进口荷属东印度群岛出产的茶叶，在帝国保护主义日渐强大的时候，有效地保住了在全球市场买入的权利。[111]

表 7.2　英国人均茶叶消费年增长率，1871—1937 年

时期	增长率（%）
1871—1881	2.0
1881—1891	1.2
1891—1901	1.4
1901—1911	0.6
1911—1921	3.7
1921—1931	0.4
1931—1937	-0.5

来源：杰维斯·赫胥黎，《机密通告》，"茶叶价格"，1951 年 11 月 16 日，ITA Mss Eur F174/2074，大英图书馆

表 7.3　英国茶叶、烟草、糖、肉和小麦的人均消费增长率，19 世纪 70 年代至 20 世纪 30 年代

商品	增长率（%）
茶叶	135
烟草	160
糖	100
肉	35
小麦	11

来源：杰维斯·赫胥黎，《机密通告》，"茶叶价格"，1951 年 11 月 16 日，ITA Mss Eur F174/2074，大英图书馆

表 7.4　英国零售茶叶价格变化与生活成本的关系，1870—1938 年

时期	零售价格	生活成本
1870—1914	−49%	−9%
1914—1920	85%	148%
1920—1929	−24%	−34%
1929—1933	−16%	−15%
1933—1938	28%	11%

来源：杰维斯·赫胥黎，《机密通告》，"茶叶价格"，1951 年 11 月 16 日，ITA Mss Eur F174/2074，大英图书馆

帝国保护主义实际上从战前就开始了。如上一章中所提到的，张伯伦和关税改革联盟提出了这样的想法，但是帝国产茶叶首先是在自治领享受到差别关税待遇的。加拿大于1897年对帝国茶叶实行帝国优先政策，战争期间，澳大利亚也曾在短时间内禁止销售所有的非帝国产茶叶。[112] 新西兰也推出这种优先政策，而南罗得西亚和纽芬兰则对锡兰茶叶提供这样的待遇。[113] 在英国，1919年的《金融法案》（Finance Act）对茶叶、可可、咖啡、糖、干果和其他数种商品实行适度的帝国优先政策，这意味着在接下来的10年里，英国产茶叶只需缴纳全额关税的5/6。然而，《金融法案》导致的价格差太小，无法阻止荷兰茶叶流入英国。英国制造业越来越依赖于帝国市场。1913年，帝国市场消化了22%的英国制成品，到1938年，英国制造的商品在帝国市场的销售比例为47%。[114] 在这一时期，几乎所有的海外投资都进入了殖民地和自治领，但茶叶等行业仍然对它们的市场没有信心，无论是国内市场还是殖民地市场。茶产业认识到，历史学家所称的"帝国效应"既是政策的产物，也是情感的产物。[115] 于是，茶叶贸易者同时在这两个方面做出努力。

锡兰和印度种植园主想为帝国茶叶创造一种自愿优先政策，但这项政策的关键在于对消费者和零售商的公众教育。他们坚持认为，买家有权知道他们的茶叶来自哪里。谈到在美国使用的印度标志时，茶叶种植园主坚称茶叶需要在国内也有一个帝国标签。1926年，政府通过《商标法》（Merchandise Marks Act），要求很多物品在进口和出售时带有原产地标签。然而，茶叶并没有被列入最初的受保护商品清单，所以印度茶叶协会、锡兰茶叶协会和新成立的南印度茶叶协会申请事后补救，将茶叶纳入这一体系。1928年，贸易委员会同意成立一个委员会，评估这项申请，但在收集了大量证据后，该委员会拒绝了他们的要求。[116] 因此，那些坚持英国有权从任何地方购买茶叶的买主获得了胜利。法律不要求茶叶带有原产地标签。在这个事件中，自由贸易压倒了经济民族主义。

贸易委员会在考虑这些问题时，对消费者是否有权知道食品的来历进行了探索。和我们在今天看到的有关食品标签法的辩论一样，大型食品公司倾向于反对这种行为。20世纪20年代的时候同样如此。然而，贸易委员会在 1928 年的调查显示，政治家和种植园主对民族主义在市场中的应用没有把握，宗主国当局在这个问题上也有困惑。印度和锡兰种植园主与 19 世纪 80 年代争论茶叶调配问题时一样，宣称自己是消费者保护和市场透明度的监管者。[117] 在一次极其有趣的交锋中，代表英国种植园主的威林克（Willink）先生解释说："一旦他们越过明辛街，爪哇和苏门答腊茶叶就像一种非常害羞的小动物一样，不愿以目前为止我们所知道的任何方法透露自己的身份。"[118] 印度和锡兰主张，为了防止这种欺骗，"消费者有权"使用正式的帝国标志"鉴别帝国产茶叶"。[119]

19 世纪末，这样的争论有助于把中国茶叶驱逐出英国和其他市场，但现在它有些不太好使，因为茶叶种植园主遇到了有组织的经销商抵抗。茶叶购买商协会、英国杂货商协会联盟、苏格兰杂货商协会和供应商协会联盟、苏格兰茶叶贸易批发协会、合作社运动和一个代表爪哇和苏门答腊的英国茶产业的组织争辩说，靠一个帝国标签是挡不住外国的倾销的，工人阶级消费者不关心帝国，而且茶叶作为一种调配产品，本来就不能有国家称谓。[120] 分销商之所以态度克制，原因很简单："大众购买茶叶不是因为它的原产地，而是完全因为它是公认的具备标准品质的调配产品。"[121] 合作社的一名代表争辩说："由于经济原因，这个国家的大量消费者并不关心供应品是来自帝国还是外国。"[122] 莱昂斯公司的一名雇员证实，工人阶级作为"茶叶的最大消费群体"，对于购买帝国商品并不感兴趣。[123] 茶叶购买商协会总裁兼霍尼曼公司董事约翰·道格拉斯·加勒特（John Douglas Garrett）表示，人们走进商店后，只会要求购买某个品牌的茶叶，而不会询问原产地。[124] 贸易专家同意，普通消费者并不想知道商品的生产过程。《杂货商和经销商推销术》（*Salesmanship for the Grocer and Provision Dealer*）的作者认为，"除非在特殊情况下，推销员一般不需要炫耀'大吉岭'、'肯塔克'（Kintuck）、'特拉凡哥尔'（Travancore）、'阿萨姆'之类的名称——不管它们对杂货商来说意味着什么，对顾客来说可能都没有什么意义"。他警告说："有些人甚至可能怀疑，一连串的技术性术语本质上是一种伪装，并且可能引起消费者内心的反感。"[125] 大型分销商捍卫自己购买外国商品的权利，声称那些关心品牌和价格的工人阶级客户不会为了帝国而购物。

但是，贸易委员会的几名成员随后问道，为什么分销商在包装和广告中使用了东方和帝国的形象和名称？[126] 除了承认想利用或培养爱国主义之外，销售商想出了一系列不同的解释。本土和殖民地商店的主管威廉·桑德斯（William Saunders）坚称，虽然他的公司叫这样的名称，也经常参加购买帝国货周，而且使用了亚洲风格的广告，不过帝国主义与市场是不相关的。"每当举办帝国周，或者推出英国商品，我们总是拿出我们的茶叶，努力尽我们的本分，"桑德斯承认，但他随后说，"我不能说打出帝国产的招牌，就会有任何额外的销量。"当有人直接问他"本土和殖民地商店的尼扎姆牌茶叶包装上有个什么东西，看起来很像印度寺庙的图片，是否在暗示这是印度茶叶"时，桑德斯回答说："我不认为尼扎姆的自治领上种有任何茶树，所以我想它应该算是外国茶吧。这张图片是泰姬陵。我在思考这个标签的设计时去印度旅行，有幸看到了它，我想将标志设计成好看的东西，因此使用了泰姬陵的形象。"[127] 尴尬的委员会成员没有认出泰姬陵。难怪专家觉得消费者是无知的。然而，20 世纪 20 年代这种奇怪的交流说明了茶叶贸易中是如何既渗透着帝国文化，又想避开它。大型分销商可能真的相信大众不是爱国的，但他们提出这个论点的原因在于他们在全球市场上运作，而非只关注帝国市场。

在全球时代，一个帝国标签将制造出茶叶具有"民族"特点的假象。[128] 英国国民为荷兰茶叶效力，并且为此投入了相当多的资本。[129] 在爪哇和苏门答腊，英国人与土著企业家、华人和其他外国国民都管理和拥有种植园。[130] "在巴达维亚，"一位作者在 1925 年指出，"茶叶贸易实际上掌握在极少数当地的英国公司手中"，其中最重要的是菲普斯公司（W. P. Phipps and Co.），它于 1910 年在这里成立，开创了英国公司的先河。[131] 英国轮船通过进口这些茶叶赚钱，英国制造商也向荷兰公司出售机械和其他产品。[132] 因此，一名荷兰东印度公司的英国代表反对商标，因为他认为这会令消费者感到费解，"一种主要由英国人生产的东西竟然不是英国的"。[133] 最后，卖家只是声称，改变包装从后勤上是说不通的。例如，昂莱斯公司大约有 70 种调配茶叶，其中没有一种是纯帝国产调配品，而且除了价格和品牌名称，在它们的包装上基本"没有任何描述"。[134] 立顿公司在广告中使用了帝国形象，但该公司从所有的重要生产国进货，而且和莱昂斯公司及其他大品牌一样，它也反对帝国标签。[135]

这段历史不仅是自由贸易者对阵保护主义者，或者生产者反抗销售者。20世纪20年代初，分销商正在从南亚以外寻找新的茶叶供应来源，他们这样做的部分原因是担心印度生产地区发生的反殖民民族主义和社会经济的不稳定会造成供应短缺、价格上涨及其他困难。[136] 1920—1921年，这些情况在阿萨姆地区特别严重。种植园工人发动动乱、罢工，袭击欧洲和印度管理人员，甚至干脆大规模逃离种植园。种植园主指责甘地，并断定罢工是由"政治而非经济"造成的。[137] 该地区的部长助理写信给他的伦敦同事说，"甘地先生的支持者"引起了"不满"，这些所谓的局外人从工人的"宗教情绪着手"，说服他们离开种植园。[138]《政治家报》同样抨击甘地和"某些印度人拥有的报纸"，因为他们鼓励劳动者"不再为欧洲雇主工作"，并告诉他们"英国种植园主已经完蛋了"。[139] 工党抗议低工资、契约制度以及其他一系列经济和社会问题，而民族主义者则将经济置于一个更广泛的殖民主义框架内。[140] 但是，茶叶种植园所面临的明显问题已经存在近一个世纪了。民族主义只是重新定义了这些问题。然而，经销商的担忧日益加剧，他们购买荷兰茶叶，部分原因是为了削弱印度工人的力量。想继续购买荷兰茶叶的经销商不愿承认这些政治动机，他们利用消费者的冷漠、技术上的困难和包装的成本来反对帝国标签。贸易委员会向大型食品公司做出了让步，拒绝要求茶叶打上帝国标签。[141]

种植园主曾经希望能够在帝国的商业和政治之间形成关联，但他们发现全球化的食品工业对帝国消费主义的观念造成了极大破坏。印度的劳工和民族主义动乱使购买商感到害怕，他们希望从荷兰帝国采购，并在非洲购买种植园，以保护他们体系庞大而且发展益盛的商业。然而在20世纪20年代，那些专门经营南亚茶叶的企业没有力量保护他们在英国消费市场上占有的垄断地位。工党政府在1929年夏季掌权后，种植园主的活动在继续进行。然而直到1931年，大宗商品价格暴跌与国民政府重新选举同时发生，殖民地种植园主才觉得时机成熟了，可以发起大规模宣传活动，鼓励消费者在商店和投票站支持帝国优先政策。

喝帝国茶运动

1930—1931 年，世界经济正处于急剧螺旋式下滑中，英国在本土和帝国都面临着政治和经济危机。[142] "目前，全世界在原材料和产品方面都面临过剩问题。茶叶太多，白银太多，橡胶太多，锡太多，棉花太多。"一名担忧的记者于 1930 在《政治家报》上报道说。[143]《本土和殖民地邮报》同样在 1931 年初夏发表了这样的骇人声明："去年会作为茶叶种植园史上最悲惨的一年而被载入史册，而今年看起来似乎也没什么改善。"[144] 1931年 9 月，茶叶价格已经下跌到了有史以来的最低点。[145] 印度茶叶协会惊恐地向财政大臣发电报解释说："印度茶叶贸易几乎陷入瘫痪——很多茶园倒闭了，数以万计的劳工失业了。"这份电报力劝财政大臣支持重新实施 6 便士的进口关税，并向帝国产品提供 4 便士的补贴。[146] 虽然英国产茶叶过去曾经享受过帝国优先政策，不过温斯顿·丘吉尔担任财政大臣时，在 1929 年废除了这个不太明显的优先权。支持自由贸易的社会主义者菲利普·斯诺登（Philip Snowden）继任财政大臣后，没有改变这一政策路线，也拒绝满足种植园主的愿望，不愿引入保护性关税。[147]

种植园主感受到了反茶税联盟时代的那种绝望，于是发起了大规模的公关活动，引导消费者偏好印度、锡兰和英属东非产的茶叶，而非荷属东印度群岛的产品。"喝帝国茶"（Drink Empire Tea）运动得益于购买英国货运动，后者在 20 世纪 30 年代发展到了顶峰。1931 年秋季，工党首相拉姆齐·麦克唐纳（Ramsay MacDonald）掌舵以保守党为主导的国民政府。担任财政大臣的张伯伦和担任殖民地大臣的保护主义者菲利普·坎利夫-利斯特（Philip Cunliffe-Lister）爵士也影响了帝国贸易政策。这些人使用紧缩手段，取消了英国的金本位制，以此应对惊人的贸易逆差、高失业率以及全球经济的实质性崩溃，但他们不愿意采取保护主义，因为他们担心会引发食品价格过高和贸易报复等问题。

因此，茶叶危机是英国自由贸易全球体系全面崩溃的一部分。茶叶生产商削减产量、解雇工人、要求关税保护，并且发起了喝帝国茶运动。[148] 这场运动的初衷是想引诱消费者购买帝国产品，让购买商从帝国进货，促使政治家保护帝国。在印度贸易专员和帝国商品行销局的帮助下，印度茶叶协会和锡兰协会呼吁顾客使用各种手段，推动政府正式实施帝国优先政策。[149] 这项运动的重要性体现在多个方面。与 1893 年的芝加哥世界博览会一样，它鼓励锡兰重新征收地方税，而锡兰也确实在 1932年这样做了，并且和印度一道在政治和宣传方面投入资金。[150] 它的另一个重要之处在于让我们认识到女性在帝国和消费政治中日益增长的力量。很多女性协会认为，她们可以改变购物习惯，从而支持帝国统一和全球安全，遏制社会主义、反殖民主义运动和经济大萧条。[151]

喝帝国茶运动突显了为茶叶做广告的那些机构是怎样将消费者政治化的。例如，曾为印度茶叶协会开拓印度市场的约翰·哈普尔（John Harpur）领导了喝帝国茶运动。为帝国商品行销局工作的杰维斯·赫胥黎成了哈普尔的主要顾问，并担任帝国商品行销局与印度茶叶地方税委员会的联络人。[152] 杰维斯·赫胥黎出身英国的名门望族，家族成员横跨科学、帝国管理、小说和广告宣传等领域，他本人是进化论科学家托马斯·赫胥黎的孙子，进化生物学家朱利安·赫胥黎（Julian Huxley）和作家阿道司·赫胥黎（Aldous Huxley）的堂弟。赫胥黎不久前认识了伊丽莎白·格兰特（Elspeth Grant），两人很快将要结婚，伊丽莎白婚后成了一名非常受欢迎的作家，她的自传体小说《锡卡的火焰树》（*The Flame Trees of Thika*，1959）最为有名，讲述的是她对于在肯尼亚的咖啡农场长大的回忆。伊丽莎白进入写作领域之前，曾在雷丁大学获得农学学位，并曾进入纽约州的康奈尔大学学习。她曾担任帝国商品行销局的助理新闻官，同一时期也被授予妇女学会（Women's Institute）名誉司库。妇女学会是从 1915 年开始于加拿大的非宗派运动，声势浩大，而且发展正盛，很快就蔓延到了宗主国。妇女学会被亲切地称为 WI，到 1927 年，它拥有 4000 个分支，成员达 25 万人，还有一份极受欢迎的杂志《本土和国家》（*Home and Country*）。[153] WI 的成员正是购买英国货运动想要找的那种女性，而且很可能是伊丽莎白促使杰维斯和哈普尔看到了这个群体的市场潜力。

杰维斯·赫胥黎日后会成为 20 世纪最重要的茶叶宣传家，他为数个机构工作，不过在 20 世纪 30 年代初到 60 年代末，他主要为锡兰茶叶宣传委员会（Ceylon Tea Propaganda Board）及其相关机构效力。我们将在大萧条、战争、节俭和富裕等阶段追踪他的职业发展情况。我们在下一章中将会看到，赫胥黎与在新兴市场研究和公共关系领域最前沿的美国人都建立起了友谊和合作。[154] 这个跨大西洋社群想象着通过商店、广告、贸易杂志、报纸以及在无数其他环境中进行销售，并且采用能让公众根本察觉不到这是推销的销售方式。他们在帝国商品行销局工作和提倡喝帝国茶运动时开始发展这种推销技术。

这项运动使用了长期以来用于推销茶叶的相同方法，包括商店陈列、贸易和消费者广告、海报、广播谈话、电影和公众讲座，向消费者、零售商、地方当局、大众餐饮和工人等产业界关注的对象做宣传。它影响到了学校的课程，并要求政府机构只支持帝国茶叶。[155] 这个运动分发了很多宣传手册，其中最重要的是《帝国产茶叶》（*Empire Grown Tea*）——帝国经济委员会于 1931 年发表的《茶叶报告》（*Report on Tea*）的通俗版本。它让数以万计的零售商、股东、政治家和消费者了解到，自由贸易是如何摧毁一个依靠英国人的活力、热情和知识建立起来的帝国产业的。随后，它恳求消费者"创造对'帝国茶叶'的需求"，并且让这种茶叶"在国内市场获得保护"，并通过尽可能去购买、在商店点名要它以及向朋友推荐等方式来提供"积极帮助"，支持"帝国茶叶"。[156] 1931 年 11 月，查尔斯·坎贝尔·麦克劳德（Charles Campbell McLeod）爵士在皇家帝国学会首次发表的演讲中强调了同样的主题，这次演讲后来得到出版并广为传播。麦克劳德曾担任印度国家银行、帝国茶叶公司和皇家殖民协会的主席，他认为政治和经济息息相关。他向消费者解释说，通过饮用英国茶叶，他们可以用这样的购买习惯挽救他们自己和上百万茶园工人的工作。[157]

喝帝国茶运动面对大买家对促进购买帝国产品的漠然发出挑战，向苦苦挣扎的零售商解释说："公众想要的是帝国商品……迎合消费者的需求才能做好生意。"[158] 贸易专家详细阐述说，帝国形象把日常商品置于引人入胜的故事情境之中，从而使世俗得到了升华。异国风情的热带土地和帝国生产——这些都曾经被用来诋毁中国产品——现在成了让消费者置身于产品背后的人文故事中的一种手段，并激起他们对食品和家用物品的异国旅程的幻想。帝国使日常用品变得特殊起来。虽然我们对这个时代的国际博览会上举办的帝国展览知道得更多些，不过同样的展览也可以在单调的贸易展会和食品交易会、杂货店和百货公司中看到。一名记者在评论刘易斯的曼彻斯特百货公司设立的帝国展览时说，如今参观者会把"东方"看成是"曼彻斯特的附属品"。刘易斯嘲笑说，印度以服务工人阶级顾客闻名，让工人阶级的顾客从触觉、味觉和听觉上感知到一个极富吸引力的、浪漫的和以消费者为导向的"游客希望看到的"印度。游客们啜饮着印度茶，听着来自印度的本地乐团演奏的音乐，同时专心观看描绘"老贝拿勒斯"（Benares）和泰姬陵的舞台布景的画作。据这位热情的记者说："很多人今天借机逃离曼彻斯特多雾的街道，来到了芬芳四溢的五彩东方，那里的茶园和肤色黝黑的男男女女永远沐浴在温暖的阳光之中。"[159] 数天之后，刘易斯把这一景观转移到了他们的利物浦商店，那里的报纸也免费对此做了大量的宣传。根据该公司的销售数据，自从刘易斯在曼彻斯特店设立这样的"展览"后，客户购买的茶叶数量上升了20%。[160] 因此，店主把这些印度的商业形象与人工美化后的形象结合起来，种植园主的愿望也因此得到了满足。

《帝国产茶叶》（*Empire-Grown Tea*）和著名的《锡兰之歌》（*The Song of Ceylon*，1934）等电影与精美设计的海报都重现了这类展览传达的主题。[161] 例如，两幅由 H. S. 威廉森（H. S. Williamson）创作的海报把一名富裕时髦的白人女顾客和一名非白人采茶者都置于茶园中（图 7.1 和图 7.2）。色彩、设计、背景、性别和文本都突显了全球性关联，尽管种族和装扮映射出了消费者和生产者之间的差异。这种对茶叶商品链的描绘，目的是为了使生产和消费变得在视觉上具有可见性。然而，这幅常见但时代错乱的西方消费东方的图像掩盖了男性活动和非白种人殖民地消费者在全球经济中的重要性。它在揭示一些东西的时候掩盖了另一些东西，而这正

图 7.1 《喝帝国产茶》, H. S. 威廉森, 1931 年　　图 7.2 《采帝国产茶》, H. S. 威廉森, 1931 年

是帝国活动家想要的。

　　威廉森的海报和通常的帝国商品行销局海报一样,都在档案馆和博物馆里完好地保存着,但是,购买英国货运动与喝帝国茶运动的大部分材料或是面对面的口头交流,或是被人揉成一团扔进垃圾桶的短期印刷品。不过,为茶叶运动买单的贸易协会却细心地保留着记录,从中我们可以了解到这次运动制作和分发出了多少广告材料。仅仅在 1931 年 11 月的 1 个月时间里,该运动向 806 个城镇的零售商分发了 52 459 张窗口招贴和 118 224 份传单。到 12 月, 4 万家杂货商都展示出这些材料,立顿公司、本土和殖民地商店、五朔节花柱乳制品公司(Maypole Dairy)、合作社批发协会和国际茶叶商店(International Tea Stores)推出了一个或多个帝国品牌,帝国标签被贴到无数小品牌上。[162] 几家公司出版了一些信笺,呼吁客户"发展帝国贸易,尽你们之所能帮助帝国。方式多种多样! 其中一

个非常重要的方法是坚持购买利吉威的帝国产茶叶"。[163] 别的不说，喝帝国茶运动说服了零售商宣传帝国主义。当然，我们无从得知这些广告与更广泛的流行文化领域的广告相比效果如何，但在 20 世纪 30 年代初期，很多企业利用帝国为普通产品增添价值，并激起消费者对保护主义的兴趣。利吉威这类企业反对将打出商标标签定为强制性要求，但当他们认为它会促进销售时，就在它们的产品上打出帝国标签，因为他们知道这类标签不具备法律意义。

对于当时的广告商和今天的历史学家来说，有一个紧迫的问题：消费者对此类信息有何反应？正是这个问题促使企业开始花钱做早期形式的市场调查。例如，茶产业贸易开始雇用女性来宣传和"销售"茶叶，因为她们比男性更能理解女性购物者，更方便与她们交流。与伊丽莎白·赫胥黎一样——她曾经和丈夫一起工作——大多数种植园主的女性雇员都接受过大学教育；有些人嫁给了殖民地官员或政界人士，而另一些则是意志坚定的单身女性。例如，C. 罗马尼–詹姆斯（C. Romanne-James）夫人以前是女性参政支持者和作家，曾在印度生活过，经常在英国广播公司做"旅行讲座"，她在这些年里开始为印度茶叶协会工作。[164] F. M. 伊曼特（F. M. Imandt）是一名记者，曾为《每日电讯报》和《格拉斯哥先驱报》工作，刚刚结束两年的"世界"旅行回国，她也发表演讲支持印度茶叶协会。[165] 然而，在这些最积极的推销员中，有一位是利德代尔（Lidderdale）夫人，她是帝国妇女同业协会的秘书，受茶叶运动雇用，到全国各地的女性团体中发表讲话。利德代尔向加尔各答印度茶叶地方税委员会提交详细的报告，解释她在哪里举行演讲，有多少人参加，以及她受到了怎样的接待。[166] 这些报告是一个异常多彩的窗口，从中得以窥见塑造她的工作的阶级、性别和政治动态，还有作为营销和市场研究的形式的"演说"所扮演的角色。利德代尔在演讲中了解到了消费者，但她也认识到，尽管大公司在自己的产品上打上帝国标签，但仍然对购买帝国货运动心存抗拒。

1932 年夏天，利德代尔开始在妇女学会的聚会、英国退伍军人协会（British Legion）、保守党和类似机构的妇女部门中发言。[167] 7 月，她在妇女保守党和工会分子协会（Women's Conservative and Unionist

Association）、帝国妇女公会、托特纳姆宫路上的中央教会（Central Mission）和青年妇女基督徒协会（Young Women's Christian Association）发表了 12 次演讲。利德代尔认为听众有些无知但善于接受，她的演讲通常有 40 到 80 位女性参加，还有少数男性牧师、茶叶种植园主、记者和杂货商。例如，她描述肯特郡妇女保守党和工会分子协会的听众时说："女性听众的条件不错，但很多人不是很聪明——相同的论点需要一次又一次地重复……从不同的角度。"然而女性听众很"专心"，非常喜欢她送的明信片。利德代尔遇到的贫穷、受教育程度较低的女性的情况更糟，因为她断言这些人几乎不知道她们买的茶叶来自哪里，基本上都相信由于她们"是在本地商店买的茶叶，它就肯定是英国产的"。[168] 利德代尔还与"中产阶级女性"谈话，这些人不太常去图书馆和扶轮社"参加政治和慈善聚会"。她也组织了跨阶级的聚会，相信上流社会的女性会对社会阶层较低的女性的购物习惯产生影响。[169]

事实上，利德代尔从她所谓的无知的听众那里学到了很多东西。大公司表面上正在推广帝国茶叶，但她发现并向种植园主报告说，这些公司的代理商甚至不知道这意味着什么。尽管莱昂斯公司一直在"用幻灯"向工厂工人展示"最有趣的娱乐节目，展示茶叶制作的过程"，但一家小商店的女店主透露，到访她的商店的莱昂斯推销员从未听说过帝国产茶叶。[170]"在多金有家非常好的茶馆"，店主叙述了同样的故事，只不过说的是布洛克邦德公司的旅行推销员。[171] 我们可以想象，像利德代尔这样的女性在努力教导其他女性为了帝国而购物的时候，那些公司却没有做到这一点，她对此该感到多么沮丧。利德代尔的报告让她的雇主明确感受到谁是他们在本土的真正盟友，而他们最可靠的朋友显然是年长的保守女性。

喝帝国茶运动和购买英国货运动发起大约一个月后，市场调查得出结论："这个运动绝对能够打动国人去购买英国货，从咖啡到领扣都是如此。"这项调查引述一个伦敦杂货店老板的话说，他估计 90% 的顾客都在要求购买帝国商品。伍尔弗汉普顿（Wolverhampton）的一名店主报告说，对帝国商品的需求增加了 60%。然而调查发现，公众对帝国商品的兴趣因地区、性别、年龄、商品和社会经济状况的不同而出现变化。店主们声称，男性比女性更爱国，"年轻女孩"更喜欢"外国"商品，这无疑是因为她们认为外国货更时髦。丈夫有时会把外国货退掉，这无疑会激发夫妻冲突。区域差异也显现了出来，英格兰中部地区带头号召支持帝国，购买帝国商品。不管在什么地方，年长的保守派女士都特别热情。[172] 这个国家最穷的顾客没有表现出帝国优先的倾向，大概是因为他们不得不省吃俭用，用微薄的收入养活自己的家人。[173] 几乎所有英国人都喝茶，但他们并不全都接受帝国消费文化的价值和逻辑。

关于店主、大公司和消费者对这个运动的反应，虽然我们似乎掌握了丰富的信息，但事实上，这种"研究"是相当可疑的。在经济不景气的情况下，销售不太可能会如此迅速增长，而且如果我们相信利德代尔的报告说的是真的，那么帝国商品的货架上就不会总是摆满货物了。这个早期市场调查确实鼓励卖家相信帝国感情提升了商品价值，但很明显，这在当时是一个备受争议的问题。年龄、性别、地域、阶级、政治和职业很有可能影响到这种观念和帝国商品的"市场"。这些报告给我们提供了一个难得的机会，让我们得以窥视促销活动如何实地发挥作用，并且让我们看到像利德代尔夫人这些坚持不懈的女士如何赶场一个个聚会，去开拓市场和激发帝国热情。

然而，由于种种原因，衡量喝帝国茶运动对购买习惯的影响并不容易。1932 年 4 月，政府恢复了茶叶差别关税，这是一个整体的帝国优先计划的组成部分，这项计划被称为《渥太华协定》(Ottawa Agreements)。进口英国产茶叶的名义关税为每磅 2 便士，而外国茶叶关税为每磅 4 便士。相对来说，这个税率是很低的，尽管这使种植园主感到欣慰，因为他们早就希望实行这样的政策了，但由于这个政策，再加上全球货币和国际金融协议方面的其他重大变化，我们很难衡量消费者和经销商被民族主义购买活动打动到什么程度。

我们不知道消费者是否认为购买帝国产品就可以解决失业问题、刺激贸易、维护英国的帝国力量。我们可以得出这样的结论：在殖民地和英国，男男女女都希望能够为了商业和政治目的而培养帝国情结。然而，抵触以多种形式出现了。经济约束、习惯、口味和政治决定了英国人是否愿意把购物篮和厨房变成帝国空间。大型进口商和零售商可能在 20 世纪 30 年代初为产品贴上了帝国标签，但他们巧妙地公开拒绝了迫使他们从帝国进货的法规。反抗不是茶叶全球化的终结，反而开启了一个新篇章。政府政策在本质上是不平衡而矛盾的，而且大型食品公司出现了全球化趋势，这都与英国消费文化的国家化背道而驰。然而，印度开始出现对印度茶叶的生产者和销售者最清晰和最成熟的抵抗。

"虚假广告"：两战之间印度的茶叶及对它的不满

1935 年 8 月，圣雄甘地写了一篇简短但言辞激烈的文章，标题为《虚假广告》（"Untruthful Advertisement"），揭露了他声称的"在孟加拉，可能还有其他省份，正在展开……非常强劲的宣传，支持喝印度茶"中所蕴含的虚假。这篇文章发表的时候，印度茶叶地方税委员会正在展开其规模最大的运动，而甘地在文中呼吁人们警惕道德、身体和心理上因广告和过度饮用浓茶而面临的危险。甘地的文章是一个警世故事，他声称茶叶广告极度离谱，并借此教导人们应当有所节制并且必须学会甄别自己所读到的内容的真实程度。为了教导天真的印度人不要"把书上或报纸上印刷的文字当作福音真理"，甘地援引了孟加拉一家报纸不久前刊登的一则声称"茶叶有助于保持年轻相貌和活力"的广告。该广告讲述了什里约特·尼泊尔·钱德拉·巴塔查里亚（Shiriyut Nepal Chandra Bhattacharya）的故事，他虽然已有 48 岁，但看上去只有 34 岁，因为他自从 14 岁时起就每天喝将近 30 杯茶。这个广告看起来像"这家报纸自己的记者所写的报道"，甘地拿它当作一个典型的例子，用以说明商品文化所营造的只是一个虚幻的世界。[174] 这样的广告在两个方面存在危害：它通过模仿报纸新闻栏目的风格，打破了读者和文本之间的某种约定俗成的共识，并且还引诱消费者以不必要甚至有害的消费者行为来对自己施暴。茶叶运动得到了国家的支持，而且影响十分广泛，也因此脱颖而出，成为殖民主义商品文化的一个异乎寻常的例子。"浓茶"就像大英帝国，完全就是"毒药"。[175]

在印度历史和文化理论史上的关键时刻，甘地写下了《虚假广告》这篇文章。在晚期殖民时代的印度，品牌资本主义取得了进展，广告或许发展缓慢且不平衡，却在设法向城市中产阶级推销一系列新商品，从灯泡和化妆品到药品和包装食品，不一而足。在印度和在其他地方一样，这些商品、广告和印刷文化促使有关青年文化、美容和卫生、家庭及资产阶级生活观念的新思想不断涌现。[176] 在这段时间，瓦尔特·本雅明和其他理论家也开始质疑商品展示的历史、美学和政治意义。[177] 甘地和本雅明一样，担心真实和虚构之间的界限变得模糊，但他同时也把广告视作殖民化的工具。[178] 然而，印度消费者可以而且确实将几种意义归于接受所谓的西方商品、休闲形式及关于美丽和健康的观念。

甘地一直呼吁印度人抵制欧洲产品，转而支持被称为"斯瓦迪什"（swadeshi）的本土产品。然而，这一呼吁并没有导向纯粹的禁欲文化，中产阶级支持者反而发明了一种"民族主义"的风格，用卡迪（khadi）——土棉布——和其他斯瓦迪什产品制作自己的服饰和家庭装饰。[179] 特别是在 20 世纪 30 年代，斯瓦迪什的支持者不再区分手工制品和工业产品，只强调印度制造的产品。民族主义者利用展览、魔术幻灯秀、编目、报纸广告、海报、收音机和电影院推销这些物品，并且协力将英国政府和英国产品驱逐出南亚次大陆。[180] 他们使用的方法和帝国的商业理论家及亲帝国理论家们在这一阶段使用的方法一样。事实上，反殖民主义的民族主义者和英国保守派都认为，购买帝国货使大英帝国得以存续。帝国的支持者和批判者虽然对印度和英国之间的理想关系持有截然不同的看法，但他们都呼吁消费者去塑造他们国家的命运。这些运动不仅仅是平行发展的，因为甘地和其他民族主义者反对比弗布鲁克认为印度是帝国附属的保护主义观点，而广告商试图将印度人归入帝国消费者。然而，这场反殖民主义和反商业运动通过把购买定义为一种国家建设形式，最终使印度进一步商业化。甘地意不在此，事态却向这个方向发展了。

在两战之间的印度，政客、种植园主、宣传家、消费者和工人争论着"印度"边界、大英帝国、消费者的政治潜力以及利物浦和孟买的茶叶政治。尽管茶叶在民族主义运动中从未得到和棉花同样的地位，但它是印度最受瞩目的商品之一。在两次世界大战之间，私营企业和印度茶叶协会的广告经常把现代性、精英社会地位、健康和新的印度民族感等特质赋予印度茶叶。[181] 印度民族主义者使用各种方式，回应这种他们认定十分危险而且不健康的趋势。甘地首先在发表于 1917 年的文章《印度铁路的第三等级》（"Third Class in Indian Railways"）中表达出了不安。在这篇文章中，他描述了铁路供茶服务如何提供一种特别不健康的产品，称它是"单宁水加上肮分分的糖，还有一种被错称为牛奶的白色液体，调成泥水一样的颜色"，以此体现印度民众受到的悲惨待遇。[182] 虽然印度茶叶协会用茶摊增长数据来量化茶叶的现代性和成功，但是甘地透过茶杯，看到的是殖民剥削。

战后，攻击印度茶叶协会劳工政策的民族主义者也开始谴责它对印度人开展的营销。1921 年，孟加拉报纸《巴斯马蒂》（*Basumati*）严厉指责印度茶叶地方税委员会努力"把茶叶引入印度的每一个灶台和家庭"，并指出"让那些每天连两顿饭都吃不起的人喝茶，会彻底毁掉他们"。[183] 这种饮品是一种不必要的奢侈，占用了食物和其他必需品的资金。它也是一种毒品。这位作者争辩说，加尔各答的茶摊档业主将少量鸦片掺到茶里，添加"风味"，"对消费者产生刺激作用"。毫无疑问，这种混了其他东西的茶会让人兴奋，但这位作者认为，它正在把城市新中产阶级的儿子们变成瘾君子。[184] 鸦片是"国产"兴奋剂，不合作运动敦促印度人戒掉鸦片，还有酒、大麻、香烟和其他毒品。[185] 鸦片除了对身体造成伤害，还是支持殖民政权的一种征税商品。

对茶叶的这些攻击描述了消费主义中的殖民主义观念，但它们也是源于对茶园劳动条件的一种理解。劳工运动在 20 世纪 20 年代断定，印度人喝茶是为了成为殖民者，他们不公正地对待茶园里劳作的可怜工人，并以此从中渔利。然而，这种抗议浪潮也随之而来，就像非合作运动一般。1921 年春季，在甘地访问了阿萨姆之后不久，一场反茶抗议浪潮爆发了。在这段时间里，甘地编辑的一家报纸《青年印度》（*Young India*）经常报道种植园主与斯瓦迪什运动之间的紧张关系。例如，这家报纸在 1921 年说，一名"欧洲"种植园主走进乔尔哈特的一家商店，看到里面卖卡迪布服饰就发起怒来。他用手杖打掉店主头上戴的卡迪布帽子，并怂恿当局把店里的卡迪布服饰收走。还有一个类似的事件，一名茶园的欧洲经理怒斥茶园的皮匠"穿卡迪是犯罪"，他"把皮匠身上的衣服全部扒光，然后将他赶走了"。[186] 自由贸易到此为止。种植园主认识到了政治化的市场的力量，因此他们认为需要对看似微不足道的表象予以惩罚，因为这些表象实际上意味着支持将英国人驱逐出南亚次大陆的运动声势日益壮大。

当茶种植园主竭力阻止他们的工人成为政治消费者、穿土布服装时，无数农民也把他们的消费选择与茶园工人的生活联系到了一起。他们打断茶叶宣讲、拒绝喝免费茶、关闭茶馆，并高喊"我永远不会喝茶，因为喝茶就是在喝我的同胞的血"。[187] 到处都有反欧洲和反政府的情绪，如在旁遮普，茶叶委员会遇到了反对。那些参加不合作运动的店主对印度茶叶协会检查他们的店铺尤其感到不满。在印度南部，穆斯林供应商不愿意做任何被认为与殖民地政权有公开联系的事情，因此茶叶销售商和印度茶叶协会雇员回避提及政府，转而解释喝茶如何能够"帮助"他们的"自己人"。[188] 换言之，零售商认识到印度茶叶协会是政府的一个分支，但印度茶叶协会的雇员则回应称茶叶对印度人有好处，是一种印度商品。

茶产业如果希望保持对印度种植园和市场的控制，就不得不改变发展方式。因此，印度茶叶地方税委员会试图吸引印度人加入他们的组织和委员会，以此来安抚民族主义者。1923 年，A. C. 森（A. C. Sen）成为第一个加入印度茶叶地方税委员会的印度国民。该机构还更加努力地说服工业家和政府代表相信，茶叶越多越容易解决印度的经济和政治问题，而非相反。例如在 1922 年，里德委员会（Reed Committee）受孟买政府任命，负责调查劳工问题，并提供解决争端的方法，该委员会建议"在孟买这种令人疲倦的气候环境中，白天的工作让人劳累不已，自然需要一些温和的兴奋剂，最合适、最无害的就是茶了"。此外，"不管是男是女，只要在愉快干净的场所喝上一杯茶，就不大可能再把钱花在低档酒馆里"。报告随即建议扩展企业食堂并加设茶馆，就像英国战时一样，因为明亮、干净、欢快的茶馆是一个"家庭的发展方向"。[189] 在这里所用的一切说辞，我们都曾在早期工业时代和当代的英国听到过。一种温和的饮料，如果能在合适的地方以恰当的方式饮用，将解决挥霍、劳工动乱等问题，并为欧洲风格的家庭生活提供一个愉快的范例。然而，雇主和民族主义者并不总能接受这样的想法，到 20 世纪 30 年代时，相关的争论变得更加激烈。

20 世纪 30 年代初，不合作运动势头更盛，印度人的政治和经济力量越来越强，并且反茶叶抗议活动也越来越有组织。例如在中部省份，印度人抵制布洛克邦德公司的茶叶，如一位"国大党人"所指出的，认为它是一家"英国老家的公司"，正在试图"把斯瓦迪什的好茶，如塞万特茶（Savant）、樱草茶（Primrose）和伊莱亚斯茶（Elias），驱逐出"印度市场。[190] 因此，民族主义者开始支持印度人拥有或认同的公司，这一过程在其他行业也在普遍发生。印度茶叶地方税委员会的应对措施是宣称所有的茶叶都是斯瓦迪什，即印度本土产品。这两个阵营在很多地方都针锋相对，包括在斯瓦迪什展览上，印度茶叶地方税委员会和斯瓦迪什品牌都在展览中设置茶摊。[191] 讽刺的是，这些展览很快成为无数企业推广"印度"产品的贸易展览。[192] 然而，对印度消费者的追求促使民族主义者进一步反对茶产业、印度茶叶协会和广告，尽管包括民族主义分子在内的很多印度人都种植、销售和投资茶叶。事实上，有一位著名的地下恐怖运动成员曾经靠着在加尔各答的克莱武大街（Clive Street）开茶摊挣钱从事研究，这个人叫纳兰德拉·纳特·巴塔查里亚（Narendra Nath Bhattacharya），他后来移居加利福尼亚的帕罗奥图（Palo Alto），并改名为马纳本德拉·纳特·罗易（Manabendra Nath Roy）。[193]

在印度关于茶叶的争论于 1935 年加剧，当时《印度政府法案》（Government of India Act）增加了印度的立法代表，茶叶贸易行业要求该机构征收茶叶地方税，并批准设立国际茶叶市场推广局（International Tea Market Expansion Board），我们将在下一章介绍这个机构的国际茶叶推销活动。茶叶争论给了立法院中的民族主义者机会以抗议印度无处不在的茶叶和广告。与此同时，其他印度政界人士辩称，茶叶深深地植根于印度的文化和社会，种植和消费茶叶发展出了健康的身体和现代化的政治经济。对于茶叶是否是一种欧洲商品，是否有利于印度的贫困大众，以及广告是否是一种浪费或腐败的做法，印度和欧洲的政治家存在着争议。这些讨论充斥着讽刺、幽默和道德义愤，但这次辩论显示出，在帮助这个殖民地了解资本主义和消费主义在印度社会具有什么含义这方面，茶叶发挥了多大的作用。

1935 年，当政府准备修订《茶叶地方税法案》的时候，数名印度代表强烈反对该法案的进一步扩展，一些人甚至提议废除该法。斯里·普拉卡萨（Sri Prakasa）作为阿拉哈巴德（Allahabad）和占西（Jhansi）分部的非穆斯林农村代表，提供了反对喝茶的个人想法与医疗和政治方面的证据，从而引发了这场争论。他开始时先承认在 25 年或更久的时间以来，他一直是"喝茶习惯的牺牲品"。然而，当他被政府监禁期间，由于被剥夺了"通常享受的早茶和下午茶"，他十分敏锐地感受到自己养成的茶瘾。他声称，这种折磨让他认识到了茶叶的致瘾性，这是一种不道德的特性。接着，普拉卡萨开玩笑说，他"赞成舍儿别（sharbat）、桑代（thandai），甚至大麻这类好喝的旧式饮料"，并推测说"如果不接受这种新的饮茶习惯，而是重拾旧习惯，我相信政府也会更高兴，因为如果议院里的民族主义者转而喝起大麻，他们就不会给政府带来这么多麻烦了。事实上，喝茶时大脑会受到刺激，很容易让人陷入激动的情绪中去，给政府带来麻烦"。[194] 换言之，斯里·普拉卡萨开玩笑说，和大麻这样的镇静剂不同，茶作为兴奋剂，会使人极端化。大麻在印度阿育吠陀草药中仍然占有重要地位，与印度教的宗教活动不可分割。然而，英国人越来越把大麻与精神错乱、犯罪和危险的东方药物联系在一起，并且于 1928 年正式禁止在英国拥有或供应这种药物。[195] 因此，斯里·普拉卡萨声称本土的消遣行为和消费者活动的价值与"传统"医学和宗教文化是不可分割的。他认为，茶叶是"现代"和"西方"的，但他就大麻开的玩笑意在讽刺和取笑民族主义者崇拜"传统"的倾向。[196] 其他人也重复着斯里·普拉卡萨的口吻和话语。例如，当中央邦的印度代表甘希亚姆·辛格·古普塔（Ghanshyam Singh Gupta）对茶叶宣传的功效表示关注时，他开始断言自己既不"喝茶，也不喝大麻"。他接着说，"我从来不喝茶，从来没有喝过茶，几乎从来没有"，这样明显的反话引得房间里的人哄堂大笑。[197] 这种商品的支持者高兴地指出，一些批评茶叶最起劲的人反而喝茶成瘾。库拉哈尔·查利哈（Kuladhar Chaliha）是阿萨姆山谷的非穆斯林代表，也是民族主义领袖，他赞成延长地方税，尽管他希望印度茶叶地方税委员会能有更多的印度代表和监管。[198] 查利哈在辩论中挖苦地评论说，茶叶最坚定的批评者，即他可敬的朋友、博学者尼拉坎萨·达斯（Nilakantha Das），经常在他登门拜访时用茶招待他，他们住在一起的时候天天喝茶。

博学者尼拉坎萨·达斯是现代奥里萨邦（Orissa）创建者，他也是印度民族主义者、作家、教育家和立法委员，与甘地、尼赫鲁和钱德拉·博斯合作密切。印度独立之前，他曾担任过 10 年的中央立法会议成员，印度独立后他在奥里萨邦立法会议任职。奥里萨邦地处孟加拉湾，是一个又小又穷的农业邦，位于西孟加拉邦下方，尽管它在 1803 年就处在英国的统治之下，不过到 1936 年才正式成立。[199] 就在奥里萨邦发展为独立的政治实体时，达斯持反对茶叶地方税的立场。他的地区长期以来一直是茶园劳动力的来源地，因而人民受到了茶产业界的严重剥削。和甘地一样，达斯相信过度饮茶是一种危险的放纵，而茶叶推广运动是现代资本主义操纵印度民众的最恶劣的例子。

达斯承认，他和其他人一样，确实"在德里和加尔各答这样的城市里培养出了英国化和欧洲化的习惯"，学会了在一个"西方文明的城市国家喝茶、花钱和生活"。然而，使他尤其感到担心的是，这些欧洲的恶习正在被推广到乡村贫民中，他想保护贫民免遭帝国现代性的攻击。[200] 为了给自己的论点找到依据，达斯强调，茶叶不是"大米、小麦或木豆之类"的食品，而是一种奢侈品，"我们的农民"无力负担这些。他担心巴士和汽车会将茶叶和它的"官方宣传"带到"偏远地区"，那里出售的只有品质非常低劣的茶叶。他还对联合省的教育部批准在儿童教科书中加入介绍茶叶的课程表示极度愤怒。有一本儿童图画书引用了维多利亚时代的西德尼·史密斯（Sidney Smith）的名言"感谢上帝的茶叶"，达斯拿起这本书，哀叹孩子们如何"在学校教室里"就受到了控制。[201] 他没有要求政府完全取缔这种饮品，但他强烈呼吁扩大和执行反掺假法，保护印度最脆弱的消费者——儿童。一名来自勒克瑙（Lucknow）的代表对此表示赞同，并声称如果允许开设茶叶课程，那么为什么不允许咖啡或阿华田也像这样把教科书变成广告？[202]

其他政客担心"茶叶委员会的绅士们"的非法或者至少是不道德的行为。一名政客对该委员会的员工在市政大楼里画满了"喝茶，喝茶"之类的东西表示极端反感，他所在地区的药品委员会就在那座大楼里。[203] 库拉哈尔·查利哈曾经取笑过达斯的饮茶习惯，他抱怨说，茶叶委员会主要雇用印度人当"仆人"，他希望印度茶叶地方税委员会及相关机构的活动中能有更多印度人的参与，以便使他们能够"熟悉世界"，由此对独立做好准备。[204] 阿萨姆的穆斯林代表阿卜杜勒·马丁·乔杜里（Abdul Matin Chaudhury）同意这种看法，但他坚决支持茶叶委员会的活动，因为他说："我省无数人的安康和幸福与这个行业的繁荣紧密相连。"[205]

与在英国一样，印度茶叶政治并没有完全以宗教、地区或其他宗派为界。毫不意外，支持者常常与茶产业和相关企业关系密切，或者和不久前被授予爵位的穆罕默德·查弗鲁拉·汗（Muhammed Zafrullah Khan）一样，正在努力使印度人在大英帝国范围内获得更多的平等和地位。[206] 汗没有过多参与茶叶争论，但他取笑达斯是一位"茶瘾者"，并断言他自己喝的茶比那位反对茶叶的"尊贵成员"（达斯）少多了。[207] 当汗公开表示支持茶产业时，他已经是法学家和政治家了，曾在旁遮普立法会议任职，并参加过在伦敦举行的圆桌会议。他是穆斯林联盟主席，曾担任过总督行政委员会的穆斯林代表，并刚刚成了印度第一位铁道部部长。汗是《巴基斯坦决议》（Pakistan Resolution）的作者，当时即将成为巴基斯坦第一任外交部长、巴基斯坦驻联合国代表，后来还担任过联合国大会主席和国际法院院长。印巴分治之前，他支持把茶叶地方税和茶叶当作建设印度经济的手段。另一些人则指出了这种"滋补物"的好处，并说茶是"提振精神但不醉人的饮料"。[208] 阿马伦德拉·纳特·查托帕迪亚雅（Amarendra Nath Chattopadhyaya）强调这样一个事实，即20%的工业现在掌握在印度人的手中，因此，茶"逐渐成为印度自己的国民饮料"这件事不足为奇。在比较富裕的城市区，人均茶叶消费量已达4磅，与加拿大持平。[209] 1919年，印度茶叶种植园主协会在杰尔拜古里成立，巴哈杜尔·纳瓦卜·穆沙拉夫·侯赛因（Bahadur Nawab Musharaff Hussain）是创建者之一，这是一个全部由印度种植园主构成的组织，与印度茶叶协会密切合作，它也宣称茶叶是属于印度的事业。[210]

来自焦达纳格浦尔（Chota Nagpur）的拉姆·纳拉扬·辛格（Ram Narayan Singh）被这种论断激怒，惊呼"整个茶产业都掌握在欧洲人手中。印度人控制的部分不超过 15%……这个国家中的欧洲茶叶企业是英帝国主义的代理人"。[211] 随着时间的推移，甚至库拉哈尔·查利哈等以前支持茶叶地方税的人也对印度茶叶协会感到不安，因为该基金会的主管助理之一鲍威尔先生——又称"血先生"（Mr. Blood）——在 1938 年被判挪用公款罪。[212] 1942 年，退出印度（Quit India）运动如火如荼，战时配给制度正在实施，此时著名教育家和数学家齐亚丁·艾哈迈德（Ziauddin Ahmed）提出一项议案，要求废除 1903 年的《印度茶叶地方税法案》，因为他相信印度茶叶地方税委员会是一个欺骗性组织，象征着英国的种族主义和道德沦丧。为了说明这一点，他谈起自己从达卡乘船旅行到加尔各答时，遇到"一个在茶叶地方税委员会工作的益格鲁-印度人，喝得烂醉……他走进来，开始朝我的毯子撒尿"。[213] 他提出，印度茶叶地方税委员会的行为实际上就是从印度偷盗东西还向印度撒尿。

印度茶叶协会面对这些攻击时没有退缩，而是加紧工作，每一次举行公开集会时都用无数的广告和海报鼓励印度人喝印度茶叶，例如有一则广告解释说"这个男人和他的兄弟一直在喝茶"（图 7.3 和图 7.4）。又如在 1937 年，茶叶委员会用 9 种不同的语言在 110 种出版物中刊登了广告。由于报纸会手手相传，又经常被人大声朗读出来，该委员会相信在一年时间里，它已经有效地发布了 1.2 亿条"信息"。 印度茶叶地方税委员会把一本题为《如何泡茶》（"How to Prepare Tea"）的小册子发给中学生、教师、医生、家庭主妇、乡村行政区领袖和地方议会。[214] 他们也增加了自己的干涉性行为，开始对茶叶如何销售和消费进行管理。印度茶叶地方税委员会不仅检查茶摊的卫生和掺假问题，还把商人销售具有"浓烈香料味"茶叶的行为认定为一种掺假。[215] 茶叶推广者不认为加了香料和牛奶的甜茶——或者说是如今在很多西方咖啡馆里售卖的那种茶——是印度人让茶变得更为亲民和实惠的一种创举，反而担心这种"香料茶"中真正的茶叶含量不足，从而降低对自己产品的需求。因此，他们努力教导人们如何像英国人那样冲泡、销售与饮用茶叶。印度茶叶地方税委员会利用民族主义来推销茶叶只是停留于表面，因为他们把茶叶标榜为印度的产品，却希望印度人像英国人那样购买、销售和饮用茶叶。

图 7.3　印度茶叶地方税摊位，印度工业博览会，德里，1935 年，《茶叶告诉世界》(*Tea Tells the World*)（伦敦：国际茶叶市场推广局，1937 年），第 41 页

图 7.4　《这个男人和他的兄弟一直喝茶》，广告海报，印度，《茶叶告诉世界》（伦敦：国际茶叶市场推广局，1937 年），第 39 页

印度茶叶地方税委员会认识到民族主义是一股强大的力量，所以他们没有提及在家里用讲究的杯子喝加了牛奶和糖的茶是英国的风格。他们简单地向印度家庭主妇展示这种泡茶方式，并委托印度艺术家把这种"普遍性饮品"描绘成是"100% 斯瓦迪什"。[216] 历史学家高特拉姆·巴德拉（Gautram Bhadra）声称印度商业艺术家在 20 世纪 30 年代末使用的海报从文学和视觉效果角度分类，把茶叶消费归入了高雅艺术类别。[217] 然而，无数广告也把焦点放在了茶叶的价格低廉与"提神和刺激性质"等方面。[218]

茶叶不是一种普适性饮品，但对茶叶的消费确实开始改变性别、阶级、地区、宗教等其他身份。例如，茶叶运动越来越多地寻找女性消费者，并试图发展在其他地方萌发的中产阶级女性公共文化。[219] 它在公共场所设立了女性专属用地，雇用"女性团队"到闺房里工作，并在展览会上设立女性展馆。[220] 印度茶叶地方税委员会还单独设立了印度教和穆斯林茶摊。茶叶也开始象征阶级身份，这一点因地而异。例如在 20 世纪 30 年代的孟加拉，到处都喝茶，中产阶级作家开始越来越怀念"正宗"、健康的乡村饮食，哀叹"茶叶和饼干"如何取代了"牛奶和酸奶"，并引发糖尿病和消化不良。[221]"我不喜欢这种饮茶的生活。"赫曼塔布拉·黛比（Hemantabala Debi）写道。他继续哀叹人们已经失去了旧时的简朴和理应具有的饮食克制。"吃面包、鸡蛋和蛋糕这样的'外国'食品，是侮辱印度文化。"黛比继续说，"（我们）忘记了自己的神灵，并且在自我欺骗。"[222] 然而在印度南部的泰米尔纳德邦（Tamilnadu），咖啡象征着中产阶级地位，喝茶则成了工人阶级的习惯。然而，这两种饮品经常受到谴责，被视为殖民主义的一个问题产品，危害"传统"饮食和身体健康。[223]

当甘地在 1935 年谴责茶叶广告时，他参与了一场激烈而深入的辩论，主题是关于茶叶和消费文化在全球、国家和国内经济中占据的地位的。在印度，由于劳动力受到大规模剥削，帝国长期致力于推动印度成为一个饮茶国，以及甘地和其他民族主义者认为消费主义是殖民的一种隐藏形式，一场辩论被激发了，与早期现代的英国和北美对茶叶进行推广和征税时所遇到的反应一样。不过印度人并不拒绝茶，他们只是发展出了自己的特色。没有什么能比总督和甘地在 1947 年共进早餐的照片更能反映出印度茶叶的复杂之处。蒙巴顿与甘地讨论后殖民时代印度的未来时，无疑需要用一杯茶来安抚自己的神经。

———————

从第一次世界大战到 20 世纪 20、30 年代之间，比弗布鲁克勋爵、利德戴尔、查尔斯·海厄姆爵士和圣雄甘地都明白，消费者可以发挥政治作用。在英国，比弗布鲁克这类保护主义者认为，大量消费帝国制造的商品可以解决失业问题，并使一个脆弱的大英帝国保持统一。帝国的茶叶种植园主们利用了这些思想，他们走向右翼，并提出保护主义和消费主义会拯救帝国，自由主义和自由贸易却做不到这一点。他们利用草根保守主义来证明英国消费者和贸易商需要购买帝国商品，并敦促政府支持保护主义，尽管一段时间后这些目标才得以实现，而他们永远无法阻止生产和市场在这段时间的全球化发展。尽管茶叶已成为一种全球性商品，而非仅仅是帝国商品，但 20 世纪 30 年代初仍然是英国的茶叶帝国的发展巅峰时期。

这些年里茶叶与"大英帝国性"的关联在英国以外的地方导致了极为不同的结果。美国消费者憎恶这种所谓的英国产品，也许是因为一些与殖民时代的英国相关的残留印象，但更有可能的是广告往往把理想的饮茶者描绘为中产阶级的、隐约有"大英帝国性"的女人。一些广告承认，茶叶是一种"男性饮料"，种植园主也在美国投入了大量资金，但他们感到这个消费型国家根本不会受到动摇，因此不得不离开了。在印度，种植园主与殖民地官员和战前时代一样，仍然声称消费是一种文明的力量，可以平息阶级冲突和民族主义的抗议。一些印度民族主义者抵制茶叶消费，恰恰是因为他们抗拒这些观点，并希望限制茶叶在印度政治经济中的地位。他们不认为茶叶是一种使人愉悦的饮品，而是把它看作一种有害的力量，认为这种力量使印度消费者和劳动者殖民化了。这种抗议活动普遍存在，并且采取了多种形式，但到最后，他们鼓励印度企业和茶叶支持者将茶叶重新塑造为印度产品。印度茶叶的民族化在独立之后变得更加强大，但在晚期殖民时期，政治家和甘地本人对茶叶深感不安，即便他们承认自己也对这种饮品上瘾。

英国和美国的商业专家、殖民地官员、保守派活动家和印度民族主义者对帝国的美德各持不同观点，但他们都认为消费是一种社会、政治和全球性行为。这些参与者都通过强调购物的政治和全球影响力拓宽了消费者的思维。在英国，这一愿景把女性解放出来，使她们成为帝国的行动者，但它并没有质疑消费文化的阶级和种族因素。这样的质疑倒确实在印度出现了。虽然民族主义者并没有阻止印度人喝茶，但如甘地所说，他们揭露出所谓健康的全球贸易可能也会产生毒害。就像今天的消费者维权人士提醒消费者的，他们的购买习惯会对全球的工人和供应商产生影响，购买帝国货运动和反殖民主义的民族主义也揭示出了商品的全球历史。

8

"茶叶让世界精神焕发"

在大萧条时代推销生命力

20 世纪 20 年代到 30 年代初，保守派政治家和活动家对一个像百货商店一样的帝国十分着迷。然而，这个百货商店并没有迎合感官和个人的欲望，而是拿关税和爱国主义做交易。国家政策为这个百货商店做担保，但这种担保反复无常，而且并非所有的商品都能在货架上获得相同的地位。帝国及其产品的意义不可避免地因殖民地间竞争、政党政治、商品链内外的张力及地方消费者和商业文化特性等因素而变得复杂化。随着帝国优先政策于 1932 年获得通过，英国和殖民地政府似乎已经认可了"购买帝国货"运动的逻辑。然而，帝国并没有成为一个私有化的商场。[1] 一些意想不到的事情发生了。

购买帝国货这一理想的活力大打折扣。新的国际联盟和修辞策略浮现出来，逐渐取代了它的地位。其他行业是否发生类似的转变还不清楚，但茶产业在 20 世纪 30 年代中期就不再把帝国主义作为其主要的广告方式。[2] 这场运动的残余作为商标和品牌被保留下来，而这个产业在整体上仍然是一个帝国系统，但种植园主和他们的宣传家开始正式对广告和宣传进行解殖民化。除了少数显著的个例，他们在推销时都不再使用和（或）大幅改变"帝国出产"之类术语的含义，并且不再使用曾经无处不在的种植园、茶叶工厂、机械生产和身穿纱丽的采茶女图片，而是以一只小小的、圆圆的、愉快的、会说话的茶壶取而代之，并巧妙地将其命名为 T. 壶先生（Mr. T. Pott，图 8.1）。白人称它为 T. 壶吉先生（Mr. T. Potje），在美国它则经常以冰立方先生（Mr. Ice Cube）的形象出现，但从 20 世纪 30 年代到 50 年代末，英国的流行文化、美国的广告技术和以国际主义为导向的现代画家共同设计出这个广告符号，本是想用这个形象代表和推销帝国产茶叶的。T. 壶先生是由一个英国和荷兰殖民地茶种植园主组织——国际茶叶市场推广局——塑造出来的，这个形象代表着茶叶的第一次协调有序的全球广告运动。这个角色很有趣，但已经被人们遗忘了，它展示出新欧洲合作、商品控制计划、保护主义以及经济低迷带来的集体化和情感化都是如何改变茶叶和广告的。

　　T. 壶先生不谈帝国主义，只给人们带来茶叶和同情。"茶叶让你精神振奋"，T. 壶先生把茶叶描绘成一种慰藉、一种提神饮品、一个朋友、一个艰难时刻的抚慰。这些想法已经流传了好几个世纪了，但以前它在 19 世纪末的反华言论和 20 世纪初的购买帝国货运动的浮夸中被淹没了。然而到 20 世纪 30 年代中期，受到生活在大萧条时期的心理体验、茶叶全球政治经济的转变、消费市场和广告行业的变化等因素影响，爱国主义——尤其是帝国——遇到了阻力，于是 T. 壶先生有了登台机会。"茶叶让你精神焕发"（Tea Revives You）运动提出，茶叶可以治愈失业、饥饿、种族和阶级冲突以及帝国和其他国际危机带来的情感和心理伤害。[3] 广告商一直承诺救赎的到来，但在大萧条时期，他们利用心理学和社会科学来理解消费者的行为，并强调创伤和康复的主题。例如在美国，广告经常向困惑而情绪低落的消费者提出建议，教导他们如何解决现代性问题。广告商通过产品来承诺"安慰公众，与公众交友，消除公众的疑虑，同时激励和引导公众"。[4] 除了美国，对消费的治愈功能的描述在其他地方同样普遍，但不一定传播民主的观念，而且民主并不总是意味着像美国那样无限制地获得商品。[5] 例如，我们将在本章最后一部分看到，殖

图 8.1　汽车标语上的 T. 壶先生广告语，《茶叶告诉世界》（伦敦：国际茶叶市场推广局，1937 年），第 23 页

民地国家、传教士、教育机构和企业使用治愈性的语言，在绝对不民主的南非社会创造出了一个大众市场。[6] 1934 年 T. 壶先生的出现及它此后的传播显示，早在 20 世纪 30 年代，很多二战后消费社会的核心特性就开始在会议室里的桌子以及伦敦、加尔各答、纽约和德班的办事处里发展起来。

管制生产和培养消费：国际茶叶市场推广局的起源

T. 壶先生看起来微不足道，但它体现了大萧条时期帝国政治和全球经济现实的变化。它的出现是不足为奇的，正如一位历史学家所写的："到 1933 年，世界经济已经是死水一潭 。"这是一个"经济战"的时代，其间"战争债务被否认，国家之间相互发动贸易战，争相贬值货币并进行外汇管制，并拒绝支付赔偿"。[7] 然而，这段时间由于货币贬值，工资提高了，而且因为商品的零售价格下跌，人们的生活水平得以提高。在欧洲大陆，尤其是在中欧和南欧，法西斯经济体拒绝了旧式的自由贸易，并以民族国家为基础构建经济边界。[8] 相应地，英国环绕帝国设置边界，但这没有妨碍国际合作主义协定的形成。

1933 年，荷兰和英国的茶叶种植园主结束了他们长期以来的商业敌对关系，并签署了限制茶叶生产的协议。这些帝国之所以共同签署所谓的《国际茶叶协议》(International Tea Agreement)，是因为受到很多因素的驱使。英国于 1932 年在渥太华采纳保护主义措施后，荷兰茶叶利益集团开始担心他们将失去在过去 10 年中获得的市场份额。[9] 希特勒在德国被任命为总理，墨索里尼的权力在意大利日益壮大，这些因素也促使英国和荷兰走到一起，但促使英国茶叶种植园主签署这一协议的最直接因素，是他们认识到帝国优先政策并没有阻止经销商采购荷属殖民地茶叶。1931 年 9 月，英国放弃金本位制之后，英镑兑荷兰盾贬值，协议的签署并没能弥补荷兰茶叶所享有的相对价格优势。荷兰和英国没有再打价格战，而是搁置争议，组成了国际卡特尔。[10] 他们成立的机构意在保护他们自己的帝国产业，但"茶叶协议"也是迈向欧洲经济一体化的一个步骤。

1933 年 4 月 1 日，印度茶叶协会、南印度协会、锡兰协会、荷属东印度茶叶文化协会（阿姆斯特丹）与荷属印度支那茶叶文化协会（巴达维亚）签订了一项具有法律约束力的协议，以 5 年为期管制出口，以后还可以续期，自此，茶叶生产正式得到控制。茶叶供应随采摘的精细程度变化而各有不同，优质采摘法只采两片叶子和一片叶芽，劣质采摘法摘取的叶子更多，这使得茶叶的生产量难以控制，因此最终得以实施的计划是以限制出口为基础的。《国际茶叶协定》削减出口配额时，是基于 1929—1931 年的 3 年时间里的最佳收成。印度的配额最初固定在 382 594 779 磅，锡兰是 251 522 617 磅，荷属东印度群岛为 173 597 000 磅。[11] 协议还对种子出口、殖民地政府出售或租赁更多耕种土地的权力以及种植园主将种植其他作物的土地转化为茶园的能力都做出了限制。1934 年，尼亚萨兰（马拉维）、肯尼亚、乌干达和坦噶尼喀被纳入该计划。南罗得西亚和英属马来亚没有加入，但他们也限制了茶叶生产的扩大。[12]

《国际茶叶协议》加强了英国、荷兰和"本土"生产者之间的联系，同时扩大了加入该协议的国家和地区与其他产茶国家和地区之间的鸿沟。中国、日本、葡属东非和法属印度支那没有签署协议，不过中国确实为了努力重振茶叶市场而自愿限制了出口。然而，这些地区的生产量和出口额大多没有大到足以影响茶叶价格的地步。[13] 随着时间的推移，各国就配额重新谈判，到 1937 年，茶叶价格又回升到 20 世纪 20 年代末以来从未有过的水平。因此，各方在 1938 年就该协议重新谈判。然而，茶叶控制也维持着英国在这一行业中的霸权地位。国际茶叶委员会是监督生产管理的新机构，它的总部设在伦敦，会员资格用出口配额来计算，印度得到 38 票，锡兰是 25 票，荷属东印度群岛为 17 票。锡兰和印度联合起来，可能会影响到决策，但由于这个组织对重大改革要求采取一致同意的原则，英国的生产者不可能完全占据主宰地位。尽管很多欧洲企业抵制"本土化"，反对将殖民地人民纳入殖民地政府的宪政改革，不过委员会中也包括本土成员。[14]

关于本土化是否是一个有意识的计划或避免解殖民化的手段这一问题，历史学家仍有争议。[15] 本土化发生之后，很多人把这一过程仅仅看作

权力的交易，认为它的目的是保住市场，无论是否使用了正式的政治控制
手段。在独立后不久的一次采访中，一名前帝国烟草公司的雇员断定，他
和其他印度人之所以在 20 世纪 30 年代被英国企业雇用，是因为这些企业
"意识到有一天他们必须离去，而且他们知道一旦帝国消失，他们不能失
去其商业利益"。[16] 此外，在民族主义热情激烈迸发的时代，贸易协会的
报告和其他商业文件是如此安静而口径统一，因此我们应该把它们视作一
种公关努力，意在将企业机构呈现为统一战线，即欧洲人和非欧洲人共同
努力，抗击大萧条。[17] 我们从上一章讨论的印度立法会辩论中知道，种族
和政治的紧张关系是存在的，茶叶宣传家经常行为不端，挪用公款，在墙
上涂鸦，还朝着印度政客的动产撒尿。然而，与《国际茶叶协定》有关的
言论强调合作、包容和国际友谊，并借此压制了反对派，巩固了现状。广
告也起到了同样的作用。

　　《国际茶叶协议》有一个鲜为人知但非常重要的方面，即有条款规定
成员国政府要征收地方税，以支持全球宣传。我们会记得，锡兰在 19 世
纪 90 年代初首次提出征收地方税的思想，以募集资金到芝加哥参加真正
的大型博览会，并为他们的茶叶和岛屿塑造出了独特的"品牌"标识。利
用这种税收，《国际茶叶协议》在 1935 年 7 月创建了国际茶叶市场推广
局，该机构的唯一目的是提升英国和荷兰的殖民地茶叶的全球销售量。国
际茶叶市场推广局的年度预算为 25 万英镑，由印度、锡兰和荷属东印度
群岛的政府和种植园主协会缴纳，英属非洲也提供少量资金，有了这些资
金支持，国际茶叶市场推广局就能够在英国和其他主要市场宣传喝茶的好
处。[18] 它触及和影响的范围与自 19 世纪 80 年代以来发挥作用的临时安排
类似，但有证据表明，逐渐为人所知的茶叶委员会也受到由英镑集团创造
的新市场格局的影响，这个集团中的国家自 1931 年以来就实行本币与英
镑的固定汇率，并在大部分交易中使用英镑。[19] 国际茶叶市场推广局的管
辖保持着旧市场的活力，但也在英镑集团内部开拓了新的领地。国际茶叶
市场推广局最初选择在英国、美国、加拿大、澳大利亚、荷兰、比利时、
瑞典、南非、埃及、印度、锡兰和荷属东印度群岛推销茶叶。从某种意义
上说，我们看到另一种国际贸易关系正在出现，并且与不列颠世界和大英

帝国交织在一起,但并没有取而代之。

尽管在此期间国际茶叶市场推广局的管辖范围时而扩大时而缩小,但它依然挺过了萧条、战争、战后紧缩和南亚反殖民化的早期岁月。它为后来的市场扩张打下了基础,仍然是非专利产品——尤其是食品和农产品——的生产者营销的重要范例。在 20 世纪 30 年代的生产过剩时期,茶叶委员会扩大了市场,也在战时配给期间和 20 世纪 40 年代到 50 年代初的物资短缺期间保存了茶叶消费文化。除了销售茶叶,这个机构创造并维持了跨国商业关系,拥护国际合作理念,并衡量、描述和推广"民族"市场。当我们在对国际茶叶市场推广局的广告提出质询时,不要忘记它是一个殖民地机构,是由清理土地、除草、施肥、采茶、挑拣和制作茶叶的劳工支撑起来的。

在国际茶叶市场推广局的第一次会议上,国际茶叶委员会主席罗伯特·格雷厄姆爵士解释了国际茶叶市场推广局的存在价值:"只有通过扩大茶叶的消费,我们才有可能让这个产业完全复苏。"[20] 虽然格雷厄姆过去经常提倡以印度茶叶替代其他茶叶,不过现在他建议,广告应该是通用的,因为"由一个国家拨款,针对另一个国家进行宣传,并不能让这个产业的总体产量有更多增长"。[21] 10 年前,查尔斯·海厄姆爵士就在美国争论过这个观点,而且杰维斯·赫胥黎也早就开始提出同样的论断,坚称在一个殖民地为另一个殖民地的茶叶做广告是浪费资源,只是把"贸易从一个生产者转移到另一个生产者"。[22] 茶叶种植园主也得出了同样的结论。[23] 国际茶叶市场推广局以这一观点作为他们的政策导向,并在做茶叶广告时只谈茶叶本身。此外,它用类似于《洛迦诺公约》的语言表达出自己的努力,这份公约签署于 1925 年,承认德国加入国际联盟。然而,随着欧洲和平协议迅速瓦解,国际茶叶市场推广局把茶叶塑造为国际主义的象征,会保护大英帝国及其自由盟友——这确实是一个沉重的负担。

国际茶叶市场推广局实际上是几个相似的区域宣传机构的母体组织。例如,印度茶叶地方税委员会在 1937 年成为印度茶叶市场推广委员会。[24] 锡兰重新征收地方税,并成立锡兰茶叶宣传委员会,杰维斯·赫胥黎在此后 35 年时间里一直领导着这个机构,同时也在国际茶叶市场推广局工作。[25] 1933 年，荷兰殖民政府在巴达维亚创建危机茶叶中央局（Crisis-Tea-Central Bureau），它在 1936 年开始运行，资金来自茶叶地方税。[26] 这些机构还与印度茶叶协会、锡兰协会以及荷属东印度茶叶文化协会密切合作。它们共享人员、市场信息和策略，但在战争期间和这些殖民地获得独立之后的 10 多年时间里，国际茶叶市场推广局占据着主导地位，是国际茶叶营销的全球中心。

所有这些组织都是跨种族的。例如，印度茶叶市场推广委员会及其执行委员会三分之一的成员名额被指派给"印度"代表，他们由孟加拉、马德拉斯、南印度等地区以及联合商会、印度工商业商会联盟、印度茶叶协会来提名。[27] 赫胥黎曾在回忆录中谈到，他确定锡兰的一半的委员会应该是泰米尔、僧伽罗、僧伽罗–葡萄牙和僧伽罗–荷兰血统的。[28] 回忆录是多年以后写的，不过这些机构依然包括当地商人，他们在独立后多数都爬升到了领导地位。尽管有这种进展，但欧洲商人和几乎所有的重要茶叶生产公司都在这些委员会中居于领导地位，并且发挥着重要作用。

例如，罗伯特·格雷厄姆爵士曾经是阿萨姆的种植园主，也是 P. R. 布坎南公司（P. R. Buchanan and Company）的合伙人；他担任詹姆斯·芬利公司（James Finlay and Co.）的总裁，并在不同时期当过印度茶叶协会、印度茶叶地方税委员会和相关机构的主席。他是阿萨姆立法会的委员，并于 1930 年在西蒙委员会（Simon Commission）中代表阿萨姆地区，同时还担任很多其他职务。[29] 国际茶叶市场推广局第一任主席阿尔弗雷德·D. 皮克福德爵士（Sir Alfred D. Pickford）曾与格雷厄姆一起在阿萨姆工作，并在 1915—1916 年担任伯克邓禄普公司（Begg, Dunlop and Co.）主席。皮克福德也是童子军（Boy Scout）运动的一位领军人物，他和该运动创始人巴登–鲍威尔（Baden-Powell）爵士一样，都是帝国的狂热支持者。[30] 国际茶叶市场推广局的 3 位"技术"成员，即杰维斯·赫胥黎（锡兰）、J. A. 米利根（J. A. Milligan，印度）和德克·拉格曼（Dirk Lageman，荷属东印度群岛）打理国际茶叶市场推广局的全球广告。当杰维斯·赫胥黎在帝国营销委员会初试身手时，J. A. 米利根从格雷厄姆和皮克福德的世界脱颖而出。他在立法会中担任孟加拉欧洲人的选民代表，在 1935 年延续茶叶地方税的时候，他是最坚定的倡导者之一。他曾经担任加尔各答的印度茶叶委员会主席，还是一名特别精通非洲和中东市场的行业顾问。[31] 拉格曼曾为荷兰的乔治·韦里公司（George Wehry and Co.）工作过，该公司在爪哇拥有大量的茶叶、咖啡和橡胶园业务，也是曼彻斯特的商品、五金件、通用物品与数种名酒和非酒精饮料的重要进口商。到 20 世纪 20 年代，该公司在东南亚及曼彻斯特、阿姆斯特丹和巴黎都设有办事处。[32] 从这些人的个人经历中可以看到，国际茶叶市场推广局由全球各地的商人、种植园主和宣传家组成，他们确信全球大众市场将维护大英帝国与荷兰帝国的利益和需求。

国际茶叶市场推广局的总部设在伦敦，也与宗主国的广告界人士联系密切，是殖民地的商界和政界人员会晤美英广告专家的地方。在会谈中，种植园主会学习如何宣传，而广告商则研究全球市场和消费文化。虽然国际茶叶市场推广传达出的信息与帝国营销委员会截然不同，而且推出的著名广告和海报要少得多，不过这个现在已经被人遗忘的机构在当时仍然接管了很多职能，甚至雇用了帝国商品行销局的工作人员。从 1935 年到 1952 年，国际茶叶市场推广局协调和资助以全球大众市场为目标的广告宣传运动，而且在某种意义上也创建了这样的市场，它很快在几个大洲吸引到了工人阶级和非白种人，还有中产阶级和上层消费者。品牌广告试图在同类产品中彰显出差异，而国际茶叶市场推广局广告则把茶叶均质化和标准化了。国际茶叶市场推广局通过发明简单的口号和标志来达到这一目的，它们很容易跨越地区、边界、阶级、种族和性别。该机构对文化差异很敏感，但它的主要理念是同样一杯茶可以满足所有消费者。国际茶叶市场推广局的领导层设想所有的消费者在本质上都是相同的，即使消费能力有高低差异，至少他们的欲望都是一样的。不过，他们也把茶叶融入当地的民族、心理和身体观念之中，以此对消费者产生影响。在茶叶的全球化发展过程中，这种标准化的产品和广告至关重要，不过正如文化理论家阿尔琼·阿帕杜莱（Arjun Appadurai）所解释的，广告也在"异质"的国家主权思想中把全球性商品"遣返回国"。[33] T.壶先生有助于我们了解这个过程是如何展开的。

T. 壶先生、格雷西·菲尔茨与茶叶和同情的治疗价值

1935 年，伦敦北芬奇利（North Finchley）一所中学的老师要求 12 岁至 15 岁之间的学生为莱昂斯公司的全部产品创作一则广告。学生们写出了几首朗朗上口而又内容丰富的广告歌曲，呼应了该公司宣传中的既有主题。例如，芭芭拉·耶茨（Barbara Yates）建议，"如果你感到疲倦，一杯莱昂斯茶会让你振作起来"。另一个学生把莱昂斯茶描述为"力量的精灵"。[34] 这个学校项目由莱昂斯公司总部发起，它的成果发表在了一份广告贸易杂志上，学生们完成的作品被存放在该公司的档案中。这些孩子一定对莱昂斯的品牌印象非常深刻。自 19 世纪末以来，它的茶馆、街头拐角处的酒店、餐馆和宴会部一直在为数以百万计的人提供饮食与娱乐。它的品牌食品和饮品是大多数英国食品室中的必需品，其巨大的茶叶包装厂在当时是世界上规模最大的，距离这些孩子们的家只有数英里远。[35] 在一个创造儿童消费者和把教室商业化的整体计划中，这个学校作业只是一个案例。[36] 然而，这项作业还揭示了广告是如何开始掩盖商品的帝国起源的。尽管数十年的宣传已明确想让英国人认识到茶叶的殖民历史，却没有一个孩子写到茶叶的历史、地理或帝国起源。那么，缺少民族和帝国的故事意味着什么呢？人们可能会认为，英国青少年不了解或不关心创造出他们的生活方式的帝国或劳动，或者他们不知何故错过了长久以来展示购买帝国货的价值的客观经验。[37] 然而我认为，这些孩子根本不是疏忽怠慢，反而是通俗文化的精明读者，他们清楚地了解最新的广告趋势。维多利亚时代和爱德华时代的广告通过关注生产方式，几乎完全想把商品民族化，而两次世界大战之间的广告日益把民族特性归因于消费者。[38] 这些情况从来不会相互冲突，但在大萧条期间，广告商越来越多地描述喝茶如何有益于经济状况不佳、心情压抑的消费者，这个概念轻松跨越了政治边界。尽管英国企业在大众市场中的投入没有美国公司那么多，但国际茶叶市场推广局和相关机构确实欣然采纳了市场调查的宣传方式，这表明一个比较老的殖民地产业欢迎与美国企业有关的"现代"宣传手法，而且美国人确实在国际茶叶市场推广局中担任多种职位，不过最常做的是顾问。[39] 因此，早在

战后富裕和繁荣的时代到来之前，英国广告就已经是一种跨国机制，而且这些国际企业在 20 世纪 30 年代发现了描述和制造民族消费文化的新手段。[40]

和很多两次世界大战之间的大众文化一样，国际茶叶市场推广局的广告试图在不同受众的欲望和需求之间达到平衡。[41] 幽默是实现这种目标的一种方法，因为它经常利用并呈现出一种平民化的、友爱的感觉，而且能够以轻松的口吻挑战阶级和性别等级。在 20 世纪 30 年代，大众文化尤其对一位广告幽默研究者所形容的"有趣的混淆和反差"十分关注。[42] 这是沃尔特·迪斯尼的手法。20 世纪 20 年代末到 30 年代初，他创造出了一种充满活力和智慧的动物、会说话物品和超现实的梦幻世界，打破了维多利亚时代文化和感觉的严格区分。[43] 当然，维多利亚时代的广告商喜欢幽默和大场面，但迪斯尼利用幽默建立了一个全新的休闲、幻想和消费主义的全球帝国。[44] 迪斯尼的幽默——以及总体而言的 20 世纪 30 年代的幽默——在某种意义上被理解为是现代的，因为它嘲弄并削弱了维多利亚时代相互独立的领域。[45]

20 世纪 30 年代的广告也打破了连环画和传统广告的领域界限。广告开始通过创建一系列独立的板块推出有关某个产品及其用户的叙述来模仿漫画风格，这些广告经常出现在主要报纸的漫画页中。在美国，通用食品公司（General Foods）的"郊区乔"（Suburban Joe）葡萄坚果麦片广告似乎自 1931 年起推出过一波类似的尝试，这样做的还有杰乐（Jell-O）、阿华田、李施德林（Listerine）和其他很多类似品牌。[46] 其他广告则借鉴漫画风格，例如使用文字提示气球、头韵词语、卡通人物和容易记忆的妙语等。[47] 无论他们是抄袭迪斯尼，还是仅仅是对相同的背景做出回应，广告商都创造了一系列卡通类产品"角色"和拟人化的动物，用以代表品牌。这种广告把事物本身转变成表演者，它们的滑稽动作逗乐了各种年龄层的消费者。

也许没有任何形式比广告更符合马克思所谓的商品拜物教。《资本论》中介绍这一观念的段落被人广为引用，马克思在其中写道："乍一看，商品好像是一种很简单很平凡的东西。然而对商品的分析却表明它是一种古怪的东西，充满形而上学的微妙和神学的怪诞。"[48] 对于马克思来说，这些事物的神奇或神秘性质源自它们代表却不揭示生产它们的劳动总和。正如他所解释的，商品是"社会性的物品，其品质在感官上既是可知的又是不可知的"。[49] 维多利亚时代晚期和爱德华时代的茶叶广告把劳动者、工厂和机器商品化了，帝国购物运动引入一个共有的消费者共同体概念，而20世纪30年代的广告商提出，消费者也可以通过消费活泼和欢快的商品来振作或恢复活力。[50]

英国的顶尖广告公司之一 S. H. 本森（S. H. Benson）负责推进国际茶叶市场推广局在英国发起的广告运动。[51] 塞缪尔·赫伯特·本森最初曾作为广告代理，在1893年代理保卫尔牛肉汁的广告，但在不到10年的时间里，他的公司已经负责起很多品牌。[52] 两次世界大战之间，本森的健力士、保卫尔和科尔曼芥末（Coleman Mustard）广告运动家喻户晓，广告管理人员大卫·奥美（David Ogilvy）后来说，他们"是英国人基本生活的组成部分"。[53] 多萝西·L. 塞耶斯（Dorothy L. Sayers）在本森公司从事文案工作，协助创作出"健力士助力强健"（Guinness for Strength）和"天啊，健力士"（My Goodness, My Guinness）等人们耳熟能详的广告语。[54] 塞耶斯还与插画师约翰·吉尔罗伊（John Gilroy）密切合作，创造出健力士的有趣动物形象，特别是其著名的巨嘴鸟。这些广告和物品伴随着本森公司的健力士运动，把一种早在18世纪就已存在的爱尔兰产品转变成了世界最成功的饮料品牌之一。[55]

本森公司的茶叶委员会广告运动大部分是由吉尔罗伊创作出来的，与健力士的广告运动相似，而且很可能就是从中衍生而来的。然而，茶叶带来的不是健壮，而是活力，尽管它也使用拟人化的动物和物体形象。T. 壶先生的形象实际上是在1934年秋季创作出来的，被用于印度和锡兰种植园主在英国开展的广告，就在国际茶叶市场推广局成立之前。然而到1935年，它成了一个国际性的符号，并使当时流行的英国性格观念变得全球化。T. 壶先生基本上是工人阶级形象，天性快乐、顾家、远离种植园和帝国。T. 壶先生不是从中国引入的形象，而是以著名的布朗·贝蒂（Brown Betty）为模本。所谓的布朗·贝蒂是在乔治时代晚期被制作出来的一个赤陶壶，外面有一层棕色的罗金厄姆釉。它之所以受到人们的喜爱，并非因为它是艺术品，而是由于其实用性，因为它能保温，适于泡茶。布朗·贝蒂在英国仍然被视为民主的象征，无论富人和穷人都喜欢它。[56]

T. 壶先生通过模仿约翰牛的圆圆的形状，也呼应了 20 世纪 30 年代流行的其他大英帝国性表达，还反映了两次世界大战之间文化中的"英格兰中心主义"的变化。[57] 小说家、历史学家、社会科学家、政治家和通俗文化都着迷于发掘"英国民族性格"的精髓。[58] 尽管"大英帝国性"和"英国性"（Englishness）经常在英国本土和帝国被人交替使用，但约翰牛日益从吉卜林时代的扩张主义帝国的建设者转变为"幼小、亲切、迷惑、谦虚、固执和非常可爱的"形象。[59] 这种内向的、岛屿倾向的英国性把人们——尤其是男性——重塑为"善良、体面、本质上内敛的人……谦逊而不浮夸"。[60] 这种谦逊的、工人阶级的英国性也与暴力、法西斯主义的民族身份形成对比，而这种民族身份此时正盛行于欧洲大陆。[61] 这也是一种掩盖殖民地世界的现实情况的便利手段，殖民地世界当然是不好、不体面也不仁慈的。

T. 壶先生的个性映射出以岛屿为中心的内向的民族身份，但在专家眼中，它也完全是现代广告的范例。种植园主的刊物《本土和殖民地邮报》预言说，T. 壶先生作为一个"设计出色的全新广告形象"，将会家喻户晓，会和"尊尼获加"（Johnny Walker）变得一样重要，但他会告诉英国人和全世界人，他们所需要的一切只是"一杯好茶"。[62] 尊尼获加牌威士忌酒在 1908 年引入"行走的绅士"（Striding Man）标志，虽然在过去一个世纪中这个形象不时发生改变，但行走的绅士仍然是世界上最著名的广告标志之一。T. 壶先生和那个行走的绅士一样，几乎可以出现在任何类型或方式的广告中，但与行走的绅士不同，它不太优雅，而在某种程度上这就是关键所在。T. 壶先生和他的伙伴"小杯子"（Cuplets）十分普通，与英国工人阶级为伴，特别是工作的时候，甚至度假时也陪侍左右，例如在斯凯格内斯（Skegness）的巴特林（Butlin）度假营茶水手推车上就画着这个形象。[63] 据说这个"广告名流"在伦敦及周边各郡、英格兰中部地区、兰开夏和约克郡、苏格兰及爱尔兰领导了一场"反疲惫圣战"。[64] "用茶驱逐疲惫"的口号很快就被"茶叶让你精神焕发"这句简洁的广告语所取代，但它们表达的感情是一样的。茶叶会使不景气的英国振奋起来。

茶叶委员会还聘请真实的名人推销茶叶，如英国电影明星格蕾西·菲尔茨（Gracie Fields）。人们经常叫她"我们的格蕾西"，还经常称她为"兰开夏少女"，她个性幽默，出身于北方工人阶级家庭，代表着新的顾家、谦逊、反英雄主义的"大英帝国性"。[65] 在这一时期所有的英国影星中，格蕾西·菲尔茨体现了民族共识和永不放弃的态度。《世界电影新闻》（World Film News）把菲尔茨描述为"家庭里的小丑成员，有了她，可以赶走忧伤。这个工厂女孩……成功了"。[66] 菲尔茨是社会流动的象征，而且正如一位学者指出的，是一个反美国式电影的明星，喜欢"直接架在壁炉上的热锅"，而不是美国的"华夫饼和玉米"。[67] 菲尔茨对工人阶级和失业者尤其具有号召力，这些人会去看电影，会每天在住所附近的咖啡馆里游荡，喝一壶便宜的茶。[68] 但她也象征着这些年来出现的工人阶级休闲的新形式。例如1938年夏天，菲尔茨在斯凯格内斯的巴特林度假营娱乐。菲尔茨和 T. 壶先生及度假营的很多娱乐表演一道，让疲惫的英国工人阶级振奋起来，尤其是疲惫的家庭主妇。[69] 因此，"我们的格蕾西"和 T. 壶先生使一种古老而廉价的商品成了日常明星，符合 J. B. 普瑞斯特利（J. B. Priestly）和其他人在20世纪30年代和战争期间创造出来的对于岛屿国家的想象。[70] 然而，真正欢迎这种广告的人是店主，正如国际茶叶市场推广局的一则商店招贴向茶叶经销商和杂货商解释的那样："格蕾西小姐在你的窗口微笑，意味着你商店里会有更多生意。"（图8.2）。[71]

国际茶叶市场推广局的宣传也把工厂工人变成了明星。约翰·吉尔罗伊画了一幅令人十分难忘的海报，表现的是一名微笑的中年装配线工人闻着一杯从生产线上传过来的热茶（图8.3）。[72] 这张海报把茶描绘为现代工业必不可少的工具，延续了近百年来在工作中引入茶歇和服务的努力。这张海报提出，设置茶歇会创造出一支有生产力、心满意足和"现代"的工人阶级队伍。海报里表现的新汽车厂绝非巧合，因为汽车行业是引领英国走出大萧条的经济体系中的一部分。这张海报符合这个时期的主题：据说茶叶能够给疲惫的工厂和办公室工作人员、家庭主妇、农业劳动者、大学生和中小学生注入活力。茶叶使每个人都感到"精力充沛"和"神清气爽"。它实际上是一种万能药,适合每一个生活在充满压力的现代世界中的人。

茶叶并不性感,它不会像其他产品宣称的那样,使人更加美丽或更加有吸引力。相反,它使人感受到更少的痛苦、倦怠和精神紧张。在大萧条期间,一大批神经增强剂、维生素、漱口水和其他产品都信誓旦旦地宣称能让人更加振奋。有学者提出,这是 18 世纪常见的庸医吹牛现象的复现。[73] 然而,这些产品和治疗型广告仿效新兴的心理社会语言的专业知识,当时这种专业正变得流行,似乎也渗透到消费者的词汇和自我认知中。[74] 这种广告还使有关健康和健体的新思想深入发展,这种思想源自对世界大战带来的关于肢解和疾病等灾难的亲身体验。[75] 吉尔罗伊描绘出快乐和健康的工人,与 20 世纪 30 年代通常表现出来的失业的父亲和丈夫形象形成了鲜明的对比。吉尔罗伊的茶叶委员会海报中的人物对大多数人来说都是一个幻想,但海报中也暗示,至少一杯茶是可以实现的愿望。

除了卡通人物和海报,电影也成了现代宣传的支柱。例如,保守党、帝国营销委员会、邮政总局、殖民部和其他很多机构都设立电影部门,以便在国内和殖民地教导人们了解帝国保护主义的思想。新的放映文化也出现了,其中既有主流的电影院,也包括移动面包车、学校、博物馆以及其他一些看似非商业性的领域。[76] 茶叶委员会也聘请著名的电影制片人制作了电影长片和短片,发行到所有的重要市场中去。一些电影紧密配合"茶叶让你精神焕发"的主题,并提出茶叶能产生良好的幽默感和一些舒适感。例如"幽默"卡通片《茶城》(*Tea Town*)的开头是一队"快乐的茶壶矮人",他们匆匆"来到世界上,使之成为一个更适于快乐生活的地方"。矮人们遇到阴郁的"萎靡的古老秩序",并使其振作起来。[77] 在这部电影中,茶壶是一种善良、快乐、无害的东西,其目的是引导消费者走出个人和民族的消沉。然而,另一些电影更新了上个世纪末非常流行的那种帝国广告。巴兹尔·赖特(Basil Wright)的《季风海岛》(*Monsoon Island*)、《兰卡村庄》(*The Villages of Lanka*)、《尼甘布海岸》(*Negombo Coast*)以及更加著名的他为锡兰茶叶宣传委员会制作的完整纪录片《锡

1. THREE-PIECE PELMET

Designed, like the 'proscenium' of a theatre, to be an attractive display in itself and to carry the full advertising message. Centre strip 12¼″ × 60″; side pieces 13¼″ × 17¼″ each; full width 86¼″. Side pieces can be closed in to fit exact size of smaller window.

2. CENTRE-PIECE

Chief attention-getter for window display. Carrying full advertising message. Especially designed to be useful inside the shop, after window display. Takes a number of packets. Size 24″ × 21″.

3 and 3A. STICKERS

Size 17″ × 7″. These stress "Tea Occasions" featured in press advertising, i.e., Early Morning and Mid-Morning Tea. A third, featuring Mid-Evening Tea, is available (3B).

4 and 4A. CARDS

Size 12″ × 9″. Attractive for window or interior use; both stressing "Good Tea."

5 and 5A. CUT-OUTS

Two companion cut-outs, each holding a packet and both selling "Good Tea." Size 14½″ × 12½″. Splendid for window, counter or shelf.

MISS GRACIE

图 8.2 格蕾西·菲尔茨商店招贴，国际茶叶市场推广局，约 1935 年

兰之歌》都是由国际茶叶市场推广局发行的，是很多晚期帝国电影制作中人种志纪录片的典型。[78] 国际茶叶市场推广局宣称这些纪录片是真实的，把本土劳动者当作景观加以商品化，并颂扬殖民主义使用现代"西方"技术开发殖民地的方式。这些电影解释了茶叶是如何生产、在何处种植以及如何穿越整个世界送达想象中的西方消费者手中的。它们对茶园做了浪漫化处理，使之成为东方土地，对采茶女的身体做了情色化描述，赞美工业殖民农业的现代性。本土和殖民地的新老观众都观看这两种电影，从而证明帝国最终让他们健康而愉快。

当时，在怀旧和现代性之间以及这两种意识形态的不同版本之间存在着明显的、日益发展的紧张关系，这种关系在这些电影和国际茶叶市场推广局的广告中得以体现。怀旧本身就是对现代性的一种反应，同时也是

DOWNS THE 'DROOPS'

OOD TEA

A cup of good TEA downs the droop

Down those mid-morning 'droops' with **TEA**

YOU'LL BE BETTER FOR A CUP AT 11A.M.

I

3a

Don't spoil the pot for a ha'porth of tea

YOU GET MORE OUT OF GOOD TEA

4a

MAKE IT A CUP OF **GOOD TEA**

5a

2.

JR WINDOW MEANS MORE BUSINESS IN YOUR SHOP!

TEA REVIVES YOU

图 8.3 《茶叶让你精神焕发》, 约翰·吉尔罗伊海报作品, 国际茶叶市场推广局, 1935 年

279

现代性的产物。[79] 传统产业是对认为英国——特别是其工业经济——正在衰落这一观念在文化方面做出的回应，但它也是英国经济中最具活力的部门之一，也是茶产业想要加以利用的对象。[80] 仅举一个例子，20 世纪 30 年代的茶馆创造出了一种有关它自己和英国的过去的描述，这从来不是真实的，却使茶叶成了两次世界大战之间传统工业的一部分。维多利亚时代的茶馆曾经是一个全球性的、现代零售和营销的机构，但至少从维多利亚时代早期开始，这些机构的所有者和设计者就试图使它看起来有乡村生活的气息。一名专家在评论这一趋势时，疑虑重重地指出茶馆努力用"旧式的美德"宣传"有益健康的自制蛋糕"，目的是平息家庭主妇对"批量生产的蛋糕含有假的化学调味品"的猜疑（有时是很合理的）。[81] 这个时代的茶馆掌握了"旧世界"的风格，它是大不列颠现代旅游业的普遍性特点。例如，干草市场上的蓟茶馆（Thistle Tea Room）用"典型的苏格兰场景"绘画进行装饰，女服务员穿着格子制服，菜单营造出"一部分极为重要的民族基调"。苏格兰肉汤里加了很多大麦和脆饼，向英格兰人、外国游客和思念家乡味道的苏格兰人传递出一种乡村和旧式的苏格兰风情。[82] 在这个时代，曾经用东方风格装饰的茶馆重新装修，换上仿制的都铎家具、印花棉布和乡村生活的纪念品。因此，茶叶成为传统产业的一部分，致力于兜售怀旧情结。茶叶被宣传为是平和的、纯正的不列颠产品——根据不同语境也可能是苏格兰、威尔士、爱尔兰或英格兰的，而当时的社会环境也强化了这样的观点。

复古茶馆、T. 壶先生和格蕾西·菲尔茨使茶叶民族化了，因此让消费者的目光很难超越不列颠群岛，看不到他们正在参与支持一个侵略性的帝国产业。对于健康、振奋、幽默、传统、岛屿民族主义的承诺以及对普通人与社会和谐的赞美，这一切都鼓励全国的饮茶者购买和饮用更多他们钟爱的茶饮，但这些意识形态割裂了维多利亚时代的茶叶利益者和后来的帝国狂热分子辛苦创造出来的生产和消费的故事。两种风格的广告都不完全是真实的，但它们反映了在每个时代都普遍存在的对不列颠民族的不同理解。20 世纪 30 年代有着很多旧式帝国宣传的残余，不过大胆地进入蓟茶馆的消费者、在自己的商店橱窗张贴微笑的格蕾西·菲尔茨的杂货商和打开度假营房屋大门后发现 T.壶先生给她端来一杯早茶的工人阶级家庭主妇将不得不非常努力地工作，以便在殖民统治和全球化的暴力、压迫形式中找到自己的位置。当芭芭拉·耶茨设计出"如果你感到疲倦，一杯莱昂斯茶会让你振作起来"的广告语时，她并不是在展示她对大英帝国的产物天生就一无所知。她只是在展示在大萧条时代，她对广告的语法有多么透彻的理解。

T.壶先生的环球旅行

我们已经看到，与国际茶叶市场推广局的"茶叶让你精神焕发"运动口号相关的符号反映出国家观念的转变和全球广告的日益专业化。但这不仅是一场英国的运动，因为国际茶叶市场推广局在整个不列颠群岛做广告的同时，也在一些国外市场开展工作，它在那里遇到了各种口味和习惯的消费者与商人。因此，国际茶叶市场推广局认为有必要收集定量和定性数据，以帮助他们修改广告表达方式从而适应当地的情况。根据这项数据研究，推广局象征性地改变了消费者的形象，却没有对商品做出改变，并且只略微调整了广告宣传活动的基本信息。总体而言，推广局研究了他们所认为的"国民"市场，设法让 T.壶先生的外观适应"国民"品位。当国际商业、贸易和移民创造并输出国民文化、烹饪方法和美食的时候，类似的过程也在其他地方运作。例如，我们现在所认为的意大利菜的关键要素，主要是由美国的意大利移民创造出来并进行国际化推广的。法国厨师引入被认定为法国式的技术和风味，但他们也协助了墨西哥和其他饮食传统的发展。食谱作者和美食作家对这种过程进行整理和标准化处理时态度严格，并由此界定了食品民族。[83] 国际茶叶市场推广局的历史也显示出殖民商业和广告界如何以类似的方式把茶叶同时安排到多个食品民族中去。

与所有行业一样，国际茶叶市场推广局无法在真正的全球范围内推销。为了确定把精力投向哪里，委员会的技术成员、赫胥黎、米利根和拉格曼频繁地进行业务调查旅行，并着手开发现代市场研究的基本工具。据一位著名学者介绍，现代营销包括"决定与企业产品相关的营销目标，然后把研究、生产、广告、销售和流通整合为一个政策和计划，以确保这些目标得以实现"。[84] 赫胥黎、米利根和拉格曼正是这样做的，他们收集了有关人口规模、收入、关税、特殊税及其他税收、流通体系、既有饮用习惯、文化偏见和欲望等方面的信息。[85] 然后，他们基于这些信息确定推销商品的地点与方式。他们最初选择的是美国、加拿大、澳大利亚、荷兰、比利时、瑞典、南非和埃及——这是既熟悉又新鲜的地域，由跨国、帝国和个人关系以及由英镑集团建立的新贸易动力聚合在一起。英国、印度、锡兰和荷属东印度群岛也是重要市场，因此这些地方的工作正式留给了向国际茶叶市场推广局汇报的地方委员会。

国际茶叶市场推广局和地方委员会采用定量和定性的方式做研究。研究先从一系列会议和谈话开始，并以报告、信函、电话和更多会议结束。经济情况引发大量的市场研究有两个关键时期。一次是在 20 世纪 30 年代中期，即国际茶叶市场推广局刚成立时，另一次是在 20 世纪 50 年代初期，当时国际茶叶市场推广局分裂为几个独立的市场推广委员会，而且在经历了 10 年的配给和控制之后，茶叶生产和消费的自由贸易得以重新恢复。除了国际茶叶市场推广局的研究，印度和锡兰委员会甚至在战争期间还聘请了市场研究机构，国际茶叶市场推广局的南非分部也在 20 世纪 50 年代做了一些最复杂的分析。这种研究说明茶叶价格低廉、有益健康并且"有振奋作用"，为大规模的广告和促销活动打下了基础。

20 世纪 30 年代，市场研究人员倾向于认为国家"性格"是由饮用习惯决定和塑造的。法国等一些国家是饮用葡萄酒的国家，而另外一些国家喜欢啤酒、咖啡或其他饮品。然而，研究人员并没有天真地认为，这意味着人们只喜欢他们国家生产和消费的产品。事实上，在这个时代，国际茶叶市场推广局的专家明白，民族主义可能会以复杂而又往往难以预见的方式发挥作用。例如，拉格曼的理论认为，各国可以采纳其他国家的口味和习惯。拉格曼在他做的有关北欧的报告中经常思考这些问题。例如，拉格曼访问挪威之后得出结论，挪威人会学着爱上喝茶，因为"这里的人非常羡慕英国，因此也喜欢接受英国人的习惯"。虽然拉格曼断定挪威人天性保守，但他也承认，挪威人具有"社会民主"思想，从而能够接受合作广告活动。[86] 他这话的意思是，挪威人会喜欢当时在英国使用的没有品牌的、看似不区分阶级的广告。同样，他在对比利时的研究中宣布："每个英国人在比利时都很受欢迎"。[87] 比利时是一个小市场，1936 年全国人口为 800 万，人均茶叶消费量刚超过 1 磅，但茶叶推广局认为，文化因素比消费量的数据更重要，它在每个市场上都在努力克服这些问题。[88]

在试探性地开拓新市场时，国际茶叶市场推广局倾向于走过去的老路，再次利用种植园主协会数十年来所使用的那些广告。在这方面，该组织表现出了周期性，而我认为重复性是资本主义文化的本质。正如乔伊斯·阿普尔比（Joyce Appleby）告诉我们的，资本主义是一场"无情的革命"，不过它虽然在生产领域不断发生变化，在广告领域却不是一直如此，因为这个领域中无休止地重复着细微的变动。[89] 其中一个重复现象是茶产业希望"挖掘美国的巨大潜力"，不过并非是因为专家仍然把它视作一个亲英的国家。[90] 赫胥黎断言，他非常"熟悉美国人的生活方式"，因此可以自信地说，与大众观念不同的是，美国人的"举止和英国人不一样"，也没有"用英国人的眼光看世界"。他在回忆录中写道，英国人"容易忘记美国有多少人与不列颠没有关系，那些人与我们没有共同的历史联系，或者像爱尔兰一样，有足够的理由反感我们"。赫胥黎还指出，不管是谁，只要到堪萨斯州的威奇托（Wichita）这类中西部城镇去看一看，就会"了解欧洲及欧洲的问题对那里的居民来说是多么遥远"。[91]

因此，赫胥黎宣布，有必要编造一个独特的美国茶文化，但他的很多设想都和他的前任一样。为了让茶叶"美国化"，赫胥黎请到前威智汤逊公司的高级管理人员比尔·埃斯蒂（Bill Esty），利用他的"愤世嫉俗、不说废话"和"完全美国式的风格"，"立即"着手消除"茶叶就是一种英国饮品的流行观念"。[92] 然而有一个讽刺性的插曲，突显出了美国茶文化的"英国性"。海伦·罗杰斯·里德（Helen Rogers Reid）是奥格登·里德（Ogden Reid）的妻子，她在丈夫于 1947 年去世后成了《纽约先驱论坛报》（*New York Herald Tribune*）的出版人，她在公园大道上有一座豪宅，赫胥黎请她在那里办一场高雅的"英国茶会"，说服拉格曼和米利根雇用埃斯蒂。海伦·罗杰斯于 1882 年出生在威斯康星州的阿普尔顿（Appleton），从给《纽约论坛报》老板的妻子伊丽莎白·米尔斯·里德（Elizabeth Mills Reid）做社交秘书开始步入新闻业。海伦与这对夫妇的儿子奥格登结了婚，不过是她真正地以广告业务负责人的身份把这家报纸转变为了成功的企业。她开创了各种评论栏目，以吸引郊区读者和女性读者，如聘请了一名美食作家，并引入星期日文学版，她把沃尔特·李普曼（Walter Lippmann）和多萝西·汤普森（Dorothy Thompson）等新闻界明星都招揽过来，在该报定期开设专栏。海伦·里德是一名女性参政支持者，与丈夫一起参与共和党的政治活动。[93] 因此，里德是美国政治和出版界的重要力量。当她对比尔·埃斯蒂做出高度评价时，米利根和拉格曼听信了她的话。[94]

在一次女性的、上流社会的英国风格茶会上，海伦·里德解释了为何埃斯蒂会帮助他们让茶叶美国化。除了埃斯蒂，国际茶叶市场推广局还在新兴的美国市场研究界中找到了其他关键人物。埃斯蒂是团队成员之一，这个团队中还包括现代民意调查技术的大师之一埃尔莫·罗珀（Elmo Roper），以及现代公共关系的创始人之一厄尔·纽瑟姆（Earl Newsom）。埃斯蒂、罗珀和纽瑟姆是美国广告、市场营销和民意调查专家的理想团队。[95] 厄尔·纽瑟姆公司后来还成了福特汽车公司、通用汽车、标准石油、哥伦比亚广播公司与共和党政客德怀特·艾森豪威尔和尼克松的代言人。纽瑟姆夫妇和赫胥黎的关系非常亲近，他们数十年来一直与赫胥黎定期通信，讨论家庭、政治、艺术、文学和营销策略。与乔治·盖洛普一样，埃尔莫·罗珀在 20 世纪 30 年代是美国民意调查的创始人之一。他是内布拉斯加本地人，最先研发出了调查和统计技术，并很快将这些技术应用到为一家珠宝公司服务的政治运动中，后来又于 1935 年成了《财富》杂志季度调查的负责人。[96] 他的调研方法引起了当时在威智汤森工作的理查森·伍德的注意，哈佛商学院的教授保罗·切林顿（Paul Cherington）也开始关注他。罗珀、伍德和切林顿在纽约市设立了一家公司，很快就吸引了很多企业客户，包括时代公司、全国广播公司和美国食用肉类研究所。[97] 正如一位历史学家所写的，"民意调查员和他们的市场研究领域的盟友声称，要揭示美国公众的真正需求"。但对于茶产业，他们研究的是公众不想要什么。[98] 通过调查和访谈、收集和解释统计数据，这些人衡量并创造出消费者、商品和经济本身。[99] 他们对销售有着特别宽泛的理解，常常把它定义为一种公共教育形式。他们收集有关人的知识，同时在同样的地方推销有关商品的信息。

国际茶叶市场推广局所谓的茶叶局（Tea Bureaus）体现了掌握知识和推销知识相互重叠的特性。这些茶叶局既是分支机构，又是信息中心，贸易者和消费者可以在那里获得关于茶叶及其生产、流通、历史和消费的知识。提出这个想法的人是厄尔·纽瑟姆，他于 1936 年在纽约市开设了首家茶叶局，尽管这个称呼此前已被人使用过。[100] 此后，国际茶叶市场推广局及其相关机构在各个重要市场都开设了茶叶局，战后它们逐渐被称为茶叶中心（Tea Centres）。当纽瑟姆在纽约开设茶叶局时，罗珀则于 1937 年做了一次全国性的市场调查，以便收集有关美国消费者的信息。[101] 谈到这项研究时，纽瑟姆回忆起如何"第一次在敌人的地盘上做了一次真正明智和彻底的侦察"。[102] 这些人以军人一般的精确眼光，认为自己终于明白了"敌人"——喝咖啡的美国人——是如何行动的。纽瑟姆分析了罗珀的发现，并用它们勾勒出了新的茶叶计划。他们两人都认为，美国面临的最严重的问题是美国人不知道如何正确地沏茶。罗珀收集了很多统计数据，做了多次访谈，发现美国人在家里和公共场所沏茶时，在茶壶里放的茶叶都不够多，而且沏的时间不够长，也没有添加牛奶和糖。所以他们沏出来的茶味道跟水一样淡，比不上咖啡的香浓。罗珀发现，在他采访过的人中，有 84.1% 在某些场合喝过茶，但其中只有 1/3 的人能够以得体的方式沏茶。他还了解到，近 60% 的美国人不喜欢这种冲泡不当的茶饮的味道，这就是他们把茶看成是"娘娘腔"饮料的原因。[103] 当时同在美国的拉格曼认为，阶级偏见也在发挥作用，因为他注意到中产阶级的"美国女主人"认为在茶里加牛奶和糖是"粗俗的"。[104] 拉格曼及其同事对这种想法不以为然，也没有去调查它们可能源自哪里。这些茶叶专家没有从他们的专业知识角度提出这样的问题。

埃斯蒂、纽瑟姆与他们国际茶叶市场推广局的同事根据这些研究，推出一个美国版的"茶叶让你精神焕发"运动，与他们所见到的美国偏见抗争。T. 壶先生和其他明星解释说，男性工人和运动员等 "活跃" 人物都转而喝茶，而不是直接告诉美国人 "茶叶让你精神焕发"。[105] 为了让人联想起精力和现代性，很多广告极少使用文字，多用幽默小品，看起来有点像漫画。然后，橄榄球运动员等明显 "美国式" 的人物类型命令公众 "今天转而喝茶"，而家庭主妇则称自己听从了这个指示（图 8.4）。这种做法并不是独一无二的，因为很多产品——特别是那些针对男性的产品——都在推销 "精力、体力和生命力"，展示了饮食、运动和正确的产品如何给人以力量和活力。[106] 美国大众媒体和广告界特别关注对有关健壮阳刚的新概念进行定义，因为随着企业资本主义的发展和女性角色及家庭结构的变化，维多利亚时代的老式重男轻女思想正在瓦解。[107] 尤其是在大萧

图 8.4 《今天转而喝茶》,《茶叶告诉世界》（伦敦：国际茶叶市场推广局，1937 年），第 7 页

条时期，很多人失业了，消费正确物品的健康美国男性的思想变得至关重要，也因此产生了大量的广告收益。然而，很多品牌和生产者好像不由自主一般，或者是不想抛弃自己最可靠的客户，他们在广告中仍然使用"英国性"向中产阶级白人妇女推销茶叶。[108] 当"茶叶让你精神焕发"运动强调现代男女参加精力充沛的活动时，其他广告提出茶叶是女性英国文化的一部分，并认定美国资产阶级女性也欣赏它。[109]

如果说热茶在美国保留着女性和英国的特征，冰茶就完全是另一回事了。至少从 19 世纪 70 年代起，美国人就喝过冰茶，但在 20 世纪，茶叶种植园主与冰、糖和水果公司合作，把这种夏季饮品商业化和民族化了。我们在第 6 章中看到，理查德·布莱钦登声称自己在 1904 年的圣路易斯世界博览会上发明了冰茶，但如果没有廉价和现成的冰块和冷藏手段，冰茶不可能成为一种普通的日常饮品。中国古人和罗马人知道如何获得和储存冰块，但在美国，第一个冰箱于 1803 年获得专利，当时基本上就只是个有金属衬里的桶。[110] 早在 19 世纪 50 年代，美国人就使用了非常多的冰，以至于用冰几乎成了"美国惯例"。[111] 制冰公司是大企业，而冰是一种销路广泛的产品，但家庭制冷直到 20 世纪 30 年代才开始发展，当时通用电气推出了"莫尼特号炮塔"牌（Monitor Top）冰箱。[112] 那时候大多数城市家庭都有电力供应，罗斯福新政的农村电气化计划虽然进展缓慢，但的确把美国农村也纳入了电网。老式的制冰公司和冰箱制造商在一段时间内互相竞争，但不管是买冰还是在家里制冰，冰几乎都被视为是一种美国人的权利。

冰、柠檬和糖的加入，使茶成了美国饮品。这项发明有悠久的历史，但在 20 世纪初，印度茶叶市场推广委员会、多米诺糖和"新奇士"（Sunkist）联合发起了数十年的推广活动，把这种饮品打造成一种健康、清新的美国夏日乐趣。如果说热茶是英国人和老年女性饮用的，那么冰茶就成了一种完全美式的饮品，与任何特定的性别或阶级都无关。"新奇士"是加州果农合作社（California Fruit Growers Exchange）的商标，该组织成立于 1893 年，是加利福尼亚柑橘种植园主的合作社。虽然加州早已有柑橘和柠檬产业，不过加州果农合作社在南加州建立起了名副其实的"柑橘帝国"。就像我在这里讲述的茶叶帝国一样,加州果农合作社对土地、劳动力和消费者都产生了"影响","用诱人的广告在全美国范围内的公共和私人空间里进行开拓"。[113] "新奇士"把加利福尼亚当作伊甸园进行市场开发,并且发明了新饮料,包括橙汁、柠檬水和冰茶。例如,企业食谱教美国妇女如何用大量的糖制作冰茶并饮用,高高的、装有冰块的玻璃杯口上还要插一片新鲜的柠檬。[114] 因此,"新奇士"也推出了一连串新的本土协会、饮食和物质文化,促进茶叶的民族化。它还普及了新的信念,即现代的健康饮食和生活方式中包含着水果,并将水果定义为维生素和阳光的混合物。[115] 当然,可能再多的维生素 C 也难以抵消冰茶中常常添加的大量的糖带来的危害。这种味道也是广泛持久的广告带来的产物,其中大部分是与多米诺品牌的糖有关,它由纽约的哈夫迈耶和埃尔德(Havemeyers & Elder)制糖厂于 1898 年推出。随着一场大规模广告活动把方糖宣传为现代、整洁和纯净的产品,多米诺糖成为"制糖杰作"的代表。[116] 1929 年,该公司推出了超细蔗糖,并且在广告宣传中说它能完全溶解在冰茶等冷饮中。

所以,当国际茶叶市场推广局在 20 世纪 30 年代宣传冰茶的时候,所有的配料都已齐备,而茶叶委员会的冰茶运动也促进了这类商品的销售。1936 年,36 个不同城市的 2000 万消费者都看到广告说,冰茶"让你神清气爽"。[117] 这项运动和热茶广告一样,并没有针对整个国家,而是着力于区域性地方,特别是美国南部和西部。广告通常包含美国国旗和其他民族主义形象,并且明确表示,冰茶是"美国自己的发明"(图 8.5)。清澈的玻璃器皿与茶壶和茶杯相对立,也确定了冰茶的独特身份,冰立方先生——而不是 T. 壶先生——提醒消费者,茶能让你保持"活力"(图 8.6)。1939 年夏天,当游客顶着烈日漫步在大西洋城沿岸的海滨木板路上时,会看到一个广告牌,因此也会渴望喝上一大杯凉爽的冰茶,海报中曲线玲珑的美女告诉他们,"喝茶让你充满活力"(图 8.7)。[118] 这种广告无处不在,以至于公众开始相信美国人发明了冰茶。20 世纪 50 年代,一名"新奇士"高管表示,经过数十年来的联合运动,柠檬已经从一种不受欢迎的"小酸水果"转变成流行的"美国"饮品中的一个重要成分。[119] 冰

图 8.5 "美国自己的发明"广告，国际茶叶市场推广局，20 世纪 30 年代

图 8.6 冰立方先生，"美国自己的发明"广告局部特写，国际茶叶市场推广局，20 世纪 30 年代

图 8.7 "喝茶让你充满活力"广告牌,大西洋城海滩人行木板路,国际茶叶市场推广局,1939 年 7 月

茶是一种现代饮品。得益于长途贸易、新式家庭和运输技术,以及糖、柑橘、茶产业将努力和资本投向从加利福尼亚到加尔各答的广大地区,这种饮品和它所代表的休闲生活方式得以产生。随着时间的推移,在地区主义的影响下,美国饮品的不同特色版本出现了,其中最著名的是南方的"甜茶"。[120] 然而在这个时候,营销人员似乎对地区口味漠不关心或不了解,反而一直在国家框架下工作。不过有茶叶地方税为这场运动提供支持,因此非常多的美国野餐和烧烤中都出现了冰茶的身影。

尽管茶产业在美国发明了新饮品,但在美国和其他市场上,其他新冷饮则被视为茶叶的敌人。例如,当试图解释为什么澳大利亚的人均茶叶消费量大幅下降时,国际茶叶市场推广局指出,咖啡、果汁和牛奶等饮品对年轻消费者有吸引力。这也成了他们用于解释战后英国饮食习惯变化的理论。20 世纪 30 年代,澳大利亚和国际茶叶市场推广局试图遏制这种发展，但他们没有发觉，口味的改变可能是澳大利亚发展出独特饮食文化的标志。在澳大利亚和加拿大，国际茶叶市场推广局的广告活动照搬在英国使用的口号和角色。例如在加拿大，幽默报纸底部的连环漫画式广告描绘的是 T. 壶先生，它在解释喝茶如何"驱赶工作日的疲惫"。[121] 在 1939 年刊登于《温尼伯自由报》（*Winnipeg Free Press*）的一则广告中，一位家庭主妇告诉疲惫的丈夫说，在办公室忙碌了一天后，他需要的是"一杯好茶"。其他广告试图强化独特的民族特征。[122] 在澳大利亚，国际茶叶市场推广局广告经常利用热茶是这个国家的"国民饮料"这种思想。[123] 该运动还提倡冰茶，不过一份市场报告解释说，这是折中的结果，悉尼喝冰茶，而墨尔本由于"热浪"比较短，对这种饮品带来的凉爽乐趣不太关心。[124] 在澳大利亚和加拿大，国际茶叶市场推广局的广告运动同时宣传不列颠和新的民族——后殖民——身份。

"大英帝国性"也可以在帝国之外推广。例如，北欧的广告运动也强调茶的"大英帝国性"，因为拉格曼相信挪威人和比利时人热爱英国文化。然而，他也试图迎合不同的国家风尚，并提出 T. 壶先生应该按照比利时人的样子打扮。[125] 北欧的宣传对象是男性和女性，不过空间和方式有所不同。资产阶级女性在俱乐部和外出购物时会遇到茶叶宣传，而工人阶级女孩则在家政科学课上学习喝茶。然而，几乎所有的宣传活动都把茶表现为一种提神的饮品，使人能够在午后的消沉中恢复活力。T. 壶先生被画在一辆卡车的侧面，周游欧洲城市，宣传茶叶的提神特性。[126] 在 1935 年举行的布鲁塞尔世界博览会上，国际茶叶市场推广局设了一个茶摊，示范人员还在百货商场、展示茶馆和其他所有地方分发信息、广告材料和泡好的茶（图 8.8）。[127] 在比利时的广播电台节目中，"各行各业"的男男女女都出来证明他们是如何"领悟到"茶叶的优良品质的。T. 壶先生问比利时消费者："为何不来一杯茶？"瑞典的广告描绘的是运动员、商人和家庭主妇，这些人物都解释了茶是如何帮助他们克服生活中的"瓶颈"的。秘书、体力劳动者和运动员——在本例中是滑雪者——声称茶叶刺激了他们疲惫的身体和头脑，使他们振奋起来。[128] 一份报告称，"1936 年在瑞典开展的广告运动是与瑞典风俗相契合的，其主要形式是餐馆印刷餐巾纸、

图 8.8 比利时百货商店的 T. 壶先生展示，国际茶叶市场推广局，《茶叶告诉世界》

挂牌、横幅、展示牌、茶壶透明贴、文件夹和公共茶叶量杯"。[129] 荷兰的广告手法与之非常类似。家政科学课和家庭主妇协会成了这一运动的中坚力量，成千上万的妇女受到教导，用英国方式来泡茶。很多人收到了免费礼物，如日历、儿童室图片和 T. 壶先生的围巾针。[130]

几乎每个地方都有一个版本的"茶叶让你精神焕发"口号，伴随着某种欢乐的 T. 壶先生。这些主题使用不同的着装，以适合男性和女性的喜好，或者与当地文化相呼应，我们也可以在这场运动中发现新的国际主义修辞。然而，如果我们看看国际茶叶市场推广局如何在南非打广告，就可以发现一些基本的种族焦虑和陈腔滥调仍然是茶叶帝国的根基，尽管明显的帝国语言和形象已经日渐消失了。

南非的茶叶和"长谈"

在 19 世纪和 20 世纪，欧洲公司到非洲兜售廉价商品，如茶叶、肥皂、其他洗浴用品和大众娱乐活动，同时宣传新身份。[131] 他们通常不承认、不记得或干脆不知道横跨大西洋和印度洋世界的非洲本地、区域性和长途贸易体系的历史。[132] 这种刻意遗忘是殖民进程的核心，因为欧洲人假想他们正在邀请非洲人加入基督教和商业的帝国。非洲的殖民地市场和英属印度一样，都成了种族化的地方，非洲人在那里构建起自己的现代性、社会性以及美和愉悦等思想。[133] 例如，购买和使用化妆品、时装及其他美容产品的非洲女性经常向有关种族和美貌的陈腐观念发起挑战。南非记者受到非洲裔美国印刷媒体和 W. E. B. 杜波伊斯（W. E. B. Du Bois）、马库斯·加维（Marcus Garvey）和布克·T. 华盛顿（Booker T. Washington）等人的思想启发，也看到非洲创业精神的革命性潜力，并宣称哪怕只要树立起非洲女性是美丽的这个思想本身，就有助于"种族发展事业"。[134] 为家人或自己的身体购买合适的商品，可以证明非洲人和其他人一样，因此应该获得政治和公民权利。对于生活在殖民政权下的非洲人来说，消费大众市场商品也可以取代和（或）支持帝国与公司的权力，同时也体现了新的社会和文化阶层与权力的关系。[135] 在这一节中，我提出虽然很多非洲人开始喝茶的原因是多种多样的，但很多人都认为这种饮品是欧洲殖民主义的一种形式，正在对非洲的休闲风俗和性别身份发起攻击。

一战结束后，茶产业对于在非洲种植和销售茶叶特别感兴趣，开始在突尼斯、阿尔及利亚、摩洛哥、苏丹、北罗得西亚、肯尼亚、乌干达、加纳和尼日利亚做市场研究。杰维斯·赫胥黎对非洲的潜力怀有巨大的热情，我们可以推测，他可能是在与妻子和堂弟——进化生物学家朱利安·赫胥黎——谈话时产生了一些想法，后者在 1929 年被土著教育殖民地顾问委员会（Colonial Advisory Committee on Native Education）聘请，研究东非对教育电影的反应。朱利安·赫胥黎的观点与其他重要人物有些不太一致，因为他把非洲的电影观众想象得更为复杂。他后来成了著名的国际主义者，于 1946 年出任联合国教科文组织的第一任总干事，并建立了世界野生动物基金会，他也因为这一成就而被授予爵位。虽然这两位赫胥黎都认为自己是人道主义者，但他们还是全心全意地相信重塑非洲文化和身份的宣传力量。[136] 杰维斯同样受到伊丽莎白的影响，后者在 20 世纪30年代中期正在为肯尼亚白人定居点的主要倡导者德拉米尔勋爵写传记。[137] 然而，赫胥黎在南非和在非洲大部分地区发现很多盟友，包括殖民地官员、传教士、教育家和实业家。这些团体共同赋予了茶叶相当多的政治和文化力量。

虽然种植园主经常觉得非洲人直到20世纪才喝茶，但事实并非如此，因为在印度北方和撒哈拉以南的很多地区，饮茶的历史已经有数百年了。荷属东印度公司和17、18世纪来到这里的定居者把茶叶、咖啡和糖带到了开普殖民地，并且茶叶在这里占据的地位似乎和它在澳大利亚、加拿大及其他定居者殖民地的地位一样。[138] 当英国在1795年接管开普殖民地时，饮茶帮助定居者确立了他们在边疆地区的白种人性质和声望。[139] 茶也被认为是一种健康的饮品。农村家庭从早到晚都在喝不加牛奶和糖的淡茶，一个作者解释说，这种情况在饮用水含盐量较高的地方尤其普遍。[140] 但正如第2章的内容所显示的，当欧洲传教士用茶叶促使南非非白人皈依基督教时，茶叶不再只是白种人的标志，而成了基督教的象征。传教士把皈依看成是一种精神和物质体验，宣扬节制和理性消费的福音。[141] 他们还认为，茶叶会将非洲人转变为勤劳的工人和理性消费者，接受以工资为基础的资本主义经济逻辑。因此，传教团商店一般都备有廉价消费品，如咖啡、茶叶和糖。[142] 女传教士经常用茶叶和其他英国食物来培养基督教行为，并教导非洲女孩学习家政。20世纪30年代，在比利时刚果发生过一个案例，一位英国女性说非正式茶会能够使非洲参与者脱离"野蛮"的过去，教导女孩"礼仪与合群"。[143] 非洲基督教徒在20世纪举办茶会，经常在诸如卫斯理教会等白人宗教团体的支持下为慈善和社会问题筹集资金，并展示他们的中产阶级社会地位。[144] 虽然茶会巩固了传教士和资本家的意识形态，但也并不总能达到目的，因为非洲人重塑了节制、喝茶和其他消费习惯的意义。长期以来，节制在南非一直是通往体面的大道，对于英国工人阶级和非洲裔美国人来说都是如此。[145] 因此，茶叶是约翰和简·科马罗夫（John and Jean Comaroff）所描述的"长谈"的组成部分，至少自19世纪初期以来，传教士、商人、殖民当局和被殖民者就在进行这样的谈话。[146] 它仍然是20世纪30年代的谈话的构成部分。

20 世纪 30 年代，国际茶叶市场推广局选择在南非开展工作，因为他们将这里理解为一个工业化和城市化的社会，传教士和殖民地政府已经在这里开始了他们的工作。国际茶叶市场推广局向荷兰裔和英国裔南非人出售茶叶，很多被殖民当局轮换称为班图族、土著人或黑人的种族群体也是他们的顾客。国际茶叶市场推广局认定英国定居者已经在喝茶了，因此营销目标是班图人和波尔人，或称荷属南非白人，不过针对不同群体的营销方式略有不同。T. 壶先生告诉白人，茶叶是他们的国民饮品，能让他们充满活力。而"茶客"（Tea Drinker）先生和夫人向班图消费者解释喝茶对他们有好处时，则是通过把喝茶者描述为现代的、基督教的和向社会上层移动的，完全不同于已经在南非发展并受到贬低和犯罪化的男性饮品文化。"茶客"先生和夫人将非洲好男人描述为勤劳的工人、细心的丈夫、常去做礼拜的人，而将非洲好女人描述为家庭主妇，把家打理得整整齐齐，烹制美味的食物，并创造出一个神圣的独立领域，鼓励丈夫和孩子在家里找到乐趣。

国际茶叶市场推广局除了和在其他地方一样使用商品推销和面对面促销活动，还大量依赖报纸广告来影响波尔人和班图人。针对南非白人开展广告运动时，该组织倚重的一家主要报纸是《公民报》（Die Burger），这家报纸与 D. F. 马兰（D. F. Malan）的"纯粹"国民党（Gesuiwerde National Party）有关系。该党于 1934 年成立，面向白人农民、公务员、教师、工人和贫困白人。[147] 这次广告运动采用了很多我们在其他白人定居者社区中所看到的主题，特别提出茶叶是南非人心目中的历史版图的一部分。T. 壶先生在《公民报》上解释了茶叶一直是南非的民族饮品。例如，1937 年有一则著名的广告，回顾了茶叶在这块土地上的漫长历史，声称从"范里贝克（Van Riebeeck）的时代起，当庄严的东印度人航行到桌湾，她所载的货物中最受人欢迎的就是东方的茶叶"。这个故事继续讲述"偏远地区的人们如何套上他们的牛，准备长途跋涉到开普敦，去买新到货的宝贵茶叶"。因而从第一代定居者的时代起，"茶叶就是南非的国民饮品，直到今天都是如此"。[148] 这个广告把茶叶直截了当地插入民族主义者梦寐以求的白人的荷属南非的愿景里。

其他的广告把茶叶描绘成阳刚和现代的，是精力之源，适于久坐办公室的工作者或体力劳动者。喝茶能让疲惫的人恢复活力。"我不知道出什么问题了，还没到中午，我就感觉累得不得了。"一个男人向他的同事诉苦说。另一个人向他介绍了自己读到的一篇文章，内容是关于"喝茶能恢复活力"的，说他要是一直在11点钟的时候喝茶，就会感觉好一些。那么，第一个男人理所当然地开始试着喝茶，感觉有精力了，于是对这种美味的饮品很是欣赏。[149] 就像在美国一样，这些广告试图将一种无疑与英国性和女性气质有联系的饮料阳刚化。一些广告甚至想引导女人用稍微不同的方式为男人沏茶。一个广告建议，当男人"经历了一天的劳累工作或一个下午的剧烈运动回到家后"，他们将会需要新沏的茶缓解"强烈的口渴"。这篇文章建议，男人喜欢喝更浓的茶，而女人喝的茶相对清淡，他们应该尝试葡萄干蛋糕和肉豆蔻面包的"两种经过检验的食谱"，它们"在男人的茶会中是美味"，因为男人"不喜欢油腻和含奶油多的蛋糕"。他们喜欢有男子气概的三明治，里面填满沙丁鱼、蛋黄酱、柠檬汁和伍斯特沙司酱，还有盐和胡椒，上面再放一层小黄瓜或洋葱。[150] 换言之，真正的男人不喜欢喝浓茶时吃甜食。他们吃有男子汉气概的、美味的三明治。

广告还教白人如何像英国人那样泡茶喝茶：加热一个干净的茶壶，每个杯子里加一茶匙茶叶，茶壶里再加一茶匙，使用开水泡制5分钟。[151] 这种提神的饮品对孩子、老人、体力劳作者和脑力工作者都有好处。[152] 人人都适合喝茶。虽然喝茶通常被表现为一种南非白人的习惯，不过少数广告也把南非白人带进一个世界性的全球消费社会，解释说茶叶是"世界上最流行的饮品"，加拿大的曲棍球明星爱喝它，美国的军人喜欢它，阿尔卑斯山、中国西藏和俄罗斯的徒步旅行者也离不开它。[153] 这种方法抓住了"茶叶让你精神焕发"运动的基本国际主义主题，该运动经常把这种饮品同时表现为民族性商品和全球性商品。

在很多方面，班图广告运动看上去和白人的广告运动差不多，但背景却有极大不同，因为在南非，政府已经将酒精消费犯罪化，并将其进行种族隔离。茶叶促进了这一进程，并成了一个打击非洲黑人工人阶级男性沉涵"非法"酒精消费与娱乐的工具。国际茶叶市场推广局把酒妖魔化，用它在《班图世界报》(*Bantu World*)上的长期宣传活动描绘什么样的娱乐才是得体的。《班图世界报》和奉行白人民族主义的《公民报》上都有茶叶宣传的内容，通过比较它们描绘的非洲消费文化，我们可以看到广告商如何建立、应对在撒哈拉以南非洲日益扩大的种族鸿沟，有时还对它提出异议。

　　无意间，这项运动对南非联邦第一份面向日益增多的中产阶级黑人读者的全国性报纸提供了支持。1932 年，曾经当过农民和广告推销员的伯特伦·F. G. 佩弗（Bertram F. G. Paver）创建了班图出版社和《班图世界报》。正如佩弗所解释的，这份报纸将"为本地人提供一个发表公平评论的平台，并传达他们的需求和愿望"。[154] 这份报纸的大部分内容都是英文的，但也有相当多的内容使用祖鲁语、科萨语、索托语和茨瓦纳语。佩弗作为白人自由主义者，吸引到了黑人非洲投资者，并聘请理查德·V. 赛洛普·瑟马（Richard V. Selope Thema）为编辑，在接下来的 20 年时间里，瑟马一直做着这项工作。[155] 瑟马是一名非洲民族主义者，一直在为反对限制开普的非洲选民而抗争。他和他的工作人员享有很大的编辑自由。该报发表了很多新闻和评论，抨击警察暴行、白人工作特权、立法工作、贫民窟条件以及失业者的困境，但该报的观点一般与那些协助创刊的白人自由主义者相一致。[156] 阿古斯印刷出版公司（Argus Printing and Publishing）是非洲最大的垄断性出版社，与采矿业有着直接联系，它接管了《班图世界报》，而且到 1945 年为止，该公司发行了 10 份周报，另外还有 10 多种用 11 种语言出版的刊物，其印刷、广告和发行都由该公司负责。《班图世界报》在整个南部和西南非洲获得了广泛的利益，成为战后商业报纸的典范，但在两次世界大战之间，它几乎没有什么竞争对手。在 1938 年，《班图世界报》的发行量为 2.4 万份，每份报纸估计至少有 5 个成年人阅读过。[157] 1931 年的时候，南非成年人的识字率为 12.4%，但和其他类似社会一样，有人大声朗读报纸，因而这份报纸有诸多听众。[158] 该报的目标受众是受过宣教教育的中产阶级基督徒，他们虽然人数较少但很有影响力，担任着职员、教师、护士和牧师等职业，在种族隔离日益加剧的时代，他们努力寻求尊重，并反对政治和公民权利的减损。这些男性和女性大体上和南非人一样，也正在经历伴随工业化和城市化而来的性别和家庭角色的急剧变化。[159]《班图世界报》提出，虽然国家批准的种族主义是被禁止的，但形式温和的消费主义可能是实现社会尊严和阶层流动的一条途径。

在《班图世界报》中，广告、评论文章和读者来信展示出新产品、美的标准、口味和娱乐活动在各个领域获得了怎样的成果以及遭遇了怎样的失败。借用一位历史学家的准确描述，这份报纸"浸透"着小资产阶级的文化和社会关注点，记录着"舞蹈、选美比赛和其他比赛、募捐、告别和团聚、展览、茶会和晚宴、聚会、招待会、关心的事务、演讲和会议"。[160] 广告大约占版面的三分之一，内容广泛，涵盖健康和身体护理产品、家庭用品和服务，但茶叶委员会是最持久的广告客户之一，为这家南非早期黑人媒体提供了关键的收入来源。[161] 由于刊登欧洲酒精饮料消费的内容被禁止，该报只宣传非酒精饮料，如茶叶、阿华田等，最后还有可口可乐。[162] 然而在20世纪30年代和50年代之间，茶叶是《班图世界报》广告中的无冕之王。

每周，这家报纸上都有大型的卡通式广告，指出喝茶会让人们的社会地位和名望得到提升。很多广告都暗示茶叶有提神作用，不过最常用的口号还是"喝茶对你有好处"。[163] 在很多不同的广告中，"茶客先生和夫人"以教化的态度直视着读者（消费者），敦促他们无论早晚，为了"工作和休闲"，都要"一直喝茶"。[164] 他们解释说，优质茶叶是"愉快的饮品"，容易制作并且能够振奋精神。[165]"茶客"夫妇很快有了孩子，他们成了权威的家长人物，衣着举止代表着传教士长期幻想的资产阶级基督教非洲人家庭。茶叶是居家的、有益健康的社会乐趣，在家里和工作中都能享用，也可以在学习、跳舞或打网球、踢足球及进行其他一切运动时饮用。

一些广告含蓄地提出，非洲人通过喝茶分享了欧洲文化。非洲人的成就等同于欧洲人的里程碑。例如，1936年12月的一则广告说，瑞士阿尔卑斯山的登山者和班图足球俱乐部都在训练过程中喝茶。另一则广告讲述茶叶如何帮助佩里准将抵达北极，并且使用了黑人运动员的形象，同时指出茶叶是"板球比赛的重要组成部分"。[166] 一则广告解释说,"从前只有国王和非常富有的人才有能力喝茶",但"现在茶叶供应量充足,人人都可以享受这种最提神的饮品"。因此,茶叶成了一种将非洲人与英国的过去和民主的现在联系在一起的线索(图8.9)。一个有点不寻常的广告版本宣称,在澳大利亚、缅甸、印度和南非,茶叶让汗流浃背的白人和黑人殖民地消费者感到轻松与宽慰。[167] 恰恰就在南非人面临新形式的种族和阶级隔离的时候,广告商正在构建一种通过参与体面的中产阶级消费文化来实现种族平等的愿景。这并不是说消费文化创造了平等——事实远非如此。市场专家们并不认为非洲人和欧洲人同样平等,但他们印刷的广告暗示着非洲男人和女人可以通过消费茶叶提升社会地位,从而使他们认为自己在分享欧洲传统。

国际茶叶市场推广局的广告还试图向非洲人灌输新的与性别和年龄有关的习惯,这些习惯往往映射出欧洲社会主要的几方面特征。其他广告和文章打造出南非版的"现代女孩",她剪了短发,使用化妆品,并且享受休闲活动,而茶叶广告展示出的则是现代非洲家庭主妇,她做饭、打扫卫生、购物和闲聊,穿着欧洲时尚服装,吃的是欧洲风味食品,坐在欧洲风格的家里喝欧洲风味的饮品。[168] 在《班图世界报》女性版块的每周专栏《茶杯之上》中,这个家庭主妇的形象得到全面展现。这个专栏描述了很多类型的消费,但喝茶成了一个欧洲化、女性化以及中产阶级消费文化的标志和门户。确切地说,《茶杯之上》描绘了两名西化的非洲妇女,分别叫作阿拉贝尔和伊莎贝尔,她们下午一边闲聊购物、做饭和其他消费者的"问题",一边一杯接一杯地喝茶。[169] 茶为谈论和思考其他形式的女性消费主义设置了舞台。当非洲女性按照类似欧洲和美国的女性和经济观念来生活时,消费主义就变得自然而然了。

南非茶叶委员会作为国际茶叶市场推广局的地方分支机构,同样也致力于把孩子转变为西式消费者。1936年,《班图世界报》开始出版每周儿童增刊,内容完全都是关于茶叶的。该增刊登载有关茶叶的幽默故事、历史文章、歌曲、游戏和填字游戏。这些儿童增刊把茶叶渗透进欧洲历史和文化中,利用各种课程来解释欧洲人如何把茶叶从东方带到西方,甚至带

图 8.9 "喝茶对你有好处",《班图世界报》广告，1936 年 1 月

300

到南非。通过这些方法，围绕着茶叶、糖、小麦和奶制品建立的新式"欧洲"饮食被认定是体面的，是活力的来源，对工作、学习和休闲都有好处。官员、传教士和白人定居者最担心饮酒和其他叛逆的休闲形式，这些思想一直与之形成强烈的对比，并从这种对比中获得力量。营销者将茶叶构建为所有南非人的新式现代享乐形式，但它一直是种族和殖民政治的工具，而且这种情形还将继续下去。

在《班图世界报》上打广告是一场大竞赛的一部分，竞争对手包括种族、酒精以及休闲的危险和快乐因素。国际茶叶市场推广局的南非办事处位于德班，这个港口城市有很多印度移民，并且被称为"城市'本土管理'的模范"。[170] 德班市议会垄断了高粱啤酒（utshwala）的销售，并通过市立啤酒馆获得了一笔可观的利润，这些钱被用于本土管理部，为工人们建造房屋和更多的啤酒馆。因此，垄断性的"合法"啤酒得到推广，为移民和男性劳动力的再生产提供了资金。在南非联邦，1928 年通过的《烈酒法案》（Liquor Act）巩固了以前的法律，禁止将欧洲烈酒出售给黑人，但少数获得特殊许可并受过良好教育的人除外。[171] 从 20 世纪 20 年代到 50 年代，非法酒馆（shebeens）的数量增加了，尤其是在城市地区，并成了男同性恋人士聚集的地方，尽管非法私酿烈酒（skokiaan）的女性通常是这些非法酒馆的经营者，这一系列现象的出现部分是对《烈酒法案》带来的情势变化做出的应对。[172] 正如历史学家莫奇·奇科沃罗（Moch Chikowero）和其他人所提出的，休闲和饮酒成为下层非洲人拒绝传教和殖民思想的一种方式。[173] 例如，啤酒抵制活动反对政府垄断合法啤酒馆，而领导人支持非洲人——特别是女性——自己酿造啤酒的"民族权利"。[174] 饮酒斗争也使音乐文化政治化了。20 世纪 40 年代，津巴布韦音乐家奥古斯特·马查纳·穆萨鲁瓦（August Machona Musarurwa）创作了一首名为《非法私酿烈酒》的歌曲，后来在西方和当地被改编成了几十个版本。[175] 奇科沃罗指出，这首歌成为非洲城市生活的一个象征，而路易斯·阿姆斯特朗（Louis Armstrong）、赫伯·阿尔伯特（Herb Alpert）、休·马塞克拉（Hugh Masekela）和其他很多人表演过不同的版本，其意义随着不同的风格、歌词和背景而变化。[176] 然而，国际茶叶市场推广局与非法私酿烈酒和非法酒馆文化做斗争，努力通过压制非洲的文化表现形式及政治和家庭经济来推广茶叶。

当地茶叶专员 A. J. 布希耶（A. J. Bouchier）认为自己是进步人士，相信雇用黑人和白人一起工作有助于非洲的发展。事实上，白人雇员管理一名黑人员工，几乎不是现代化的工作安排。然而，茶叶委员会的员工一起在德兰士瓦和特克斯拉姆地区以及祖鲁兰组织了一个"摩托车车队"。每辆摩托车向学校、商店以及乡村集市分发宣传材料。他们播放关于茶叶的电影，并展示如何泡茶、喝茶。虽然这些方法到处都在用，但在非洲，机动车辆和电影被吹捧为现代技术，能够穿透广阔的内陆空间和未知地域，直达非洲不识字的消费者心灵。[177] 第二次世界大战结束后，美国20世纪福克斯公司签署协议，在南非、南北罗得西亚、英属东非、比属刚果、莫桑比克、留尼旺、毛里求斯和马达加斯加发行茶叶委员会的电影，促进了传播范围的扩大。尼日利亚的非洲铁路学会还有肯尼亚的政府移动电影队也放映这些节目。[178] 在南非，联邦政府的本土事务部把国际茶叶市场推广局的电影与有关"农业、卫生和其他教育科目"的政府电影放在一起播放。[179] 因此，殖民地政府支持公司资本主义，公司资本主义也反过来支持殖民地政府。[180]

非洲教育电影认为非洲观众看电影时往往只看到表象，所以拍摄的电影往往情节简单，善恶之间有明显区别。[181] 国际茶叶市场推广局的电影总是将温和、可敬和积极进取的饮茶者与犯罪的酗酒者做对比。例如，1949年的电影《茶先生和私酿烈酒先生》将好的消费文化与坏的消费文化做对照，阐明了在这个新生的种族隔离国家，什么是规范性的阶级、性别和种族意识形态。在这部电影中，一个穿着体面、举止谦恭温和的"茶先生"在工作中取得成功，并和女朋友"糖小姐"一同享受"健康休闲的益处"；衣衫褴褛的"私酿烈酒先生""喝了私酿烈酒以后，闲下来就吞云吐雾"。这部电影极度贬低私酿烈酒，称它是"由酵母、碳化物、甲基化酒精、糖等东西制成的非法混合物"。[182] 然而，这部电影有一个圆满的结局，因为"茶先生"和"糖小姐"感化了那名反叛的消费者，使其得到了救赎。还有一部类似的"半纪录片"，名称是《恩朱马》（Njuma），从中我们再次看到，一名坚持喝茶的工人（消费者）与其不断喝私酿烈酒的"任性兄弟"面临的不同命运。[183] 这些电影重复了传教士和禁酒运动自 19 世纪 20 年代就在坚持的事情，非洲国家为了控制非洲的经济、商品、娱乐和饮食习惯，并将这种控制行为合理化，做着无休止的斗争，这些电影让茶叶也参与到这种斗争中去。

战争开始前、战争期间和战争结束后，国际茶叶市场推广局要求雇主将喝茶看作提高生产力、耐力、健康、守时和尊重雇主的一种方式。然而，南非的种族隔离进一步固化了劳工、休闲、饮食和种族政治。因此，南非茶叶局致力于在约翰内斯堡、开普敦、伊丽莎白港、东伦敦和德班的数千个"工业企业"中推广茶叶。[184] 以工人为推广对象并不新鲜，也没有什么特别之处，但在那些年的南非，国际茶叶市场推广局着力于强调喝茶如何向劳工灌输纪律观念。[185]《茶：工人的饮品》（*Tea: The Worker's Drink*）是一部英国出版物的非洲版本，它解释了茶叶如何让"南非工业的巨轮"加速运转。[186] 这本小册子一点儿也没有批评种族隔离说，对于那些准备食物时"家庭条件不足"，而且需要长途跋涉才能去上班的"非欧洲工人"来说，茶叶尤其具有振奋作用。换句话说，种族隔离引发了工作中对食物和饮品的需求，而国际茶叶市场推广局正利用了这一事实。[187] 事实上，该文件意在试图说服雇主在工作中供应茶水。在这本小册子的封底，印的是一名男性矿工喝茶的图画，上面写着"来看看茶叶是怎样让他们精神焕发的"。注意强调重点的区别：从"茶叶让你精神焕发"变成"茶叶让他们精神焕发"。茶叶是被当作工业燃料与解决种族和阶级紧张关系的工具出售给雇主的。

在非洲殖民地时代晚期的大部分岁月中，茶叶成了发展的工具，成为将非洲人转变为有自制力的工人的手段，让他们不喝酒、不生病、准时上班，并且有精力拿着很低的薪水辛苦工作。例如，很多种植园为了增加"产量"和防止水源性肠道感染，免费向工人发放茶叶。[188] 肯尼亚茶叶公司免费提供一大杯热茶，以此当作其"奖励系统"的一部分。[189] 同样，开罗城外有家水泥厂，向准时上班的员工免费提供茶水。[190] 正如在维多利亚时代的英国，茶叶成为引诱工人规矩工作的手段，并用于压制劳工和民族主义方面的要求。

20 世纪 50 年代，很多非洲人喝茶，但他们未必接受茶叶的种族和阶级逻辑。此时，很多非洲人正在抵制欧洲商品，并对欧洲定居者和殖民地政府开展武装斗争。市场研究和茶叶一样是在这种背景下开始流行起来的，部分原因是人们认为它是理解桀骜不驯的非洲人的手段，并寄希望于借此控制非洲人。营销专家的说教被蒂莫西·伯克（Timothy Burke）称之为一种新宗教，一名研究人员在 1960 年这样说："唯一存在的非洲市场，是制造商和营销人员通过努力而开拓创造出来的市场，无论他们是有意还是无意为之。"[191] 考虑到这些观点，纳塔尔大学、比勒陀利亚大学和罗德大学的教授和研究生，还有南非种族关系研究所，对身体和其他日常习惯做了分类、研究和比较。国际茶叶市场推广局非常渴望使用这些新工具，但是在南非，他们的研究结果与种族偏见混淆在一起，显示南非黑人的饮茶量要比南非白人多得多。有一项 1953 年的研究，访问了 2700 名南非黑人和白人，了解他们的喝茶时间，在茶叶价格和冲泡方法方面比较他们的了解程度，并询问他们对当前推销的反应。这是一项全国性研究，涵盖了不同收入水平、性别、种族、民族和婚姻状况的人。然而，调查结果在报告中主要按 3 大类划分：说南非荷兰语的农村家庭、城市欧洲家庭（包括说英语和南非荷兰语的家庭）以及城市"班图"家庭。农村和城市的荷兰语人中喝咖啡和喝茶的数量相同，而城市英语和班图语受访者喝茶的次数远远多于咖啡。令研究人员感到震惊的是，所谓的班图消费者也使用了非常多的干茶叶来沏茶。因此，尽管说英语的南非人平均每天饮用 4.49 杯茶，超过了平均水平，但"城市班图人"冲泡时使用茶叶量更多，虽然他们平均每天只喝 2.85 杯茶。[192] 虽然研究人员对全国平均水平也进行了调查，不过现在衡量消费时更注意细微的差别。[193] 这项研究表明，语言、文化和生活方式超过了种族和阶级，这是令南非白人社会极度不舒服的原因。[194] "然而，尽管调查了很多细微差别，研究人员却没有询问关于宗教或移民模式的问题，也忽略了历史先例。如果他们顾及了这些问题，他们可能会考虑早期的促销活动、品牌广告、禁酒运动以及在工厂、矿场、学校和其他公共场所大力推动茶水供应所带来的影响。他们可能会想了解印度移民及其对南非商业文化的影响。营销人员没有研究或承认这段漫长的历史。

就在战争爆发前夕，国际茶叶市场推广局庆祝它在全球取得的成就，当时它委托著名的装饰性地图绘制者、壁画家和建筑师麦克唐纳·"马克斯"·吉尔（MacDonald "Max" Gill）制作了一幅地图，名叫"茶叶振奋世界"。吉尔以创作丰富多彩、辨识度高的海报和卡通式地图而闻名，他的地图让人想起早期现代风格的绘画地图设计，以及现代化却有哥特式外观的工艺美术运动。吉尔在 1933 年曾为锡兰茶产业工作过，他画了一幅异想天开的地图，把这个郁郁葱葱的绿岛描绘成茶叶之地。吉尔的"茶叶振奋世界"地图画在一幅 20 英尺长的画布上，展现了茶叶的整个全球历史。[195] 在这幅地图上，骆驼、帆船、轮船、铁路、犬队和飞机运输着出产自乌干达、尼亚萨兰、印度南部的尼尔吉里斯、北部的阿萨姆和大吉岭、锡兰、苏门答腊和爪哇的茶叶。茶叶被描绘成一种全球性饮品，荷兰人或者"南非原始定居者"喜欢它，"班图人最爱的饮料是它"，澳大利亚和新西兰的剪羊毛者看重它，"用古老的方式在自己的农场里劳作的"埃及农夫也珍视它。在俄罗斯、拉普兰和法国，人们都喝茶，当然，"不列颠群岛的人民是世界上最伟大的饮茶者"。"好莱坞明星、导演和作家一直喝茶"，滑雪者、爬山者和伐木工人也离不开茶。冰茶是"美国自己的发明"，在南方全年都有人喝。人们似乎在到处传唱着维多利亚时代的自由派首相威廉·格莱斯顿的颂歌："如果你感觉冷，喝茶会温暖你。如果你太热，喝茶会让你感到凉爽。如果你心情沮丧，喝茶会使你精神振奋。如果你激动，喝茶会让你心平气和。"吉尔的地图讲述了一个全球性的故事，既表现出很多内容，也忽略和扭曲了很多东西。墨西哥和南美洲的版图上几乎是一片空白。图中描绘了中国和日本的茶文化，但中国的台湾岛只是其沿海的一个空白岛屿。整个印度次大陆太小，没有南亚消费者的踪迹。然而，非洲的生产和消费正处于这个茶叶帝国的中心。这可能是因为花钱

305

创作这幅地图的国际茶叶市场推广局此时非常关注非洲的市场和茶叶。

　　吉尔的地图讲述的全球历史是自己的版本，不过它在非洲尤其流行，出现在了无数的墙板上，白人男性演示者和非洲助手在 20 世纪 40、50 年代教导消费者——其中很多是儿童——了解这个茶叶帝国时，常常把它当作背景。[196]"移动茶叶队"在每次旅行途中，都会打开大幅的茶叶地图，把它当作一种户外教室中的墙壁，大人小孩都聚精会神地坐下来看着海报，听着茶壶嘶嘶作响，观看有关享用茶叶对错方法的电影。因此，这幅地图有助于表现西方资本主义如何将非洲人纳入全新的全球消费文化。这张地图也出现在印度和锡兰，原始的一版海报依然被挂在快乐谷茶园（Happy Valley Tea Estate）的大门口，该茶园是 1854 年在大吉岭开设的第一个茶园。阿伯提亚（Abootia）茶叶集团现在是该茶园的所有者，它出产的高品质有机茶在伦敦哈洛德百货公司有售。欢乐谷和哈洛德在很多方面都是当代茶叶帝国构建过程的参与者。[197] 在接下来的章节中，我们将研究战争、解殖民化以及战后世界的文化和社会动荡如何改变吉尔在 1940 年所描绘的这个帝国，但也并未完全摧毁它。

　　吉尔的地图、T. 壶先生、"冰立方"先生以及"茶客"夫妇并没有明确把茶叶宣传为殖民商品，但它们仍然是帝国的象征。帝国主义或东方形象存在与否不应被当作帝国主义是否影响宗主国或殖民地消费文化的衡量标准。20 世纪 30 年代，由于广告业发生了变化，发展殖民地和工人阶级市场的愿望产生了，帝国内外和商品链之间出现了产业合作，这些现象改变了茶叶广告的符号和叙述方式，其手段是突出消费者而非生产者。因为茶叶供过于求并且价格急剧下跌，英国和荷兰种植园主联合起来挽救他们处境艰难的产业，并更加依赖于广告公司和营销委员会。在法西斯主义国家，经济民族主义开始兴起，产茶区出现了反殖民主义，这些现象导致公开提到大英帝国时会引起反感。换句话说，到 20 世纪 30 年代后期，帝国属性不再能让茶叶有明显的增值。相反，健康和身体恢复成了当时的口号，影响到广告和欧洲文化的很多其他方面。喝茶会让你感觉更好这种简单的思想，或者像芭芭拉·耶茨所说的，"会让你精神焕发"，此时是一个帝国产业试图跟上时代的标志。

9

"丛林中热饮很重要"

茶叶服务于战争

第二次世界大战期间，人们的日常生活受到极大限制，平日常见的物品和小东西也变得重要起来。在英国，热茶就是这样一件小东西。在对于正常生活状态的主观感知和社会认知中，这种饮品都已是必不可少的因素，以至于政府官员、企业和消费者都认为，热茶的匮乏将会对人们的心理造成灾难性的破坏，并且也是文明崩溃的一种迹象。这种思想已经形成数百年了，不过战争为老习惯提供了新背景。茶叶能够振奋士气和平复紧张情绪的故事成了战争神话。军人在北非沙漠中用空金属桶沏茶，水手在驱逐舰和潜艇上喝茶，邻居与在闪电战中失去家园的人们分享热茶，女志愿者在庇护所和移动食堂供应热茶，茶歇也在工厂和办公室的工作文化中被牢牢固定下来。[1] 无数的回忆录和日记、照片以及电影都捕捉到喝茶的时刻，并把它当作在混乱恐怖的世界中保持冷静和携手奉献的象征。[2] 无论在战场上还是在大后方，似乎每个人都在喝茶，茶叶成了人民战争的缩影，也象征着普通英国人史无前例地团结为一个社会共同体。[3]

乔治·奥威尔对战争、茶叶和英国性的这种观念做出了很大的贡献，他在1941年的一篇文章中宣称：

> 我们是一个热爱鲜花的国度，同时也是一个集邮家、鸽友、业余木匠、优惠券剪刀手、飞镖运动员、填字游戏爱好者的国度。所有最真实的本土文化都围绕着即使为大家所共有也并不属于官方性的东

西——酒吧、足球比赛、后花园、炉边和"一杯好喝的茶"。[4]

奥威尔谈到，喜爱花卉、喝茶、收集邮票的英国人在家里、花园和当地酒吧享受着简朴的快乐。这与法西斯主义的组织化娱乐和美国式的大众文化形成了鲜明对比，不过真的是这样吗？奥威尔的本土主义反映出对"大英帝国性"思想的大改造，这个过程从两次世界大战之间开始，并持续到 20 世纪 50 年代。奥威尔试图否定大众文化对英国社会的影响，但他的"大不列颠"在很多方面都是大众市场和帝国的产物。到 1941 年，人们都自然而然地认为茶叶会使人保持平静和坚定，没有人质疑这样的观念来自哪里。然而，上一章中我们提到，是政府官员、殖民地茶叶生产者和广告专家携手创造出了茶叶的战时神话。

壶里烧上水

和第一次世界大战一样，第二次世界大战也是一场食品战争。一种普遍性的焦虑逐渐蔓延开来，人们担心农业部门萎缩，无法供养日益增多的城市人口，这种担忧也是德国、意大利和日本的扩张政策和战时决策的部分决定因素。军方和政府把粮食从被征服地区调走，大规模饥荒成为一种蓄意打造的武器，意在削弱平民和军人的力量。盟国政府也认识到了养活民众的迫切需求，担心第一次大战结束后伴随着饥饿而出现的社会革命的不祥之兆会再次出现。英国政府制定了复杂的计划，实行配给和控制制度，提升农业生产率，在 1941 年建立了租借制度，并且大量剥削帝国的资源和劳动力，使其民众得到相对较为理想的食品供应。[5] 杰克·德拉蒙德（Jack Drummond）等食品科学家是英国食品部的科学顾问部门负责人，他们甚至乐观地发现了改善人民营养状况的机会。[6] 最终，战时饮食虽然单调，但贫困的英国人确实得到了适度的营养补充，而殖民地的被统治者——尤其是孟加拉人——却遭遇了前所未闻的饥荒。[7]

饥饿随处可见，但英国的战时言辞仍在强调"公平份额"和厨房战线的重要性。由于有食堂、英国餐馆和其他形式的集体供应，再加上工人阶级的购买力不断增加，社会阶层之间营养不平等的总体状况得以缓和。如一位学者所说，英国人成了"'以食品为基础的社群'，变成了部分由共享的消费模式和仪式所定义的民族"。[8] 政府的政策和权宜将就的态度刺激了新的国民口味和习惯的产生，还出现了新的购物、烹饪和饮食场所。然而，英国最大的变化之一是政府几乎完全控制了茶叶等基本食品的进口、流通和销售。这并非是因为物资的绝对稀缺，而是政治、经济理论和社会思想混合在一起，共同促成了食品控制的时机和性质。[9]

配给制使政府与民众建立了新的社会民主契约，但实际上并没有解决社会关系紧张的问题。[10] 人们抱怨富人如何有能力买得起不受配给的美味佳肴，在餐厅和俱乐部"不受配给约束"地大吃大喝，并在黑市上购买食物。[11] 生活在农村的人们在"胜利"花园里种植水果和蔬菜，把多余的卖掉挣钱。[12] 男性和女性的配给制度也不相同。尽管没有实现平等的意识形态，但食品配给制确实阻止了通货膨胀，并有助于维持战前的消费和支出水平。人们在战争期间接受了紧缩政策，但在和平时期，继续坚持配给政策使工党的支持率大受影响，并促使保守党在 50 年代初期获得选举胜利。[13]

总的来说，这场战争使大英帝国在世界茶叶贸易中占据了主导地位。由于市场自由至高无上的自由主义理想和认为英国人及其盟友没有茶叶根本无法打仗的普遍观念，茶叶控制政策受到了影响。茶叶被认为非常重要，因此在战争爆发之前数年，政府就制订了保护英国茶叶的计划。[14] 然而，茶叶控制并不是从配给制度开始的。《国际茶叶协议》（*International Tea Agreement*）从 1935 年开始控制生产，此时协议仍在生效。[15] 1939 年9 月 5 日，政府接管了进口控制，食品部下属的茶叶主管负责与生产者直接签订合同。国内批发和零售实行固定价格制，伦敦拍卖会立即被叫停。储存、调配和包装机构被分散开来，到 1942 年，大部分茶叶都被分散到全国 500 多个仓库中。当明辛街在闪电战期间受到打击时，茶叶虽然受到敌方行动波及，但政府采取的措施成功保护了国家的茶叶供应。[16] 1942 年，食品部的茶叶主管和华盛顿的联合食品委员会成为盟国和某些中立国茶叶的唯一买家。[17] 在科伦坡和加尔各答拍卖的茶叶可以供应他们的内部市场，但除粮食部以外的所有出口都正式停止了。[18] 政府还向种植园主提供了慷慨的奖金，而且政府实行的控制保障了市场的稳定。茶叶股价上涨了，大部分种植园在战争初期都获得了可观的利润。[19]

政府保护茶叶供应的同时，也开始强化茶叶在英国人心目中的特殊地位。战争刚刚爆发，新闻部的本土宣传处就在考虑茶叶如何能够减缓空袭带来的恐慌。该机构的一名成员格里格女士（Lady Grigg）向她的同事解释说："最令人欣慰的事情——至少对女性而言——是端上一杯茶，聚在一起说东道西。"该委员会对此表示认同，并呼吁"住户在空袭期间和结束后向附近有需要的人送上一杯茶"。[20] 茶叶之所以如此受到重视，也许是因为杰维斯·赫胥黎管理着这个机构。然而，赫胥黎很快就沮丧地辞职了，声称他根本不知道这个机构要做些什么。[21] 1942 年，他重返新闻部，负责让英国平民与美国人建立"良好关系"。他还领导着该机构的"帝国分部"（Empire Division），其任务是改善殖民部和英国媒体之间的帝国宣传和交流。[22] 赫胥黎与政府和非政府机构都有联系，这使他能够在反对法西斯主义时为茶叶争取到一席之地，并把茶叶塑造成社会福利和公共利益的一种形式。

1940—1943 年间担任食品部长的伍尔顿勋爵也认同诸多这类思想，而且很不情愿对茶叶实施配给制。当事实证明确实有必要实行茶叶配给制时，他力挺消费者购买自己最喜爱的品牌的权利。[23] 到这一时期，尽管茶叶品牌多达数十种，但仅仅 4 家公司控制着英国茶叶的几乎全部进口和流通，它们分别是英格兰和苏格兰批发合作社、莱昂斯公司、布洛克邦德公司和为联合利华零售连锁店供货的联合供应公司（Allied Suppliers）。[24] 战争期间，交通问题变得严峻起来，伍尔顿面临着可能不得不将所有茶叶集中起来由国家控制的压力，第一次世界大战结束时英国就曾经采取过这样的政策。但伍尔顿拒绝这样做，承认"公众就喜欢这样的茶叶，我希望尽可能长时间地把这种享受留给他们……政治上……我总是警告不要干涉人民的茶叶"。[25] 伍尔顿之所以想要维护茶叶品牌，部分原因来自这 4 家大公司的政治压力，但他也曾在利物浦当过路易斯百货公司的总经理，这段经历可能也影响到了他的信念。"如果我们在战争期间放弃调配茶叶，放弃使用品牌，如果我们以这种呆板的平等来做决定，我们的国民生活会失去某些东西。"伍尔顿后来解释道。然后，他继续说："口味，个人的口味，这是值得保留的……它增添了生活的乐趣和滋味。"[26] 对于保留人造奶油、软饮料和其他产品的品牌名称，伍尔顿就没有如此上心，但正如我们在 20 世纪 20、30 年代所看到的，政府经常捍卫大牌茶叶的权益。[27] 对于伍尔顿来说，商店里出售品牌茶叶，意味着以市场为基础的自由是英国特征的核心要素。

然而，地中海航线的中断给航运带来了极大的压力，1940 年 7 月 9 日，茶叶配给开始实施。消费者每周茶叶供应量被限制为 2 盎司，但正如伍尔顿所希望的，他们获准可以在任何商店购买品牌茶叶，而非只能在登记注册的商店里买。[28] 茶叶配给制于 1952 年 10 月结束，期间配给量有过变化，但大多数情况下维持在每人 2 盎司左右，大约是战前平均水平的三分之二。1942 年夏天，日本征服了缅甸，英国似乎可能会失去阿萨姆的茶园，锡兰可能也受到了威胁，于是政府削减了幼儿的茶叶配给量。[29] 然而，英国此时仍然统治着茶叶帝国。

配给制度、食品控制和供应短缺引发了很多与饮食和健康有关的对话，不可避免地促使人们思考和谈论他们身处的消费文化。[30] 到处都在谈论食品问题，而且这一时期市场和社会研究人员在努力听取这些谈话，这与以前发生冲突时他们的行为恰恰相反。调查、访谈和观察消费者，成为政府和商业机构的心头大事。[31] 企业和政府利用社会学、人类学和心理学的定量和定性研究方法，试图理解和引导个人和民族的消费习惯与口味。例如，成立于 1937 年的社会调查机构大众观察（Mass Observation）为我们留下了大量的档案，其中包括日记、调查问卷和由数百名有偿和无偿志愿者所做的访谈。调查人员就很多不同的主题提问，但他们最关注的一个重点是记录个人与其物质世界的关系。[32]

大众观察投入了很多时间衡量人们对配给制的态度；它发现，尽管人们已经屈从于这个政策，但茶叶配给似乎是一项不受欢迎的措施，当时国家似乎拥有充足的茶叶供应，却毫无征兆地推出了这个政策。大众观察发现，配给制似乎让那些离不开茶叶的贫困女性的日子尤其难过。在配给制实施的最初几天，大众观察的调查员在伦敦东区的斯特普尼（Stepney）访问了贫民，还到白金汉郡的伯恩恩德（Bourne End）调查了较为富裕的居民。几乎各个阶层的人对此都不大满意。"糖，品质很差；黄油——太可怕了。但是茶叶——这是最糟糕的。"一名中年裁缝抱怨说，他的妻子是一名杂货店主。[33] 一位35岁的斯特普尼女性表达出了很多人的感觉，她哀叹道：

> 这难道不糟糕吗？我们刚习惯喝茶不加糖，他们又开始对茶叶实行配给制……我宁愿他们赶紧对服装实行配给制，而让我们得到必需品吧。我知道他们要求我们在喝茶方面做出牺牲，但是这太难了。我想有很多和我们一样的女人，我们离不开茶杯。[34]

一位60岁的男人也回应说："它让我的老太婆深受打击。她喜欢喝茶。"[35] 一位来自伯恩恩德的有钱人自称喝咖啡，不过他满怀同情地说："对工人阶级来说这是很悲哀的——他们这些可怜人依赖着茶叶才能生活。"[36] 另一位伯恩恩德的年轻女子谈到她如何订购了更多的咖啡，但她也认为配给"对穷人来说糟糕透了"。[37] 各行各业的人可能都喝茶，但很多消费者不管是支持还是批评政府的政策，都谈到热茶尤其能够帮助贫困女性应付生活的压力。大众观察发现，英国人把茶叶当作一种特殊物品，比糖、黄油和衣服更为重要。所有的英国人都承认，茶叶在工薪阶层女性的饮食中占据着独特的地位。

因此，当食品部试图用各种形式的宣传来限制喝茶习惯时，这项工作很难开展下去。例如，该部门鼓励家庭主妇尝试可可和其他替代性饮品，并且为了国家利益不要沏浓茶。[38] 食品部修改了经典的一人一茶匙、壶里一茶匙的沏茶配方，并创作广告诗告诫人们说：

> 每人一茶匙，壶里不再放，
> 当你沏茶时，不必用太多，
> 一茶匙一人，不用放壶里。[39]

人们的确减少了糖、牛奶和茶叶的用量，还尝试了其他饮品。例如，一位女士解释说，她"买了一些好立克（Horlick）……很贵，是吧？但我想，我手头不能什么饮品都没有"。[40] 另一位中年妇女沮丧地感叹道，"我们必须开始喝咖啡了，我知道。"[41] 居住在伯恩恩德的富人受访者比穷人更习惯于喝咖啡，而且他们直率地承认自己会订购更多这种饮品。[42] 战争期间，英国是唯一一个能够增加咖啡进口量的欧洲国家。[43] 然而，咖啡价格相对昂贵，1942 年的时候每磅需要 32 便士。[44] 大西洋海战期间，航运力极为短缺，导致了咖啡价格上涨，因为大部分非洲和荷属东印度的资源被敌方行动切断了。尽管如此，很多从未尝试过咖啡或其他饮品的人在超过 12 年的茶叶配给年月里首次开始尝试了。[45]

所有这些变化都让茶叶种植园主感到担忧，他们不想看到茶叶被公众遗忘，希望能够保护茶叶市场，但又不能表现得像是在反对政府做出的努力。[46] 为了达到这样的目的，茶叶必须得到有效的利用，必须保持必需品或战争武器的身份，并变成为战争服务的工具。总体来说，茶叶必须成为公共物品。茶产业通过多种方式认识并宣传这种思想，其中包括确保所有的公共场合都有充足的茶叶供应。在战争期间，人们越来越多地在公共场所而非在家里吃饭。餐馆、咖啡馆、茶馆、酒吧、炸鱼薯条店、工厂食堂和街头排档长期以来一直是英国城乡文化的一部分，更不用说校园餐以及军队和救济院配给品了，但战争改变了在公共场所吃饭和喝茶的意义。[47]

在战争年代，我们可以发现公共餐饮在商业性、自愿性和国营性的餐饮设施中得以迅速发展。[48] 学校和工作场所的集体食品作为一种福利形式，自 19 世纪开始出现，目的是改善工人阶级的健康并规范他们的行为。由于第一次世界大战爆发，同时有关食品与工人的品德和生产力的新思想得到发展，食堂和学校午餐成了更加普遍的现象。[49] 女性开始参与战时生产，疏散和敌军轰炸又导致人口结构发生变化，而且人们都相信热食能够提高士气，在这些因素的影响下，公共餐饮在二战期间有了迅速发展。

食品部开始执行多种大规模供餐计划，其中最重要的一个计划是围绕着国营的英国餐馆（British Restaurant）开展的。就像配给一样，英国餐馆成了改善公众健康和维持民众士气的手段。有人担心它们会与私营餐饮部门竞争，对此食品部长解释说：

> 发展社区餐饮是以政府政策为基础的，有些人出于种种原因，难以获得营养食品，社区餐饮的目的就是确保他们尽可能有机会每天至少吃上一顿热饭。由于各种因素，例如生活成本上涨、女性群体的疏散、男性劳动力的转移以及女性产业劳动力的增加，我们正在面临很多实际的困难，在这种时候公共餐饮对于维护公众士气至关重要，这也是战时计划的一部分，政府应该尽一切可能解决这个问题。[50]

1943 年，英国餐馆达到了 2000 家，志愿性机构如基督教女青年会、妇女志愿服务队、红十字会和地方当局也设立了无数类似的机构。[51] 这项运动在同年 9 月份达到了高潮，当时有 2160 家这样的餐馆，每天供应 63 万份餐食。[52] 顾客经常抱怨食物不热甚至变质、咖啡低劣、茶味太淡。不过，这些餐馆供应的食品和饮品也并不总是糟糕的。中产阶级日记作家维尔·霍奇森（Vere Hodgson）回忆说，当她于 1941 年在诺丁山门的伍尔顿勋爵餐厅（Lord Woolton Restaurant）用餐时，菜单上有"蒸鱼或欧芹酱兔子，还有两种蔬菜。这些加起来只要 11 便士，真的很好吃。我坐在覆盖着油布的桌子旁，吃着我的炖菜。我不止一次去那里吃饭"。[53]

在这些公共场合，一直保持着供应茶水。国内的茶叶配给规定为战前平均水平的三分之二，以确保军队、政府机构、慈善机构和工作场所有足够的茶叶可用。在过去的一个世纪中，政治家和工厂主已经接受了茶叶可以提升工人的劳动生产率的想法。劳工部长欧内斯特·贝文（Ernest Bevin）亲自鼓励大公司给员工提供茶歇。1940 年 9 月，贝文在伦敦工作管理协会（Works Management Association）发表演讲时说，一家大公司的主管表示永远不会取消茶歇，因为它提高了工人的生产力。[54] 1940 年颁布的《工厂（食堂）法》[Factory (Canteens) Order] 要求，员工超过 250 人的军火或政府产品生产公司都要设立一个食堂。

在一些地方，大小餐馆经历了一场战时的繁荣。格拉斯哥著名的茶馆接待富裕的美国军人，也为到该市造船厂和军火厂工作的男女工人提供服务。如一位历史学家所说，有时候这种富足的景象可能会让来访者感到不安；一名记者在 1941 年写道，他看到烤箱里塞满了"个头挺大的鸟和肥胖的火鸡"，它们"嗞嗞作响，被烧成红褐色"。[55] 在伦敦市中心等商业受到敌人打击较重的地方，生意出现了下滑，但据一家中型连锁企业卡多马有限公司（Kardomah Ltd.）的记录显示，很多地方很快就恢复过来了。卡多马公司以销售高品质的特色咖啡闻名，它在战争期间获得的利润打破了历史纪录。该公司始创于 1845 年，起初是一家利物浦的杂货店。1868 年，公司正式成立，名称是"利物浦中国和印度茶叶有限公司"，到该世纪末，它推出了自己的专利小包装茶叶。这家公司建立了一个蓬勃发展的面包车销售部门，向默西塞德、曼彻斯特、伯明翰和南威尔士的零售商供货。1893 年，它在利物浦的教堂街开设了一家名为"展览馆"的咖啡馆，主要是用于品牌广告目的，但这家咖啡馆极为成功，到 1939 年，该公司已经有了 35 家分店，其中还有一家在巴黎。卡多马咖啡馆以波希米亚风格著称。最著名的店面位于斯旺西（Swansea）的城堡街，一群诗人、艺术家和作家经常在那里聚会，其中包括迪伦·托马斯（Dylan Thomas），他们被称为"卡多马帮"。咖啡馆的装饰很现代化，而且充满着咖啡的香味，因此营造出了 20 世纪 30 年代的波希米亚式夜景氛围。[56] 早期的咖啡馆采用"威廉·莫里斯"（William Morris）式设计，而后来的一些咖啡馆还包括采用"伪詹姆斯一世风格"的吸烟室。1936 年，该公司聘请米沙·布莱克（Misha Black）更新咖啡馆的店面形象。布莱克是一位现代主义者，后来以其大胆的图形和简洁的线条出名，不过他为卡多马公司设计时，引入了大量的柚木和红木镶板，还有印度展览馆的主题，以突出"东方气氛"。[57] 他的设计更符合早期的茶馆东方主义，但在卡多马公司，"东方气氛"与波希米亚主义相关，这种风格将在战后的咖啡馆中体现出来。

然而，战争确实带来了一些持续存在的问题。由于窗户被栅栏封上，商店很难展示产品，柜台销售因此受到了影响。由于宵禁，客户和工作人员每晚都要提早回家，因此餐厅的营业时间缩短了，生意也受到了影响。运输困难和燃气短缺都是大麻烦，伦敦和其他受创非常严重的地区实行大疏散，也带来了严重的问题。[58] 1940 年 9 月，卡多马公司因为轰炸损失了一家伦敦的大型咖啡馆，在伯明翰也有两家遭到破坏，曼彻斯特的 7 家咖啡馆中，到 1940 年 12 月只有 3 家还能营业。[59] 税率高，劳动力和食品严重短缺，这些因素使所有的咖啡馆都受到了影响，而 1941 年是尤其艰难的一年。那时食品库存非常少，以至于有些咖啡馆不得不关门，或者大幅削减菜单上的产品种类。尽管如此，咖啡馆仍然生意繁忙，因为"依靠公众消费掉'国内配给'的倾向"越来越明显。[60] 由于 1942 年人员严重短缺，卡多马公司、莱昂斯公司和其他主要连锁店一样，推出了自助餐厅风格的自助服务。这种改变让卡多马公司每年能够接待 100 多万名顾客，公司的主管对此感到又惊又喜。[61] 但是，他们并没有放弃所有的女招待服务，因为很多顾客仍然喜欢有服务员随侍左右。1943 年，咖啡厅接待顾客的能力提高了，同时由于价格上涨，每张账单总额的平均值增加了，这意味着 1944 年的咖啡厅营业额提升了 25%。

茶叶贸易热切地利用了这种日益发展的餐饮文化和战时市场。在避难所、餐馆、咖啡馆、食堂和其他餐馆，花上一点钱就能买到一杯茶。[62] 一名食品管理官员注意到这个问题，他在战争期间嘲笑说："没有茶，人们不能举行乡村舞会，不能为'喷火'（Spitfire）基金募集资金，不能结婚，不能炼钢，空袭时也无法维持士气。"[63] 军队中的茶叶尤其泛滥。[64] 民防工作人员和其他无数在战备中被视为不可或缺的人员也得到了茶叶的额外补给。[65] 这些政策增加了家庭以外的消费，并将工人、军人和"有需要的人"确定为特别应当得到茶叶补给的人；战后的社会计划所针对的恰恰也是这些人员。[66] 与 19 世纪的禁酒茶会或博览会非常相似，战时餐饮的服务对象是一个受到约束的大众市场。

从加拿大到开普敦：帝国的感染力

1940 年 5 月，德国入侵法国，与此同时，国际茶叶市场推广局的助理宣传主管弗雷德里克·欧内斯特·古尔利（Frederick Ernest Gourlay）从加拿大前往开普敦，调查该委员会的海外业务。在接下来的 6 个月时间里，古尔利访问了肯尼亚、罗得西亚、尼亚萨兰和澳大利亚，之后才返回加拿大。[67] 这趟旅程可能很困难，但他在旅途中为战时宣传和战后的全球消费社会奠定了基础。古尔利于 1900 年出生在苏格兰，战争期间曾在英国皇家空军服役，之后到锡兰种植茶叶。他在 20 世纪 40 年代为加拿大茶叶委员会工作，并与 J. A. 米利根、杰维斯·赫胥黎、厄尔·纽瑟姆和比尔·埃斯蒂成了朋友。这些人深受战争和配给制的困扰，但他们也看到了新的机遇，并利用战时的条件推进了公共关系领域的发展。尽管私营行业和地方政府在 20 世纪 30 年代初期就开始招聘公关专家，但在战争期间，公共机构和公司对公共关系的价值有了更为全面的了解，而茶叶处于这些发展的最前沿。公共关系不仅帮助茶产业在战时的记忆和商业中占据核心地位，也使得茶叶能够在战后安然度过多年经济紧缩和解殖民化的困难时期。事实上，战时控制促使产业界认识到公众形象的重要性。

可以肯定的是，战时的广告人员、新闻报道和报纸都很少。然而，受到组织公众舆论、维持士气、传播信息和改变社会的消费者习惯等因素驱使，广告商的运作空间非常广泛。战争期间，34 个政府部门在广告方面投入了 950 万英镑，食品部占了这项预算中的 200 万英镑。[68] 正如沙恩·尼古拉斯（Sian Nicholas）谈到英国广播公司时所说，宣传涉及"影响心灵和思想的秘密企图"。它还有了更为中性的定义，就是指仅仅传播信息。[69] 企业所使用的对广告的定义则往往是传统媒体渠道之外的宣传手段。

尽管面临预算减少、人员短缺、广告受到限制（特别是在美元区域）、欧洲市场流失等问题，同时由于税率上升和劳动力、供应和运输短缺导致成本增加，国际茶叶市场推广局依然在美国、加拿大、澳大利亚、埃及、锡兰、印度、南非和英国发起了茶叶宣传。在英国，国际茶叶市场推广局开始自称帝国茶叶局（Empire Tea Bureau），并在 1948 年之后干脆改名叫茶叶局。阿尔弗雷德·D. 皮克福德爵士仍然是主席，杰维斯·赫胥黎还是宣传主管，但在名义上该局仍然代表荷兰。阿姆斯特丹方面的通信自德国入侵之后中断，此后荷兰殖民地部（伦敦）的经济部门负责人 G. H. C. 哈特（G. H. C. Hart）博士成了荷兰人的代表。[70] 这个联盟具有深刻的象征意义，特别是在日本人于 1942 年初占领了荷属东印度群岛之后。肯尼亚茶叶地方税委员会和尼亚萨兰茶叶协会在此期间为预算做了少量贡献。温布尔登的临时办公室遭到炸弹破坏后，规模缩小的国际茶叶市场推广局向西搬迁到近百英里外，来到格洛斯特郡的赛伦塞斯特（Cirencester），并将其目标重新确定为维持茶叶在国民公众意识中的地位。

杰维斯·赫胥黎利用这个机会，尝试了如今被称为公共关系的"现代"宣传方法，他将其定义为"一个组织和所有与之接触的'公众'之间的关系，包括员工、股东、地方社团、客户以及广大民众。这个组织可能是企业，也可能是政府部门，或者像茶产业一样，是一整个行业"。[71] 换句话说，公共关系将一个公共实体推广给多个公众群体。赫胥黎在大萧条期间与纽瑟姆、埃斯蒂和罗珀一起工作的时候，就已经开始思考这些术语。[72] 美国公司和联邦政府正在利用公共关系，把消费描述为"美国生活方式"。[73] 国际茶叶市场推广局曾使用类似的方法，宣称英国人的生活方式是由喝茶的权利确定的，而生产这种产品的产业无论是在本土还是在殖民地，都是在以某种形式为国家服务。

赫胥黎对公共关系怀有热情，他不应被仅仅视为美国化的中转人。相反，他与大西洋对岸和大英帝国的同事们一道，发明了公共关系。[74] 很多英国市场研究人员，如马克·艾布拉姆斯（Mark Abrams）和大众观察的创始人，在政治上都是左派，并且相信斯特凡·施瓦茨科普夫所提到的"进口和出口、公共和私人消费之间……保持必要的平衡"。[75] 赫胥黎是一个自由主义的帝国主义者，战后他支持保守党，但对因与 1942 年问世的《贝弗里奇报告》（Beveridge Report）有关而扬名的社会愿景表示认同。当时民众对政府的信任达到了顶峰，认为政府能够终结无知、懒惰、贫困、肮脏和疾病，该报告概述了战后重建计划，其中增加了对医疗卫生、社会保险、教育和类似政策的公共支出，让人们不必为自己、家人、故乡和他们的社区再多花钱。[76] 劳工、政府和私营企业共同努力，提出了有关福利和消费主义的新观点，但大公司和生产商组织也在这样做。国际茶叶市场推广局向食堂、工厂和与法西斯主义斗争的前线的新"公众"销售产品时，高度赞扬了公私合作伙伴关系。

赫胥黎和他的同事在公开宣传时充满了爱国情怀与公众关怀，但他们私下里在信件中承认，他们正在用战时的焦虑来制造大众帝国主义。1941年，赫胥黎写信给当时住在加拿大的古尔利，认为对于民族主义的广告，"民意确实非常强烈"，而帝国茶叶局应该利用这种"强烈的情感态度"，以支持不列颠帝国。[77] 赫胥黎接下来所写的内容更具说服力，他呼吁：

> 最重要的是，让我们尝试并宣传一种信念，即所有加拿大的爱国者都**已经**（原文就在强调）把茶叶当作他们的唯一饮品，以此帮助帝国，因此——这是否仅适用于一两个人——大众可能会相信这一点，并追赶他们一定急于赶上的潮流。[78]

这封信被埋没在威斯康星州麦迪逊的档案馆中，它非常有启发性，这群商人在信中承认自己在试图煽动帝国情绪。这些人曾在 20 世纪 30 年代中期放弃这种技术，但当帝国在 1941 年濒临败落时，赫胥黎和古尔利承认，他们希望利用加拿大人的态度为帝国服务。当时，厄尔·纽瑟姆的公司正在掀起加拿大广告运动，古尔利敦促他更加努力地工作，"在未来要比以往任何时候更频繁、更有力地讲述这个帝国故事"。[79] 这种交流显示出一定程度的从前可能没有过的愤世嫉俗，不过可能也表明了广告商和殖民地企业是如何希望利用战时条件获益的。加拿大茶叶委员会听取了古尔利的建议，在广告中加入了"军人、飞行员等插图"，为大众帝国主义助威，并强调"加拿大茶叶的帝国起源，还有把帝国购买当作赢取战争的助力的重要意义"。[80] 然而到 1942 年，航运压力和美元限制严重制约了这场运动的范围。

其他地区——如澳大利亚、南非，当然还有英国——也开始利用消费者的帝国责任感进行宣传，但他们的主要做法是描绘一名端着茶杯的军人。例如在一则广告中，一名列兵解释在"操作了那些沉重的坦克"之后，到食堂喝上一杯茶如何让他"啪嗒"一下恢复精神。[81] 国际茶叶市场推广局在澳大利亚推出的明信片拿 20 世纪 30 年代的竞选活动开玩笑，画的是一名军人把茶递给完全被铁丝网缠住的战友，明信片上面写着："茶叶让你精神焕发!"[82] 战争期间，南非也曾使用类似的主题进行宣传，因为那里没有对茶叶实行配给制度，不过茶叶的流通仍然受到政府控制。[83] 在此期间，《班图世界报》的儿童增刊包含着很多帝国主义和军国主义的主题。[84] 1944 年，茶叶委员会的一张海报描绘了这样一幅场景，国王乔治六世登上一艘战列舰，陪伴他的是 7 个为祖国而战的非洲人，包括担架员、医务人员、炮手、消防员和卡车司机等（图 9.1）。"茶客"夫妇和他们的孩子手拿杯子提醒消费者，为了赢得战争，他们应该"一直喝茶"，因为"茶叶对我们有好处!"，国王和殖民者、黑人和白人、平民和军人将携手拯救帝国。这样的信息使消费市场看上去似乎不存在种族隔离，但实际上它的隔离情况并不比南非社会的其他方面少。

服务诉求

国际茶叶市场推广局和大型分销商在战时推动民族主义购买习惯的养成，将茶叶打造成为战争武器，同时也参与了另一场与之相似的宣传运动，他们粗略地将其定义为"服务诉求"。这场宣传把茶叶定义为一种福利形式，认为它是人们应得的社会权利。这种方式在英国应用非常广泛，但在印度和锡兰也很常见，这两个地方有充足的茶叶，可以将它表现成帮助穷人和饥饿者的一种形式。茶叶作为福利和救济手段，瞄准了由战争创造出来的消费市场：工人、军人、难民和战争的其他受害者。

虽然茶叶实施严格配给制，但消费者仍然可以选择自己喜欢的品牌。因此，品牌广告仍在继续，因为即使在这个受到管制的经济中，企业也在小心地鼓励销售。这是一项艰巨的任务，因为广告商必须避免显示出纵容过度消费的势头，也不能使战备工作出现丝毫资金或力量的损失。为此，品牌广告和国际茶叶市场推广局一样，力图博得公众的好感，并促进旨在实现共同利益的集体消费形式。在这场战争期间，爱国诉求在很多国家推销了很多产品，不过茶产业发展出了一个强有力的新论点：这个产业声称，茶叶是一种社会福利形式，因此也是一种公共利益。[85]

合作社仍然提倡工人阶级的集体化和社会所有权，因此它们在战时消

图 9.1 "一直喝茶",1944 年历书,南非,国际茶叶市场推广局

费者广告中把茶叶为公众服务当作核心主题就毫不奇怪了。当实施配给制时，28%的人口，或者说是 135 万人，在合作社注册购物。合作社在地方议会和国会中都有代表，每年营业额达到 2.72 亿英镑，在零售业方面有 25 万名雇员，另外还有 10 万人从事生产和流通，是一支重要的经济和政治力量。[86] 因此，它的战时广告在民族发展以及消费主义在英国的文化地位中留下了深刻的印记。

在很多方面，合作社的战时广告与政府支持的公共服务活动非常相似，反映了国际茶叶市场推广局自 20 世纪 30 年代中期以来一直在提倡的思想。合作社广告继续使用他们的战前口号，即他们正在灌满"国民的茶壶"，它的大部分广告都在推动"人民战争"的意识形态。当英国人阅读本地报纸时，他们会看到空袭警戒员、消防员、卡车司机、警察和军人都在依靠合作社的茶叶打这场战争。例如，一则广告表现的是两名空袭警戒员一起喝午夜茶，它宣称："整夜值班，男士们多么渴望一杯热腾腾的香茶，这一定能令人心旷神怡！"[87] 另一场广告运动围绕着"这是一杯好茶！"的口号展开，它提醒购物者，合作社的所有调配茶叶都物有所值。[88] 这场运动使军队或战时工作场所中男性款待形式乃至家庭生活合法化和规范化了。[89] 在一则广告中，两名警察在食堂里饮茶，同时分享从一位女性那里获得的消费知识。一个人告诉另一个人如何购买茶叶，并解释说："（食堂）女经理告诉我应该怎么做，她说'买什么东西都是一门艺术'。"[90] 另一则广告描绘了两名要好的消防员，一名在睡觉，另一名一边读书一边享受着"让你保持警惕的饮品"。然而，这些广告保留了传统的性别规范，承认最终是女性知识创造了男性家庭生活。喝茶的消防员解释说："我挑选了这本书，而我的妻子去看茶叶……然后由她从合作社购买。"[91]

同性之间相互款待也可能是女性风格的，例如有一则广告，表现的是工厂女员工在食堂里享受茶歇的场景。广告的文字说明称："当你在工厂长时间工作时，一杯好茶就是一种恩赐。而我们这里的确有一杯好茶。"[92] 毫无疑问，这个广告针对的是食堂、庇护所和英国餐馆供应的口味淡、质量差的茶，它向消费者保证说，合作社的品牌茶叶一直十分美味。其中一则广告中的人物是祖母级的斯罗乐（Throwle）夫人，她是一名"经验丰富的食堂工人，为30个人做饭"，只使用合作社茶叶，所以她对淡茶"没有什么抱怨"。[93]毫不奇怪，"合作社茶叶使配给更上一层楼"的思想成了战时广告的主要论点。其他公司也表达了同样的观点。食堂女经理成了妻子或母亲的替代形象，还成了新食品专家，在坚持节俭的同时还能够沏出好茶。

在国际茶叶市场推广局的战时广告中，优质服务和热情好客的主题同样引人注目，但茶叶种植园主的代理商在观念上比合作社更进一步，把茶叶的概念发展成了一种服务。在英国、澳大利亚和加拿大，赫胥黎及其同事把国际茶叶市场推广局打造成了餐饮咨询服务机构，与其他行业、政府和餐饮业建立了利益非常丰厚的关系。1940年底，国际茶叶市场推广局聘请了具有多年餐饮经验的 G. 加德纳（G. Gardiner）领导新成立的部门"全国餐饮服务"（National Catering Service）。该机构由补给部的食堂餐饮部门负责管理，为50多个军火工厂的50万工人提供中班茶水供应服务。它还对海陆空军协会、农渔部、食品部、海军部、教育委员会、建筑工程部及600多家私营公司的茶水和食品餐饮提供帮助。[94] 1943年，"全国餐饮服务"的职权范围扩大，开始为全国服务旅舍（National Service Hostels）、矿井口食堂、英国餐馆、伦敦港务局、曼彻斯特运河、南非大厦甚至波兰政府提供咨询服务。[95] 1944年，它与3000家私营机构合作，发放了大约3.7万份它的战时出版物。[96]

"全国餐饮服务"将茶叶认定为工人的权利。它教导雇主如何布置包含最新设备、食谱和装修的工业厨房，以及如何提高生产效率，在工厂里创造出舒适感和社区感。关于这些主题，加德纳都发表了数部著作，其中包括1941年由牛津大学出版社出版的《工作食堂》（Canteens at Work），还有《工人茶》（Tea for the Workers）、《工作茶》（Tea at Work）、《小食堂》（The Small Canteen）和《青工餐饮》（Feeding the Young Worker）以及其他教科书与史学著作，其中很多作品已经成为茶叶和食品史学家的权威资料。[97]战后，国际茶叶市场推广局的"全国餐饮服务"继续出版作品，很多著名的茶叶书籍都来自这个机构并最终由帝国的茶叶种植园主提供资金支持，这些书籍中包括奥斯伯特·兰开斯特（Osbert Lancaster）的《茶叶的故事》（*The Story of Tea*）、詹姆斯·拉沃（James Laver）的《外出就餐》（*Eating Out*）、R. D. 莫里森（R. D. Morrison）的《茶叶——它的生产和营销》（*Tea—Its Production and Marketing*）。当然，还有一些其他机构在宣传工业餐饮业，殖民地种植园主的呼声虽然也很强大，但被忽略了，他们在英国内部创造出一种有关社会福利和工作条件的新观念，工人之后将会为了维护这种权利而斗争。"全国餐饮服务"建议，现代工厂应当供应食品和饮品，尤其要供应茶水。加德纳写道："食堂已经把 50 年前那种光线昏暗的工厂转变成了和家一样健康的地方。"每一个食堂的核心都是茶，饮品科学现在"证明"，这种东西不仅能遏制"逐渐衰落的精力，而且还能带来更高的产出"。[98] 加德纳认为，对于女性来说尤其如此，因为她们需要比男性更频繁的休息。因此，"全国餐饮服务"创造了很多与工人茶叶和产业关系有关的思想，并影响到英国在战时和战后关于茶叶的饮用方式和回忆。[99]

战争结束后，国际茶叶市场推广局发起的"为工人提供茶运动"坚持认为，茶叶是一种社会服务，也是一种福利形式，并强化了茶叶是战后重建工具的概念。[100] 1946—1947 年，国际茶叶市场推广局在《汽车工程师》（*Automobile Engineer*）、《工程》（*Engineering*）、《建造商》（*The Builder*）、《船舶建造》（*Shipbuilding*）、《建筑师杂志》（*Architect's Journal*）和《陶器报》（*Pottery Gazette*）等刊物上刊登广告，告诉雇主茶叶可以让疲劳的员工恢复精力，并有助于维持生产水平。这些广告提到战时学到的经验教训，当时"为工人提供茶水，对他们疲惫的身体、麻木的意识和强烈的焦躁有帮助"。"这就是为什么，"一则广告继续说道，"在为和平时期的生产做准备时，那么多管理人员要确保工厂里的茶水服务要继续得到维持或者落实到位。"[101]

战争期间，印度也尝试过呼吁茶叶是一种社会福利，但印度对此的宣传与英国的开展方式不同。印度茶叶委员会在战争期间非常活跃，并且像军队一样深入印度家庭。委员会将每个目标城镇划分为不同的区域，给每座房屋编上号，并在每条街道上设置一个"示范"表，用这种方式调查和收集整个城镇的信息。[102] 虽然茶叶委员会委员 W. H. 米尔斯（W.

H. Mills）预计这种行事方式会遇到阻力，但他高兴地注意到，委员会的"女主管"甚至设法进入了最"正统和保守的地方"，并且能够"深入家庭中"演示如何沏茶。[103] 正如甘地和其他人预测的那样，茶叶委员会已经成了殖民地政府的一部分，有权对私人烹饪方法和公共设施进行检查和改革。在 1942 年和 1943 年，茶叶零售价格上涨到正常价格的 3 倍，不过尽管如此，消费量还是在增长，尤其是在宣传人员工作最卖力的地方。[104] 1939 年的时候，整个殖民地的茶叶消费量为 960 万磅，到战争结束时，这个数字几乎翻了一番，达到了 1650 万磅。[105] 茶叶委员会确信，即使在最困难的情况下，广告也是有用的，但他们还是遇到了一些障碍。

从 1943 年到 1944 年，约有 300 万孟加拉人被饿死。在环境和经济因素作用下，饥荒的范围和严重性进一步恶化，但大多数学者都同意阿玛蒂亚·森（Amartya Sen）的观点，他强调由于政治决策的影响，孟加拉境内的主要族群和地区收获不到粮食，也买不起粮食。[106] 受到大萧条期间的殖民地经济政策和战争的影响，信贷危机爆发了，通货膨胀失控，实际工资下降，城市地区的粮食供应状况发生了转变。[107] 虽然孟加拉饥荒在本质上是区域性的，但它突显出了宗主国和殖民地政府在获取食品的能力方面存在的巨大差异。英国的食品控制被视为战时计划的主要成就之一，为所有人创造了社会平等和公平份额的概念。在孟加拉，政府政策则导致了饥荒，并为民族主义者提供了更多证明英国统治失败的证据。

然而，茶叶委员会在发起新的"问题诉求"广告运动时，实际上是在利用饥荒和战时的物资短缺，该运动强调茶叶"在这些困难和焦虑的时代是一种永恒的慰藉"。[108] 与之类似，锡兰茶叶委员会雇员在 1941 年向北科伦坡的洪水灾民送去了成千上万杯茶。[109] 然而，尽管确实有这类慈善行为，很多大型雇主依然拒绝向他们的工人让步——哪怕只是提供一杯茶，声称他们不想干涉"工厂的既有惯例"。[110] 例如在印度南部，工业家抱怨说"经济条件不允许我们增加相关费用"。[111] 然而，工人们仍然在工作场所附近的很多流动茶馆休息提神。[112] 厂家不愿负责供应茶水的原因很复杂。与英国不同，外部承包商经常负责为孟买和古吉拉特的棉花厂提供茶水和食品服务。他们向业主支付很高的租金，因此工厂所有者不愿放弃这种收入来源。[113] 同时，由于工人拿计件工资，所以他们没有时间进行茶歇。然而，英国人拥有的公司很可能不想为企业和劳动力投资任何东西，因为很多人认为自己很快就会被赶出印度。印度茶产业专员总结他在坎普尔遇到的一些困难时写道："就我个人而言，我认为造成这种失败的不仅仅是经济条件。我认为，劳工已经获得了一些让步，如果我们再向他们提供便利服务，人们普遍会有意见的。"[114] 换句话说，印度纺织工厂的阶级斗争和政治冲突已经发展到了一定程度，致使业主对工人的身体健康漠不关心。[115] 20 世纪 20 年代的时候，业主开始相信茶叶可以让工人感到满足，但到了 20 世纪 40 年代，很多人却不愿接受这种想法。

针对这些问题，印度茶叶委员会建立了一种合作食堂系统（Cooperative Canteen System），比聘请外部承包商更加便宜。[116] 印度茶叶协会也向强大的孟买工厂主协会（Bombay Mill Owners Association）和政府施压，要求建立食堂系统。[117] 到 1944 年，食品短缺和通货膨胀意味着工业作业变得重要起来，广告也大力提倡茶歇带来"最高工业效率"的思想。[118] 尽管工业食堂建立起来了，但它们并没有把当时在英国可以见到的那些公平份额、民主化或帝国消费主义等神话包含进去。茶叶是现代产业工厂工人的一种燃料，但是在印度，业主并不认同这个概念，工作场所也没有像其他地方那样不可避免地成为消费主义的势力范围。

在英国、南非、加拿大、澳大利亚和新西兰，"全国餐饮服务"将茶歇定义为体力劳动者和办公室工作人员的权利，它还想在印度及其他殖民地或帝国前属地也这样做。[119] 国际茶叶市场推广局的餐饮服务颂扬公私合作的伙伴关系——这是战后经济的一个重要特征——改变了公共饮食的性质，并为雇主和政府机构提供了简化集体饮食的方式。它并不能保证供应的食品特别美味。然而，它确实保证了整个大英帝国都有又热又浓的茶，并且促进茶叶在大英帝国的民族印象中获得一个强大而特殊的地位。当政治家和雇主试图缩短工作场所的茶歇时间，或者将它们从公共事务转变成边工作边喝茶时，这些地区的工人全部罢工，以保护他们喝茶的权利。外界评论人士经常将这类茶歇罢工视为愚蠢或轻率的行为，但事实上，它们显示出了工人对在工作场所中喝茶是社会权利这种观念的接受程度。

女性沏出人民之茶

在激烈的战斗中，那些在闪电战中流离失所的家庭，那些在希特勒夜袭期间躲进地下掩体的邻居，那些耕作农场为人们种植食物的田间女孩，以及那些被困在敦刻尔克海滩或在北非沙漠中作战的军人，每天全都靠着喝茶应付战争期间的生活。这是战争中的茶叶神话，尽管人们在面临未知的危险和困难时确实相互提供热茶，但这种茶叶的故事并非凭空出现。合作社和其他品牌的广告、"全国餐饮服务"及国际茶叶市场推广局都认定，茶叶是战时体验和记忆的核心组成部分。成千上万志愿参加基督教青年会、红十字会和妇女志愿服务队的女性们冲泡了无数杯茶，塑造出战争经历和记忆。这支女性大军与记录和发表她们的故事的摄影师和记者一起，创造出"人民之茶"的神话。

杰维斯·赫胥黎似乎是诸多努力的幕后人，他勾勒出基本的情节轮廓，其他人随后予以详细补充。[120] 赫胥黎明白，他必须花很小的成本让茶处于公众的关注之下。因此，他想到了被称为茶车或"流动食堂"的主意，使用这样的设备，为那些因战争而流离失所、在孤立商店工作、在爆炸中受伤或者干脆在战场上打仗的消费者提供服务。流动食堂在第一次世界大战中就开始投入使用，但赫胥黎声称是他在第二次世界大战爆发时提出的这个想法。[121] 他的真正创新之处其实在于确保记者、摄影师和电影制片人记录下了这个故事。

在战争开始时，赫胥黎和皮克福德与基督教青年会接触，它是为军队提供餐饮服务的最大的志愿组织。他们向该组织提供了4款茶车作为原型。基督教青年会接受了这个计划，于是第一辆茶车在伦敦东区的普拉斯托基督教青年会中心开始营业。这些茶车除了提供茶水，还装满了书、信纸、点心、糖果和香烟。1杯茶只收取1便士，这些茶车甚至可以赚取少量利润。[122] 基督教青年会、救世军、教会军和妇女志愿服务队筹集资金，设置了大约500辆流动茶车，并且负责这些茶车的运营，同时还有数百辆流动茶车正在生产。[123] 这些流动大军在英国、加拿大、冰岛、埃及、东非、南非、印度、缅甸与其他后方和前线的很多地方向平民和军人供应茶水。[124] 它们鼓舞了士气，同时确保饮茶习惯向全球扩张。[125]

在很多方面，茶车只是继续从事以前国际茶叶市场推广局做过的示范工作，事实上，第一批车型是根据20世纪30年代在英国、印度、锡兰、埃及、南非和北欧出现过的流动茶车重新设计的。他们使用的设备甚至就是茶叶委员会在20世纪30年代的度假营中提供早茶服务时所使用的。在这些颇受欢迎的工薪阶层娱乐中心，委员会设计了被称为"多壶"（multipots）的保温桶。[126] 委员会专员R. L. 巴恩斯（R. L. Barnes）后来解释说：

> 我们的诀窍是：从一个度假营手推车上拿过来一两个多壶，放到一辆重新粉刷的二手货车上；加上马克杯、牛奶、糖、巧克力、饼干、蛋糕、剃须刀片、邮票等，都混放在一起。结果就是——一辆流动食堂或茶车。[127]

鲜红色的茶车队迅速演变成一种国际机制，由美国和大英帝国的企业、志愿机构和个人订购服务并提供资金支持。[128] 全国基督教青年会的"战争服务基金"在1940年制定了一份礼物清单，显示出这种广泛的支持。不足为奇的是，茶叶种植园主为这场活动付出了很多。有超过9700英镑的资金来自名为"茶叶贸易"的组织。此外，贾克莱（阿萨姆）茶叶有限公司 [Joklai (Assam) Tea Co., Ltd.]、亚历克斯·劳里公司（Alex Lawrie and Co.）及东印度和中国茶叶公司（East India and China Tea Company）等进口商和零售商的捐款加起来都非常可观。[129] 1941年，加拿大旋翼机俱乐部、汉密尔顿的T. 伊顿公司（著名百货公司连锁店）员工、犹太妇女周五俱乐部（多伦多）、多伦多联合帝国保皇党、温尼伯爱国救助委员会、金斯顿的埃尔默·戴维斯（Elmer Davis）夫妇、"我们24人"和汉密尔顿保龄球业主协会等组织和个人为8辆茶车筹集到了资金，每辆价值2500美元。《蒙特利尔公报》（*Montreal Gazette*）支持这种战时行动主义的呼声，概述了加拿大人给这一运动带来了多少影响。[130] 加拿大人在英国操作过这类车辆之后，将他们自己的想法融入了一种新的茶车设计方案，并于 1941 年在多伦多投入生产。这些加拿大的新式茶车提供慰劳部队的"一切"服务，供应汤、其他热食和成加仑的茶，并且分发了"军人们真正需要的各种七零八碎的小物件，例如靴带、牙膏、鞋油、香烟、杂志……和运动器材"。[131] 宗教和劳工组织、雇员团体和休闲俱乐部都参与到其中。南非妇女辅助服务团、南非茶叶委员会、肯尼亚福利基金会及肯尼亚公务员组织也为茶车募集了大量资金，以至于军方在 1941 年 4 月要求基督教青年会和南非妇女辅助服务团开始装配电影放映车，为军人提供娱乐和安慰。[132]

随着世界各地的人们都出来捐款，这些车辆也开始横跨大西洋。有一辆最著名的茶车名叫"铁公爵"（The Iron Duke），它有些破损，在英国战争救济协会的支持下，它于 1941 年开始在北美巡游。这辆车以威灵顿公爵和"铁公爵"号战列舰（HMS Iron Duke）命名，这艘军舰在第一次世界大战期间作为英国舰队的旗舰参加了日德兰海战，在第二次世界大战期间因为遭到德国空袭而退役。茶叶委员会的"铁公爵"是一次刻意的尝试，想把茶叶与英国的一个战争英雄关联起来，并推动美国舆论支持参战。"不管去哪里，"锡兰茶宣传局在报告中指出，"'铁公爵'都是很多报纸和电台宣传的主题，当然，茶叶在其中扮演了重要角色。"[133] 杜克大学（Duke University）虽然和这辆车的名称没有任何关系，却成为巡游过程中停留的一个站点，我们能够在图 9.2 中看到，一群年轻有魅力的"杜克女孩"有助于把人们的注意力吸引到茶叶和为战争做出的努力上来。

在英国，这种勇敢大胆的车辆成了人民战争的象征。这样的看法是在有汽车向法国和佛兰德的英国远征军供应茶水的报道传回国内后开始出现的。英军撤退期间，这支车队在敦刻尔克，与解救军队的渔船和其他小船一样，都具备象征性的英雄主义。在茶叶局的公共关系负责人赫里沃德·菲利普斯（Hereward Phillips）的指挥下，这些有名的汽车在海滩上为部队供茶，直至它们全被营救出来，而最后一辆茶车英雄就义般地被炸弹摧毁了。这个事件发生后，陆军部副部长写道："由学会和流动食堂向陆军提供的服务比军方维持部队士气、使部队保持快乐的任何一种措施都有效。"[134]

图 9.2 "铁公爵"在第二次世界大战期间来到杜克大学

　　通过在创建和资助茶车时掩盖自己的真正角色，国际茶叶市场推广局在公众面前以慈善机构而非商业组织的形象出现。媒体提出茶叶为国家服务时进一步强化了这种形象。大多数公众评论都刻画了"闪电食堂"（Blitz Canteen）女孩的勇敢和慷慨，叙述这些女英雄在为国尽忠时如何遇到无数的危险，并且最终克服了这些困难。《图片报》（Picture Post）发表了一篇由 26 张照片组成的摄影报道，题目叫《生命中的一天：闪电食堂女孩》，它向读者介绍了两个英勇的"社会"女孩，她们是 18 岁的佩兴斯·"嘘"·布兰德（Patience "Boo" Brand）和蕾切尔·宾厄姆（Rachel Bingham），这两名妇女志愿服务队成员梳好头发涂上口红，兴高采烈地擦洗地板，抬起沉重的茶桶，加热好肉馅饼，携带一盘盘沉重的小圆面包，为避难所里的平民、皇家工程团成员和其他有需要的人送上无数杯茶。"嘘"和蕾切尔年轻、漂亮、积极、坚强而且无私。她们也很开朗，她们的乐观主义像她们送出的茶水一样鼓舞了处在极度困难中的国家。由此，这篇摄影报道使战时斗争浪漫化了。在一张照片（图 9.3）中，人们可以看到"嘘"和一名皇家工程兵一起放出热水，"嘘"抬着桶，工程兵只是打开水龙头，其他人微笑着观看，暗示着这些年轻的英雄之间产生了一些浪漫的情感。这是最好的公共关系；茶叶有了一点性感的意味，并在国家的印象中获得了一席之地。[135] 男人和女人、富人和穷人、美国人和英国人、公共力量和私人力量聚集在一起，用一杯热茶振奋战时的国家、

图 9.3 "端桶的女孩",《图片报》,1941 年

帝国和盟国。

　　大众媒体和跨国机构——例如基督教青年会和救世军——在帝国周围传播了有关流动食堂的消息。[136] 沙漠和丛林中的茶尤其造就了战争中的好故事。南非儿童也能在《班图世界报》上读到关于茶车的应用情况。[137] 澳大利亚人也在报纸上读到同样的故事。例如《凯恩斯邮报》(Cairns Post)上发表了一篇题为《丛林中热饮很重要》的文章,叙述了茶叶如何陪伴军队在新几内亚的丛林中与日军战斗。用负责这些行动的基督教青年会官员的话来说,那些一直面临着危险、不得不在泥水中睡觉的步兵"最需要安慰,我们尽量给他们热饮,尽可能为他们提供帮助……在那里,'茶叶让你精神焕发'的口号确实有一定的意义"。[138]

　　这样的故事从媒体宣传转移到回忆录中,而茶车驶过废墟,进入不列颠之战的神话中。闪电战期间,一名警探回忆的一个夜晚很能说明问题:

　　　　大火在猛烈地燃烧,整个北方、东方和南方的天空都呈现橙红色。圣保罗大教堂的圆顶突显出来,光秃秃地映衬在火红的天空中,火光倒映在河里，使这个古老的"泰晤士老人"看起来非常美丽，当时这座城市正在承受着极度痛苦……就在这时，一个流动食堂在桥上徘徊。它并排停在我的车旁边，3名妇女志愿服务队的食堂工作人员继续履行他们非同寻常的职责，无所顾忌，毫不畏惧，好像他们只是要去购物一样。其中一位女士亲切地喊道："警探，你想喝杯茶吗？"[139]

茶、圣保罗大教堂、泰晤士河与妇女志愿服务队的女性成员象征着一个坚强的国家挺过了"最黑暗的时刻"。茶车带来热食和其他慰藉，同时也象征着正常状态，在这段说明中，妇女志愿服务队志愿者表现得就好像只是"去购物"。茶和热食是一种真正的安慰，但这些回忆和其他叙述并不仅仅是作为一种集体性的英国精神而出现的。

在战时宣传机构及其摄影师、制片人和记者的帮助下，茶叶委员会对这样的故事大加宣传。[140] 例如，新闻影片记录了国王和王后检阅前往法国加入英国远征军的茶车队。[141] 伦敦的市长大人与妻子也在这些食堂里喝茶，一部名为《英国大兵的茶》的新闻影片还拍摄到了这个场景。[142] 格雷西·菲尔茨随同一辆茶车到法国参观一座军营，并亲自为部队服务，递出数百杯茶，往茶里加糖，还把面包扔给成群的士兵，然后坐下来为他们唱歌以供娱乐。[143] 和这位尽自己的一份力的工人阶级明星一样，那些资助茶车、操作茶车和读到茶车相关报道的人，以及那些看到茶车活动的人，也都觉得他们可以通过提供茶水为战争做贡献。国际茶叶市场推广局甚至制作了一部关于茶车的纪录片，叫作《英雄之茶》（*Tea for Heroes*）。当这部描绘"伦敦'闪电战'期间的茶车活动"的影片在美国上映时，1940 年的共和党总统竞选提名人温德尔·威尔基（Wendell Willkie）发表了开场演讲，对茶车在战争期间的工作表示支持。[144]

战时摄影也以类似的方式使有关茶叶的场景永远凝固在相框中，并且能够使人回忆起那个时期在压力之下形成的社会。新闻部摄影处、陆军摄影部队以及英国著名时尚摄影师塞西尔·比顿（Cecil Beaton）拍下无数为无家可归者、被疏散者、伤兵、农场女工、军械工人和经历无尽痛苦的受害者供应茶水的照片。茶会出现在战役失败之后，也会出现在最不可能的地方和最陌生的地方。人们只要仍然可以喝茶、可以为人提供茶水，战争似乎就还没有彻底失败。这些照片经常单独突出某一个接到热茶的人，不过更常见的是拍到一群在避难所、沙漠和丛林里一起喝茶的人（图9.4）。总而言之，这些战时图片意味着平民和军人在反法西斯战争中结成了联盟。即使在最困难的时刻，英国人在喝茶时也会微笑。

战争刚开始时，茶帮助军人应对失败。到战争结束时，关于茶车如何激励盟军并帮助他们遏制轴心国力量的故事已在四处流传。于是，"尼罗河的军队向利比亚胜利进军"时，茶叶也伴随左右。[145] 1943 年，茶叶与英国军队一道行进，"从阿拉曼到突尼斯，越过地中海进入西西里岛"，最终攻入意大利并将其解放。[146] 1944 年，37 辆茶车向印度各地的部队供应了 2150 万杯茶，其中 5 辆有名的茶车进入了缅甸，军方和新闻界为它们做了大量的免费宣传。[147]

一些军人的照片聚焦于多种族的男性团体。例如，很多照片描绘了欧

图 9.4 图中无家可归的儿童和孤儿在约翰·基布尔教堂的防空洞里享受饭菜和热茶，伦敦磨坊山，1940 年，新闻部照片处，帝国战争博物馆新闻处，第二次世界大战照片集

洲和南亚军队在北非沙漠炎热的前线一起喝茶。图 9.5 就是这样一个对多种族帝国战时和闲时场景的想象。[148]

尽管这些照片大多按主题编排成组，凸现平等和友爱的主题，但还是有一些照片无意间强化了种族差异。[149] 供茶服务可能暗含着种族、阶级和性别之类的等级制度，例如，有一幅埃及人在 1943 年 7 月为即将登船进军西西里的英国军队供茶的照片就是如此（图 9.6）。确实，士兵们在沙漠里喝用金属桶装的茶，但是真正为这种茶提供服务的人是谁？此外，来自五湖四海、不同种族的人们真的能够如很多官方照片所暗示的那样一起坐在茶桌旁吗？这些画报又是如何表现出军队内部以及军民之间真实的紧张关系的？读者看到这些描绘喝茶而非打仗的男性照片时，会忘记战争的暴力目的以及二战对平民造成的公开的以及隐秘的暴力伤害。[150] 国际茶叶市场推广局和合作社的战争广告描绘了男性集体烹饪和吃饭的场景，并以其他方式参与到阳刚性的消费文化中去。正如我们所看到的，广告商强调茶的阳刚气概并不是什么新鲜事。然而，由于有那么多男性参战，而且有那么多条战线，总体战为该产业向男性推销茶叶提供了无数机会。茶车的两侧醒目地印着"军人饮料——茶"的口号，构成了一种新型的男性消费文化。军队一直是茶叶的市场，但现代化的大众媒体以新型和绝对现

图 9.5　北非流动茶餐厅，1942 年 7 月 31 日

图 9.6　军人在一个埃及港口排队打茶，1943 年 7 月 12 日

代的方式，把军人的身体商品化了。

　　1944 年，塞西尔·比顿在加尔各答机场拍摄的一张引人注目的照片
就是这一进程的最佳例证（图 9.7）。这名英国最著名的时尚摄影师受新
闻部委托拍摄日常的战争体验，他用自己独到的眼光重构了战时神话。比
顿真的使这个军人喝茶的场景具有了视觉上的美感。在构图中，这名强壮
有力的金发军人摆出特定的姿势，这样观众就会注意到他裸露的手臂正在
把一杯茶端到嘴边。流动茶车的线条有力地与他垂直相交，强烈的光线把
他的影子投射到车上，给常见的场景增添了戏剧性，为军人和茶赋予了美
感。这幅照片展现的不是快乐或共享；它侧重于表现这位军人健康完美的
身材。虽然这张照片是由比顿拍摄的，但它暗示出这副强壮的男性躯体是
由印度茶叶推广委员会供应的茶创造的。这个机构和塞西尔·比顿携手展
现出这名喝茶的军人性感的一面，但也以某种方式让人回想起殖民主义的
种族和性别政治。[151] 这名饮茶的军人目视远方，那种姿态让人联想起殖
民地种植园主或管理者察看他们管理的土地时的样子。如果说战争使帝国
和男性身体变得脆弱，那么这名军人的姿势和他喝茶的事实意味着白人仍
然统治着帝国，这件事情在 1944 年还没有一个明确的结论。

图 9.7 1944 年，一名英国军人站在加尔各答机场的一辆流动茶餐厅旁喝茶，塞西尔·比顿摄

1946 年，乔治·奥威尔写了一整篇文章谈论一杯好茶给人带来的乐趣，在战后紧缩的凄凉岁月中，茶叶配给制意外收紧，这篇奇妙的作品就在此时问世。奥威尔在文中追忆过去并畅想未来，用茶叶描述英国的自由，或者也可以说是描述英国的怪诞。他诙谐地谈起英国人如何对茶沏多浓、糖和牛奶添加多少、使用什么样的锅和杯子以及与茶有关的餐饮时间和性质发生"激烈争论"。不过，有一点是饮茶者都同意的，那就是好茶都是"印度的或锡兰的"。"中国茶有优点，"奥威尔承认，"但不是太提神。喝了中国茶，人们没有感觉自己变得更睿智、更勇敢或更乐观。"奥威尔重申他的观点，断定"不管是谁，只要说'一杯好茶'，肯定指的是印度茶叶"。[152] 乔治·奥威尔对宣传持强烈批评态度，但他自己也在不知不觉中受到了数十年的广告的影响，认为印度茶叶更浓、更健康，比清淡的中国茶叶好。他的文章显示出帝国的广告和宣传是如何发挥作用的。

尽管战争期间茶叶被视为一种慰藉似乎很自然，但茶产业也努力确保了这种想法得到广泛传播，即便是在茶叶供应不足的时候。该产业非常担心配给制和食品部的宣传会长期改变消费者的口味，从而可能使他们的主要市场受到威胁乃至崩溃。茶产业藏在"全国餐饮服务"和茶车等公共服务机构的背后，成功地将茶叶转变成了战争武器、社会服务、救济形式和工人权利。在整个"人民帝国"，茶叶为工人、军人、难民和无家可归的平民提供着帮助。从表面上看，全球茶叶贸易在战争期间是"帝国的"。由于日本在1942年占领了爪哇和苏门答腊，再加上战时政策影响，英国得以控制整个盟国的茶叶贸易。这场战争给种植园主、分销商和零售商带来了无数困难，但同时也创造出了一些新的营销和宣传机会。国际茶叶市场推广局注意到了战争年代的矛盾性质，在1940年的报告中指出："战争条件虽然对某些场所的正常宣传活动构成了限制，但也在其他地方创造了新的、富有成效的宣传战线，为了茶叶生产行业当前和未来的利益，委员会迅速抓住机会并加以利用。"[153] 政府、志愿机构和企业在战场、工作场所、食堂和其他公共场合供应茶水。然而，英国茶产业在战时的公私合营协议与茶叶的神圣地位，并不能使这个产业在战后免受政治、社会和文化动荡的影响。虽然茶叶在二战期间成了全国性符号，但这场战争也引发了一系列事件，最终导致了大英帝国和茶叶帝国的崩溃。

第三部分

余　味

10

残羹冷茶

帝国终结时的帝国产业

1954 年 4 月，前茶叶种植园主菲利普·威瑟姆（Philip Witham）向英国广播公司国内服务（BBC Home Service）谈起茶叶贸易时，难掩他对丧失大英茶叶帝国的痛苦感受。虽然他承认英国公司仍然持有大量的茶叶股份，但他把这些利益斥责为帝国的残羹剩饭，而不是一种成就。他向听众解释说："印度、巴基斯坦和锡兰等主要生产国都是英联邦内的独立国家，因此他们能够发号施令，尽管事实上这些茶叶公司的所有资本都来自英国本土。"[1] 困扰威瑟姆的不仅是收入方面的损失。他的梦想是当一个种植园主先生，坐在房间的阳台上，瞭望着广阔的绿色茶树，过着舒适的生活，而解殖民化打破了他的梦想，对此他深感厌恶。[2] 有这种想法的并不只是威瑟姆，但一名贸易专家在 1951 年直率地指出，种植园主"感觉他们在南非的自由受到了限制"，就转而踏上了向英属东非的"朝圣之旅"。[3] 这些人非常明白，帝国并不是一日之间突然毁灭的，而威瑟姆想知道，英国和爱尔兰的消费者加在一起能够喝掉全世界茶叶的一半产量，这是否仍有可能影响"这些新兴国家的经济"。[4] 换句话说，他不知道消费国——那些拥有最大市场的国家——可否利用他们的权力，并重振殖民主义的政治动力。对于茶叶如何影响后殖民时代的政治经济，威瑟姆有一定的感知，但没有完全表达清楚。无论是生产者还是消费者，在 1954 年都未能预见到茶产业会如何把英国与其前帝国（英联邦）联系在一起。然而，有一个问题谁都无法解答：谁能够获得帝国茶产业长期以来带给白人的利润和声望？

威瑟姆的悲叹反映出很多白人的解殖民化心理体验，这些人在20世纪40年代末和50年代初在帝国中工作或管理帝国。[5] 茶产业并不完全掌握在白人手中，但是白人仍然可以依靠它过上好日子，并拥有巨大的权威。因此，当印度次大陆于1947年获得独立，10年后非洲殖民地也开始这个进程时，帝国的商人感到十分茫然。很多人很快恢复平静，适应了后殖民时代的环境，但在战争刚结束的时候，恐慌是一种常态。维瑟姆这类种植园主指责解殖民化给他们带来了灾难，那时他们实际上正在与20世纪中期更广泛的变革进行抗争。公司资本主义的规模不断扩大，并且发生了转变，欧洲和当时开始被称为发展中国家或第三世界的地区出现了可行的共产主义和社会主义经济，这些因素使得英国种植园主无法维持现状。

是什么真正地构成了一个帝国？经济关系是剥削性的还是营利性的，又是为谁剥削为谁盈利？解殖民化自然而然地使这些问题重新浮现出来。解殖民化也深刻地改变了帝国和全球化之间的关系。数世纪以来，大英帝国一直是全球化的代理，将资本、农作物、劳动力、技术、意识形态和口味习惯在全球大部分地区中转移与传播。第二次世界大战结束后，这种关系逆转过来，全球资本主义和跨国独立运动进入了新阶段，英国的帝国体系和意识形态被削弱。然而，对于非洲和南亚的很多民族主义者来说，帝国的终结发生得还不够快，他们失望地谴责这一不均衡的进程在经济、文化和政治上没有遵循相同的时间线。[6] 事实证明，将欧洲企业逐出国境非常困难。[7] 理论家们研究这个问题，对宗主国和殖民者的相对权力、"绅士资本主义"或金融机构的作用以及跨国公司无处不在的急速发展进行争论。[8] 研究者的注意力也集中到美国、苏联、联合国和非政府组织的影响方面。[9] 所有这些方法都或明或暗地记录了英国经济和政治制度在迅速变化的全球环境中所具有的活力和（或）弱点。对于那些经历过那个时代的人们及今天的学者和积极分子来说，一个引人瞩目的问题是：独立之后西方资本和意识形态是如何继续下去的？研究后殖民时代的茶产业，可以让我们开始解答这个问题。

本书的最后两章叙述帝国解体后发生的事情。我们首先考量茶叶种植园主如何书写他们的解殖民化经历，接着对 20 世纪 40 年代到 70 年代之间发生的结构性变化做概述，然后考虑如今处在不同国家的种植园主对于在关键市场推动消费行为如何理解，如何继续为之努力，特别是在南非、埃及、印度和美国的市场。最后一章将回到英国，研究茶叶消费文化如何成了企业和消费者就后殖民国家的含义做斗争的场所。本书结尾部分利用茶叶来探索英国及其前殖民地和盟国如何理解帝国瓦解后的经济关系；广告和宣传如何应对解殖民化，以及企业和消费者如何就进出口平衡、经济约束和物质丰富的承诺进行争论。我认为，从 20 世纪 40 年代到 70 年代，广告商和宣传委员会扮演着新殖民主义的角色，并试图维系一个实际上已经不复存在的帝国。这一时期生产、贸易和消费的发展完全超越了茶叶的上一个帝国，美国资本和消费文化的全球影响力日益扩大，再考虑到新的冷战和后殖民时代的国际关系，这些因素结合起来，最终结束了英国和印度在这个产业中占有的统治地位，但是这个过程花了近 50 年，而且仍然是一项未竟的事业。[10]

躲避镰刀袭击

在解殖民化发展最激烈的岁月中，很多英国人与一些本土种植园主和管理者担心，他们的境遇即将一落千丈。[11] 印度东北部的茶产业受印巴分治的影响最大，当时南亚次大陆被分成巴基斯坦和印度，这个过程始于 1947 年 8 月，但经历了数年时间才完成。分治后的新边界割裂了旧的政治组织，对印度的文化、环境尤其是东北部的政治经济造成了不可挽回的破坏。[12] 历史学家仍然在解释当时的社会、家庭和个人如何重建自己的世界，并在暴力混乱和印巴分治带来的流离失所过后创造新的身份。[13] 然而在这里，我只有兴趣对少数种植园社会叙述自己的独立和分治故事的方式做记录。把我们的注意力转向一群长期拿他人当牺牲品的人，这样做乍看起来可能显得轻浮，或者像是一种淡化分治恐慌的手段。然而，我们必须研究殖民地官员和企业如何理解和解释他们认为正在发生的事情，以此阐明他们的恐惧、种族主义、对以往反抗行为的回忆和个人经历如何影响到他们对新兴的后殖民经济和文化的反应。

殖民地商业档案中的私人信件和备忘录散发出强烈的创伤感，到处弥漫着对失控的恐惧。种植园主对生产和运输过程中的骚动感到担忧，他们相信共产主义者和社会主义者正在制造混乱、攻击管理人员，并在伦敦、科伦坡和加尔各答的种植园和码头挑起罢工和停工，种植园主们在身体上和经济上都感到无力自保。他们担心税率提高、工资上涨、福利立法和可怕的本土化政策，也对"欧洲"产业国有化的动向感到不安。购买商也在反复思考茶叶价格高昂、质量明显下降以及重新出现普遍掺假和不卫生等问题的现象。茶产业还将可口可乐和咖啡视为正在征服他们从前"臣民"的外来入侵者。企业档案不仅没有对解殖民化的影响保持沉默，反而成了一个名副其实的仓库，里面充满了各种各样的信息，描述着解殖民化和苏美两强日益增长的影响力如何动摇英国殖民商业阶级。在这些记录里，到处可以看到这些人描述的无力感和不祥之兆。

1948 年夏，印度茶叶协会副主席 J. L. 卢埃林（J. L. Llewellyn）给伦敦的珀西瓦尔·格里菲思（Percival Griffiths）爵士及其同事写了一封冗长的私人摘要，记述了一个这样的印巴分治故事。卢埃林将注意力集中在阿萨姆、卡恰尔、锡尔赫特及附近地区，描述了逃跑的印度教徒、边界冲突、无数次的搜索和检查、邮件延误和加尔各答令人烦恼的手续。[14] 卢埃林没有谈论印度人如何相互伤害和仇杀，而是描述了发生在茶园和周边社区的种族暴力，他相信这些暴力活动有政治动机，并且是以阶级为基础的。暴力在种植园工人和管理层之间爆发出来，但有一点非常能说明问题，那就是卢埃林把这些绝望的日子描述为一个混乱的世界，在这个世界中种植园主的妻子们保护她们的丈夫，将其从"土著"手里拯救出来。例如，卢埃林详细地描述了福雷斯特夫人（Mrs. Forest）是如何挽救丈夫的生命的，他被"镰刀砍伤"，"颈静脉几乎被砍断"。然后，他称赞迪尤尔夫人（Mrs. Dewar）把遭到暴徒袭击而"不省人事的丈夫"拖到"邻近的房屋"，此前暴徒砸烂了他们的家具，并且弄坏了他们的汽车。显然，她"在暴徒往楼梯上冲时试图封上大门，站在楼梯顶上勇敢地与暴徒对话，从而挽救了丈夫的生命"。[15]

这种女性把自己的丈夫从危险、暴乱的"土著"手中拯救出来的故事表明，卢埃林感到自己生活在一个不稳定、不可理喻的世界里。种植园主的喉咙被割开，失去知觉，半死不活地躺在被毁坏的家庭、工厂和办公室里。很多人干脆逃离出来。例如，杰尔拜古里的欧洲警司怀揣着前往阿比西尼亚的"梦想"辞职了。在托克莱（Tocklai）的印度茶叶协会研究站，大部分欧洲员工也辞去了自己的职务。[16] 而在甘地被谋杀之后，情况恶化得更加严重，卢埃林相信失去甘地后，把印度凝聚在一起的"情感和政治中心或黏合剂"就不复存在了。[17] 像威瑟姆的电台广播节目一样，卢埃林的报道把公私领域交织在了一起。他绝望的语气和对于这些混乱的日子的详细描述类似于英国人对1857年起义的叙述和回忆。在对起义的描述中，勇敢的妻子是很常见的桥段，此类故事在这里再次出现，以此强调西方的（阳刚）政权松动后，爆发出来的印度野蛮行径。当白人女性不得不站出来保护白人男性时，一定是出了大问题了。

卢埃林确实担心自己和其他人的人身安全，但他的担忧也源于次大陆被分割成印度、西巴基斯坦和东巴基斯坦导致的经济后果。茶产业完全被一分为二，锡尔赫特、特里普拉以及周边地区成为巴基斯坦自治领的一部分（1971年以后成为孟加拉国），而阿萨姆、卡恰尔、杜阿滋、特赖（Terai）和大吉岭仍然留在印度。[18] 因此，从阿萨姆到加尔各答和吉大港之间历史悠久的贸易路线遭到了破坏，公路、铁路和河道被封锁，或者变得不再安全。[19] 被割裂的供应链加剧了煤炭、食品、燃料、肥料、种子和茶叶箱的严重短缺。1948年，国际茶叶市场推广局的助理组织主管安东尼·塔斯克（Anthony Tasker）试图安抚进口商，他用一种客观的态度发表声明说："在这种复杂的情况下，没有什么问题不能通过双方协议来解决。"[20] 他错了。边境暴力、劳工动乱和一系列自然灾害都意味着在20世纪50年代初，产品供应仍然不安全。面对一个非常不稳定的地区，投资者的态度尤其谨慎。印度和巴基斯坦在1947年、1965年和1971年分别发生战争，这些时候情况非常混乱。[21] "我们的边疆仍然充满危险。"印度茶叶协会的卡恰尔分部主席K. L. 凯坦（K. L. Khaitan）在1965年谈到中国不久前试验原子弹时宣布。[22] 投资者和资本出现了枯竭，甚至新成立的国家政府在使用发展资金时也倾向于"忽略边疆地区",这致使一名学者把印巴分治描述为"对这个区域的经济发动的政治暗杀"。[23]

1948 年 2 月,锡兰在英联邦内向独立自治领过渡,最初非常顺利,英国人在宣传这种政权的转移时,称之为自由世俗民主胜利的象征和对多种族联邦的可行性的展示。[24] 然而,这里的种植园主和资本家也深感忧虑。1948 年,政权被交到唐·斯蒂芬·塞纳纳亚克(Don Stephen Senanayake)的手中。唐·斯蒂芬出身于一个声名显赫的中产阶级佛教世家,其家族在殖民地政府的统治下发达起来。他的父亲唐·斯帕特(Don Spater)经营石墨矿开采赚了一大笔钱,不过在椰子和橡胶业务方面也有盈利收入,而且和中产阶级的很多人一样,亚力酒生意也是他的一项重要收入来源。亚力酒是一种蒸馏酒,是在斯里兰卡完全用未开封的椰子汁发酵而成的。唐·斯蒂芬也在父亲的橡胶种植园工作过,后来在殖民地政府里得到升迁,于 1924 年成为立法会成员,1931—1947 年在国务会议任职,之后在 1948 年担任总理。[25] 他是统一国民党的创始人之一,该党是一个摒弃极左派的亲僧伽罗人联盟,他的政府本来被认为是温和的,却在成立后迅速通过了若干国籍法,剥夺了种植园泰米尔人的国籍,从而为后来困扰该岛的内战埋下祸根。[26] 甚至早在种族和宗教紧张局势全面爆发之前,阶级斗争就已经十分普遍了。

第二次世界大战结束后,茶叶和橡胶的价格迅速下跌,引发了失业和大量的劳工斗争等问题,并为共产主义组织的发展提供了肥沃的土壤。[27] 卡多马有限公司这类进口商焦躁不安,认为"俄罗斯的影响"煽动了一系列种植园工人罢工,还引发了对英国管理人员的暴力袭击,并至少导致一人死亡。[28] 科伦坡的码头工人也像加尔各答和伦敦的同行一样发动罢工,进一步造成了茶叶供应短缺和成本上升,迫使英国在 1947 年削减了茶叶配给量。英国消费者抱怨价格过高,却不知道茶叶价格受到了多少解殖民化的影响。

各方面的批评纷至沓来。经济从战时向和平时期的过渡、解殖民化以及自由市场的回归导致价格大幅波动。1954 年被称为"茶叶大争夺之年",因为茶叶配给制结束后,价格飙升至通常价格的两倍。主妇和主要购买商继续"罢工",减少消费金额,直到 1955 年 2 月 16 日市场跌入谷底,那一天被称为贸易"失控的星期三"。[29] 消费者组织向政府施压,要求调查这次价格飞涨的现象。[30] 价格大变的原因到底是印度和锡兰的工资、税收上涨,还是英国代理公司的暴利、阿萨姆的洪水,或者是加尔各答、科伦坡和伦敦的码头工人罢工,英国媒体对此争论不已。[31] 约翰·科特拉瓦拉(John Kotelawala)爵士与塞纳纳亚克关系密切,并于 1953—1956 年间担任过锡兰总理,他在访问英国时指责调配商操纵市场,而卖家则将价格上涨归罪于"生产商的独立性"。卡多马公司的管理层担心生产国在有意提高价格,也担心无法再像过去那样对他们进行管制。1955 年,他们开始哀叹说,"茶叶市场受到两个不愿合作的生产国政府(印度和锡兰)控制,他们唯一的目标是以某种方式提高茶叶的价格"。[32] 这个产业当时被分割成不同的国家和利益团体,合作是它的一个重要心愿。种植园主和购买商之间关系紧张并不是什么新鲜事,但解殖民化使这些团体之间及其内部的差异再度显现出来。

1956 年,一个反英态度更激进的社会主义政府在锡兰上台,这些问题再次浮出水面。索罗门·班达拉奈克(Soloman Bandaranaike)和他新组建的斯里兰卡自由党曾经在竞选中承诺会把重要企业国有化,其中包括茶叶企业。班达拉奈克还没有完成这项任务就遭到了暗杀,随后一年局势动荡,两个主要政党都曾短暂掌权。1960 年 7 月,索罗门的妻子西丽玛沃(Sirimavo)成了总理;作为一个坚定的社会主义者,她开始带领国家疏远英国,转向中国和苏联。她与奉行马克思主义的兰卡平等社会党(Lanka Sama Samaja Party)结成联盟,并大力推动外企的国有化。这使私人投资者感到恐慌,大量的英镑资本撤出,茶叶股票和地产价格下跌;正如一名评论家在几年后所说的,"一些神职人员的遗孀惊讶地意识到,她们本期望锡兰茶叶股票会有 40% 的收益,但事实并不像她们想象的那样稳定"。[33] 英国公司为了应对这种情况,开始大量进行幕后交易和宣传。[34] 锡兰协会仍然代表着数百名私营成员和约 100 家种植、航运、银行和保险公司,该机构开始游说英国和锡兰政府,例如,它对科伦坡港和道路运输系统的国有化以及茶产业预期中的国有化提出抗议。[35] 和在印度

347

所做的一样，这些公司抛售殖民地的控股权，将业务转移到英属非洲，并拓展新的行业领域以确保业务多样化。[36] 在动荡的解殖民化岁月中，他们也雇用公共关系专家来保护英国企业。

1959年2月，锡兰协会的一个特别委员会雇用了保守的公共关系专家 E. D. "托比"·奥布莱恩（E. D. "Toby" O'Brien），试图阻止种植园产业的国有化。奥布莱恩曾发动过一场机智的"立方先生"（Mr. Cube）宣传活动，引导英国公众反对在英国实行糖业国有化的想法。他还曾代表加纳的阿散蒂金矿公司（Ashanti Goldfields Company）进行游说。[37] 1959年，在西丽玛沃·班达拉奈克上台之前，奥布赖恩前往锡兰，试图阻止她的当选和国有化政策的实施。在会见种植园主和其他商人，还有政治家、顾问、记者和熟人时，奥布莱恩断定，在各方人士中，"腐败"的政治家之所以推动国有化，只是为了增强他们的个人声誉。[38] 然而，他对左倾的天真的英国政治人物同样不屑一顾，称之为"不切实际，相信有可能一夜之间把殖民政治家转变成19世纪的英国自由党议员，期望这些人在正确的公立学校接受良好教育，从小就有着正确的英国政治和商业道德传统"。奥布莱恩告诉他的雇主说，除了唐·斯蒂芬的儿子杜德利·塞纳纳亚克（Dudley Senanayake），锡兰的其他领导人物都不值得信任。[39] 带着对英国左派和新生的后殖民主义政治家二者的不屑，奥布莱恩开始使用狡诈的手段。他向锡兰协会建议说政治影响力是一门"昂贵的生意"，并解释说该机构应该"为杜德利的选举基金做出贡献"，以此作为"有用的对冲买卖"。他还鼓励英国企业结交在科伦坡的办公室里工作的受过良好教育的"泰米尔"文员，并认为可以"说服"这些人相信，"他们的岛屿未来要想繁荣昌盛，需要把与欧洲有关的内容保留在"茶叶、橡胶和椰子里。[40] 为了实现这个目标，奥布赖恩建议该协会雇用锡德里克·索尔特（Cedric Salter）——一名战争英雄和记者。1941年1月，索尔特作为一名非战斗人员的战地记者乘飞机前往新加坡，在途中遇到袭击，当索尔特的飞机尾炮手丧生后，他接替过来，亲手击落了一架日本战斗机。战争结束后，索尔特受到奥布赖恩的雇请，为西班牙国家旅游局工作，利用一系列旅游手册推广佛朗哥的西班牙，后来还在葡萄牙和土耳其做过类似的宣传。[41] 索尔特在锡兰再次以旅行作家的身份出现，但事实上，这应该是他为报社、广播和电影撰写宣传材料时使用的掩护身份，他的真正目标是刺激人们反对国有化。

这样的秘密行动加剧了自独立以来就困扰着斯里兰卡的种族、宗教、民族和政治冲突。奥布莱恩这类人与本土资本家、中层管理人员和文员结成联盟，并且离间他们和佛教僧侣、城市劳动者、"港口苦力"、办公室职员、学生、年轻毕业生、低地僧伽罗人村民、工会成员、店主、城镇税务工作者尤其还有"共产党人"的关系，他把这些人视为欧洲资本主义的敌人。[42] 奥布莱恩在写给锡兰协会的备忘录和建议中充满了种族和政治仇恨，他一再侮辱英国工党和新兴的强大"本土"政治家。我们还不清楚奥布莱恩这样的人实际上产生了多大的影响，但锡兰政府直到 1975 年才将种植园国有化。更令人惊讶的是，英国公司开始蓬勃发展，政府热情地支持使用广告、公共关系和其他资本主义工具来推销斯里兰卡茶叶。

解殖民化的离心力

尽管菲利普·威瑟姆和 J. L. 卢埃林认为他们的茶叶世界在 20 世纪 40 年代末和 50 年代初期已然崩溃，但从更长远的角度来看，我们可以发现，在摆脱诞生于殖民时代的种族、阶级、性别和劳动之类的等级制度时，茶叶可以说是速度最慢的行业之一。[43] 早在 20 世纪 50 年代，英国和南亚的评论家无论持左右何种立场，都把茶叶列为帝国仍然存在的一个极其明显的案例。这种情况在很多方面都有体现。例如，保守的《星期日泰晤士报》在 1950 年推动终结配给制时，预计这样做不会像左派认为的那样，进一步使"印度、锡兰和阿萨姆的人民受到残酷剥削"。文章作者嘲笑反殖民主义是没有说服力的思想，断言："别挑起这种争论，否则最终深受其害的会是你自己。这些人现在明明可以随心所欲铲掉所有的茶树，并且肃清可恶的与西方的贸易。但我敢跟你打赌，他们绝不会这样做。"[44] 这名《泰晤士报》记者把愤怒、憎恶的论调指向英国工党和南亚的新统治阶级，预言不管南亚人怎么谈论殖民资本主义的压迫性质，他们都会继续维持这种利润一直非常高的生意。讽刺的是，民族主义者经常也有相同的论述。

在南亚和其他地方，民族主义者、社会主义者和共产主义者都明白，帝国主义根植于殖民地社会，政治独立只是消灭它的第一步。1954年，印度马克思主义者 S. A. 丹吉（S. A. Dange）批评不久前种植园工人降薪的事情时，提出了一个观点。他认为，印度政府同意降薪，就是已经向茶叶利益"国际卡特尔"的愿望屈服了。丹吉还提到了一个令人震惊的事件，一名英国种植园主不久前在西孟加拉开枪并打伤了8名女工。他复述了这个故事，并大声呼喊道："这件事发生在1954年，而不是上个世纪！"[45] 就在丹吉为殖民主义的残留而感伤时，20世纪70年代进入茶产业的印度商人斯莫·达斯（Smo Das）自豪地承认，他作为一名"棕色野蛮人"，把英国人创造的体系维持了下来。[46] 同样，茶叶经纪人阿潘·奈尔（Appan Nair）回忆起最初他享有多少白人特权，比如他在20世纪60年代成了第一批参加在科钦俱乐部举行的每周苏格兰高地舞的印度人。但随着时间的推移，他断定这个系统是腐败的，并对自己牵涉其中而感到不安。[47] 这些人认识到，帝国不仅仅是一个政治实体，也不仅仅体现在外资的持续存在中。

尽管政治上存在分歧，威瑟姆、达斯、奈尔和丹吉都一致认为，权力和利润在20世纪50年代初主要流向了欧洲的所有者和管理者，而非印度工人。[48] 然而，在接下来的几十年里，茶产业进行了大规模重组。本地的资本、专业人员和所有权增加了，国家对该产业的很多方面有了更强的控制力，但欧洲跨国公司的权力和影响也增加了。商品链越来越多地绕开伦敦，不过虽然出现了这些变化，旧的帝国结构和思想仍然很难被取代，即使茶叶已经逐渐从帝国产业转变为全球产业。

战后，英国上台执政的工党和保守党政府都促成了这段历史。1945年，工党指导南亚独立，但他们的主要关注点是如何在这个债务高筑、英镑贬值、财政负担沉重以及食品、住房和其他物资短缺的时代在英国建立民主社会。[49] 政府能够承担这个新世界的费用部分是依靠鼓励出口生产、限制国内和殖民地消费以及在非洲和东南亚殖民地进一步剥削土地和劳动力实现的。例如，1945 年的《殖民地发展和福利法案》(Colonial Development and Welfare Act) 拿出 1.2 亿英镑以供 10 年内在殖民地的花销。但是，这笔资金主要用于补贴种植和销售可以挣取美元的商品，包括东非的茶叶与马来西亚的锡和橡胶，这就剥夺了当地农民的利益，并促使这些地区出现极其暴力的独立斗争。[50]

从 1951 年到 1964 年，掌权的保守党力图保护帝国的商业利益，其中很多人与海外企业有着密切的个人和经济联系。[51] 然而，英国在朝鲜战争中花费不菲，再加上镇压马来亚和肯尼亚的殖民地叛乱、苏伊士危机以及其他对外政策的"开支"，致使英国掌控帝国的能力受到严重削弱。因此，在托利党政府执政时期，很多非洲殖民地实现了独立。在非洲南部和东部，白人定居者（其中很多人从事种植和出口产业）人数庞大，而且在不断增多，这使得解殖民化的进程被不断延长，这些白人定居者为了维护白人统治而无所不用其极。[52] 在肯尼亚的茅茅危机（Mau Mau Crisis）期间（1952—1955），殖民地政府屠杀、囚禁和虐待成千上万的基库尤人，以保护在该地区投资种植园经济的白人定居者和他们的公司。[53] 然而，肯尼亚最终在 1963 年获得独立。随着这种情况的发展以及在非洲其他地区兴起的反殖民主义浪潮，非洲南部的白人民族主义情绪受到了刺激，到 20 世纪 60 年代，南非和南罗得西亚宣布与英联邦完全决裂，以确保白人至上主义者的统治。

然而，政治上的独立并没有割裂经济上的联系。[54] 数十年来，左倾的亚非政党和政府大量制定新的税收、工资和福利法案，实施进口替代、贸易和货币管制政策，并且推行国有化和本土化政策，努力消除经济上对进口的依赖。[55] 各国政府的总体政策是追求经济民族主义，力求对商品营销和广告、多元化海外市场及发达国家的国内消费拥有更强的控制能力。到 20 世纪 70 年代初，这一进程发展到了顶峰，印度对外国公司及其在任何后殖民国家进行的投资实施了一些最严厉的限制。1973 年，英迪拉·甘地政府通过《外汇管理法修正案》(FERA)，极其严格地限制外国直接投资。该法案的要求之一是所有公司都要成为印资公司，并且要求印度人持有大部分所有权。然而，正如一名学者所说，印度需要几十年的时间才能将欧洲的影响力"驱逐"出去。[56] 印度、锡兰和其他前殖民地没有抛弃茶产业，而是将它作为现代化的工具，希望它能为农村人口提供就业机会，使农业经济多样化，并带来急需的外汇收入。[57]

由于这些情况和其他方面的发展，茶叶的生产、流通和消费的地理分布突破了原来的帝国疆界。例如，茶叶种植超越了印度洋的范围。[58] 苏联加强了茶叶生产，阿根廷、巴西、秘鲁和厄瓜多尔也开始种植茶树。[59] 在很多地区，得益于新的生产方法和茶树的蓬勃生长，茶叶产量很高，拍卖价格也非常理想。再加上中国再次成为茶叶出口国，世界茶叶供应量在 1950—1964 年间几乎翻了一番。[60] 英属东非地区的增长最为惊人。殖民地和后殖民政府、发展倡议与意识形态以及跨国公司都为非洲茶叶的发展设定了方向。在非洲殖民地，劳动力和生产成本都比较低廉，拍卖价格比较高，而且种植园主享受着从前在印度时拥有的阶级和种族特权。肯尼亚、乌干达、坦桑尼亚、南罗得西亚和马拉维（1964 年之前叫尼亚萨兰）成为最重要的生产国，不过莫桑比克、扎伊尔、卢旺达、布隆迪和喀麦隆也在努力种植这种作物。[61] 尼亚萨兰最初是最重要的非洲茶叶殖民地。1878 年，一名布兰太尔（Blantyre）的苏格兰福音会（Church of Scotland Mission）园丁首先在教会的花园里种植茶树，但直到锡兰种植园主亨利·布朗（Henry Brown）在他位于希雷高原（Shire Highlands）的姆兰杰（Mulanje）地区的种植园中引入茶树种子，那里的茶产业才真正开始起步。[62] 然而，尼亚萨兰的茶产业从来不是完全由英国控制。意大利的伊格纳西奥·冈夫兹（Ignacio Confozi）拥有农学文凭，在烟草种植方面有着丰富的经验，还有一系列同胞愿意向他提供帮助，因此他在该地区成了非常成功的种植园主。[63] 但实际上，跨国公司才是这个产业的真正后盾。例如，莱昂斯公司于 1926 年在尼亚萨兰买下了第一块种植园地产。[64] 到 1948 年，该公司已经拥有 21,201 英亩的耕地面积，雇用了 4.4 万名男女员工。[65]

在肯尼亚，茶叶生产最初只在一些试验性种植园进行，那时政府正在漫不经心地想要把第一次世界大战的老兵安排为茶农。这样的尝试失败后，私营公司用很低的价格攫取茶园土地。殖民地政府推出各种鼓励措施，其中包括禁止非洲人从事种茶的职业。1924 年，布洛克邦德公司在利穆鲁（Limuru）购买了一小块土地，不久之后在凯里乔（Kericho）附近的维多利亚湖周围买下了一片更大的土地。[66] 1926 年，詹姆斯·芬莱公司获得了 2.3 万英亩土地，并从印度进口种子，引入专业管理知识。[67] 20 世纪 50 年代初，殖民地政府放松了对非洲种植园主的限制，试图借此平息茅茅起义。[68] 肯尼亚不久就超越尼亚萨兰，成为非洲的主要茶叶生产国。[69] 在肯尼亚的经济中，茶叶的绝对价值和相对价值都在增加，到 1957 年，茶叶占到该国农产品出口值的 10.8%。[70] 到 1963 年，茶叶成为仅次于咖啡和剑麻的肯尼亚第三大出口产品。新政府鼓励小农生产（通常为 50 英亩或以下），从 1964 年到 1970 年，小农茶叶的市场占比从大约 6% 增长到 20%。[71] 到 1983 年，肯尼亚茶叶出口额达到该国石油进口额的一半，该国出产的茶叶占世界茶叶出口总量的 11%。[72]

外国公司在锡兰保持着控制权，1964—1965 年间，锡兰成了世界上最大的茶叶出口国。[73] 然而，斯里兰卡（1972 年后更名）在 20 世纪 70 年代大力降低对西方资本的依赖。1972 年的《土地改革法》及 1975 年的修正案将茶园国有化，同时政府也在努力增加茶叶向苏联及苏东集团国家、非洲（包括南非）和中东地区的销售。[74] 1975 年，巴基斯坦成为斯里兰卡最大的市场。[75] 斯里兰卡政府也鼓励发展小农户，到 1978 年，该岛 20% 以上的茶叶种植面积由 50 英亩及以下的农户经营。[76] 然而，斯里兰卡占有的全球市场份额在 70 年代到 90 年代之间出现下降。茶叶的收获量和盈利能力开始衰退，在 1970—1995 年间，茶叶实际价格普遍下降 67%，这意味着斯里兰卡的出口收益急剧缩水。[77] 冷战贸易协定和后殖民世界的新联盟重新构建了商品链，并开辟出新市场，但斯里兰卡的茶叶经济最终还是恶化了。1993 年，统一国民党重新对茶园实行私有化，并欢迎英国和其他外资公司重新回归，进一步将斯里兰卡的经济与茶叶融合起来。[78]

或许我们已经可以猜到，印度在全球茶叶贸易中逐渐失去了主导地位，尽管在这一时期印度发展成为茶叶消费大国。[79] 1951 年，茶叶占印度出口贸易的 13.3%；继黄麻和棉花之后，茶叶成了该国最重要的外汇收入来源。 然而在 20 世纪 50、60 年代，印度的全球市场份额从 40% 下降到了 33%。[80] 虽然政策有变化，但印度政府认为，发展地方或国内市场可以使国家免受全球资本主义动荡的冲击。印度消费者已经对此做出回应，茶叶市场每年增长约 5%—6%，即便很多地区的人均消费量仍然很低。[81] 尽管如此，到 70 年代初，印度超过英国成了茶叶最大的市场。[82] 但是，在印度的主要产业中，茶叶已经是盈利最少的产业之一。[83]

战争、占领和独立突然打断了印度尼西亚的茶产业发展。[84] 日本人拔掉了大面积的茶树，以便重新种植粮食作物，而且从 1945 年延续到 1949 年的独立斗争意味着茶园直到 20 世纪 50 年代才恢复正常。 1957 年，所有欧洲人拥有的茶园都被国有化了，但正如一名学者指出的，由于存在高通货膨胀、币值高估、利润税负担重和市场低迷等困难，该产业"没有什么动力"或者手段重振茶园。[85] 1969 年，印度尼西亚的茶叶出口创下历史最差纪录，其茶叶价格下降速度是印度和斯里兰卡的 3 倍。[86] 就在这一时期，中国开始重新出口茶叶。[87] 20 世纪 70 年代，中国的茶叶生产量每年增长超过 7%。[88] 茶叶出口也在迅速增长，到 1990 年，中国再次成为第二大茶叶出口国，其主要市场依次是苏联、摩洛哥、中国香港地区、波兰、日本、法国、美国、毛里塔尼亚、突尼斯和利比亚。[89] 然而，这种出口运动的可取之处受到了质疑，因为彼时世界茶叶的平均价格在下降。

这些结构性重组在宗主国引起了反弹。明辛街在 1891 年被描述为"茶叶、糖、香料和殖民地产品的巨大市场"，如今它慢慢失去了全球茶叶贸易中心的地位。[90] 由于战争、解殖民化、劳工斗争、仓储和包装设备机械化及企业资本主义扩张，很多殖民地商品的购买和销售出现了去中心化的趋势，其中就包括茶叶。[91] 伦敦港区在战后进行了重建；很快，茶叶再次登陆蒂尔伯里。然而不久之后，码头工人和理货员举行了罢工，茶叶又被转运到英格兰西部的其他港口，特别是布里斯托尔和利物浦的埃文茅斯。[92] 1962 年，在运到英国的全部茶叶中，有 76% 仍然在伦敦卸货，但在不到 10 年的时间里，这个数字下降到 39%，在同一时期埃文茅斯的卸货量从大约 5% 迅速增长到接近 32%。[93] 1965 年，全球近 30% 的茶叶在伦敦拍卖。到 1975 年，这个比例下降到 15%，而到 1982 年，全球只有

8% 的茶叶被运到这个大都会。[94] 这种转变对代理商的佣金和运费等隐形收入产生了负面影响（1977 年，大约一半运往伦敦的茶叶使用的是英国船只）。[95] 不过，伦敦作为销售来自世界各地的茶叶的唯一市场，决定着全球的茶叶价格水平。

明辛街遭受的损失不仅仅是全球化的副产品。独立后的各国政府试图通过鼓励发展本地的包装、仓储和拍卖设施，削弱伦敦的收入和力量。[96] 地方拍卖早在战后时代到来之前就已开始发展，但主要生产国独立后都希望自己成为具有领导地位的市场。加尔各答于 1861 年首次开始茶叶拍卖，不过印度想在 1949 年把加尔各答发展成为"世界茶叶市场"，而巴基斯坦则在吉大港扩建了设施。[97] 1958 年，肯尼亚的殖民地政府将内罗毕打造为泛非茶叶市场，但其他地方的拍卖也在陆续展开，如蒙巴萨在 1969 年举行的拍卖和次年林贝举行的拍卖。[98] 科伦坡在 1883 年首次开始拍卖，到 20 世纪 60 年代中期发展成了世界最大的茶叶拍卖中心，并且在此后 10 年的时间里一直保持着这个地位。[99] 英国公司和经纪人最初反对这样的举动，但他们很快开设了现代化和高度机械化的地方包装和仓储设施，还经常对这些努力大加宣传，以表明他们致力于非洲或南亚的发展。[100]

有关解殖民化对明辛街的影响，也许没有什么比种植园大楼（Plantation House）里的茶叶拍卖室的命运更能说明问题。这座建筑是当时最大的办公大楼之一，外观采用新古典主义风格，内部装修豪华，是一个令人印象深刻的公共关系作品，在危机四伏的严峻时刻，这座建筑可以用来体现英国的全球影响力。在 1937 年 1 月的新茶拍卖会开幕式上，种植园大楼的董事会主席塞尔斯登（Selsdon）勋爵将这座办公大楼形容为"'种植园贸易'的家园"，他希望这座大楼会成为"帝国前哨名副其实的中心"。[101] 数十年来，这座大楼一直履行着这项任务。橡胶、咖啡、可可、糖、椰子干、植物油、胡椒粉和香料的市场在这座大楼中运营，与这些交易相关的公司和银行开设在其中，包括国际茶叶市场推广局。[102] 1966 年，由于缺乏业务，半数茶叶拍卖室被迫停业，5 年后则全部倒闭。1971 年，由于明辛街的租金太高，茶叶贸易转到上泰晤士河街的约翰·里昂爵士大楼（Sir John Lyon House），使用里面的一个小得多的房间，房间里只有

45 个座位。[103] 这座新建筑仍然靠近泰晤士河，国际茶叶委员会以及很多经纪人、交易员和购买商都安置在里面。这个拍卖室成了全球茶叶贸易的新场所，但茶叶贸易的价值和交易量已经大大减少。

到 20 世纪 70 年代，理论家阐明了经济落后的殖民地方面的原因，茶叶成了一个证明殖民主义导致的长期恶果的主要例子。1975 年，剑桥世界发展行动小组（Cambridge World Development Action Group）展开了一项名为《茶叶：殖民地遗产》（*Tea: The Colonial Legacy*）的研究，认为"印度和斯里兰卡（锡兰）的茶叶种植已经成为'跛脚鸭'产业"，那里的茶树种植往往是亏本的。但是，英国公司面对他们所造成的这种情况，并没有承担起责任，而是"对我们的第三世界原材料供应商面临溃败时发生的饥荒视而不见"。这些公司"急于抛售资产离开亚洲"，实际上正在"丢下一艘正在沉没的船只"。[104] 然后，该报告详细描述了英国公司如何用一系列卑劣的手段从他们的前南亚殖民地攫取财富和资源。这些公司一边在斯里兰卡、巴基斯坦和印度暗中削减利润和公平工资，一边迁往非洲，在那里重新创造"低税率和低工资的殖民地环境"，因此盈利能力相比南亚生产者要高。[105] 当非洲殖民地国家利用"分配王室土地、金融信贷和地方价格稳定措施"鼓励茶叶公司发展时，[106] 南亚各国政府正在试图更有力地控制外资企业。报告作者强调，"殖民历史"是当代的"事实和数字"的根源，他的观点非常明确："世界茶产业的终极责任在于英国，无论她过去的行为是有意还是无意的。"[107]

总之，从 20 世纪 40 年代末到 70 年代，由于英国和荷兰帝国清盘产生了一系列政治后果，而且社会主义和共产主义形式的国家控制开始兴起，以及鼓励茶叶等赚取美元的农作物出口的发展基金开始出现，茶叶的种植、销售和消费向全球化发展，其范围远远超过从前的帝国边界。斯里兰卡和肯尼亚等一些地区挑战种植园模式，帮助小农行业发展，新的生产者出现了，同时中国也重新在全球市场上占有一席之地。这些贸易模式具有殖民根源，但它们不再完全由欧洲帝国控制或是局限在其中。茶叶的种植面积和产量扩大了，价格出现了波动，而且长期消费趋势在下降，致使很多工人的工资难以糊口、生活和工作条件恶劣。全球经济在本质上是不平衡的，这意味着从长远角度来看，茶叶和很多其他热带商品一样，在战后的世界中很难达到人们对它的期望。[108]

可口可乐来到非洲

1947年10月，国际茶叶市场推广局的资深雇员欧内斯特·古莱宣告了一场全新而强劲的宣传运动的启动，随之还有一次漫长的研究之旅，这次是穿越非洲。[109] 从开普角到开罗，古莱旅行了数千英里，他很高兴地发现这些地方的茶叶供应稳定、流通网络完备、价格也很理想。与英格兰不同，南非拥有"丰富的茶叶供应"；据一个和古莱交谈的人说，"班图人想怎么买就怎么买，经常一次买三四磅，这在战前是闻所未闻的"。[110] 那里的贸易条件显然非常好，古莱确信"没有哪个我知道的地方有比南非更好的潜在市场"。[111] 当古莱意外看到美国可口可乐公司正在开拓这个市场时，显然感到非常震惊。他的报告值得我们大段引用，因为它显示出古莱如何将解殖民化想象为英国在控制以前的市场、口味和消费习惯方面的无能。古莱告诉他的同事们：

> 对于竞争性饮料公然侵入茶叶的天然市场，我感到担忧，我指的尤其是美国的可口可乐公司。我不时报告这个公司的活动以及他们对委员会工作的影响，但我从来没有像这次旅行那样烦恼，不仅是南非，还有埃及……据说该公司每年在这些地区投入5万英镑，用于广告和商品推销工作，其中还包括提供这种饮料的公共服务。我参加了有史以来在奥兰治自由邦举行的第一场赛马比赛的开幕日，在那里我得知茶叶局负责引进一些膳魔师（Thermos）保温桶。很遗憾的是，茶叶局的努力完全被上述瓶装饮料掩盖了，这种瓶装饮料随处可见，从最昂贵的看台到免费座位区。常常可以看到打扮极其讲究、身着价值50畿尼的长袍的女性观众，用麦管吸着一瓶可口可乐。有一次，我看到两辆5吨卡车开过来，满载着这种饮料。我看到他们不久就卸完货开走了。[112]

古莱与美国人密切合作了数十年，但他在茶叶的"天然市场"中发现"美国可口可乐公司"时，仍然感到"担忧"和"烦恼"。可口可乐的 5 吨卡车和"打扮极其讲究、身着价值 50 畿尼的长袍的女性观众，用麦管吸着一瓶可口可乐"等场景象征着美国的公司资本主义及其新式帝国主义的力量在日益增长。古莱使消费者具有了性感意味，将他们形容为用麦管吸吮和紧抱着一个阴茎状的可乐瓶（虽然这是人们喝苏打水的常见方式）的形象，给人以一种返家的丈夫发现新情人在诱惑其妻子的感觉。这也确实是一个非常富有和聪明的情人。古莱在埃及发现：

> 每个小村庄或每组房屋似乎都有可口可乐冰箱，放在最显眼的地方，它们后面都是墙贴标志和其他宣传购买意义的广告，全都摆放得十分巧妙。在更大的城镇里，他们建起香烟亭，这些亭子看起来几乎像是可口可乐喷泉。它们所有的广告都用两种鲜艳的色彩制作，以吸引潜在消费者的眼球，其实他们都可以不必这么做了，因为广告牌尺寸太大了，以至于把所有的东西都遮盖住了。[113]

在赛德港，古莱"注意到一个小小的土著男孩脖子上挂着一个箱子，里面装着 12 瓶这种饮料。箱子口上是一大块冰块"。当古莱问他当天卖出多少瓶饮料时，这个男孩说他正开始卖第 4 打。"那时候只是早上 10 点钟，而且那天对埃及来说是一个挺凉爽的日子……很多小男孩都在做这样的生意，他只是其中一个。"古莱忧心忡忡地写道。[114] 可口可乐不仅改变了口味，还把这个埃及男孩的身体变成了一个广告和一个巨型流通机器中的一环。这个男孩自身在某种程度上也是一种信息源，但他的信息在这个时候对茶产业不会有什么帮助。1947 年，埃及脱离英镑集团，有传言说所有的茶叶进口都会减少。[115]

约翰·哈珀曾于 1931—1932 年在英国领导过"购买帝国茶叶"运动，现在是埃及的国际茶叶市场推广局茶叶专员，他也讲述了同样的故事。哈珀哀叹道："不管我到埃及的什么地方……都能看到广告……在报刊上、在墙板上，广告的形状就是个大瓶子，使用特别耀眼的红色，上面用阿拉伯字符写着'可口可乐'。"哈珀"毫不怀疑公众越来越喜爱这种饮料，这在很大程度上是源于对该产品所做的宣传"。[116] 然而，最重要的不仅仅是宣传。到 1950 年，可口可乐在埃及拥有 6 家装瓶厂，每年可以生产 3.5 亿瓶饮料。在表演给装瓶厂员工看的公司短剧里，甚至有会说话的可口可乐瓶的角色，它宣称："我是可口可乐，充满生命的活力，不仅仅是一种形式……我是……你的奋斗目标。"[117] 可口可乐创造了一种新型的殖民主义，它以特许经营为基础，用茶叶未能企及的方式把地方资本和能量融入自己的帝国。然而，就像茶叶一样，可口可乐使用工厂作为宣传推广场所，不过茶叶强调的是自己如何造就优秀的工人，而可口可乐则着眼于非洲工人的愿望和他们为改善生活做出的努力。

众所周知，可口可乐在第二次世界大战期间跟随着美国军队迅速渗透到非洲、南亚和中东地区。[118] 不仅是可口可乐在为军队服务，军方也曾向该公司提供帮助，让军人和战俘在它的瓶装厂里从事建造、维护和其他工作。[119] 茶叶也利用战争扩张到新的领土，但可口可乐并没有将自己作为一种援助或救济形式进行推销，而是打造出了现代的快乐口味。然而，对于非洲的茶叶销售人员来说，可口可乐体现了世界体系从英国主导向美国主导的转变。这种转变首先发生在帝国，因为可口可乐和其他品牌的苏打饮料都被禁止在英国销售，直到 1952 年解除糖配给后才解禁。[120] 此外在英国，苏打水主要与儿童及夏季郊游、野餐和沙滩派对相关，在那段时间并不是成年人日常饮食的组成部分。[121] 直到 1970 年，10 岁以上人群消费的所有饮料（自来水除外）里，软饮料仅占 6.4%。这个数字在 1985 年翻了一番，到 1995 年，一项重大调查的半数受访者回应说，他们每天都喝软饮料。[122] 软饮料革命肯定影响了英国人的饮用习惯，但它发生得比较晚，从来不像它对帝国市场那样具有威胁性。

尽管如此，可口可乐也是更大的变革的象征，即美国的公司扩张主义。1948 年，新创刊的杂志《非洲茶叶时代》（*Tea Times of Africa*，锡兰茶叶种植园主的喉舌）毫不含糊地说："美国生活方式传遍非洲大陆，为拓展美国贸易开道，其表现形式有自动点唱机、泡泡糖、超人漫画、斯派克·琼斯（Spike Jones）和软饮料。"这位作者显然感到担忧，但也试图表现出乐观的态度，他引用《南非酒店评论》（*South African Hotel Review*）的话开玩笑说："一壶令人开心的茶顶得住这一代人发明出来的所有鸡尾酒和可乐带来的冲击，而且它毫无疑问将抵抗住下一代的所有原子饮料。"[123] 无论是否在美国生产，可口可乐都被视为美国大众文化的象征。[124] 虽然欧内斯特·古莱和约翰·哈珀对美国公司权力的增长表示悲哀，但他们也在撰写关于解殖民化的故事。他们还感受到菲利普·威瑟姆在英国广播公司广播节目中表露的无力感，因为即使在非洲，英国殖民势力也无法遏制美国企业的发展。非洲人喝的茶确实更多了，但英国企业意识到，他们现在正在与从前的盟友——美国市场的帝国——做斗争。[125] 美国公司资金雄厚，但他们也和一个极度虚弱的敌人交上了手。

"茶叶贸易的全国橱窗"

当古莱、哈珀、杰维斯·赫胥黎和他们的同事考虑在战后推销茶叶时，他们不确定自己要为谁工作、推销什么、如何推销，也不确定是否会得到报酬。殖民地独立、印巴分治、可口可乐、共产主义、经济紧缩政策以及英国继续实行的配给制度，都使这个已经移交给边界不清的敌对国家的产业受到挑战。帝国的终结使得国际茶叶市场推广局等机构变得不合时宜，甚至更糟——成了帝国往昔的残余。因此，这个机构及其继任者在独立时并未立即解散这一消息可能很令人惊讶。印度、锡兰、巴基斯坦和其他生产国实际上还在继续合作，一起在主要市场推销茶叶，使用的方法和以前一样，更奇怪的是，早在战前就负责宣传推广的那些人在这个动荡的时期都找到了新的工作，有一些甚至比以前还好。简而言之，虽然茶产区成了独立国家，不过贸易协会、大公司和国际茶叶市场推广局等国际机构就好像依然在 20 世纪 30 年代的那个世界里工作一样。

关于茶产业（及其帝国性质）如何走出世界历史上最动荡的一个剧变时期，我们从国际茶叶市场推广局的战后历史中可以略知一二。这个变色龙机构放弃了帝国腔调，并使自己完全呈现出"一个服务组织"的形象，"向销售、流通或消费茶叶的人提供信息和服务"。或者如杰维斯·赫胥黎所解释的，他和国际茶叶市场推广局的工作就是"维持并扩大有利于茶叶消费的舆论氛围"。[126] 这涉及把自己宣传成一个"国际性"机构，可以促进英国及其前殖民地的生产者和消费者进行"频繁的个人交流"。[127] 茶叶购买商协会将国际茶叶市场推广局称为"生产者组织""茶叶贸易的全国橱窗"和"媒体联络机构"，传播、记录和影响有关这种商品的媒体信息。[128] 这种观点至少可以追溯到 1936 年，当时厄尔·纽瑟姆首次创建纽约茶叶局，但如今服务的理念比以往任何时候都更有意义。[129] 在整个战后年代，赫胥黎和他的同事们试图维持现状——继续让英国公司和机构掌握这个解殖民化的产业。但最终，解殖民化的离心力、贸易自由化和生产区的经济民族主义限制了国际茶叶市场推广局抵御内部斗争的能力，致使它最终于 1952 年解散。1955 年，《国际茶叶协定》也终止了，此后茶叶价格和收益出现波动，而且这些问题和汇率问题交织在一起，使茶叶生产成了一个困难产业，进一步刺激大公司提升产品的多样性，我们将在下一章中更直接地看到，这真正地造成了重要市场的茶叶消费量出现下降。[130] 不过茶叶产业的崩溃花了 10 年的时间，此时国际茶叶市场推广局已经解散，区域性茶叶委员会作为新殖民主义机构发挥着作用，欧洲和非欧洲商人及官员的共同观念得到了加强，他们认为工业化、种植园农业和全球消费主义将对新兴国家和旧殖民地有利。

在南亚获得独立后的最初几年，印度、锡兰、印度尼西亚、巴基斯坦、尼亚萨兰、南罗德西亚和东非殖民地保留了国际茶叶市场推广局的成员资格，并重申他们在推广全球消费主义方面曾经做出的承诺，这些国家的社会主义者和民族主义者对此感到十分惊讶和沮丧。[131] 他们对出口、全球营销和国际茶叶市场推广局的信心并不是预先注定的。非洲成员仍在英国的控制之下，但印度和巴基斯坦在 1947 年因克什米尔而发生战争，锡兰和印度的关系恶化，而且到处都有想把西方资本和影响驱逐干净的民族主义者。印度、巴基斯坦和锡兰在这种混乱的气氛中举行了独立会议，并成立委员会以考虑茶叶在新国家中的地位。例如，巴基斯坦于 1949 年1 月在锡尔赫特举行了一次重要会议，在会上政府签署了《国际茶叶协定》。[132] 该国还加入了国际茶叶市场推广局，并同意按照每生产 100 磅茶叶征收 1.37 卢比的税率征收地方税。然而，这些资金很快被转移到 1950 年新成立的巴基斯坦茶叶委员会。[133] 1949 年，印度成立了切图尔特别委员会（Chettur Ad Hoc Committee），由印度政府的商务部长 K. K. 切图尔（K. K. Chettur）担任主席，负责研究战争和独立对这个产业的冲击，并确定该国与国际茶叶市场推广局未来的关系。[134] 该委员会询问了很多经理、种植园主和购买商，这些人都建议印度把明辛街继续保留为茶叶的全球市场，并支持国际茶叶市场推广局及其合作的全球性广告。[135] 他们的主要论点之一是茶产业需要组成联合阵线，以此应对咖啡、牛奶饮料、碳酸饮料和水果饮料的冲击。[136] 印度无法仅仅依靠自己重建其产业、寻找新市场以及对抗可口可乐和咖啡。印度同意了，并留在了国际茶叶市场推广局。

国际茶叶市场推广局以伦敦为总部，服务对象与过去一样，在一段时间内业务照常进行。超过 50% 的预算由印度提供，锡兰给的资金刚刚超过 36%，印度尼西亚和巴基斯坦各自贡献了 5%，而非洲生产者提供的更少。[137] 印度高级专员的商业顾问 M. J. 德赛（M. J. Desai）和锡兰驻伦敦贸易专员 C. E. P. 贾亚苏里亚（C. E. P. Jayasuriya）等生产国代表官员于 1949 年加入该委员会。[138] 印度中央茶叶委员会是商务部下属的法定机构，兼并了印度茶叶市场推广局的职能，并将其进行扩展。尽管中央茶叶委员会现在是由 S. K. 辛哈（S. K. Sinha）领导的印度政府机构，却依然保留着与国际茶叶市场推广局的联系，并支持该组织"促进全世界各地茶叶消费的综合宣传计划"。[139] 同时，印度中央茶叶委员会决定将收入的一半用于促进印度的消费，并提倡"劳动福利"和科学"研究"。[140] 换句话说，印度把在国内和国外市场的工作分开了。另一个关键变化是有组织的劳工出现在谈判中，但他们代表的都是茶叶协会，而于勒公司、立顿公司、布洛克邦德公司和詹姆斯·芬莱公司等商业巨头都在印度中央茶叶委员会里有席位。甚至在印巴分治期间恐慌万状的 J. L. 卢埃林也是阿萨姆的 4 名地区代表之一。在锡兰、巴基斯坦和其他生产国，也出现了类似的妥协，而且这些年来，杰维斯·赫胥黎一直待在国际茶叶市场推广局和锡兰茶叶宣传局，负责推广茶叶。

面对战后更加紧张的预算、难以预测的供应和采取一系列不同控制措施的全球贸易，国际茶叶市场推广局推行了一项谨慎的计划，它既没有更改策略，也没有变更他们心目中的地理疆界。1949 年，它开始在阿姆斯特丹、布鲁塞尔、苏黎世、哥本哈根、内罗毕、巴格达、伊巴丹、索尔兹伯里、约翰内斯堡、开罗、悉尼、惠灵顿、多伦多、伦敦和纽约等大型商业城市重新开设办公室，就是所谓的"茶叶局"。[141] 1951 年，在 748 960 英镑的总预算中，近一半（357 140 英镑）分配给了美国，113 820 英镑给了加拿大，英国和爱尔兰得到 95 000 英镑，非洲和中东为 55 000 英镑，而欧洲大陆则是 50 000 英镑。[142] 每个茶叶局都有一名当地员工，从事一些内部广告和宣传工作，但通常他们会把这些工作委托给专业广告、市场调查和公关公司。这些机构一起编写小册子、图书、广播剧本、教育电影和动画长片，并推出一些新的贸易期刊，包括《茶叶促销：国际茶叶市场推广局活动新闻》(Tea Promotion: News from Campaigns of the International Tea Market Expansion Board)、《茶叶时代》(Tea Times) 以及南非的《非洲茶叶时代》(Tea Times of Africa)，它后来被改版为《非洲茶叶时代季刊》(Tea Times of Africa Quarterly)。这些刊物的内容非常相似，或者如一名种植园主所说，"这些时候，大家都在忙着撰写有关茶叶的东西……人人都在忙着复制别人所写的东西"。[143] 这些期刊交换稿件，并互相抄袭，产生了一种轻易跨越了新旧政治边界的新的跨国促销文化。

国际茶叶市场推广局在战后建立了一个新的持久性机构，他们称之为"茶叶中心"。[144] 1946 年，第一个茶叶中心在伦敦的下摄政街开张，不久之后，英国、美国、非洲、亚洲、大洋洲、中东和欧洲出现了更多的茶叶中心。每个茶叶中心都有图书馆、茶室、设备展示厅、展览和演讲场所。[145] 这些机构接待贸易商和公众，收集并传播市场信息，展示有关茶叶生产、流通和消费的知识，并且在超现代的环境中提供很多热茶。学生、商人、餐饮业者、杂货商、种植园主、广告商、游客、购物者和政府官员到这里喝茶、看电影、听讲座、阅读文艺作品、观看最新的餐饮设备和参观展览。茶叶中心集展览、博物馆、茶馆、图书馆、机械师学会、行业协会和贸易文件为一体，是推广民族主义和世界主义、创新和怀旧的国际性场所。他们改变了殖民时代的思想、制度和经验，或者也可以说是使其更加现代化了。

茶叶中心几乎总是位于购物和娱乐区，而不是以前的金融区。例如，摄政街是伦敦西区消费和休闲文化的真正核心。[146] 美国人、澳大利亚人、加拿大人、意大利人、希腊人和其他外国人在这里拥有企业，并且经常前来光顾，这里有脱衣舞俱乐部、色情场所、妓院、咖啡馆和奇奇怪怪的商业场所。[147] 然而，茶叶中心也毗邻皮卡迪利街、杰米恩街和邦德街，那里有更传统的精英男性消费文化俱乐部和男士专属商店。茶叶中心与其周围的街区一样，把很多不同的世界联结到一起。这些机构是由遗产产业、帝国文化和商业的残留以及伦敦的大都会艺术和商业团体共同塑造出来的，更新了茶叶的过去，以面对不确定的未来。米沙·布莱克（Misha Black）是欧洲"经验最丰富的展览设计师"之一，他领导着一个工业设计和建筑师团队，在"摄政街中心"工作（图10.1）。[148] 布莱克曾经在1936年重新设计了卡多马的咖啡馆，现在是一名重要的现代主义者，崇尚米尔纳·格雷（Milner Gray）所说的"三维宣传"。[149] 布莱克曾为众

图10.1　锡兰茶叶中心会客室，伦敦下摄政街

多私营和公共机构工作过，战争期间担任过新闻部的展览官员，并曾为1951年的英国艺术节执行委员会服务过。[150] 赫胥黎宣称他雇用了布莱克，"为茶叶提供最现代化的环境，以便向全世界展示"。[151] 茶叶中心就像南岸的英国艺术节的庞大建筑一样，用简洁的线条、大胆的色彩和新材料展示出一个前瞻性的"科学"产业。布莱克甚至设计了不锈钢茶具和铸铝框架桌子，台面是塑料"浸渍饰面"，具有"耐污和防火"的特性。[152]

1952年，印度退出国际茶叶市场推广局后，锡兰接管下来，并重新装修了新命名的锡兰茶叶中心及其分支机构，使用了鲜明的僧伽罗文化主题。这些机构逐渐成为旅游中心，在锡兰的国家"形象"设计中发挥着越来越大的作用。例如，墨尔本的锡兰茶叶中心将现代主义的设计与香料岛和古老文化基调融为一体。茶室的一面墙上装饰着一幅大型壁画，对面则摆放着一套康提（Kandyan）面具，每张桌子上还有一个身缠纱丽的小采茶女雕像作为装饰（图10.2）。因此，家具、固定物和餐桌装饰展示出了一种新的热带现代美学，但它们与芝加哥世界博览会上的锡兰茶室并没

图10.2　锡兰茶叶中心地下室，澳大利亚墨尔本，1960年

有特别大的区别。这些茶叶中心重新利用了古老的主题并加以升华，使锡兰、印度和其他茶产区的特点在后殖民时代的参观者眼中更为突出。不过，他们维持了一些自 19 世纪末出现的基本感官传统。参观者宛如身处 19 世纪 80 年代，到世界博览会上参观锡兰展馆，他们啜饮热茶，观看茶叶生产、流通和消费情况，并幻想着遥远异国土地上的可爱的黑皮肤女子。

一些参观者只是来休息和喝杯茶，但也有人徜徉几个小时，在资料丰富的商业图书馆里阅读小册子和历史书。[153] 有些人可能在研究国际茶叶委员会、茶叶委员会和餐饮杂货贸易等组织的历史。[154] 茶叶中心的文学、展览、课程和"茶晚会"有时会让参观者认识到，茶叶是一种"伟大的帝国产品"，"具有治疗和心理价值"。[155] 中小学生到这里实地考察，了解茶叶帝国的地理、经济、历史和家庭经济。[156] 装扮优雅的僧伽罗招待回答游客的问题，并引导参观者到休息室喝茶、吃烤饼。[157] 茶叶中心也是一个展览场所。摄政街在 1949 年和 1950 年举办了一场题为《茶叶：一个进步产业》(Tea: A Progressive Industry) 的展览。这个展览及其随附的小册子让参观者了解到很多信息，包括茶树种植地点、茶叶制作方法以及如何将它们运送到主要市场，但与此同时它也忽视了茶叶贸易正在经历的暴力和问题。这次活动和其他类似展览主要强调了科学技术如何缩短茶叶从一颗种子到一杯茶水这一过程。当茶产区正在四分五裂的时候，这次展览显示了"现代茶叶生产在世界先进产业的先锋队中完全拥有一席之地"。[158]

因此，茶叶中心开始推进"软实力"，或者说是推进这样一种思想，即国家和产业赞助的文化交流可以创造和维持不同国家之间的联系。在 1951 年的英国艺术节期间，建筑师马克斯韦尔·弗莱（Maxwell Fry）和简·德鲁（Jane Drew）对摄政街的茶叶中心进行了扩建和改进，使它成为一处吸引国际游客的值得一观的景点。工业设计委员会（Council of Industrial Design）也来参加了这次艺术节，它随后在茶叶中心举办了几次展览，包括"在家接待""消除疲劳的旅行者"和激发了当时盛行的斯堪的纳维亚设计的"桌边的斯堪的纳维亚"。[159] 宣传称，茶叶和茶产业把不同的种族、阶级、国家和性别联系在一起，这些宣传渗透进入学校和其他机构中去。[160] 在那些年间，国际茶叶市场推广局及其后继者尤其喜欢通过描绘世界各地不同的人们喝茶（然而这种消费行为通常发生在伦敦）的场景，展现出茶叶是一种全球性商品。例如在 1949 年，一名贸易记者指出，尼日利亚旅游足球队是消费国际主义的"最新和最独特"的例子，并且坚定地认为这些尼日利亚运动员"被茶叶中心迷住了"，当他们返回家乡时，肯定会"用英国方式"喝茶。[161] 这类文章提倡英联邦是各个种族和民族的集合体的新思想，而另一些文章则提到影星杰恩·曼斯菲尔德（Jayne Mansfield）等美国名人和政要，使人想起英美"特殊关系"。曼彻斯特联队、伊丽莎白女王，甚至丘吉尔也在 20 世纪 50、60 年代造访摄政街的茶叶中心。[162]

摄政街茶叶中心在促进国际合作与和谐理念的同时，也展现出一段有关茶叶、英国及其帝国的怀旧而孤独的通俗历史。例如，该中心与哈罗兹百货公司曾合作推出一场名为"茶叶的浪漫"的展览，追溯了 17 世纪以来茶叶在英国文化中具有的地位。这场展览展出了罗兰森（Rowlandson）和其他艺术家绘制的草图以及古董家具、茶叶罐和茶具的复制品，这些作品的创作时间为从查理二世时代到早期维多利亚时代，该展览使用物质文化来讲述原本俗套的茶叶变成"国民饮品"的故事。照片也全面表现了茶叶从种植园到包装商品的处理过程，暗示这种"国民饮品"仍然是一种帝国产品。[163] 茶叶中心的现代装饰并没有让英国的帝国历史打折扣；相反的，它把帝国主义和茶叶嵌入了现代英国文化中。[164] 它提醒英国人，尽管失去了印度，茶叶仍然在他们的身份、文化和经济中占据着核心位置。

茶叶中心在其他地区以类似的方式运作。1949 年在尼日利亚的伊巴丹，国际茶叶市场推广局开设了第二个茶叶中心。尼日利亚人的茶叶消费量还不太多（每年约 0.02 磅），但有 50 万人居住在这个城市里，而茶叶中心建在火车站和雷克斯电影院（Rex Cinema）之间的一个繁忙商业区，以吸引购物者、找乐子的人、工人和那些对茶叶贸易感兴趣的人。伊巴丹的茶中心还有茶室、设备展示厅、信息中心和电影放映设备。[165]《皇家殖民者》（Crown Colonist）称该中心为"欧洲人和非洲人"的现代跨阶级聚会地点。它希望教会尼日利亚人如何正确地沏茶，包括"放茶叶前加热茶壶的必要性".[166] 茶叶中心和持同情态度的英语媒体强调英国饮食习惯的现代性。茶叶专员帕特·比沙德（Pat Bichard）是一个"充满热情和机智想法的年轻人"，他坚持全部聘用非洲工作人员。[167] 比沙德认为，他正在为种族提升和非洲发展而工作，但他也急切地希望非洲人能够赞同英国而非美国的商业和消费文化。

一切似乎都进展顺利，直到 1952 年印度突然宣布退出国际茶叶市场推广局。茶叶局主席 J. S. 格雷厄姆（J. S. Graham）坚持认为，全球广告、市场研究和宣传的"合作"方式使一个"进步"产业摆脱了"因战争的混乱而导致的新经济阶段"。[168] 然而，当自由贸易回归时，国际茶叶市场推广局不得不向紧随而来的解殖民化和地缘政治调整带来的压力让步。赫胥黎回忆说，当他听到印度的决定时，感觉就像"晴天霹雳"，他猜测印度和锡兰政府之间就印度泰米尔人的权益问题产生"摩擦"而日益恶化，这是麻烦的根源。[169] 印度正式表示，1952 年的经济衰退对其造成的打击比其他国家更加严重，印度政府认为合作广告"获得的收益"是"值得怀疑的"。[170] 与此同时，巴基斯坦也退出了，致使锡兰担心"全世界的'多喝茶'宣传运动处于被抛弃的危险之中……这将意味着过去 20 年来积累的整个茶叶宣传工作都要崩溃"。[171]

锡兰获得了国际茶叶市场推广局的全部财产，包括办公室、茶叶局和茶叶中心。赫胥黎的前助手成为委员会的组织董事，赫胥黎本人成为副主席，此后他转入带薪顾问的职位，并在这个岗位上一直工作到 1967 年。[172] 赫胥黎和同事们迅速从国际茶叶市场推广局的分裂中恢复过来，几乎立刻就开始向饥渴的英国人宣传后殖民时代的锡兰，先后在莱斯特（1957）[173]、曼彻斯特（1960）[174]、格拉斯哥（1961）[175]、伯明翰和埃克塞特（1963）[176] 以及利兹（1964）[177] 开设了新的锡兰茶叶中心。锡兰展示出全球性的野心，1959 年在罗马的撒丁大街（Via Sardegna）开设了一家茶叶中心，同年在约翰内斯堡又开一家。[178] 接下来是在 1961 年于哥本哈根开了一家。[179] 这些茶叶中心彰显出茶叶作为文化大使的形象以及锡兰作为一个国家和旅游胜地的形象。例如，卡拉古鲁·古那亚（Kalaguru Gunaya）及其著名的康提舞者在一次成功的国际巡回演出后到摄政街的茶叶中心进行表演。[180] 舞者和鼓手、穿纱丽的采茶女、芬芳的鲜花、大象、面具和金狮子标志成为这个新国家的象征。这些符号出现在英国各地和外国市场上的商店橱窗与贸易展会上，并被印到茶叶罐、包装、茶巾和其他礼品上。[181] "僧伽罗"女士们在茶叶中心和全国各地的商店为人们演示如何沏出好茶。1958 年，辛那杜莱（Sinnadurai）夫人和德·阿尔维斯（De Alvis）小姐在哈罗盖特的一家商店回答有关锡兰的问题。[182] 一位蕾·布拉兹（Ray Blaze）小姐发表了题为《锡兰的人民和家园》的演讲，这是联合国教科文组织东西方项目（East-West Project）的一部分。[183] 女性演示者教了布里斯托尔的妇女如何烹制锡兰米饭和咖喱菜肴，值得一提的是听讲的妇女们也穿着纱丽。[184] 1966 年的一篇介绍促销活动的文章解释说，主妇们还学会了"通过'锡兰狮子'辨认锡兰茶叶"。[185] 或者至少据说是这样的。1965 年，一位年轻的女士在就参观茶叶中心的事情接受调查时说："要去茶叶中心了，我非常高兴……它很受欢迎。"[186]

不出所料，印度在伦敦牛津街开设了一处竞争性的茶叶中心，然后在都柏林、爱丁堡、开罗也开设了这类机构，1955 年以后在印度城市中也开了茶叶中心。[187] 1956 年 6 月 5 日，孟买的教堂门地区的一座著名建筑中开了一个新茶叶中心，印度商业部长 T. T. 克里希纳马查里先生（Shri T. T. Krishnamachari）参加了开幕仪式。据中央茶叶委员会介绍，这家茶叶中心的目标有 3 个："在舒适的环境中奉献一壶好茶，通过日常演示告诉消费者如何沏茶，以及告诉消费者茶叶在推进'国家财富'方面发挥了什么作用。"参观者也应该培养出经验丰富的味觉感官，能够品尝和辨别出大吉岭、杜阿尔、阿萨姆、尼尔吉里斯和特拉凡科等地所产茶叶的不同特点，并且能够品尝绿茶、试喝冰茶、吃加了茶的冰激凌和其他零食。[188] 无论在曼彻斯特、罗马还是孟买，茶叶中心都是茶叶贸易的商业橱窗，它试图让参观者目不暇接，让他们有机会品尝茶叶和获得欢愉，而不是让他们思考一个正在发生剧变的产业的实际情况。现在我们将更细致地研究这些故事在印度和美国这两个重要市场中是如何展开的。

国家的经济支柱：在后殖民时代的印度做茶叶广告

印度的战后茶文化是殖民时代茶文化的延续，是文化、商业创新和冲突之地，也是更大范围的全球性聚合的场所。随着印度重新定义自己与英国、美国、苏联集团国家、非洲和亚洲其他国家的关系，新老合作关系出现兴衰变迁。关于总体的印度消费文化和具体的战后茶文化，我们还有很多东西需要了解，但在这里我将重点放在更加具体的任务上，即审视印度政府和私营企业如何继续在茶叶的生产和销售中对很多殖民时代的观念和策略加以利用，尽管国内和全球市场之间的平衡在重新调整，并且那些全球市场的性质也在发生变化。

独立后，虽然国家的控制力得以提高，而且很多印度人谴责茶叶产业和这种饮品本身，不过大多数种植园仍然主要由英国公司掌握。尽管企业广告和印度政府都想把茶叶从"帝国产品转化为国民饮品"，但帝国遗产并没有完全被清除。[189] 我们可以说，虽然政府并没有将茶叶生产国有化，却成功地将茶叶消费文化国有化了。茶叶品牌和印度茶叶委员会的广告都承诺，喝茶能提升健康和效率，但它尤其提倡"茶叶是印度的国民饮品"，据称这种饮品把"不同的宗教、语言和种姓群体"团结到了一起。[190] 在这个混合民族的国家中，随着时间的推移，民族主义的力量和意义发生了变化，平面广告和其他形式宣传的解读方式和性质也各不相同，但民族主义一直是后殖民时代广告中非常有力的主题。

1954 年 4 月，新的中央茶叶委员会不再仔细审视印度和海外市场的性质，也不再管殖民地时代宣传的成败。印度茶叶正在失去全球市场的份额，但部分委员会高管认为这没有什么问题，因为国内市场才是经济主权的关键。1955 年，中央茶叶委员会的宣传委员会研究了印度市场，认为印度如果不想"受到海外市场需求的制约"，那么就有必要"开拓国内市场"。[191] 不过他们随后继续抱怨说，想做到这一点很困难，因为他们缺乏市场调查和集中统计。这并不是说统计工作还没有完成；工作虽然完成了，但是毫不夸张地说，收集到的数据完全"被零零散散地埋在成堆的文件中"，而印度茶叶市场推广委员会仅留下了"与食堂工作有关的一份单独的工作报告，而且现在已经没有时效性了"。[192] 这使人们不免会怀疑，印度茶叶委员会是否只是工作资料杂乱无章，还是在离开时蓄意想要销毁它的成果，抑或这些数据只保存在国际茶叶市场推广局的伦敦办公室里，尽管这不太可能，因为在国际茶叶市场推广局档案中，有关这一时期印度市场的报告为数很少。无论发生了什么，当中央茶叶委员会试图找出推销印度茶叶的最佳方式时，都必须完全从头开始。在南非、英国、美国和其他重要市场，推广者拥有丰富的市场数据。而印度却没有。1952 年，当印度退出国际茶叶市场推广局时，它失去了数十年来积累的有关印度消费者的知识。

　　尽管——或者可能因为——缺乏连续性和信息，中央茶叶委员会并没有明显改变推销茶叶的风格或内容。中央茶叶委员会坚持以民族主义为主题，起初它就是用这一主题来对抗民族主义者提出的茶叶是外国食品的论点，在民族主义的前提下，该机构提倡一种现代自由主义国家的思想，在这样的国家中，繁荣的消费市场和农业发展相辅相成。委员会在广告中宣传这个观点，但同时也对印度家庭发起了战术攻势。委员会选择人口为两三万的城镇，声称他们进入了每一个家庭，教人们学会"正确的沏茶方式……（并消除）对茶叶的一切偏见"。[193] 这次攻势扩展到大城市和小村庄，除了举行面对面的促销活动，该委员会还制作了小册子、传单和平面广告，内容主要是茶叶在解释说："我是印度茶叶——世界上最受欢迎的茶叶"和"我是茶叶——印度的财富"。[194] 招贴广告、平面广告、海报和电影都在表达同样的信息，只是版本有所不同，并且都采用了一个新的全国性形象代言，它被称为"茶人"（Tea Man）。茶人是印度版的 T. 壶先生，把茶叶表现成印度的，但也揭示出印度内部关于国内外市场对经济发展具有什么价值的经济争论。例如，20 世纪 60 年代的经典广告表明，相同的符号可以为不同的目的服务。在这个广告中，茶人先生宣布将要发起一场新的印度茶叶出口活动（图 10.3）。广告中的详细文字给出了有关全球茶叶市场的事实和数据以支持这样的想法，即印度茶已经"在很多国家成为很多人的生活方式……（而且）奉茶已经成为一种传统的待客方式"。这则广告以多种语言出现，但它针对的是受过教育的中产阶级印度读者，

图 10.3 "我是茶叶……",中央茶叶委员会广告,20 世纪 60 年代中期

它询问受众:"我 —— 印度茶叶 —— 被视为全世界数百万人的友谊桥梁,你不以我为荣吗?"

同样在此期间,该产业开始编写易于接受的历史著作,强调了印度人在创造这一产业的过程中发挥的作用,但使用的宣传形象往往是在殖民时代用过的。例如,一本名为《印度茶叶》(*Indian Tea*)的小册子使用的照片上有可爱的少女播种和照管幼苗、大雾弥漫的山景和开着拖拉机向工厂运送茶叶的男子等主题,而工厂则被认为是现代建筑和工业设计的奇迹。印度人和欧洲男子一同坐在拍卖室里,还在品尝室里试喝样品。与长期以来的习惯一样,女性象征着"自然",是播种者和采摘者,而男性则象征着现代性,从事技术方面的工作。这种自然和现代性的新印度创造出一种普遍性乐趣,"以真正盛行于世界各地的这样或那样的方式喝茶"。这本小册子告诉我们,"喝茶实际上是人类文化遗产的一部分 —— 是社会生活的一种表现;这种习惯有着轻微的刺激性,但不会让人醉倒"。[195] 中国的意识形态曾经传到欧洲,在那里被福音派主义和自由主义所改变,后来又回到了亚洲,变成了印度的。[196] 然而,通过推广这种思想,印度成了普遍主义和全球和谐的发源地与来源。

这本小册子继承了推广茶叶的意识形态和陈旧的视觉传统,并且将其继续传播,同时也代表着经济政策的急剧转变。印度的消费虽然不均衡,却在稳步增长,此时政府选择向出口市场提供优惠,以此作为发展印度

372

农业的主要手段，其中包括茶叶。[197] 1960—1961 年，印度启动了"第三个五年计划"，这一计划将农业列为优先发展项目。印度农业部门表现不佳，再加上人口不断增长，印度的食品供应受到了威胁，并使该国日益尖锐和严重的国际支付问题进一步恶化。[198] 出口是解决这个问题的一个方案。[199] 因此，中央茶叶委员会于 1960 年在英国发起了一场重要的运动，试图"为茶叶创造一个现代化的、精彩的、成熟的形象"。[200] 1964 年，印度政府甚至向 44 家出口企业提供了财政援助，条件是要求它们组织广告宣传并支持市场调查。换句话说，印度政府通过私营企业推动印度茶叶的全球化，为印度和英国的印资公司提供帮助，整个印度经济想来也会因此而受益。[201]

20 世纪 60 年代，印度政府在引导全世界喝茶中扮演了重要角色。我们将在下一章考察英国的这场运动，但我们需要特别注意，并非所有的国外市场都是相同的。在此期间，印度在苏联、中东和当时被称为"发展中世界"的地区开创市场，发展新的全球关系。随着印度派出贸易代表团到达莫斯科、开罗、喀土穆、内罗毕、喀布尔、马尼拉、东京、中国香港、马达加斯加、吉隆坡和德黑兰，贸易反映出了新的南南关系的发展。[202] 中央茶叶委员会还在纽约市、巴黎、西雅图、帕多瓦和斯德哥尔摩举办展览，不过成千上万磅的茶叶和展览材料也被送到波兰、大马士革、北京、上海，甚至还有布宜诺斯艾利斯和圣地亚哥等咖啡的大本营。[203] 这种地理分布态势反映了政治家和商人的愿望，他们想结束对英国和其他资本主义西方国家的依赖。

尽管茶叶委员会重新调整了出口方向，但印度的茶叶消费量在 20 世纪 60、70 年代依然在以惊人的速度增长。中央茶叶委员会主席 B. K. 戈斯瓦米（B. K. Goswami）在 1979 年乐观地写道，"这个国家如今是茶叶消费国家中的领军角色"，消费了自己国家茶叶产量的 60%。[204] 以国家为单位来衡量，印度已经超过英国成了最大的茶叶市场，但全国的人均消费量仍然很低。[205] 如一位记者在 2002 年所写的，茶叶已经在印度的饮食和文化中占据了中心位置，但在阿萨姆、孟加拉、旁遮普、比哈尔和喜马拉雅，人们喝茶的方式不同，尽管"茶"（chai）成了"印度的代名词"。[206] 在后殖民发展方面，我们需要做更多的工作，包括考虑茶叶如何加强和（或）改变性别、种姓、阶级、地区、宗教和其他身份，我们还需要更多地了解印度国民和公司如何让茶叶成为印度的国民饮品，但这是需要再用一本书的篇幅来研究的。因此，本章随着印度的企业、资本和茶叶到达美国：生产者和销售者一直在那里寻找消费者，并且在那里想到新点子，尤其是在战后最初几十年里。

从明辛街到麦迪逊大街

非洲和亚洲的生产商和政府比以往任何时候都更需要美国的饮茶者，不过要想抓住这个充满财富却难以捉摸的市场，会比以往更加困难，并且需要付出更大的代价。战后，饮食和各种家用产品利用广告和推销对美国人狂轰滥炸。电视产业的发展使那些能够负担得起高价商业广告的人有了进入国内市场的渠道。然而在 20 世纪 50、60 年代，茶叶生产国想学习美式宣传技巧，他们在广阔的美国腹地培育和维护了整个产业的关系。我们必须再次回到美国，专门研究美国茶叶理事会（U.S. Tea Council）的创建和运营，因为这一发展过程揭示了大英帝国的残余是如何与美国市场帝国日益增长的力量交锋的。

1950 年 5 月，印度、锡兰、印度尼西亚和美国的进口商和零售商组建了美国茶叶理事会，该组织负责引导美国人爱上喝茶。[207] 锡兰茶宣传委员会秘书 C. O. 库雷（C. O. Coorey）明确形容该机构在"为把更多茶叶倾倒进潜力巨大的美国市场而做出有史以来最大的努力"。他指出，如果他们能够获得成功，生产国将挣到急需的美元，并能够使茶叶价格长期保持稳定。[208] 这个机构之所以出现，是因为英镑在 1949 年贬值了。杰维斯·赫胥黎会见立顿美国分公司总裁兼美国茶叶协会主席罗伯特·斯莫尔伍德（Robert Smallwood）时，解释了为什么从贬值的英镑中赚到的额外资金应该花费在提倡"喝茶习惯"上。斯莫尔伍德表示赞同，并产生了组建一个联合茶叶理事会的想法，意欲以这个组织来代表生产者和分销商。[209] 有一篇关于该理事会的文章，将其定义为"一个非营利组织，成立的目的是为茶叶开展有竞争力的斗争，提高美国的销售量和消费量。这种组织在美国前所未有，它由印度、锡兰、印度尼西亚等国政府和美国茶叶协会合营，是一种国际合作伙伴关系的体现"。[210] 半数理事会成员的名额留给了美国茶叶贸易行业，另一半则来自茶叶生产国。执行董事安东尼·海德（Anthony Hyde）负责研究、广告、销售规划、促销和宣传。

海德也是一个跨大西洋的人物，他于 1907 年出生在英国，1929 年在耶鲁获得经济学学士学位，曾当过《华盛顿时报》（*Washington Times*）的记者，在《华盛顿先驱报》（*Washington Herald*）做过宣传总监，为杨·罗必凯（Young and Rubicam）广告公司写过文案，后来跳槽到洛德·托马斯（Lord & Thomas）公司。战争期间，他是战争信息办公室（Office of War Information）的活动协调员，并同时在其他几个负责动员和经济的委员会中工作。1948 年，他被提名为美国茶叶局的主席兼执行董事，之后在 1953—1955 年间担任美国茶叶理事会的执行长。海德是一个全方位的跨大西洋人物，在广告和政治以及公共和私人领域等方面如鱼得水。[211] 海德相信，美国广告机构知道如何在美国推销，所以理事会雇用了以芝加哥为总部的李奥·贝纳特公司（Leo Burnett），认为该机构拥有一批成功和经验丰富的"撰稿人、媒体专家、电视制片人和导演、研究专家、艺术家和制作人员"。[212] 贝纳特的客户还包括重要的食品和烟草公司，如皮尔斯伯里、凯洛格和菲利普·莫里斯，而芝加哥当然长期以来一直是美国茶叶营销的重要中心。

曾在美国茶叶理事会任职或与其合作过的印度和锡兰商人相信，自己会在美国了解到广告、商业和大众市场，而在英国就不行。例如 1953 年，后来成为出口权威的 S. C. 达塔（S. C. Datta）访问了位于帝国大厦 53 层的茶叶理事会总部，并会见了安东尼·海德和该理事会的公共关系负责人弗雷德·罗森（Fred Rosen）。[213] 达塔在撰写有关这次茶叶贸易访问的文章时，描述了纽约的摩天大楼和美国的生活水准如何使他感到惊叹。他对工人们的生活方式印象深刻，他们"家里有大轿车、高档家具、电视机、洗衣机、冰箱、电气化厨房和其他很多电动便利设施"。这个国家的工厂也让他艳羡不已，比如立顿公司的霍博肯（Hoboken）工厂每天能包装

375

250 万个茶叶包。达塔还热情地谈到纽约州北部"每天生产 40 至 50 磅牛奶"的奶牛。[214] 看到美国的物资如此丰富，达塔相信印度应该把广告预算投放在这片富裕、多产并且容易获得成效的土地上。

冷战政治也在这里发挥了作用。安东尼·海德相信，消费主义会击败共产主义，这对他的国际经济关系观念产生了影响。1954 年，美国茶叶协会的年度会议在新罕布什尔州的布雷顿森林召开，在这次全行业的年度会议上，海德承认冷战让世界陷入分歧状态，但他断言：

> 我们确实生活在同一个世界……我们关心俄罗斯、英国和法国发生的事情。美国的情况非常令人担忧。随着时间的推移，我们可以越来越清楚地知道，印度、锡兰和印度尼西亚人民的幸福快乐会影响到我们——我们的和平与繁荣——完全就和发生在阿肯色州、犹他州或加利福尼亚州民众身上的事情对我们的影响一样。[215]

海德断言，由于有美国茶叶理事会，美国与印度、锡兰和其他生产国之间的直接联系得以保障，这意味着伦敦不再是这些国家之间的仲裁者。新成立的茶叶理事会、布雷顿森林会议和海德的演讲都表明，在充满开放市场和东西方政治斗争的新时代，美国是全球贸易的中心。1954 年的布雷顿森林是个尤其具有象征意义的地点。10 年前，著名的《布雷顿森林协定》在这里签署，来自 44 个盟国的 730 名代表为战后全球经济确立了关键结构和思想。布雷顿森林体系发起了世界银行、货币自由兑换、国际货币基金组织和国际贸易协定，为美国主导的"自由贸易"全球经济打下了基础。[216] 我们再次看到，变色龙式的茶产业随着环境的变化而改变着自身。茶叶在印度代表着经济民族主义，但在 20 世纪 50 年代中期的美国，它披上了美国主导的自由贸易驱动的经济秩序的新外衣。

珀西瓦尔·格里菲思爵士（Sir Percival Griffiths）作为种植专家、商业领袖、前殖民地政治家和印度茶叶史最权威的作者，与印度茶叶协会副主席 H. K. 斯特林费洛（H. K. Stringfellow）、G. C. 高斯（G. C. Ghose）、中央茶叶委员会成员和阿萨姆茶叶种植园协会成员 P. K. 巴鲁阿（P. K.

Barooah）一起参加了这次会议。珀西瓦尔·格里菲思爵士以其里程碑式的著作《印度茶产业史》（*History of the Indian Tea Industry*，1967）备受关注，但他长期以来也一直在参与茶叶和殖民地管理。[217] 他在公共关系方面做出了很多努力，以确保英国企业在如今的英联邦里能够获得长久的成功，而他的历史著作进一步增强了他的地位。与当时的其他研究相比，格里菲思的史学作品尽管极具学术性，但也显示出了茶叶、英国和印度之间的千丝万缕的联系，这种联系已经挺过了解殖民化时期，并将继续存在下去。从 1937 年到 1947 年，格里菲思曾担任印度公务员和印度立法会的欧洲团体领袖。[218] 战争期间，他在英属印度的林利思戈勋爵（Lord Linlithgow）政府担任宣传顾问，并且对穆斯林联盟和国大党持批评态度。印度独立后，他担任过多个公司的董事，以及印度、巴基斯坦和缅甸协会的主席，为印度茶叶协会、巴基斯坦茶叶协会和国际茶叶市场推广局做过政治顾问。[219] 与同行的前辈一样，这位种植园主成了政治家和宣传家，并且也把美国视为市场和商业学校。

格里菲思和他的印度同事在 1954 年参加了美国茶叶大会，作为他们北美之行中的一站。他们从多伦多启程，访问了蒙特利尔、纽约、华盛顿特区、巴尔的摩和渥太华。之后格里菲思返回英格兰，其余成员则继续前往芝加哥、旧金山和洛杉矶。除了拜访萨拉达、立顿和泰特莱等大型包装商和经销商外，他们还与西夫韦商店（Safeway Stores）会面，参观了超市学会（Supermarket Institute），并拜访了独立食品杂货商联盟（Independent Grocers Alliance）。他们拜访了新成立的美国茶叶理事会，还去了刚刚在加拿大建立的第二个理事会。他们在芝加哥的李奥·贝纳特的办公室停留了一段时间，然后继续前往洛杉矶，参观 20 世纪福克斯电影公司。他们甚至在哈尔·罗奇（Hal Roach）的电影公司和哥伦比亚广播公司的"电视城"观看了如何制作电视节目。[220] 作为英属印度的产物，格里菲思现在正在与印度同事一起研究美国消费文化，目的是建立一种新的全球消费文化，以促进印度的经济发展，并为英国企业提供帮助。

然而美国之行结束后，格里菲思有点沮丧，因为经过这么多年的广告宣传，美国人仍然不喜欢喝茶。从 19 世纪 20 年代到 70 年代，美国人均消费发展与英国持平，饮茶量逐渐增加，直到19世纪90年代发展到顶峰，年均茶叶消费量达到2.5磅左右，随后开始稳定下降。英国和荷兰种植的红茶已经排挤掉了东亚的绿茶和花茶等品种，但到印度独立时，所有茶叶的人均消费量都下降到了0.6磅左右。[221] 格里菲思把这些情况归咎于咖啡："美国商业利益在这个时期对南美洲的定位，可能是导致咖啡饮用习惯力压饮茶的一个因素。"[222] 历史学家史蒂文·托皮克（Steven Topik）也提出了相同的观点。格里菲思认为，茶也没有抵抗住"果汁和其他软饮料生产商施加的巨大广告压力"。[223] 茶叶广告预算确实不够充足。格里菲思告诉他的同事们："现在的美国在疯狂地打广告。"他用客观的事实支持自己的观点。1939年，美国的全部广告市场额为19亿美元；1953年，这一数字已攀升至78亿美元，其中食品广告的增幅比其他商品快得多。这些变化受到电视发展的影响；早在1953年，"普通美国家庭每天收音机和电视机的开机时间就占到了一天的5%"。[224] 消费社会在美国已经成为一种昂贵的追求。

美国人有着全世界最高的生活水平。无论以人均收入、国民生产总值还是其他标准来衡量，美国普通公民都相对比较富裕。与其他国家相比，美国人在食品上的花费更多，特别是品牌食品和加工食品，而美国食品行业投入的广告费也比其竞争对手要多。[225] 食品广告也极为性别化。制造商持续不断地对女性进行洗脑，称计划、购买和烹制食物完全都是她们的责任，是她们的女性特质和爱护家人的表现。超市成了新的"主妇天堂"。[226]

然而，茶产业也想分一杯羹，于是在这段时间，他们也把其他食品行业聘请的市场专家请了过来。20世纪50年代，他们找到出生于欧洲的犹太社会科学家汉斯·蔡塞尔（Hans Zeisel）和厄内斯特·迪希特（Ernest Dichter），研究美国人为什么讨厌喝茶。这两个人都从纳粹政权下逃了出来，开始在美国利用新的心理学方法推销商品。茶叶委员会的第一任市场研究总监蔡塞尔出生在捷克斯洛伐克，成长于维也纳，在维也纳大学获得了法律和政治学博士学位。在美国，蔡塞尔成了先驱性的社会科学家，精通美国法律制度，为政府和私营企业担任顾问，并且担任罗格斯大学、哥伦比亚大学和芝加哥大学的教授。[227] 当茶叶委员会聘请他时，他正在芝加哥大学任教。格里菲思在1954年见到蔡塞尔，起初对他的方法感到有些困惑，他说："要想评估蔡塞尔博士的结论是否准确，需要花好几个月的时间，而且需要我们目前没有掌握的知识，但显然蔡塞尔博士拥有一个善于分析的头脑，可以解决这些问题，（并且）用他的自信激励着我们。"无论是好是坏，格里菲思都接受了这样的事实，即"美国的大部分广告都是以蔡塞尔的研究为基础的"。[228] 格里菲思和他的同事们虽然没有办法用抛硬币的方法来评价蔡塞尔，但他们都接受了这样的观点，那就是他们需要做这种复杂而科学的市场研究。

茶叶理事会和几个主要品牌也雇用了出生于奥地利的流亡者、弗洛伊德精神分析学者厄内斯特·迪希特。从青少年开始，迪希特就曾在他叔叔开在维也纳的百货公司工作。他与夏洛特·比勒（Charlotte Buhler）一起研究人本主义心理学，这种学科强调"自我实现、个人成就的动机驱动的个性理论"。[229] 1936年，他还在维也纳的心理经济研究所（Psychoeconomic Institute）与保罗·拉扎斯菲尔德（Paul Lazarsfeld）一起学习。迪希特被纳粹关进监狱，并且受到审讯，1938年他逃出了奥地利，来到纽约，在那里发展出后来所称的动机研究。[230] 他使用深入、非引导性的访谈和投射测试，来揭示消费者对商品和服务所持的深层次、潜意识的态度。迪希特成了美国消费文化的拥护者，认为消费使人们"产生自知和自尊"，而且高水平消费支出会让民主保持稳定。[231] 在迪希特看来，购买是一个"创造力的表达"，市场研究者的任务就是找到"物品的灵魂和意义"。[232] 他的理论认为，购买决策是受消费者的心理驱动的，融合了热情、欲望、偏见和厌恶等心理状态。

虽然迪希特也在为很多饮品和食品行业公司工作，但茶叶生产商极度希望他能找出美国反茶偏见的真正根源。20世纪50年代早期，迪希特对热茶和冰茶、咖啡及一些不同品牌进行过几次研究，但他在1951年与李奥·贝纳特的研究总监亨利·斯塔尔（Henry Starr）通电话时，坚持认为茶叶的根本问题在于它"被视为'娘娘腔的饮料'"，在实际意义上和象征意义上都代表着弱者。[233] 1955年，美国茶叶协会在弗吉尼亚州的白硫泉（White Sulphur Springs）召开年度大会，他在会上发表讲话，详细阐述了这一想法。他的演讲题目是《我们可以在美国建立新的"茶文化"吗?》。迪希特谈到了很多问题,但他的基本观点是,在一些国家,"茶叶已经成为生活的文化核心……被仪式、社团和历史所包围"。美国没有茶文化,但更糟糕的是这种饮品被视为"英国人的习惯",而他认为这是妨碍茶叶市场在美国发展的心理"障碍"。[234] 虽然他没有直接把英格兰称为"娘娘腔"国家,但其言下之意就是这样。

"美国青年从最早的性格塑造时期开始,"迪希特指出,"就受到所谓的'反茶'态度影响。当他听到激动人心的波士顿茶党故事,脑海里浮现的是身穿印度服装的山姆·亚当斯(Sam Adams)与用同样的衣着伪装自己的波士顿朋友一道,从一艘英国船只的甲板上把茶叶倾入水中。"独立革命的故事一再流传,营造出"对茶叶本身所持的消极态度",这就解释了为什么"茶"是可卡因的俚语(也是大麻的俚语),以及为什么人们很容易把它与"女人气"联想到一起。[235] 无可否认,这是一个跳跃,从革命到可卡因和女人气的奇怪突变表明,殖民主义压迫对于迪希特而言,是一种消极的情况。美国人在 20 世纪 50 年代对英国式的帝国主义感到越来越厌恶,这可能使茶叶行业的处境更为糟糕——迪希特认为美国人不喜欢茶叶,因为它代表了他们特别想忘记的殖民历史。

为了支持这个论点,迪希特不得不对数据进行创造性的解读。他的报告和建议引用了数百个旨在揭示无意识欲望和偏见的深度访谈,不过有意思的地方在于他如何阐释他的证据。迪希特在 1951 年为美国茶叶局做了第一次市场调查。他与他的团队做了 50 次"心理深度访谈",受访者据称代表了美国的人口构成情况,包括已婚者和单身者、男性和女性、年轻人和老年人、喝咖啡者和喝茶者。整个访谈样本实际上都来自纽约,最小的 20 岁,只有 3 个人年龄超过 50 岁,大多数是已婚的中产阶级女性。虽然迪希特后来还做了更大规模的全国性研究,但他从这些东北部的中产阶级女性样本中推断出了很多情况。迪希特听取了受访者的回答,并仔细研究人们的话语,他视之为个人"文本"。迪希特的一些报告也包含了定量数据,但他声称访谈揭示了一些新的证据。尽管如此,他还是忽略了受访者告诉他的不少信息,以便用他们的答案来支持自己先入为主的观点。

很多受访者提到，饮茶文化是民族文化遗产的体现，也是他们对大英帝国性的理解。例如有一名受访者表示："我认为美国人不太喝茶，因为他们是直率人，喜欢一是一二是二。"这位受访者继续说道，相比之下，"这些人（英国人和仰慕英国文化的美国人）习惯喝茶和举办茶会，这些茶会总是暗流涌动——它们就是不够坦诚，我所能说的就是这些。曾经有人邀请我参加茶会，我从来不喜欢它。每个人都不自然，每个人都装腔作势。我不喜欢茶会"。[236] 有个人自称为美国人中的亲英派，是来自德国的喝咖啡者，解释说她（或者他，情况并不清楚）在上大学时，有天下午和"一对英国夫妇"一起喝茶，之后学会并爱上了喝茶。[237] 另一名受访者说："我出生在爱尔兰，所以我一直喝茶，而且我喝了一辈子茶。"另外一个人也有类似表述，他说："我们在家里习惯大量饮茶。我是喝茶长大的。我是加拿大人，你知道，加拿大人就像英国人一样，他们很能喝茶。"[238] 一个人承认他（她）"从书本、电影和戏剧中得出对于喝茶的场景的想象。是的，他们（饮茶者）总会有一点儿英国口音"。[239] 迪希特引用这些人的话，表达出了很多观点，但他并不认为"美国人"在用茶叶来与英国、爱尔兰或者加拿大的文化遗产获得身份认同或是对这些文化进行疏离。考虑到迪希特的基本信念是茶叶代表美国人不愿提及的英国渊源，他这样做是有些奇怪的。这种矛盾可能源于这样的事实，即他认为民族主义通常是与法西斯和纳粹宣传有关的虚假特征。然而，他的受访者确实在从这些方面思考，将他们的饮用习惯描述为他们种族和民族传统的一部分，但正如我们从上面引用的第一名受访者的话中可以看到的，民族也是美国人讨论社会阶层的一种方式。

迪希特的受访者也谈到了性别问题。1951 年，迪希特发现他的访谈样本中有 72% 的人认为茶叶是女性用品。他的访谈证实了这个想法。"我喜欢茶，但是我的丈夫喜欢咖啡。"一名受访者说。[240] 美国的主流人群和饮食文化强化了这类观点。"我妈妈会在节食时喝茶，而且她总是在节食。"一名受访者讽刺地解释道。另一个人就她自己遇到的体重问题慷慨陈词："我又在节食了，我甚至早餐只喝黑咖啡，但我讨厌那样。我必须得减轻一些体重。夏天马上到了，我想让自己能够穿上去年的衣服。我今年冬天体重增加了 8 磅……我认为喝不加糖或牛奶的茶比喝黑咖啡更容易。"[241] 一些迪希特访问的人支撑了研究者有关性别和无意识的理论。他的第一批受访者中有一个人非常直率："不，我不喝茶……我讨厌这个东西。我告诉过你，我想要一些让我感到有精神的东西，能让我兴奋起来，而不是喝像白开水一样的东西，它甚至让我联想到喝尿。"[242] 这位美国消费者几十年来对国际茶叶市场推广局的广告一直没有好感，即便这些广告宣称茶叶是阳刚的，能让人精神焕发，而且味道很好。

然而，迪希特做完研究之后回归到他早期的理论，并认为茶叶需要斩断与英国、帝国和女性的关联。相反，所有的广告都应该把茶叶描绘成"美国边疆生活中一个健壮、阳刚的部分"。[243] 1952 年美国茶叶理事会的广告运动"喝茶看看"（Take Tea and See）试图使茶阳刚化，但并没有遵循迪希特的全部建议。在广告中，一个小巧的查尔斯·阿特拉斯（Charles Atlas）式举重运动员举起一个茶壶，并劝告消费者尝试很多广告中显示的茶叶"强壮的一面"，但另一些广告——尤其是电视广告——描述了一种经济、解渴、没有饱腹感和不含脂肪的饮品，暗示它适合女性。这个产业也依赖有些做作的地区性宣传活动，它们被称为热茶周和冰茶周。1952 年，茶叶理事会选择康涅狄格州的斯坦福德（Stamford）作为全国运动的中心，这个地方被认为是"典型的新英格兰城镇"。茶叶理事会"得到了市长及当地公民发展委员会"、商会、其他商业协会、扶轮社、童子军、杂货商、餐饮业者、包装商和教师的"热情支持"。选美比赛选出了一位茶叶女王，她在周末到斯坦福德的主街上参加了游行。这次游行象征着美国公民、商业文化与印度和锡兰的商人结成了新联盟。斯坦福德的市长和康涅狄格州的一位参议员领导着游行队伍，紧随其后的是"携带印度、锡兰、巴基斯坦和印度尼西亚国旗的军乐队和军装色彩的警卫队"。"牛仔们骑着马"，游行花车的装饰展现着"茶叶生产和茶叶消费不同方面的景象"，在队伍后面压阵。据斯坦福德的警察局长说："在他 40 年的经历中，从未有过那么多斯坦福德的公民出来观看游行。"[244] 这项促销活动和全美国其他很多活动都鼓励消费者把世界的其他地方视为一个市场，在这个意义上说，它促进了美国市场帝国的扩张。牛仔和（来自南亚的）印度人在美国的小镇上游行,宣传着 19 世纪 90 年代的博览会和广告中就曾出现的主题。然而,这些努力都没能改变美国人的口味或饮品文化。

1953 年,美国茶叶理事会改组,终止了"喝茶看看"运动,并雇用哥伦比亚大学的应用社会研究所(Bureau of Applied Social Research)[245] 与盖洛普和罗宾逊公司。[246] 1956 年,锡兰为茶叶理事会的预算提供了更多基金,增幅高达 40%,足以在西部、中西部和东北部投入电视广告。[247] 尽管迪希特拥有很多资金和专业知识,但他在 1958 年为莱昂斯公司研究茶叶市场时,承认情况已经在恶化。自从战争发生以来,社会出现了变化,这意味着很多"传统"逐渐被视为"不适合当代生活了"。他指出,"年轻一代总体来说倾向于拒绝一些传统产品"。[248] 迪希特甚至在做研究之前就总结说:"我们认为有必要使茶叶的整体概念现代化。"[249]

然而,他无法做到这一点,因为一些包装商不再支持茶叶理事会了。这些公司出售更有竞争力的饮品,并且决定将广告预算转投到品牌推广方面。茶叶理事会将预算从 1961 年的 1 708 700 美元削减至 1962 年的 50 万美元,并取消了未来的直接消费广告。它继续为公共关系工作提供资金支持,不过就像中央茶叶委员会的印度代表在 1962 年所解释的,"媒体广告的费用过度昂贵了"。[250] 这个产业估计其他饮品行业在广告上的投入是自己的 40 倍。在 1963 年的一篇文章中,茶叶协会主席乔治·威特(George Witt)哀叹道:"想一想饮品业的斗争吧。以前你什么时候被啤酒、葡萄酒、威士忌、牛奶、可乐、水果和蔬菜饮料 —— 更不用说咖啡了 —— 这样针对过呢?"[251] 到 1962 年,袋泡茶的使用量大幅增加,占到了美国茶叶市场的 70%,而且人们越来越多地使用快速冲泡的阿萨姆CTC(切-撕-卷)叶,这意味着美国人用比较少的茶叶就能泡出更多的茶。[252] 美国的年均茶叶进口量略有增加,但锡兰和印度的市场份额此长彼消。[253] 20 世纪 60 年代,美国人倾向于喝用袋泡茶大批量泡制出来的茶,并且常常使用速溶茶来制作冰茶。大多数人都认为,茶是夏季美味,而不是迪希特及其雇主所希望的阳刚边疆的象征。

从 20 世纪 40 年代到 70 年代，全球茶产业突破了原来的帝国边界，生产遍布世界各地，甚至扩展到南美洲。新兴产茶国试图利用茶叶来满足自己的经济需求。有时候，这意味着要制定新的贸易协定，并试图在苏联或中东、美国及其他前殖民地发展市场和商业关系。在整个 20 世纪 50 年代，印度相信国内的茶叶消费量增加后，就能够结束殖民依赖，但到 20 世纪 60 年代中期，在一些因素的作用下，印度茶产业的注意力又转移到出口上，在这方面锡兰一直做得很好。这导致了一个矛盾的局面：印度和锡兰在美国共同合作，而在英国和其他市场则相互竞争。

茶叶中心的命运展现出了很多这样的紧张关系。最初它们代表所有的茶叶生产者，但到了 1952 年，当国际茶叶市场委员会瓦解时，茶叶委员会开始用民族特色为不同国家和品牌的茶叶创造新的历史。然而正如我们所见，这是一项艰巨的任务，无论多少现代的建筑与设计都无法动摇弥漫在战后英国文化中的帝国怀旧情怀。在整个 50 年代和 60 年代的广告、宣传和消费市场形势中，怀旧和现代的紧张关系在反复出现。在最后一章中，我们将研究这些思想如何在战后的英国发挥特别的作用，以此来继续阐述我贯穿全书的论点，即消费主义和帝国主义是相互交织的现象。战后英国消费社会努力适应帝国在英国文化中占据的地位，随后又将帝国的地位抹去，但是，最后正是同一批人员和企业，自 20 世纪 30 年代以来一直在推销茶叶和帝国，后来又在非洲与可口可乐做斗争，在印度推动茶叶国有化，在美国努力将茶叶美国化和阳刚化，并在战后英国创造怀旧和世界主义的茶文化。

11

"加入茶聚"

摇摆的 60 年代的青年、现代性和帝国遗产

> 本土和殖民地没有那么华丽
>
> 如今老帝国已分崩离析：
>
> 我们很快会看到——"英联邦茶叶"。
>
> 美味的茶很快要开始滋润味蕾
>
> 就像"浓缩咖啡"或"可乐"。

　　这首于 1962 年发表在《便利店》杂志上的歌谣从企业形象的转变中得到了灵感。1960 年，庞大的维多利亚时代的零售连锁店本土和殖民地商店改制，并开始以联合供应公司为名从事交易。[1] 这首诙谐歌谣的作者把很多问题浓缩到一起，报道了这个新闻，而菲利普·威瑟姆也曾在英国广播公司的广播节目中思考过此类问题，即大英帝国的终结会对宗主国的商业和消费文化产生怎样的影响？彼时《便利店》创刊正好一个世纪，这份杂志已经在全球市场中发挥了一些作用，而且仍将继续履行这一职能。国际关系和文化在战后发生了更加深入的重组，该杂志正在考虑这种情况给自己的业务带来的影响，上述歌谣就是对此的一种体现。解殖民化、美国经济和文化的影响以及叛逆的年轻消费者都对很多珍贵的传统表示抗拒，或者意图对其进行改造。1965 年，电台记者威廉·哈德卡斯尔（William Hardcastle）将这种口味的变化解读为一种全国性衰退，当时他问英国广播公司的早间时事节目《今日》（Today）的听众：

你们还能承受多少？大英帝国解体时，你们曾经勇敢地保持微笑；你们经受着青少年的异教崇拜、英国海军的衰落、9 点钟新闻的结束带来的痛苦。还有多少苦难，我想请问，这个国家能够承受？今天早上我问这个问题，是因为我得到消息，另一个伟大的英国传统正在受到威胁。那就是茶。[2]

哈德卡斯尔正在评论前不久报道的有关咖啡兴起和茶叶衰落的消息，他认为这是英国衰落的先兆。"英国的喝茶者，"他问道，"速溶咖啡能使我们勇敢地迎接闪电战吗？你们能想象伟大的英国工人会为了争取速溶咖啡歇而罢工吗？"他的回答显而易见，因为他断言沏一杯好茶的能力"完全被编织到了英国的传统里"，他指出，这就解释了为什么"没有被英国的帝国主义温柔拂过的地方，不可能沏得出一杯好茶"。[3] 当然，帝国主义一点也不"温柔"，但是哈德卡斯尔强硬的立场说明了英国人是如何通过茶叶的历史看到——或者应该说是品味和谈论——帝国的非正式历史及其消亡的。《便利店》的诗人和威廉·哈德卡斯尔正在参与到一场极其直率而激动的论辩中去，它出现在媒体中，发生在商业场所、家庭和商店里，内容是关于茶叶在后殖民的英国社会和文化中具有怎样的地位。无论是否喜欢茶叶，大多数英国人都认为，茶叶的衰落以及咖啡和可口可乐的发展是一场根本性的社会和文化革命。

令人惊讶的是，就在苏伊士运河危机显示出帝国的全球力量日益衰落之时，英国人的喝茶量开始减少。1956—1957 年间，英国、法国和以色列入侵埃及，试图推翻纳赛尔总统，并重振欧洲在该地区的影响力，但这场行动在美国总统德怀特·D.艾森豪威尔的介入下被迫终止了。苏伊士危机带来很多后果，但我并不认为它会导致英国人的茶叶需求出现长期性变化。[4] 相反，我认为英国评论家非常明白，英国之所以对茶叶有巨大的渴求，是因为它拥有庞大的海外帝国，茶叶的衰落和苏伊士运河危机一样象征着英国力量在全球舞台的衰落。英国人均茶叶消费量在 1959 年出现短暂激增，之后在 20 世纪 60 年代开始稳步下降，并持续到 20 世纪后半叶。[5] 如果以很多分析家偏好的方式按照人均标准而非国家总消费量来衡量，那么英国人正在失去对茶叶的偏爱。英国人仍然喝很多茶，但他们也喜爱喝咖啡。例如在 1993 年，英国人平均每天喝 3.5 杯茶和 1.7 杯咖啡。[6] 2015 年，土耳其人的茶叶消费量世界第一，平均每人 6.961 磅，其次是爱尔兰，4.831 磅，英国为 4.281 磅。印度的消费量仍然相对较低，为 0.715 磅，而美国的人均消费量仅为 0.0503 磅。[7] 进入 21 世纪后，英国的饮用习惯和 19 世纪早期更为相似，咖啡和茶叶一样流行。[8] 加拿大、澳大利亚和新西兰的茶叶消费量经历了相似的变化过程，而中东、非洲和南亚很多地区的消费量出现跳跃式增长。[9]

这种全球性的反复调整有多种多样的原因。新独立的生产国希望进行这样的重构，但随着喝茶习惯在英国和白人自治领市场出现衰退，印度和其他重要生产国警惕起来，并同意彼此合作，甚至与大型企业买家合作，以阻止口味的改变。讽刺的是，英国的饮用习惯在 20 世纪 50 年代末和 60 年代体现出了全球化特征，即多样化趋势，这使生产国感到十分恐慌，以至于他们重拾古老的帝国习惯，并组建了新版的国际茶叶市场推广局，他们称之为英国茶叶理事会（UK Tea Council）。这家新的国际宣传机构与跨国广告公司奥美（Ogilvy and Mather）合作，希望在英国文化中为茶叶保留一席之地。为此，他们发动了一场大规模的品牌重塑活动，试图将一种旧习惯转变为现代、时尚、年轻和世界性的乐趣。与此同时，另一些销售商继续以怀旧、帝国和传统冲泡方式为卖点。彼时消费者得到的信息是混乱的，这反映出茶产业内部存在的更早的忧虑和嫉妒，以及对于后殖民时期英国文化特征的本质更普遍的困惑。[10]

自由贸易和玛莎威特老奶奶的回归

为了重振疲软的市场，茶产业在 20 世纪 50、60 年代对外宣传推出了英国至少 3 种不同的面貌：岛屿国家、新的多民族联邦以及同时面向欧洲和美国的年轻时尚的世界主义国家。这样的计划是有些精神分裂的，对于英国的国家特征，跨国公司和其他国际机构的理解相互对立，但却在同时对这几个版本进行宣传。它们在很多方面回应着一种普遍性的忧虑，即英国已不再是原来那个英国了。当这个产业努力让业务回归正常的时候，既回顾了往昔又展望了未来，但正如我们在上一章看到的，战争结束后，一切似乎都和以前不一样了。

1951 年，在庆祝公司成立 125 周年的晚宴舞会上，霍尼曼公司的总裁用简明的话语呼吁结束配给制："让英国伟大起来的不是烤牛肉，而是茶叶。看看像老皮特、小皮特或萨缪尔·约翰逊（Samuel Johnson）这样的人，他们每天喝 40 杯到 70 杯茶。"[11] 他提出大量喝茶曾经把英国打造成世界强国的证据，那么战后配给就可以被视为国家衰退的根源。因此，当食品部在 1952 年 10 月终于取消配给制时，记者们宣布自由主义、英国荣耀和"正常"的性别关系复兴了，或者如一位专家所说，这一天让生来自由的英国家庭主妇重获自由。[12] 茶叶局的一则广告宣布："每个人都能获得更多茶叶，对此茶叶感到欢欣鼓舞！"[13] 美国报纸《纽瓦克星期日新闻》（Newark Sunday News）着重强调"自由"茶叶的重要意义，用大标题说："原子弹试验加上茶叶，重续英国荣耀"。[14] 就在茶叶配给制被取消的同一天，英国测试了他们的第一枚核武器，因此媒体巧妙地用《英国人再次享受自由茶叶！》之类的标题夸大其全球性意义，这就不足为奇了。[15] 印度中央茶叶委员会也加入进来，在一则广告中声称茶叶是英国力量的来源："这就是珠峰攀登者对印度茶叶的看法。在我们登顶珠穆朗玛峰期间，印度茶叶不断给我们带来欢乐和活力。"[16] 取消茶叶配给制并不能真的与掌握原子弹技术相提并论，但茶叶自由贸易与征服珠穆朗玛峰、伊丽莎白女王加冕礼和英国艺术节一道，标志着新的伊丽莎白时代已经到来。[17] 对茶叶获得自由的庆祝激起了对维多利亚女王在位和大不列颠统治大洋时的美好旧时光的向往。

随着自由贸易的回归，各种茶叶委员会和公司进行了大量的市场调查。1952 年，记者埃里克·温赖特（Eric Wainwright）开玩笑地说起这种现象，当时他报道说茶叶局正准备进行"全国性的大型窥探，调查你的喝茶习惯"。[18] 然而，这项研究的结果令人担忧。虽然配给制一结束人均消费量就恢复到战前水平，但英国人开始用与过去不同的方式沏茶。达德利·巴克（Dudley Barker）在《每日论坛报》（Daily Herald）中写道，令人震惊的是，"这个国家的大多数家庭不再关注神圣悠久的沏茶规矩，而整个一代英国人在成长过程中，从来没有品尝过一杯像样的茶"。巴克怀疑"英国人是否已经失去了沏茶的艺术"，之后自以为是地断言应当"重归传统，女士们。每个人一匙茶叶，壶里再放一匙"。[19] 这种沏茶配方对于提高消费量至关重要，因此当电视大厨菲利普·哈本（Philip Harben）称它为"老奶奶的故事"时，茶叶局严厉地批判了他。[20] 1953 年进行的第二次调查让人感到安慰，这次调查发现英国所有的成年人和近 84% 的"婴儿"或 4 岁以下儿童都喝茶，而且年消费量再次回升到了战前水平，人均大约是略微超过 10 磅。[21] 也许英国人受到了著名女演员兼歌手佩图拉·克拉克（Petula Clark）的热门单曲《如今随时喝茶》（*Anytime Is Tea Time Now*）的启发，这首歌曲是由茶叶局在 1952 年赞助并发行的。克拉克用乐观的旋律庆祝英国人现在能够在早上、中午和晚上都"饮上一杯欢乐"。虽然克拉克已经是一个大明星，绝不会被视为老气过时，但当她唱道有一杯茶"你会结交好朋友，而且你不需要财富"这样的歌词时，还是会让人的思绪回到 20 世纪 30 年代。[22]

这种怀旧在 20 世纪 50 年代早期的品牌广告中也很常见。[23] 或者是因为他们无力花钱宣传新口号，又或者是因为茶叶公司想再创英国人随意享受茶饮的旧日好时光，总之复兴主义是企业广告的主流。[24] 例如，合作社提醒英国人，它仍然在"为国民的茶壶供应原料"。[25] 利吉威公司重复说："自 1836 年以来，历经六朝，它一直受到喜爱。"[26] 玛莎威特公司重新利用其著名的维多利亚老奶奶形象，霍尼曼公司则直接把维多利亚时代的广告复制过来，例如 1888 年的一个以阿尔伯特亲王喝茶为宣传形象的广告。[27] 迟至 1966 年，霍尼曼公司创始人"诚实的约翰"还提醒英国人说，霍尼曼公司自从 1826 年就开始出售无掺假的茶叶。[28] 川宁公司用"255年来与时俱进"的口号强调该公司的悠久历史。[29] 莱昂斯公司让禁酒茶会跟上时代，开始举办公司所谓的"家庭主妇茶会"活动。这些都是大规模营销活动，在全英国各地的城镇市政厅里举行。德里克·罗伊（Derek Roy）等电视和电台人物不再听从前的酗酒者宣扬禁酒的美德，而是主持多种形式的节目，包括音乐、喜剧、时装表演和选美。"主妇们，这就是你的节目。"这类茶会的一个广告解释说。[30] 就像 20 世纪 50 年代其他针对家庭主妇的消费广告一样，在理想和家庭结构发生变化的时代里，莱昂斯公司的茶会重申了旧时的性别和家庭规范。

把"卡蒂·萨克"号（*Cutty Sark*）飞剪船改造成旅游景点，是这个时代的新维多利亚商业主义的又一例证。1954 年，"卡蒂·萨克"号在格林尼治的泰晤士河畔找到了永久居所，成为一处重新整修的旅游景点。尽管该船最早建造于 1869 年，并且在苏伊士运河开通导致飞剪船不合时宜后才投入使用，现在却变成了展示英国统治茶叶帝国时代的博物馆。国际游客和英国游客漫游在船舱里，在了解飞剪船的技术能力时，仿佛依然能够嗅到茶叶箱的味道。很多力量和团体都支持这个历史保护活动，但是翻新基金的贡献者名单仍然透露了一些信息。出资买下"卡蒂·萨克"号并将其运到格林尼治的，是在闪电战期间购买茶车的大型茶叶公司和茶叶协会，以及战后在摄政街开张的茶叶中心。印度、锡兰和非洲用茶叶出口税和政府补贴支持了这个浪漫的英国海洋史和饮茶史的场景展示。[31]

虽然英国人十分怀旧，但他们喝的茶与他们的祖父母辈甚至父母辈都不一样了。例如，非洲、南美和中国茶叶越来越多地与南亚品种调配在一起，其中最大的变化是越来越多地使用 CTC 茶和袋泡茶。CTC（切-撕-卷）制茶法是在 1931 年发明的，但直到战后才在英国得到普遍应用。CTC 法与传统方法类似，但轧制过程更"剧烈"，缩小了叶片的尺寸，并且把叶片上的细胞几乎全部压破。这样的叶片发酵得更快，冲泡速度也更快，而且因为茶液较"浓"，泡出来的茶更多。[32] 因为外观和味道与传统茶叶不同，CTC 茶往往被用于袋泡茶，并利用"速泡"这一特点来营销。这是这种商品变化的又一个转折点，即使有时调配、营销和包装隐藏了这些变化，或者把它们打造成享受旧习惯的最现代、最好的方式。

泰特莱公司在战前就推出了袋泡茶，不过该公司又于 1953 年在英国发起一系列广告宣传，重新推销这种产品。这些广告告诉公众，袋泡茶是"美国的创新"，对那些"弄倒茶叶罐、掉落茶匙和把茶叶搞得乱七八糟的人"和"繁忙的人"很适用。[33] 如果马虎的男性可能是一个目标市场，那么忙碌的家庭主妇就是另一个市场。例如广告解释说："一大早喝早茶或者家庭主妇偶尔想给自己泡杯茶时，使用袋泡茶就很方便。"[34] 这些广告把便利和效率当作优势来宣传。[35] 袋泡茶是"泡制好茶的现代方式"。[36] 不过，非常老派的英国人也经常推销现代性。在 1963 年的广告中，一位身穿花呢背心的老人笑着喝"莱昂斯快泡茶"（Lyons Quick Brew）。[37] 消费者也可能没有意识到，泰特莱公司在 1964 年归入了巨头"比奇纳特救生者集团"（Beech-Nut Life Savers Group）。该公司保留了泰特莱的名称，并且每年投入 25 万英镑用于推广袋泡茶。[38] 20 世纪 60 年代，这家位于美国的跨国公司却在英国宣传怀旧和现代性。

商业电视广告于 1955 年在英国出现，急剧增加了销售产品的成本。[39] 电视机的拥有量迅速增多，1954—1956 年，许可证从 300 万增加到近 600 万。茶产业的广告支出从每年 1.23 亿英镑增加到 1.76 亿英镑。然而，报纸广告依然非常重要，英国发行量最大的晚报《伦敦晚报》（London Evening News）每日销售 150 万份。[40] 每天购买报纸的受众总数高达近 1700 万，报纸广告预算以非常稳健的速度增长。[41] 资金充裕的大型茶叶公司很快就想出如何充分利用电视广告。例如，布洛克邦德公司在 1956 年推出著名的拟人化黑猩猩，来宣传 P.G. Tips 牌茶叶，这些明星数十年来出演过无数的广告片，被印到茶叶卡片上，成为值得收藏的小雕像，还出现在很多公共促销活动中。这个主意可能来自摄政街动物园里的黑猩猩举办茶会的照片，展示于 1951 年的英国艺术节上，不过布洛克邦德的黑猩猩扮演的是舒适的工人阶级，拿 T. 壶先生和格蕾丝·菲尔德斯的大英帝国性打趣。[42] 虽然有时它们似乎像个有钱人，但总的来说，黑猩猩采用工薪和中下阶层的习惯和生活方式，它们在布特林的度假营中休闲，或者"移民"到在新西兰的动物园。[43] 泰特莱公司的"茶叶老乡"（Tea Folk）最早出现于 1973 年，也具有类似的特征。工人阶级的"茶叶老乡"形象最近又重新出现，现在他们遇到了外星人，甚至有自己的"脸书"（Facebook）页面，但总的来说，他们激发出了一种酷爱喝茶的怀旧的工人阶级文化。[44] 因此，新的宣传形式为茶叶提供了更广阔的舞台，用来重温过去。

咖啡还是茶？家庭主妇、青少年和其他反叛的消费者

然而，不管黑猩猩多么可爱，英国人却明显地开始逐渐疏远茶叶。[45] 英国对于茶叶口味喜爱程度的变化是陆陆续续的，但随着帝国开始收缩，可以说消费也变得疲软。消费量是从什么时候开始下滑还存在争论，但在 1956 年和 1957 年及以后，以及在 20 世纪 60 年代，茶叶消费量肯定出现了持续稳定的下降。当然，全国总消费量并没有说明全部情况，但人均消费量减少、帝国终结、全球青年文化和企业资本主义兴起——以咖啡和可乐为代表——给了茶产业和社会评论员很多遐想空间。

这里存在着很大的利害关系。一名零售业记者提醒业界，"茶叶贸易曾经协助建立了政治帝国，而且商业帝国是基于茶叶建立的，简而言之，这是一笔大生意"。[46] 在印度，茶产业雇用了超过 100 万的工人，到 20 世纪 60 年代中期，印度全部外汇收入的 15% 依然是由茶叶创造的。所以，当"印度最大的客户"开始"减少印度茶叶的购买量，不再花那么多钱购买印度茶叶"时，印度政府和茶产业界表示非常关注。[47] 即使饮茶习惯上出现微小变化，也会对一个非常大的行业构成威胁，这还没有考虑到其他主要市场，例如澳大利亚，那里也正在发生类似的转变。限制生产会使新兴国家的财政稳定性受到影响，因此，再次扩大消费似乎是唯一可行的解决方案。

私人备忘录和研究都在指责"大包装商的影响""英国餐饮公司的冷漠"以及"英国杂货商的不明智"。一项研究指出，这些"市场操纵者"推动廉价的大众市场茶叶的销售，拒绝销售优质品牌，从长远来看，这样做使茶叶的口味大打折扣。[48] 然而，记者和贸易专家公开地重新聚焦于消费者、社会和文化的变化，而非那些推出廉价茶叶与更令人兴奋的新式食品、饮料和餐馆的公司。他们把这个问题定义为饮品之间的斗争，好像咖啡和可口可乐是吸引消费者的自发性力量。可口可乐正在征服非洲，它和咖啡也威胁要对其他茶叶的据点殖民。

在加拿大和澳大利亚，由于战时配给、人口状况、贸易关系和生活方式不断发生变化，咖啡在饮品市场中所占的份额不断增加。例如在加拿

大，咖啡饮用量在战争期间和战后都有所扩大；它正在成为一种"早餐饮品"，并且受到年轻人的欢迎。[49] 有人认为这种变化是由广告造成的，咖啡和软饮料行业也确实于 20 世纪 40 年代后期在加拿大发起过大规模的广告运动。[50] 专家认为，由于大量移民，而且与美国存在着紧密联系，加拿大变得不再英国化。当珀西瓦尔·格里菲思爵士在 1954 年研究加拿大市场时，看到很多因素在共同发挥作用：他注意到"社会习惯方面美国的影响在增长"，"人口中的英国因素"在下降，密集的广告，还有加拿大人倾向于"节约劳力和享受便利"，这一切使咖啡——特别是速溶咖啡——受到欢迎。[51] 澳大利亚也出现了完全类似的情况。[52] 1948—1968 年间，澳大利亚的人均咖啡消费量从每年 0.9 磅上升到 2.6 磅。[53] 1970 年的一项研究指出，"从非饮茶国过来的移民"、有效的市场营销以及"更年轻的群体倾向于消费更多咖啡"，都是造成口味转变的原因。[54] 茶叶保持着"澳大利亚传统饮品"的地位，但该报告指出，速溶咖啡和移民者开设的浓缩咖啡馆"促进了喝咖啡习惯的普及"，咖啡已成为年轻人"外出用餐"时喜爱的饮品。[55]

这些专家全都将茶叶的衰退和咖啡的崛起归因于以下几个因素：美国生活方式和产品的吸引力、大型广告运动的力量、移民的影响、青少年的反叛本性（他们偏好把时间花在异域的、移民者开设的咖啡馆，而不是在家里与家人一起喝茶），最后是重视方便甚于品质的家庭主妇。然而，在所有这些因素中，市场研究人员将他们的显微镜尤其对准两个群体：青少年和家庭主妇。[56] 一名商业记者解释了这两个群体的界限在相互渗透，他指出：

> 14 岁的女孩在这个年纪，为披头士乐队或者其他排行榜榜单上的明星尖叫陶醉，但几年之后这样的女孩会结婚，照顾家人做家务，并可能在那个时候也对青少年有所抱怨。她也会为家庭购物，因为她将成为非常重要的家庭主妇。这样的家庭主妇（也是从前的青少年）会为家人买东西喝。她会买什么呢？[57]

企业提出，战后的家庭主妇是现代化和经济重建的工具，是变革或传统的中介，而且她们通过消费选择，成了国家的建造者。[58] 在英国，家政服务业的衰落与自助式超市等新型食品零售业的兴起使购物和烹饪成了家庭主妇的新任务，因此她们成了战后广告的目标。于是市场调查花费了大部分精力来确定她们的向往和需求。

营销人员还"发现"了另一个有力的变革推动力：青年。"青年"是一个定义有些模糊的术语，主要指 15 岁至 25 岁之间的男性和女性。关于这种消费者类型什么时候首次出现，以及这种类型的产生背后是否有年轻人或广告商抑或是二者共同的推动，历史学家一直在争论。但大多数人都认为，青年文化的本质是年轻人通过使用独特的消费品、休闲场所、娱乐和独特风格，来打造他们的身份和社会意识。[59] 我们已经看到很多茶产业吸引和利用年轻消费者的例子，然而，正如哈里·霍普金斯在 1963 年所写的，"从来没有带着大写字母 Y 的'青年'（Youth）受到如此热烈的讨论、如此频繁的调查，并如此广泛地进入人们的视听范围"。[60] "青年"这个概念像阶级、性别和种族一样，在与其他已得到认同的群体进行关联或对比时，逐渐得以界定，而在当时这一概念主要指的是战前一代。战后的青年文化也很丰富。例如在英国，青少年实际收入据称比战前高出 50%，而且增长速度是成年人的两倍。[61] 年轻男性挣得比女性多很多，因此他们被确定为一个关键市场。霍普金斯估计，青少年市场每年消费额总计达 9 亿英镑，很多产业都希望分食这块蛋糕。然而，女孩并没有被忽视。[62] 随着工作周缩短、在校年龄增长和收入提高，婴儿潮一代的第一个浪潮成了一个不容忽视的市场。他们也是一个需要研究和控制的社会现象。茶产业担心，这不是一个轻松的任务，而且他们确信，与很多传统力量一样，年轻人的叛逆通过在城市咖啡馆消费浓缩咖啡和其他新式乐趣体现出来，而这代表着英国的衰落。事实上，年轻消费者确实让咖啡种植园主受益，受到伤害的则是茶叶生产者，锡兰经济的稳定尤其受到威胁，因为锡兰经济完全依赖于出口这种作物。总之，口味的改变对后殖民国家的影响远远超过宗主国。

20 世纪 50、60 年代，新波希米亚咖啡馆在大西洋两岸和整个英联邦的大都市中心快速兴起，年轻富裕的消费者即便没有在那里花太多钱，也在里面消磨了大量时间。虽然并非总是如此，不过咖啡馆一般是由意大利人或其他移民开创，通常以闪闪发光的加吉亚（Gaggia）浓缩咖啡机、自动点唱机和在里面自由享受的年轻顾客为特色。[63] 它们最早出现在 20 世纪 50 年代初，到 1960 年，伦敦有了近 500 家咖啡馆，全英国则有 2000 家。[64] 在伦敦，这些"革命性"机构成为摇滚乐的温床，也是其他欧美新形式大众文化的传播渠道。梭霍区（Soho）的咖啡馆推广了很多新式的外国娱乐形式，尤其是 1955 年由弗雷迪（Freddie）和萨米·伊兰尼（Sammy Irani）在梭霍区康普顿街 59 号开设的 2i 咖啡馆。1956 年，这对兄弟把咖啡馆留给澳大利亚摔跤手保罗·"死亡先生"·林肯（Paul "Dr. Death" Lincoln）和发起人雷·"反叛"·亨特（Ray "Rebel" Hunter）。1958 年，前门卫和柔道教练汤姆·利特尔伍德（Tom Littlewood）成为经理。观众们挤在黑漆漆的咖啡馆小地下室里，欣赏蝰蛇（Vipers）、特里·迪安（Terry Dean）、文斯·泰勒（Vince Taylor）和花花公子（Playboys）、克利夫·理查德（Cliff Richard）、披头十乐队以及该咖啡馆最著名的"发现"——汤米·斯提尔德（Tommy Steeled）——做表演。[65] 音乐、能量、年轻人群、咖啡因和毒品碰撞出明显的性能量。1958 年，克利夫·理查德和"漂流者"（Drifters）的贝斯手伊安·萨姆威尔（Ian Samwell）在 2i 演出，他后来回忆说：

> 2i 挤满了人。2i 非常火爆。2i 要摇滚！它也非常、非常小。
>
> 即使站在大街上，你也会感到有什么事情正在发生，那天晚上，空气中有某种特别的气息。也许是从地下室隆隆传来的摇滚乐的低沉鼓点。也许是青少年冲出屋外的能量。

新型消费者文化似乎正在对宗主国进行殖民，萨姆威尔的回忆展示出它的强大力量。例如他提到，"一个象征百事可乐瓶盖的大标志"被挂在咖啡馆的门前和内部，"穿过玻璃门，会路过美国自动点唱机"，还有一个"服务柜台左边摆着咖啡机、橙汁自动售卖机和三明治陈列柜，右边是一个长长的丽光板（formica）架子，用于摆放你的小浓缩咖啡玻璃杯和垫盘"。萨姆威尔嘲笑着店主的消费主义，开玩笑说："在那里，房屋的尽头，是狭窄的楼梯入口，通往世界著名的 2i 的著名地下室，那里站着世界上独一无二的汤姆·利特尔伍德，2i 的经理，上帝保佑他贪婪的灵魂。"[66] 百事可乐、可口可乐、橙汁、丽光板、浓缩咖啡、音乐和毒品创造出一种新的身体和感官消费文化，这种文化是火热的、响亮的、充满活力的、色情的和性感的。

在很多方面，咖啡馆都是另一种"茶馆"，它通过推销"现代"的美欧饮品和音乐以及重现狂欢快乐的英国历史，与维多利亚时代的风尚进行斗争。咖啡馆的氛围完全不同于那种宁静、优雅和温馨的茶室。咖啡馆是一个新型表演场所，在这里切换身份就如同换衣服一样简单。例如 1960年 9 月，喜欢恶作剧的演员"嚎叫的上帝萨奇"（Soreaming Lord Sutch）在 2i 和猫王式的歌手文斯·泰勒一起演出。这两位表演者将美英文化混搭在一起，创造出了新的角色。萨克特别针对英国的阶级制度和维多利亚时代的哥特式音乐剧做了诙谐的模仿，并以非洲裔美国歌手"嚎叫的杰·霍金斯"（Screamin'Jay Hawkings）和一个假想出的同伴"哈罗伯爵三世"为自己命名。萨奇经常打扮成开膛手杰克，并在 1963 年用这个名称发行了一首歌。[67] 在这个咖啡馆里，他讽刺了那些维多利亚时代将恐惧转化为商品的人，无疑也是故意想使那些怀念另一种英国历史的老一代人感到不安。

不足为奇的是，英国文化研究之所以出现，部分原因与咖啡馆的崛起有关，这种研究是一场知识运动，与通过时尚、音乐和其他消费形式来表达自己身份的观念密不可分。[68]《新左派评论》（New Left Review）由斯图亚特·霍尔（Stuart Hall）于 1960 年创办，办公场所位于伦敦卡莱尔街的一家咖啡馆的顶层。[69] 然而，并非所有左派都欣赏咖啡馆。文学评论家理查德·霍加特（Richard Hoggart）在 1957 年所著的《识字的用途》（Uses of Literacy）以对这些机构、点唱机和大众文化提出批评而著称。霍加特认为，咖啡馆是腐蚀性的美国资本主义带来的影响，正在摧毁本土"英国"工人阶级文化，他们的年轻人尤其受其毒害。正如霍加特所言，这些

"点唱机男孩"已经习惯于"日常性的、日益增加的、几乎完全没有变化的感官食粮……（这会）使他们的消费者无法公开地、负责任地对生活做出反应"。[70] 因此，霍加特谴责大众文化是一种外国舶来品，会不可避免地催生出冷漠、不关心政治的消费者。霍加特的政治立场虽然与威廉·哈德卡斯尔（William Hardcastle）截然不同，但他们都提出咖啡馆和大众文化不是英国的，并且正在对宗主国进行殖民。这些批判也强化了这样一种意识，即茶叶代表着更古老和更真实的工人阶级文化。霍加特的门徒雷·戈斯林（Ray Gosling）赞同霍加特的解释，认为一种强有力的新文化已经抵达了现代英国，但戈斯林颇为享受这种美国文化。

戈斯林是著名的电视主播、电影制片人和同性恋权利积极分子，他回忆起儿童时期是如何与工人阶级家人每个星期出去玩一次，享受下午茶的：

> ……如果我们走运，如果我们经济情况不错，我们会被女经理迎进来，坐到一张四人桌旁，女服务员们穿着修身的黑裙子和打褶的白衬衫，戴着小黑帽，围着白围巾，随侍左右。有时候，我母亲在巴士、教堂或我们的街上见过这些女服务员。我们的手不能放到桌布上，一个烦人的小玩意儿会提示："你怎么敢把胳膊肘放在桌子上。"我们会获准从蛋糕架上拿一块蛋糕。我们从来不到外面吃饭。合乎规矩的茶（意思是一顿饭）是在家里做的。[71]

出去享用下午茶是一种体验，但戈斯林也把这种体验与一种受约束的、清教徒式的、工人阶级的文化联系起来，教导人们不能焦躁，一次只能拿一块蛋糕。这是他那一代人不愿接受的传统休闲世界。但是，他们并没有抛弃消费主义。事实上，无论他们是泰迪男孩、摩登派还是摇滚乐迷，在服装、时尚和消费行为方面都比先辈更为自觉和审慎。

戈斯林于 1939 年出生于北安普敦，是属于艺术家、设计师、作家、音乐家和电影制作人的一代中的一分子，他们创造、消费和输出了英国的反叛青年文化。[72] 他在 20 世纪 60 年代初成了一名才华横溢的作家。和霍

加特一样，戈斯林对青年文化非常着迷。但与霍加特不同，他也喜欢这种文化，并且爱上了一位守候在他家附近一个机场里的富裕、有魅力而性感的美国男性。戈斯林写道："美国人与众不同……他们的身体似乎表现出不同的特点——更高更壮——而且他们走路大摇大摆……（他们）很有钱：屁股后兜里总是塞着一卷钞票……他们看上去很好。"他回忆起那时自己大概 14 岁或者 15 岁，很喜欢跟着这些人，看他们做事，因而他的性欲影响了他对世界的感知，特别是对美国的感知。他写道："我的生活中最令人兴奋的事情就是看着美国人。美国是我的梦想，去美国是我的梦想。我想变得像美国人一样。"[73] 戈斯林开设了自己的咖啡馆，实现了这个梦想。在"韦奇伍德茶馆或杜恩盖特（Durngate）巴士站的咖啡厅，你端杯子的时候必须翘起小拇指，必须安静地喝……你会觉得自己像个囚犯"，戈斯林回忆说：

> 当我们独自出去喝咖啡时，我们可以做自己想做的事，可以用胳膊肘撑在桌子上端起杯子。我们想要一个新的世界，在那里你不会受到阶级和礼仪的束缚，不必追赶比你优越的人，在那里你可以依照本能行事，享受一些乐趣，像美国人一样自由。我们想要远离下午茶和学校晚餐和必须直着坐的旧世界……而且我们确实做到了。[74]

对于伴着下午茶和学校晚餐礼仪长大的 20 世纪 60 年代的那代人来说，身体自由和性自由成了他们的圣歌。茶叶代表着阶级、礼仪和身体约束。然而，戈斯林对咖啡馆历史的自觉性重构并未展现出事情的全貌。

戈斯林 18 岁的时候，与朋友在一个贵格会慈善机构的出资支持下，一起在莱斯特创立了自己的青少年俱乐部和咖啡馆。这个慈善机构的成员有大学教师、贵格会商人和女性，富有同情心的霍加特甚至担任过主席！[75] 这并不矛盾，因为尽管这个咖啡馆有自动点唱机并提供新式食品和饮品，但它并不是大众市场的产物，而是在试图为大众市场提供一个有吸引力的替代选择。[76] 然而对于自己正在做什么，戈斯林与他朋友的想法和他们的成年支持者并不一样；事实上，他后来干脆不提这些支持者了，而是宣称："我们成功了——我们自己开了一家咖啡馆，没有任何成年人提供帮助。真正的浓缩咖啡。真正的可口可乐。最好的汉堡包……我们卖了很多汉堡包，也有芝士汉堡包。"[77] 讽刺的是，诸如莱斯特的这家咖啡馆之类的社会实验提倡新的口味和习惯，而大众市场公司随后从这些新口味和习惯中赚取了利益。对这些回顾性的陈述我们必须仔细阅读以便甄别，但它们确实揭示了战后青年如何被外国文化观念所吸引，并排斥他们认为是英国往昔的东西。毫无疑问，戈斯林和其他很多年轻人利用大众文化摧毁了维多利亚时代的身体、自我、社会、国家和市场概念，但他们可能对自己的全球性品位导致的全球性后果毫不知情。

当戈斯林相信自己与朋友正在构建另类的政治和文化时，他们也正在成为大公司可以研究和从中获利的新"市场"。例如，莱昂斯公司作为最早引进大众市场连锁茶馆的公司之一，也在 1953 年将公司麾下的考文垂街角茶馆（Coventry Street Corner House）改造成了威姆皮咖啡馆（Wimpy Bar），并因此在英国率先推出了快餐汉堡包。这个美式汉堡包连锁店于 20 世纪 30 年代首次在印第安纳州开业，店铺名字来自大力水手漫画中的人物 J. 威灵顿·威姆皮（J. Wellington Wimpy），他曾经吞下无数的汉堡包。1953 年，莱昂斯公司的一家子公司"快乐食品"（Pleasure Foods，Inc）获得了特许经营权。到 20 世纪 60 年代后期，在英国以及德国、意大利、荷兰、卢森堡、黎巴嫩、塞浦路斯、利比亚、坦桑尼亚和乌干达等国，出现了 460 家威姆皮咖啡馆。[78] 威姆皮咖啡馆也供应茶和咖啡，但这个连锁店对茶叶构成的挑战远远大于戈斯林和 2i 咖啡店的创始人。曾经激起全世界对帝国茶叶的渴望的这些公司，现在却激发了咖啡、可乐、汉堡包和其他食品饮料等全球化的口味需求，直接与茶叶构成竞争关系。然而，产业界永远把变化的根源归咎于消费者！

这些公司一边销售竞争性饮品并推出新食品，一边出钱进行市场研究，以了解消费者为什么不再为茶叶感到兴奋。例如 1962 年，莱昂斯公司聘请厄内斯特·迪希特研究英国的咖啡和茶叶市场。迪希特进行了深入访谈，而且和在美国一样，受访者总是将咖啡和茶叶对比。无论他们是否真的喜欢咖啡，他们都把咖啡馆和这种饮品描述为欧洲或中东的，有异域风情，不同一般，是夜生活和约会文化的重要组成部分。"当我想到浓缩咖啡时，"一名受访者解释说，"我总会把它们与各种类型的黑色牛仔裤和摩托车联系起来。这些都是很大胆的事情，你知道的。它们通常是黑暗的、私密的……而且坐在咖啡馆里总是不知怎的会让人觉得充满勇气，像是在做一种特殊的事情。"[79] 即使那些青春不再的人也有同样的感受。"当我和丈夫一起去一家浓缩咖啡馆，我总是端着浓咖啡，听着这些音乐，"一位年轻的家庭主妇回忆道，但她接着补充道，"不过在家里，我们大部分时间都是在喝茶。"[80] 迪希特总结说，咖啡"与茶叶比起来，被视为更'快乐'，更让人感到满足。咖啡的形象是与年轻人联系在一起的——让人兴奋，具有天生的愉快气息。虽然咖啡是一种外国饮品，但它的异域风情不是消极的，而是有着世俗性。由于咖啡的形象显得更加自由不羁，老年人不太愿意消费咖啡，部分是因为他们心中固有的保守思想"。[81] 他进一步解释说，虽然"咖啡馆能使人有一种兴奋感，有一种这是'时髦事情'的感觉……但在年纪较长的保守群体中，它有时被与'垮掉的一代''泰迪男孩'以及其他非主流的类型联系在一起"。[82] 非主流享乐正是雷·戈斯林喜欢的东西，其他人却对此感到厌恶。正如有一个人所说的，"当我想到浓缩咖啡馆时，我会想起咖啡馆，还有可怕的点唱机箱和里面的小偷。我倾向于避开那些地方，除非有人强迫我走进去"。[83]

1964 年，奥美广告公司为茶叶委员会准备了一份市场报告，而且还介绍了两种饮品分占不同消费世界的这一想法：

> 自上次战争开始以来，成千上万的难民、移民、学生和商人从咖啡习惯普遍存在的国家迁居英国，而且他们的影响力日益增强。再者，咖啡机催生出成千上万的咖啡馆，几乎在一夜之间，茶馆就显得过时了，年轻人纷纷涌向这些地方，他们在那里的现代化气氛中放松自己。[84]

"现代化"是一个内涵模糊而多变的术语，在这个语境中，它意味着一种新的轻松氛围。据奥美公司介绍，年轻人正在确立这样的新趋势。[85] 正如我们在讨论加拿大和澳大利亚时所看到的，市场研究人员还提出，从"普遍存在喝咖啡习惯的国家"移居过来的难民和移民把他们的"咖啡机"也带来了，使茶馆成了一种过时机构。

虽然咖啡馆的诱惑性很强，但茶叶真正的竞争对手是速溶咖啡。1959年，瑞士的雀巢公司和美国的麦斯威尔公司控制了英国 90% 的速溶咖啡市场，而且这两家巨头都在广告方面投入了巨额费用。[86] 业内人士都清楚地看到，虽然意式浓缩咖啡和卡布奇诺可能会给咖啡赋予新的欧洲身份，但实际上速溶咖啡才对茶叶构成了更大的威胁。1964 年，英国家庭主妇平均每周的喝茶支出下降了 10%，大约为每周 5 便士。而咖啡的平均消费量增加到每周 3 便士。《便利店》用一个简洁的标题评论这个发现："茶叶销量下降，咖啡销量上升。"[87]《泰晤士报》《曼彻斯特卫报》和《金融时报》与《太阳报》意见一致，《太阳报》宣称："英国的'喝茶者之国'如今面临的最大威胁是速溶咖啡。"[88]《泰晤士报》将这些转变置于更广泛的背景之下，解释了家庭主妇如何越来越多地购买使用新式"食品技术——冷冻、打粉和新式罐装食品"生产出来的"节省劳力的产品"。[89]这种咖啡味道不好，不过似乎极为现代和方便。

20 世纪 60 年代，英国市场研究人员展开了一系列调查，询问了数千名英国人，试图了解他们对饮品、品牌和与商品有关的消费文化持什么"态度"。[90] 市场研究人员探讨了国内的经济和健康问题，但他们最感兴趣的是消费者认为饮品反映出了他们怎样的"生活方式"和"愿望"。他们鼓励消费者解释他们的偏见和需求是如何影响自己的购物习惯的，这反过来又鼓励人们将自己视为消费者，因为消费者的身份正是由他们购买、穿戴和吃喝的物品塑造的。如迪希特在 20 世纪 50 年代所提出的，这些调查还假定商品具有自己的个性。奥美公司在总结"喝茶态度调查"的研究发现时，尽管报告说"茶叶非常受欢迎"，而且是"所有阶级"的饮料，但它缺乏魅力。茶叶是"传统的，但这在 1965 年并不是一件好事"。[91] 这项研究抽样调查了 16 岁至 24 岁的家庭主妇和少数"未婚者"，要求两组人员比较茶叶、咖啡、牛奶、可可和软饮料在什么地方、什么时间、以怎样的方式与他们的生活方式相适应。虽然奥美公司并没有意识到这一点，但受访者的评论证明了茶叶委员会和品牌广告以前所获得的成功。例如，主妇告诉研究人员，她们之所以喜欢喝茶，是因为——

"它让你清醒，它让你感到振奋……它能赋予你足以让你坚持下去的力量。"

"茶让你振作，让你有更多的活力——生活有了新气象。"

"当你焦虑的时候，它会让你卸下思想负担，并帮助你思考和放松。"

"它真的更像是一个朋友，因为你急不可待地要做的第一件事就是喝杯茶。"

"如果我在朋友家没有喝到茶，我会觉得我没有受到欢迎。"[92]

数十年来的广告一直把茶叶描述为能在紧张的时候让人感到振奋、舒适和放松的饮品，从某种意义上说，茶叶消费文化在 20 世纪也确实是这样发展的。这没有什么乐趣，没有异国情调，甚至与异国一点关系也没有。当被问及中国茶叶时，家庭主妇总是表现出狭隘的观点，她们会说：

"人们说中国茶叶口味淡，掺杂了香料，如果它掺杂了香料，我不会喜欢它的。"

"我不喜欢它。它尝起来和闻起来都有一种异香。"

"我不知道中国人喜欢喝茶。"

"中国人不知道如何沏好茶。"[93]

在这里，我们可以看出关于 19 世纪早期和中期的掺假恐慌以及随后出现的印度和锡兰茶叶广告中所体现出的反华言论。英国茶叶是黑色的，没有掺杂香料，而且成分单纯。消费者对她们的母亲和祖母所使用的产品并不了解，但从某种意义上说，她们继承一些偏见。奥美公司进一步深入研究，发现大多数英国消费者也——

没有听说过大吉岭茶，只有两三个人尝试过。四分之一的受访者只认为它是印度茶叶。人们以为这种茶叶价格昂贵，质量更好，可能比普通茶叶稍微浓一点。有人认为它会有点"奢侈"。我们的调查对象并不认为自己会喜欢它，也没有想过要尝试它。有人认为它可能掺杂有香料，这被视为一种缺点。[94]

同理，"对于茶的种植、调配和包装，受访者的看法非常模糊和混乱"。虽然有人知道它来自中国、印度和锡兰，但"大多数人不知道自己喝的茶产自哪里，而且似乎并不认为这很重要"。有几位受访者否认"听说过印度茶叶或锡兰茶叶"。[95] 有些人透露出来的地理知识是混乱的，受到了电视广告的影响。一名受访者"想到印度茶馆时，脑海里浮现的是土耳其软糖广告中的女孩在那里奉上红茶"。[96]

消费者的无知是大品牌通过斗争赢得商品定义权的长期历史产物。大型进口商自 19 世纪后期开始调配茶叶，并普遍抵制原产地标签。在关键时间和空间节点，例如 20 世纪 20 年代末和 30 年代初，以及战争期间，在茶叶中心、学校和"卡蒂·萨克"的甲板上，种植园主协会培养公众对于"茶叶是帝国产品"这一概念的认知，但他们同时还把茶叶展现为提神的饮品、工人阶级的权利、救济或社会福利的一种形式，尤其是对贫困职业女性来说。因此，大多数年轻的家庭主妇——她们中的很多人是在战争期间或战后出生的——在沏茶时没有联想到这个帝国，也就不足为奇了。这并不意味着帝国主义对都市社会和文化没有产生影响。种植园产业正在聘请专家做相关的调查。他们曾经那样成功地把茶叶推销成一种友善、温和、纯洁的快乐，是艰难时期的慰藉，是让人挺过战争岁月的饮品，以至于时至今日它显得缺乏"欧洲"浓缩咖啡的魅力、速溶咖啡的便捷、可口可乐的新奇，也没有帝国的异国情调。

奥美公司向其客户解释说，现在的关键问题在于茶叶的历史太长了。例如，茶馆往往"有一个讨喜的旧世纪形象，处在干净温馨的乡村，供应自制的蛋糕和烤饼"，或者"一个不太理想的城镇茶馆，那里泡的茶像温开水，用大杯子装着，周围环境很肮脏"。[97] 大多数这样的地方"都（促使）茶叶在形象上失去时尚感，尤其是对那些把大量闲暇时间用在家门以外的社交活动中的年轻人来说"。[98] 此外，节制性的饮品不再适应"这个富裕和经济扩张的时代。现在有钱花的人想要新事物和新食物。年轻时尚的人士已经看不上包含谷物和吐司的传统英式早餐了"，该公司的一份报告警告说，因此，"除非采取保护性措施，否则咖啡可能进入家庭中去，那里长期以来一直是最重要的传统喝茶场所"。该机构建议，茶叶界应该开展一项重要的"不区分品牌的运动，以保护和扩大整个市场的规模……让全体业界分享更大的蛋糕"。[99] 风格不同的茶产业不得不放下分歧，以便让"茶"能更好地与咖啡和可口可乐竞争。[100] 新饮品文化的扩散本来未必会替代茶叶文化，不过看到这种热饮逐渐衰落，市场专家就是这样理解并回应的。

"加入茶聚"：在摇摆的 60 年代重塑茶叶品牌

"咖啡馆一代很容易把喝茶联想成妈妈和爸爸在空袭期间做的事。"一名贸易专家在 1965 年解释说。[101] 业内人士都认为茶叶存在着形象问题。然而，专家们并不感到灰心，如果咖啡机和速溶咖啡重塑了咖啡的形象，那么茶叶的形象为什么不能也发生改变呢？实际上，所有的品牌都试图对茶叶形象进行改造，但英国茶叶理事会开了先河，于 1965 年发起一项大规模运动，邀请"时尚的"英国年轻人"加入茶聚"。茶叶贸易委员会（Tea Trade Committee）是一个代表购买商的组织，其主席在 1963 年首次提出了这一想法，他指出现在是时候让"行业各方"聚到一起，筹集大笔资金以促进在英国开展"喝更多茶"的运动了。[102] 锡兰和印度对此心存顾虑，不知道这样做是否会削弱他们推广本国茶叶的努力。[103] 然而，对手饮品带来的恐惧日益强烈，促使他们再次携起手来。[104] 他们还在继续推销本国的产品，但也同意资助和加入新的英国茶叶理事会。[105] 该理事会总部位于伦敦，以国际茶叶市场推广局、美国茶叶理事会和泛美咖啡局为蓝本。[106] 但实际上我们已经看到，茶叶已经反复做过这类事情了。

茶产业聘请美瑟和克罗瑟公司（很快成为奥美公司）作为他们的广告

代理公司，负责为茶叶制定令人兴奋的新形象。这家公司创立于1850年，是个中型机构，以其著名的通用广告而著称，广告宣传对象包括牛奶、鸡蛋、鱼、水果、天然气、电力和茶叶等。[107] 如我们所见，自19世纪末以来，茶叶一直在做通用广告，但在20世纪50年代，专家们认为这类广告活动主要是为了"阻止长期销售的下滑：而正是这样的下滑，促使竞争对手联合起来，他们在好日子里不会梦想着要共同合作"。[108] 1964年底，美瑟和克罗瑟公司与纽约的"奥格尔维、本森和美瑟"合并，成了跨国巨头奥美国际，年收入近5000万英镑，并在北美和欧洲的7个国家拥有业务。[109] 这个英美联合企业推出了"加入茶聚"运动，不过掌管英国茶叶理事会的还是那些自20世纪30年代以来一直从事茶叶销售的老手。

杰维斯·赫胥黎担任英国茶叶理事会技术委员会的第一任主席，不过他在理事会完全成立后，于1967年辞职。茶叶委员会的代理秘书长是J. L. 卢埃林，我们已经提到这位前种植园主在印巴分治期间变得有些失控。莱昂斯公司和布洛克邦德公司的高管都是理事会成员，广告专家弗雷德·欧普（Fred Oppè）也是。[110] 1966年，利吉威有限公司董事长兼总经理雷·卡尔弗豪斯（Ray Culverhouse）成了主席；他曾经担任茶叶购买商协会主席和茶叶贸易委员会副主席，有着丰富的代表茶叶贸易购买方的经验。[111] "60年代"那一代的宣传人员中有年轻、热情的广告界男女，但如果我们看一下茶叶理事会，就会发现这是那群自20世纪30年代以来一直在推销茶叶的人们在试图重建他们在帝国时期拥有的那种关系；事实上，英国茶叶理事会在很多方面只是国际茶叶市场推广局的翻版。

这种新的努力也会使旧有的敌对关系和嫉妒情绪再度浮现出来。茶叶理事会成立之前，奥美公司做了市场调查，制订出计划，并提出了建议，但形形色色的参与者甚至无法就这个"非营利性"机构的名称达成一致。经销商不喜欢"理事会"这个词，认为它太老派，而且显得与教区议会（parish council）、地方教会理事会（local church council）、理事会学校（council school）等机构有关系，但实际上它并非与这些机构"有关系"。[112] 然而，生产国已经在其他地方设立了类似的理事会，并且把这个名称和最新的公共关系联系起来。奥美公司回应了这些顾虑，并推出替代方案平息其中的一些顾虑，提议取名为"茶叶扩展协会"或"茶叶扩展联盟"（茶叶扩展联盟可以缩写为 TEA）。显然，他们最终发现"理事会"这个词并没有那么糟糕，英国茶叶理事会依然以此命名，并且持续使用了半个多世纪。

除了就机构的名称发生争执，生产国还遇到了资金紧张问题，这也威胁到了整个行动。美瑟和克罗瑟公司曾经策划过一场大型宣传，旨在遏制竞争对手的广告活动，并以为印度和锡兰会支付这笔费用。但是，锡兰只同意给一小笔钱——每年 150 万卢比（112 500 英镑）。印度则提供 250 万卢比，即 187 500 英镑，而且只给一年。其他生产者同意"原则上做出贡献"，但直到 1965 年 8 月——计划开始启动前的一个月——他们还没有给出具体金额。[113] 在资金无法保证的情况下，美瑟和克罗瑟公司被迫缩减预算，从每年 150 万英镑砍到 60 万英镑。[114] 当然，这在英国推广茶叶的总花费中只占一小部分，但业内的报价书表明，茶叶的品牌广告和贸易广告支出远低于啤酒、葡萄酒和其他饮品，无论是以总体费用还是按总销售额的比例来衡量。[115] 最后，印度和锡兰承诺提供近一半的资金，由经销商提供另一半，而在 1966 年，肯尼亚、坦桑尼亚、乌干达、马拉维和葡属东非也为这些推广尝试活动做出了一些贡献。[116] 这并不是一个顺利的开端。

问题的根源不仅仅在于资金。生产国也不愿意联合起来，因为自从独立以来，他们一直在努力建立"单一国家"的品牌，他们真正想做的是创造几个新市场，而非仅仅恢复旧市场。印度一直在国内、东欧和中东地区投入大量精力，而且并不确定如何在英国继续推进工作，因为那里投放的产业级广告大部分是锡兰负责的。[117] 自从欧洲经济共同体于 1957 年成立，1964 年茶叶关税取消，所有的生产商也都把新的目光转向了西欧。[118] 英国茶叶理事会成立之前，生产者也各自开始重新将茶叶品牌形象打造为年轻产品。例如，牛津街的印度茶叶中心给自己塑造了新形象，宣传印度是年轻人打破规则和获得解放的地方，专门想要对这个叛逆的市场产生吸引力。再如，有一个促销活动表现的是在喝茶比赛中，一位"时尚"的南亚少女给 19 岁的"威尔士人"迈克·琼斯（Mike Jones）倒茶。琼斯在 15 个小时内喝了 87 杯茶，最终赢得了比赛的胜利。因此，印度正在革新自己的形象，鼓励年轻人将茶叶视为印度的而非帝国的产品，他们想宣传的印度与梭霍的咖啡馆一样，具有异国情调和性感特质，或者至少他们是这么希望的。

虽然生产国政府对英国茶叶理事会持谨慎态度，但广告业、包装商、经纪商和大型零售商普遍对这个新机构及其提议的广告运动充满了热情。[119] 重要茶叶经纪人亚瑟·帕克（Arthur Parker）指出，英国不应该不战而败。 在 1964 年的伦敦年度茶叶贸易晚宴上，他极力主张："我们应该马上解决我们家门口的问题……（并且）鼓励年轻一代喝茶。"[120] 泰福（Ty-Phoo）的主席 J. R. 萨姆纳（J. R. Sumner）也对茶叶理事会表示支持，认为"从长远来看"，该行业必须吸引"年轻一代"。[121] 萨姆纳用现金践行了这一信念，他为第一年的宣传运动提供了 20 万英镑的资金，大约是其年度预算的三分之一。布洛克邦德公司同样态度十分积极。[122]

经过两年的策划，茶叶理事会最终在 1965 年发起了一项持续多年的运动，邀请英国年轻人"加入茶聚"（Join the Tea Set）。这个名称具有双关含义，"聚（具）"（set）既是"加入"组织，也是茶具用语。它还有吸食大麻的含义，这可能就是平克·弗洛伊德（Pink Floyd）乐队最初在 1964 年被命名为"Tea Set"的原因。[123] 荷兰的一个摇滚乐团也以此命名进行过演出。[124] 无论茶叶理事会是否意识到了这一点，该口号的主要含义都与摇滚乐、毒品和青年文化有联系。不过，当他们将"茶聚"定义为年轻的、异性恋的、有趣的消费时，淡化了这样的意义。尽管如此，这场运动依旧赞颂了英国所谓的不分阶级和多元种族的战后社会。新的喝茶者不仅活泼，而且令人兴奋、热情奔放并具有国际化特质。说到底，这场运动本想窃用性感的咖啡馆文化，结果却冲淡了青年文化的前卫性。

1965 年 9 月 21 日，一场"茶叶讨论会"在萨沃伊酒店举行，宣布了"加入茶聚"运动的目标。这场"讨论会"实际上是一场新闻发布会，旨在宣传一种旧饮品即将被赋予"更时尚、更激动人心、更现代化的形象"。英国和外国新闻机构，如美国的《新闻周刊》和《商业周刊》、英国广播公司、独立电视台和信息总局，都参加了此次活动。政要、名人、大型进口商、包装商、经纪人和茶叶协会也都出席了。锡兰的加拿大高级专员兼该国的联合国常驻代表古那帕拉·皮亚塞纳·马拉拉塞克拉（Gunapala Piyasena Malalasekera）、印度经济部长 K. S. 拉古帕提（K. S. Raghupathi）、坦桑尼亚行政专员兼伦敦非洲组织委员会秘书长丹尼斯·弗姆比阿（Dennis Phombeah）先生和其他政治家听取了当时的茶叶理事会主席 J. R. 韦尔内德（J. R. Vernede）和雷·卡尔弗豪斯的演讲。他们观看了广告模型、预览了电视广告、欣赏了两个当时正流行的乐队——Unit 4 + 2 和常春藤联盟——的演出，这两支乐队也将在茶叶理事会的广告中表演。[125]

这种"讨论会"体现了 60 年代和 70 年代的茶叶推广战略。这个产业追求新潮，试图学习和复制他们认为年轻人喜欢的东西。商人和女性、国际媒体以及非亚国家的贸易部长们观看着流行乐队的表演，庆贺茶叶的新面貌的产生。Unit 4 + 2 乐队虽然今天基本上已被人遗忘，但其单曲《混凝土和泥土》（"Concrete and Clay"）在 1965 年 4 月名列排行榜上第一名，并且蝉联 3 周，把滚石乐队的《最后一次》（"The Last Time"）挤下了榜单。因此，Unit 4 + 2 乐队曾经一度与埃尔维斯·普雷斯利、披头士乐队、冬青树乐队（Hollies）、飞鸟乐队（Byrds）、汤姆·琼斯、奇想乐队（Kinks）、蓝色忧郁（Moody Blues）和其他数支当时排在榜首的乐队齐名。[126] 常春藤联盟的光辉岁月比 Unit 4 + 2 短一些。这个三人组合成立于 1964 年，首先作为背景歌手，为谁人乐队（The Who）的单曲《我无法解释》配唱，然后录制了几首登上排行榜前十名的歌曲，并于 1965 年推出一张专辑《这是常春藤联盟》（*This Is the Ivy League*）。[127] 这两支乐队都曾短暂引起过轰动，它们的名声当时正好被英国茶叶理事会相中而为其所用。

保罗·琼斯和他当时所属的曼弗雷德·曼恩乐队（Manfred Mann）也曾为茶叶献唱。在电视广告中，这些音乐家们拿着简单的黑色展板，上面印有"清爽""美味""振奋"和"解渴"等词语，唱着邀请人们"加入茶聚"的广告歌曲。[128] 这个乐队在一个广告中模仿甲壳虫乐队的讽刺幽默，装扮成了一支行刑队，其行刑对象的最后一个请求是喝杯茶，而保罗·琼斯则唱道："你可以拒绝我……也可以谴责我，但不要剥夺我应得的一杯茶。"[129] 这个理事会和很多公司一样，也捧红了一些明星。1967年，茶叶理事会宣布将要举办一场比赛，流行音乐团体有机会获得"大好机会"，并且登上电视——他们所要做的就是谱写一首名为"加入茶聚"的歌曲。获胜歌曲不能模仿已经在电视上播出的旋律，唯一的限制条件是该乐队此后必须被称为"茶聚"。[130] 获胜者赢得了一次电视试演，与重要唱片公司进行录音，并发行了名为"茶聚"的歌曲。赢得冠军的团体是一个五男一女的组合，他们从此成了"活生生的茶叶广告"。[131]

茶叶理事会的商业刊物《茶叶运动新闻》（*Tea Campaign News*）解释说："广告的目标是让茶叶具有更加时尚、更加令人兴奋和更加现代化的形象，能够吸引年轻人。"[132] 除了用电视播出（或打造）流行歌星，该运动还试图推广无酒精鸡尾酒或"马-茶-尼"（mar-tea-nees）的食谱，并且赞助舞蹈比赛和私人广播节目，以此使茶叶具有年轻化特征。[133] 其他国家的英国茶叶理事会兄弟机构也创造出类似的商业化形式的青年文化。澳大利亚茶叶理事会甚至设法聘请披头士在它的一个电视广告中喝茶。[134] 新西兰茶叶理事会将茶叶提倡为冲浪文化的一部分，推荐的食谱与沙滩、阳光和休闲很相配（图11.1）。在对使用流行音乐销售茶叶进行评论时，一名广告经理在1966年解释说："这些明星对茶叶的支持和喜爱对公众有很大的影响。"[135] 这种僵硬的解释揭示了企业、表演者和其他口味制造者在试图获取青少年注意力的过程中进行的焦灼的对峙。这些参与者全都认为音乐、媒体和营销可以左右年轻人的欲望。

海报、平面广告和电视广告将喝茶者呈现为一群时尚的年轻人，他们留着长发，身穿黑色服装、运动高领毛衣、"茶衫"、迷你裙、牛仔裤和其他新潮时装。英国艺术青年加入"茶聚"运动，宣称自己是爵士乐手和民间音乐家、波希米亚知识分子和时装设计师。在一个经常播放的广告中，4位试图进入时装界的女孩大声说："我们很时尚，茶叶也是！"[136] 另一组广告则由来自利物浦的工人阶级演员托尼·布思（Tony Booth）表演，他以在情景喜剧《至死不渝》（*Till Death Us Do Part*，1965—1975）中饰演左翼人士迈克·罗林斯（Mike Rawlins）而出名，而且是首相托尼·布莱尔的妻子谢丽·布思的父亲。茶叶以这样或那样的方式，设法紧追政治和

图 11.1 "冲浪和茶",新西兰茶叶理事会广告手册,1965 年

流行文化。然而,布思和"茶聚"广告中的其他年轻时尚人士将消费文化表现为一种共享的社会行为和一种戏剧形式,彰显出一种惯于喝茶而又青春活力的亚文化的属性。茶叶理事会的广告拍摄运动中的人物,他们的身体似乎十分自由而完全不受限。通常他们几乎无处不在。在风格上,这些广告往往模仿高级时装摄影和摇滚音乐使用的姿势和主题。

茶叶理事会还参与了众多的促销活动,并且制作了大量的收藏品。无聊的双关语和运动口号被印在"茶衫"、帽子、纽扣和保险杠贴纸上。1966—1967 年间,有一组徽章模仿著名的第一次世界大战征兵海报,只不过这组广告中的基奇纳勋爵告诉公众的是"要茶不要战争"。目前我们尚不清楚这句话何时首次出现。巨蟒剧团的《飞行马戏团》(Flying Circus)在一个短剧中讽刺过这句话,在这个剧情中,一群"地狱婆婆"向一名无辜警察身后的墙上喷涂"要茶不要做爱"的标语。无论"要茶不要战争"这句话来自哪里,它至今仍然是反战词典中的一个常用标语。口号、收藏品和迷幻图歪曲了左翼政治和学生反叛,但这种挪用可以再用回到政治文化领域中去,而且也确实被这样用了。在英国各地,茶叶理事会在高级舞厅、庞廷（Pontin）度假营、体育比赛甚至摇滚和民间音乐节上举办选美比赛、乐团对抗演出、体育赛事舞会和歌唱比赛等活动。[137] 1966 年，"茶聚茶馆"在斯劳（Slough）开业。虽然斯劳的茶馆有自动点唱机和"摩登"装饰，但年轻人不太可能把它视为在浓缩咖啡馆甚至是茶叶中心基础上的改进。[138] 斯劳被视作后工业化的英国的象征，极度受到贬低，最近在英国广播公司的系列喜剧《办公室》（The Office）中，它被讽刺为一家造纸公司的故乡。然而在年轻人和老年人、咖啡和茶叶、城市和乡村间的文化战争中，它可能是一个理想的战场。

电台的音乐节目主持人和电视明星也邀请英国人"加入茶聚"，如罗斯科皇帝（Emperor Rosko）、保罗·伯内特（Paul Burnett）等，吉米·萨维尔（Jimmy Savile）不巧也位列其中。20 世纪 60 年代和 70 年代，这个喜欢恶作剧的名人参与了众多的慈善事业，并主持了《流行音乐排行榜》节目和几个电视连续剧。萨维尔也成了最知名的茶叶代言人之一。萨维尔留着白发，抽着大号雪茄，戴着大号太阳镜，穿着运动服，出现在数百场茶叶宣传活动中。例如在 1973 年，萨维尔与默里·卡什（Murray Kash）一起举办了一场名为"茶叶流行全国"的促销活动。这两人造访了桑德兰、赫默尔亨普斯特德、利兹和其他城镇，与当地政要见面，评判选美比赛，并与一群又一群的年轻人会面。[139] 萨维尔在他的《周日人物》（Sunday People，1300 万读者）每周专栏中、英国广播公司电视连续剧（1800 万观众）中和每周电台节目《萨维尔的旅行》（Savile's Travels，500 万观众）中，都插播了赞扬茶叶的情节。他乘坐一辆印有各种茶叶理事会口号的大型巴士，参加青年俱乐部、慈善团体和体育赛事等活动。他穿着一件"茶旅 T 恤"，带领 3 万人在南安普敦参加慈善散步活动。[140] 萨维尔于 2011 年去世以后，调查显示他曾犯下数百起性虐待案件，揭示出迷人的吹笛者萨维尔的另一面形象。[141] 茶产业渴望创造一个时尚、放纵、叛逆的形象。可悲的是，他们得到结果是他们始料未及的。

然而，并非所有的茶叶理事会广告都是以年轻人为形象代言的。由于担心老年喝茶者流失，茶叶理事会的广告中也有铜管乐队和中年商人的形象。例如，爱尔兰漫画家德莫特·凯利（Dermot Kelly）在几个广告中扮演一名老年的、工人阶级的、自谦的喝茶者。[142] 这些广告可能是对一部分消费者的直接回应，比如一位"女士"担心地询问道："但是你们也会让年纪较大的人喝茶的，不是吗？"对此茶叶理事会回应说："青年人，老年人——人人都可以加入'茶聚'！"[143] 广告也出现在传统女性杂志和主流期刊上，它们创造出了更新潮和年轻的家庭。1966 年，茶叶理事会开始推动一项力图让英国人在晚上看电视时喝茶的运动。因此，一组广告描绘了幸福的年轻家庭成员依偎在电视机前的沙发上的场景。但茶叶理事会对于创造新消费者更有兴趣，因为老年人并不需要太多关注。

最后，茶叶理事会还敦促餐饮业者通过更新装饰和冲泡更好的茶来"加入茶聚"。[144] 他们用小册子和贸易广告推广新茶具和优质茶叶，并鼓励餐饮业者为顾客泡茶时使用更多的茶叶。[145] 1968 年的一则广告显示，一名男子将茶浇到一株蜘蛛抱蛋上，配文问道："你们会给他们那种浓到可以杀死蜘蛛抱蛋的茶吗？很多餐饮业者都会的。"[146] 茶叶委员会的公共关系部门餐厅茶叶顾问服务（Caterers' Tea Advisory Service）可以在这方面提供一些帮助。因此，这仅仅是国际茶叶市场推广局全国餐饮服务的修订版，尽管茶叶理事会在表面上看起来新颖，但与我们在本书中已经见过的几种组织类型非常相似。

在茶叶理事会的努力下，英国人饮用习惯转变的节奏慢了下来，但并没有完全停滞。专家们都倾向于认为，通用广告宣传运动要想发挥作用，需要有充足的资金，而且得花很长时间。[147] 在前 3 年时间里，茶叶理事会投入了 260 万英镑，但与其他食品饮品的广告宣传相比，这一数字还是相对较低。1968 年底，一项独立调查主张这场宣传运动应当再持续 5 年，但有两家较大的公司退出了这个运动，致使其损失了 30% 的预算。1969年，布洛克邦德李比希公司（Brooke Bond Liebig）有限公司、泰福公司及印度、锡兰和肯尼亚资助了一场非常有限的"支持"运动，1969—1970 年的预算仅为 18.5 万英镑。[148] 学者们已经认为这场运动的缩水是当时英国和印度关系日益恶化的例证，但事实上，茶叶理事会的命运是由全球茶产业内部旧有的紧张关系决定的。[149] 虽然与英国合作进行了 10 年的广告运动，但是印度生产商仍然感到失望，而且抱怨说对手饮品的广告和促销活动做得更好。[150] 印度希望能够推出更多富有想象力的广告，以及来自"消费国"的更快、更准确的反馈。有时候，生产者表示希望重新回归国际茶叶市场推广局时代看到的那种合作推销，但同时又不想在国内外市场丢失独特的品牌特征。印度生产商抱怨说，政府在英国使用的营销策略尤其让人感到困惑和矛盾；因此，"当习惯喝茶的年龄层群体逐渐消失的时候，喝茶的传统习惯正在受到侵蚀"。[151] 种植园主仍然相信广告，但"加入茶聚运动"和相关促销活动在英国以外根本没有竞争力。茶叶遭受到了不可抗拒的损失，对此，受到影响最大的是生产国，而非英国公司。

北美人、英国人、南亚人和非洲人联合开创了英国茶叶理事会和加入茶聚运动，将茶叶塑造为新的后殖民时代摇摆不定的英国的象征。他们对青年文化的活力和兴奋点加以利用，但茶叶理事会与早期的团体一样，也是维多利亚时代的茶会、展览和贸易协会的产物，尽管茶产业与其茶叶帝国紧密团结的幻象越来越难以维系。20 世纪 60、70 年代出现了大规模的社会变革和全球政治经济的转变，使茶产业在与新式饮品和生活方式进行竞争时，处于相对弱势的地位。尽管很多重要行业也给自己的产品赋予现代化和年轻化的特征，但茶产业在这方面做出的努力让我们看到，跨国公司、营销专家和后殖民政府为创建现代英国做出了怎样的贡献。印度和英国仍然有着共同的历史，不过现在的情况是印度政府和印度种植园主在试图对宗主国进行现代化的升级改造。不过，他们并不是在单打独斗，南亚也认为有必要利用美国的方法和企业向英国人推销产品。美英广告界人士、移民美国的欧洲市场研究人员、名人和媒体界人物一起打造出了茶叶消费者的新形象，以取代玛莎威特老奶奶、爱德华时代的闲暇女士，甚至还取代了战争期间为印度士兵供茶的基督教青年会志愿者。

加入茶聚运动和英国茶叶理事会无力阻止茶叶帝国的衰落，不过仍然能让茶叶留存在英国的民族文化之中，尽管市场正在日渐萎缩。但是，我们不应该把喝茶的减少视为广告本身的失败，甚至也不是英国衰落的反映。茶产业在解殖民化和战后重建的最灰暗的那段时期经受煎熬时，可口可乐、浓缩咖啡和速溶咖啡正好出现了。相比之下，茶叶不太具有竞争优势，甚至更重要的是，可能并不想去竞争。印度生产商和印度政府对于依

413

赖英国市场心存警惕，他们成功地建立了其他贸易关系，并且打开了充满活力的国内茶叶市场。巴基斯坦（以及后来的孟加拉国）出于显而易见的原因，拒绝与印度合作，而印度与锡兰的关系日益紧张，这些问题使茶产业的现状雪上加霜。锡兰（斯里兰卡）继续进行广告宣传，但只能用很少的预算来对抗下滑的市场。此外，我认为有一个很重要但往往得不到承认的问题，即大公司的支持往往是变化无常的，它们转而销售其他饮品，并推出新的饮食和生活方式，这些都使茶叶显得过时了。

然而，尽管有这些结构性调整，茶叶作为温和而又道德的饮品这一形象在很多市场中已经根深蒂固。这种理解是 17 世纪时从中国引入的，并且得到了自由派、福音派、贵格会商人、殖民地政客和商人以及消费者的普遍承认。漂泊不定的种植园主把帝国责任的概念以及机器和种植园生产的优点赋予了茶叶。在 20 世纪 30 年代和战争期间，茶叶成了朋友和慰藉，让人保持冷静和坚定。在很长一段时间里，这些想法全部一次又一次地反复出现。也许他们所掌握的最佳例证是在 20 世纪 50、60 年代，受访的英国人都把茶叶描述为一种令人愉快的提神饮品。广告确实发挥了作用，但节制、顾家和帝国这些概念已经过时了。茶叶的形象没有改变，但它周围的世界改变了。

于是，通过考查茶叶的历史，我们可以从一个稍有不同的角度思考战后消费社会。我们不应该把关注点放在拓展市场、新商品、休闲形式和培养能够盈利的全球青年市场等方面，而应该从战后重组的角度进行思考，因为在这一情境下，旧的消遣方式、食品饮品和流行时尚被抛弃了，市场出现了萎缩，企业遭遇了失败。当然，资本主义既在摧毁旧的事物，也在创造新的事物。从这个角度来看，我们也许需要对 20 世纪 60、70 年代的看法做一些修改，并把这段时间视为一个特殊阶段，以帝国和工业为基础的消费社会在此期间衰落，让位于新的全球商品、公司和文化影响。一些英国的产业，特别是时尚界和音乐界产业，在这场新的消费革命中蓬勃发展，但茶叶产业的境遇则相当糟糕。

虽然书写这段历史超出了本书的范围，但我们需要指出的是，并不是在所有地方茶叶都在衰落，这一点非常重要。在南亚、非洲和中东，甚至在美国的某些消费者中，茶叶真正地成了后殖民时代和战后消费革命的一部分。虽然年轻的英国人、加拿大人、澳大利亚人和新西兰人抗拒喝茶，以此显示他们与父母一代的不同个性，但非洲、南亚和东南亚的年轻人也可能因为同样的原因或者其他原因而选择了喝茶。深入研究后殖民国家的消费文化和政治经济，可能会揭示出茶叶贸易和消费在多大程度上塑造了新的身份和全球关系，即便茶叶的生产保留着帝国时代的一些不平等因素。以衰落为整体发展倾向的框架只适用于英国宗主国和少数前定居者殖民地的茶叶历史；从真正的全球视角出发，对 20 世纪后期做调查，可能会得到完全不同的结果。

1975 年，英国茶叶理事会年度报告的封面上出现了一张法兰克·辛纳屈（Frank Sinatra）在皇家阿尔伯特音乐厅喝"提神之杯"的照片。这份报告被收录在印度茶叶协会的大型档案库中，那里曾经是大英图书馆的东方与印度事务收藏品部。在伦敦市中心繁杂的帝国商业档案中发现这张非常吸引人的美国旧时名人的照片，使我深受启发，于是撰写了这本书。为了调查英国消费文化所蕴含的帝国因素，我一直在研究茶叶协会的档案，但我本来并没有打算写一本关于茶叶的书。我以为我们已经对这种商品本身及其在英国文化和全球商业中的地位有了很多了解。然而，这张令人费解的辛纳屈照片深深地吸引了我，因为它使我对一些固有的观念产生了怀疑，不再确信自己真的了解这段历史，甚至不再确定是什么构成了英国历史。我的第一反应是：为什么英国茶叶理事会的记录会存放在这个殖民地商业档案中？我还想知道，那些阅读该理事会年度报告的人是否也会像我这样，把法兰克·辛纳屈视为在 1975 年推销茶叶的特殊偶像。在我看来，辛纳屈是一位爱喝鸡尾酒的意大利裔美国名人，来自新泽西州的霍波肯，在拉斯维加斯待的时间比在伦敦多。当然，辛纳屈在 1975 年还没有那么反叛，但是这个歌手仍然散发出一个性感坏男孩的阳刚之气，似乎与茶叶没有任何关系，所以当我看到威廉·考珀的著名短语——虽然引用错误——"提神之杯"出现在辛纳屈的照片上面时，我不禁笑了一下。那一刻，有一种力量驱使着我，想要揭开那个能够把 18 世纪福音派诗人和 20 世纪美国艺人联系到一起的世界。我想发掘那段使辛纳屈和茶叶的这一组合显得如此奇怪的历史，那段使"提神之杯"这样的短语耳熟能详的历史。

后来我了解到，英国茶叶理事会是跨国公司机构的又一次重演，这些机构的历史在本书中已有记载；因此，它的档案应该归入印度茶叶委员会、锡兰茶宣传委员会、美国茶叶理事会和国际茶叶市场推广局的这些档案之中。国际广告公司、跨国食品公司、南亚和非洲政府当然还有不屈不挠的杰维斯·赫胥黎创建了这个宣传机构。英国茶叶理事会的规模远小于东印度公司大厦、种植园大厦或芝加哥世界博览会，影响力也远不及它们，不过它和这些早期市场一样，是由相同的物质材料和渴望需求构建出来的。

但是被用作茶叶宣传的为什么是辛纳屈呢？1975 年，辛纳屈仍然可以登上皇家阿尔伯特音乐厅，但是他和茶叶彼时都正筹划着在伦敦东山再起。然而，真正的问题在于，茶叶与一位以喝"硬"饮料而闻名的美国明星作为一种组合共同出现，这为什么会使我们感到奇怪，就好像人们不能同时享用鸡尾酒和茶似的。正如我们所看到的，很多文化早已对此提出了反对意见，而且大量的广告也让我们局限于这样的思维模式。此外，我们习惯了茶叶的女性化和英国式饮品的形象，以至于我们很难想象美国的生产者和消费者在创造茶叶帝国方面也发挥了重要作用。长期存在的跨国交易使茶叶成为世界上最受欢迎的饮品之一，而对一些人来说也是最讨厌的饮品之一，美国化这样的概念根本没有体现出这些跨国交易。法兰克·辛纳屈的肖像与 T. 壶先生之类的形象、格雷西·菲尔德斯甚至吉米·萨维尔一样，都是帝国的一种遗产，也是想要抹去人们对过去那段历史的认知的一次尝试。

在 20 世纪 70 年代的英国，没有任何广告能够消除茶叶微苦的余味。尽管很多英国人似乎忘记了他们的国民饮品有着帝国起源，但在战后世界中逐渐衰落的茶叶是一个时代的残余，在那个时代，很多人曾将它作为一种道德、节制、勤奋和具有帝国性的商品来推销。这样的关联很难动摇，部分原因在于 20 世纪 50 年代的企业广告往往把茶叶置于昔日的英国的情境之中。到了 1975 年，这些关联连同茶叶贸易中长期存在的结构性问题以及家庭、性别和国家身份的诸多变化，使得很多消费者对茶叶感到难以接受。

后殖民时代的茶产业弥漫着保罗·吉尔罗伊（Paul Gilroy）所察觉到的忧郁的迷失感，这种迷失感随着殖民必然性的消失而滋生。[152] 在第二次世界大战后和解殖民化时期，种植园主和分销商首先试图升级他们沿用过数个世纪的广告手法和风格，想以此重申这种殖民必然性。这催生了对新维多利亚主义的怀旧式的表达，以及工人阶级的流行漫画文化的复兴。到 20 世纪 60 年代中期，怀旧本身也变得麻烦起来，茶叶理事会全心全意地推行简单、高效、性感和以年轻人为主导方向的现代文化。这些发展变化都无法在卖出了多少茶叶和有多少人饮用之中发挥决定性作用，但它们的确帮助人们想起又忘掉了英国的帝国往事。辛纳屈的形象体现了现代英国的全球多元化历史和根深蒂固的当代全球消费社会历史，也体现了我们是怎样以一种日常的近乎难以察觉的方式，生活在一个由帝国往昔所塑造的世界之中的。

在《茶叶与帝国》中，我回顾了西敏司在 30 多年前提出的问题，当时他问及食糖之类的商品如何既能成为快乐和满足的来源，又同时是剥削和痛苦的源泉，而且这两个方面经常在同一个人身上同时共存。[153] 和他一样，我已经阐述了英国在创造和瓦解全球资本主义与消费社会时做出的一些特殊贡献。然而，当我们从 21 世纪的制高点来回顾这些问题时，在民族主义、基要主义和种族主义重新浮出水面，并成为对抗全球化失衡的防御性反应的这段时间里，我一直特别关注全球资本主义如何一边催生出国际主义意识形态，一边又表达出民族主义和种族主义的多种形式。西敏司强调大西洋奴隶制所固有的种族主义，以及在英国工业革命时期出现的不平等的阶级制度。我对他提出的文化与资本主义之间的关系进行了修正，我认为阶级、性别和种族创造出了全球资本主义和消费文化的那种结构和意识形态。我还认为，将全球南方生产的商品输送到全球北方消费者手中的线性商品链是不存在的。生产和消费行为同时在很多地方发生。分销是一个不断变化的、高度争议的舞台，不同的公司、殖民地、国家和个人在其中争夺权力和利润，同时一直宣称要教化消费者、劳动者和国家。

然而，在殖民地印度、19世纪90年代的美国、种族隔离时代的南非以及20世纪60年代的英国，推行节制和快乐却有着截然不同的结果。

当我开始写作这本书的时候，我并没有预见到，茶叶会在英国国内和国际历史的关键事件、运动和转折点中闪亮登场并成为主人公。当然，我知道它在美国革命中所扮演的角色，以及在创造资产阶级的家庭生活和性别身份时发挥的作用，而且我也知道它振奋了疲惫的产业工人，但我并不清楚现代英国人和北美殖民者是何时在进口中国茶叶的同时吸收了中国的思想和文化，尽管他们对重商主义以及中国和英国的垄断表示谴责。在战争、疾病和革命的困扰下，早期现代的英国人和19世纪的福音派、自由派和工人阶级消费者渴望健康、节制和平静的社会氛围。讽刺的是，这一愿望影响了殖民征服的地理分布和时机，改变了亚洲的权力关系，并埋下了不平等、财富和贫困的新根源。茶叶经常被认为属于"家庭"和女性领域，然而女性往往在公共领域倡导茶叶和帝国主义。此外，该产业一直试图在工作场所和军队中创造男性茶文化，以此来扩大市场，并利用广告来宣传法兰克·辛纳屈等男性喝茶的形象。在狂暴的爱德华时代自由主义政治时期，茶也露面了，并且帮助了两战之间的保守党重新定义自己。茶叶使面对战争带来的恐慌的英国人平静下来，在战后紧缩时期的惨淡岁月中幸存下来，并在摇摆的60年代制造出了青年文化。因此，这段历史展示出了日常习惯是如何揭示"英国历史中的外在因素"的。[154]

此外，茶叶也阐明了南亚、非洲和美国历史中的"外在因素"，对此我只在本书中抛砖引玉。在这里，我试图展示茶叶是如何通过日常习惯和身体欲望，通过无数的金融和商业关系，以及通过销售人员和女性——他们管理着茶叶作为一个产业、一种商品和一种饮品的形象——所组成的全球网络，将英国与其帝国、前殖民地及贸易伙伴紧密联系在一起。这使得我能够揭示出殖民地和前殖民地、种植园主和零售商、产业和国家、劳工和管理者、买家和卖家之间的诸多争论和冲突。因此，茶叶史使我们能够把帝国视为生产者和消费者之间的一系列关系，视为一种口味和习惯，视为日常的遭遇，也视为一个口号，重复这种口号对它的重要性在不同时期起到了强化和弱化这两方面的作用。但我们必须记住，帝国文化并不总是呈现出明显的、可衡量的或可察觉的形式，而且我们即使远在帝国的正式疆界之外也能感知到这种文化。[155]

一种看上去简单的东西，如一杯茶，实际上就是一个思想、社会、地域以及生理和心理体验的集合。它是一个在广阔的时间和空间范畴中，通过思想、物质、金钱和人的持续运作而创造出来的帝国。我使用"对帝国的渴望"这个短语，不是因为这是一句朗朗上口的话，而是因为茶叶的商业帝国真正地运用了政治力量。它不可避免地遇到了对手帝国的反抗，遇到过大大小小的叛乱，还有来自社团和个人的抵制。正如我曾经暗示过的，茶叶不是单独的一个帝国，而是数个相互关联的领域，每个不同领域的权力中心都在向外辐射政治力量。中国人、日本人、俄罗斯人、荷兰人以及最近的印度人、斯里兰卡人和肯尼亚人也围绕这种商品建立了帝国，但这本书主要聚焦于英国茶叶帝国的兴衰。

我邀请其他人通过研究其他这类帝国以及它们所创造的地方和跨国文化，来修正本书的叙述内容。但实际情况是，我们并不像自己所认为的那样了解茶叶。对于茶叶在殖民地市场的消费历史，以及殖民主义如何创造新的欲望和烦恼这些问题，我们还有很多可以进一步了解的内容。我们还可以对一些欧洲大型跨国公司如何控制茶叶的商品链提出更多问题。[156] 例如在 20 世纪 90 年代，联合利华通过收购立顿（美国）、布洛克邦德（英国）、萨拉达（加拿大）、布歇尔士（澳大利亚）和质量包装者（新西兰）等公司，在世界茶叶贸易中占有约 35% 的份额。[157] 过去 10 年左右的情况发展，表明了又一次重新定位，因为印度的新自由主义激发了印度跨国公司的快速增长。例如在 2000 年，塔塔茶叶公司获得了詹姆斯·芬利集团的控股权，这是一个非常具有象征意义的举动，因为这一集团是最早在印度设立种植园的公司之一。塔塔全球饮料公司还拥有美国品牌"8 点钟咖啡"（Eight O'Clock Coffee）和"沃土茶叶"（Good Earth Tea），并于 2012 年和星巴克达成了合作伙伴关系，将星巴克引入了印度。[158] 我们需要更多地了解这些公司如何影响国内和国际市场、国际政策、生产和全球市场。我们还需要进一步探讨全球化和茶叶公司多样化与解殖民化之间的关系。当然，跨国公司的基本特征是在发布、制造和销售多种产品时，消除区域和国家之间的差别。因此，我们需要对跨国公司如何摧毁和创造市场、习惯、口味和身份做更多的历史分析。

最后，我们也应该承认，历史规则与市场、消费文化和资本主义的产生存在关联。我在本书中已经展示过，茶产业一再采用历史方法论和历史叙述手法来塑造其市场，直到今天仍是如此。例如，亚洲采茶女的形象在包装和展示材料中无处不在，不断让人们对茶叶的历史和现状产生一种怀旧且极其单调的印象。在世界各个地方，历史和食谱、菜单和茶馆、博物馆、酒店、百货商店和网站也营造出同样煽情的新维多利亚时代版本的下午茶。[159] 与此同时，茶叶的销售并不总是在试图唤起对过去的回忆，也可以宣传健康、现代和世界主义。例如，印度为了恢复自己在英国和国际上的声誉，并重新夺回同时面向男性和女性进行销售的大众市场，在2012年的伦敦奥运会上大力推广本国的茶叶。[160] 短短几周内，伦敦就再次成了茶叶国际帝国的中心。

因此，我们可以说，茶会从来都不是严格意义上的私事。相反，它的历史体现了当代世界市场成形、受到挑战并得以巩固的普遍方式。这个全球市场并没有将整个世界纳入进来——要想做到这一点还差得很远。它也并不总是抛弃先前存在的和替代性的经济和文化系统。它没有理所当然地使生产或消费同质化。它并没有创造出平等，或自然而然地带来民主，但它是一个历史性发明，我们可以通过研究生产和交易"提神之杯"的男男女女，对它进行追踪。茶叶仍然是帝国的产物，尽管它已经不再是一种帝国产品了。

注 释

导　论　萨里郡的军人茶会

1　关于这种商品学者们做过无数研究，不过让我最受惠的学术史作品包括：Piya
Chatterjee, *A Time for Tea: Women: Labor and Post/ Colonial Politics on an Indian
Plantation* (Durham: Duke University Press, 2001); Jayeeta Sharma, *Empire's Garden:
Assam and the Making of India* (Durham: Duke University Press, 2011); Julie E. Fromer,
A Necessary Luxury: Tea in Victorian England (Athens: Ohio University Press, 2008);
James A. Benn, *Tea in China: A Religious and Cultural History* (Honolulu: University of
Hawai'i Press, 2016); Suzanne Daly, *The Empire Inside: Indian Commodities in Victorian
Domestic Novels* (Ann Arbor: University of Michigan Press, 2011), chap. 4; Rudi Matthee,
The Pursuit of Pleasure: Drugs and Stimulants in Iranian History, 1500–1900 (Princeton:
Princeton University Press, 2005), 237–91; Audra Jo Yoder, "Myth and Memory in Russian
Tea Culture," *Studies in Slavic Cultures* 8 (2009): 65–89; Martha Avery, *The Tea Road:
China and Russia Meet across the Steppe* (Beijing: China International Press, 2003). 日本
有许多关于茶的研究，但最近一部重要的作品是 Kristin Surak, *Making Tea, Making
Japan: Cultural Nationalism in Practice* (Stanford: Stanford University Press, 2013)。

2　J. R. Whiteman and S. E. Whiteman, *Victorian Woking: Being a Short Account of the
Development of the Town and Parish in the Victorian Era* (Guilford: Surrey Archaeological
Society, 1970), 49–52; K. Humayun Ansari, "The Woking Mosque: A Case Study of
Muslim Engagement with British Society since 1889," *Immigrants &Minorities* 21, no. 3
(November 2002): 1–24; Jeffrey M. Diamond, "The Orientalist-Literati Relationship in the
Northwest: G. W. Leitner, Muhammad Hussain Azad and the Rhetoric of Neo-Orientalism
in Colonial Lahore," *South Asia Research* 31, no. (2011): 25–43; Mark Crinson, "The
Mosque and the Metropolis," in *Orientalisms Interlocutors: Painting, Architecture,
Photography*, ed. Jill Beaulieu and Mary Roberts (Durham: Duke University Press, 2002),
82–83.

3　引用了 *Tea on Service* (London: The Tea Centre, 1947), 14 导论中的一段话。

4　Ibid., 25.

5　*Report of the Work of the Ceylon Tea Propaganda Board* (hereafter *CTPB Report)*, 1941,21,
Indian Tea Association Archive (hereafter ITA), Oriental and India Office Records, British
Library, Mss Eur F174/793.

6　Ibid.

7　Yasmin Khan, *India at War: The Subcontinent and the Second World War* (Oxford: Oxford
University Press, 2015), 158–62.

8　*CTPB Report,* 1942, 6.

9　H. Lu et al., "Earliest Tea as Evidence for One Branch of the Silk Road across the Tibetan
Plateau," *Scientific Reports* 6 (January 2016), no. 18955; doi: 10.1038/ srep18955.

10 Bennett Alan Weinberg and Bonnie K. Bealer, *The World of Caffeine: The Science and Culture of the World's Most Popular Drug* (New York: Routledge, 2002).

11 例如，*Materia Medica of Curative Foodstuff,* quoted in Benn, *Tea in China,* 7。

12 Susan M. Zieger, *Inventing the Addict: Drugs, Race, and Sexuality in Nineteenth-Century British and American Literature* (Amherst: University of Massachusetts Press, 2008); David T. Courtwright, *Forces of Habit: Drugs and the Making of the Modern World* (Cambridge, MA: Harvard University Press, 2001); Jordan Goodman, Paul Lovejoy, and Andrew Sherratt, eds., *Consuming Habits: Drugs in History and Anthropology* (London: Routledge, 1995).

13 这种文化挪用的两个绝佳模板是 Brian Cowan, *The Social Life of Coffee: The Emergence of the British Coffeehouse* (New Haven: Yale University Press, 2005) and Marcy Norton, *Sacred Gifts, Profane Pleasures: A History of Tobacco and Chocolate in the Atlantic World* (Ithaca: Cornell University Press, 2008)。

14 对于商业和文明思想的经典讨论，参见 Albert O. Hirschman, *The Passions and the Interests: Political Arguments for Capitalism before Its Triumph* (Princeton: Princeton University Press, 1977). Joyce Appleby, "Consumption in Early Modern Social Thought," in *Consumption and the World of Goods,* ed. John Brewer and Roy Porter (London: Routledge, 1993), 162–73。

15 T. J. Jackson Lears 在 *Fables of Abundance: A Cultural History of Advertising in America* (New York: Basic Books, 1994) 中探讨了这种显而易见的矛盾。更深入的讨论可参见第 2 章。

16 关于英国食品史，关注普遍性的作品非常多。对于一些重要论辩的出色评论以及专业研究和文章的目录，参见 Christopher Otter, "The British Nutrition Transition and Its Histories," *History Compass* 10, no. 11 (2012): 812–25, doi: 10.1111/hic3.12001. 一些关于普遍性的经典著作包括 Arnold Palmer, *Movable Feasts: A Reconnaissance of the Origins and Consequences of Fluctuations in Meal Times with special attention to the Introduction of Luncheon and Afternoon Tea* (London: Oxford University Press, 1952); John Burnett, *Plenty and Want: A Social History of Diet in England from 1815 to the Present Day,* rev. ed. (London: Scolar Press, 1979); Jack C. Drummond and Anne Wilbraham, *The Englishman's Food: A History of Five Centuries of English Diet,* rev. Dorothy Hollingsworth (1940; London: Pimlico, 1991); Stephen Mennell, *All Manners of Food: Eating and Taste in England and France from the Middle Ages to the Present,* 2nd ed. (Urbana: University of Illinois Press, 1996); Christopher Driver, *The British at Table, 1940–1980* (London: Hogarth Press, 1983); John Walton, *Fish and Chips and the British Working Class, 1870–1940* (Leicester: Leicester University Press, 1992); Christina Hardyment, *Slice of Life: The British Way of Eating since 1945* (London: BBC Books, 1995); Ben Rogers, *Beef and Liberty: Roast Beef, John Bull and the English Nation* (London: Vintage, 2003); Derek J. Oddy, *From Plain Fare to Fusion Food: British Diet from the 1890s to the 1990s* (Suffolk: Boydell Press, 2003); C. Anne Wilson, ed., *Eating with the Victorians* (Gloucestershire: Sutton, 2004); Colin Spencer, *British Food: An Extraordinary Thousand Years of History* (New York: Columbia University Press, 2002); Laura Mason, *Food Culture in Great Britain* (Westport, CT: Greenwood Press, 2004); and Panikos Panayi, *Spicing Up Britain: The Multicultural History of British Food* (London: Reaktion, 2008). 学者们也开始考虑帝国与殖民地饮食和活动的冲击，例如，参见 Cecilia Leong-Salobir, *Food Culture in Colonial Asia: A Taste of Empire* (London: Routledge, 2011) and Lizzie Collingham, *Curry: A Tale of Cooks and Conquerors* (Oxford: Oxford University Press, 2006). 关于南亚食品文化的跨国结构和殖民地结构，参见 Anita Mannur, *Culinary Fictions: Food in South Asian Diasporic Culture* (Philadelphia: Temple University Press, 2010); Krishnendu Ray and Tulasi Srinivas, eds., *Curried Cultures: Globalization, Food and South Asia* (Berkeley:

University of California Press, 2012); and Utsa Ray, *Culinary Culture in Colonial India: A Cosmopolitan Platter and the Middle Class* (Cambridge: Cambridge University Press, 2015)。

17 *Tea and the Tea Trade: Parts First and Second*, 附言由 Gideon Nye Jr. of Canton 所写 (New York: Geo. W. Wood, 1850), 5, 首次发表于 *Hunts Merchants Magazine* (January and February 1850)。

18 Okakura Kakuzo, *The Book of Tea* (1906; Boston, Charles E. Tuttle, 1956), 4.

19 "Prospectus," *The Quiver* (September 1861): 550.

20 A. E. Duchesne, "Tea and Temperance," *The Quiver* 49, no. 12 (October 1914): 1153.

21 Ibid., 1154.

22 Ibid.,1154–55.

23 关于撰写世界（全球）史的"自下而上"的运作方法，参见 Lynn Hunt, *Writing History in the Global Era* (New York: W. W. Norton, 2014), 63–70。

24 印度茶叶协会的档案包括 2344 个项目，时间跨度从 1879 年延续到 1982 年，还包含很多其他重要的贸易组织的资料。它的核心档案存放在大英图书馆东方和印度收藏品部，参考编号为 Mss Eur F174。我曾拜访过其他很多企业和个人的档案馆，并对报纸和贸易杂志广泛地加以利用。本书从头至尾，我都在探寻档案中的记载是如何叙述和隐瞒真实的历史与观点的。对于这种方法，参见 Ann Laura Stoler, *Along the Archival Grain: EpistemicAnxieties and Colonial Common Sense* (Princeton: Princeton University Press, 2009); Antoinette Burton, ed., *Archive Stories: Facts, Fictions and the Writing of History* (Durham: Duke University Press, 2006); and Carolyn Kay Steedman, *Dust: The Archive and Cultural History* (Manchester: Manchester University Press, 2002)。

25 有两本重要的新书以不同的方式使这个历史变得复杂化了，它们是 Jonathan Eacott, *Selling Empire: India in the Making of Britain and America, 1600–1830* (Chapel Hill: University of North Carolina Press, 2016) and Richard J. Grace, *Opium and Empire: The Lives and Careers of William Jardine and James Matheson* (Montreal: McGill-Queen's University Press, 2014). 还有 Claude Markovits, *The Global World of Indian Merchants, 1750–1947: Traders of Sind from Bukhara to Panama* (Cambridge: Cambridge University Press, 2000)，其他关于贸易侨民的研究也很有帮助。对于这些全球资本主义的存续和断裂，参见 Geoffrey Jones, *Merchants to Multinationals: British Trading Companies in the Nineteenth and Twentieth Centuries* (Oxford: Oxford University Press, 2000) and his *Multinationals and Global Capitalism from the Nineteenth to the Twenty-First Century* (Oxford: Oxford University Press, 2005); Alfred D. Chandler Jr. and Bruce Mazlish, eds., *Leviathans: Multinational Corporations and the New Global History* (Cambridge: Cambridge University Press, 2005). 对个人进行的非常彻底的研究来自 D. K. Fieldhouse, *Unilever Overseas: The Anatomy of a Multinational, 1895–1965* (London: Croom Helm, 1978)。

26 我正在开展的工作表明了国家、帝国和跨国关系的易渗透性和去中心化特性。参见 Antoinette Burton, "Introduction: On the Inadequacy and the Indispensability of the Nation," in *After the Imperial Turn: Thinking with and through the Nation,* ed. Antoinette Burton (Durham: Duke University Press, 2003), 1–23; Durba Ghosh and Dane Kennedy, eds., *Decentering Empire: Britain, India and the Transcolonial World* (Hyderabad: Orient Longman, 2006); Kevin Grant, Philippa Levine, and Frank Trentmann, eds., *Beyond Sovereignty: Britain, Empire and Transnationalism, c. 1860–1950* (Houndmills, Basingstoke: Palgrave Macmillan, 2007); Gary B. Magee and Andrew S. Thompson, *Empire and Globalisation: Networks of People, Goods and Capital in the British World, c. 1850–1914* (Cambridge: Cambridge University Press, 2010); James Belich, *Replenishing the Earth: The Settler Revolution and the Rise of the Anglo-World, 1783–1939* (Oxford: Oxford University Press, 2009); 重要的 P. J. Cain and A. G. Hopkins, *British Imperialism,*

1688–2000, 2nd ed. (Harlow, Essex: Longman, 2002)。

27　Raymond K. Renford, *The Non-Official British in India to 1920* (Delhi: Oxford University Press, 1987), 15, 29.

28　关于锡兰本土企业的一般性叙述，参见 Kumari Jayawardena, *Nobodies to Somebodies: The Rise of the Colonial Bourgeoisie in Sri Lanka* (London: Zed Books, 2002)。

29　关于性别、家庭和帝国学者们著有大量的作品。例如 Durba Ghosh, *Sex and the Family in Colonial India: The Making of Empire* (Cambridge: Cambridge University Press, 2006); Ann Laura Stoler, *Carnal Knowledge and Imperial Power: Race and the Intimate in Colonial Rule* (Berkeley: University of California Press, 2002); Catherine Hall, *Civilizing Subjects: Colony andMetropole in the English Imagination, 1830–1867* (Chicago: University of Chicago Press, 2002); Elizabeth Buettner, *Empire Families: Britons and Late Imperial India* (New York: Oxford University Press, 2004); and Mary A. Procida, *Married to the Empire: Gender, Politics and Imperialism in India, 1883–1947* (Manchester: Manchester University Press, 2002)。

30　关于 19 世纪的"全球"，参见 Sven Beckert, *Empire of Cotton: A Global History* (New York: Knopf, 2014); Emily S. Rosenberg, *Transnational Currents in a Shrinking World, 1870–1945* (Cambridge, MA: Belknap Press of Harvard University Press, 2012); Steven C. Topik and Allen Wells, *Global Markets Transformed, 1870–1945* (Cambridge, MA: Belknap Press of Harvard University Press, 2012); Tony Ballantyne and Antoinette Burton, *Empires and the Reach of the Global, 1870–1945* (Cambridge, MA: Belknap Press of Harvard University Press, 2012); and Jurgen Osterhammel, *The Transformation of the World: A Global History of the Nineteenth Century* (Princeton: Princeton University Press, 2009)。

31　自从 Victoria de Grazia and Ellen Furlough, eds., *The Sex of Things: Gender and Consumption in Historical Perspective* (Berkeley: University of California Press, 1996) 一书出版以来，性别和消费文化领域已经有了很大的发展，但是全球资本主义和商品研究的历史往往忽略了与性别或妇女史有关的问题。一个值得注意的例外是 Sarah Abrevaya Stein, *Plumes: Ostrich Feathers, Jews, and a Lost World of Global Commerce* (New Haven: Yale University Press, 2008)。

32　Edward Smith, MD, *Foods* (New York: D. Appleton and Company, 1874), 331.

33　例如，*Tea and Coffee Trade Journal* 的美国编辑和行业顾问 William H. Ukers 撰写了两卷本的 *AH about Tea* (New York: Tea and Coffee Trade Journal, 1935)。殖民地商人和政治家 Sir Percival Griffiths 撰写了 *The History of the Indian Tea Industry* (London: Weidenfeld and Nicolson, 1967)。他的儿子 John Griffiths 出版了 *Tea: The Drink That Changed the World* (London: Andre Deutsch, 2007)。Gervas Huxley,20 世纪 30 年代至 60 年代全球茶叶营销的领军人物，撰写了 *Talking of Tea: Here Is the Whole Fascinating Story of Tea* (Ivylan, PA: John Wagner and Sons, 1956)。赫胥黎的同事 Denys Forrest 出版了 *A Hundred Years of Ceylon Tea, 1867—1967* (London: Chatto and Windus, 1967) and *Tea for the British: The Social and Economic History of a Famous Trade* (London: Chatto and Windus, 1973)。Edward Bramah 撰写了 *Tea and Coffee: A Modern View of Three Hundred Years of Tradition* (London: Hutchinson, 1972)，他曾在茶和咖啡产业的不同部门工作过。行业顾问 Jane Pettigrew 撰写了 *A Social History of Tea* (London: The National Trust, 2001)。

34　近来的一个例外是 Markman Ellis, Richard Coulton, and Matthew Mauger 的 *Empire of Tea: The Asian Leaf That Conquered the World* (London: Reaktion, 2015)。更加全面的研究包括 Arup Kumar Dutta, *Cha Garam! The Tea Story* (Guwahati, Assam: Paloma Publications, 1992); Alan Macfarlane and Iris Macfarlane, *Green Gold: The Empire of Tea: A Remarkable History of the Plant That Took Over the World* (London: Ebury Press, 2003); Roy Moxham, *Tea: Addiction, Exploitation, and Empire* (New York: Carroll and

Graff, 2003); Beatrice Hohenegger, *Liquid Jade: The Story of Tea from East to West* (New York: St. MartinJs Press, 2006); Victor H. Mair and Erling Hoh, *The True History of Tea* (London: Thames and Hudson, 2009); and Laura C. Martin, *Tea: The Drink That Changed the World* (Tokyo: Tuttle Publishing, 2007)。

35　Woodruff D. Smith, *Consumption and the Making of Respectability, 1600–1800* (New York: Routledge, 2002), chap. 6; Elizabeth Kowaleski-Wallace, *Consuming Subjects: Women, Shopping, and Business in the Eighteenth Century* (New York: Columbia University Press, 1997), 19–36; James Walvin, *Fruits of Empire: Exotic Produce and British Taste, 1688–1800* (Houndmills, Basingstoke: Macmillan, 1997), chap. 2; Wolfgang Schivelbusch, *Tastes of Paradise: A Social History of Spices, Stimulants, and Intoxicants* (New York: Vintage, 1993), 79–85; Ina Baghdiantz McCabe, *A History of Global Consumption, 1500–1800* (London: Routledge, 2015); Hoh-Cheung Mui and Lorna H. Mui, *The Management of Monopoly: A Study of the East India Company's Conduct of Its Tea Trade, 1784–1833* (Vancouver: University of British Columbia Press, 1984); Liu Yong, *The Dutch East India Company's Trade with China, 1757–1781* (Leiden: Brill, 2007); Chris Nierstrasz, *Rivalry for Trade in Tea and Textiles: The English and Dutch East India Companies, 1700–1800* (Houndmills, Basingstoke: Palgrave Macmillan, 2015); Hanna Hodacs, *Silk and Tea in the North: Scandinavian Trade and the Market for Asian Goods in Eighteenth Century Europe* (Houndmills, Basingstoke: Palgrave Macmillan, 2016); part 5 of Philip Lawson, *A Taste for Empire and Glory: Studies in British Overseas Expansion, 1660–1800* (Aldershot: Variorum, 1997) 仍十分有用。

36　Sidney Mintz, *Sweetness and Power: The Place of Sugar in Modern History* (New York: Penguin, 1985); Jan de Vries, *The Industrious Revolution: Consumer Behavior and the Household Economy, 1650 to the Present* (Cambridge: Cambridge University Press, 2008); Jon Stobart, *Sugar and Spice: Grocers and Groceries in Provincial England, 1650–1830* (Oxford: Oxford University Press, 2013); Cowan, *Social Life of Coffee*; Jordan Goodman, "Excitantia, or, How Enlightenment Europe Took to Soft Drugs," in *Consuming Habits: Drugs in History and Anthropology*, ed. Jordan Goodman, Paul Lovejoy, and Andrew Sherratt (London: Routledge, 1995), 126–47; Carole Shammas, *The Pre-industrial Consumer in England and America* (Oxford: Oxford University Press, 1990); Lorna Weatherill, *Consumer Behaviour and Material Culture in Britain, 1660–1760* (London: Routledge, 1988). 关于开明的理想、空间和早期现代经济的交集，有两种截然不同的方式，可参见 Simon Gikandi, *Slavery and the Culture of Taste* (Princeton: Princeton University Press, 2011) and Joel Mokyr, *The Enlightened Economy: An Economic History of Britain, 1700–1850* (New Haven: Yale University Press, 2009)。

37　关于以中国为中心的资本主义研究，可参见 Kenneth Pomeranz, *The Great Divergence: China, Europe and the Making o^f the Modern World Economy* (Princeton: Princeton University Press, 2000)。

38　Frank Trentmann, *Empire of Things: How We Became a World of Consumers, from the Fifteenth Century to the Twenty-First* (New York: Harper Collins, 2016); Frank Trentmann, ed., *The Oxford Handbook of the History of Consumption* (Oxford: Oxford University Press, 2012). 非常简明的论述可参见 Peter N. Stearns, *Consumerism in World History: The Global Transformation of Desire* (London: Routledge, 2001)。针对这个观点的不同意见，可参见 Jeremy Prestholdt, *Domesticating the World: African Consumerism and the Genealogies of Globalization* (Berkeley: University of California Press, 2008); Timothy Burke, *Lifebuoy Men, Lux Women: Commodification, Consumption, and Cleanliness in Modern Zimbabwe* (Durham: Duke University Press 1996); Jean Allman, ed., *Fashioning Africa: Power and the Politics of Dress* (Bloomington: Indiana University Press, 2004); Brenda Chalfin, *Shea Butter Republic: State Power, Global Markets, and the Making of an*

Indigenous Commodity (New York: Routledge, 2004); Craig Clunas, *Superfluous Things: Material Culture and Social Status in Early Modern* China, 2nd ed. (Honolulu: University of Hawai' i Press, 2007); Michelle Maskiell, "Consuming Kashmir: Shawls and Empires, 1500–2000," *Journal of World History* 13, no. 1 (2002): 27–65; Donald Quataert, ed., *Consumption Studies and the History of the Ottoman Empire, 1550–1922: An Introduction* (New York: State University of New York Press, 2000); and Giorgio Riello and Tirthankar Roy, eds., *How India Clothed the World: The World of South Asian Textiles* (Leiden: Brill, 2009)。

39　Chatterjee, *A Time for Tea;* Sharma, *Empire's Garden;* Sarah Rose, *For All the Tea in China: How England Stole the World's Favorite Drink and Changed History* (New York: Penguin, 2009).

40　关于种植园劳工，学者们有很多研究；对于一些重要作品，参见 Rana P. Behal, *One Hundred Years of Servitude: Political Economy of Tea Plantations in Colonial Assam* (Delhi: Tulika Books, 2014); Ravi Raman, *Global Capital and Peripheral Labour: The History and Political Economy of Plantation Workers in India* (London: Routledge, 2010); and Patrick Peebles, *The Plantation Tamils of Ceylon* (London: Leicester University Press, 2001). 关于当代情况的研究，参见 Sarah Besky, *The Darjeeling Distinction: Labor and Justice on Fair-Trade Tea Plantations* (Berkeley: University of California Press, 2014). 关于茶叶环境和农业的政治经济研究，参见 Gunnel Cederlof, *Founding an Empire on India's North-Eastern Frontiers, 1790–1840: Climate, Commerce, Polity* (Oxford: Oxford University Press, 2014)。

41　Beckert, *Empire of Cotton,* 38.

42　Joyce Appleby, *The Relentless Revolution: A History of Capitalism* (New York: W. W. Norton, 2010), 21–22.

43　Victoria de Grazia, *Irresistible Empire: Americas Advance through 20th Century Europe* (Cambridge, MA: Belknap Press of Harvard University Press, 2005).

44　关于殖民背景的流通和消费的研究极少，但情况正在改变。关于印度茶叶消费研究，参见 Gautam Bhadra, *From an Imperial Product to a National Drink: The Culture of Tea Consumption in Modern India* (Calcutta: Centre for Studies in Social Sciences and the Tea Board of India, 2005); Philip Lutgendorf, "Making Tea in India: Chai, Capitalism, Culture," *Thesis Eleven* 113, no. 1 (December 2012): 11–31; Collingham, *Curry,* 187–214; A. R. Venkatachalapathy, " 'In those days there was no coffee' : Coffee-Drinking and Middle-Class Culture in Colonial Tamilnadu," *Indian Economic and Social History Review* 39 (2002): 301–16; and K. T. Achaya, *The Food Industries of British India* (Delhi: Oxford University Press, 1994), 178–79。

45　Thomas Metcalf, *Imperial Connections: India in the Indian Ocean Arena, 1860–1920* (Berkeley: University of California Press, 2007); Sugata Bose, *A Hundred Horizons: The Indian Ocean in the Age of Global Empire* (Cambridge, MA: Harvard University Press, 2006).

46　Arjun Appadurai, ed., *The Social Life of Things: Commodities in Cultural Perspective* (Cambridge: Cambridge University Press, 1986), 5.

47　Ibid., 9.

48　这是一本大部头文献。除了那些已经提到的书，我还发现了一些特别有用的书，包括 Susanne Freidberg, *French Beans and Food Scares: Culture and Commerce in an Anxious Age* (Oxford: Oxford University Press, 2004); Timothy Brook and Bob Tadashi Wakabayashi, eds., *Opium Regimes: China, Britain, and Japan, 1839–1952* (Berkeley: University of California Press, 2000); Deborah Valenze, *Milk: A Global and Local History* (New Haven: Yale University Press, 2011); Dougas Cazaux Sackman, *Orange Empire: California and the Fruits of Eden* (Berkeley: University of California Press, 2005);

Giorgio Riello, *Cotton: The Fabric That Made the Modern World* (Cambridge: Cambridge University Press, 2013); and Bernhard Rieger, *The People's Car: A Global History of the Volkswagen Beetle* (Cambridge, MA: Harvard University Press, 2013)。

49 Erika Rappaport, "Consumption," in *The Ashgate Research Companion to Modern Imperial Histories,* ed. Philippa Levine and John Marriott (Farnham, Surrey: Ashgate, 2012), 343-58. Rappaport, "Imperial Possessions, Cultural Histories, and the Material Turn," *Victorian Studies* 50, no.2 (Winter 1008): 289-96.

50 Jennifer Bair, ed., *Frontiers of Commodity Chain Research* (Stanford: Stanford University Press, 2009); Warren Belasco and Roger Horowitz, ed., *Food Chains: From Farmyard to Shopping Cart* (Philadelphia: University of Pennsylvania Press, 2009); William Gervase Clarence-Smith and Steven Topik, eds., *The Global Coffee Economy in Africa, Asia, and Latin America, 1500-1989* (Cambridge: Cambridge University Press, 2003); Steven Topik, Carlos Marichal, and Zephyr Frank, eds., *From Silver to Cocaine: Latin American Commodity Chains and the Building of the World Economy, 1500-2000* (Durham: Duke University Press, 2006).

51 Alexander Nutzenadel and Frank Trentmann, eds., *Food and Globalization: Consumption, Markets and Politics in the Modern World* (New York: Berg, 2008); Raymond Grew, ed., *Food in Global History* (Boulder, CO: Westview, 1999); David Inglis and Debra Gimlin, eds., *The Globalization of Food* (Oxford: Berg, 2009); Warren Belasco and Philip Scranton, eds., *Food Nations: Selling Taste in Consumer Societies* (New York: Routledge, 2002); Kyri W. Claflin and Peter Scholliers, *Writing Food History: A Global Perspective* (London: Berg, 2012).

52 例如，Alys Eve Weinbaum, Lynn M. Thomas, Priti Ramamurthy, Uta G. Poiger, Madeleine Yue Dong, and Tani E. Barlow, eds., *The Modern Girl around the World: Consumption, Modernity and Globalization* (Durham: Duke University Press, 2008); Anandi Ramamurthy, *Imperial Persuaders: Images of Africa and Asia in British Advertising* (Manchester: Manchester University Press, 2003); Peter H. Hoffenberg, *An Empire on Display: English, Indian, and Australian Exhibitions from the Crystal Palace to the Great War* (Berkeley: University of California Press, 2001); 一些重要文章可见 Carol A. Breckenridge, ed., *Consuming Modernity: Public Culture in a South Asian World* (Minneapolis: University of Minnesota Press, 1995)。

53 Kaison Chang, *World Tea Production and Trade: Current and Future Development* (Rome: Food and Agricultural Organization of the United Nations, 2015).

54 Sir Charles Higham, *Advertising:Its Use and Abuse* (London: Williams and Norgate, 1925),146-47.

55 Frederick Cooper, *Colonialism in Question: Theory, Knowledge, History* (Berkeley: University of California Press, 2005), 10, 91.

56 在这里，我在 *Hunger: A Modern History* (Cambridge, MA: Belknap Press of Harvard University Press, 2007) 一书中建立了 James Vernon 的论据。当然，口味偏好也有智识和社会因素的作用。见 Pierre Bourdieu, *Distinction: A Social Critique of the Judgment of Taste,* trans. Richard Nice (Cambridge, MA: Harvard University Press, 1984)。

57 Andrew Sherratt, "Alcohol and Its Alternatives: Symbol and Substance in Pre-Industrial Cultures," in *Consuming Habits,* ed. Goodman, Lovejoy, and Sherratt, 13.

58 关于美国的民族主义、战争和饮料，参见 Lisa Jacobson, "Beer Goes to War: The Politics of Beer Promotion and Production in the Second World War," *Food, Culture and Society* 12 (September 2009): 275-312, 以及她即将进行的研究，暂定名为 *Fashioning New Cultures of Drink: Alcohols Quest for Legitimacy after Prohibition*。

59 对其中一些问题进行的极好的探究，见 Radhika Mohanram, *Imperial White: Race, Diaspora, and the British Empire* (Minneapolis: University of Minnesota Press, 2007)。

60 Manu Goswami, *Producing India: From Colonial Economy to National Space* (Chicago: University of Chicago Press, 2004); Sherene Seikaly, *Men of Capital: Scarcity and Economy in Mandate Palestine* (Stanford: Stanford University Press, 2016).

61 Stuart Hall, "Old and New Identities, Old and New Ethnicities," in *Culture, Globalization and the World System: Contemporary Conditionsfor the Representation of Identity*, ed. Anthony D. King (Minneapolis: University of Minnesota Press, 1997), 48–49.

62 有许多学者理论化过殖民主义的亲密经历，例如，见 Ashis Nandy, *The Intimate Enemy: Loss and Recovery of Self under Colonialism* (New Delhi: Oxford University Press, 1983)。

1 "所有医生都认可的一种中国饮料"

1 Samuel Pepys, *The Diary of Samuel Pepys*, vol. 2 (1667; Berkeley: University of California Press, 1970), 277.

2 Samuel Pepys, *The Diary of Samuel Pepys*, vol. 1 (1667; Berkeley: University of California Press, 1970), 49.

3 这是一部巨著，例如，见 Ina Baghdiantz McCabe, *A History of Global Consumption, 1500–1800* (London: Routledge, 2012); Maxine Berg with Felicia Gottmann, Hanna Hodacs, and Chris Nierstrasz, eds., *Goods from the East, 1600–1800: Trading Eurasia* (Houndmills: Palgrave Macmillan, 2015); and Frank Trentmann, *Empire of Things: How We Became a World of Consumers, from the Fifteenth Century to the Twenty-First* (New York: Harper Collins, 2016)。

4 Brian Cowan, *The Social Life of Coffee: The Emergence of the British Coffeehouse* (New Haven: Yale University Press, 2005); Marcy Norton, *Sacred Gifts, Profane Pleasures: A History of Tobacco and Chocolate in the Atlantic World* (Ithaca: Cornell University Press, 2008).

5 Robert K. Batchelor, *London: The Seldon Map and the Making of a Global City, 1549–1689* (Chicago: University of Chicago Press, 2014); David Porter, *Ideographia: The Chinese Cipher in Early Modern Europe* (Stanford: Stanford University Press, 2001); Debra Johanyak and Walter S. H. Lim, eds., *The English Renaissance, Orientalism, and the Idea of Asia* (Basingstoke: Palgrave Macmillan, 2010); Robert Markley, *The Far East and the English Imagination, 1600–1730* (Cambridge: Cambridge University Press, 2006); Michael North, ed., *Artistic and Cultural Exchanges between Europe and Asia, 1400–1900* (Surrey: Ashgate, 2010). 关于经济互动，见 John E. Wills and J. L. Cranmer-Byng, *China and Maritime Europe, 1500–1800: Trade, Settlement, Diplomacy and Missions* (New York: Cambridge University Press, 2010) and Denys Lombard and Jean Aubin, eds., *Asian Merchants and Businessmen in the Indian Ocean and the China Sea* (Oxford: Oxford University Press, 2000)。

6 Maxine Berg, *Luxury and Pleasure in Eighteenth-Century Britain* (Oxford: Oxford University Press, 2005).

7 Sidney W. Mintz, *Sweetness and Power: The Place of Sugar in Modern History* (New York: Penguin, 1985); Susan Dwyer Amussen, *Caribbean Exchanges: Slavery and the Transformation of English Society, 1640–1700* (Chapel Hill: University of North Carolina Press, 2007); Simon Gikandi, *Slavery and the Culture of Taste* (Princeton: Princeton University Press, 2011).

8 Judith A. Carney, *Black Rice: The African Origins of Rice Cultivation in the Americas* (Cambridge, MA: Harvard University Press, 2002).

9   Cowan, *Social Life of Coffee*. 关于世界主义，见 Margaret C. Jacob, *Strangers Nowhere in the World: The Rise of Cosmopolitanism in Early Modern Europe* (Philadelphia: University of Pennsylvania Press, 2006) and Miles Ogborn, *Spaces of Modernity: London's Geographies, 1680–1780* (New York: Guildford Press, 1998)。

10   例如，见 O. R. Impey, *Chinoiserie: The Impact of Oriental Styles on Western Art and Decoration* (Oxford: Oxford University Press, 1977); David Porter, *The Chinese Taste in Eighteenth-Century England* (Cambridge: Cambridge University Press, 2010); Stacey Sloboda, *Chinoiserie: Commerce and Critical Ornament in Eighteenth-Century Britain* (Manchester: Manchester University Press, 2014); and Christopher M. S. Johns, *China and the Church: Chinoiserie in Global Contexts* (Berkeley: University of California Press, 2016)。

11   Porter, *Chinese Taste;* Sloboda, *Chinoiserie*; Elizabeth Kowaleski-Wallace, *Consuming Subjects: Women, Shopping, and Business in the Eighteenth Century* (New York: Columbia University Press, 1997).

12   Woodruff D. Smith, *Consumption and the Making of Respectability, 1600–1800* (New York: Routledge, 2002), 75.

13   Wolfgang Schivelbusch, *Tastes of Paradise: A Social History of Spices, Stimulants, and Intoxicants* (New York: Vintage, 1993); Jordan Goodman, "Exitantia: Or, How Enlightenment Europe Took to Soft Drugs," in *Consuming Habits: Drugs in History and Anthropology,* ed. Jordan Goodman, Paul E. Lovejoy, and Andrew Sherratt (London and New York: Routledge, 1995), 126–47; James Walvin, *Fruits of Empire: Exotic Produce and British Taste, 1660–1800* (Houndmills: Macmillan, 1997); W. G. Clarence-Smith, "The Global Consumption of Hot Beverages, c. 1500–c. 1900," in *Food and Globalization: Consumption, Markets and Politics in the Modern World,* ed. Alexander Nutzenadel and Frank Trentmann(New York: Berg, 2008), 37–55.

14   Paul Freedman, *Out of the East: Spices and the Medieval Imagination* (New Haven: Yale University Press, 2008), 172–73.

15   Ibid., 72.

16   Ken Albala, *Eating Right in the Renaissance* (Berkeley: University of California Press, 2002), 5, 30–36.

17   在这里，我主要依靠 James A. Benn, *Tea in China: A Religious and Cultural History* (Honolulu: University of Hawaii Press, 2014) 一书出色的新研究。

18   Ling Wang, *Tea and Chinese Culture* (San Francisco: Long River Press, 2005), 2–3.

19   Benn, *Tea in China*, 7–8.

20   Robert Gardella, *Harvesting Mountains: Fujian and the China Tea Trade, 1757–1937* (Berkeley: University of California Press, 1994), 29–30.

21   Hoh-Cheung Mui and Lorna H. Mui, *The Management of Monopoly: A Study of the East India Company's Conduct of its Tea Trade, 1784—1833* (Vancouver: University of British Columbia Press, 1984), 4.

22   Gardella, *Harvesting Mountains*, 45–46.

23   Mui and Mui, *Management of Monopoly*, 5–6.

24   Ibid., 9.

25   Ibid., 8.

26   Ibid., 12.

27   Benn, *Tea in China*, 43.

28   Ibid., 82, 85.

29   Ibid., 70.

30   Wang, *Tea and Chinese Culture*, 23.

31   Ibid.,12–16.

32 引自 Gardella, *Harvesting Mountains*, 25。

33 Benn, *Tea in China*, 120.

34 Paul J. Smith, *Taxing Heaven's Storehouse: Horses, Bureaucrats, and the Destruction of the Sichuan Tea Industry, 1074—1224* (Cambridge, MA: Council on East Asian Studies, Harvard University, 1991), 308—9.

35 Victor H. Mair and Erling Hoh, *The True History of Tea* (London: Thames and Hudson, 2009), 78.

36 Benn, *Tea in China*, 122.

37 Ibid., 173—74.

38 Craig Clunas, *Superfluous Things: Material Culture and Social Status in Early Modern China* (Urbana: University of Illinois Press, 1991), 8.

39 引自 Gardella, *Harvesting Mountains*, 21。

40 Benn, *Tea in China*, chap. 3; Murai Yasuhiko, trans. Paul Varley, "The Development of Chanoyu: Before Rikyu," in *Tea in Japan: Essays on the History of Chanoyu*, ed. H. Paul Varley and Isao Kamakuro (Honolulu: University of Hawaii Press, 1989), 8—9.

41 Benn, *Tea in China*, 157.

42 Ibid., 146.

43 Yasuhiko, "The Development of Chanoyu," 29—30. 也可参考 Surak, *Making Tea, Making Japan*。

44 Michael Cooper, "The Early Europeans and Tea," in *Tea in Japan*, ed. Varley and Kamakuroi, 121.

45 William Ukers, *All about Tea* (New York: New York Tea and Coffee Trade Journal, 1935), 1:25.

46 Chris Nierstrasz, *Rivalry for Trade in Tea and Textiles: The English and Dutch East India Companies (1700—1800)* (London: Palgrave Macmillan, 2015), 75.

47 Ronald Findlay and Kevin H. O'Rourke, *Power and Plenty: Trade, War, and the World Economy in the Second Millennium* (Princeton: Princeton University Press, 2007), 45.

48 Roy Moxham, *Tea: Addiction, Exploitation, and Empire* (New York: Carroll and Graf, 2003), 16—17.

49 Ukers, *All about Tea*, 1:23; Rudi Matthee, *The Pursuit of Pleasure: Drugs and Stimulants in Iranian History, 1500—1900* (Princeton: Princeton University Press, 2005), 238.

50 Ralph S. Hattox, *Coffee and Coffee Houses: The Origins of a Social Beverage in the Medieval Near East* (Seattle: University of Washington Press, 1985), 3.

51 Matthee, *Pursuit of Pleasure*, 238.

52 Adam Olearius, *Voyages and Travels of the Ambassadors from the Duke of Holstein to the Great Duke of Muscovy, and the King of Persia*, trans. John Davies (London: Thomas Dring, 1662), 323.

53 *Mandelslo's Travels to the Indies*, the Fifth Book (London: John Starkey, 1669), 13.

54 John Phipps, *A Practical Treatise on the China and Eastern Trade* (Calcutta: Thacker and Co., 1835), 75.

55 Philip J. Stern, *The Company-State: Corporate Sovereignty and the Early Modern Foundations of the British Empire in India* (Oxford: Oxford University Press, 2011), chap. 5.

56 John Ovington, *A Voyage to Suratt in the Year 1689*, ed. H. G. Rawlinson (1696; London: Oxford University Press, 1929), 180.

57 Farhat Hasan, "The Mughal Port Cities of Surat and Hugli," in *Ports, Towns, Cities: A Historical Tour of the Indian Littoral*, ed. Lakshmi Subramanian (Mumbai: Marg Publications, 2008), 80; Ruby Maloni, *Surat: Port of the Mughal Empire* (Mumbai: Himalaya Publishing House, 2003), xvi; Balkrishna Govind Gokhale, *Surat in the Seventeenth Century: A Study in the Urban History of Pre-modern India* (London and

Malmo: Scandinavian Institute of Asian Studies, 1979).

58 Cowan, *Social Life of Coffee*, 61.

59 Hasan, "The Mughal Port Cities," 84.

60 Ovington, *A Voyage to Surat*, 131.

61 在印度洋商业研究的作品中，茶叶并不是一种关键商品。例如，参见 Om Prakash, *Bullion for Goods: European and Indian Merchants in the Indian Ocean Trade, 1500–1800* (New Delhi: Manohar, 2004)。

62 茶是印度西部精英和商人文化的一部分，但这个话题还有待史学家来进行进一步研究。

63 Ashin Das Gupta, *Indian Merchants and the Decline of Surat, c. 1700–1750* (Wiesbaden: Franz Steiner Verlag, 1979).

64 Yong Liu, *The Dutch East India Company's Tea Trade with China, 1757–1781* (Leiden: Brill, 2007), 2.

65 引自 Denys Mostyn Forrest, *Tea for the British: The Social and Economic History of a Famous Trade* (London: Chatto and Windus, 1973), 21. 关于法国，见 Daniel Roche, *A History of Everyday Things: The Birth of Consumption in France, 1600–1800* (Cambridge: Cambridge University Press, 2000), 244。

66 引自 Schivelbusch, *Tastes of Paradise*, 23。

67 Robert S. DuPlessis, *The Material Atlantic: Clothing, Commerce and Colonization in the Atlantic World, 1650–1800* (Cambridge: Cambridge University Press, 2015).

68 John Ovington, *An Essay upon the Nature and Qualities of Tea* (London: R. Roberts, 1699), dedication.

69 Ibid.,2–3.

70 英国贵族在该世纪初接受了大陆食品。Colin Spencer, *British Food: An Extraordinary Thousand Years of History* (New York: Columbia, 2002), 134。

71 Ukers, *All about Tea,* 1:44, Linda Levy Peck, *Consuming Splendor: Society und Culture in Seventeenth Century England* (Cambridge: Cambridge University Press, 2005), 243.

72 Stern, *Company-State,* 255.

73 Edmund Waller, "On Tea, Commended by her Majesty," ed. Robert Bell, *Poetical Works of Edmund Walter* (1663; London: Charles Griffin, 1871), 211.

74 Kowaleski-Wallace, *Consuming Subjects*, 22–23.

75 Agnes Strickland, *Lives of the Queens of England, From the Norman Conquest*, 4th ed., vol. 5 (London: H. Colburn, 1854). 关于这个故事的多个版本，见 Ukers, *All about Tea*, 2:43–44; Arnold Palmer, *Movable Feasts* (London: Oxford University Press, 1952), 97; and Gertrude Z. Thomas, *Richer than Spices: How a Royal Brides Dowry Introduced Cane, Lacquer, Cottons, Tea, and Porcelain to England, and So Revolutionized Taste, Manners, Craftsmanship, and History in Both England and America* (New York: Knopf, 1965)。

76 Strickland, *Lives of the Queens ofEngland*, 521.

77 孟买的主权完全割让给了王室，但王室于 1668 年将其租给东印度公司。Holden Furber, *Rival Empires of Trade in the Orient, 1600–1800: Europe and the World in the Age of Expansion* (Minneapolis: University of Minnesota Press, 1976), 2:90, 92.

78 Ukers, *All about Tea,* 1:46.1

79 Andrew Mackillop, "A North Europe World of Tea: Scotland and the Tea Trade, c. 1690–c. 1790," in *Goods from the East,* ed. Berg, 294–308.

80 Jurgen Habermas, *The Structural Transformation of the Public Sphere: An Inquiry into a Category of Bourgeois Society* (Cambridge, MA: MIT Press, 1989).

81 Gikandi, *Slavery and the Culture of Taste*, 60.

82 Ibid., and Cowan, *Social Life of Coffee.*

83 Arjun Appadurai and Carol A. Breckenridge, "Why Public Culture?" *Public Culture*

Bulletin 1, no. 1 (Fall 1988): 6.

84 Jan de Vries, *The Industrious Revolution: Consumer Behavior and the Household Economy, 1650 to the Present* (Cambridge: Cambridge University Press, 2008).

85 Cowan, *Social Life of Coffee*, 11.

86 Peck, *Consuming Splendor*, 314.

87 Barbara C. Morison, "Povey, Thomas (b. 1613/14 d. in or before 1705)," *Oxford Dictionary of National Biography*, online ed., January 2008.

88 Ukers, *All about Tea*, 1:3 9–40.

89 Samuel Price, "The Virtues of Coffee, Chocolette, and Thee or Tea" (London, 1690).

90 Philippe Sylvestre Dufour, *The Manner of Making Coffee, Tea, and Chocolate, As it is used in Most parts of Europe, Asia, Africa and America with their Vertues*, trans. John Chamberlayne (1671; London: William Crook, 1685). 大英图书馆的这一版书属于著名博物学家 Joseph Banks，他鼓励在印度建立茶文化。

91 John Chamberlayne, *The Natural History of Coffee, Thee, Chocolate and Tobacco* (London: Christopher Wilkinson, 1682), 11; Reavley Gair, "Chamberlayne, John (1668/9–1723)," *Oxford Dictionary of National Biography*, online ed., October 2009.

92 Chamberlayne, *The Natural History*, 9–11.

93 Cowan, *Social Life of Coffee*, 25.

94 Steve Pincus, " ' Coffee Politicians Does Create' : Coffeehouses and Restoration Political Culture," *Journal of Modern History* 67, no. 4 (December 1995): 807–34.

95 Ukers, *All about Tea*, 1:45. 光荣革命之后，批评家再次谴责他们眼中的辉格党机构。Pincus, " 'Coffee Politicians,' " 824。

96 Ukers, *All about Tea*, 1:42–43.

97 Forrest, *Tea for the British*, 33–34.

98 Ukers, *All about Tea*, 1:42–43.

99 Thomas Garway, "An Exact Description of the Growth, Quality and Vertues of the Leaf Tea" (London, 1660). "Garway" 也可拼写成 "Garraway" 和 "Garaway"。

100 Susanna Centlivre, *A Bold Stroke for a Wife: A Comedy*, ed. Thalia Stathas (1717; Lincoln: University of Nebraska Press, 1968), 54.

101 Ogborn, *Spaces of Modernity*, 123.

102 Hannah Greig, *The Beau Monde: Fashionable Society in Georgian London* (Oxford: Oxford University Press, 2013), 75.

103 Peter Borsay, *The English Urban Renaissance: Culture and Society in the Provincial Town, 1660–1770* (Oxford: Clarendon, 1989), chap. 6.

104 Ukers, *All about Tea*, 1:49–48.

105 Rodris Roth, *Tea Drinking in 18th Century America: Its Etiquette and Equipage* (Washington, DC: Smithsonian Institution, 1961), 6.

106 很多学者记录了财富、消费和商业在 18 世纪的增长，日益视其为具有多个中心和边缘的跨国进程 Carole Shammas, "The Revolutionary Impact of European Demand for Tropical Goods," in *The Early Modern Atlantic Economy*, ed. John J. McCusker and Kenneth Morgan (Cambridge: Cambridge University Press, 2000), 165; Jonathan Eacott, "The Cultural History of Commerce in the Atlantic World," in *The Atlantic World*, ed. D'Maris Coffman, Adrian Leonard, and William O'Reilly (London: Routledge, 2015), 546–72; McKendrick, Brewer, and Plumb, *Birth of a Consumer Society;* Mintz, *Sweetness and Power;* John Brewer and Roy Porter, eds., *Consumption and the World of Goods* (London: Routledge, 1994); Ann Bermingham and John Brewer, eds., *The Consumption of Culture, 1600–1800: Image, Object, Text* (London: Rout-ledge, 1995); Kowaleski-Wallace, *Consuming Subjects;* Maxine Berg and Helen Clifford, eds., *Consumers and Luxury· Consumer Culture in Europe, 1650–1850* (Manchester: Manchester University Press,

1999); Mark Overton, Jane Whittle, Darron Dean, and Andrew Hann, eds., *Production and Consumption in English Households, 1600–1750* (London: Routledge, 2004); John Styles, *The Dress of the People: Everyday Fashion in Eighteenth-Century England* (New Haven: Yale University Press, 2007).

107 Nierstrasz, *Rivalry for Trade. Also Jan Parmentier, Tea Time in Flanders: The Maritime Trade between the Southern Netherlands and China in the 18th Century* (Bruge: Ludion Press, 1996), 63.

108 Liu, *Dutch East India Company's Tea Trade*, 126.

109 Ibid.,120.

110 Ibid.,135.

111 引自 Liu, *Dutch East India Company's Tea Trade*, 139。

112 Nierstrasz, *Rivalry for Trade,* 36.

113 Ibid., 56.

114 Furber, *Rival Empires of Trade,* 126.

115 Philip Lawson, "Tea, Vice, and the English State, 1660–1784," in Philip Lawson, *A Taste for Empire and Glory: Studies in British Overseas Expansion* (Aldershot: Variorum, 1997), 2.

116 Nierstrasz, *Rivalry for Trade,* 60.

117 引自 Gardella, *Harvesting Mountains,* 33。

118 Nierstrasz, *Rivalry for Trade,* 161. 中国人故意引导欧洲人竞争，这样他们的茶叶就能卖得好价钱。

119 Lawson, "Tea, Vice, and the English State," 3.

120 Stern, *Company-State,* 6–7.

121 H. V. Bowen, *The Business of Empire: The East India Company and Imperial Britain, 1756–1833* (Cambridge: Cambridge University Press, 2006), 30; John Brewer, *The Sinews of Power: War, Money and the English State, 1688–1783* (New York: Knopf, 1989).

122 Emily Erikson, *Between Monopoly and Free Trade: The English East India Company, 1600–1757* (Oxford: Oxford University Press, 2014).

123 P. J. Cain and A. G. Hopkins, *British Imperialism: 1688–2000,* 2nd ed. (Harlow: Longman, 2002), chap. 2. 对于这一点的辩论的评估，见 Anthony Webster, *The Twilight of the East India Company: The Evolution of Anglo-Asian Commerce and Politics, 1790–1860* (Suffolk: Boydell Press, 2009)。

124 Bowen, *The Business of Empire,* 32, 106–7.

125 Ibid., 95. 另请参见他对于 EIC 投资者更全面的分析，pp.84–117。

126 引自 Bowen, *The Business of Empire,* 64–66。

127 Ibid.,112–13,116.

128 Nierstrasz, *Rivalry for Trade,* 103.

129 H. V. Bowen, John McAleer, and Robert J. Blyth, *Monsoon Traders: The Maritime World of the East India Company* (London: Scala, 2011), 96–7.

130 Mui and Mui, *Management of Monopoly,* 115.

131 Nierstrasz, *Rivalry for Trade,* chap. 3.

132 Hoh-Cheung Mui and Lorna H. Mui, "Smuggling and the British Tea Trade before 1784," *American Historical Review* 74, no. 1 (October 1968): 44–73.

133 Agnes Repplier, *To Think of Tea!* (Boston: Houghton Mifflin, 1932), 42–43.

134 Mui and Mui, "Smuggling," 48.

135 Cal Winslow, "Sussex Smugglers," in *Albions Fatal Tree: Crime and Society in Eighteenth-Century England,* ed. Douglas Hay, Peter Linebaugh, John G. Rule, E. P. Thompson, and Cal Winslow (New York: Pantheon, 1975), 126–27.

136 Winslow, "Sussex Smugglers," 124.

137 Mui and Mui, "Smuggling," 56–59.
138 Ibid., 51.
139 Winslow, "Sussex Smugglers," 156–57.
140 Shammas, *Pre-industrial Consumer*, 86.
141 Mui and Mui, *Management of Monopoly*, 12–13.
142 Shammas, *Pre-Industrial Consumer*, 86. 据估计，1784—1795 年，英国的消费增幅达到了惊人的 350%。*Tea and the Tea Trade*。
143 Mui and Mui, "Smuggling," 53.
144 John Benson and Laura Ugolini, eds., *A Nation of Shopkeepers: Five Centuries of British Retailing* (London: I. B. Tauris, 2003); Stobart, *Sugar and Spice*; Jon Stobart, Andrew Hann, and Victoria Morgan, *Spaces of Consumption: Leisure and Shopping the English Town, c. 1680–1830* (London: Routledge, 2007); Ian Mitchell, *Tradition and Innovation in English Retailing, 1700–1850: Narratives of Consumption* (Farnham: Ashgate, 2014); Jan Hein Furnee and Cle Lesger, eds., *The Landscape of Consumption: Shopping Streets and Cultures in Western Europe, 1600–1900* (Houndmills, Basingstoke: Palgrave Macmillan, 2014).
145 R. Campbell, *The London Tradesman: Being a Compendious View of all the Trades, Professions, Arts, both Liberal and Mechanic, now Practiced in Cities of London and Minster* (London: T. Gardner, 1747), 188.
146 *Daily Courant*, 5 November 1720, 2.
147 Ukers, *All about Tea*, 2:159–60.
148 Ibid.,2:157.
149 Richard Twining, *Remarks on the Report of the East India Directors, Respecting the Sale and Prices of Tea* (London: T. Cadell, 1784), 37.
150 Stobart, *Sugar and Spice*. 尤其是茶叶，见 chapters 8 and 9. Nancy C. Cox, *The Complete Tradesman: A Study of Retailing, 1550–1820* (Aldershot: Ashgate, 2000), 204–5。
151 Campbell, *The London Tradesman*, 188.
152 Ibid.
153 Thomas Boot advertisement (London, c. 1790), Bodleian Library, Oxford, Document #CW3306463157, *Eighteenth Century Collections Online*, Gale Group.
154 Cox, *Complete Tradesman*, 134, 138.
155 Shammas, *Pre-Industrial Consumer*, 268.
156 Rhys I saac, *The Transformation of Virginia, 1740–1790*, rev. ed. (Chapel Hill: University of North Carolina Press, published for the Omohundro Institute of Early American History and Culture, 1999), 45.
157 De Vries, *Industrious Revolution*, chap. 4 assesses much of this literature. "大众" 一词具有模糊性，这困扰着在不精确和缺少记录材料的时代工作的学者。我采用著名学者卡罗尔·尚马斯（Carole Shammas）的定义，他将大众商品简单定义为收入水平不同的人定期购买的商品。Shammas, *Pre-industrial Consumer*, 78. Also Overton et al., *Production and Consumption*, 13–32。
158 Weatherill, *Consumer Behavior and Material Culture in Britain*, 185.
159 Overton et al., *Production and Consumption*, 11; Cox, *Complete Tradesman*, 3.
160 1700 年，伦敦已有 57.5 万人口。Keith Wrightson, *Earthly Necessities: Economic Lives in Early Modern Britain* (New Haven: Yale University Press, 2000), 235。
161 Weatherill, *Consumer Behavior and Material Culture in Britain*, 31.
162 Overton et al., *Production and Consumption*, 106–7.
163 Ibid.,58–59.
164 De Vries, *Industrious Revolution*, 151–54; Shammas, *Pre-industrial Consumer*, 183–86; Anne E. C. McCants, "Exotic Goods, Popular Consumption, and the Standard of Living:

Thinking about Globalization in the Early Modern World,*"Journal of World History* 18, no. 4 (December 2007): 433−62.

165 Wrightson, *Earthly Necessities,* 230.

166 W. D. Smith, "Accounting for Taste: British Coffee Consumption in Historical Perspective," *Journal of Interdisciplinary History* 27, no. 2 (Autumn 1996): 184−86.

167 Steven Topik, "The Integration of the World Coffee Market," in *Global Coffee Economy,* ed. Clarence-Smith and Topik, 28−29.

168 Cowan, *Social Life of Coffee,* 77.

169 Henry Martin, "An Essay Towards Finding the Ballance of our Whole Trade" (c. 1720), 引自 Smith, "Accounting for Taste," 196。

170 Smith, "Accounting for Taste."

171 De Vries, *Industrious Revolution,* 159–60.

172 Styles, *Dress of the People,* 19.

173 Eric Jay Dolin, *When America First Met China: An Exotic History of Tea, Drugs, and Money in the Age of Sail* (New York: W. W. Norton, 2012), 57.

174 Peter Kalm, *Travels into North America, trans. John Reinhold Forester* (London: T. Lowndes, 1771), 2:267.

175 Ibid., 2:179.

176 Ibid., 35.

177 Lawson, "Tea, Vice and the English State," 9.

178 Jean Gelman Taylor, *The Social World of Batavia: European and Eurasian in Dutch Asia* (Madison: University of Wisconsin Press, 1983), 59, 69.

179 Sir Frederick Morton Eden, *The State of the Poor, or, An History of the Labouring classes in England, from the Conquest to the Present Period* (London: J. Davis, 1797), 1:535.

180 Joseph A. Dearden, *A Brief History of Ancient and Modern Tee-Totalism* (Preston: J. Livesey, 1840), 4–5; Ian Levitt and Christopher Smout, *The State of the Scottish Working-Class in 1843: A Statistical and Spatial Enquiry Based on the Data from the Poor Law Commission Report of 1844* (Edinburgh: Scottish Academic Press, 1979), 25–35.

181 Jane Gray, "Gender and Plebian Culture in Ulster," *Journal of Interdisciplinary History* 24, no. 2 (Autumn 1993): 251–70; Patricia Lysaght, " 'When I makes Tea, I makes Tea ...' : Innovation in Food—The Case of Tea in Ireland," Ulster Folklife 33 (1987): 44–71; E. Margaret Crawford, "Aspects of the Irish Diet" (PhD thesis, London School of Economics, 1985), 146.

182 P. Daryl, *Ireland's Disease* (London, 1888), 147, 引自 Crawford, "Aspects of the Irish Diet," 146。

183 D. A. Chart, "Unskilled Labour in Dublin: Its Housing and Living Conditions," *Journal of the Statistical and Social Inquiry Society of Ireland* 13, part 44 (1913/14): 169–70.

184 John Burnett, *Liquid Pleasures: A Social History of Drinks in Modern Britain* (London: Routledge, 1999), 57.

185 John Waldron, *A Satyr against Tea, or, Ovington's Essay upon the Nature and Qualities of Tea, &c, Dissected and Burlesqued* (Dublin: Sylvanus Pepyae, 1733), 9.

186 Leonore Davidoff and Catherine Hall, *Family Fortunes: Men and Women of the English Middle Class, 1780–1850* (Chicago: University of Chicago Press, 1987).

187 苏格兰上尉亚历山大·汉密尔顿怀疑奥文顿对于生产的了解，而非对于消费的了解。Captain Alexander Hamilton, *A New Account of the East Indies* (Edinburgh, 1727), 引自导言部分, Ovington, *A Voyage to Suratt,* xvi。

188 Thomas Short, MD, *A Dissertation Upon Tea, Explaining its Nature and Properties* (London: W. Bowyer, 1730), 2.

189 "Thomas Short, M.D.: An Eighteenth Century Medical Practitioner in Sheffield," *British*

Medical Journal (14 April 1934): 680.

190 Short, *A Dissertation Upon Tea*, 3.

191 Ibid.,22.

192 Ibid.,61-63.

193 Waldron, *A Satyr against Tea*, 5, 12.

194 James Stephen Taylor, "Philanthropy and Empire: Jonas Hanway and the Infant Poor of London," *Eighteenth-Century Studies* 12, no. 3 (Spring 1979): 288.

195 Jonas Hanway, *An Essay on Tea: Considered as Pernicious to Health; Obstructing Industry; and Impoverishing the Nation* (London: H. Woodfall, 1756), 213.

196 Ibid., 216.

197 Ibid., 223-24.

198 Ibid., 235.

199 Ibid., 244.

200 Ibid., 299.

201 Timothy H. Breen, *The Marketplace of Revolution: How Consumer Politics Shaped American Independence* (Oxford: Oxford University Press, 2004), 298.

202 Ibid.,301.

203 Ibid.,305.

204 Ibid., 306.

205 Ibid.,308.

206 Ibid., 317.

207 Dolin, *When America First Met China*, 84.

208 Ibid.,90.

209 De Vries, *Industrious Revolution*, 31.

2 禁酒茶会

1 Leonore Davidoff and Catherine Hall, *Famil,y Fortunes: Men and Women of the English Middle Class, 1780—1850* (Chicago: University of Chicago Press, 1987); Deborah Cohen, *Household Gods: The British and Their Possessions* (New Haven: Yale University Press, 2006). 关于福音主义的文化影响，请参见 Ian C. Bradley, *The Call to Seriousness: The Evangelical Impact on the Victorians* (London: J. Cape, 1976), 100-102 and Boyd Hilton, *The Age of Atonement: The Influence of Evangelicalism on Social and Economic Thought, 1795-1865* (Oxford: Oxford University Press, 1988)。

2 一些重要的著作包括 Peter Bailey, *Leisure and Class in Victorian England: Rational Recreation and the Contest for Control, 1830-1885* (London: Routledge and Kegan Paul, 1978); Hugh Cunningham, *Leisure in the Industrial Revolution, c. 1780-1880* (London: Croom Helm, 1980); and Hugh Cunningham, *Time, Work and Leisure: Life Changes in England since 1700* (Manchester: Manchester University Press, 2014)。

3 Sven Beckert, *Empire of Cotton: A Global History* (New York: Knopf, 2014) and Giorgio Riello, *Cotton: The Fabric That Made the Modern World* (Cambridge: Cambridge University Press, 2013).

4 Sidney W. Mintz, *Sweetness and Power: The Place of Sugar in Modern History* (New York: Penguin, 1985).

5 Ibid. 另见 Anson Rabinbach, *The Human Motor: Energy, Fatigue, and the Origins of Modernity* (Berkeley: University of California Press, 1990)。

6 Martin Daunton, *Trusting Leviathan: The Politics of Taxation in Britain, 1799-1914*

(Cambridge: Cambridge University Press, 2001), 54−57.

7 引自 E. P. Thompson, *The Making of the English Working Class* (New York: Vintage, 1966), 740。

8 引自 Anna Clark, *The Struggle for the Breeches: Gender and the Making of the British Working Class* (Berkeley: University of California Press, 1995), 160。

9 William Cobbett, *Cottage Economy* (1822; London: Peter Davies, 1926), 15−19.

10 Leonora Nattrass, *William Cobbett: The Politics of Style* (Cambridge: Cambridge University Press, 1995), 152−56.

11 Esther Copley, *Cottage Comforts*, 12th ed. (1825; London: Simpkin and Marshall, 1834), 1.

12 Ibid., 37, 65−66.

13 Craig Muldrew, *Food, Energy and the Creation of Industriousness: Work and Material Culture in Agrarian England, 1550−1780* (Cambridge: Cambridge University Press, 2011).

14 William Rathbone Greg, *An Enquiry into the State of the Manufacturing Population, and the Causes and Cures of the Evils Therein Existing* (London: James Ridgway, 1831), 10.

15 James Phillips Kay-Shuttleworth, MD, *The Moral and Physical Condition of the Working Classes Employed in the Cotton Manufacture in Manchester* (London: James Ridgway, 1832), 9; Peter Gaskell, *The Manufacturing Population of England: Its Moral, Social, and Physical Conditions, and the Changes which have Arisen from the Use of Steam Machinery* (London: Baldwin and Cradock, 1833), 107−10; Friedrich Engels, *The Condition of the Working Class in England* (1845; Harmondsworth: Penguin, 1987), 106.

16 William A. Alcott, *Tea and Coffee* (Boston: G. W. Light, 1839), 17−18. 另见 J. A. Chartres, "Spirits in the North-East? Gin and Other Vices in the Long Eighteenth Century," in *Creating and Consuming Culture in North-East England, 1660−1830*, ed. Helen Berry and Jeremy Gregory (Aldershot: Ashgate, 2004), 38, 51−52。

17 John Bowes, *Temperance as it is Opposed to Strong Drinks, Tobacco and Snuff, Tea and Coffee* (Aberdeen: MacKay and Davidson, 1836), 12.

18 Thompson, *Making of the English Working Class*, 318. 关于其他观点，参见 Paul Clayton and Judith Rowbotham, "An Unsuitable and Degraded Diet? Part Two: Realities of the Mid-Victorian Diet," *Journal of the Royal Society of Medicine* 101 (2008): 350−57。

19 John Wesley, *A Letter to a Friend Concerning Tea,* 2nd ed. (London: W. Strahan, 1748). 有关卫理公会也支持喝茶的例子，可参见 Samuel Woolmer, "On the Tea Plant," *Methodist Magazine* 23 (1811): 45−49。

20 William Cowper, *The Task: A Poem. In Six Books* (1785; London: C. & C. Whittingham, 1817), book IV, 131.

21 Brian Harrison, *Drink and the Victorians: The Temperance Question in England, 1815−1872* (Pittsburgh: University of Pittsburgh Press, 1971). 另见 Lilian Lewis Shiman, *Crusade against Drink in Victorian England* (Hampshire: Macmillan, 1988); Mariana Valverde, *Diseases of the Will: Alcohol and the Dilemmas of Freedom* (Cambridge: Cambridge University Press, 1998); John R. Greenaway, *Drink and British Politics since 1830: A Study in Policy-Making* (New York: Palgrave Macmillan, 2003); James Nicholls, *The Politics of Alcohol: A History of the Drink Question in England* (Manchester: Manchester University Press, 2009); and Elizabeth Malcolm, *Ireland Sober, Ireland Freen: Drink and Temperance in Nineteenth-Century Ireland* (Dublin: Gill and Macmillan, 1986)。

22 Davidoff and Hall, *Family Fortunes;* John Tosh, *A Mans Place: Masculinity and the Middle-Class Home in Victorian England* (New Haven: Yale University Press, 2007).

23 关于支持东印度公司论点的例子，可见 *Cui bono? Or the Prospects of a Free Trade in Tea: A Dialogue between an Antimonopolist and a Proprietor of East India Stock* (London: J. Hatchard, 1833)。

24 有关挑战东印度公司茶叶垄断的特定社会和经济群体的细致研究，见 Yukihisa

Kumagai, *Breaking into the Monopoly: Provincial Merchants and Manufacturers1 Campaigns for Access to the Asian Market, 1790–1833* (Leiden: Brill, 2013)。

25 Michael Greenberg, *British Trade and the Opening of China, 1800–1842* (Cambridge: Cambridge University Press, 1951), 175–95; First Report from the Select Committee on the Affairs of the East India Company (China Trade) (London: Parbury, Allen and Co., 1830); Report from the Select Committee of the House of Lords appointed to Enquire into the Present State of the Affairs of the East-India Company and into the Trade between Great Britain, the East-Indies and China (London: J. L. Cox, 1830); D. A. Farnie, *The English Cotton Industry and the World Market, 1815–1896* (Oxford: Clarendon, 1979), 86.

26 关于东印度公司垄断的信件，最早发表于 *the Glasgow Chronicle* 1 (1812): 106。

27 *James Finlay & Company Limited: Manufacturers and East India Merchants, 1750–1950* (Glasgow: Jackson and Co., 1951), 7.

28 现在，可以查看此公司的概况，http://www.finlays.net。

29 Beckert, *Empire of Cotton*, 88; John Ramsey McCulloch, *Observations on the Influence of the East India Company's Monopoly on the Price and Supply of Tea; and on the Commerce with India, China, etc. . . .* (London, 1831), 5; *Corrected Report of the Speeches of Sir George Staunton on the China Trade in the House of Commons, June 4 and June 14th, 1833* (London: Simpkin and Marshall, 1833).

30 早在 19 世纪 90 年代，芬利公司已经在印度拥有很多种植园。参见 Stanley Chapman, "British Free-Standing Companies and Investment Groups in India and the Far East," in *The Free Standing Company in the World Economy, 1830–1996,* ed. Mira Wilkins and Harm G. Schroter (New York: Oxford University Press, 1998), 212–13。

31 Hoh-cheung Mui and Lorna H. Mui, *The Management of Monopoly: A Study of the English East India Company's Conduct of its Tea Trade, 1784–1833* (Vancouver: University of British Columbia Press, 1984).

32 Greenberg, *British Trade and the Opening of China*, 175.

33 Robert Gardella, *Harvesting Mountains: Fujian and the China Tea Trade, 1757–1937* (Berkeley: University of California Press, 1994).

34 例如，参见 Charles Marjoribanks, Esq., MP, *Letter to the Right Hon. Charles Grant, President of the Board of Controul, on the present state of British Intercourse with China* (London: Hatchard and Son, 1833)。

35 Ralph E. Turner, *James Silk Buckingham, 1786–1855: A Social Biography* (New York: Whittlesey House, McGraw Hill, 1934), 43.

36 Ibid., 51.

37 Ibid., 66.

38 有关他这些年的旅行，参见 ibid., chap. 2。

39 Ibid.,129–30.

40 Ibid., 295.

41 James Silk Buckingham, "Speech of Mr. Buckingham on the Extent, Causes, and Effects of Drunkenness," delivered in the House of Commons on Tuesday, 3 June 1834, *Parliamentary Review* (7 June 1834): 742.

42 P. T. Winskill, *The Temperance Movement and Its Workers: A Record of Social, Moral, Religious and Political Progress* (London: Blackie, 1891), 1:11.

43 Turner, *James Silk Buckingham,* 275.

44 Ibid., 411.

45 "Report on Tea Duties," ordered by the House of Commons, printed 25 July 1834, *Westminster Review* 22, no. 44 (April 1835): 373.

46 John Phipps, *A Practical Treatise on the China and Eastern Trade* (Calcutta: Thacker, 1834), 106–7.

47 *Preston Temperance Advocate* (January 1836): 7.

48 Robert S. Sephton, *The Oxford of J. J. Faulkner, 1798-1857: Grocer, Chartist and Temperance Advocate* (Oxford: R. S. Sephton, 2001), 37. 另见 John Ramsey McCullochs position in "Commutation of Taxes," *Edinburgh Review* (April 1833): 2。

49 *Report of the Proceedings of the Public Meeting on the Tea Duties* (Liverpool, 1846), v.

50 Ibid., 3, 5.

51 Edward Brodribb, 在金融改革协会面前发表关于税收的演讲, *Liverpool Times* (22 November 1849), 也发表于 *Hunts Merchants Magazine* (January and February 1850): 35。

52 例如, 可见 Charles Knight, "Illustrations of Cheapness: Tea," *Household Words* (8 June 1850): 256。

53 *Report of the Joint Committee of the Legislative Council and House of Assembly of Upper Canada on the Subject of the Importation of Tea, 15 January 1824* (York: John Carey, 1824).

54 David Hancock, *Oceans of Wine: Madeira and the Emergence of American Trade and Taste* (New Haven: Yale University Press, 2009), especially part 3.

55 一个相似的比较早的论点, 可见 Jessica Warner, "Faith in Numbers: Quantifying Gin and Sin in Eighteenth-Century England," *Journal of British Studies* 50, no. 1 (January 2011): 76-99。

56 引自 Harrison, *Drink and the Victorians,* 62。

57 Ibid., 61.

58 Dearden, *A Brief History of Ancient and Modern Tee-Totalism* (Preston: J. Livesey, 1840), 21.

59 布料厅可容纳约 600 人。"The Conditions of our Towns: Preston, Cotton Factory Town," *The Builder* (7 December 1861), reprinted in David John Hindle, *Life in Victorian Preston* (Gloucestershire: Amberley, 2014), 22. 另见 Charles Hardwick, *History of the Borough of Preston and Its Environs in the County of Lancaster* (Preston: Worthington and Company, 1857), 393-94。

60 "Temperance Cause in Preston," *Moral Reformer, and Protestor against Vices, Abuses, and Corruptions of the Age* 2, no. 8 (1 August 1832): 246.

61 关于节制与消费文化, 见 Donica Belisle 即将出版的研究 *Contesting Consumption: Women and the Rise of Canadian Consumer Modernity,* chap. 2. 我感谢 Donica 能够在出版前让我参阅她的书稿。

62 "Tea Parties," *Poor Man's Guardian* (18 March 1831): 7. 另见 12 March 1831,8 and 23 April 1831, 8. Clark, *Struggle for the Breeches*; James Vernon, *Politics and the People: A Study in English Political Culture, c. 1815-1867* (Cambridge: Cambridge University Press, 1993), 207-50; James Epstein, "Some Organizational and Cultural Aspects of the Chartist Movement in Nottingham," in *The Chartist Experience: Studies in Working Class Radicalism and Culture, 1830-1860,* ed. James Epstein and Dorothy Thompson (London: Macmillan, 1982), 221-68。

63 Barbara Taylor, *Eve and the New Jerusalem: Socialism and Feminism in the Nineteenth Century* (New York: Pantheon, 1983), 222.

64 *Poor Man's Guardian* (18 March 1831): 7.

65 "Female Opposition to the New Poor Law," *Cleaves Weekly Police Gazette* (9 April 1834) n.p.; James Vernon, *Hunger: A Modern History* (Cambridge, MA: Belknap Press of Harvard University Press, 2007), 18-20.

66 Taylor, *Eve and the New Jerusalem,* 222.

67 Nicholls, *Politics of Alcohol*, 98; Harrison, *Drink and the Victorians*, 103-6; Winskill, *Temperance Movement,* 5.

68 Harrison, *Drink and the Victorians,* 130.

69 Nicholls, *Politics of Alcohol*, 89.

70 Vernon, *Politics and the People*; Nicholls, *The Politics of Alcohol*, 81.

71 Hindle, *Life in Victorian Preston*, 29.

72 John K. Walton, *Lancashire: A Social History, 1558-1939* (Manchester: Manchester University Press, 1987), 251.

73 织工、纺工、鞋匠、机械师、橱柜匠和店主是第一批发誓戒酒的人。Winskill, *Temperance Movement*, 107; James Ellison, *Dawn of Teetotalism: Being the Story of the Origin of the Total Abstinence Pledge signed by the "Seven Men of Preston,'" and the Introduction of Teetotalism* (Preston: J. Ellison, 1932); Ian Levitt, ed., *Joseph Livesey of Preston: Business, Temperance and Moral Reform* (Lancashire: University of Central Lancashire, 1996); E. C. Urwin, *A Weaver at the Loom of Time: A Sketch of the Life of Joseph Livesey the Early Temperance Reformer* (London: Sunday School Union, 1923); Harrison, *Drink and the Victorians*, 117-18; Shiman, *Crusade against Drink*, 18。

74 Harrison, *Drink and the Victorians*, 95.

75 Anthony Howe, *The Cotton Masters, 1830-1860* (Oxford: Oxford University Press 1984), 273; 关于这个社团的社会和文化历史，见 Brian Lewis: *The Middlemost and the Milltowns: Bourgeois Culture and Politics in Early Industrial England* (Stanford: Stanford University Press, 2002); Bailey, *Leisure and Class in Victorian England;* Simon Gunn, *The Public Culture of the Victorian Middle Class: Ritual and Authority in the English Industrial City, 1840-1914* (Manchester: Manchester University Press, 2000); Rachel Rich, *Bourgeois Consumption: Food, Space and Identity in London and Paris, 1850-1914* (Manchester: Manchester University Press, 2011); Amy Woodson-Boulton, *Transformative Beauty: Art Museums in Industrial Britain* (Stanford: Stanford University Press, 2012)。

76 Derek Antrobus, *A Guiltless Feast: The Salford Bible Christian Church and the Rise of the Modern Vegetarian Movement* (Salford: City of Salford, Education and Leisure, 1997), 59. 关于这个特定教派，见 Louis Billington, "Popular Religion and Social Reform: A Study of Revivalism and Teetotalism, 1830-1850," *Journal of Religious History* 10, no. 3 (June 1979): 266-93. 关于基督教的饮食理念，见 David Grumett and Rachel Muers, *Theology on the Menu: Asceticism, Meat, and the Christian Diet* (London: Routledge, 2010)。

77 Billington, "Popular Religion and Social Reform."

78 Harrison, *Drink and the Victorians*, 117-18.

79 Ken Williams, *The Story of Ty-phoo and the Birmingham Tea Industry* (London: Quiller, 1990), 11-13; Shiman, *Crusade against Drink*, 64; Harrison, *Drink and the Victorians*, 179-95.

80 "Bolton Tea Party," *Moral Reformer, and Protestor Against the Vices, Abuses, and Corruptions of the Age 3*, no. 11 (November 1833): 353.

81 "Female Abstinence Society," *Teetotal Times and General Advertiser* 1, no. 1 (15 December 1838): n.p.

82 Tara Moore, "National Identity and Victorian Christmas Foods," in *Consuming Culture in the Long Nineteenth Century: Narratives of Consumption, 1700-1900*, ed. Tamara S. Wagner and Narin Hassan (Lanham, MD: Lexington Books, 2007), 141-54.

83 "Splendid Tea Party," *Preston Temperance Advocate* (January 1834): 1.

84 "Preston Temperance Tea Party," *Preston Temperance Advocate* (February 1836): 12-13.

85 19 世纪 20 年代，普雷斯顿是一个繁荣的棉花和集市小镇。*A Topographical, Statistical, and Historical Account of the Borough of Preston* (Preston, 1821), 118. 10 年后，该镇的织工彻底穷困潦倒。*Poor Mans Guardian* (4 February 1831): 1; Howe, *The Cotton Masters*, 164。

86　*Preston Temperance Advocate* (May 1836): 39.

87　相关的一个讨论，见 Peter J. Gurney, "'Rejoicing in Potatoes: The Politics of Consumption in England during the 'Hungry Forties,'" *Past and Present* 203 (May 2009): 133。

88　"Temperance Society of Congress," *Spirit of the Age and Journal of Humanity* 1, no. 42 (6 March 1834): 2; *Trumpet and Universalist Magazine* 6, no. 42 (8 March 1834): 147.

89　"Tea Parties," *Livesey's Moral Reformer* 2 (January 1838): 10.

90　Winskill, *Temperance Movement*, 105.

91　"Tea Party," *Preston Temperance Advocate* (January 1834): 7.

92　Letter to the editor, *Preston Temperance Advocate* (January 1834): 11.

93　英国禁酒促进协会于 1835 年在英国曼彻斯特成立时，反谷物法联盟的另一主要领导人理查德·科布登（Richard Cobden）也签名支持。*Preston Temperance Advocate* (November 1835): 94。

94　*Preston Temperance Advocate* (September 1836), 引自 Winskill, *Temperance Movement*, 150。

95　Winskill, *Temperance Movement*, 2.

96　Samuel Couling, *A History of the Temperance Movement in Great Britain and Ireland* (London: W. Tweedie, 1862), 65.

97　Harrison, *Drink and the Victorians*, 109.

98　"Tea Festival at Kendal" *Preston Temperance Advocate* (February 1836): 12; "London Tea Party," *Preston Temperance Advocate* (March 1836): 20.

99　"Tea Parties," *Livesey's Moral Reformer* 2 (January 1838): 10.

100　Dearden, *A Brief History of Ancient and Modern Tee-Totalism*, 21.

101　Winskill, *Temperance Movement*, 117.

102　Thomas Richards, *The Commodity Culture of Victorian England: Advertising and Spectacle, 1851—1914* (Stanford: Stanford University Press, 1990), 48−49.

103　John Burnett, *Plenty and Want: A Social History of Diet in England from 1815 to the Present Day* (London: Scolar Press, 1979), 48−73.

104　*The Temperance Movement*, pamphlet, c. 1845, 17.

105　"Coffee Shops in London," *Penny Magazine* 9, no. 558 (12 December 1840): 488; Burnett, *Plenty and Want*, 83; John Burnett, *England Eats Out: A Social History of Eating Out in England from 1830 to the Present* (Harlow: Pearson Longman, 2004), 46−50; *Preston Temperance Advocate* (January 1834): 14; Nathaniel Whittock, *The Complete Book of Trades, or, the Parent's Guide and Youth's Instructor: Forming a Popular Encyclopedia of Trades, Manufactures, and Commerce* (London: T. Tegg, 1842), 159.

106　Dearden, *A Brief History of Ancient and Modern Tee-Totalism*, 21.

107　Mintz, *Sweetness and Power*, 143.

108　*Domestic Life, or, Hints for Daily Use* (London, 1841).

109　"Female Abstinence Festival."

110　引自 William Cooke Taylor, Factories and the Factory System: From Parliamentary Documents and Personal Examination (London: Jeremiah How, 1844), 53。

111　Catherine Marsh, *English Hearts and English Hands, or, The Railway and the Trenches* (New York: R. Carter, 1858), 16, 353.

112　关于这种平民主义论述，参见 Patrick Joyce, *Visions of the People: Industrial England and the Question of Class, 1848−1914* (Cambridge: Cambridge University Press, 1991) and *Democratic Subjects: The Self and the Social in Nineteenth-Century England* (Cambridge: Cambridge University Press, 1994)。

113　John Styles, *The Dress of the People: Everyday Fashion in Eighteenth-Century England* (New Haven: Yale University Press, 2007).

114 "Annual Christmas Tea Party of the Preston Temperance Society," *Teetotal Times and General Advertiser* 1, no. 4 (5 January 1839): n.p.

115 Clark, *Struggle for the Breeches*, 79–82.

116 "Wigan Temperance Tea Party," *Teetotal Times and General Advertiser* 1, no. 3 (29 December 1838): n.p.

117 Albert O. Hirschman, *The Passions and the Interests: Political Arguments for Capitalism before Its Triumph* (Princeton: Princeton University Press, 1977).

118 Harrison, *Drink and the Victorians*, 95.

119 Rev. James Birmingham, *A Memoir of the Very Rev. Theobald Matthew* (Dublin: Milliken and Son, 1840), 69.

120 引自 Harrison, *Drink and the Victorians*, 97。

121 Ibid., 119. 另见 Arthur W. Silver, *Manchester Men and Indian Cotton, 1847–1872* (New York: Barnes and Noble, 1966), 31. 然而，19世纪中叶的棉花产业尤其以出口为导向，1834—1873年，出口增长速度比国内市场快3倍，见 Farnie, *The English Cotton Industry and the World Market,* 86。

122 关于自由主义消费者，见 Frank Trentmann, *Free Trade Nation: Commerce, Consumption, and Civil Society in Modern Britain* (Oxford: Oxford University Press, 2008)。

123 Harrison, *Drink and the Victorians,* 101.

124 Winskill, *Temperance Movement*, 5.

125 关于这个跨国社团的其他方面，见 Carl Bridge and Kent Fedorowich, eds., *The British World: Diaspora, Culture and Identity* (London: Frank Cass, 2003); James Belich, *Replenishing the Earth: The Settler Revolution and the Rise of the Anglo-World, 1783–1939* (Oxford: Oxford University Press, 2009)。

126 Winskill, *Temperance Movement,* 58, 63, 75–76.

127 Ibid.,60.

128 *The American Missionary Register for the Year 1825* 6 (December 1825): 375.

129 Elizabeth Elbourne, *Blood Ground: Colonialism, Missions, and the Contest for Christianity in the Cape Colony and Britain, 1799–1853 (*Montreal: McGill-Queens University Press, 2002), 234—43.

130 Ibid.,241–43.

131 Rev. John Campbell, *Travels in South Africa, undertaken at the request of the London Missionary Society; being an account of a Second Journey in the Interior of the Cape* (London: Francis Westley, 1822), 1:164.

132 引自 John L. Comaroff and Jean Comaroff, *Of Revelation and Revolution: The Dialectics of Modernity on a South African Frontier* (Chicago: University of Chicago Press, 1997), 2:236。

133 Ibid.

134 引自 *The American Missionary Register for the Year 1825,* Vol. VI (New York: United Foreign Missionary Society, 1825)。

135 "Baptist Tea Meeting," *The Liberator* 25, no. 55 (31 August 1855): 140, American Periodicals, Proquest.

136 T. Brooks, "Temperance in India," *Liveseys Moral Reformer* 22 (January 1839): 213.

137 John Sharpe, letter to *Primitive Methodist Magazine,* 24 January 1852, 3rd ser., 10 (1852): 368–71, republished in William E. Van Vugt, ed., *British Immigration to the United States, 1776–1914* (London: Pickering and Chatto, 2009), 3:293–94.

138 *Evangelist* 2, no. 10 (October 1851): 151, republished in *British Immigration to the United States*, 3:298.

139 "Tea Parties," *Friends' Review: A Religious, Literary and Miscellaneous Journal* (29 December 1849): 282.

140 *Report of the Executive Committee of the American Union, 1844* (New York, 1844), 14.

141 "Brooklyn Methodists Take Tea," *Christian Advocate* (7 April 1887): 224; *Religious, Literary and Miscellaneous Journal* (29 December 1849): 282.

142 "The Tea Saloon," *Public Opinion* 26, no. 25 (June 1899): 782.

143 Peter Gurney, *Co-Operative Culture and the Politics of Consumption in England, 1870–1930* (Manchester: Manchester University Press, 1996); Paul A. Pickering and Alex Tyrrell, *The Peoples Bread: A History of the Anti-Corn Law League* (London: Leicester University Press, 2000), 134.

144 *Report of the Conservative Tea Party* (Birmingham, 1836), 49.

145 引自 Bradley, *Call to Seriousness,* 47。

146 Carol Kennedy, *Business Pioneers: Family, Fortune, and Philanthropy: Cadbury, Sainsbury and John Lewis* (London: Random House, 2000), 15–25.

147 Williams, *Story of Ty-Phoo,* 12; Charles Dellheim, "The Creation of a Company Culture: Cadburys, 1861–1931," *American Historical Review* 92 (February 1987): 13–44.

148 G. Holden Pike, *John Cassell* (London: Cassell and Company, 1894), 18.

149 *Journal of the New British and Foreign Temperance Society* 1, no. 28 (13 July 1839): 255; 1, no. 37 (23 November 1839): 403; 2, no. 8 (15 August 1840): 100. John Bright 当时是该协会的副会长。

150 *The Story of the House of Cassell* (London: Cassell and Company, 1922), 13.

151 Ibid.,12–15.

152 *The Metropolitan: The Ladies Newspaper* (19 October 1850): 212.

153 *The Temperance Record* (25 January 1873): 47. 到了 19 世纪 80 年代，一本名为 *Temperance Caterer* 的专业杂志为这一具有社会意识的餐饮提供服务。

154 Harrison, *Drink and the Victorians,* 37.

155 Arnold Palmer, *Movable Feasts: A Reconnaissance of the Origins and Consequences of Fluctuations in Meal Times with special attention to the Introduction of Luncheon and Afternoon Tea* (London: Oxford University Press, 1952), 59; Laura Mason, "Everything Stops for Tea," in *Eating with the Victorians,* ed. C. Anne Wilson (London, 1994), 68–85; Andrea Broomfield, *Food and Cooking in Victorian England: A History* (Westport, CT: Praeger, 2007), 58–77.

156 Jean Rey, *The Whole Art of Dining* (London: Carmona and Baker, 1921), 50–51.

157 Ivan Day, "Teatime," in *Eat, Drink and Be Merry: The British at Table, 1600—2000,* ed. Ivan Day (London: P. Wilson, 2000), 107–30. 还有一些证据表明，19 世纪 30 年代，工人阶级女性在下午 4 点开始喝茶，而她们的丈夫则喝啤酒，见 Zachariah Allen, *The Practical Tourist: Sketches of Useful Arts, and of Society, Scenery, etc. ... in Great Britain, France, and Holland* (Providence: A. S. Beckwith), I:210。

158 Arjun Appadurai, "Disjuncture and Difference in the Global Cultural Economy," in *Modernity at Large: Cultural Dimensions of Globalization,* ed. Arjun Appadurai (Minneapolis: University of Minnesota Press, 1996), 42. 另见 Daniel Miller, "Coca-Cola: A Black Sweet Drink from Trinidad," in *Material Cultures: Why Some Things Matter,* ed. Daniel Miller (Chicago: University of Chicago Press, 1998), 170。

159 Harrison, *Drink and the Victorians*, 119–20.

3 一点鸦片、甜言蜜语和廉价的枪支

1 Charles A. Murray in reply to Mr. Gordon's Circular, December 1838, "Correspondence Relating to Assam Tea, 1838," BL Add. Mss. 22717.

2 Lady Alicia Gordon, 以公主 Sophia Matilda 的名义, December 1838, in reply to Mr.

Gordon's Circular, BL Add. Mss. 22717。

3　Andrew Melrose to the Provost of Edinburgh, December 1838, BL Add. Mss. 22717. 有关这种贸易的更多信息，见 Hoh-Cheung Mui and Lorna H. Mui, eds., *William Melrose in China, 1845-1945: The Letters of a Scottish Tea Merchant* (Edinburgh: T. and A. Constable, 1973)。

4　Lord Richard Wellesley, "Correspondence Relating to Assam Tea, 1840," BL Add. Mss. 22717.

5　Provost Milne, Aberdeen, 12 December 1838, in reply to Mr. Gordon's Circular, BL Add. Mss. 22717.

6　就这个及其相关主题，有一些特别重要的研究。Piya Chatterjee, *A Time for Tea: Women, Labor and Post/Colonial Politics on an Indian Plantation* (Durham: Duke University Press, 2001); Jayeeta Sharma, *Empires Garden:Assam and the Making of India* (Durham: Duke University Press, 2011); Gunnel Cederlof, *Founding an Empire on India's North-Eastern Frontiers, 1790-1840: Climate, Commerce, Polity* (Oxford: Oxford University Press, 2014); Rana P. Behal, *One Hundred Years of Servitude: Political Economy of Tea Plantations in Colonial Assam* (New Delhi: Tulika Books, 2014); Rajen Saikia, *The Social and Economic History of Assam, 1853-1921* (New Delhi: Manohar, 2000); Amalenda Guha, "Colonisation of Assam: Second Phase, 1840-1859," *Indian Economic and Social History Review* 4, no. 4 (1967): 289-317; Sanghamitra Misra, *Becoming a Borderland: The Politics of Space and Identity in Colonial Northeastern India* (London: Routledge, 2011); Andrew B. Liu, "The Birth of a Noble Tea Country: On the Geography of Colonial Capital and the Origins of Indian Tea," *Journal of Historical Sociology* 23, no. 1 (March 2010): 73-100; and Asim Chaudhuri, *Enclaves in a Peasant Society: Political Economy of Tea in Western Dooars in Northern Bengal* (New Delhi: People's Publishing House, 1995). 较早一些的论述包括 Sir Percival Griffiths, *The History of the Indian Tea Industry* (London: Weidenfeld and Nicolson, 1967); H. A. Antrobus, *A History of the Assam Company, 1839-1953* (Edinburgh: T. and A. Constable, Ltd., 1957); *A History of the Jorehaut Tea Company Ltd., 1859-1946* (London: Tea and Rubber Mail, 1948)。

7　关于印度北部政治经济的研究，见 Sudipta Sen, *Empire of Free Trade: The East India Company and the Making of the Colonial Marketplace* (Philadelphia: University of Pennsylvania Press, 1998); Christopher A. Bayly, *Rulers, Townsmen and Bazaars: Northern Indian Society in the Age of British Expansion, 1770-1870* (Cambridge: Cambridge University Press, 1988); and his "The Age of Hiatus: The North Indian Economy and Society, 1830-1850," in *Trade and Finance in Colonial India, 1750-1860,* ed. Asiya Siddiqi (Delhi: Oxford University Press, 1995),218-49。

8　茶叶委员会早些时候承认这个 "发现"，不过在 12 月 24 日的一封信中才正式公开。Nathaniel Wallich to W. H. Macnaghten, in *The Correspondence of Lord William Cavendish Bentinck: Governor-General of India, 1828-1835,* ed. C. H. Philips (Oxford: Oxford University Press, 1977), 2:1389-90.

9　关于当地的资本和印度资本主义，可见 Christopher A. Bayly, *Indian Society and the Making of the British Empire* (Cambridge: Cambridge University Press, 1988), especially chap. 2; Dwijendra Tripathi, *The Oxford History of Indian Business* (Oxford: Oxford University Press, 2004), 44-72。

10　William Robinson, *A Descriptive Account of Asam: With a Sketch of the Local Geography, and a Concise History of the Tea Plant of Asam* (1841; Delhi: Sanskaran Prakashak, 1975), 141.

11　"Proceedings of the Committee appointed by the Government for the Introduction of the Tea Plant into the Company's Territories," 13 February 1834, in *Copy of Papers Received from India Relating to the Measures Adopted for Introducing the Cultivation of the Tea*

Plant within the British Possessions in India (London: HMSO, 1839), 18-20（此后，我将这本文集称为茶树栽培文集）。

12 这些代理公司是私人公司，它们的利益从欧洲延伸到印度和远东。参见 Tony Webster, "An Early Global Business in a Colonial Context: The Strategies, Management, and Failure of John Palmer and Company of Calcutta, 1780-1830," *Enterprise and Society* 6, no. 1 (March 2005): 98-133; Michael Greenberg, *British Trade and the Opening of China, 1800-1842* (Cambridge: Cambridge University Press, 1951); S. B. Singh, *European Agency Houses in Bengal, 1783-1833* (Calcutta: Firma K. L. Mukhopadhyay, 1966); and Amales Tripathi, *Trade and Finance in the Bengal Presidency, 1793-1833* (Calcutta: Oxford University Press, 1979)。

13 K. N. Chaudhuri, ed., *The Economic Development of India under the East India Company, 1814-58: A Selection of Contemporary Writings* (Cambridge: Cambridge University Press, 1971), 18. Bentinck 尤其与印度的实用主义改革时代有关。John Rosselli, *Lord William Bentinck: The Making of a Liberal Imperialist* (Berkeley: University of California Press, 1974). 另见 Eric Stokes, *The English Utilitarians and India* (Oxford: Clarendon, 1959); Uday Singh Mehta, *Liberalism and Empire: A Study in Nineteenth-Century British Liberal Thought* (Chicago: University of Chicago Press, 1999); and Jennifer Pitts, *A Turn to Empire: The Rise of Imperial Liberalism in Britain and France* (Princeton: Princeton University Press, 2005), 103。

14 Rosselli, *Bentinck,* 24, 56-65.

15 William H. Ukers, *All About Tea* (New York: The Tea and Coffee Trade Journal Company, 1935), 1:109-15.

16 Ibid.,115-18.

17 D. M. Etherington, "The Indonesian Tea Industry," *Bulletin of Indonesian Economic Studies* 10, no. 2 (July 1974): 85.

18 Ibid.,85-86.

19 总督议事备忘录，Lord William Bentinck, 24 January 1834, 5, 关于茶叶种植的文件。

20 Griffiths, *History of the Indian Tea Industry*, 33-35. 关于 Banks, 见 John Gasgoigne, *Science in the Service of Empire: Joseph Banks, the British State and the Uses of Science in the Age of Revolution* (Cambridge: Cambridge University Press, 1998)。

21 Nathaniel Wallich, "Observations on the Cultivation of the Tea Plant for Commercial Purposes, in the Mountainous parts of Hindostan," 14, 关于茶叶种植的文件。

22 Ukers, *All about Tea,* 1:135.

23 亚当·斯密已经认识到，中国的国内贸易规模非常巨大，所以不需要外贸，但大多数企业都没有考虑到这种观点。参见 Robert Paul Gardella, *Harvesting Mountains: Fujian and the China Tea Trade, 1757-1937* (Berkeley: University of California Press, 1994), 1。

24 关于这一主题的著作非常多，但从修正主义的角度来看，低估了经济情况，见 Glenn Melancon, *Britain's China Policy and the Opium Crisis: Balancing Drugs, Violence and National Honour, 1833-1840* (Aldershot: Ashgate, 2003). 想要了解全面的观点，见 Peter Ward Fay, *The Opium War, 1840-1842* (Chapel Hill: University of North Carolina Press, 1975)。

25 *Canton Register and Price Current* 1, no. 22 (31 May 1828): 88.

26 Ibid., 1, no. 28 (19 July 1828): 109.

27 Ibid., 4, no. 14 (4 July 1831): 62.

28 针对这些论争是如何发展得更加全面的分析，见 Frank Trentmann, *Free Trade Nation: Commerce, Consumption, and Civil Society in Modern Britain* (Oxford: Oxford University Press, 2008)。

29 总督议事备忘录，Lord William Bentinck, 24 January 1834, 5, 关于茶树种植的文件。

30　例如，见有关备忘录的讨论，in "Our Own History of Tea Cultivation in India," *The Grocer* (27 October 1866): 302。

31　John Walker, "Proposition to the Honourable Directors of the East India Company to Cultivate Tea upon the Nepaul hills, and such other parts of the Territories of the East India Company as May be Suitable to its Growth," extract from India Revenue Consultations, reprinted 1 February 1834, 12, 6, 关于茶树种植的文件。

32　Ibid.,6–7.

33　Ibid., 7.

34　"A Concise Statement Relative to the Cultivation and Manufacture of Tea in Upper Assam," 12 February 1839, meeting of London Board of Assam Company, Ltd., London Board Minute Book, 12 February 1839–17 December 1845, Assam Company Archives, CLS/B/123/MS09924/001. 这些记录已经从伦敦市政厅图书馆转移到伦敦大都会档案馆，是 Inchape Group 收藏的一部分。我通篇采用了新的参考编号。

35　Walker, "Proposition," 11.

36　Members of the Tea Committee to W. H. Macnaghten, Esq., Secretary to the Government in the Revenue Department, 24 December 1834, 32, 关于茶树种植的文件。

37　Amalendu Guha, *Planter-Raj to Swaraj: Freedom Struggle and Electoral Politics in Assam, 1826–1947* (New Delhi: Indian Council of Historical Research, 1977) and Nitin Anant Gokhale, *The Hot Brew: The Assam Tea Industry's Most Turbulent Decade, 1987–1997* (Guwahati: Spectrum Publications, 1998).

38　例如，见 Henry Hobhouse, *Seeds of Change: Five Plants That Transformed Mankind* (New York: Harper and Row, 1985), 95–137。

39　Guha, "Colonisation of Assam."

40　Saikia, *History of Assam,* 145. 其他研究强调经济学，但是低估茶叶的作用，例如，见 S. K. Bhuyan, *Anglo-Assamese Relations, 1771–1826,* 2nd ed. (1949; Gauhati, Assam: Lawyer's Book Stall, 1979); Rebati Mohan Lahiri, *The Annexation of Assam (1824–1854)* (Calcutta: General Printers and Publishers, 1954)。

41　W. Nassau Lees, *Tea Cultivation, Cotton and Other Agricultural Experiments in India* (London: Wm. H. Allen, 1863).

42　Chatterjee, *A Time for Tea* and Sharma, *Empires Garden.*

43　Cederlöf, *Founding an Empire,* 5, 10.

44　E. A. Gait, *A History of Assam* (Calcutta: Thacker, Spink and Co., 1906); B. B. Hazarika, *Political Life in Assam during the Nineteenth Century* (Shakti Nagar, Delhi: Gian Publishing House, 1987); Saikia, *History of Assam;* Bhuyan, *Anglo-Assamese Relations*; Lahiri, *The Annexation of Assam;* Suhas Chatterjee, *A Socio Economic History of South Assam* (Jaipur: Printwell Publishers, 2000).

45　关于这段历史，以及它是如何影响殖民性质的，Cederlöf 提供了一个全面而缜密的观点，见 *Founding an Empire,* 83。

46　Bhuyan, *Anglo-Assamese Relations,* 55.

47　引自 ibid., 54。

48　Ibid., 301,361.

49　关于《1784 年皮特印度法案》和不干预阿萨姆地区政策的讨论，见 *Political Life in Assam during the Nineteenth Century,* 132–33。

50　Ibid.; Lahiri, *Annexation of Assam;* Bhuyan, *Anglo-Assamese Relations*; Gait, *History of Assam.*

51　Misra, *Becoming a Borderland;* Michael Baud and William Van Schendel, "Towards a Comparative History of Borderlands," *Journal of World History* 8, no. 2 (Fall 1997): 211–42. 关于当时那个时段的情况，见 Willem van Schendel, *The Bengal Borderland: Beyond State and Nation in South Asia* (London: Anthem, 2005); Nandana Dutta, *Questions of*

Identity in Assam: Location, Migration, Hybridity (Los Angeles: Sage, 2012); and Sanjoy Hazarika, *Rites of Passage: Border Crossings, Imagined Homelands, India's East and Bangladesh* (London: Penguin Books India, 2000)。

52 Bhuyan, *Anglo-Assamese Relations,* 516–17.

53 引自 ibid., 524。

54 Ibid.,524–25.

55 Ibid., 552. Bhuyan 称，1924 年，他是第一次记录下这首民谣，其实这首歌已经在此之前流传了上百年。

56 Hazarika, *Political Life in Assam during the Nineteenth Century,* 122.

57 引自 ibid., 126。

58 作为一个对照，可参见 Michael Adas, "Imperialist Rhetoric and Modern Historiography: The Case of Lower Burma before and after Conquest," *Journal of Southeast Asian Studies* 3, no. 2 (September 1972): 175–92。

59 Major John Butler, *Travels and Adventures in the Province of Assam: During a Residence of Fourteen Years* (1855; Delhi: Vivek, 1978), 247, 249.

60 Ibid., 250.

61 Assam: *Sketch of its History, Soil, and Productions; with the discovery of the Tea-Plant, and of the Countries Adjoining Assam* (London: Smith Elder and Co., 1839), 8.

62 Bhuyan, *Anglo-Assamese Relations,* 542–43.

63 Scott 在阿萨姆地区的形势有所缓解之前就去世了。Nirode K. Barooah, *David Scott in North-East India, 1802–1831: A Study in British Paternalism* (New Delhi: Munshiram Manoharlal, 1970), 88–156。

64 Lahiri, *Annexation of Assam.*

65 Bhuyan, *Anglo-Assamese Relations,* 563.

66 Lahiri, *Annexation of Assam,* 192–93.

67 Lieutenant Charlton to Captain Jenkins, 17 May 1834, 35, Papers on the Cultivation of the Tea Plant.

68 Ajit Kumar Dutta, *Maniram Dewan and the Contemporary Assamese Society* (Guwahati, Assam: Anupoma Dutta, 1990), 90.

69 Gait, *History of Assam,* 226.

70 Ukers, *All about Tea,* 1:135–37.

71 James Scott, *The Tea Story* (London: Heinemann, 1964), 66.

72 N. Wallich, MD, 关于声誉，to Captain F. Jenkins, 东北边境的总督代理人，15 March 1836, 关于茶树种植的文件, 71。

73 Chatterjee, *A Time for Tea,* 86–92; Sharma, *Empires Garden.*

74 C. A. Bruce to Captain F. Jenkins, 20 September 1836, 关于茶树种植的文件。

75 N. Wallich to J. W. Grant, Bagoam in the Muttock Country, 19 February 1836, 关于茶树种植的文件。

76 William Griffith, *Journals of Travels in Assam, Burma, Bootan, Affghanistan and the Neighbouring Countries* (Calcutta: Bishops College Press, 1847), 16.

77 Assam: *Sketch of its History, Soil, and Productions,* 13.

78 关于分析，见 David Arnold, *The Tropics and the Traveling Gaze: India, Landscape and Science, 1800–1856* (Seattle: University of Washington Press, 2006)。

79 Butler, *Travels,* 55, 59.

80 Chatterjee, *A Time for Tea,* 52–53.

81 C. A. Bruce, Esq., Commanding Gun Boats, to Lieutenant J. Millar, Commanding at Suddeya, 14 April 1836, 71, Papers on the Cultivation of the Tea Plant.

82 Major A. White, Political Agent, Upper Assam, to Captain F. Jenkins, Agent to the Governor-general, Assam, 30 May 1836, 69, Papers on the Cultivation of the Tea Plant.

83 C. A. Bruce to Jenkins, 1 October 1836, 84–85, Papers on the Cultivation of the Tea Plant.

84 Captain F. Jenkins, Governor-general's Agent, to G.J. Gordon, Esq., Secretary to the Tea Committee, Fort William, 18 October 1836, Papers on the Cultivation of the Tea Plant.

85 Bruce to Jenkins, 85, Papers on the Cultivation of the Tea Plant.

86 The Tea Committee to W. H. Macnaghten, Esq., Secretary to Governor-General, 6 August 1836, 76–79, 关于茶树种植的文件。

87 Jenkins to Wallich, 5 May 1836, 71, 关于茶树种植的文件。

88 引自 Dutta, *Dewan*, 95。

89 Major A. White to Wallich, 25 December 1835, 52, Papers on the Cultivation of the Tea Plant.

90 Jenkins to N. Wallich, Esq., MD, 5 May 1836, 72, Papers on the Cultivation of the Tea Plant.

91 Dutta, *Dewan,* 5.

92 Ibid.

93 Ibid.,98–101.

94 引自 Antrobus, *Assam Company*, 343–44。

95 Dutta, *Cha Garam,* 62–63.

96 Dutta, Dewan, 108–9.

97 Chatterjee, A *Time for Tea,* 87, 97, 99–101; Tripathi, *Oxford History of Indian Business,* 66.

98 见 Das Gupta's summary of Sibsankar Mukherjee, "Emergence of Bengali Entrepreneurship in Tea Plantations in Jalpaiguri Duars, 1879–1933" (PhD thesis, N.B.U., 1978), 引自 *Labour in Tea Gardens,* 12–19。

99 引自 Griffiths, *History of the Indian Tea Industry,* 53, 110–11。

100 Behal, *One Hundred Years of Servitude*, 34.

101 "A Concise Statement Relative to the Cultivation and Manufacture of Tea in Upper Assam," 12 February 1839, meeting of London Board of Assam Company, Ltd., London Board Minute Book, 12 February 1839–17 December 1845, Assam Company Archives, CLS/B/123/MS09924/001.

102 与荷兰的比较，见 Jan Breman, *Taming the Coolie Beast: Plantation Society and the Colonial Order in Southeast Asia* (Delhi: Oxford University Press, 1989)。

103 Hazarika, *Political Life in Assam during the Nineteenth Century*, 8; Birendra Chandra Chakravorty, *British Relations with the Hill Tribes of Assam since 1858* (Calcutta: Firma K. L. Mukhopadhya, 1964).

104 见 Ukers, *All about Tea*, vol. 1, chap. 15, 对整个过程有一个比较完善的描述。

105 这种从中国引进并收集知识的冲动就是一个很好的例子，见 G. J. Gordon, "Journal of an Attempted Ascent of the River Min, to visit the Tea Plantations of the Fuh-kin Province of China," *Journal of the Asiatic Society of Bengal* 4 (1835): 553–64. 想要了解更广泛的叙述，见 Sarah Rose, *For All the Tea in China: How England Stole the World's Favorite Drink and Changed History* (New York: Penguin, 2011)。

106 Roy Moxham, *Tea: Addiction, Exploitation, and Empire* (London: Carroll and Graf, 2003), 127.

107 Arup Kumar Dutta, *Cha Garam! The Tea Story* (Guwahati: Paloma Publications, 1992),125–33.

108 据估计，1837 年有 799 519 人。Behal, *One Hundred Years of Servitude*, 13。

109 C. A. Bruce, *Report on the Manufacture of Tea, and on the Extent and Produce of the Tea Plantations in Assam,* 由茶叶委员会提交，并在印度农业和园艺学会的一次会议上宣读，14 August 1839, in *Transactions of the Agricultural and Horticultural Society of India* 7 (Calcutta, 1840): 8。

110 Bruce to Jenkins, 10 February 1837, 2, 关于茶叶种植的文件。

111 Bruce, *Report on the Manufacture of Tea,* 1.

112 Ibid.,37.

113 Hazarika, *Political Life in Assam during the Nineteenth Century,* 268–70.

114 Francis Bonynge, *Future Wealth of America: Being a Glance at the Resources of the United States ... with a Review of the China Trade* (New York: Published by the Author, 1852), 87–96.

115 关于这个过程的完整讨论，见 Sharma, *Empires Garden*; Chatterjee, *A Time for Tea;* Navinder K. Singh, *Role of Women Workers in the Tea Industry of North East India* (New Delhi: Classical Publishing, 2001); Pranab Kumar Das Gupta and Iar Ali Khan, *Impact of Tea Plantation Industry on the Life of Tribal Labourers* (Calcutta: Government of India, 1983); Manas Das Gupta, *Labour in Tea Gardens* (Delhi: Gyan Sagar Publications, 1999); Rana P. Behal and Prabhu P. Mohapatra, " 'Tea and Money versus Human Life' : The Rise and Fall of the Indenture System in the Assam Tea Plantations, 1840–1908," in *Plantations, Proletarians and Peasants in Colonial Asia,* ed. E. Valentine Daniel, Henry Bernstein, and Tom Brass (London: Frank Cass, 1992), 142–73; 更近一些的著作 , Behal, *One Hundred Years of Servitude*。

116 Behal, *One Hundred Years of Servitude*, 4.

117 *Report of the Local Directors made to the Shareholders at a General Meeting held at Calcutta,* 11 August 1841 (Calcutta: Bishop's College Press, 1841), Assam Company Archives, CLC/B/123/MS27047.

118 *Report of the Provisional Committee made to the Shareholders at a General Meeting,* 7 May 1841, 18, Assam Company Archives, CLC/B/123/MS27,052/1.

119 Bruce, *Report on the Manufacture of Tea,* 21.

120 Saikia, *History of Assam,* 214.

121 关于阿萨姆地区种植了多少鸦片，存在一些争议；参见 Saikia, *History of Assam, 213 and Robinson, A Descriptive Account of Asam,* 24。

122 Bruce, *Report on the Manufacture of Tea,* 34. 另见 Butler, *Travels,* 70。

123 Butler, *Travels,*243, 244–46.

124 "Annual Report of the Provisional Committee to the Shareholders of the Assam Company," 1 May 1857, 4, Assam Company Archives, CLC/B/123/MS27,052/2.

125 Ibid.1858 年的年度报告被删掉了，对于 1857 年事件的描述被迫中断。

126 David T. Courtwright, *Forces of Habit: Drugs and the Making of the Modern World* (Cambridge, MA: Harvard University Press, 2009), 136–37.

127 Sharma, *Empires Garden,* 65.

128 Antrobus, *Assam Company,* 67.

129 Bruce, *Report on the Manufacture of Tea.*

130 Griffiths, *History of the Indian Tea Industry,* 65–66; Antrobus, *Assam Company,* 49.

131 "Report of the Provisional Committee, made to Shareholders at the General Meeting," 5 May 1843, 15, Assam Company Archives, CLC/B/123/MS27, 0521/1; Kalyan K. Sircar, "A Tale of Two Boards: Some Early Management Problems of the Assam Company Ltd., 1839–1864," *Economic and Political Weekly* 21, nos. 10–11 (8–15 March 1986).

132 Antrobus, *Assam Company,* 85.

133 "Indian Teas and Chinese Travellers,"*Frasers Magazine* 47 (January 1853): 97. Robert Fortune 也激发了兴趣。他的 *A Journey to the Tea Countries of China* 读起来很棒。类似的观点，可以见 "The Tea Countries of China," *Chambers's Edinburgh Journal* 17, no. 442 (19 June 1852): 395–97. 关于 Fortune 的职业，见 Rose, *For All the Tea in China*。

134 Griffiths, *History of the Indian Tea Industry,* 69–70; W. Kenneth Warren, *Tea Tales of Assam* (London: Liss Printers, 1975).

135 Antrobus,*Jorehaut Tea Company,* 39. 对于这些早期种植园主富有浪漫色彩的观点，可

见 John Weatherstone, *The Pioneers, 1825–1900: The Early British Tea and Coffee Planters and Their Way of Life* (London: Quiller Press, 1986)。

136 Griffiths, *History of the Indian Tea Industry*, 71–72.

137 Behal, *One Hundred Years of Servitude*, 36.

138 Ibid.,42–43.

139 Ibid., 55.

140 引自 Singh, *Women Workers,* 18。

141 Singh, *Women Workers*, 20. 一个可做比较的例子，见 Madhavi Kale, *Fragments of Empire: Capital, Slavery, and Indian Indentured Labor in the British Caribbean* (Philadelphia: University of Pennsylvania Press, 1998)。

142 Ibid.,75.

143 引自 Behal, *One Hundred Years of Servitude*, 76.

144 Ibid., 79.

145 Moxham, *Tea,* 134–35.

146 "Dr. Reid's Report on the Causes of Mortality amongst Imported Coolies," 28 February 1866, Ms. 8799: Abstracts of Agents Reports, 1862–67, Assam Company Archives, CLC/B/123/8799.

147 Behal, *One Hundred Years of Servitude, 58.*

148 Singh, *Women Workers,* chap. 2; Behal, *One Hundred Years of Servitude;* Sharma, *Empire's Garden;* and Chatterjee, *A Time for Tea,* 所有这些都确凿地证明了这一点。

149 "Report of the Provisional Committee, made to the Shareholders at a General Meeting," 1 May 1857, Assam Company Archives.

150 引自 Report of the Directors 的报告，June 1867, 4, Assam Company Archives, CLC/B/123/MS8801。

151 Tarasankar Banerjee, *Internal Market of India, 1834–1900* (Calcutta: Academic Publishers, 1966).

152 Ritu Birla, *Stages of Capital: Law, Culture, and Market Governance in Late Colonial India* (Durham: Duke University Press, 2009), 3.

153 Prakash Narain Agarwala, *The History of Indian Business: A Complete Account of Trade Exchanges from 3000 B.C. to the Present Day* (New Delhi: Vikas, 1985), 117–23.

154 Parimal Ray, *India's Foreign Trade since 1870* (London: George Routledge and Sons, 1934); Claude Markovits, *The Global World of Indian Merchants, 1750–1947* (Cambridge: Cambridge University Press, 2000); Giovanni Federico, *Feeding the World: An Economic History of Agriculture, 1800–2000* (Princeton: Princeton University Press, 2005) and Arthur Lewis, "The Rate of Growth of World Trade, 1830–1973," in *The World Economic Order: Past and Prospects,* ed. Sven Grassman and Erik Lundberg (New York: St. Martin's Press, 1981), 1–81.

155 A. G. Hopkins, "The History of Globalization—and the Globalization of History?" in *Globalization in World History,* ed. A. G. Hopkins (New York: Norton, 2002), 35.

156 J. Berry White, "The Indian Tea Industry: Its Rise, Progress during Fifty Years, and Prospects Considered from a Commercial Point of View," *Journal of the Royal Society of Arts,* 35 (10 June 1887): 738; J. W. Edgar, "Mr. Edgar's Report on Tea Cultivation," 1873, 1,3, ITA Mss Eur F174/847.

157 Griffiths, *History of the Indian Tea Industry*, 88.

158 Ibid., 82; "Tea Cultivation in Assam," *Board of Trade Journal* 9 (1890): 106–8.

159 "Tea Cultivation in Assam," 115–16.

160 White, "The Indian Tea Industry," 737.

161 Leonard Wray, "Tea, and Its Production in Various Countries," *Journal of the Society of Arts* 9 (25 January 1861): 145 and "India, Tea Crop at Darjeeling," *Journal of the Society of*

Arts 20 (17 November 1872): 94.

162 Robert Fortune, *Report upon the Present Condition and Future Prospects of Tea Cultivation in the North-Western Provinces and in the Punjab* (Calcutta: F. F. Wyman, 1860),12–13.

163 "Tea Cultivation in Assam," *The Grocer* 8 (14 October 1865): 277.

164 Lees, *Tea Cultivation,* 1; Charles Henry Fielder, "On the Rise, Progress, and Future Prospects of Tea Cultivation in British India," *Journal of the Statistical Society of London* 32 (March 1869): 30.

165 Edgar, "Report on Tea Cultivation," 32–33.

166 "Tea-Planting in Assam," *Chambers's Journal* 57 (July 1880): 471.

167 Edward Money, *The Cultivation and Manufacture of Tea,* 4th ed. (London: W. B. Whittingham, 1883), 2.

168 Ibid.,178–79.

169 Gardella, *Harvesting Mountains*, 62, 74.

170 引自 ibid., 102。

171 Ukers, *All about Tea,* 2:230; Gardella, *Harvesting Mountains,* 63–69.

172 Money, *Tea,* 188.

173 Ibid., 184–93. 另见 *HCM* (30 May 1879): i; (13 June 1879) iii; and (6 March 1889): iii。

174 *The Grocer* (25 August 1866): 132.

175 *Augusta Sentinel* republished in Bonynge, *Future Wealth of America*, 87.

176 "Tea: Its Consumption and Culture," *Merchants Magazine and Commercial Review* (February 1863): 117.

177 引自 E. Leroy Pond, *Junius Smith: A Biography of the Father of the Atlantic Liner* (1927; New York: Books of the Library Press, 1971), 235。

178 引自 ibid., 235–36。

179 引自 ibid., 255。

180 Ibid.,241.

181 Erika Rappaport, " 'The Bombay Debt' : Letter Writing, Domestic Economies and Family Conflict in Colonial India," *Gender and History* 16, no. 2 (August 2004): 233–60.

182 关于美国公民如何在大英帝国工作并从中获益的著作越来越多。例如，参见 David Baillargeon, " 'A Burmese Wonderland' : British World Mining, Finance, and Governmentality in Colonial Burma, 1879–1935" (PhD diss., University of California, Santa Barbara, expected completion spring 2017)。

183 Letter dated 14 June 1848, 引自 Pond, *Junius Smith,* 247。

184 "Tea," *Cyclopedia of Commerce and Commercial Navigation,* ed. J. Isaac Homans and J. Isaac Homans Jr. (New York: Harper Brothers, 1860), 1820–21. 关于美国的种植园，另见 Money, *Tea,* 184; C. Nordhoff, "Tea, Culture in the United States," *Harper's New Monthly Magazine* 19 (1859): 762; La Fayette I. Parks, "Dr. Charles U. Shepard's Tea Plantation near Summerville—Successful Tea-Growing in America," *Cosmopolitan* 24 (April 1898): 534, 584; and R. H. True, "Tea Culture in the United States," *Review of Reviews* 34 (1906): 327。

185 *Colonial Empire and Star of India* 1, no. 1 (7 June 1878): 10. 这本期刊从 1879 年开始包括一份种植园主副刊，当时它也更名为 *Home and Colonial Mail*。

186 *The Grocer* (23 July 1864): 69.

187 *Pittsburg Commercial* 引自 *The Grocer* (15 April 1871): 335. 关于 Hollister, 参见 *The Grocer* (3 February 1872): 121。

188 "Tea: Its Consumption and Culture," 117.

189 *HCM*(20 August 1880): 324.

190 Money, *Tea*, 190.

191 1880 年，美国进口 5000 万磅至 6000 万磅茶叶。*HCM* (16 July 1880): 3。

192 *Tea and the Tea Trade*, 11. 另见 "Tea Consumption in the United States," *Merchants Magazine and Commercial Review* (December 1859): 734 and "Tea Drinking in the United States," *HCM* (4 January 1895): v。

193 Roland Wenzlhuemer, *From Coffee to Tea Cultivation in Ceylon, 1880–1900: An Economic and Social History* (Leiden: Brill, 2008); K. M. de Silva, *A History of Sri Lanka* (London: C. Hurst and University of California Press, 1981); Michael Roberts and L. A. Wickremeratne, "Export Agriculture in the Nineteenth Century Economy," in *University of Ceylon: History of Ceylon*, vol. 3, ed. K. M. Silva (Peradeniya: University of Ceylon, 1973), 89–118. 关于斯里兰卡种植园的劳工，参见 Patrick Peebles, *The Plantation Tamils of Ceylon* (London: Leicester University Press, 2001) and Rachel Kurian, "Labor, Race, and Gender on the Coffee Plantations in Ceylon (Sri Lanka), 1834–1880," in *The Global Coffee Economy in Africa, Asia, and Latin America, 1500–1989*, ed. William Gervase Clarence-Smith and Steven Topik (Cambridge: Cambridge University Press, 2003), 173–90。

194 De Silva, *Sri* Lanka, 268–74.

195 Wenzlhuemer, *From Coffee to Tea*; D.M. Forrest, *A Hundred Years of Ceylon Tea 1867–1967* (London: Chatto & Windus, 1967); Maxwell Fernando, *The Story of Ceylon Tea* (Colombo: Mlesna, 2000).

196 Forrest, *Hundred Years of Ceylon Tea*, 50–51.

197 De Silva, *Sri Lanka*, 289–90.

198 *Planters' Gazette* 15 (30 April 1878): 94.

199 "Ceylon Tea," *HCM* (19 June 1885): iii.

200 Money, *Tea*, 184.

201 关于帝国的家庭，有一部巨著，但是在这里，我参考了 Durba Ghosh, *Sex and the Family in Colonial India: The Making of Empire* (Cambridge: Cambridge University Press 2006) and Elizabeth Buettner, *Empire Families: Britons and Late Imperial India* (Oxford: Oxford University Press, 2004)。

4 包装中国

1 William H. Ukers, *All About Tea* (New York: The Tea and Coffee Trade Journal, 1935): II:132. 关于美国，参见 Susan Strasser, *Satisfaction Guaranteed: The Making of the American Mass Market* (Washington: Smithsonian Institution Press, 1989), 252–85。

2 Harmke Kamminga and Andrew Cunningham, eds., *The Science and Culture of Nutrition, 1840–1940* (Amsterdam: Rodopi, 1995); John Burnett and Derek J. Oddy, eds., *The Origins and Development of Food Policies in Europe* (London: Leicester University Press, 1994); Adel P. den Hartog, ed., *Food Technology, Science and Marketing: European Diet in the Twentieth Century* (East Lothian, Scotland: Tuckwell Press, 1995); Geoffrey Jones and Nicholas J. Morgan, eds., *Adding Value: Brands and Marketing in Food and Drink* (London: Routledge, 1994).

3 关于这个时期的中英关系，有一部庞大且还在不断撰写的作品，例如，参见 Wang Gungwu, *Anglo-Chinese Encounters since 1800: War, Trade, Science and Governance* (Cambridge: Cambridge University Press, 2003)。论中国在维多利亚文化形成过程中的地位，可参见 Elizabeth Hope Chang, *Britain's Chinese Eye: Literature, Empire and Aesthetics in Nineteenth-Century Britain* (Stanford: Stanford University Press, 2010) and Ross Forman, *China and the Victorian Imagination: Empires Entwined* (Cambridge: Cambridge University Press, 2013)。其他研究作品包括 James L. Hevia, *Cherishing Men from Afar: Qing Guest Ritual and the Macartney Embassy of 1793* (Durham: Duke

University Press, 1995) and *English Lessons: The Pedagogy of Imperialism in Nineteenth-Century China* (Durham: Duke University Press, 2003); Nicholas J. Clifford, *"A Truthful Impression of the Country": British and American Travel Writing in China, 1880–1949* (Ann Arbor: University of Michigan Press, 2001); Robert Bickers, *Britain in China: Community, Culture and Colonialism, 1900–1949* (Manchester: Manchester University Press, 1999); and Ulrike Hillemann, *Asian Empire and British Knowledge: China and the Networks of British Imperial Expansion* (Basingstoke: Palgrave Macmillan, 2009)。

4 Ingeborg Paulus, *The Search for Pure Food: A Sociology of Legislation in Britain* (London: Martin Robertson, 1974); Michael French and Jim Phillips, *Cheated Not Poisoned? Food Regulation in the United Kingdom, 1875–1938* (Manchester: Manchester University Press, 2000); Derek J. Oddy, "Food Quality in London and the Rise of the Public Analyst, 1870–1939," in *Food and the City in Europe since 1800,* ed. Peter J. Atkins, Peter Lummel, and Derek J. Oddy (Aldershot: Ashgate, 2007), 91–104; Susan Morton, "A Little of What You Fancy Does You ... Harm!!" in *Criminal Conversations: Victorian Crimes, Social Panic, and Moral Outrage,* ed. Judith Rowbotham and Kim Stevenson (Columbus: Ohio University Press, 2005), 157–76; Hans J. Teuteberg, "Food Adulteration and the Beginnings of Uniform Food Legislation in Late Nineteenth-Century Germany," in *The Origins and Development of Food Policies in Europe,* ed. Burnett and Oddy. 关于美国，可参见 Upton Sinclair, *The Jungle* (1906; New York: Penguin, 1985); Lorine Swainston Goodwin, *The Pure Food, Drink, and Drug Crusaders, 1879–1914* (Jefferson, NC: McFarland, 1999); James Harvey Young, *Pure Food: Securing the Federal Food and Drugs Act of 1906* (Princeton: Princeton University Press, 1989); Mitchell Okun, *Fair Play in the Marketplace: The First Battle for Pure Foods and Drugs* (DeKalb: Northern Illinois University Press, 1986) and Harvey A. Levenstein, *Revolution at the Table: The Transformation of the American Diet* (New York: Oxford University Press, 1988)。

5 A. D. Beardsworth, "Trans-Science and Moral Panics: Understanding Food Scares," *British Food Journal* 92, no. 5 (1990): 11–16.

6 尤其可参见 Michael Pollan, *The Omnivore's Dilemma: A Natural History of Four Meals* (New York: Penguin, 2006); Eric Schlosser, *Fast Food Nation: The Dark Side of the All-American Meal* (Boston: Houghton Mifflin, 2001); and Marion Nestle, *Safe Food: The Politics of Food Safety* (Berkeley: University of California Press, 2010)。

7 类似的问题，可参见 K. Waddington, "The Dangerous Sausage: Diet, Meat and Disease in Victorian and Edwardian Britain," *Cultural and Social History* 8, no. 1 (2011): 51–71 and Benjamin R. Cohen, "Analysis as Border Patrol: Chemists along the Boundary between Pure Food and Real Adulteration," *Endeavour* 35, no. 2–3 (September 2011): 66–73。

8 Mary Douglas, *Purity and Danger: An Analysis of the Concepts of Pollution and Taboo* (London: Ark, 1966).

9 Deborah Lupton, *Food, the Body and the Self* (London: Sage, 1996), 112.

10 John Prescott and Beverly J. Tepper, eds., *Genetic Variation in Taste Sensitivity* (New York: Marcel Dekker, 2005).

11 John Burnett, "The History of Food Adulteration in Great Britain in the Nineteenth Century, with Special Reference to Bread, Tea and Beer" (PhD thesis, London University, 1958); Susanne Freidberg, *French Beans and Food Scares: Culture and Commerce in an Anxious Age* (Oxford: Oxford University Press, 2004), 38–39; Francis B. Smith, *The People's Health, 1830–1910* (New York: Holmes and Meier, 1979), 203–14.

12 Dr. Edward Smith, *Foods* (New York: D. Appleton and Co. 1874), 5.

13 Christopher Hamlin, *Cholera: The Biography* (Oxford: Oxford University Press, 2009).

14 Pamela K. Gilbert, *Cholera and Nation: Doctoring the Social Body in Victorian England* (New York: State University of New York Press, 2008), 2–5; Christopher Hamlin, *Public*

Health and Social Justice in the Age of Chadwick: Britain, 1800–1854 (Cambridge: Cambridge University Press, 1998) and his *A Science of Impurity: Water Analysis in Nineteenth-Century Britain* (Bristol: Adam Hilger, 1990). 其他重要著作包括 Mary Poovey, *Making a Social Body: British Cultural Formation, 1830–1864* (Chicago: University of Chicago Press, 1995) and Michel Foucault, "Governmentality," in *The Foucault Effect: Studies in Governmentality,* ed. Graham Burchell, Colin Gordon, and Peter Miller (Chicago: University of Chicago Press, 1991). 论帝国，可参见 David Arnold, *Colonizing the Body: State Medicine and Epidemic Disease in Nineteenth-Century India* (Berkeley: University of California Press, 1993)。

15   Thomas Herbert, *The Law on Adulteration* (London: Knight and Co., 1884), 7–12.

16   Oliver MacDonagh, *Early Victorian Government, 1830–1870* (London: Weidenfeld and Nicolson, 1977), 159.

17   Chris Otter, *The Victorian Eye: A Political History of Light and Vision in Britain, 1800–1910* (Chicago: University of Chicago Press, 2008), 107–8; Christopher Hamlin, "The City as a Chemical System? The Chemist as Urban Environmental Professional in France and Britain, 1780–1880," *Journal of Urban History* 33, no. 5 (2007): 702–28.

18   Friedrich Christian Accum, *A Treatise on Adulterations of Food and Culinary Poisons* (Philadelphia: AbJM Small, 1820), 14; Burnett, "History of Food Adulteration," 11,43.

19   *The Domestic Chemist: Comprising Instructions for the Detection of Adulteration in Numerous Articles* (London: Bumpus and Griffin, 1831); J. Stevenson, *Advice Medical, and Economical, Relative to the Purchase and Consumption of Tea, Coffee, and Chocolate; Wines and Malt Liquors: Including Tests to Detect Adulteration, Also Remarks on Water with directions to Purify it for Domestic Use* (London: F. C. Westley, 1830), 10.

20   *The Family Manual and Servants' Guide* (London: S. D. Ewins, 1859), 32.

21   William Rathbone Greg, *An Enquiry into the State of the Manufacturing Population, and the Causes and the Cures of the Evils Therein Existing* (London: James Ridgway, 1831), 10; Manchester and Salford Sanitary Association, *Report of the Sub-Committee upon the Adulteration of Food* (Manchester: Powlson and Sons, 1863).

22   *Deadly Adulteration and Slow Poisoning Unmasked, or, Disease and Death in the Pot and the Bottle* (London: Sherwood, Gilbert and Piper, 1839), vi.

23   James Dawson Burn, *The Language of the Walls: And a Voice from the Shop Windows, or, The Mirror of Commercial Roguery* (Manchester: Abel Heywood, 1855).

24   "Frauds: Necessity for taking some steps to Protect the Poor Against Short Weight, Short Measure, and Adulteration," NA: HO 45/5338.

25   Peter Gurney, *Co-Operative Culture and the Politics of Consumption in England, 1870—1930* (Manchester: Manchester University Press), 205–6; Central Co-operative Agency, *Catalogue of Teas, Coffees, Colonial and Italian Produce, and Wines with Prefatory Remarks on Adulteration, Arising from Competition* (London: Central Co-operative Agency, 1852).

26   Edwy Godwin Clayton, *Arthur Hill Hassall: Physician and Sanitary Reformer* (London: Bailliere, Tindall, and Cox, 1908), xiii; Ernest A. Gray, *By Candlelight: The Life of Dr. Arthur HillHassall, 1817–94* (London: Robert Hale, 1983).

27   William Alexander, MD, *The Adulteration of Food and Drinks* (London: Longman, 1856), 6.

28   1874 年，Hassall 成办了 *Food, Water, and Air,* 同一年帮忙创建了公共分析家协会。Clayton, *Hassall,* 33。

29   *First Report from the Select Committee on Adulteration of Food, &C; with Minutes of Evidence, and Appendix, 1855* (Great Britain: House of Commons, 1856).

30   Arthur Hill Hassall, MD, *Food and Its Adulterations; Comprising the Reports of the Analytical Sanitary Commission of "The Lancet"for the years 1851 to 1854, revised and*

extended (London: Longman, Brown, Green and Longmans, 1855). 另见他的 *Adulterations Detected, or, Plain Instructions for the Discovery of Frauds in Food and Medicine* (London: Longman, Brown, Green, Longmans, and Roberts, 1857); 以及他经过修订的重要著作 *Food: Its Adulterations, and the Methods for Their Detection* (London: Longmans, Green, and Co., 1876)。

31 Hassall, *Adulterations Detected*, vii.

32 Ibid.,8–10,17–18.

33 Ibid.,410–11.

34 Ibid., 33.

35 Ibid., 17

36 Frederick Stroud and Elsie May Wheeler, *The Judicial Dictionary* (London: Sweet and Maxwell, 1931), 引自 Frederick Arthur Filby, *A History of Food Adulteration and Analysis* (London: George Allen and Unwin, 1934), 16. 关于不断进化发展的法案的全面分析，可参见 Paulus, *Search for Pure Food*。

37 George Dodd, *The Food of London* (London: Longmans, Green and Longmans, 1856), 16.

38 *Poisoning and Pilfering; Wholesale and Retail,* rev. ed. (London: Longmans, Green and Co., 1871), 7.

39 Hillel Schwartz, *The Culture of the Copy: Striking Likenesses, Unreasonable Facsimiles* (New York: Zone, 1996).

40 Karl Marx, *Capital: A Critique of Political Economy,* ed. Frederick Engels, revised from fourth German edition (New York: Modern Library, 1906), 274.

41 Walter Benjamin, "The Work of Art in the Age of Mechanical Reproduction," in *Illuminations: Essays and Reflections,* edited with introduction by Hannah Arendt, trans. Harry Zohn (New York: Harcourt Brace Jovanovich, 1968), 217–52.

42 Charles Estcourt, "Adulteration of Food," in *Manchester and Salford Sanitary Association: Health Lectures for the People* (Manchester: Simpkin, Marshall, 1878), 166; Burn, *The Language of the Walls,* 231.

43 *Deadly Adulteration,* 83.

44 Wentworth Lascelles Scott, "On Food: Its Adulterations, and the Methods of Detecting Them," *Journal of the Society of Arts* 9, no. 428 (1 February 1861): 159.

45 John Gallagher and Ronald Robinson, "The Imperialism of Free Trade," *Economic History Review,* 2nd ser., 6 (1953): 1–15; C. M. Turnbull, "Formal and Informal Empire in East Asia," in *Historiography: The Oxford History of the British Empire*, ed. Robin Winks (Oxford: Oxford University Press, 1999), 379–402.

46 Burnett, "History of Food Adulteration," 226.

47 引自 Michael Greenberg, *British Trade and the Opening of China, 1800–1842* (1951; Cambridge: Cambridge University Press, 1969), 186。

48 约翰·里弗斯（John Reeves）谴责"自由贸易商"和部分美国商人进口掺假的茶叶。参见他在茶叶关税专门委员会上提供的证据 (1834), (Great Britain: House of Commons, 1834), 36。

49 Burnett, "History of Food Adulteration," 210.

50 Mr. John Reeves 向 the Select Committee on the Tea Duties 递交的证据 (1834), 36。

51 "Tea Consumption in the United States," *Merchants Magazine and Commercial Review* 40, no. 6 (June 1859): 734. 另见 "Tea, Its Consumption and Culture," *Merchant's Magazine and Commercial Review* (February 1863): 119。

52 "The Tea Culture," *Merchant's Magazine and Commercial Review* (December 1855): 759.

53 *Illustrated London News,* 3 December 1842, 469, 引自 Susan Schoenbauer Thurin, *Victorian Travelers and the Opening of China, 1842–1907* (Athens: Ohio University Press, 1999), 28。

54 J. Y. Wong, *Deadly Dreams: Opium, Imperialism, and the Arrow War (1856—1860) in China* (Cambridge: Cambridge University Press, 1998), 346.

55 Ibid., 339, 335.

56 Ibid., 351.

57 *The Times,* 31 July 1858, 引自 Wong, *Deadly Dreams,* 359; Hevia, *English Lessons,* 31-48。

58 Wong, *Deadly Dreams,* 216-17, chap. 7.

59 *Morning Post,* 3 March 1857, 引自 ibid., 226.

60 S. Osborn, *The Past and Future of British Relations in China* (Edinburgh: Blackwood, 1860), 10, 引自 Wong, *Deadly Dreams,* 450。

61 "The Shanghai Tea-Gar dens," *Leisure Hour* 14 (1865): 711.

62 "Tea Consumption in the United States," *Merchants Magazine and Commercial Review* (December 1859): 759-60; Frederic E. Wakeman, *Strangers at the Gate: Social Disorder in Southern China, 1839-1861* (Berkeley: University of California Press, 1966).

63 Robert Gardella, *Harvesting Mountains: Fujian and the China Tea Trade, 1757-1937* (Berkeley: University of California Press, 1994), 93-98.

64 "The Extension of Tea Culture," *The Grocer,* 15 November 1862, 380.

65 Gardella, *Harvesting Mountains,* 52-53. 美国棉花与英国棉花在中国市场上竞争，可参见 Greenberg, *British Trade and the Opening of China,* 186。

66 David Roy MacGregor, *The Tea Clippers: Their History and Development, 1833-1875* (1952; London: Conway Maritime Press and Lloyd's of London Press, 1983).

67 Beatrice Hohenegger, *Liquid Jade: The Story of Tea from East to West* (New York: St. Martin's Press, 2006), 172; William Ukers, *All About Tea* (New York: Tea and Coffee Trade Journal, 1935), 1:87-108.

68 "The Great Tea-Ship Race," *The Grocer,* 8 September 1866, 169.

69 引自 Accum, *A Treatise on Adulterations of Food,* 167.

70 *Poisonous Tea! The Trial of Edward Palmer, Grocer,* 2nd ed. (London: John Fairburn, 1818); Burnett, "History of Food Adulteration," 237-38.

71 Hassall, *Food and Its Adulterations,* 273.

72 引自 ibid., 278。

73 Ibid.,283-83.

74 Henry Mayhew, *Mayhew's London,* ed. Peter Quennell (1861; London: Bracken Books, 1984), 191.

75 *Anti-Adulteration Review: Dedicated to Amending and Enforcing the Law Against Adulteration and to Ensuring Purity in Food and Drink* 1, no. 2 (December 1871): 20 and 1, no. 4 (February 1872): 55.

76 Mrs. Cobden Unwin, *The Hungry Forties: Life under the Bread Tax* (London: F. T. Unwin, 1904), 161, 72.

77 Frank Trentmann, *Free Trade Nation: Commerce, Consumption, and Civil Society in Modern Britain* (Oxford: Oxford University Press, 2008), 39-45.

78 Robert Warrington, "Observations on the Green Teas of Commerce," extract from "The Memoirs of the Chemical Society," part 8, published in the appendix to *First Report from the Select Committee on Adulteration of Food,* 129-32.

79 Robert Warrington, "Observations on the Teas of Commerce," *Edinburgh New Philosophical Society* 51 (April-October 1851): 248.

80 Hassall, *Food and Its Adulterations,* 296.

81 Ibid., 297.

82 Robert Fortune, *Three Years' Wanderings in the Northern Provinces of China* (London: John Murray, 1847), 218-19. 了解福琼的冒险经历，可参见 Rose, *For All the Tea in*

China。

83 Samuel Ball, *An Account of the Cultivation and Manufacture of Tea in China* (London: Longman, Brown, Green and Longmans, 1848), 243.

84 Robert Fortune, *Two Visits to the Tea Countries of China and the British Tea Plantation in the Himalaya*, 3rd ed. (London: John Murray, 1853), 2:70.

85 Stevenson, *Advice Medical*, 6.

86 G.G. Sigmond, *Tea: Its Effects Medicinal and Moral* (London: Longman, Orme, Brown, Green and Longmans, 1839), 7, 9.

87 Jonathon Pereira, *A Treatise on Food and Diet with Observations on the Dietetical Regimen suited for the Disordered States of the Digestive Organs* (New York: Fowler and Wells, 1843), 189.

88 Ibid., 192; Edward Smith, "On the Uses of Tea in the Healthy System," *Journal of the Royal Society of the Arts* 9 (1861): 190.

89 Sigmond, *Tea*, 124.

90 "Green Tea," *Monthly Religious Magazine* (Boston) 28 (1862): 198–99.

91 Elizabeth Gaskell, *Cranford* (1853; Oxford: Oxford University Press, 1972), 146.

92 "Green Tea: A Case Reported by Martin Hesselius, the German Physician," *All the Year Round* 22 (1869): 549. 另见重印版本 J. Sheridan Le Fanu, *In a Glass Darkly* (London: R. Bentley and Son, 1872). Barry Milligan, *Pleasures and Pains: Opium and the Orient in Nineteenth-Century British Culture* (Charlottesville: University of Virginia Press, 1995). 关于这些问题的出色研究，可参见 Susan Marjorie Zieger, *Inventing the Addict: Drugs, Race, and Sexuality in Nineteenth-Century British and American Literature* (Amherst: University of Massachusetts Press, 2008)。

93 Mrs. Nancy Smith, "Confessions of a Green-Tea Drinker," *Monthly Religious Magazine* (May 1861): 317, 326.

94 John C. Draper, "Tea and Its Adulterations," *The Galaxy* 7 (March 1869): 411.

95 "Chinese Method of Colouring Tea," *Hogg's Instructor* (Edinburgh, 1850): 91.

96 Zheng Yangwen, *The Social Life of Opium in China* (Cambridge: Cambridge University Press, 2005).

97 这件事在一系列信件中有所阐述 in "The Adulteration of Tea," *Journal of the Society of Arts* 9, no. 430 (February 1861): 199–202。

98 Gardella, *Harvesting Mountains*, 99–100.

99 关于广告、种族、帝国主义和身份等问题，可参见 John MacKenzie, ed., *Imperialism and Popular Culture* (Manchester: Manchester University Press, 1986)，以及他的 *Propaganda and Empire: The Manipulation of British Public Opinion, 1880–1960* (Manchester: Manchester University Press, 1984); Thomas Richards, *The Commodity Culture of Victorian England: Advertising and Spectacle, 1851–1914* (Stanford: Stanford University Press, 1990); Anne McClintock, *Imperial Leather: Race, Gender and Sexuality in the Colonial Contest* (New York: Routledge, 1995); Timothy Burke, *Lifebuoy Men; Lux Women: Commodification, Consumption and Cleanliness in Modern Zimbabwe* (Durham: Duke University Press, 1996); Piya Chatterjee, *A Time for Tea: Women, Labor, and Post/Colonial Politics on an Indian Plantation* (Durham: Duke University Press, 2001); and Anandi Ramamurthy, *Imperial Persuaders: Images of Africa and Asia in British Advertising* (Manchester: Manchester University Press, 2003)。

100 Benedict Anderson, *Imagined Communities: Reflections on the Origin and Spread of Nationalism* (New York: Random House, 1983).

101 T. R. Nevett, *Advertising in Britain: A History* (London: Heinemann, 1982), chap. 6.

102 "The Late Mr. Horniman," *Anti-Slavery Reporter and Aborigines1 Friend* 13, no. 4 (July 1893): 231.

103 "Famous Tea Houses, No. IV: Hornimans in Wormwood Street," *Tea: A Monthly Journal for Tea Planters, Merchants and Brokers* 1, no. 6 (September 1901): 164–66.

104 Ibid., 166.

105 "History: Hornimans of Forrest Hill," In house history, Horniman Museum, London; Ken Teague, *Mr. Horniman and the Tea Trade: A Permanent Display in the South Hall Gallery of the Horniman Museum* (London: Horniman Museum and Gardens, 1993); Nicky Levell, *Oriental Visions: Exhibitions, Travel and Collecting in the Victorian Age* (London: Horniman Museum and Gardens, 2000); Sheila Gooddie, *Annie Horniman: A Pioneer in the Theater* (London: Methuen, 1990).

106 在霍尼曼档案所在的泰特利集团档案馆，最早的例子是在 1849 年。约翰·约翰逊的蜉蝣印刷物收藏也有 19 世纪 60 年代的例子，可参见 Tea and Coffee Advertisements, Boxes 1 and 3, John Johnson Collection, Bodleian Library, Oxford (hereafter John Johnson)。

107 S. Baring-Gould, "The 9:30 Up-Train," *Once a Week* (29 August 1863): 253–57. 另见 "From Bradford to Brindisi in Two Flights," *All the Year Round* (11 February 1871): 252–56; *Saint Paul's Magazine* 8 (June 1871): 272; and "The Village Shop," *Chambers's Journal of Popular Literature* 398 (17 August 1861): 97. 一本漫画杂志问："为什么一个手插在空口袋里的小偷，像一包霍尼曼茶？因为他受挫于锡。" *Fun* 3 (7 July 1866): 167。

108 Nevett, *Advertising in Britain*, 25–31.

109 霍尼曼广告出现于 1861 年的第一期 *Methodist Recorder* 上，并且继续在 20 世纪中叶刊登在这个杂志上，例如，可参见 24 September 1953, *5,* Acc#4364/01/006, Tetley Group Archive (hereafter TGA), London Metropolitan Archives (hereafter LMA)。

110 霍尼曼广告精选，可参见 *Temperance Recorder* (19 November 1870): 563; *Ragged School Union Magazine* 15, no. 169 (January 1863): n.p.; *Golden Hours: An Illustrated Monthly Magazine for Family and General Reading* (January 1872): 83; *Saturday Review of Politics, Literature, Science and Art* 14, no. 366 (1 November 1862): 552; *National Review* 30 (October 1862): 431; *The Critic* 17, no. 406 (1 March 1858): 118 and 25, no. 632 (January 1863): 221; *The Athenaeum,* no. 1853 (2 May 1863): 599; *England Wine Magazine* (September 1856); and *The Times,* 20 February 1868。

111 *Saturday Review* 14, no. 366 (1 November 1862): 552.

112 传单, dated 10 March 1854, Acc#4364/01/001, TGA。

113 广告, *England Wine Magazine* (September 1856), Acc #4364/01/002, TGA。

114 针对斯旺西的药剂师 H. Ellis Jones 的广告, undated, Acc# 436/01/002, TGA。

115 例如，可参见 *Temperance Record* 里的广告, 19 November 1870, 563 and 25 January 1873, 47。

116 *The Grocer,* 5 April 1873, 305.

117 传单, dated 10 March 1854, Acc#4364/01/001, TGA。

118 "Grocers' Advertisements," *The Grocer*, 14 January 1871, 335.

119 广告, 1883, Evanion Collection, #6218, 大英图书馆。

120 商店卡片, c. 1860s, Acc#4364/01/001, TGA。

121 传单, c. 1860, Acc# 4364/01/001, TGA。

122 广告, c. 1860, Acc# 4364/01/001, TGA. 另见 *The Critic*, 26, no. 632 (January 1863): 221。

123 *National Review* 30 (October 1862): 431.

124 其他制造商也有相似的广告，可参见 Hassall, *Food and Its Adulterations,* 1876。

125 传单, c. 1849, Acc#4364/01/001, TGA。

126 传单, c. 1860, Acc#4364/01/001, TGA。

127 Ibid.

128 例如，经常被用到的插图显示"中国人为茶叶上色"，传单, c. 1860, Acc#4364/01/001,

TGA。

129 广告，c. 1875, Acc#4364/01/002, TGA。

130 广告，c. 1865, Acc#4364/01/002, TGA。

131 例如，可参见一本关于中国人如何准备出口茶叶的小册子，c. 1860, Acc#4364/01/001, TGA。

132 广告 , c. 1875, Acc#4364/01/002, TGA。

133 Hevia, *English Lessons,* 74−118; Catherine Pagani, "Chinese Material Culture and British Perceptions of China in the Mid-Nineteenth Century," in *Colonialism and the Object: Empire, Material Culture and the Museum,* ed. Timothy J. Barringer and Tom Flynn (London: Routledge, 1998), 28; Lara Kriegel, "The Pudding and the Palace: Labor, Print Culture and Imperial Britain in 1851," in *After the Imperial Turn: Thinking with and through the Nation,* ed. Antoinette Burton (Durham: Duke University Press, 2003), 239−40.

134 Advertisement for Peek, Brothers & Co., 6 December 1839, Tea and Coffee, Box 2, John Johnson.

135 Advertisement for T. Sheard, Grocer and Tea Dealer, 21 High Street Oxford, Tea and Grocery, Box 1, John Johnson.

136 Advertisement for A. Evans's Tea & Coffee Warehouse, no. 1, Church Row, Wandsworth, 1857, Tea and Coffee, Box 1, John Johnson.

137 例如，可参见 the advertising,in Tea and Grocery, Box 1, John Johnson. 尤其是参见 advertisement for W. M. Henszell's Tea Establishment, Newcastle upon Tyne。

138 *The Grocer,* 1 January 1870.

139 Leonard Wray, "Tea and Its Production in Various Countries," *Journal of the Society of Arts* 9 (January 1861): 148; Burnett, "History of Food Adulteration," 172; *Report on the Production of Tea in Japan* 66 (London: HSMO, 1873); "The Tea Culture," *Merchant's Magazine and Commercial Review* 33 (December 1855): 759−60; John C. Draper, "Tea and Its Adulterations," *The Galaxy* 7 (March 1869): 405−12.

140 Dr. Charles Cameron, evidence given before *the Report from the Select Committee on Adulteration of Food Act (1872) Together with the Proceedings of the Committee, Minutes of Evidence and Appendix* (London: n.p., 1874), 230.

141 Evidence read before the *Select Committee on Adulteration of Food Act (1872), 8; The Art of Tea Blending: A Handbook for the Trade* (London: W. B. Whittingham and Company, 1882), 33.

142 Evidence read before the *Select Committee on Adulteration of Food Act* (1872), 21.

143 Ibid.,27.

144 Ibid.,78.

145 Ibid.,77.

146 Ibid.,255.

147 Ibid.,177.

148 Ibid.,317.

149 Hassall, *Adulterations Detected,* 2.

150 *Select Committee on Adulteration of Food Act* (1872), viii.

151 *Report on the Commissioners of Inland Revenue on the Duties Under their Management, for the years 1856−1869 Inclusive* (1870) NA: CUST 44/5, notes that adulteration had declined.

152 Okun, *Fair Play in the Marketplace,* 290.

153 Thomas Taylor, MD, *Food Product: Tea and Its Adulteration* (Buffalo: Bigelow Printing, 1889), 51−52.

154 Erika Lee, *At Americas Gates: Chinese Immigration during the Exclusion Era, 1882−1943* (Chapel Hill: University of North Carolina Press, 2003).

5 产业和帝国

1   "Popularizing Indian Tea," *HCM,* 10 June 1881, iii.

2   Piya Chatterjee, *A Time for Tea: Women, Labor, and Post/Colonial Politics on an Indian Plantation* (Durham: Duke University Press, 2001), chap. 4; Anandi Ramamurthy, *Imperial Persuaders: Images of Africa and Asia in British Advertising* (Manchester: Manchester University Press, 2003), chap. 4; Peter H. Hoffenberg, *An Empire on Display: English, Indian, and Australian Exhibitions from the Crystal Palace to the Great War* (Berkeley: University of California Press, 2001); and Julie E. Fromer, *A Necessary Luxury: Tea in Victorian England* (Athens: Ohio University Press, 2008), chap. 1.

3   "Tea-Planting in Assam," *Chambers's Journal of Popular Literature* 57 (July 1880): 471.

4   关于商业期刊的作用，Chris Hosgood, "'The Shopkeeper's Friend': The Retail Trade Press in Late-Victorian and Edwardian Britain," *Victorian Periodicals Review* 25, no. 4 (Winter 1992): 164–72; John J. McCusker, "The Demise of Distance: The Business Press and the Origins of the Information Revolution in the Early Modern Atlantic World," *American Historical Review* 110, no. 2 (April 2005): 295–321.Simon J. Potter, *News and the British World: The Emergence of an Imperial Press System, 1876–1922* (Oxford: Clarendon, 2003)。

5   Arnold Toynbee, *Lectures on the Industrial Revolution in England* (London: Rivington's, 1884).

6   Sir Percival Griffiths, *The History of the Indian Tea Industry* (London: Weidenfeld and Nicolson, 1967), 124; Peter Mathias, "The British Tea Trade in the Nineteenth Century," in *The Making of the Modern British Diet,* ed. Derek J. Oddy and Derek S. Miller (London: Croom Helm, 1976), 91–100; Robert Gardella, *Harvesting Mountains: Fujian and the China Tea Trade, 1757–1937* (Berkeley: University of California Press, 1994), 110–60.

7   关于不断变化的公司法和公司法结构，可参见 Michael Aldous, "Avoiding Negligence and Profusion: The Failure of the Joint-Stock Form in the Anglo-Indian Tea Trade, 1840–1870," *Enterprise and Society* 16, no. 3 (September 2015): 648–85. 关于食物零售变化的研究，可参见 David Alexander, *Retailing in England during the Industrial Revolution* (London: University of London, Athlone Press, 1970); Peter Mathias, *Retailing Revolution: A History of Multiple Retailing in the Food Trades Based upon the Allied Suppliers Group of Companies* (London: Longmans, 1967); James B. Jefferys, *Retail Trading in Britain, 1850–1950* (Cambridge: Cambridge University Press, 1954) and Geoffrey Jones and Nicholas J. Morgan, ed. *Adding Value: Brands and Marketing in Food and Drink* (London: Routledge, 1994). 关于这些变化的性别和城市维度，可参见 Erika Diane Rappaport, *Shopping for Pleasure: Women in the Making of London's West End* (Princeton: Princeton University Press, 2000)。

8   Alexander Nutzenadel and Frank Trentmann, eds., *Food and Globalization: Consumption, Markets and Politics in the Modern World* (Oxford: Berg, 2008), 5; G. Federico, *Feeding the World: An Economic History of Agriculture, 1800–2000* (Princeton: Princeton University Press, 2005); C. A. Bayly, *The Birth of the Modern World, 1780–1914: Global Connections and Comparisons* (Oxford: Blackwell, 2004), chaps. 4 and 5; Emily S. Rosenberg, *A World Connecting, 1870–1945* (Cambridge, MA: Belknap Press of Harvard University Press, 2012).

9   Oddy and Miller, eds., *Making of the Modern British Diet;* Derek J. Oddy, *From Plain Fare to Fusion Food: British Diet from the 1890s to the 1990s* (Suffolk: Boydell, 2003); John Burnett, *Plenty and Want: A Social History of Food in England from 1815 to the Present,* rev. ed. (London: Scolar Press, 1979).

10 Edward Bramah, *Tea and Coffee: A Modern View of Three Hundred Years of Tradition*

(London: Hutchinson, 1972), 87; Martha Avery, *The Tea Road: China and Russia Meet Across the Steppe* (Beijing: China Intercontinental Press, 2003).

11 Denys Forrest, *Tea for the British: The Social and Economic History of a Famous Trade* (London: Chatto and Windus, 1973), 148; William H. Ukers, *All about Tea* (New York: Tea and Coffee Trade Journal Company, 1935), 2:38.

12 Forrest, *Tea for the British,* 135

13 Fiona Rule, *London's Docklands: A History of the Lost Quarter* (Hersham, Surrey: Ian Allen, 2009), 177–78.

14 *Forrest, Tea for the British, 143.*

15 Board of Customs and Excise: Annual Reports on the Customs (1872), 35, NA CUST 44/6.

16 Forrest, *Tea for the British,* 151.

17 Percy Redfern, *The Story of the Co-Operative Wholesale Society: Being the Jubilee History of the Co-Operative Wholesale Society Limited, 1863–1913* (Manchester: Co-Operative Wholesale Society, 1913), 214–19; T. W. Mercer, *Towards the Cooperative Commonwealth* (Manchester: Co-operative Press Limited, 1936), 121.

18 Peter Gurney, *Co-operative Culture and the Politics of Consumption in England, 1870–1930* (Manchester: Manchester University Press, 1996); Lawrence Black and Nicole Robertson, eds., *Consumerism and the Co-operative Movement in Modern British History: Taking Stock* (Manchester: Manchester University Press, 2009).

19 Mathias, *Retailing Revolution,* 40–42.

20 Asa Briggs, *Friends of the People: The Centenary History of Lewis's* (London: B. T. Batsford, 1955), 122–28; Carol Kennedy, *Business Pioneers: Family, Fortune and Philanthropy: Cadbury, Sainsbury and John Lewis* (London: Random House, 2000).

21 Mathias, *Retailing Revolution,* 85.

22 Ibid., 53.

23 Ibid.,126–28.

24 *The Grocer,* 15 March 1879, xxvii and 29 March 1879, xxiii. "Enterprise amongst Tea Retailers," *HCM,* 5 September 1879, 1 and Advertisement for Victoria Tea Company, Lambeth, London, 1883. Evan. 6606, Evanion Collection, British Library.

25 *Daily Telegraph* 引自 *HCM,* 26 January 1883, ii and 17 April 1885, iii。

26 Mathias, *Retailing Revolution,* 96–97.

27 Rappaport, *Shopping for Pleasure,* chap. 1.

28 Sir Thomas Lipton, *Liptons Autobiography* (New York: Duffield and Green, 1932), 174–78.

29 Ramamurthy, *Imperial Persuaders,* 93, 102–17. 传记包括 Captain John J. Hickey, *The Life and Times of the Late Sir Thomas J. Lipton from the Cradle to the Grave: International Sportsman and Dean of the Yachting World* (New York: Hickey Publishing Company, 1932) and James A. Mackay, *The Man Who Invented Himself: A Life of Sir Thomas Lipton* (Edinburgh: Mainstream Publishing, 1998)。

30 W. Hamish Fraser, *The Coming of the Mass Market, 1850–1914* (London: Macmillan, 1981), part 1; John Benson, *The Rise of Consumer Society in Britain, 1880–1980* (Harlow, Essex: Longman, 1994), chap. 1.

31 Fraser, *Mass Market,* 3.

32 Ellen Ross, *Love and Toil: Motherhood in Outcast London, 1870–1914* (Oxford: Oxford University Press, 1993), chap. 2; Paul A. Johnson, *Saving and Spending: The Working-Class Economy in Britain, 1870–1939* (Oxford: Clarendon, 1985). 关于这场辩论的概况，可参见 George R. Boyer, "Living Standards, 1860–1939," in *The Cambridge Economic History of Modern Britain,* vol. 2, *Economic Maturity, 18601939,* ed. Roderick Floud and Paul Johnson (Cambridge: Cambridge University Press, 2014), 280–313。

33 Forrest, *Tea for the British,* 150; Board of Customs and Excise: *Annual Reports on the*

Customs (1864), 13, NA CUST 44/4; "Consumption of Tea and Sugar," *Journal of the Royal Society of Arts 14* (13 July 1866): 574.

34   *Board of Customs and Excise: Annual Reports on the Customs (1869), 12, NA CUST 44/6.*

35   *The Grocer, 2S* July 1863, 57.

36   例如，可参见 "Tea and Coffee Consumption," *Current Literature* 30, no. 3 (March 1901): 298。

37   关于市场概念的思想史，可参见 Mark Bevir and Frank Trentmann, eds., *Markets in Historical Contexts: Ideas and Politics in the Modern World* (Cambridge: Cambridge University Press, 2004)。

38   Laura Mason, "Everything Stops for Tea," in *Eating with the Victorians,* ed. C. Anne Wilson (London: Sutton Publishing, 1994), 68–385; Andrea Broomfield, *Food and Cooking in Victorian England: A History* (Westport, CT: Praeger, 2007), 58–377; Ivan Day, "Teatime," in *Eat, Drink and Be Merry: The British at Table, 1600–2000,* ed. Ivan Day (London: P. Wilson, 2000), 107–330.

39   Pierre Bourdieu, *Distinction:A Social Critique of the Judgement of Taste,* trans. Richard Nice (Cambridge, MA: Harvard University Press, 1984).

40   *The Manners of the Aristocracy* (London: Ward and Lock, 1882), 57.

41   *Manners and Tone of Good Society* (London: Frederick Warne and Co., 1879), 115.

42   *Manners of the Aristocracy,* 51–53; Lady Gertrude Elizabeth Campbell, *Etiquette of Good Society* (London: Cassell, 1893), 156.

43   *Lady's World* (January 1887): 104.

44   Campbell, *Etiquette,* 156–58.

45   *Etiquette for Ladies and Gentlemen* (London: Frederick Warne and Co., 1876), 24.

46   Campbell, *Etiquette,* 155.

47   Ibid., 156.

48   "Tea and Chatter," *Beauty and Fashion* 2, no. 1 (6 December 1890): 34.

49   *Manners and Tone of Good Society,* 111.

50   Campbell, *Etiquette,* 155.

51   "Tea and Chatter," 34.

52   *Afternoon Tea* (London: Hopwood and Crew, 1895).

53   *Manners of the Aristocracy,* 55.

54   Mary Farrah and C. Hutchins Lewis, *Afternoon Tea and Other Action Songs for Schools* (London: J. Curwen and Sons, 1907).

55   *Lady's World* (May 1887): 237.

56   "In the Kitchen: An Exhibition Tea," *Ladies Home* (28 May 1898): 72.

57   "Het Excellenste Kruyd Tea," *Saturday Review* (October 1883): 498.

58   "Tea-Drinking and Women's Rights," *Womans Herald* (13 July 1893): 326.

59   "A Tea-Drinking Lion-Hunter," *Womans Herald* (9 March 1893): 42.

60   E. H. Skrine and George Brownen, *The Tea We Drink: A Demand for Safeguards in the Interest of the Public and the Producer* (London: Simpkin, Marshall, Hamilton, Kent, 1901), 9.

61   "The London Tea Trade," *Illustrated London News* 65 (12 December 1874): 567.

62   Messrs. J. C. Sillar and Co., circular, 引自 "India v. China," *Planters' Gazette,*28 February 1878, 40; "Creamy Indian Teas," *The Grocer* 3 (18 December 1880): 683。

63   *The Grocer,*2 January 1869, 17.

64   *HCM,* 10 March 1880, 3.

65   "An Interview with an Indian Tea Retailer," *HCM,* 26 February 1880, iii.

66   Lieut.-Colonel Edward Money, *The Cultivation and Manufacture of Tea,* 4th ed. (London: W. B. Whittingham and Co., 1883), 174.

67 "The London Tea Trade," *Illustrated London News* 65 (12 December 1874): 567; Lewis and Company, *Tea and Tea Blending,* 4th ed. (London: Eden Fisher and Co., 1894); *The Grocer,* 5 January 1867, 10; "Tea Tasting and Blending," *Chambers's Journal* 5 (February 1902): 113.

68 "Tea and How to Mix It," *The Grocer,* 5 January 1867, 10; "The Packet Tea Trade," *The Grocer,* 13 March 1891, iv; Evidence of Frederick Horniman, *Report from the Select Committee on Adulteration of Food Act (1872)* (London: HMSO, 1874), 301.

69 Evidence of Frederick Goulburn in *Select Committee on Adulteration Report,* 83.

70 Advertisement for William Stewart, tea dealer, *Newcastle Courant,* 12 July 1872.

71 Dr. A. Campbell, "Indian Teas, and the Importance of Extending their Adoption in the Home Market," *Journal of the Society of Arts* 22 (30 January 1873): 173.

72 *HCM,* 10 March 1880, iii.

73 *HCM,* 9 July 1880, iii.

74 *HCM,* 30 April 1880, iii.

75 *The Grocer,* 29 November 1873, 462.

76 "Tea Cultivation in India," *Daily News,* 8 April 1882, 3.

77 "Grocers and Packet Teas," *HCM,* 13 January 1893, iii. 一个相似的评论，参见 "Grocers and Packet Teas," *HCM,* 15 May 1891, iii。

78 "The Position of Indian Tea," *HCM,* 16 July 1880, iii.

79 *The Grocer,* 4 January 1862, 8.

80 Ibid., 5 April 1873, 305; 8 December 1883, 804; 14 May 1887, 892.

81 Ibid., 14 June 1862, 421 and 2 January 1869, 17.

82 Ibid., 25 November 1865, 379.

83 Ibid., 19 November 1864, 357; 8 August 1863, 98; 10 October 1863,246; 30 January 1864, 69; 16 July 1864, 44.

84 Ibid., 19 November 1864, 357.

85 Ibid., 3 December 1864, 402.

86 Ibid., 4 August 1866, 76. "Tea-Planting in Assam," *Chambers's Journal of Popular Literature* 57 (July 1880): 471.

87 Charles Henry Fielder, "On the Rise, Progress and Future Prospects of Tea Cultivation in British India," *Journal of the Statistical Society* 32 (March 1869): 37.

88 Roland Wenzlhuemer, *From Coffee to Tea Cultivation in Ceylon, 1880–1900: An Economic and Social History* (Leiden: Brill, 2008), 64–65.

89 "The Material Progress of Ceylon," *Calcutta Review* 77, no. 153 (July 1883): 7.

90 A. G. Stanton, *A Report on British Grown Tea* (London: William Clowes, 1887), 11.

91 Advertisement for *HCM* in David Crole, *Tea: A Text Book of Tea Planting and Manufacture* (London: Crosby Lockwood and Son, 1897), xxiv and "The Position of Indian Tea," *HCM,* 16 July 1880, iii.

92 "Jubilee Week," *HCM,* 30 May 1929, 1.

93 "The Position of Indian Tea," *HCM,* 16 July 1880, iii.

94 Gary B. Magee and Andrew S. Thompson, *Empire and Globalisation: Networks of People, Goods and Capital in the British World, c. 1850–1914* (Cambridge: Cambridge University Press, 2010), 137.

95 1881 年，爪哇茶叶协会建立。Ukers, *All about Tea,* 1:122. 日本中央茶叶协会始于 1883 年。C. R. Harler, *The Culture and Marketing of Tea* (London: Oxford University Press, 1933), 175。

96 Raymond K. Renford, *The Non-Official British in India to 1920* (Delhi: Oxford University Press, 1987), 59–77.

97 *The Planters' Association of Ceylon, 1854–1954* (Colombo: Times of Ceylon, 1954);

Wenzlhuemer, *From Coffee to Tea,* 82.

98 "Ceylon Association in London," *HCM,* 24 November 1905, 9.

99 印度茶叶协会设有地方分会。例如，*Assam Branch: Indian Tea Association, 1889–1989, Centenary Souvenir* (Guwahati, Assam: Indian Tea Association, 1989)。

100 引自 Ukers, *All about Tea,* 2:198. 想要获取创办说明书和加入临时委员会的人员列表，可参见 *Planters Supplement to the HCM,* 18 July 1879, iii, 想要了解更多有关讨论的情况，可参见 25 July 1879, iii。

101 Renford, *Non-Official British,,* 59; Indian Tea Districts Association Charter (February 1880), ITA Mss Eur F174/1.

102 Ukers, *All about Tea,* 2:199; Konganda T. Achaya, *The Food Industries ofBritish India* (Delhi: Oxford University Press, 1994), 173.

103 Ukers, *All about Tea,* 2:199.

104 Renford, *Non-Official British,* 59–77.

105 Ibid., 210; Mrinalini Sinha, *Colonial Masculinity: The CiManly Englishman' and the "Effeminate Bengali" in the Late Nineteenth Century* (Manchester: Manchester University Press, 1995), chap. 1.

106 我在 "Imperial Possessions, Cultural Histories and the Material Turn: Response," *Victorian Studies* 50, no. 2 (Winter 2008): 289–96 阐述了这场辩论的关键内容。关于这个主题的重要著作包括 Thomas Richards, *The Commodity Culture of Victorian England: Advertising and Spectacle, 1851–1914* (Stanford: Stanford University Press, 1990); Anne McClintock, *Imperial Leather: Race, Gender and Sexuality in the Colonial Contest* (New York: Routledge, 1995); John Mackenzie, ed., *Imperialism and Popular Culture* (Manchester: Manchester University Press, 1985) 和他的 *Propaganda and Empire: The Manipulation of Public Opinion, 1880–1960* (Manchester: Manchester University Press, 1984)。

107 最早的例证之一是 the *Daily News,* 27 February 1856, 1。

108 Advertisement for William Smeal and Son, Tea Merchants, *Glasgow Herald,* 2 October 1873, 2. Also see other ads in *The Grocer,* 3 July 1880, 9 and 3 February 1883,161.

109 *HCM,* 22 October 1880, iii; 7 January 1881, iv; 29 January 1882, iii.

110 *HCM,* 28 January 1881, iii.

111 例如，Foster Green & Co.Js advertisement in *Belfast News-Letter,* 15 January 1874, 1 and the Indian Tea Company's in *Belfast News-Letter,* 11 February 1886, 4。

112 Lieut.-Colonel Edward Money, *The Tea Controversy: Indian versus Chinese Teas. Which Are Adulterated? Which Are Better?* 2nd ed. (London: W. B. Whittingham, 1884), 5, 8–9.

113 "Indian Tea in Belfast," *HCM,* 12 March 1886, iii–iv.

114 "Sirocco Tea," *HCM,* 30 November 1888, iii; Ukers, *All about Tea,* 1:159–60.

115 "Indian v. Chinese Methods," *HCM,* 11 October 1889, iii.

116 "Retailing Indian Tea," *HCM,* 2S March 1881, iv. *HCM,* 7 January 1881, iv; 19 November 1880, iii; and 27 August 1880, ii.

117 "The Indian Tea Agency Limited," *HCM,* 31 August 1878, 204.

118 "The Home Trade in Indian Tea," *HCM,* 2 September 1881, iii.

119 *HCM,* 18 November 1881, iii.

120 *HCM,* 29 January 1882, iii; 22 October 1880, iii; and 7 January 1881, iv; *Ninth Annual Report of the Indian Tea Districts Association* (February 1888), ITA Mss Eur F174/1.

121 *HCM,* 14 April 1882, iii, 14; 21 January 1881, iii; and 10 June 1881, iii; "Indian Tea," *Farm and Home* 17 (24 June 1888): 204.

122 "Popularizing Indian Tea," *HCM,* 10 June 1881, iii.

123 "The Home Trade in Indian Tea," *HCM,* 2 September 1881, iii.

124 "Indian Tea in Ireland," *HCM,* 20 May 1881, iii.

125 *HCM,* 18 October 1901, iii.

126 "An Interview with an Indian Tea Retailer," *HCM,* 26 February 1886, iii.

127 *Womens Penny Paper,* 28 June 1890, 428.

128 Perilla Kinchin, *Tea and Taste: The Glasgow Tea Rooms, 1875–1975* (Oxford: White Cockade, 1991), 17–18, 32–36.

129 引自 ibid., 81。

130 *HCM,* 4 July 1879, 1; Rappaport, *Shopping for Pleasure,* 102–3; "An Enterprising Tea Merchant," *The Grocer,* 5 October 1889, 591; "A Run through Dublin Shops," *Today's Woman: A Weekly Home and Fashion Journal,* 28 August 1896, 6; "Tea Shop and Indian Tea," *HCM,* 31 August 1883, iii.

131 "Ladies and Colonial Tea in the West End," *HCM,* 5 March 1886, iii.

132 "Lady's Tea-Shops in London," *Ladys Realm* 7 (1899–1900): 737.

133 Ladies Own Tea Association, Statement of Nominal Capital and Memorandum of Articles of Association, 24 February 1892, Board of Trade, Companies Registration Office: Files of Dissolved Companies, NA BT 31/35863.

134 *Ladys Realm* 1 (1897): 215–16.

135 "How to Popularize Indian Tea," *HCM,* 13 June 1879, i. 有关茶叶商店和戒酒，参见 *Tea: A Monthly Journal for Planters, Merchants and Brokers* 2, no. 14 (May 1902): 418。

136 "Indian Tea in Continental Europe," *Preliminary Report of the Executive Committee, Indian Tea Cess Committee* (1 June to 31 December 1903), 27, ITA Mss Eur F174/922.

137 *Tea* 1, no. 4 (July 1901): 103; "Five O'Clock Tea," *Tea* 2, no. 14 (May 1902): 418.

138 Indian Tea in Continental Europe, *Preliminary Report,* 29–30.

139 ITCC, *5th Annual Report of the Executive Committee* (1 June to 31 December 1908), 4–7, ITA Mss Eur F174/922.

140 ITCC, *6th Annual Report of the Executive Committee* (1 June to 31 December 1909), 4, ITA Mss Eur F174/922.

141 *HCM,* 20 October 1905, 9.

142 *Hearth and Home* (30 July 1891): 356.

143 Carol A. Breckenridge, "The Aesthetics and Politics of Colonial Collecting: India at Worlds Fairs," *Comparative Studies in Society and History* 31, no. 2 (April 1989): 195–216; Hoffenberg, *An Empire on Displays*; Paul Greenhalgh, *Ephemeral Vistas: The Expositions Universelles: Great Exhibitions and World' Fairs, 1851–1939* (Manchester: Manchester University Press, 1988); Louise Purbrick, ed., *The Great Exhibition of 1851: New Interdisciplinary Essays* (Manchester: Manchester University Press, 2001); Lara Kriegel, *Grand Designs: Labor, Empire, and the Museum in Victorian Culture* (Durham: Duke University Press, 2007); Tim Barringer and Tom Flynn, eds., *Colonialism and the Object: Empire, Material Culture and the Museum* (London: Routledge, 1998); Jeffrey A. Auerbach, *The Great Exhibition of 1851: A Nation on Display* (New Haven: Yale University Press, 1999); Timothy Mitchell, *Colonising Egypt* (Berkeley: University of California Press, 1991); Zeynep Celik, *Displaying the Orient: Architecture of Islam at Nineteenth-Century World's Fairs* (Berkeley: University of California Press, 1992).

144 Walter Benjamin, "Paris, Capital of the Nineteenth Century," in *The Arcades Project,* trans. Howard Eiland and Kevin McLaughlin (Cambridge, MA: Belknap Press of Harvard University, 1999), 7.Richards, *Commodity Culture,* 7–72.

145 Tony Bennett, "The Exhibitionary Complex," *New Formations* 4 (Spring 1988): 73–102 and *The Birth of the Museum: History, Theory, Politics* (London: Routledge, 1995).

146 Nelleke Teughels and Peter Scholliers, eds., *A Taste of Progress: Food at International and World Exhibitions in the Nineteenth and Twentieth Centuries* (Farnham, Surrey: Ashgate, 2015); Adele Wessell, "Between Alimentary Products and the Art of Cooking: The

Industrialisation of Eating at the World Fairs—1888/1893," in *Consuming Culture in the Long Nineteenth Century: Narratives of Consumption, 1700–1900*, ed. Tamara S. Wagner and Narin Hassan (Lanham, MD: Rowman and Littlefield, 2007), 107–23.

147 在展览的同时，还举办了关于食品掺假的会议。*The Adulteration of Food: Conferences by the Institute of Chemistry, 14 and 15 July 1884* (London: William Clowes and Sons, 1884)。

148 *Fourth Annual Report of the Indian Tea Districts Association* (February 1884) *and Fifth Annual Report of the Indian Tea Districts Association* (February 1885), ITA Mss Eur F174/1.

149 "Tea at the Health Exhibition," *HCM*, 30 May 1884, iii.

150 *The Sanitary Record Bird's-Eye Guide and Handbook to the International Health Exhibition* (London: Smith, Elder and Co., 1884), 6.

151 *Illustrated Catalogue of the Chinese Collection of Exhibits for the International Health Exhibition, London 1884* (London: William Clowes and Sons, 1884), 136; Karl Gerth, *China Made: Consumer Culture and the Creation of the Nation* (Cambridge, MA: Harvard University Asia Center, 2003), 220.

152 引自 Hoffenberg, *An Empire on Display*, xix。

153 *Illustrated Catalogue of the Chinese Collection*, 134.

154 "The Deterioration of Chinese Teas," *HCM*, 30 April 1886, iii; "Chinese Response to Competition," *HCM*, 20 July 1888, iii; "The Ruined Tea Men of China," *HCM*, 13 December 1889, iii; "China as a Competitor," *HCM*, 15 January 1897, v and 22 January 1897, iii. "Chinese Lack of Development," *HCM*, 7 July 1905, 9 and Gardella, *Harvesting Mountains*, 110–60.

155 "Ceylon Teas at the Exhibition," *Ceylon Observer*, 5 January 1886, 9.

156 *Ceylon Observer*, 13 January 1886, 35.

157 *Official Handbook and Catalogue of the Ceylon Court: Colonial and Indian Exhibition, London, 1886*, 2nd ed. (London: William Clowes, 1886), xiv. 锡兰在水晶宫的亮相，可参见 Lara Kriegel, "The Pudding and the Palace: Labor, Print Culture, and Imperial Britain in 1851," in *After the Imperial Turn: Thinking with and through the Nation*, ed. Antoinette Burton (Durham: Duke University Press, 2003), 237。

158 Ukers, *All about Tea*, 2:186.

159 J. L. Shand, "The Tea, Coffee, and Cocoa Industries of Ceylon," *Journal of the Society of Arts* 38 (24 January 1890): 180, 184; Wenzlhuemer, *From Coffee to Tea*, chap. 5.

160 Shand, "Tea, Coffee," 188.

161 *Catalogue of the Ceylon Court*, x–xii.

162 *Ceylon Tea* (Colombo: Planters Association of Ceylon, 1886), 1.

163 *Catalogue of the Ceylon Court*, 21.

164 *Ceylon Observer*, 27 May 1886, 486; J. L. Shand, "The Increased Consumption of British-Colonial Teas," *Chambers's Journal of Popular Literature, Science and Art* 3 (30 October 1886): 704. "The Colonial and Indian Exhibition," *Westminster Review* 126 (July 1886): 29–59 and "Ceylon Redividus," *All the Year Round* (4 August 1888): 101.

165 *The Grocer*, 5 September 1885, 33.

166 A. G. Stanton, *Report on British-Grown Tea* (London: William Clowes and Sons, 1887),3–4.

167 J. L. Shand, "British Grown Tea," *HCM*, 18 June 1886, iii. 想要了解他们的具体反应，可参见 "Ceylon Tea," *Financial Times*, 16 January 1888, 3。

168 "An Interview with an Indian Tea Retailer," *HCM*, 26 February 1886, iii.

169 "Indian Tea at the London Exhibitions," *HCM*, 22 May 1885, iii.

170 Richards, *Commodity Culture*, 106–7; David Cannadine, "The Context, Performance and Meaning of Ritual: The British Monarchy and the 'Invention of Tradition c. 1820–1977,

" in *The Invention of Tradition,* ed. Eric Hobsbawm and Terence Ranger (Cambridge: Cambridge University Press, 1983), 137–38.

171 E. M. Clerke, "Assam and the Indian Tea Trade," *Asiatic Quarterly Review* 5 (January-April 1888): 362.

172 Manu Goswami, *Producing India: From Colonial Economy to National Space* (Chicago: University of Chicago Press, 2004), 42–59.

173 George M. Barker, *A Tea Planter's Life in Assam* (Calcutta: Thacker, Spink and Co., 1884), 142. A. J. Wallis-Tayler, *Tea Machinery and Tea Factories* (London: Crosby Lockwood and Son, 1900).

174 Pamela Walker Laird, *Advertising Progress: American Business and the Rise of Consumer Marketing* (Baltimore: Johns Hopkins University Press, 1998), 102–3.

175 Chatterjee, *A Time for Tea,* 52–53; Sharma, *Empires Garden,* 25–26.

176 Sir Roper Lethbridge introduction to J. Berry White, "The Indian Tea Industry: Its Rise, Progress during Fifty Years, and Prospects Considered from a Commercial Point of *View,"* *Journal of the Royal Society of Arts,* 35 (10 June 1887): 734.

177 Robert Henry Mair, ed., *Debrett's Illustrated House of Commons and the Judicial Bench* (London: Dean and Son, 1886), 95.

178 White, "The Indian Tea Industry," 742.

179 Gardella, *Harvesting Mountains,* 48–83.

180 White, "The Indian Tea Industry," 740.

181 *Board of Customs and Excise: Annual Report (1873),* 35–36, NA CUST 44/6.

182 *Board of Customs and Excise: Annual Report* (1890), 8, NA CUST 44/11.1854—1866 年,印度茶叶出口量增长了 10 倍。*Imperial Economic Committee Report on Tea* (1931), 2, NA CO 323/1142/18。

183 C. H. Denyer, "The Consumption of Tea and Other Staple Drinks," *Economic Journal* 3, no. 9 (March 1893): 33, 41.

184 *Board of Customs and Excise: Annual Report* (1889), 9, NA CUST 44/9.

185 Ibid.

186 Arthur Montefiore, "Tea Planting in Assam," *Argosy* 46 (September 1888): 183.

187 "The Revolution in Tea," *Chambers's Journal of Popular Literature, Science, and Art* 6 (August 1889): 504.

188 Denyer, "Consumption of Tea," 38.

189 Crole, *Tea,* 42.

190 Sir James Buckingham, *A Few Facts about Indian Tea and How to Brew It* (London: ITA, 1910), 4.

191 Mazawattee tea card, c. 1892, Advertising Association Archive, AA/1/4, History of Advertising Trust (hereafter HAT), Norwich. 这句短语出现在茶叶盒子上。例如,*Graphic,* 25 November 1893, 670. 包装上还有一些短语,比如 "Golden Tips from Gartmore Estate, Ceylon"。Advertisement for T. Roberts Family Grocer, 1891, Evan. 6275, Evanion Collection, British Library。

192 Diana James, *The Story of Mazawattee Tea* (Edinburgh: Pentland Press, 1996), 1–14, 20–21.

193 *HCM,* 30 April 1886, iii.

194 例如,James, *Mazawattee Tea,* 6–10, 18. 英国茶叶公司还不时展示品尝室和其他现代部门的场景。"Something about Tea," *Illustrated London News,* 6 May 1893, 557。

195 Mazawattee ads and trade cards from the 1890s, HAT, AA/1/4, History of Advertising Trust, Norwich.

196 *Illustrated London News,* 12 May 1894, 599.

197 这个广告有多种形式,例如 *Graphic,* 26 May 1894,636。

198 Clara de Chatelain, *Cottage Life, or, Tales at Dame Barbaras Tea Table* (London: Addey and Co., 1853), 1; M. E. Frances, "Tea Time in the Village," *Blackwoods Edinburgh Magazine* (October 1896): 520−25.

199 Tania M. Buckrell Pos, *Tea and Taste: The Visual Language of Tea* (Atglen, PA: Schiffer, 2004),160−63.

200 "A Cup of Tea," *Graphic Summer Number,* 1893, 18. Edward Fahey's "The Favourite" 描绘了一个年轻女孩与小狗一起享受喝茶的场景。William Powell Frith's "Five O'Clock Tea" 提供了品茶聚会具备社会和家庭属性的例子。*Illustrated London News,* 5 May 1894, 55; 12 May 1894, 580; 19 May 1894, 619。

201 Lip ton, *Autobiography,* 132−34.

202 Joseph A. Schumpeter, *Imperialism and Social Classes* (New York: Augustus M. Kelley, 1951), 12.

203 Edith Browne, *Peeps at Industries: Tea* (London: Adam and Charles Black, 1912), 35.

204 引自 Gardella, *Harvesting Mountains,* 111。

205 H. Venkatasubbiah, *Foreign Trade of India, 1900−1940:A Statistical Analysis* (Bombay: Oxford University Press, 1946), 29.

6　种植园主在国外

1 Assam Company, *Report of the Directors and Auditors made to the Shareholders at the General Meeting,* 19 December 1882, Ms. CLC/B/123/27, 052/4, Assam Company Archives, London Metropolitan Archives. H. A. Antrobus, *A History of the Assam Company, 1839—1953* (Edinburgh: T. and A. Constable, 1957).

2 其他并不昂贵的"药品"在同一时期经历了相似的过程。例如，Howard Cox, *The Global Cigarette: Origins and Evolution of British American Tobacco, 1880−1945* (Oxford: Oxford University Press, 2000) and Mark Pendergrast, *Uncommon Grounds: The History of Coffee and How It Transformed Our World* (New York: Basic Books, 1999)。

3 James Belich, *Replenishing the Earth: The Settler Revolution and the Rise of the Anglo-World, 1789−1939* (Oxford: Oxford University Press, 2009). 我的作品加强了 Belich 的许多关键论述。Gary B. Magee and Andrew S. Thompson, *Empire and Globalisation: Networks of People, Goods, and Capital in the British World, c. 1850−1914* (Cambridge: Cambridge University Press, 2010)。

4 例如，Sugata Bose, *A Hundred Horizons: The Indian Ocean in the Age of Global Empire* (Cambridge, MA: Harvard University Press, 2006), chap. 3; Thomas R. Metcalf, *Imperial Connections: India in the Indian Ocean Arena, 1860−1920* (Berkeley: University of California Press, 2007)。

5 Victoria de Grazia, *Irresistible Empire: America' Advance through Twentieth-Century Europe* (Cambridge, MA: Belknap Press of Harvard University Press, 2004). 这是一部巨著，但是重要的研究还包括 Julie Greene, *The Canal Builders: Making America's Empire at the Panama Canal* (New York: Penguin, 2009); Greg Grandin, *Fordlandia: The Rise and Fall of Henry Fords Forgotten Jungle City* (New York: Metropolitan Books, 2009); and Jason M. Colby, *The Business of Empire: United Fruit, Race, and U.S. Expansion in Central America* (Ithaca: Cornell University Press, 2011). 从文化途径，可参见 Mona Domosh, *American Commodities in an Age of Empire* (New York: Routledge, 2006) and Robert W. Rydell and Rob Kroes, *Buffalo Bill in Bologna: The Americanization of the World, 1869−1922* (Chicago: University of Chicago Press, 2005). 美国人也在建设大英帝国，参见 David Baillargeon, "A Burmese Wonderland: Race, Empire, and the Burma

Corporation, 1907–1935," in *Global Raciality: Empire, Postcoloniality, and Decoloniality*, ed. Paola Bacchetta and Sunaina Maira (London: Routledge, 2017)。

6　Emily S. Rosenberg, *A World Connecting, 1870–1945* (Cambridge, MA: Belknap Press of Harvard University Press, 2012). Jurgen Osterhammel, *The Transformation of the World: A Global History of the Nineteenth Century,* trans. Patrick Camiller (Princeton: Princeton University Press, 2009).

7　"The Tea Surplus and How to Diminish It," *Tea* 1, no. 6 (September 1901): 161.

8　"The Battle of the Teas!" *Tea Trader and Grocers' Review* 2, no. 5 (September 1894): 74.

9　Thomas Lipton 想到了这个主意。Edward D. Melillo, "Empire in a Cup: Imagining Colonial Geographies through British Tea Consumption," in *Eco-Cultural Networks and the British Empire: New Views on Environmental History,* ed. James Beattie, Edward Melillo, and Emily O'Gorman (London: Bloomsbury, 2015), 68–91。

10　*Overland Ceylon Observer,* 24 February 1886, 191.

11　"The Rise of the Tea Industry in Ceylon," *HCM,* 16 April 1886, iv.

12　"Pushing Ceylon in America," *HCM,* 5 October 1888, iii–iv. The other responses on 26 October, 8 and 16 November 1888.

13　目前，尚不清楚"syndicate"是否指的就是 ITA，但是我怀疑这两个机构是独立的实体。

14　*Ceylon Observer,* 18 May 1886, 455.

15　Belich, *Replenishing the Earth;* Duncan Bell, *The Idea of Greater Britain: Empire and the Future of World Order, 1860–1900* (Princeton: Princeton University Press, 2007), 4–10, 108–13; Theodore Koditschek, *Liberalism, Imperialism, and the Historical Imagination: Nineteenth-Century Visions of a Greater Britain* (Cambridge: Cambridge University Press, 2011); Carl Bridge and Kent Fedorowich, eds., *The British World: Diaspora, Culture and Identity* (London: Frank Cass, 2003); and Lindsay J. Proudfoot and Michael M. Roche, eds., *(Dis)Placing Empire: Renegotiating British Colonial Geographies* (Aldershot: Ashgate, 2005).

16　John H. Blake, *Tea Hints for Retailers* (Denver: Williamson-Haffner Engraving Co., 1903), 33.

17　Belich, *Replenishing the Earth*, chap. 9.

18　Ibid., 357.

19　一些重要的著作包括 Gail Reekie, *Temptations: Sex, Selling and the Department Store* (St. Leonards, NSW: Allen and Unwin, 1993); Donica Belisle, *Retail Nation: Department Stores and the Making of Modern Canada* (Vancouver: University of British Columbia Press, 2011); David Monod, *Store Wars: Shopkeepers and the Culture of Mass Marketing, 1890–1939* (Toronto: University of Toronto Press, 1996); Robert Crawford, *But Wait There Is More: A History of Australian Advertising, 1900–2000* (Carlton: Melbourne University Press, 2008); Robert Crawford, Judith Smart, and Kim Humphery, eds., *Consumer Australia: Historical Perspectives* (Newcastle upon Tyne: Cambridge Scholars, 2010); Cheryl Krasnick Warsh and Dan Malleck, eds., *Consuming Modernity: Gendered Behaviours and Consumerism before the Baby Boom* (Vancouver: University of British Columbia Press, 2013); and Edwin Barnard, *Emporium: Selling the Dream in Colonial Australia* (Canberra: National Library of Australia, 2015). 想要了解概况，参见 Donica Belisle, "Toward a Canadian Consumer History," *Labour/Le Travail* 52 (2003): 181–206。

20　Douglas McCalla, *Consumers in the Bush: Shopping in Rural Upper Canada* (Montreal: McGill-Queen's University Press, 2015).

21　Frederick Cane and R. S. McIndoe, *A Sketch of the Growth and History of Tea and Science of Blending particularly adapted to the Canadian Trade* (Toronto: Mail Job Printing, 1891), 24–26.

22 G. H. Knibbs, *Official Yearbook of the Commonwealth of Australia, 1901–1909* (Melbourne: McCarron, Bird, and Co., 1910), 901.

23 Richard Twopeny, *Town Life in Australia* (London: Eliot Stock, 1883), 64. 想要了解讨论的情况，参见 Michael Symons, *One Continuous Picnic: A Gastronomic History of Australia,* 2nd ed. (Melbourne: Melbourne University Press, 2007), 73。

24 George M. Barker, *A Tea Planter's Life in Assam* (Calcutta: Thacker, Spink and Co., 1884), 239.

25 Peter Griggs, "Black Poison or Beneficial Beverage? Tea Consumption in Colonial Australia," *Journal of Australian Colonial History* 17 (July 2015): 23–44. Susie Khamis, "Class in a Tea Cup: The Bushells Brand, 1895–1920," in *Consumer Australia,* ed. Crawford, Smart, and Humphery, 13–26 and Jessica Knight, " 'A Poisonous Cup?' : Afternoon Tea in Australian Society, 1870–1914" (BA honors thesis, Department of Philosophical and Historical Inquiry, University of Sydney, October 2011). 这是一篇引人注目的论文，主题还很少有人研究。

26 Mark Staniforth, *Material Culture and Consumer Society: Dependent Colonies in Colonial Australia* (New York: Kluwer Academic, 2003), 69–70, 92–93.

27 Griggs, "Black Poison," 25–26.

28 Ibid., 35.

29 Ibid.,28–30.

30 *Sydney Gazette,* 25 November 1826, as cited in Griggs, "Black Poison," 32.

31 Andrew Wells, *Constructing Capitalism: An Economic History of Eastern Australia, 1788–1901* (Sydney: Allen and Unwin, 1989); Philip McMichael, *Settlers and the Agrarian Question: Foundations of Capitalism in Colonial Australia* (Cambridge: Cambridge University Press, 1984).

32 Angela Woollacott, *Settler Society in the Australian Colonies: Self-Government and Imperial Culture* (Oxford: Oxford University Press, 2015), especially chap. 1.

33 这不仅仅适用于白人定居者的殖民地。例如，Richard Wilk 在 *Home Cooking in the Global Village: Caribbean Food from Buccaneers to Ecotourists* (Oxford: Berg, 2006) 里的分析。

34 Staniforth, *Material Culture,* 7–8.

35 Khamis, "Class in a Tea Cup," 13–26.

36 Martha Rutledge, "Inglis, James (1845–1908)," *Australian Dictionary of Biography,* National Centre of Biography, Australian National University, http://adb.anu.edu.au/biography/inglis-james-3834/text6087.

37 *First Annual Indian Tea Districts Association Annual Report* (February 1881), ITA Mss Eur F174/1. 想要了解全面的分析，可参见 Peter H. Hoffenberg, *An Empire on Display: English, Indian, and Australian Exhibitions from the Crystal Palace to the Great War* (Berkeley: University of California Press, 2001), 118–20. "British Grown Teas," *HCM,* 18 June 1886, iii。

38 *Indian Tea Districts Association Third Annual Report* (February 1883), 2, ITA Mss Eur F174/1.

39 *The Australian Grocer and Storekeeper and Oil Trade Review*, 27 October 1887, 82.

40 "The Battle of the Teas!" 73.

41 *Official Handbook and Catalogue of the Ceylon Court at the World's Columbia Exhibition* (Colombo: H. S. Cottle, 1893), 41.

42 Khamis, "Class in a Tea Cup," 22. *The Tea Industry* (Melbourne: Economics Department, Australia and New Zealand Bank, 1970).

43 "The Tea Market in Australia," *The Tea Cyclopedia* (Calcutta: Indian Tea Gazette, 1881), 276.

44 "China vs. India in Australia," in *The Tea Cyclopedia*, 282.

45 Knight, " 'A Poisonous Cup?,' " 16.

46 David Walker, *Anxious Nation: Australia and the Rise of Asia, 1850–1939* (Brisbane: University of Queensland Press, 1999).

47 "The Tea Market in Australia," *The Tea Cyclopedia*, 276–85.

48 Hoffenberg, *An Empire on Display*, 117.

49 Rutledge, "Inglis."

50 Michael Symons, *One Continuous Picnic: A Gastronomic History of Australia*, 2nd ed. (Melbourne: Melbourne University Press, 2007), 30–31.

51 Laksiri Jayasuriya, David Walker, and Jan Gothard, eds., *Legacies of White Australia: Race, Culture and Nation* (Crawley: University ofWestern Australia, 2003); Richard White, *Inventing Australia: Images and Identity, 1688–1980* (Sydney: Allen and Unwin, 1981), 157. Keith Windschuttle, *The White Australia Policy* (Sydney: Macleay Press, 2004), 挑战了种族主义在澳大利亚民族主义形成过程中的作用。

52 Symons, *One Continuous Picnic*, 93–94.

53 "The Combination against Indian Tea in Australia," *HCM*, 16 December 1881, iii. 对于 19 世纪 80 年代茶叶辛迪加在澳大利亚的成功，稍晚一些的评价，参见 Sir Edward Buck 在 1903 年 1 月 30 日加尔各答茶叶代理行的一次会议上所做的评论，ITA Mss Eur F174/922。

54 Griggs, "Black Poison," 29.

55 *Report of the Joint Committee of the Honorable Legislative Council and House of Assembly Upper Canada on the Importation of Tea into this Province* (York: John Carey, 1824), 2.

56 Leslie Holmes, "Westward the Course of Empire Takes Its Way through Tea," *Past Imperfect* 16 (2010): 66–88, 69–70.

57 Ibid.,73–74.

58 "Report on the Canadian Market—A New Market for Indian Tea," in *The Tea Cyclopedia*, 289. 艾默里与 Leo 的母亲离婚，据报道他在加拿大从事农业。Deborah Lavin, "Amery, Leopold Charles Maurice Stennett (1873–1955)," in *Oxford Dictionary of National Biography*, ed. H. C. G. Matthew and Brian Harrison (Oxford: Oxford University Press, 2004), http://www.oxforddnb.com/view/article/30401。

59 Holmes, "Westward," 84–87.

60 William E. Van Vugt, ed., *British Immigration to the United States, 1776–1914*, vol. 4, *Civil War and Industry: 1860–1914* (London: Pickering and Chatto, 2009), xii.

61 Magee and Thompson, *Empire and Globalisation*, 68–69; Belich, *Replenishing the Earth*, 459.

62 Van Vugt, *British Immigration, 4:xvi.* 另见他的 *Britain to America: Mid-Nineteenth Century Immigrants to the United States* (Urbana: University of Illinois Press, 1999); C. Erickson, *Leaving England: Essays on British Emigration in the Nineteenth Century (Ithaca: Cornell University Press, 1993); and* Belich, *Replenishing the Earth,* chap. 9.

63 Magee and Thompson, *Empire and Globalisation;* Belich, *Replenishing the Earth*, 提供了最有利的论据。

64 Van Vugt, *British Immigration*, 4:xiii.

65 *HCM,* 15 January 1897, v.

66 *HCM*, 26 November 1880, 3; "The American Market," in *The Tea Cyclopedia*, 286.

67 *HCM*, 14 January 1881, iii.

68 *Report of the Directors and Auditors made to the Shareholders at a General Meeting*, 19 June 1882, Ms. CLC/B/123/27,052/4, Assam Company Archives, London Metropolitan Archives.

69 *HCM*, 26 October 1888, iii.

70 "The Battle of the Teas!" 74.

71 *HCM,* 28 September 1888, iii.

72 "Pushing Ceylon in America," *HCM,* 28 September 1888, iii.

73 A. M. Ferguson, *Ceylon Observer* 的编辑，是墨尔本展览会的锡兰茶叶专员。*Proceedings of the Planters' Association of Ceylon* (1883): 117。

74 H. R. Stimson, Minutes of the Proceedings of a General Meeting of the Planters' Association in Ceylon (21 September 1883) in Proceedings of the Planters' Association of Ceylon (1884),66–67.

75 *Ceylon Observer, 2S* May 1886, 484.

76 Ibid., 17 May 1886, 454.

77 Ibid., 25 May 1886, 485.

78 Ibid., 2 November 1886, 483–84.

79 Ibid., 25 May 1886, 483.

80 Ibid., 17 May 1886, 454.

81 Ibid., 25 May 1886, 483.

82 "Ceylon Tea," *Ceylon Observer,* 4 September 1886, 820. 当时，日本正在成为绿茶的主要出口国，因此反中国茶叶的观点不一定有利于英国红茶。实际上，日本茶叶广告也刺激了有关中国茶叶肮脏和掺假的观念的产生。

83 Tea Syndicate Circular published in *Ceylon Observer,* 20 August 1886, 769. *Planters' Association of Ceylon;* Denys Mostyn Forrest, *A Hundred Years of Ceylon Tea, 1867–1967* (London: Chatto and Windus, 1967), 193–212.19 世纪 90 年代早期，塔斯马尼亚、瑞典、德国和锡兰也开始开展宣传活动。*Planters' Association of Ceylon,* 118; "Ceylon's Tea Advertising," *TCTJ* (December 1925): 922。

84 *The Vocalist* (NY) 12, no. 4 (April 1896): 192.

85 *The Planting Directory for India and Ceylon* (Colombo: A. M. and J. Ferguson, 1878), 92,294.

86 "Ceylon Tea in America," *Ceylon Observer*, 17 June 1887, 555; Ukers, *All about Tea*, 2:281; Forrest, *Hundred Years of Ceylon Tea*, 198.

87 "Ceylon Tea in America," *Ceylon Observer,* 17 June 1887, 555.

88 R. E. Pineo, *Ceylon Observer,* 23 April 1888, 382.

89 *Ceylon Observer*, 20 July 1888, 687.

90 Ibid., 25 April 1888, 392. 梅最终获得了几个品牌的专利，这些品牌的名字受到印度的影响和启发，比如 Bungaloe and Tiffen。*Official Gazette of the United States Patent Office* 155 (June 1910): 478。

91 *Ceylon Observer,* 5 May 1888, 433.

92 R. E. Pineo 关于种植者反应的讨论，发表于 *Ceylon Observer*, 13 August 1888, 749。

93 *Report of the General Meeting of the Planters' Association of Ceylon,* 在努瓦勒埃利耶举办，发表于 *Ceylon Observer*, 11 December 1888, 1187。

94 *Ceylon Observer*, 6 July 1889, 694 and 8 July 1889, 695.

95 "Ceylon Planters' Tea Company of New York," *Proceedings of the Planters Association of Ceylon*, 1893, ccxxxviii-ccxlv.

96 Ukers, *All about Tea,* 2:281. 我想感谢查尔斯·科尔·里德的曾孙 W·布鲁斯·里德为我提供了有关他家人的信息，并给了我两封里德移民后不久写的很有趣的信件。.

97 C. K. Reid to the editor, *Ceylon Observer,* 20 July 1888, 688.

98 Murray 在 *Ceylon Observer,* 20 July, 1888, 687 引用了他的信；他自己的信件发表于 20 July 1888, 688。

99 *Ceylon Observer,* 4 April 1889, 333 and 6 April 1889, 340.

100 In-house history, dated 5 September 1983, Bin A2, Ty-Phoo Tea Archive, Moreton, UK.

101 David Wainwright, *Brooke Bond: A Hundred Years* (London: Brooke Bond, 1969), 14,18.

102 *Ceylon Observer*, 7 June 1890; "Lipton versus the World—The Greatest Advertising Tea Grocer in the World," *Times of Ceylon,* 20 May 1890; Ceylon and Indian press notices from 20 May 1890 to 19 December 1894, Sir Thomas Lipton Collection, Mitchell Library, Glasgow.

103 *Ceylon Independent*, 9 June 1890.

104 "Lipton Agrees to 'Boom' Ceylon Tea in America," *Times of Ceylon,* 11 June 1890; "Mr. Lipton and the Tea Fund," *Overland Ceylon Observer,* 16 August 1890.

105 Letter to the editor, *Times of Ceylon,* 11 June 1890.

106 "The Romance of Tea Selling," *Ceylon Observer,* 12 June 1890.

107 J. J. Grinlinton, "Report on Ceylon Tea in America," *Proceedings of the Ceylon Planters Association* (1894), 28–29.

108 Thomas J. Lipton, *Liptons Autobiography* (New York: Duffield and Green, 1932), 189–91.

109 两家独特的公司，T. J. Lipton Inc. (USA) 和 T. J. Lipton Ltd (Canada)，划定了这两个 "美国" 市场之间的界限。Lipton, *Autobiography,* 192; Peter Mathias, *Retailing Revolution: A History of Multiple Retailing in the Food Trades based upon the Allied Suppliers Group of Companies* (London: Longmans, 1967), 342–46。

110 Lipton, *Autobiography*, 192.

111 他的广告预算增长到每年约 4 万英镑，这是一笔巨额款项，预示着即将发生的事件。Mathias, *Retailing Revolution*, 342–46.

112 J. L. Shand to H. K. Rutherford, *Ceylon Observer*, 11 June 1888, 545.

113 A. G. Stanton, *A Report on British-Grown Tea* (London: William Clowes, 1887), 6–7.

114 Forrest, *Hundred Years of Ceylon Tea*, 199.

115 "Ceylon Tea in San Francisco," *Proceedings of the Ceylon Planters Association* (1893): ccxlv-ccxlviii.

116 总共有 27 529 400 人参观。Robert W. Rydell, *All the World' a Fair: Visions of Empire at American International Expositions, 1876–1916* (Chicago: University of Chicago Press, 1984), 39–40。

117 William Cronon, *Nature's Metropolis: Chicago and the Great West* (New York: W. W. Norton, 1991).

118 Erika Diane Rappaport, *Shopping for Pleasure: Women in the Making of Londons West End* (Princeton: Princeton University Press, 2000), 142–77.

119 Thorstein Veblen, *The Theory of the Leisure Class* (1899; New York: Penguin, 1994).

120 Upton Sinclair, *The Jungle* (1906; New York: Modern Library, 2002). 芝加哥对于美国劳工运动的发展也是很重要的。Lizabeth Cohen, *Making a New Deal: Industrial Workers in Chicago, 1919–1939* (Cambridge: Cambridge University Press, 1990)。

121 关于这个时代的美国消费社会学者们有很多研究。一些重要作品包括 T. J. Jackson Lears, *No Place of Grace: Antimodernism and the Transformation of American Culture, 1880–1920*(Chicago: University of Chicago Press, 1983) and *Fables of Abundance: A Cultural History of Advertising in America* (New York: Basic Books, 1994); William Leach, *Land of Desire: Merchants, Power, and the Rise of a New American Culture* (New York: Pantheon, 1993); Susan Porter Benson, *Counter Cultures: Saleswomen, Managers, and Customers in American Department Stores, 1890–1940* (Urbana: University of Illinois Press, 1988); Kathy L. Peiss, *Cheap Amusements: Working Women and Leisure in Turn-of-the-Century New York* (Philadelphia: Temple University Press, 1986) and *Hope in a Jar: The Making of America's Beauty Culture* (New York: Owl Books, 1998).

122 *Planters' Gazette,* 1 May 1893, 192.

123 Susan Strasser, *Satisfaction Guaranteed: The Making of the American Mass Market* (Washington: Smithsonian Institution Press, 1989), 181. 关于 1893 年哥伦布展览会对于美国企业的重要性，参见 Nancy F. Koehn, *Brand New: How Entrepreneurs Earned*

Consumers' Trust from Wedgwood to Dell (Boston: Harvard Business School Press, 2001), 45–47。

124 M. M. Manring, *Slave in a Box: The Strange Career of Aunt Jemima* (Charlottesville: University Press of Virginia, 1998), 75–78.

125 Rydell, *All the World's a Fair*, 49–51.

126 *HCM*, 1 January 1897, iii and 15 January 1897, iii. 这些展览会是美国人形成日本文化观念的特别重要的场所。关于这一点，参见 Neil Harris, "All the World a Melting Pot? Japan at American Fairs, 1876–1904," in *Mutual Images: Essays in American-Japanese Relations,* ed. Priscilla Clapp and Akira Iriye (Cambridge, MA: Harvard University Press, 1975), 24–54。

127 Ukers, *All about Tea,* 2:299–303.

128 Timothy Mitchell, *Colonising Egypt* (Berkeley: University of California Press, 1991), 33.

129 W. Brown, letter to the Indian Tea Cess Committee, 22 September 1906, ITA Mss Eur F174/926.

130 "The Ceylon Tea Fund," Ceylon Observer, 22 February 1888, 182. 对于政府缺乏支持的批评，参见 David Reid's letter in the *Ceylon Observer*, 11 June 1888, 545。

131 Forrest, *Hundred Years of Ceylon Tea*, 198.

132 见 *Ceylon Observer,* 2 August 1892, 818 上的社论。

133 "Ancient Ceylon Art and Modern Ceylon Tea," *Ceylon Observer,* 18 November 1892, 242.

134 *World's Columbian Exposition Hand Book and Catalogue: Ceylon Courts* (London: Cassell Brothers, 1893), 2.

135 Ibid.,2–6.

136 Ibid., viii.

137 "Indian Tea at Chicago," *HCM*, 7 April 1893, iii.

138 "The Battle of the Teas!" 74. 来自加尔各答的印度茶叶协会的一个特别委员会"派遣"了这批印度仆人。

139 "Indian Teas at the World's Fair," *HCM,* 11 August 1893, iii.

140 "Indian Tea at Chicago," *HCM,* 14 April 1893, iii.

141 "The Battle of the Teas!" 74; "Indian Tea in America," *HCM,* 19 April 1895, iii.

142 "What the Americans Drink," *HCM,* 8 January 1897, iii.

143 J. J. Grinlinton, "Ceylon Tea in America," *Proceedings of the Planters' Association* (1894), 26.

144 "Ceylon's Tea Advertising," *TCTJ* (December 1925): 925.

145 *1st Annual Report of the Indian Tea Cess Committee* (31 March 1904), 3, ITA Mss Eur F174/922.

146 该法案被视为一个"有趣的实验"。参见 *Journal of Comparative Legislation and International Law* 6, pt. 2 (London: John Murray, 1905) 中有关段落的小结。1953 年，独立后，新的茶叶法案规定，所有茶叶都要缴纳茶叶税，而不仅仅是面向出口茶叶，该茶叶法案从属于 cess. M. Halayya, *An Economic Analysis of the Indian Tea Industry and Public Policy* (Dharwar: Karnatak University, 1972), 9。

147 *2nd Annual Report of the ITCC* (31 March 1905), ITA Mss Eur F174/922.

148 ITCC to Sir Edward Buck, K.C.S.I., 8 July 1903, *Preliminary Report of the ITCC Executive Committee* (1 June to 31 December 1903), 32, ITA Mss Eur F174/922.

149 "Ceylon (and Japan) at St. Louis," *HCM,* 14 July 1904, 9.

150 "Indian Tea at St Louis," *HCM,* 1 July 1904, 9.

151 "Gotham Turns to Iced Tea," *Washington Post,* 19 August 1894, 10.

152 Marion Harland, *Breakfast, Luncheon and Tea* (New York: Scribner, 1875), 361.

153 *Preliminary Report of the ITCC Executive Committee* (1 June to 31 December 1903), 8, ITA Mss Eur F174/922.

154 W. Parsons, Secretary to the India and Ceylon American Advertising Fund, to the ITCC, 22 September 1906, ITA Mss Eur F174/926.

155 R. Blechynden to ITCC, 24 November 1903, 12, *Preliminary Report of the ITCC Executive Committee* (1 June to 31 December 1903), 10–11, ITA Mss Eur F174/922.

156 Ibid.,10.

157 R. Blechynden, "Memorandum Regarding Future Work in America for the Tea Cess Committee," in *Preliminary Report of the ITCC Executive Committee* (1 June to 31 December 1903), 12, ITA Mss Eur F174/922.

158 *2nd Annual Report of the ITCC, 5–7.*

159 Blechynden to ITCC, 27 September 1905, ITA Mss Eur F174/926.

160 Circular from R. Blechynden to Chicago Tea Houses, 14 August 1905, ITA Mss Eur F174/926.

161 "Indian and Ceylon Tea in the United States," *HCM,* 5 February 1897, iii.

162 "Taste for Tea in America," *HCM,* 20 April 1906, 9.

163 1912 年，这个组织改名为美国茶叶协会。*TCTJ* (September 1926): 321–22。

164 这份杂志现在以电子出版物的形式出版，http://www.teaandcoffee.net/。

165 James P. Quinn, "The History of Mr. Ukers," *TCTJ* 170, no. 3 (1997): 94–102; Linda Rice Lorenzetti, "Tea and Coffee Trade Journal's Rich History," *TCTJ* 17, no. 8 (August 2001): 16–25.

166 "Ceylon's Tea Advertising," *TCTJ* (December 1925): 926.

167 "Mr. Ukers in London," *TCTJ* (August 1928): 170–71; "Tea Book Researching," *TCTJ* (September 1928): 307.

168 禁酒令和汽车促进了茶馆的发展。Jan Whitaker, *Tea at the Blue Lantern Inn: A Social History of the Tea Room Craze in America* (New York: St. Martinis Press, 2002); Harvey A. Levenstein, *Revolution at the Table: The Transformation of the American Diet* (New York: Oxford University Press, 1988), 17, 62, 187; Wendy A. Woloson, *Refined Tastes: Sugar, Confectionery, and Consumers in Nineteenth Century America* (Baltimore: Johns Hopkins University Press, 2002), 88–102. 对于美国人饮用方面习惯的全面研究，可参见 Andrew Barr, *Drink: A Social History of America* (New York: Carroll and Graf, 1999)。

169 John T. Edge, ed., *The New Encyclopedia of Southern Culture,* vol. 7, *Foodways* (Chapel Hill: University of North Carolina, Press, 2007), 273.

170 "Tea Room Managers Wanted," *Good Housekeeping* (July 1928): 200.

171 Laura B. Starr, "Tea Drinking in Japan and China," *The Chautauqaun* 29, no. 5 (August 1899): 466–68 and her very similar "Tea-Drinking in Many Lands," *The Cosmopolitan 21* (1899): 289–96.

172 Mari Yoshihara, *Embracing the East: White Women and American Orientalism* (Oxford: Oxford University Press, 2003); Kristin L. Hoganson, *Consumers' Imperium: The Global Production of American Domesticity, 1865–1920* (Chapel Hill: University of North Carolina Press, 2007); Elise Grilli, foreword to Okakura Kakuzo, *The Book of Tea* (1906; Boston, Charles E. Tuttle, 1956), xiv; Brian T. Allen and Holly Edwards, *Noble Dreams and Wicked Pleasures: Orientalism in America, 1870–1930* (Princeton: Princeton University Press with the Sterling and Francine Clark Art Institute, 2000).

173 *Ladies' Home Journal* 6, no. 8 (July 1889): 21.

174 *Ladies' Home Journal* 8, no. 2 (January 1891): 27.

175 Mrs. R. C. Haviland, "What to Do on Washington's Birthday: A Patriotic Tea Table," *Ladies' Home Journal* 22, no. 3 (February 1905): 28.

176 Lenore Richards and Nola Treat, *Tea Room Recipes* (Boston: Little, Brown, 1925); Alice Bradley, *Cooking for Fun and Profit: Catering and Food Service Management* (Chicago: American School of Home Economics, 1933).

177 Mrs. S. T. Rorer, "Foods That Are Enemies, and Why," *Ladies' Home Journal* 22, no. 3 (February 1905): 38; "What Should I Eat If I Had Headaches," *Ladies' Home Journal* 22, no. 9 (August 1905): 27.

178 Jennifer Scanlon, *Inarticulate Longings: The Ladies' Home Journal,1 Gender and the Promises of American Consumer Culture* (New York: Routledge, 1995); Ellen Gruber Garvey, *The Adman in the Parlor: Magazines and the Gendering of Consumer Culture, 1880s to 1910s* (New York: Oxford University Press, 1996).

179 Agnes Repellier, *To Think of Tea!* (Boston: Houghton Mifflin, 1932), 194–95.

180 "British Tea in the States," *Tea* 1, no. 7 (October 1901): 193.

181 "Indian Markets for Indian Tea: How to Reach the Native Consumer," *Tea* 1, no. 3(July 1901): 98.

182 引自 *Tea* 1, no. 1 (April 1901): 46。

183 Manu Goswami, *Producing India: From Colonial Economy to National Space* (Chicago: University of Chicago Press, 2004), 5.

184 有关印度的消费，参见 Gautam Bhadra, *From an Imperial Product to a National Drink: The Culture of Tea Consumption in Modern India* (Calcutta: Centre for Studies in Social Sciences, Calcutta and the Tea Board of India, 2005); Chatterjee,*A Timefor Tea;* Philip Lutgendorf: "Making Tea in India: Chai, Capitalism, Culture," *Thesis Eleven* 113, no. 1 (December 2013): 11–31; Lizzie Collingham, *Curry: A Tale of Cooks and Conquerors* (Oxford: Oxford University Press, 2006), 187–214; A. R.Venkatachalapathy, " 'In those days there was no coffee' : Coffee-drinking and Middle-Class Culture in Colonial Tamilnadu," *Indian Economic and Social History Review* 39 (2002): 301–16。

185 Republished in *Tea* 1, no. 7 (October 1901): 200.

186 Kevin Grant, *A Civilized Savagery: Britain and the New Slaveries in Africa, 1884–1926* (New york: Routledge, 2005); Lowell J. Satre, *Chocolate on Trial: Slavery, Politics and the Ethics of Business* (Athens: Ohio University Press, 2005); Adam Hochschild, *King Leopold's Ghost: A Story of Greed, Terror, and Heroism in Colonial Africa* (New York: Mariner Books, 1999).

187 Judicial and Public Papers, 1903, Parliamentary Notice—File 603, IOR/L/PJ/6/630 and a letter from Lord George Francis Hamilton, Secretary of State for India, to Arthur Bain, 30 March 1903, Frances Hamilton's papers, Mss Eur F123/68.

188 *HCM,* 4 October 1901, iii.

189 *Tea* 1, no. 8 (November 1901): 324.

190 J. D. Rees, *Tea and Taxation,* reprinted from the *Imperial and Asiatic Quarterly* (Woking: Oriental Institute, 1904), 5.

191 关于印度文化中的食物，参见 K. T. Achaya, *Indian Food: A Historical Companion* (Delhi: Oxford University Press, 1994); Arjun Appadurai, "How to Make a National Cuisine: Cookbooks in Contemporary India," *Comparative Studies in Society and History* 30, no. 1 (January 1988): 3–24 and "Gastro-Politics in Hindu South Asia," *American Ethnologist* 8, no. 3 (August 1981): 494–511; Anita Mannur, *Culinary Fictions: Food in South Asian Diasporic Culture* (Philadelphia: Temple University Press, 2009); Krishnendu Ray and Tulasi Srinivas, *Curried Cultures: Globalization, Food, and South Asia* (Berkeley: University of California Press, 2012); and David Burton, *The Raj at the Table* (New Delhi: Rupa, 1995). 还可参阅有关食物的特刊，*South Asia Research* 24, no. 1 (May 2004) and *South Asia: Journal of South Asian Studies* 31, no. 1 (April 2008)。

192 David Burton, *Raj at the Table: A Culinary History of the British in India* (New York: Faber and Faber, 1994), 192–93.

193 冈格拉山谷的茶叶种植者向印度茶叶加工委员会主席 Hon. E. Cable 提出的请求，1903, ITA Mss Eur F174/922。

194 *The Grocer,* 24 April 1880, 488.

195 Arun Chaudhuri, *Indian Advertising, 1780–1950, A.D.* (New Delhi: Tata McGraw-Hill, 2007), 144–46, 161. Mishra Dasarathi, *Advertising in Indian Newspapers, 1780–1947* (Bhana Vhihar: Dasarathi Mishra, 1987), 61.

196 Ranabir Ray Choudhury, *Early Calcutta Advertisements, 1875–1925* (Bombay: Nachiketa Publications, 1992), 23.

197 Chaudhuri, *Indian Advertising,* 161.

198 Choudhury, *Early Calcutta Advertisements,* 23.

199 *HCM,* 6 May 1887, vii.

200 *The Grocer,* 11 June 1887, 1089.

201 *Colonial Empire and Star of India,* 16 December 1887, iii.

202 Choudhury, *Early Calcutta Advertisements,* 20–22, 26, 28, 34.

203 *Tea,* 1, no. 2 (May 1901): 34.

204 "Creating a Demand," *Tea* 1, no. 4 (July 1901): 98.

205 *Tea* 1, no. 8 (November 1901): 324.

206 *HCM,* 4 October 1901, iii and 20 July 1906, 9.

207 *Tea* 1, no. 5 (August 1901): 131.

208 *HCM,* 4 October 1901, iii.

209 *Tea* 1, no. 3 (June 1901): 74 and no. 4 (July 1901): 98.

210 "Produce, Planting, and Commercial Notes," *HCM,* 26 July 1901, iii.

211 Letter from Brooke Bond, and Co. to ITCC, 6 November 1903, ITA Mss Eur F174/922.

212 *8th Annual Report, ITCC,* 1911, 6, ITA Mss Eur F174/922.

213 Frank F. Conlon, "Dining Out in Bombay," in *Consuming Modernity: Public Culture in a South Asian World,* Carol A. Breckenridge, ed. (Minneapolis: University of Minnesota Press, 1995), 92.

214 *Tea* 1, no. 5 (August 1901): 131.

215 Conlon, "Dining Out in Bombay," 100–101, 106.

216 *Tea* 1, no. 6 (September 1901): 163.

217 *Tea* 1, no. 7 (October 1901): 202.

218 *Tea,* 1, no. 10 (December 1901): 360.

219 *Tea,* 1, no. 7 (October 1901): 201.

220 Ibid.

221 包装上印有印地语和乌尔都语，包括"颂扬印度茶作为饮料的优点的传单"。*Tea* 1, no. 6 (September 1901): 163。

222 *11th Anntal Report, ITCC,* 1914, 7–9, ITA Mss Eur F174/923.

223 Frank Trentmann, *Free Trade Nation: Commerce, Consumption, and Civil Society in Modern Britain* (Oxford: Oxford University Press, 2008).

224 Martin Daunton, *Trusting Leviathan: The Politics of Taxation in Britain, 1799–1914* (Cambridge: Cambridge University Press, 2001), 332.

225 Circular to Sir Michael Hicks Beach, M.P., 10 December 1900, Peek Brothers and Winch, Ltd. Archives, Ms. CLC/B/177/31632, Newspaper Cuttings Book, 1896–1918. 这些藏品从伦敦市政厅转移到伦敦大都会档案馆。

226 *Tea: The Injustice of the High Duty* (London: George Edward Wright, 1906).

227 *Andrew S. Thompson, Imperial Britain: The Empire in British Politics, c. 1880–1932 (Harrow: Longman, 2000), 2–3.*

228 在这里，主要是依据 Trentmanns 的分析，in *Free Trade Nation*。

229 Andrew S. Thompson, "Tariff Reform: An Imperial Strategy, 1903–1913," *Historical Journal* 40, no. 4 (1997): 1045. 关于这个运动，有很多著作，例如，P. J. Cain and A. G. Hopkins, *British Imperialism: Innovation and Expansion, 1688–1914,* 2nd ed. (Harlow,

England: Longman, 2002), 184–202 and Peter Cain, "Political Economy in Edwardian England: The Tariff-Reform Controversy," in *The Edwardian Age: Conflict and Stability, 1900–1914,* ed. Alan O'Day (Hamden, CT: Archon Books, 1979), 34–59。

230 *The Monthly Message of the Anti-Tea-Duty League*, 31 March 1905, 6–8.

231 Sir Roper Lethbridge, "The Tea Duties," reprinted from the *Asiatic Quarterly* Review (Woking: Oriental Institute, 1911), 3. 关于 Lethbridge 的关税改革，参见 Thompson, *Imperial Britain*, 100–101。

232 "Tea Must Be Free," *The Intermittent Message of the Free Tea League,* 24 March 1906, 2–3. 关于 ATDL 的起源，参见 *Come to Tea with Us* (London: Anti-Tea-Duty League with Simpkin, Marshall, Hamilton, and Kent, 1906), chap. 9。

233 Trentmann, *Free Trade Nation,* 39; James Vernon, *Hunger: A Modern History* (Cambridge, MA: Belknap Press of Harvard University Press, 2007), 257.

234 "Tea Must Be Free," *The Intermittent Message of the Free Tea League*, 24 March 1906, 2–3.

235 联盟还重新发表了早期的一些文章，比如 J. D. Rees, "Tea and Taxation," 最早源自 *Imperial and Asiatic Quarterly*，之后是 1904 年的东方研究所。

236 *Monthly Message,* 31 July 1905, 84. 联盟还向加尔各答的 ITCC 和锡兰种植者协会报告。Compton to the ITCC, 16 August 1905, *ITCC Annual Report,* 1906, Mss Eur F174/926; *Minutes of Proceedings of a Meeting of the Committee of the Planters' Association of Ceylon* (9 March 1906), 3。

237 "Our Plan of Campaign," *Monthly Message,* 31 December 1905, 140; Compton, *Come to Tea with Us,* 18.

238 Compton, *Come to Tea with Us,* 111.

239 Trentmann, *Free Trade Nation,* 51.

240 1904 年 12 月的信重印于 *What Started the League?* (London: Anti-Tea-Duty League, 1905), 11–14。

241 *Monthly Message,* 31 December 1905, 150.

242 *Monthly Message,* 30 September 1905, 107.

243 *Tea: The Injustice of the High Duty*, 6.

244 Compton, *Come to Tea with Us,* 14.*Tea: The Injustice of the High Duty,* 13.

245 *Leeds Mercury,* 10 December 1904, printed in *What Started the League,* 9–10.

246 *Daily Mail,,* 9 December 1904, printed in *What Started the League,* 10.

247 *Dundee Advertiser,* 25 January 1905, printed in *What Started the League*, 30.

248 Herbert Compton, "Tea Planters and Their Troubles," *Pall Mall Gazette,* 10 January 1905, printed in *What Started the League,* 45–47.

249 Arthur Bryans, *Bristol Times,* 19 December 1904, printed in *What Started the League,* 26.

250 *Tea: The Injustice of the High Duty,* 13.

251 Ibid.,7.

252 Ibid.,5.

253 *Monthly Message,* 31 August 1905, 97.

254 Ibid., 31 July 1905, 85.

255 Ibid.,122.

256 *Intermittent Message of the Free-Tea League*, 24 March 1906, 26.

257 Ibid., 5.

258 *Intermittent Message of the Free-Tea League,* 1 May 1906, 42. 茶叶购买者协会建立于 1899 年。London Chamber of Commerce, Tea Buyers' Association Minute Books, Guildhall Manuscripts, 16,755 Guildhall, London。

259 Ukers, *All about Tea,* 2:127.

260 ITCC 报告称，1907 年，美国进口印度茶叶量增长了 97%。*7th Annual Report of ITCC* (31 March 1910), 5, ITA Mss Eur F174/922。

7 "每个厨房都是一个帝国厨房"

1   "The Assam Dinner," *HCM,* 15 June 1923, 201.
2   麦凯是一个早期的投资者，是阿萨姆地区茶园代理商。Stephanie Jones, *Two Centuries of Overseas Trading: The Origins and Growth of the Inchcape Group* (Houndmills, Basingstoke: Macmillan, 1986), 48, 52; Geoffrey Jones, *Merchants to Multinationals: British Trading Companies in the Nineteenth and Twentieth Century* (Oxford: Oxford University Press, 2000), 55–56; Stephanie Jones, *Trade and Shipping: Lord Inchcape, 1852—1932* (Manchester: Manchester University Press, 1989); P. J. Griffiths, *A History of the Inchcape Group* (London: Inchcape and Co., 1977)。
3   "The Assam Dinner," 201.
4   *Imperial Economic Committee Report on Tea (1 June 1931),* 1, NA C0 323/1142/18. The published version is *Empire Grown Tea: Report of the Imperial Economic Committee* (London: Empire Tea Growers, 1932). 关于讨论，参见 *Indian Tea Cess Committee Report* (January 1932), appendix *2,21,* ITA Mss Eur F74/928。
5   *Minutes of the General Committee of the Planters' Association of Ceylon*, 13 May 1931, 5–6.
6   在那个时代，几乎每一场运动都试图争取消费者的力量。参见 Erika Rappaport, "Consumption," in *The Ashgate Research Companion to Modern Imperial Histories,* ed. Philippa Levine and John Marriott (Farnham, Surrey: Ashgate, 2012). Peter Gurney, *Co-Operative Culture and the Politics of Consumption in England, 1870–1930* (Manchester: Manchester University Press, 1996); James Vernon, *Hunger: A Modern History* (Cambridge, MA: Belknap Press of Harvard University Press, 2007); Frank Trentmann, *Free Trade Nation: Commerce, Consumption, and Civil Society in Modern Britain* (Oxford: Oxford University Press, 2008); Matthew Hilton, *Consumerism in Twentieth Century Britain: The Search for a Historical Movement* (Cambridge: Cambridge University Press, 2003); Kate Soper and Frank Trentmann, eds., *Citizenship and Consumption* (Houndmills, Basingstoke: Palgrave Macmillan, 2008); and Martin Daunton and Matthew Hilton, eds., *The Politics of Consumption: Material Culture and Citizenship in Europe and America* (Oxford: Oxford University Press, 2001)。
7   这些问题中的第一个是核心问题，in Trentmann's *Free Trade Nation，*他在自己很多的作品中探讨这一问题，包括 "The Modern Genealogy of the Consumer: Meanings, Identities, and Political Synapses," in *Consuming Cultures, Global Perspectives: Historical Trajectories, Transnational Exchanges,* ed. John Brewer and Frank Trentmann (Oxford: Berg, 2006), 19–70。
8   David Thackeray, *Conservatism for the Democratic Age: Conservative Cultures and the Challenge of Mass Politics in Early Twentieth Century England* (Manchester: Manchester University Press, 2013) and his "Home and Politics: Women and Conservative Activism in Early Twentieth-Century Britain," *Journal of British Studies* 49, no. 4 (2010): 826–84, and "From Prudent Housewife to Empire Shopper: Party Appeals to the Female Voter, 1918–1928," in *The Aftermath of Suffrage: Women, Gender, and Politics in Britain, 1918–1945,* ed. Julie Gottlieb and Richard Toye (Houndmills, Basingstoke: Palgrave Macmillan, 2013), 37–53.
9   Charles F. McGovern, *Sold American: Consumption and Citizenship, 1890–1945* (Chapel Hill: University of North Carolina Press, 2006), 17. Lizabeth Cohen, *A Consumers' Republic: The Politics of Mass Consumption in Postwar America* (New York: Knopf, 2003) and Meg Jacobs, *Pocketbook Politics: Economic Citizenship in Twentieth-Century America* (Princeton: Princeton University Press, 2005).
10   John Maitland to H. O. Wooten, 25 July 1917, Bin A6, Typhoo Archive, Moreton.
11   A. G. Kenwood and A. L. Lougheed, *The Growth of the International Economy, 1820–1990*

(London: Routledge, 1992); Jones, *Merchants to Multinationals,* 84−115.

12 Ina Zweiniger-Bargielowska, Rachel Duffett, and Alain Drouard, eds., *Food and War in Twentieth Century Europe* (Farnham: Ashgate, 2011); Belinda J. Davis, *Home Fires Burning: Food, Politics, and Everyday Life in World War I Berlin* (Chapel Hill: University of North Carolina Press, 2000); Avner Offer, *The First World War: An Agrarian Interpretation* (Oxford: Clarendon, 1989); Carol Helstosky, *Garlic and Oil: Food and Politics in Italy* (Oxford: Berg, 2004), 39−51.

13 L. Margaret Barnett, *British Food Policy during the First World War* (London: George Allen and Unwin, 1985).

14 J. M. Winter, *The Great War and the British People* (Hampshire: Macmillan, 1985), 213−45.

15 Hilton, *Consumerism,* 53−78. 作为比较，参见 Amy Bentley, *Eating for Victory: Food Rationing and the Politics of Domesticity* (Urbana: University of Illinois Press, 1998)。

16 M. Todd, *Snakes and Ladders: An Autobiography,* 引自 Hilton, *Consumerism,* 58。

17 *Report of the General Committee of the ITA* (1916), 13−16, ITA Mss Eur F174/2A.

18 H. A. Antrobus, *The History of the Assam Company, 1839—1953* (Edinburgh: T. A. Constable, 1957), 188.

19 V. D. Wickizer, *Tea under International Regulation* (Palo Alto: Food Research Institute, Stanford University, 1921), 58.

20 Ibid., 59; Denys Forrest, *Tea for the British: The Social and Economic History of a Famous Trade* (London: Chatto and Windus, 1973), 201−3; John Burnett, *Liquid Pleasures: A Social History of Drinks in Modern Britain* (London: Routledge, 1998), 64.

21 *The Times,* 9 July 1918, 13; Barnett, *British Food Policy,* 140−42.

22 Barnett, *British Food Policy,* 142.

23 Alex J. Philip, *Rations, Rationing and Food Control* (London: Book World, 1918), 154.

24 Vernon, *Hunger,* 91−96; Mikulas Teich, "Science and Food during the Great War: Britain and Germany," in *The Science and Culture of Nutrition, 1840–1940,* ed. Harmke Kamminga and Andrew Cunningham (Amsterdam: Rodopi, 1995), 213−34; Sally M. Horrocks, "The Business of Vitamins: Nutrition Science and the Food Industry in Inter-War Britain," in *Science and Culture of Nutrition,* 235−58. Horrocks, "Nutrition Science and the Food Industry in Britain, 1920−1990," in *Food Technology,* ed. den Hartog, 7−18.

25 T. B. Wood, *The National Food Supply in Peace and War* (Cambridge: Cambridge University Press, 1917).

26 H. C., "Afternoon Tea in Hotels," *The Times,* 17 April 1917, 9.

27 Burton Chadwick, letter to the editor, *The Times,* 21 November 1916, 11 and "War Cakes: Afternoon Tea as a Needless Luxury," *The Times,* 31 March 1917, 3.

28 "Afternoon Tea: A Restaurant Manager's Defense," *The Times,* 23 November 1916, 11.

29 Ibid.

30 Ibid.

31 "Wheat and Sugar Saving: Afternoon Tea Order," *The Times,* 19 April 1917, 6; Georgiana H. Pollock, "Afternoon Tea in the Shops," *The Times,* 17 December 1917, 3.

32 William Ukers, *All about Tea* (New York: Tea and Coffee Trade Journal, 1935), 2:160.

33 "The Assam Dinner," 201.

34 "Brooke Bond Review of the Tea Trade, 1917," *Simmons Spice Mill* (January 1919): 47.

35 *Report of the General Committee of the ITA* (1919), 9−10, ITA MSS Eur F174/2A.

36 *14th Annual Report, ITCC* (1917), 6, ITA Mss Eur F174/923.

37 *15th Annual Report, ITCC* (1918), 5, ITA Mss Eur F174/923.

38 Meeting of the Executive Committee of the ITCC, Royal Exchange, Calcutta, 11 February 1921,3, ITA Mss Eur F174/927.

39 *Subcommittee's Report on the Position in India, English and Scottish Co-Operative Wholesale Societies* (Manchester: CWS Printing Works, 1921), 25, CWS 1/35/32/23, CWS Archives, Mitchell Library, Glasgow.

40 D. L. LeMahieu, *A Culture for Democracy: Mass Communication and the Cultivated Mind in Britain between the Wars* (Oxford: Oxford University Press, 1988), 161—62.

41 Tea Association of the United States to the ITA (London), 21 April 1921, reprinted at the Executive Committee Meeting of the ITCC, 31 May 1921, ITA Mss Eur F174/927.

42 "Japan-Formosa Tea Outlook: How to Increase the Consumption of Tea," *TCTJ* (June 1925): 813-16. J. Walter Thompson 开展了一项为期 5 年，每年耗资 90 万美元的活动。"A Tea and Coffee Chronology," *TCTJ* (September 1926): 304-13; William R. Rankin, "Can Tea Be Successfully Advertised in the United States?" *Twentieth Century Advertising* (January 1924): 74.1925 年，美国的茶叶进口如下：锡兰 27.5%；日本 21%；印度 16.5%；中国台湾 11.25%；中国大陆 10.75%；爪哇 10%；苏门答腊 2.25%；锡兰和印度的混合比例是 0.75%。印度、锡兰和爪哇茶叶的增长是以牺牲日本、中国台湾和大陆地区的增长为代价的。*TCTJ* (August 1925): 273. 种植者还普遍希望在美国销售更多的英国制成品，以抵消英国的战争债务。例如，参见 Charles Higham, "British Open Big Drive in World Markets," *Waukesha Daily Freeman* (Wisconsin), (19 January 1924): 4。

43 The Tea Cess Fund 自 1922 年以来翻了一番。"Seeking New Tea Markets: Propaganda in the U.S. and Germany," *HCM*, 26 July 1928, 20。

44 "An Advertising King," *Planters' Chronicle,* 28 November 1925, 872. 美国人喝的茶有一半以上是印度和锡兰的红茶。"Tea Tastes," *Planters' Chronicle,* 29 August 1925, 652. 关于 *Financial Times* 评论，以及种植者的反应，参见 "American Propaganda," *Planters' Chronicle,* 26 September 1925,713。

45 1925 年 8 月，Higham 和著名的棒球手 John Charles Rowe 的女儿结婚了，这对夫妻定居在白金汉郡。"Speaking of Sir Charles," *TCTJ* (September 1925): 453-54。

46 "Sir Charles Higham Visits 'Ad' Men Here," *New York Times,* 1 June 1922.

47 Ibid.

48 "Changing the Customs of a Continent," *Advertising World* (February 1925): 388-94.

49 Higham 解释了，他在伦敦的报纸上刊登了一则广告，阐述了对"集体"广告的信仰之后，他是如何获得 ITA 的账户的。William Ukers 也出席了此次午宴。"Tea Men Give a Luncheon," *TCTJ* (April 1925): 469。

50 Roland Marchand, *Advertising the American Dream: Making Way for Modernity, 1920– 1940* (Berkeley: University of California Press, 1986), 5.

51 T. R. Nevett, *Advertising in Britain: A History* (London: Heinemann, 1982), 155.

52 Sir Charles Higham, *Advertising, Its Use and Abuse* (London: William & Norgate, Ltd., 1924), 147.

53 "Changing the Customs of a Continent."

54 无线电广播，"India Tea and How to Make It,"*Appleton Post-Crescent* (Wisconsin), 22 January 1924, 11。

55 *Charleston Gazette* (West Virginia), January 21, 1924, 1; *Star and Sentinel* (Gettysburg, PA), 26 January 1924, 1.

56 "Sir Charles on the U.S.A.," *TCTJ* (July 1926): 55.

57 "Goodbye to Sir Charles," *TCTJ* (April 1926): 461.

58 关于美国的背景，参见 Pamela Walker Laird, *American Business and the Rise of Consumer Marketing* (Baltimore: Johns Hopkins University Press, 1998)。

59 "The US Campaign for India Tea," *Twentieth Century Advertising* (March 1924): 24.

60 "New Tea Advertising," *TCTJ* (October 1925): 582 and (November 1925): 806.

61 "The Years Between: A Chronological Record of the Activities of this Paper," *TCTJ* (September 1926): 383bb.

62   "Changing the Customs of a Continent," 390.

63   Ibid.

64   "Tea in the U.S.A.," *HCM,* 29 September 1927, 1.

65   Walter Chester, "How to Increase Tea Consumption," *TCTJ* (April 1925): 493–94.

66   Antonio Wakefield, "How to Increase Tea Consumption," *TCTJ* (May 1925): 649.

67   G. M. Gates, "Coffee Growing: Tea Losing. How to Increase the Consumption of Tea," *TCTJ* (August 1925): 267–68. 一个相似的观点，可参见 A. Raymond Hopper, "How Not to Advertise Tea," *TCTJ* (March 1927): 265–68。

68   Felix Koch, "Studying Local Tea Tastes: How to Increase Tea Consumption," *TCTJ* (July 1925): 85–86; "Tastes in Tea," *TCTJ* (June 1925): 820.

69   "India and Ceylon Teas Gain," *TCTJ* (September 1926): 337.

70   "Hard to Change Our Habits," *TCTJ* (October 1927): 1198; *HCM,* 28 April 1927, 4 and 19 May 1927, 20.

71   "New India Tea Commissioner," *TCTJ* (December 1927): 123–24; "Indian Tea Propaganda," *HCM,* 19 February 1928, 123–24; "India Tea Bureau," *HCM,* 8 March 1928, 1.

72   *Report of the American and Foreign Market Subcommittee to the ITA General Committee* (1928–1929), 11, ITA Mss Eur F174/3.

73   "Emblem for India Tea," *TCTJ* (March 1928): 382.

74   "India Tea Cess Renewed," *TCTJ* (April 1928): 507.

75   "American Women Shown How to Choose a Good Tea," *Sioux City Sunday Journal,* 3 June 1928,31.

76   "India Tea Cess Renewed," *TCTJ* (April 1928): 507.

77   *Plan for Teaching a Million High School Students about India Tea,* 1929, memo from the India Tea Bureau (NY) to ITA, ITA Mss Eur F174/915.

78   *Report of the American and Foreign Market Subcommittee to the ITA General Committee (1928–29), 11, 13.*

79   *Report of the American and Foreign Market Subcommittee to the ITA General Committee* (1930–31), 11, ITA Mss Eur F174/3. 到 1932 年，178 个品牌有标识，69% 是纯印度茶叶。*Report ofthe American and Foreign Market Subcommittee to the ITA General Committee* (1932–33), 15。

80   *Report by a Commission to the United States to the International Tea Committee (UK),* 1934, ITA Mss Eur F174/949. 我认为这次调查是由 Elmo Roper 着手进行的，关于他的职业和与茶产业的关系，参见 chapter 8。

81   *Imperial Economic Committee Report on Tea,* 1931,41, NA: C0323/1142/18.

82   Trentmann, *Free Trade Nation,* 229.

83   Philip Williamson, *National Crisis and National Government: British Politics, the Economy and Empire, 1926–1932* (Cambridge: Cambridge University Press, 1992); Basudev Chatterji, *Trade, Tariffs, and Empire: Lancashire and British Policy in India, 1919–1939* (Delhi: Oxford University Press, 1992); T. Rooth, *British Protectionism and the International Economy: Overseas Commercial Policy in the 1930s* (Cambridge: Cambridge University Press, 1994); Andrew S. Thompson, *Imperial Britain: The Empire in British Politics, c. 1880–1932* (Harrow: Longman, 2000); Forrest Capie, *Depression and Protectionism: Britain between the Wars* (London: George Allen and Unwin, 1983); Michael Kitson and Solomos Solomou, *Protectionism and Economic Revival: The British Inter-War Economy* (Cambridge: Cambridge University Press, 1990); Andrew Marrison, *British Business and Protection, 1903–1932* (Oxford: Clarendon, 1996).

84   Thackeray, *Conservatism for the Democratic Age;* Martin Pugh, *The Tories and the People, 1880–1935* (New York: Basil Blackwell, 1985); David Jarvis, "The Conservative Party and

the Politics of Gender, 1900–1939," in *The Conservatives and British Society, 1880–1990,* ed. Martin Francis and Ina Zweiniger-Bargielowska (Cardiff: University of Wales Press, 1996); Stuart Ball, *Portrait of a Party: The Conservative Party in Britain, 1918–1945* (Oxford: Oxford University Press, 2013).

85 Michael Havinden and David Meredith, *Colonialism and Development: Britain and Its Tropical Colonies, 1850–1960* (London: Routledge, 1993), 144–45, 150; Stephen Constantine, " 'Bringing the Empire Alive' : The Empire Marketing Board and Imperial Propaganda, 1926–1933," in *Imperialism and Popular Culture,* ed. John M. MacKenzie (Manchester: Manchester University Press, 1986), 192–231; *Buy and Build: The Advertising Posters of the Empire Marketing Board* (London: HMSO, 1986); David Meredith, "Imperial Images: The Empire Marketing Board, 1926–32," *History Today* 37, no. 1 (January 1987): 30–36; Mike Cronin, "Selling Irish Bacon: The Empire Marketing Board and Artists of the Free State," *Eire-Ireland* 39, no. 3/4 (2004): 132–43; James Murton, "John Bull and Sons: The Empire Marketing Board and the Creation of a British Imperial Food System," in *Edible Histories, Cultural Politics: Towards a Canadian Food History,* ed. Franca Iacovetta, Valerie J. Korinek, and Marlene Epp (Toronto: University of Toronto Press, 2012), 225–48.

86 *H.M. Treasury Committee of Civil Research: Report of the Research Co-ordination Sub-Committee* (London: HMSO, 1928), 61–63, ITA Mss Eur F174/1089; Jacquie L' Etang, *Public Relations in Britain: A History of Professional Practice in the Twentieth Century* (Mahwah, NJ: Lawrence Erlbaum, 2004), 32–39; Scott Anthony, *Public Relations and the Making of Modern Britain: Stephen Tallents and the Birth of a Progressive Media Profession* (Manchester: Manchester University Press, 2013).

87 Gervas Huxley, *Both Hands: An Autobiography* (London: Chatto and Windus, 1970), 125–29.

88 *Report of the Research Co-ordination Sub-Committee* (London: IIMSO, 1928), 61–63, ITA MSS Eur F174/1089, 61–63.

89 Anne Chisholm and Michael Davie, *Lord Beaverbrook: A Life* (New York: Knopf, 1993).

90 Lord Beaverbrook, *The Resources of the Empire* (London: Lane Publications, 1934), 11.

91 Chisholm and Davie, *Beaverbrook,* 275–82.

92 Stephen Constantine, "The Buy British Campaign of 1931," *European Journal of Marketing* 21, no. 4 (1987): 44–59.

93 Ibid., 54; Thackeray, *Conservatism for the Democratic Age,* 142–48.

94 Lord Beaverbrook, *My Case for Empire Free Trade* (London: The Empire Crusade, 1930), 15.

95 "Empire Meals on Empire Day," *Empire Production and Export* 187 (March-April 1932): 57–58.

96 Beatrix Campbell, *The Iron Ladies: Why Do Women Vote Tory?* (London: Virago, 1987), 60–61. 关于其他国家的例子，参见 *International Labor and Working-Class History* 77, no. 1 (2010) 的特刊; Victoria de Grazia, *How Fascism Ruled Women: Italy, 1922–1945* (Berkeley: University of California Press, 1992); and Nancy Ruth Reagin, *Sweeping the German Nation: Domesticity and National Identity in Germany, 1870–1945* (Cambridge: Cambridge University Press, 2007)。

97 "Womens Buy British Campaign: Intelligent Demand," *Empire Production and Export* 186 (February 1932): 46–47.

98 "Every Kitchen an Empire Kitchen," 帝国主妇联盟的宣言, 1927, ITA Mss Eur F174/1094。

99 "Labour and Empire Trade," *British Empire Annual* (May 1927), 4, ITA Mss Eur F174/1094; Mrs. Walrond Sweet, "How to Help the Empire in Your Shopping," *British*

Empire Annual (May 1927), 3, ITA Mss Eur F174/109.

100 保守党关于工人阶级消费者的观点，参见 David Jarvis, "British Conservatism and Class Politics in the 1920s," *English Historical Review* 111, no. 440 (February 1996): 72–73。

101 Sir Percival Griffiths, *The History of the Indian Tea Industry* (London: Weidenfeld and Nicolson, 1967), 178.

102 *IEC Report on Tea*, 3–10.

103 *International Tea Committee: Fiftieth Anniversary, 1983* (London: Tea Broker's Publications, 1983), 2.

104 *IEC Report on Tea*, 11.

105 Ibid.,22.

106 B. R. Mitchell, *British Historical Statistics* (Cambridge: Cambridge University Press, 1987), 709–11.

107 关于工人阶级的经济情况，参见 Ross McKibbin, *Parties and People: England, 1914–1951* (Oxford: Oxford University Press, 2010), 41–42, and *Classes and Cultures: England, 1918–1951* (Oxford: Oxford University Press, 1998), 106–27.

108 "Buys a Tenth of the World's Tea," *TCTJ* (July 1927): 764; "Ready for a British Food War," *TCTJ* (February 1928): 288.

109 D. J. Richardson, "J. Lyons and Co., Ltd.: Caterers and Food Manufacturers," in *The Making of the Modern British Diet,* ed. Derek J. Oddy and Derek S. Miller (London: Croom Helm, 1976), 161–72.

110 "Tea Packeting in England," *TCTJ* (February 1927): 145. Lyons 近来在尼亚萨兰购买了 8000 英亩。*TCTJ* (April 1927): 454。

111 多种因素共同促成了权力如何在食物和其他商品链中发挥作用。清楚地进行这样的比较的两卷本著作，参见 Jennifer Bair, ed., *Frontiers of Commodity Chain Research* (Stanford: Stanford University Press, 2009) and Warren Belasco and Roger Horowitz, eds., *Food Chains: From Farmyard to Shopping Cart* (Philadelphia: University of Pennsylvania Press, 2009)。

112 Finance Act, 1919, 9–10 Geo. V, chap. 32, 引自 Ian M. Drummond, *British Economic Policy and Empire, 1919–1939* (New York: Allen and Unwin, 1972), 52. Ralph A. Young, "British Imperial Preference and the American Tariff," *Annals of the American Academy of Political and Social Science* 141 (1929): 204–11。

113 *Ceylon Planters' Association Yearbook* (Colombo: Planters Association of Ceylon, 1932), 190.

114 Drummond, *British Economic Policy*, 17–25.

115 对这一理念进行的充分的政治经济学讨论，参见 Magee and Thompson, *Empire and Globalisation*, chap. 4。

116 *Board of Trade, Merchandise Marks Act, 1926. Report of the Standing Committee on Tea* (London: HMSO, 1929), Cmd. 3288, ITA Mss Eur F174/1094. "The 'Marking' of Tea," *HCM*, 13 December 1928, 17–18, 20 December 1928, 5–6; 17 January 1929, 5; "Marking Tea in England," *TCTJ* (December 1928): 798; and "The Proposed Marking of Tea in England," *TJCJ* (January 1929): 135, 164–66.

117 Case for the Applicants in the matter of the Merchandise Marks Act 1926, ITA Mss Eur F174/1094.

118 Mr. Willink, *Minutes of the Proceedings before the Standing Committee on the Merchandise Marks Act, 1926,* (hereafter BOT MMA Standing Committee), 10 December 1928, ITA Mss Eur F174/1092.

119 Indian Tea Association, South India Association, and Ceylon Association to the Rt. Hon. Sir Philip Cunliffe-Lister, September 1928, ITA Mss Eur F174/1094.

120 "Statement of Opposition of the Tea Buyers' Association to the Application for the Marking

of Tea under the Merchandise Marks Act, 1926," *BOT MMA Standing Committee*, ITA Mss Eur F174/1094.

121 Ibid.

122 "Precis of Evidence to be submitted to the Standing Committee under the Merchandise Marks Act against the proposal for the Marking of imported tea," *BOT MMA Standing Committee*, ITA Mss Eur F174/1094.

123 Evidence given by Henry Charles Johnston Barton, *BOT MMA Standing Committee*, 11 December 1928, ITA Mss Eur F174/1092.

124 Evidence given by Mr. John Douglas Garrett, *BOT MMA Standing Committee*, 11 December 1928, ITA Mss Eur F174/1092.

125 C. L. T. Beeching, *Salesmanship for the Grocer and Provision Dealer* (London: Institute of Certificated Grocers, 1924), 73–75; F. W. F. Staveacre, *Tea and Tea Dealing* (London: Sir Isaac Pitman, 1929), 104.

126 许多公司都多年使用同一标识。Ridgways Wholesale Price List, 16 June 1924, Bin A2, Typhoo Archive, Company Headquarters, Moreton, UK; Guard Book of Labels, Banks and Co., BKS 11/11/3 (1932–34), BKS 11/11/4 (1933–35), BKS 11/11/5 (1934–39), Banks and Company Archive, University of Glasgow Archives。

127 William Saunders evidence, *BOT MMA Standing Committee*, 11 December 1928, ITA Mss Eur F 74/1092.

128 "Tea Interests Combine," *TCTJ* (January 1926): 97.

129 "Statement on Behalf of the British Tea Industry in Java and Sumatra, Merchandise Marks Act, 1926," *BOT MMA Standing Committee*, ITA Mss Eur F174/1094.

130 Ukers, *All about Tea*, 2:16–17.

131 Allister MacMillan, *Seaports of the Far East: Historical and Descriptive, Commercial and Industrial Facts, Figures, and Resources*, 2nd ed. (London: W. H. & L. Collingridge, 1925), 319.

132 Evidence of Major L. H. Cripps, *BOTMMA Standing Committee*, 11 December 1928, ITA Mss Eur F174/1092.

133 Evidence of Eric Madfadyen, *BOT MMA Standing Committee*, 11 December 1928, ITA Mss Eur F174/1092.

134 Evidence of Gordon Thomas H. Stampter, *BOT MMA Standing Committee*, 11 December 1928, ITA Mss Eur F174/1092.

135 Press ads and notices, 1919–1930, SA/MAR/ADV/1/3/3/1/2/9, #5636/2, ADV, Sainsbury Archive, Museum of the Docklands, London.

136 Mr. John Douglas Garrett, *BOT MMA Standing Committee*, ITA Mss Eur F174/1092.

137 H. M. Haywood, Secretary of ITA, Calcutta, to W. H. Pease, ITA London, 28 April 1921, Correspondence with Indian Tea Association, Calcutta, January-June 1921, MssEur F174/57.

138 D. K. Cunnison, Asst. Secretary to the Surma Valley Branch of ITA, to ITA, Calcutta, 23 April 1921, ITA Mss Eur F174/57.

139 Letter to the editor of *The Statesman*, 28 May 1921, ITA Mss Eur F174/57.

140 Rana Pratap Behal, "Forms of Labour Protest in Assam Valley Tea Plantations, 1900–1930," *Economic and Political Weekly* 20, no. 4 (January 1985): 19–26. Brooke Bond 还担心锡兰民族主义情绪的 "觉醒" 会导致土地短缺。*TCTJ* (January 1927): 32–33。

141 *BOT Report of the Standing Committee on Tea* (London: HMSO, 1929).

142 Robert Boyce, *The Great Interwar Crisis and the Collapse of Globalization* (Hampshire: Palgrave Macmillan, 2009). 关于国际商业是如何安然度过这段危机时期的出色概述，参见 Jones, *Merchants to Multinationals*, chap. 4。

143 "Rubber and Tea," *The Statesman* (20 March 1930), cutting in IOR: L/E/9/1294, file 1.

144 "Tea Consumption," *HCM*, 18 June 1931, 1.

145 1931 年年初，茶叶的价格是平均每磅 1 先令 3 便士。"Tea Prices: Report by the Food Council to the President of the Board of Trade," 30 July 1931, NA MAF 69/100. 锡兰的茶叶出口值在 1929—1931 年下跌了三分之一。*Yearbook of the Ceylon Planters' Association*, 1932, 48。

146 Telegram from Indian Planters' Association to the Secretary of State for India, 4 September 1931, IOR: L/E/9/1294, file 1, Indian and African Collections, British Library.

147 "The Removal of the English Tea Duty," *HCM*, May 1929, 721–22.

148 "Minute Paper on Tea," IOR: L/E/9/1294, file 1; "Empire Tea: Inauguration of Notable Campaign," *HCM*, 9 September 1931, 1; *Report of the Empire Tea Sub-Committee to the Marketing Committee*, EMB, 13 July 1931, NA CO 758/88/4; S. S. Murray, "Advertising of Empire Tea in the United Kingdom," Bulletin No. 1, Department of Agriculture, Nyasaland Protectorate (Zomba: Government Printer, February 1932), 12. EMB 不太情愿推销茶叶，但是他们一旦觉察到主要的分销商都已加入进来，也立即同意进行联合宣传。*Report of the Empire Tea Sub-Committee*。

149 "Empire Tea: Inauguration of Notable Campaign," *HCM*, 9 September 1931, 1.

150 住在伦敦的大茶园老板，加入了住在锡兰的人的行列，一起推动殖民政府在 1932 年恢复这项政策。*Minutes of the General Committee of the Planters' Association of Ceylon*, 13 May 1931, 81。

151 *Yearbook of the Planters' Association in Ceylon (1932)*, 115.

152 Gervas Huxley, "Suggested Empire Tea Campaign," *Minutes of the Empire Tea Sub-Committee to the Marketing Committee*, EMB, 6 June 1931, NA CO 758/88/4.

153 Gervas Huxley 的内兄弟 Edward Harding 是自治领办公室负责人。关于 Elspeth 的帝国主义，参见 Phyllis Lassner, *Colonial Strangers: Women Writing the End of the British Empire* (New Brunswick, NJ: Rutgers University Press, 2004), 118–59. 有关妇女协会的历史，可见 Inez F. Jenkins, *The History of the Women's Institute Movement of England and Wales* (Oxford: Oxford University Press, 1953) and Maggie Andrews, *The Acceptable Face of Feminism: The Womens Institute as a Social Movement* (London: Lawrence and Wishart, 1997)。

154 Huxley, *Both Hands*, 87–94; Scott M. Cutlip, *The Unseen Power: Public Relations, A History* (New York: Routledge, 1994), 662–759.

155 *ITCC Minutes*, 11 March 1932, 6 and 8 July 1932.

156 "EMPIRE GROWN TEA," 1931, ITA Mss Eur F174/854. 重印于 *The Grocer*, 16 May 1931, 1 and J. R. H. Pickney, "Empire Tea," letter to the editor of *HCM*, 26 February 1931, 13. Pickney 是 9 家产茶公司的负责人。关于股东的反应，见 "Labelling Teas," *HCM*, 16 July 1931,1。

157 Sir Charles C. McLeod, "A Plea for Empire Tea," 这个演讲首次发表于 Royal Empire Society, 17 November 1931, ITA Mss Eur F174/854. 它还发表于或者在贸易文件、许多地方报刊上讨论过。*ITCC Minutes*, January 1932, 6–7。

158 *The Grocers' Gazette*, 19 September 1931, collected in "Empire Marketing Board papers related to the advertising of Indian Tea," NA CO 758/88/4.

159 *ITCC Minutes*, 13 May 1932, 3, ITA Mss Eur F174/928.

160 *ITCC Minutes*, 10 June 1932, 2, ITA Mss Eur F174/928.

161 *ITCC Minutes*, 8 January 1932, 8, ITA Mss Eur F174/928.

162 Banks and Company Printing Guard Book of Labels (1932–34), BKS 11/11/3. Banks and Company Archive, University of Glasgow Archives.

163 Ridgways Circular, Bin A2, Typhoo Archive, Company Headquarters, Moreton, UK.

164 对于 Romanne-James 职业的简要叙述，参见 Maggie Andrews and Sallie McNamara, eds., *Women and the Media: Feminism and Femininity in Britain, 1900 to the Present* (New

York: Routledge, 2014), 35。

165 *ITCC Minutes*, 9 December 1932, 2-3, ITA Mss Eur F174/928.

166 *ITCC Minutes*, 8 July 1932, 5, ITA Mss Eur F174/928.

167 Ibid.

168 Lidderdale report for September 1932, *ITCC Minutes*, 11 November 1932, 2-3, ITA Mss Eur F174/928.

169 Lidderdale to Harpur, August 1932, *ITCC Minutes*, 21 October 1932, 2, ITA Mss Eur F174/928.

170 *ITCC Minutes*, 9 September 1932, 14-15, ITA Mss Eur F174/928.

171 *ITCC Minutes*, 11 November 1932, 2-3, ITA Mss Eur F174/928.

172 *ITCC Minutes*, 12 February 1932, 6-8, ITA Mss Eur F174/928.

173 *ITCC Minutes*, 10 June 1932, 3, ITA Mss Eur F174/928.

174 Mahatma Gandhi, "Untruthful Advertisements," *Harijan* (24 August 1935), republished in M. K. Gandhi, *Drinks, Drugs and Gambling,* ed. Bharatan Kumarappa (Ahmedabad: Navajivan, 1952), 140-41. Amitava Sanyal, "Mahatma Gandhi and His Anti-Tea Campaign," *BBC News Magazine,* 7 May 2012, http://www.bbc.com/news/magazine-17905975.

175 Gandhi, "Untruthful Advertisements," 141.

176 Douglas E. Haynes, "Creating the Consumer? Advertising, Capitalism and the Middle Class in Urban Western India, 1914-40," in *Towards a History of Consumption in South Asia,* ed. Douglas E. Haynes, Abigail McGowan, Tirthankar Roy, and Haruka Yanagisawa (New Delhi: Oxford, 2010), 185-223; Abigail McGowan, "Consuming Families: Negotiating Womens Shopping in Early Twentieth Century Western India, in *Towards a History of Consumption in South Asia,* ed. Haynes et al., 155-84; Harminder Kaur, "Of Soaps and Scents: Corporeal Cleanliness in Urban Colonial India," in *Towards a History of Consumption in South Asia,* ed. Haynes et al., 246-67.

177 Walter Benjamin, "The Work of Art in the Age of Mechanical Reproduction" 首次发表于 1936 年。

178 关于甘地的阅读、自治和主权理论，参见 Isabel Hofmeyr, *Gandhis Printing Press: Experiments in Slow Reading* (Cambridge, MA: Harvard University Press, 2013). 关于甘地对于食物的态度，参见 Parama Roy, "Meat-Eating, Masculinity and Renunciation in India: A Gandhian Grammar of Diet," *Gender and History* 14, no. 1 (2002): 62-91 and Tim Pratt and James Vernon, " 'Appeal from This Fiery Bed ...' : The Colonial Politics of Gandhi's Fasts and Their Metropolitan Reception in Britain," *Journal of British Studies* 44, no. 1 (2005): 92-114。

179 Lisa N. Trivedi, *Clothing Gandhi's Nation: Homespun and Modern India* (Bloomington: Indiana University Press, 2007). 其他重要著作包括 C. A. Bayly, "The Origins of Swadeshi (Home Industry): Cloth and Indian Society, 1700-1930," in *The Social Life of Things: Commodities in Cultural Perspective,* ed. Arjun Appadurai (Cambridge: Cambridge University Press, 1986); Bernard S. Cohen, "Cloth, Clothes and Colonialism: India in the Nineteenth Century," in *Cloth and the Human Experience,* ed. A. B. Weiner and J. Schneider (Washington, DC: Smithsonian Institution, 1989), 303-53; Susan Bean, "Gandhi and Khadi: The Fabric of Independence," in *Cloth and the Human Experience,* ed. Weiner and Schneider; Emma Tarlo, *Clothing Matters: Dress and Identity in India* (Chicago: University of Chicago Press, 1996), 23-128; Richard Fox, *Gandhian Utopia: Experiments with Indian Culture* (New York: Beacon, 1989); Sumit Sarkar, *The Swadeshi Movement in Bengal, 1903-1908* (New Delhi: Peoples' Publishers, 1973); and Parama Roy, *Indian Traffic: Identities in Question in Colonial and Postcolonial India* (Berkeley: University of California Press, 1998)。

180 Trivedi, *Clothing Gandhi's Nation,* chap. 2; Manu Goswami, *Producing India: From Colonial Economy to National Space* (Chicago: University of Chicago Press, 2004), chap. 8.

181 Gautam Bhadra, *From an Imperial Product to a National Drink: The Culture of Tea Consumption in Modern India* (Calcutta: Centre for Studies in Social Sciences, Calcutta and the Tea Board of India, 2005); Lizzie Collingham, *Curry: A Tale of Cooks and Conquerors* (Oxford: Oxford University Press, 2006), 187–214; A. R. Venkatachalapathy, " 'In those days there was no coffee' : Coffee-drinking and Middle-Class Culture in Colonial Tamilnadu," *Indian Economic and Social History Review* 39 (2002): 301–16.

182 Mahatma Gandhi, *Third Class in Indian Railways* (Bhadarkali-Lahore: Gandhi Publications League, 1917), 4.

183 信件中包含的摘录来自 John Harpur, *Meeting of the Executive Committee of the ITCC,* 31 May 1921,4, ITA Mss Eur F174/927。

184 "Opium in Tea Stalls," *TCTJ* (October 1927): 1198.

185 Nabin Chandra Bordoloi, "The Non-Cooperation Movement," appendix 2, in C. F. Andrews, *Assam Opium Enquiry Report* (September 1925), 54–57.

186 *Young India,* 29 December 1921,439.

187 Indian canvasser letter to John Harpur, *Meeting of the Executive Committee of the ITCC,* 12 August 1921, 3, ITA Mss Eur F174/927.

188 Report to Newby from the Punjab Superintendent and Re. Raichur from Southern India, *Meeting of the Executive Committee of the ITCC,* 8 April 1921, 4, ITA Mss Eur F174/927.

189 Reed Committee Report, April 1922, as cited in M.V. Kamath and Vishwas B. Kher, *The Story of Militant But Non-Violent Trade Unionism: A Biographical and Historical Study* (Ahmedabad: Navajivan, 1993). 非常感谢 Abigail McGowan 提醒我这个消息来源。

190 *ITCC Proceedings,* 8 January 1932, 11, ITA Mss Eur F174/928.

191 K. Venkatachary, Report on the Calicut Swadeshi Exhibition held 1–9 November 1932, *ITCC Proceedings,* 12 February 1932, 17, ITA Mss Eur F174/928.

192 *ITCC Proceedings,* 15 August 1932, 6, ITA Mss Eur F174/928.

193 Goswami, *Producing India,* 248–49.

194 Sri Prakasa, Legislative Assembly Debates, vol. 4, no. 8, New Delhi, 6 April 1935, 5, IOR/L/E/9/180, Collection related to the Tea Cess Acts, 1935–47, Indian and African Collections, British Library (hereafter Indian Tea Cess Debate).

195 James H. Mills, *Cannabis Britannica: Empire, Trade, and Prohibition, 1800–1928* (Oxford: Oxford University Press, 2003), 153.

196 Partha Chatterjee, *The Nation and Its Fragments: Colonial and Postcolonial Histories* (Princeton: Princeton University Press, 1993).

197 Mr. Ghanshiam Singh Gupta, Legislative Assembly Debates, vol. 4, no. 8, New Delhi, 6 April 1935, 9, Indian Tea Cess Debate.

198 关于 Chalihas 的职业，见 Anuradha Dutta, *Assam in the Freedom Movement* (New Delhi: Darbari Prokasham, 1991), 56 and Anil Kumar Sharma, *Quit India Movement in Assam* (New Delhi: Mittal Publications, 2007), 22–24。

199 Harihar Mishra, *Pandit Nilakantha Das* (Delhi: Kanishka Publishers, 1994).

200 Pandit Nilakantha Das, Legislative Assembly Debate, vol. 4, no. 8, New Delhi, 6 April 1935, Indian Tea Cess Debate.

201 Pandit Nilakantha Das, Legislative Assembly Debates, vol. 9, no. 2, Simla, 10 October 1936, 14, Indian Tea Cess Debate.

202 Mohan Lal Saksensa, Legislative Assembly Debates, vol. 9, no. 2, Simla, 10 October 1936, 23, Indian Tea Cess Debate.

203 Ghanshiam Singh Gupta (Central Provinces, Hindi Division), vol. 4, no. 8, New Delhi, 6 April 1935, 9, Indian Tea Cess Debate.

204 Kuladhar Chaliha (Assam Valley, Non-Muhammadan), Legislative Assembly Debates, vol. 9, no. 2, Simla, 10 October 1936, 2, Indian Tea Cess Debate.

205 Abdul Matin Chaudhury (Assam, Mohammadan), Legislative Assembly Debates, vol. 9, no. 2, Simla, 10 October 1936, 7, Indian Tea Cess Debate. 关于 Chaudhury 的职业，参见 Artful Hye Shibley, *Abdul Matin Chaudhury (1895—1948): Trusted Lieutenant of Mohammed All Jinnah* (Dhaka: Juned A. Choudhury, 2011)。

206 关于汗对印度未来的看法，见 Sir Muhammed Zafrullah Khan, "India's Place in the Commonwealth," in *Responsibilities of Empire* (London: George Allen and Unwin, 1937), 37–45。

207 Honorable Sir Muhammed Zafrullah Khan, Legislative Assembly Debates, vol. 9, no. 2, Simla, 10 October 1936, 13, Indian Tea Cess Debate.

208 Hon. Khan Bahadur (Bombay, nominated non-official), Extract from the Council of State Debates, vol. 1, no. 19, Council House New Delhi, 10 April 1935, 1, Indian Tea Cess Debate.

209 Amarendra Nath Chattopadhyaya (Burdwan Division, Non-Muhammadan), Legislative Assembly Debates, vol. 9, no. 2, Simla, 10 October 1936, 16–18, Indian Tea Cess Debate.

210 Griffiths, *History of the Indian Tea Industry*, 533.

211 Ram Narayan Singh (Chota Nagpur Division, Non-Muhammadan), Legislative Assembly Debates, vol. 9, no. 2, Simla, 10 October 1936, 21. Brohendra Narayan Chaudhury (Surma Valley, Non-Muhammadan) 认为所有这些机构都是欧洲种植者的政治武器。Legislative Assembly Debates, vol. 6, no. 8, Simla, 20 September 1938, 2, Indian Tea Cess Debate。

212 Kuladhar Chaliha (Assam, Non-Muhammadan), Legislative Assembly Debates, vol. 6, no. 8, Simla, 20 September 1938, 3, Indian Tea Cess Debate.

213 Dr. Ziauddin Ahmed (United Provinces, Southern District, Muhammadan Rural), Legislative Assembly Debates, vol. 2, no. 10, New Delhi, 24 March 1942, 2–3, Indian Tea Cess Debate.

214 *Annual Report of the Indian Tea Market Expansion Board,* 1937, 55, ITA Mss Eur F174/924. 查看其中一些材料的示例，Bhadra, *Imperial Product,* 10. 还有两则广告示例，from *Muhammadi (Id)* Special Issue (1938), AM 22, 25–26, Colour Transparencies of Prints and Labels for Advertisement from the Collection of Indian Photo Engraving Company, Beniatola Lane, Kolkata, Courtesy Mr. Shymal Bhattacharya, Riddhi, Sanyal Memorial Collection, Centre for Studies in Social Sciences, Kolkata。

215 *Annual Report of the Indian Tea Market Expansion Board,* 1937, 54, ITA Eur Mss F174/924.

216 Bhadra, *Imperial Product*, 29.

217 Ibid., 31.

218 *Annual Report of the Indian Tea Market Expansion Board*, 1938, 12, ITA Mss Eur F174/924.

219 女性在喝茶时犹豫不决的问题，在茶叶推广者中屡见不鲜。参见 *Proceedings of the Indian Tea Cess Committee* (8 January 1932): 10, ITA Mss Eur F174/928。

220 *Annual Report of the Indian Tea Market Expansion Board*, 1937, 45, ITA Mss Eur F174/924.

221 Srishchandra Goswami, "Bangali Chhatroder swasthya gelo je," *Grishasthamangal,* no. 1 [4th Year, April/May 1930 (Baisakh 1337BS)]: 1–5, as cited in Utsa Ray, *Culinary Culture in Colonial India: A Cosmopolitan Platter and the Middle Class* (Cambridge: Cambridge University Press, 2015), 88.

222 Hemantabala Debi 引自 Ray, *Culinary Culture,* 90。

223 Venkatachalapathy, " 'In those days there was no coffee,' " 301–16.

8 "茶叶让世界精神焕发"

1   Cain and Hopkins 辩称新的保护主义政策并不像许多人提议的那样是一种背离。P.
    J. Cain and A. G. Hopkins, *British Imperialism, 1688—2000,* 2nd ed. (London: Longman,
    2002), chap. 20。

2   帝国的修辞和意象在两次世界大战之间的年月发生了变化。参见 Wendy Webster,
    Englishness and Empire, 1939–1965 (Oxford: Oxford University Press, 2005); Stuart
    Ward, ed., *British Culture and the End of Empire* (Manchester: Manchester University
    Press, 2001); John M. MacKenzie, ed., *Imperialism and Popular Culture* (Manchester:
    Manchester University Press, 1986); and his *Propaganda and Empire: The Manipulation of
    British Public Opinion, 1880–1960* (Manchester: Manchester University Press, 1984)。

3   John Stevenson and Chris Cook, *The Slump: Britain in the Great Depression,* 3rd ed.
    (London: Longman, 2010), 92–105. 例如，H. L. Beales and R. S. Lambert 的社会学研究
    著作，*Memoirs of the Unemployed* (1934; Yorkshire: E. P. Publishing, 1973)。

4   Roland Marchand, *Advertising the American Dream: Making Way for Modernity, 1920–
    1940* (Berkeley: University of California Press, 1986), 336. T. J. Jackson Lears, *Fables of
    Abundance: A Cultural History of Advertising in America* (New York: Basic Books, 1994),
    especially chap. 8 and William R. Leach, *Land of Desire: Merchants, Power, and the Rise
    of a New American Culture* (New York: Pantheon, 1993), 319–22, 352–58. Lizabeth Cohen
    还强调在政府和有组织的消费者机构之间的新安排，但她并没有把重点放在这会如
    何改变广告本身上，见 *A Consumers' Republic: The Politics of Mass Consumption in
    Postwar America* (New York: Alfred A. Knopf, 2003)。

5   例如，Karl Gerth, *China Made: Consumer Culture and the Creation of the Nation*
    (Cambridge, MA: Harvard University Press, 2003); Irene Guenther, *Nazi Chic? Fashioning
    Women in the Third Reich* (Oxford: Oxford University Press, 2004); S. Jonathan Wiesen,
    Creating the Nazi Marketplace: Commerce and Consumption in the Third Reich (Cambridge:
    Cambridge University Press, 2011); Pamela Swett, *Selling under the Swastika: Advertising
    and Commercial Culture in Nazi Germany* (Stanford: Stanford University Press, 2014); and
    Karen Pinkus, *Bodily Regimes: Italian Advertising under Fascism* (Minneapolis: University
    of Minnesota Press, 1995)。

6   John and Jean Comaroff, *Of Revelation and Revolution: The Dialectics of Modernity on
    a South African Frontier, vol. 2* (Chicago: University of Chicago Press, 1993); Timothy
    Burke, *Lifebuoy Men, Lux Women: Commodification, Consumption, and Cleanliness in
    Modern Zimbabwe* (Durham: Duke University Press, 1996).

7   Jeffry A. Frieden, *Global Capitalism: Its Fall and Rise in the Twentieth Century* (New York:
    W. W. Norton, 2006), 188.

8   Ibid., 190–91.

9   *Annual Report Tea Growers' Association for the Netherlands East Indies* (1932), 22, ITA
    Mss Eur F174/2292.

10 V. D. Wickizer, *Tea under International Regulation* (Stanford: Food Research Institute,
    1944); Bishnupriya Gupta, "Collusion in the Indian Tea Industry in the Great Depression:
    An Analysis of Panel Data," *Explorations in Economic History* 34 (1997): 155–73; and
    Bishnupriya Gupta, "The International Tea Cartel during the Great Depression, 1929–
    1933," *Journal of Economic History* 61, no. 1 (March 2001): 144–59.

11 Wickizer, *Tea under International Regulation,* 73.

12 "Tea Growing in East Africa," *HCM,* 24 November 1933, 4.

13 Wickizer, *Tea under International Regulation,* 72–96.

14 Maria Misra, *Business, Race and Politics in British India, 1850—1960* (Oxford: Clarendon,
    1999), especially chap. 5.

15 对于这个问题的出色研究，参见 Sarah E. Stockwell, *The Business of Decolonization: British Business Strategies in the Gold Coast* (Oxford: Clarendon, 2000)。

16 Raj Chatterjee, oral interview, 17 March 1974, 2/9, Mss Eur T.15, African and Indian Collections, British Library.

17 这种沉默在殖民档案中值得注意，参见 Ann Laura Stoler, *Along the Archival Grain:Epistemic Anxieties and Colonial Common Sense* (Princeton: Princeton University Press, 2009)。

18 Sir Percival Griffiths, *The History of the Indian Tea Industry* (London: Weidenfield, 1967), 2:614-29.1937 年，Griffiths 成为推广局副主席。

19 加拿大和英属洪都拉斯属于美元集团。Cain and Hopkins, *British Imperialism,* 466-67.

20 Sir Robert Graham 在当时被称为国际茶叶市场推广局的第一次会议上致开幕词，15 July 1935, held at 59 Mark Lane, London, ITA Mss Eur F174/958。

21 国际茶叶市场推广局发给国家和地方新闻报纸编辑的解释性说明摘要，26 November 1935, ITA Mss Eur F174/959。

22 Gervas Huxley 在伦敦召开的第 43 届锡兰协会年度大会上发表的演讲，25 April 1932, *Planters'Association of Ceylon Year Book* (1932), 125-28。

23 Report of the Ceylon Association in London, 1933, *Planters' Association of Ceylon Year Book* (1933), 80-81; "Tea in the U.S.A.," *HCM,* 6 April 1934, 5.

24 1936 年 10 月，印度立法机构通过了《印度茶叶税法案》，并经总督和行政会议批准。现在，这项法案也囊括了通过海运或者陆运出口的茶叶。*Annual Report of the Indian Tea Market Expansion Board* (1937), 1, ITA Mss Eur F174/924。

25 Gervas Huxley, *Both Hands: An Autobiography* (London: Chatto and Windus, 1970), 158.

26 *Annual Report Tea Growers1 Association for the Netherlands East Indies* (1933), 29 and (1936), 66—67, ITA Mss Eur F174/2292.

27 *Report of the General Committee of the ITA* (1936-37), ITA Mss Eur F174/4. 第一届执行委员会的成员是主席 J. S. Graham、副主席 P. J. Griffiths、N. W. Chisholm, N. C. Datta, D. C. Ghose, J. Jones, C. K. Nicholl, I. B. Sen, and J. C. Surrey。*ITMEB Annual Report,* 1937, 5, ITA Eur Mss F174/924。

28 Huxley, *Both Hands,* 162.

29 *HCM,* 3 June 1932, 14; Ukers, *All about Tea,* 1:170.

30 Sir Alfred D. Pickford, "India's Interests and the Empire," 这个演讲发表于多伦多的加拿大俱乐部，25 April 1938, http://www.canadianclub.org/Events/EventDetails. aspx?id=1053。

31 *Annual Report of the General Committee of the ITA* (1935-36), 19, ITA Mss Eur F174/4.

32 Allister MacMillan, *Seaports of the Far East: Historical and Descriptive, Commercial and Industrial, Facts, Figures and Resources* (London: W. H. Collingridge, 1925), 306.

33 Arjun Appadurai, *Modernity at Large: Cultural Dimensions of Globalization* (Minneapolis: University of Minnesota Press, 1996), 42.

34 Searle Austin, "Twelve-Year-Olds Design for Lyons," *Advertising Display,* 1935, Acc. #3527/414, J. Lyons and Company Papers, London Metropolitan Archives (LMA).

35 Peter Bird, *The First Food Empire: A History of J. Lyons and Co.* (West Sussex: Phillimore, 2000).Erika D. Rappaport, *Shopping for Pleasure: Women in the Making of London's West End* (Princeton: Princeton University Press, 2000), 103-5; Judith R. Walkowitz, *Nights Out: Life in Cosmopolitan London* (New Haven: Yale University Press, 2012) chap. 6. 关于 Lyonses 对"英国人"身份的捍卫，见 Stephanie Seketa, "Spectacle Men and Tea Agents in London: The Conflict between International Networks and Rising Nationalism at the Turn of the Twentieth Century" (unpublished research paper, University of California, Santa Barbara, 2015)。

36 例如，Lisa Jacobson, *Raising Consumers: Children and the American Mass Market in the*

Early Twentieth Century (New York: Columbia University Press, 2004)。

37   Bernard Porter 在 *The Absent-Minded Imperialists: Empire, Society and Culture in Britain* (Oxford: Oxford University Press, 2004), 34–35 上做了论述。

38   英国广告中大量的国家符号，参见 Robert Opie, *Rule Britannia: Trading on the British Image* (Harmondsworth: Viking, 1985)。

39   这场辩论的大部分内容都集中在公司的规模和管理结构上。参见 Alfred D. Chandler, *Scale and Scope: The Dynamics of Industrial Capitalism* (Cambridge: Cambridge University Press, 1990). 不同的观点，可见 Leslie Hannah, *The Rise of the Corporate Economy* (Baltimore: Johns Hopkins University Press, 1976). Sue Bowden and Paul Turner, "The Demand for Consumer Durables in the United Kingdom during the Interwar Period," Journal *of Economic History* 53, no. 2 (1993): 244–58 and Peter Scott, "Marketing Mass Home Ownership and the Creation of the Modern Working-Class Consumer in Inter-War Britain," *Business History* 50, no. 1 (January 2008): 4–25。

40   战后几年，参见 Sean Nixon, *Hard Sell: Advertising, Affluence and Transatlantic Relations, c. 1951–69* (Manchester: Manchester University Press, 2013)。

41   在两次世界大战之间的时段，关于大众文化是统一的还是创造了不同概念的辩论，参见 D. L. Le Mahieu, *A Culture for Democracy: Mass Communication and the Cultivated Mind in Britain between the Wars* (Oxford: Oxford University Press, 1988); Ross McKibbin, *Classes and Cultures: England 1918–1951* (Oxford: Oxford University Press, 1998); Robert James, *Popular Culture and Working-Class Taste in Britain: A Round of Cheap Diversions, 1930–39?* (Manchester: Manchester University Press, 2010); and Joanna Bourke, *Working-Class Cultures in Britain, 1890–1960: Gender, Class and Ethnicity* (London: Routledge, 1984)。

42   Charles S. Gulas and Marc G. Weinberger, *Humor in Advertising: A Comprehensive Analysis* (London: M. E. Sharpe, 2006). 关于电影，参见 Morris Dickstein, *Dancing in the Dark: A Cultural History ofthe Great Depression* (New York: W. W. Norton, 2009), 394 and Joanna E. Rapf, "What Do They Know in Pittsburgh?: American Comic Film in the Great Depression," *Studies in American Humor,* nos. 2/3 (1984): 187–200。

43   Steven Watts, "Walt Disney: Art and Politics in the American Century," *Journal of American History* 82, no. 1 (1995): 84–110.

44   Thomas Richards, *The Commodity Culture of Victorian England: Advertising and Spectacle, 1851–1914* (Stanford: Stanford University Press 1990), especially chap. 4.

45   Ian Gordon, *Comic Strips and Consumer Culture, 1890–1945* (Washington, DC: Smithsonian, 1998), 89–90.

46   Ibid.,94–105.

47   Le Mahieu, *A Culture of Democracy,* 161. 论幽默和维多利亚与爱德华时代的大众文化，参见 Peter Bailey, *Music Hall: The Business of Pleasure* (Milton Keynes: Open University Press, 1986) and his *Popular Culture and Performance in the Victorian City* (Cambridge: Cambridge University Press, 1998)。

48   Karl Marx, *Capital: A Critique of Political Economy,* ed. Frederick Engels (1867; New York: Random House, 1906), 81.

49   Ibid.

50   Victoria de Grazia 区分了新世界广告和旧世界的广告，前者强调"产品的个性，突出外在魅力，补偿观众不知道产品原产地或内在价值的缺憾"，后者强调产品本身的品质。Victoria de Grazia, *Irresistible Empire: America's Advance through Twentieth-Century Europe* (Cambridge, MA: Belknap Press of Harvard University Press, 2005), 198. 这是建立在 Warren Susman 关于性格与个性的经典方法论的基础之上的，in his 1977 essay "Personality and the Making of Twentieth Century Culture," republished in *Culture as History: The Transformation of American Society in the Twentieth Century* (Washington,

DC: Smithsonian, 2003). 这两种广告模式在当时都被认为是现代的，在新世界和旧世界分别都很受欢迎。

51 Winston Fletcher, *Powers of Persuasion: The Inside Story of British Advertising* (Oxford: Oxford University Press, 2008), 42.

52 Stanley Pigott, *OBM: A Celebration: One Hundred and Twenty Five Years in Advertising* (London: Ogilvy and Benson, 1975), 21–22.

53 As cited in ibid., 33.

54 David Hughes, *Gilroy Was Good for Guinness* (London: Liberties Press, 2014).

55 Frederick Clairmonte and John Cavanagh, *Merchants of Drink: Transnational Control of World Beverages* (Malaysia: Third World Network, 1988).

56 Tania M. Buckrell, *Tea and Taste: The Visual Language of Tea* (Atglen, PA: Shiffler Publishing, 2004), 47–58; Huge Pearman, "Living: Design Classics, Brown Betty Tea Pot," *The Times,* 29 September 2002, http://www.thetimes.co.uk.

57 Jed Esty, *A Shrinking Island: Modernism and National Culture in England* (Princeton: Princeton University Press, 2004).

58 Peter Mandler, *The English National Character: The History of an Idea from Edmund Burke to Tony Blair* (New Haven: Yale University Press, 2006).

59 As cited in ibid., 165.

60 Alison Light, *Forever England: Femininity, Literature and Conservatism between the Wars* (Oxford: Clarendon, 1988), 11.

61 Kenneth Lunn, "Reconsidering 'Britishness': The Construction and Significance of National Identity in Twentieth Century Britain," in *Nation and Identity in Contemporary Europe,* ed. Brian Jenkins and Spyros A. Sofos (London: Routledge, 1996), 87; Simon Featherstone, *Englishness: Twentieth Century Popular Culture and the Forming of English Identity* (Edinburgh: University of Edinburgh Press, 2009).

62 *HCM,* 28 September 1934, 4.

63 *ITMEB Annual Report* (1936), 9, ITA Mss Eur F174/961. 在度假营喝茶，参见 "The Camper's Cup of Tea" (London: Empire Tea Bureau, 1947), ITA Mss Eur F174/963. 度假营是工人阶级业余生活的重要组成部分。Sandra T. Dawson, *Holiday Camps in Twentieth Century Britain: Packaging Pleasure* (Manchester: Manchester University Press, 2011)。

64 *HCM,* 27 September 1935, 5.

65 Marcia Landy, "The Extraordinary Ordinariness of Grace Fields: The Anatomy of a British Film Star," in Bruce Babington, *British Stars and Stardom: From Alma Taylor to Sean Connery* (Manchester: Manchester University Press, 2001), 56–67.

66 引自 Jeffrey Richards, *The Age of the Dream Palace: Cinema and Society in Britain, 1930—1939* (London: Routledge and Kegan Paul, 1984), 171。

67 From "Lancashire Blues" (1930), 引自 Featherstone, *Englishness,* 94。

68 McKibbin, *Classes and Cultures,* 154.

69 Dawson, *Holiday Camps,* 101.

70 Peter Lowe, *English Journeys: National and Cultural Identity in 1930s and 1940s England* (Amherst, NY: Cambria Press, 2012).

71 ITMEB display material, c. 1935. 我非常感谢 Gavin Brain，他慷慨地给了我一张珍贵的折页，这是他的父亲 Mike Brain 在利兹的一家印刷和包装公司 Waddingtons 工作时获得的。幸运的是，Mike 及其朋友明白它的价值，将它和其他材料一同保存于自己的地下室里。

72 *Gilroy Is Good for You: A Celebration of the Life and Work, of the Artist John Gilroy* (Norwich: History of Advertising Trust, 1998).

73 Gillian Dyer, *Advertising as Communication* (London: Routledge, 1996), 46.

74 Paul R. Deslandes, "Selling, Consuming and Becoming the Beautiful Man in Britain: The 1930s and 1940s," in *Consuming Behaviours: Identity, Politics and Pleasure in Twentieth Century Britain,* ed. Erika Rappaport, Sandra Trudgen Dawson, and Mark J. Crowley (London: Bloomsbury, 2015), 53–70; Matthew Thomson, *Psychological Subjects: Identity, Culture, and Health in Twentieth Century Britain* (Oxford: Oxford University Press, 2006).

75 Ana Carden-Coyne, *Reconstructing the Body: Classicism, Modernism, and the First World War* (Oxford: Oxford University Press, 2009); Ina Zweiniger-Bargielowska, *Managing the Body: Beauty, Health and Fitness in Britain, 1880s–1939* (Oxford: Oxford University Press, 2010); Charlotte Macdonald, *Strong, Beautiful, and Modern: National Fitness in Britain, New Zealand, Australia and Canada, 1935–1960* (Vancouver: University of British Columbia Press, 2011); Joanna Bourke, *Dismembering the Male: Men's Bodies, Britain and the Great War* (Chicago: University of Chicago Press, 1996); Michael Hau, *The Cult of Health and Beauty in Germany: A Social History, 1890–1930* (Chicago: University of Chicago Press, 2003).

76 Lee Grieveson, "The Cinema and the (Common) wealth of Nations," in *Empire and Film,* ed. Lee Grieveson and Colin MacCabe (London: Palgrave Macmillan, 2011),73–113.

77 *Life in India and Ceylon: Programme of Sound and Talking Films,* 与帝国的茶叶市场推广局的电影有关的信件，1935–38, NA, INF 17/44/99648。

78 关于《锡兰之歌》的学术研究有很多，主要由锡兰的茶叶宣传委员会资助。关于EMB更广泛的背景和传统，参见 Scott Anthony, "Imperialism and Internationalism: The British Documentary Movement and the Legacy of the Empire Marketing Board," in *Empire and Film,* 135–48. J. Hoare, " 'Go the Way the Material Calls You: Basil Wright and *The Song of Ceylon,* " in *The Projection of Britain: A Complete History of the GPO Film Unit, ed. Scott Anthony and James Mansell* (London: BFI, 2011) and William Guynn, "The Art of National Projection: Basil Wright's Song of Ceylon' ' *in Documenting the Documentary: Close Readings of Documentary Film and Video, ed. Barry Keith Grant and Jeannette Sloniowski* (Detroit: Wayne State University Press, 2014), 64–80。

79 New trade papers, such as the *Luncheon and Tea Room Journal,* 解释了现代烤箱、电烤架和蔬菜蒸锅的优点。然而，有关家具、菜单和装饰的专题文章坚持认为，现代茶馆应该给人一种"旧世界"的氛围，或者如一篇题为"黑麦茶室"的文章所言，具备一种"旧世界背景下的现代面貌"。Beryl Heitland, "The Tea Shops of Modern Outlook in an Old World Setting," *Luncheon and Tea Room Journal*(1936): 221; "The Oak Cafe and the Oak Lounge," *Luncheon and Tea Room Journal* (March 1937): 83; "Lavender Cottage," *Luncheon and Tea Room Journal* (September 1938): 275。

80 关于这个主题，有很多文学作品。尤其有益的是 Raphael Samuel, *Theatres of Memory: Past and Present in Contemporary Culture* (London: Verso, 1994); Patrick Wright, *On Living in an Old Country: The National Past in Contemporary Britain* (London: Verso, 1985); George K. Behlmer and Fred M. Leventhal, *Singular Continuities: Tradition, Nostalgia and Identity in Modern British Culture* (Stanford: Stanford University Press, 2000)。

81 Pierre Dubois, *How to Run a Small Hotel or Guest House, with a Chapter on Running a Tea Room* (London: Vawser and Wiles, 1946), 72. 相似的观点，参见 *A New Essay upon Tea: Addressed to the Medical Profession* (London: Empire Tea Market Expansion Board, 1936); "Russell E. Smith," "Tea in English Literature," *TCTJ* (March 1920): 316–18; and William Lyon Phelps, *Essays on Things* (New York: Macmillan, 1930), 80–84。

82 "Scottish Catering: Give Your Room a National Atmosphere," *Luncheon and Tea Room Journal* (January 1936): 29.

83 Arjun Appadurai, "How to Make a National Cuisine: Cookbooks in Contemporary India," *Comparative Studies in Society and History* 30, no. 1 (January 1988): 3–24; Warren James

Belasco and Philip Scranton, eds., *Food Nations: Selling Taste in Consumer Societies* (New York: Routledge, 2002); Jeffrey M. Pilcher, *Que Vivan Los Tamales!: Food and the Making of Mexican Identity* (Albuquerque: University of New Mexico Press, 1998); Carol Helstosky, *Garlic and Oil: Politics and Food in Italy* (Oxford: Berg, 2006); Donna R. Gabaccia, *We Are What We Eat: Ethnic Food and the Making of Americans* (Cambridge, MA: Harvard University Press, 1998); Krishnendu Ray and Tulasi Srinivas, eds., *Curried Cultures: Globalization, Food, and South Asia* (Berkeley: University of California Press, 2012). 英国饮食的国际背景，可参见 Sidney W. Mintz in *Sweetness and Power: The Place of Sugar in Modern History* (New York: Penguin, 1985); Elizabeth Buettner, " 'Going for an Indian' ": South Asian Restaurants and the Limits of Multiculturalism in *Britain,*" *Journal of Modern History* 80, no. 4 (December 2008): 865−901 and Panikos Panayi, *Spicing up Britain: The Multicultural History of British Food* (London: Reaktion, 2008)。

84 B. W. E. Alford, "New Industries for Old? British Industry between the Wars," in *The Economic History of Britain since 1700,* vol. 2,*1860s−1970s,* ed. Roderick Floud and Donald McCloskey (Cambridge: Cambridge University Press, 1981), 318. 一些重要的著作包括 Thomas A. B. Corley, "Consumer Marketing in Britain, 1914−1960," *Business History 29,* no. 4 (1987): 65−83; Hartmut Berghoff, Philip Scranton, and Uwe Spiekerman, eds., *The Rise of Modern Market Research* (New York: Palgrave Macmillan, 2012); Richard S. Tedlow, *New and Improved: The Story of Mass Marketing in America* (Cambridge, MA: Harvard Business School Press, 1996); Richard S. Tedlow and Geoffrey G. Jones, eds., *The Rise and Fall of Mass Marketing* (London: Routledge, 1993); Geoffrey G. Jones and Nicholas J. Morgan, eds., *Adding Value: Brands and Marketing in Food and Drink* (London: Routledge, 1994); August W. Giebelhaus, "The Pause That Refreshed the World: The Evolution of Coca-Cola's Global Marketing Strategy," in *Adding Value,* ed. Jones and Morgan, 191−214; Roy Church and Andrew Godley, eds., *The Emergence of Modern Marketing* (London: Routledge, 2003); Kerstin Bruckweh, ed., *The Voice of the Citizen Consumer: A History of Market Research, Consumer Movements, and the Political Public Sphere* (Oxford: Oxford University Press, 2011); Stephen L. Harp, *Marketing Michelin: Advertising and Cultural Identity in Twentieth-Century France* (Baltimore: Johns Hopkins University Press, 2001); Uwe Spiekermann, "Understanding Markets: Information, Institutions, and History," *Bulletin of the German Historical Institute* 47 (Fall 2010): 93−101; and Yavuz Kose, "Nestle: A Brief History of the Marketing Strategies of the First Multinational Company in the Ottoman Empire," *Journal of Macromarketing* 27, no. 1 (2007): 74−85。

85 Stefan Schwarzkopf, "Discovering the Consumer: Market Research, Product Innovation, and the Creation of Brand Loyalty in Britain and the United States in the Interwar Years," *Journal of Macromarketing* 29, no. 1 (February 2009): 8−20.

86 D. Lageman, "Norway Report," (August 1935), 4, ITA Mss Eur F174/958 (June 1935).

87 D. Lageman, "Norway Report," (August 1935), 4, ITA Mss Eur F174/958 (June 1935).

88 Alfred N. Pickford, *Tea Tells the World* (London: ITMEB, 1937), 4, ITA Mss Eur F174/925. 第二份副本属于特别藏品，Shields Library, UC-Davis。

89 Joyce Appleby, *The Relentless Revolution: A History of Capitalism* (New York: W. W. Norton, 2010).

90 Pickford, *Tea Tells the World,* 2.

91 Huxley, *Both Hands,* 176.

92 Ibid., 179.

93 "Reid, Helen Miles Rogers (1882−1970), Newspaper Publisher," in *Encyclopedia of American Women, Colonial Times to the Present,* vol. 2, *M-Z,* ed. Carol H. Krismann (Westport, CT: Greenwood, 2005), 457−59.

94 Huxley, *Both Hands*, 180–81.

95 Ibid., 187–94; Scott M. Cutlip, *The Unseen Power: Public Relations, A History* (New York: Routledge, 1994), 662–759.

96 Sarah E. Igo, *The Averaged American: Surveys, Citizens and the Making of a Mass Public* (Cambridge, MA: Harvard University Press, 2007), 115.

97 Ibid.

98 Ibid., 104.

99 这绝不只是一个"美国"项目。Sherene Seikaly 写道,这种方法"召唤出市场作为社会的定义",并使消费成为"规范性社会主体的义务行为"。Sherene Seikaly, *Men of Capital: Scarcity and Economy in Mandate Palestine* (Stanford: Stanford University Press, 2015), 39。

100 Benjamin Wood 是纽约地区的负责人,曾在 Scripps-Howard newspapers and the *Saturday Evening Post* 担任高管。Memorandum from Newsom to K. P. Chen, "The Tea Bureau and Its Operation," 4 April 1946, 1, Newsom Papers, Box 48/20, Wisconsin Historical Society, Madison。

101 *Report by a Commission to the United States to the International Tea Committee* (1934), ITA Mss Eur F174/949.

102 Earl Newsom to Gervas Huxley, 11 January 1937, Box 47, File 46, Newsom Papers.

103 Ibid.

104 引自 Gervas Huxley to Earl Newsom, 13 January 1937, Box 47, File 46, Newsom Papers。

105 *ITMEE AnnualReport* (1936), 4, ITA Mss Eur F174/961.

106 Tom Pendergrast, *Creating the Modern Man: American Magazines and Consumer Culture, 1900–1950* (Columbia: University of Missouri Press, 2000), 134.

107 Alan Trachtenberg, *The Incorporation of America: Culture and Society in the Gilded Age* (New York: Hill and Wang, 1982) 是这个版本的美国历史的经典描述。

108 Earl Newsom to Gervas Huxley, 7 July 1936, Box 47, File 46, Newsom Papers.

109 例如,Earl Newsom to Gervas Huxley, 12 June 1936, Box 47, File 46, Newsom Papers。

110 Susanne Freidberg, *Fresh: A Perishable History* (Cambridge, MA: Belknap Press of Harvard University Press, 2009), 23; Jonathan Rees, *Refrigeration Nation: A History of Ice, Appliances and Enterprise in America* (Baltimore: Johns Hopkins University Press, 2013).

111 引自 Freidberg, *Fresh,* 23。

112 Ibid.,39.

113 Douglas Cazaux Sackman, *Orange Empire: California and the Fruits of Eden* (Berkeley: University of California Press, 2005), 7.

114 Alice Bradley, *Sunkist Recipes: Oranges-Lemons* (Los Angeles: California Fruit Growers' Exchange, 1916), 57, https://archive.org/details/sunkistrecipesor00bradiala.

115 Ibid., 84–116. Sackman 专注于橙子(双关语),但是新奇士的柠檬运动也同样重要。参见 Toby Sonneman, *Lemon: A Global History* (London: Reaktion Books, 2012), 85–94。

116 As cited in Deborah Jean Warner, *Sweet Stuff: An American History of Sweeteners from Sugar to Sucralose* (Washington, DC: Rowman and Littlefield, 2011), 25. 关于糖的精彩历史的新叙述,参见 April Merleaux, *Sugar and Civilization: American Empire and the Cultural Politics of Sweetness* (Chapel Hill: University of North Carolina Press, 2015)。

117 *ITMEE Annual Report* (1936), 4, ITA Mss Eur F174/961.

118 "Tea Peps You Up," billboard, Atlantic City, July 1939, R. C. Maxwell Digital Collection, #4686, Duke University Special Collections.

119 Russell Z. Eller, "Sunkist—Tea's Working Partner," *Coffee and Tea Industries and the Flavor Field* (formerly *Spice Mill)* 79, no. 5 (May 1956): 69–73. 20 世纪中叶这则广告的示例,参见 ibid., 56–57。

120 Joe Gray Taylor, *Eating, Drinking, and Visiting in the South: An Informal History* (Baton

Rouge: Louisiana State University Press, 1982).

121 "Tea Revives You," *Winnipeg Free Press, Magazine Section* (11 February 1939), 16.

122 Franca Iacovetta, Valerie J. Korinek, and Marlene Epp, eds., *Edible Histories, Cultural Politics: Towards a Canadian Food History* (Toronto: University of Toronto Press, 2012).

123 *Tea Tells the World,* 30.

124 Ibid.

125 Lageman, "Belgium Report"（June 1935), ITA Mss Eur F174/958.

126 "Tea Propaganda on the Continent of Europe," *ITMEB Quarterly Report,* January– March 1936, appendix 3, published in *Indian Tea Cess Committee Report* (22 June 1936), ITA Mss Eur F174/958.

127 *ITMEB Annual Report,* 1936, 6–7, ITA Mss Eur F174/961.

128 Ibid.

129 *Report of the Tea Propaganda Committee,* 1936, 83, ITA Mss Eur F174/2292.

130 Ibid.,70–73.

131 D. K. Fieldhouse, *Unilever Overseas: The Anatomy of a Multinational, 1895–1965* (London: Croom Helm, 1978), 96–122 and his *Merchant Capital and Economic Decolonization: The United Africa Company, 1929–1987* (Oxford: Oxford University Press, 1994); Burke, *Lifebuoy Men, Lux Women;* Brian Lewis, "*So Clean*": Lord Leverhulme, Soap and Civilization (Manchester: Manchester University Press, 2008), 154–98; and Bianca Murillo, *Market Encounters: Consumer Cultures in Twentieth Century Ghana* (Athens: Ohio University Press, 2017).

132 Jeremy Prestholdt, *Domesticating the World: African Consumerism and the Genealogies of Globalization* (Berkeley: University of California Press, 2008); Stanley B. Alpern, "What Africans Got for Their Slaves: A Master List of European Trade Goods," *History in Africa* 22 (1995): 5–43; George E. Brooks, *Yankee Traders, Old Coasters and African Middlemen: A History of American Legitimate Trade with West Africa in the Nineteenth Century* (Boston: Boston University Press, 1970).

133 对于这场辩论的分析，参见 Mehita Iquani, *Consumption, Media and the Global South: Aspiration Contested* (New York: Palgrave Macmillan, 2016), 一个更早的论述，参见 Jerry K. Domatob, "Sub-Saharan Africa's Media and Neocolonialism," *Africa Media Review* 3, no. 1 (1988): 149–74. 一些研究建立在非裔美国人消费主义研究的基础之上，比如 Davarian L. Baldwin, *Chicago's New Negroes: Modernity, the Great Migration, and Black Urban Life* (Chapel Hill: University of North Carolina Press, 2007)。

134 Lynn M. Thomas, "The Modern Girl and Racial Respectability in 1930s South Africa," *Journal of African History* 47, no. 3 (November 2006): 472.

135 Jean M. Allman, ed., *Fashioning Africa: Power and the Politics of Dress* (Bloomington: Indian University Press, 2004); Hildi Hendrickson, *Clothing and Difference: Embodied Identities in Colonial and Post-Colonial Africa* (Durham: Duke University Press, 1996).

136 James McDonald Burns, *Flickering Shadows: Cinema and Identity in Colonial Zimbabwe* (Athens: Ohio University Press, 2002), 25–26, 53; Lee Grieveson and Colin MacCabe, eds., *Film and the End of Empire* (Houndmills: Palgrave Macmillan, 2011); Peter J. Bloom, *French Colonial Documentary: Mythologies of Humanitarianism* (Minneapolis: University of Minnesota Press, 2008); Rosaleen Smyth, "Film as an Instrument of Modernization and Social Change in Africa: The Long View," in *Modernization as Spectacle in Africa*, ed. Peter J. Bloom, Stephan Miescher, and Takyiwaa Manuh (Bloomington: Indiana University Press, 2014).

137 Huxley, *Both Hands*, 166.

138 Roger B. Beck, *The History of South Africa* (London: Greenwood, 2000), 37.

139 Alan Lester, *Imperial Networks: Creating Identities in Nineteenth Century South Africa and Britain* (London: Routledge, 2001), 74–75. Robert Ross, *Status and Respectability in the Cape Colony, 1750–1870: A Tragedy of Manners* (Cambridge: Cambridge University Press, 1999).

140 P. J. van der Merwe, *The Migrant Farmer in the History of the Cape Colony, 1657–1842*, trans. Roger B. Beck (Athens: Ohio University Press, 1995), 182.

141 Comaroff and Comaroff, *Of Revelation and Revolution*, vol. 1. 关于这个主题, 有很多著作, 例如 Elizabeth Elbourne, *Blood Ground: Colonialism, Missions, and the Contest for Christianity in the Cape Colony, 1799–1853* (Montreal: McGill-Queen,s University Press, 2002) and Richard Elphick and Rodney Davenport, eds., *Christianity in South Africa: A Political, Social, and Cultural History* (Berkeley: University of California Press, 1997)。

142 Comaroff and Comaroff, *Of Revelation and Revolution*, 2:187.

143 As cited in Nancy Rose Hunt, "Colonial Fairy Tales and the Knife and Fork Doctrine in the Heart of Africa," in *African Encounters with Domesticity*, ed. Karen Tranberg Hansen (New Brunswick, NJ: Rutgers University Press, 1992), 144.

144 Richard Parry, "Culture, Organisation and Class: The African Experience in Salisbury, 1892–1935," in *Sites of Struggle: Essays in Zimbabwe's Urban History*, ed. Brian Raftopoulos and Tsuneo Yoshikuni (Harare: Weaver Press, 1999), 58; Mhoze Chikowero, *African Music, Power, and Being in Colonial Zimbabwe* (Bloomington: Indiana University Press, 2015), 93–97. 一个更全面的分析, 参见 Michael O. West, *The Rise of an African Middle Class: Colonial Zimbabwe, 1898–1965* (Bloomington: Indiana University Press, 2002)。

145 Tera W. Hunter, *To 'Joy My Freedom: Southern Black Womens Lives and Labors after the Civil War* (Cambridge, MA: Harvard University Press, 1997), 162–67; Evelyn Brooks Higginbotham, *Righteous Discontent: The Womens Movement in the Black Baptist Church., 1880–1920* (Cambridge, MA: Harvard University Press, 1993), especially chap. 7; Laura Moore, " 'Don't tell me there is nothing in appearance: Thee's everything in it': African American Women and the Politics of Consumption, 1862–1920" (PhD diss., University of California, Santa Barbara, forthcoming).

146 引自 Comaroff and John L. Comaroff, *Of Revelation and Revolution*, 2:236.

147 William Beinart, *Twentieth-Century South Africa* (Oxford: Oxford University Press, 2001), 119.

148 "Tea in South Africa's History," *Die Burger*, 3 February 1937, 5. Dr. Jean Smith 翻译了所有的南非荷兰语广告。

149 "Tea Had Restored His Energy," *Die Burger*, 17 March 1937, 17.

150 "Can You Make Delicious Tea?" *Die Burger*, 21 January 1937, 4.

151 "Mr. T. Pott—Always a Welcome Visitor," *Die Burger*, 26 May 1937, 9.

152 "Tea Is Good for Children," *Die Burger*, 2 June 1937, 4.

153 "Tea—The World's Most Popular Drink," *Die Burger*, 6 January 1937, 12.

154 Les Switzer and Donna Switzer, *The Black Press in South Africa and Lesotho: A Descriptive Bibliographic Guide to African, Coloured and Indian Newspapers, Newsletters and Magazines, 1836–1976* (Boston: G. K. Hall, 1979), 7. 有关该报广告和编辑政策的详细分析, 参见 Les Switzer, "*Bantu World* and the Origins of a Captive African Commercial Press in South Africa," *Journal of Southern African Studies* 14, no. 3 (April 1988): 351–70. Thomas, "The Modern Girl and Racial Respectability in 1930s South Africa," 461–90 and Nhlanhla Maake, "Archetyping Race, Gender and Class: Advertising in The Bantu World and The World from the 1930s to the 1990s," *Journal for Transdisciplinary Research in Southern Africa* 2, no. 1 (July 2006): 1–22。

155 Switzer, "Bantu World and the Origins," 352.

156 Ibid.,353-54.

157 Switzer and Switzer, *The Black Press,* 8.

158 Switzer, *"Bantu World* and the Origins," 351.

159 关于性别斗争这一点，参见 Thomas, "The Modern Girl and Racial Respectability," 461-62. 两个关键研究包括 Stephan Miescher, *Making Men in Ghana* (Bloomington: Indiana University Press, 2005) and Lisa Lindsay and Stephan Miescher, eds., *Men and Masculinities in Modern Africa* (Portsmouth: Heinemann, 2003). 关于这个时期南非工业经济的概况，参见 Charles H. Feinstein, *An Economic History of South Africa: Conquest, Discrimination and Development* (Cambridge: Cambridge University Press, 2005), 121-27。

160 Switzer,a*Bantu World* and the Origins," 357.

161 Switzer and Switzer, *The Black Press,* 8. Switzer 还引用了茶叶委员会于 1936 年开始推广儿童补充剂的事实，这刊登于班图出版社的周报上，*Umteteli wa Bantu,* and 还有至少其他两份宗教新闻报上 (20-21)。A. J. Friedgut, "The Non-European Press," in *Handbook on Race Relations in South Africa,* ed. E. Hellman (Cape Town: Oxford University Press, 1949)。

162 Switzer, "Bantu *World* and the Origins," 366-68.

163 *ITMEB Anmal Report* (1936), 14, ITA Mss Eur F174/961.

164 *Bantu World* (hereafter *BW),* 30 November 1937, 13.

165 Ibid.

166 *BW,* 1 January 1938, 3.

167 Ibid., 7.

168 论现代女孩的全球历史，参见 Weinbaum et al., ed., *The Modern Girl around the World: Consumption, Modernity, and Globalization* (Durham: Duke University Press, 2008). 论消费者全职主妇，参见 Abigail McGowan, "Consuming Families: Negotiating Women's Shopping in Early Twentieth Century Western India," in *Towards a History of Consumption in South Asia,* ed. Douglas E. Haynes, Abigail McGowan, Tirthankar Roy, and Haruka Yanagisawa (New Delhi: Oxford University Press, 2010), 155-84 and Seikaly, *Men of Capital,* 53-76。

169 *BW,* 28 November 1936, 9, 5 December 1936, 9, and 19 December 1936, 9.

170 Paul La Hausse, "The Message of the Warriors: The ICU, the Labouring Poor and the Making of a Popular Political Culture in Durban, 1925-1939," in *Holding Their Ground: Class, Locality and Culture in 19th and 20th Century South Africa, ed.* Philip Bonner, Isabel Hofmeyr, Deborah James, and Tom Lodge (Johannesburg: Witwatersrand University Press, 1989), 20-21.

171 Anne Kelk Mager, *Beer, Sociability, and Masculinity in South Africa* (Bloomington: Indiana University Press, 2010), 4.

172 Ibid.,13.

173 Chikowero, *African Music,* 175, and especially chap. 7. La Hausse, "The Message of the Warriors," 23 and Mager, *Beer, Sociability.*

174 La Hausse, "The Message of the Warriors," 36.

175 Chikowero, *African Music,* 187.

176 Ibid.,188.

177 *Tea Tells the World, 32.*

178 *Tea Times of Africa* (September 1948): 1,4-5, 7.

179 *Report of the ITMEB Board* (1946), 9, ITA Mss Eur F174/961.

180 这是几乎每个作者都要提出的观点，Grieveson and MacCabe, *Film and the End of Empire*。

181 "Tea Ventures . . . Up Country," *Tea Times of Africa Quarterly* (Summer 1953): 2-5.

182 "Tea Films for Africans," *Tea Times of Africa* (January 1949): 7.

183 "Three New Tea Films," *Tea Times of Africa Quarterly* (Summer 1952): 22; "Films for Africans," *Tea Times of Africa Quarterly* (May 1955): 17.

184 "South Africa Bureau Makes Good Progress in Service Drive," *Tea Times of Africa* (September 1948): 5.

185 *Tea Times of Africa* (September 1948): 1-2.

186 *Tea: The Worker's Drink* (Johannesburg: The Tea Bureau, 1950), 1.

187 Ibid.

188 "Distributing Tea and Food to African Estate Workers," *Tea Times of Africa* (September 1948): 2.

189 "Tea PluckersJTea," *Tea Times of Africa* (December 1948): 4.

190 "Free Tea for Workers Who Arrive on Time," *Tea Times of Africa* (September 1948): 4.

191 Burke, *Lifebuoy Men, Lux Women*, 127.

192 "Too Much Water with It ...?: Findings of Recent Research on Beverage Trends in South Africa," *Tea Times of Africa Quarterly* (Summer 1953): 13-16.

193 "Per Capita Tea Consumption of UnionJs Total Population, 1911-1954," *Tea Times of Africa Quarterly* (December 1955): 9.

194 第二年的一份研究将"亚洲学"添加到了前面的三个类别中。"Tea Consumption by Racial Group," *Tea Times of Africa Quarterly* (August 1954): 26。

195 对于这份地图的讨论和 Gill 的作品,参见 "MacDonald 'Max' Gill: A Digital Resource 2011," http://arts.brighton.ac.uk/projects/macdonald-gill/max-gill. Reproductions are available, however, from www.oldhousebooks.co.uk。

196 "Tea Ventures ...Up Country," *Tea Times of Africa* (Summer 1953): 3-4.

197 2015 年 2 月,我参观这座庄园时,目睹了礼品店里的海报。关于欢乐谷的信息,参见 http://www.darjeelingteaboutique.com/happy-valley-tea-estate/。

9 "丛林中热饮很重要"

1 Magnus Pyke, *Food and Society* (London: John Murray, 1968), 48; Derek Cooper, *The Beverage Report* (London: Routledge and Kegan Paul, 1970), 24-25. Pyke 在战时是食品部科学顾问部门的一名成员。这种宣传的示例可参见 *Tea on Service* (London: The Tea Centre, 1947)。

2 Joanna Mack and Steve Humphries, *The Making of Modern London, 1939-45: London at War* (London: Sidgwick and Jackson, 1985), 58, 61; Peter Stansky, *The First Day of the Blitz: September 7,1940* (New Haven: Yale University Press, 2007), 44-45, 137-38, 161. 关于茶叶在战时电影院的重要作用的出色分析,参见 Richard Farmer, *The Food Companions: Cinema and Consumption in Wartime Britain, 1939-45* (Manchester: Manchester University Press, 2011), 185-216。

3 关于人民战争论辩的概况,参见 Mark Connelly, *We Can Take It! Britain and the Memory of the Second World* War (Harlow: Longman, 2004). 重要研究包括 Angus Calder, *The Peoples War: Britain, 1939-45* (New York: Pantheon, 1969); Angus Calder, *The Myth of the Blitz* (London: Jonathan Cape, 1991); Sonya O. Rose, *Which People's War: National Identity and Citizenship in Wartime Britain, 1939-1945* (Oxford: Oxford University Press, 2003); and Malcolm Smith, *Britain and 1940: History, Myth and Popular Memory* (London: Routledge, 2000). 论空袭在创造这种战争观中的重要性,参见 Susan R. Grayzel, *At Home and under Fire: Air Raids and Culture in Britain from the Great War to the Blitz* (Cambridge: Cambridge University Press, 2012)。

4   George Orwell, *The Lion and the Unicorn: Socialism and the English Genius* (London: Secker and Warburg, 1941), 15.

5   Lizzie Collingham, *The Taste of War: World War II and the Battle for Food* (New York: Penguin, 2012), chap. 5.

6   Peter Lewis, *A People's War* (London: Thomas Methuen, 1986), 157.

7   关于孟加拉的饥荒, 参见 Madhusree Mukerjee, *Churchills Secret War: The British Empire and the Ravaging of India during World War II* (New York: Basic Books, 2010) and sources in notes 106 and 107, below. 关于英国的营养改善情况, 参见 Sir John Boyd Orr, *The Nations Food* (London: Labour Party Pamphlets, 1943); John Burnett, *Plenty and Want: A Social History of Food in England from 1815 to the Present Day,* rev. ed. (1966; London: Scolar Press, 1979), 322–32; Christopher Driver, *The British at Table, 1940–1980* (London: Hogarth Press, 1983), 18. 更多新近的著作使得这个问题复杂化了, 参见 Ina Zweiniger-Bargielowska, *Austerity in Britain: Rationing, Controls and Consumption, 1939–1955* (Oxford: Oxford University Press, 2000), 36–45, 对于全球稀缺情况的回应, 参见 Frank Trentmann, "Coping with Shortage: The Problem of Food Security and Global Visions of Coordination, c. 1890s–1950," in *Food and Conflict in Europe in the Age of the Two World Wars,* ed. Frank Trentmann and Flemming Just (London: Palgrave Macmillan, 2006), 13–48. Peter J. Atkins, "Communal Feeding in Wartime: British Restaurants, 1940–1947," in *Food and War in Twentieth Century Europe,* ed. Zweiniger-Bargielowska, Duffett, and Drouard, 139–53. 英国的情况与苏联、希腊、荷兰和其他被占领的国家, 形成鲜明的对比。

8   Farmer, *The Food Companions,* 3. 关于美国的情况, 参见 Amy Bentley, *Eating for Victory: Food Rationing and the Politics of Domesticity* (Urbana: University of Illinois Press, 1998)。

9   Zweiniger-Bargielowska, *Austerity in Britain,* 6.Richard J. Hammond 的三卷本关于食物与战争的著作是对配给体制最详细的叙述。这部著作名为 *Food* (London: HMSO and Longman and Green, 1951–62), 每一卷都单独有一个副标题。

10   Zweiniger-Bargielowska, *Austerity in Britain';* James Vernon, *Hunger: A Modern History* (Cambridge, MA: Belknap Press of Harvard University Press, 2007), 223–35.

11   "Inequality of Sacrifice," Home Intelligence Report, 25 March 1942, NA INF 1/292, 引自 Harold L. Smith, ed., *Britain in the Second World War: A Social History* (Manchester: Manchester University Press, 1996), 48。

12   Paul Brassley and Angela Potter, "A View from the Top: Social Elites and Food Consumption in Britain, 1930s–1940s," in *Food and Conflict in Europe in the Age of the Two World Wars,* ed. Trentmann and Just, 223–42. Mark Roodhouse, "Popular Morality and the Black Market in Britain, 1939–55," in *Food and Conflict in Europe in the Age of the Two World Wars,* ed. Trentmann and Just, 243–65; and his *Blackmarket Britain 1939–1955* (Oxford: Oxford University Press, 2013).

13   Zweiniger-Bargielowska, *Austerity in Britain,* especially, chap. 5.

14   "Ministry of Food: Food Defence Plans Department of the Board of Trade: Feeding of Greater London in an Emergency. Bulk Supplies of Bread, Flour, Yeast, Milk, Tea, Sugar, etc...." (1938), NA MAF 72/9.

15   Wickizer, *Tea under International Regulation* (Stanford: Food Research Institute, 1944), 97.

16   Denys M. Forrest, *Tea for the British: The Social and Economic History of a Famous Trade* (London: Chatto and Windus, 1973), 224–26.

17   R. D. M. Morrison, *Tea: Memorandum Relating to the Tea Industry and Tea Trade of the World* (London: International Tea Committee, 1943), 57. Morrison 是战时锡兰茶叶宣传委员会负责人之一。美国的茶叶控制的讨论, 参见 Wickizer, *Tea under International Regulation,* 103–5。

18   Morrison, *Tea*, 57, 218.

19   V. D. Wickizer, *Coffee, Tea and Cocoa: An Economic and Political Analysis* (Stanford: Stanford University Press, 1951), 217.

20   Home Publicity Division minutes, 1 September 1939, NA INF 1/316, 引自 Ian McLaine, *Ministry of Morale: Home Front Morale and the Ministry of Information in World War II*(London: George Allen and Unwin, 1979), 27。

21   Huxley, *Both Hands,* 187, 194−95.

22   Ibid.,202−10.

23   Hammond, *Food: The Growth of Policy* (London: HMSO, 1951), 1:125.

24   Charles Smith, *Food in Wartime* (London: Fabian Society, 1940), 5.

25   引自 Hammond, *Food: Studies in Administration and Control* (London: HMSO, 1956), 2:740。

26   *Tea on Service, 75.*

27   一个专家提议，"软饮料制造商的独立身份几乎完全被抹去了"。*Food,* vol. 1, *The Growth of Policy,* 339。

28   Ibid., 2:699−749.

29   Morrison, *Tea,* 43. 印度茶叶协会通过出版 Geoffrey Tyson 的作品，宣传这一集。*The Forgotten Frontier* (Calcutta: W. H. Targett and Co., 1945)。

30   然而，大多数关于消费和战时情况的作品仍然很少，或者是强调趣闻轶事的。Zweiniger-Bargielowska, *Austerity in Britain,* 61.

31   McLaine, *Ministry of Morale.* 关于 20 世纪 20 年代和 30 年代的方法，参见 Stefan Schwarzkopf, "Discovering the Consumer: Market Research, Product Innovation, and the Creation of Brand Loyalty in Britain and the United States in the Interwar Years," *Journal of Macromarketing* 29, no. 1 (2009): 8−20. Stefan Schwarzkopf, "A Radical Past?: The Politics of Market Research in Britain, 1900−1950," in *The Voice of the Citizen Consumer: A History of Market Research, Consumer Movements, and the Political Public Sphere,* ed. Kerstin Bruckweh (Oxford: Oxford University Press, 2011), 29−50。

32   学者们越来越质疑 M-O 是如何提供了一个新的语境，让个体在其中叙述自我和社会。James Hinton, *Nine Wartime Lives: Mass Observation and the Making of the Modern Self* (Oxford: Oxford University Press, 2010); Tony Kushner, *We Europeans? Mass-Observation, "Race" and British Identity in the Twentieth Century* (Aldershot: Ashgate, 2004); Nick Hubble, *Mass-Observation and Everyday Life: Culture, History, Theory* (Basingstoke: Palgrave Macmillan, 2006). 关于这个组织的全部历史，参见 James Hinton, *The Mass Observers: A History, 1937−1949* (Oxford: Oxford University Press, 2013)。

33   Interview #9, 45-year-old man, M-O Typed Directives on Tea Rationing carried out in Stepney on 13 July 1940, Topic Collection—Food 67/2/E, Mass Observation Archive, University of Sussex, Special Collections.

34   Interview #14, 35-year-old woman, M-O Typed Directives on Tea Rationing carried out in Stepney on 13 July 1940, Topic Collection—Food 67/2/E, Mass Observation Archive, University of Sussex, Special Collections.

35   60-year-old man, M-O Typed and Hand Written Directives on Tea Rationing carried out in Bourne End, 11−13 July 1940, Topic Collection—Food 67/2/E, Mass Observation Archive, University of Sussex, Special Collections.

36   Interview #6, 70-year-old man, M-O Typed and Hand Written Directives on Tea Rationing carried out in Bourne End, 11−13 July 1940, Topic Collection—Food 67/2/E, Mass Observation Archive, University of Sussex, Special Collections.

37   Interview #7, 20-year-old woman, M-O Typed and Hand Written Directives on Tea Rationing carried out in Bourne End, 11−13 July 1940, Topic Collection—Food 67/2/E, Mass Observation Archive, University of Sussex, Special Collections.

38   Food Facts No. 15, Week of 4 November 1940, 引自 Farmer, *The Food Companions*, 189。

39   引自 Lewis, *A People's War*, 160。

40   Interview #15, 50-year-old woman, M-O Topic Collection—Food 67/2/E

41   Interview #16, 45-year-old woman, M-O Topic Collection—Food 67/2/E.

42   Interviews #6 and 7, 70-year-old man and 20-year-old woman. 所以，例如，1936—1937 年，在年收入超过 1000 英镑的人中，43.4% 的人早餐时喝咖啡，而年收入超过 250 英镑的人中，只有 8.1% 的人这样做。在收入低于 125 英镑的人中，只有 1.2% 的人早餐时喝茶。Sir W. Crawford and H. Broadley, *The People' Food* (1938), 引自 John Burnett, *Liquid Pleasures: A Social History of Drinks in Modern Britain* (London: Routledge, 2001), 88。

43   Wickizer, *Coffee, Tea and Cocoa*, 104.

44   Burnett, *Liquid Pleasures*, 89.

45   可可的消费在战时增长了 30%。Gervas Huxley, "The Consumption of Tea," a lecture given to the City of London College, 2 December 1948 (London: International Tea Market Expansion Board, 1948), 12。

46   *Report on the Work of the Ceylon Tea Propaganda Board* (1940), 24, ITA Mss Eur F174/793.

47   John Burnett, *England Eats Out: A Social History of Eating Out in England from 1830 to the Present* (Harlow, England: Pearson/Longman, 2004); Rachel Rich, *Bourgeois Consumption: Food, Space and Identity in London and Paris, 1850–1914* (Manchester: Manchester University Press, 2011); Brenda Assael, "Gastro-Cosmopolitanism and the Restaurant in Late Victorian and Edwardian London," *Historical Journal* 56, no. 3 (September 2013): 681–706; Judith R. Walkowitz, *Nights Out: Life in Cosmopolitan London* (New Haven: Yale University Press, 2012), especially chap. 4. 工人阶级消费者也有在公共场所进餐的文化传统，例如，参见 John K. Walton, *Fish and Chips and the British Working Class, 1870–1940* (Leicester: Leicester University Press, 2000). 对于现代饭店的法国源头的出色研究，参见 Rebecca L. Spang, *The Invention of the Restaurant: Paris and Modern Gastronomic Culture* (Cambridge, MA: Harvard University Press, 2000). 展览也是很重要的，参见 Nelleke Teughels and Peter Scholliers, eds., *A Taste of Progress: Food at International and World Exhibitions in the Nineteenth and Twentieth Centuries* (London: Routledge, 2015)。

48   Derek J. Oddy, *From Plain Fare to Fusion Food: British Diet from the 1890s to the 1990s* (Suffolk: Boydell, 2003), 158–59. Nadja Durbach, "Communal Feeding Centre to British Restaurant: Food and the State during World War II" (unpublished paper presented at the NACBS, Little Rock, Arkansas, November 2014).

49   Robert MacKay, *Half the Battle: Civilian Morale in Britain during the Second World War* (Manchester: Manchester University Press, 2002); Daniel Ussishkin, "Morale and the Postwar Politics of Consensus," *Journal of British Studies* 52, no. 3 (July 2013): 722–43. 关于学校的午餐，参见 Vernon, *Hunger*, 161–66 and Susan Levine, *School Lunch Politics: The Surprising History of America's Favorite Welfare Program* (Princeton: Princeton University Press, 2010)。

50   引自 Hammond, *Food*, 2:383; Atkins, "Communal Feeding in Wartime"。

51   Hammond, *Food*, 2:393.

52   Ibid., 411.

53   Vere Hodgson, *Few Eggs and No Oranges: A Diary Showing How Unimportant People in London and Birmingham Lived through the War Years, 1940–45* (London: Dennis Dobson, 1976), 176.

54   引自 Jane Pettigrew, *A Social History of Tea* (London: The National Trust, 2001), 161。

55   引自 Perilla Kinchin, *Tea and Taste: The Glasgow Tea Rooms, 1875–1975* (Oxford: White

Cockade, 1991), 159。

56　在战时，Kardomah 控制着英国 2.12% 的咖啡销量。"Brief Survey of the Cafe Trade," included in the Report of the Directors for the year ending 25 September 1943, Kardomah Ltd., Minute Book, no. 4, 1940–44, Typhoo Archive, Moreton。

57　Ibid.

58　Managing director's report to the Board of Directors, October and November 1940, Kardomah Ltd., Minute Book, no. 4, 1940–44, Typhoo Archive, Moreton.

59　The chairman's speech, annual meeting, 30 December 1940, 2, Kardomah Ltd., Minute Book, no. 4, 1940–44, Typhoo Archive, Moreton.

60　Managing director's review of the year ending 27 September 1941, 2, Kardomah Ltd., Minute Book, no. 4, 1940–44, Typhoo Archive, Moreton.

61　"All Lyons Teashops Converted to Cafeteria Service," *Caterer and Hotel Keeper* (28 August 1942): 7; report of the Board of Directors for the year ending 26 September 1942, 2, Kardomah Ltd., Minute Book, no. 4, 1940–44, Typhoo Archive, Moreton.

62　Huxley, "The Consumption of Tea," 11.

63　Hammond, *Food,* 2:714.

64　*Griffiths, History of Indian Tea, 367.*

65　Drummond, *Food,* 2:714.

66　Huxley, "Consumption of Tea," 11.

67　"Movements of Members of the Technical Department," *Report of the ITMEB* (December 1940), 3, ITA Mss Eur F74/961.

68　T. R. Nevett, *Advertising in Britain: A History* (London: Heinemann, 1982), 169–70.

69　Sian Nicholas, *The Echo of War: Home Front Propaganda and the Wartime BBC, 1939–1945* (Manchester: Manchester University Press, 1996), 2–3.

70　Ibid.

71　Huxley, *Both Hands,* 187.

72　Ibid.,188–89.

73　Charles F. McGovern, *Sold American: Consumption and Citizenship, 1890–1945* (Chapel Hill: University of North Carolina Press, 2006), 260, 265. Roland Marchand, "Customer Research as Public Relations: General Motors in the 1930s," in *Getting and Spending: European and American Consumer Societies in the Twentieth Century,* ed. Susan Strasser, Charles McGovern, and Matthias Judt (Cambridge: Cambridge University Press, 1998), 85–109.

74　Stefan Schwarzkopf, "Who Said 'Americanization? The Case of Twentieth-Century Advertising and Mass Marketing from a British Perspective," in *Decentering America,* Jessica C. E. Gienow-Hehct (New York: Berghahn Books, 2007), 23–72. 关于英国，参见 Scott Anthony, *Public Relations and the Making of Modern Britain: Stephen Tallents and the Birth of a Progressive Media Profession* (Manchester: Manchester University Press, 2012); Jacquie LEtang, *Public Relations in Britain: A History of Professional Practice in the 20th Century* (London: Lawrence Erlbaum, 2004); John Ramsden, *The Making of the Conservative Party Policy: The Conservative Research Department since 1929* (London: Longman, 1980); and Philip M. Taylor, *The Projection of Britain: British Overseas Publicity and Propaganda, 1919–1939* (Cambridge: Cambridge University Press, 1981)。

75　Schwarzkopf, "A Radical Past?" 44.

76　工党提出了相似的观点。参见 Laura Beers, *Your Britain: Media and the Making of the Labour Party* (Cambridge, MA: Harvard University Press, 2010), especially 139–85。

77　This quote was cited in a letter Ernest Gourlay sent to Earl Newsom, 19 March 1941, Tea Bureau Correspondence, Newsom Papers, Box M96–2, Gourlay File, Wisconsin Historical Society. Madison.

78 Ibid.

79 Ibid.

80 *Report of the ITMEB*, 1940, 12.

81 ITMEB advertisement, *The West Australian* (Perth), 10 June 1941, 9.

82 Postcard, 1942, Australian Military, Acc. No. H97, 248/367—pc001196, State Library of Victoria.

83 Natalis production 只能占到国内需求的 5%。1935—1939 年，平均进口量是 7580 吨，1943 年达到 9700 吨，但在 1944—1945 年，曾降到 6200 吨。J. M. Tinley, *South African Food and Agriculture in World War II* (Stanford: Stanford University Press for the Stanford Food Research Institute, 1954), 66。

84 *BW, 2* May 1942.

85 然而，各行各业以不同的方式销售自己的产品，尽管它们都用到了国家呼吁这一方式。参见 Lisa Jacobson, "Beer Goes to War: The Politics of Beer Promotion and Production in the Second World War," *Food, Culture and Society* 12, no. 3 (2009): 275–312。

86 Johnston Birchall, *Co-op: The People's Business* (Manchester: Manchester University Press, 1994), 136.

87 Ibid.

88 Ibid.

89 例如，一个卡车司机在汽车食堂享受喝茶，并发出赞叹："这真是一杯好茶！" 8 August, no year but likely 1941. CWS 1/14/4, CWS Archive, Mitchell Library, Glasgow。

90 Advertisement, 1 August, CWS 1/14/4, CWS Archive, Mitchell Library, Glasgow.

91 Advertisement, 15 August, CWS 1/14/4, CWS Archive, Mitchell Library, Glasgow.

92 Advertisement, 25 July, CWS 1/14/4, CWS Archive, Mitchell Library, Glasgow.

93 "Tea Sense," 11 April, CWS 1/14/4, CWS Archive, Mitchell Library, Glasgow.

94 *Report of the ITMEB* (1941), 10–11. the 1942 *Report,* 4–5, ITA Mss Eur F174/961.

95 *Report of the ITMEB* (1943), 4, ITA Mss Eur F174/961.

96 *Report of the ITMEB* (1944), 4, ITA Mss Eur F174/961.

97 *Tea Centre Publications,* ITA Mss Eur F174/802. 例如，参见 James Lavers, *Eating Out; The Camper, Cup of Tea; Tea for the Services; A Portfolio of Canteen Kitchen Services; The English Tea Pot; Serving Tea in Industry; Tea and Tea Cakes;* 名为 *Boodoo and Sookoo* 的儿童图画书，它描绘了一座印度茶园里的生活。Osbert Lancaster, *The Story of Tea* and his *Tea on Service;* 以及其他类似的出版物。

98 C. G. Gardiner, *Canteens at Work* (Oxford: Oxford University Press, 1941), ix–x.

99 实际上，我怀疑这场战时和战后的茶叶宣传运动影响了西敏司在《甜与权力》(*Sweetness and Power*) 中对这种饮料的解释。西敏司来自新泽西州，但他的母亲是一位劳工组织分子，在战争期间和战后可能听到过有关茶叶的这种言论。

100 *Feeding the Young Worker* (London: Empire Tea Bureau, 1944), Bin A4, Typhoo Archive, Moreton. *Feeding the Young Worker* 由国家餐饮服务部门、劳工部、航空部、食品和教育部、产业健康研究委员会、全国惠特利委员会和苏格兰特殊住房协会资助，它从来没有明确提到茶，但强调健康和效率，以及工厂和其他工业场所集体喂养的价值。

101 帝国的茶叶市场推广局，"Tea for the Workers: How It Helps Keep up Production Level," 1946/47, Ogilvy and Mather Misc. Client's Guard Book, 1931–57, HAT/OM (L) 32, History of Advertising Trust, Norwich。

102 *Report of the ITMEB* (1940), 48, ITA Mss Eur F174/924.

103 Ibid. 48–50.

104 "Appendix II: Annual Report on Propaganda Operations in India during the period April 1, 1942 to March 31, 1943," *Report of the ITMEB* (1943), 28–30, ITA Mss Eur F174/924.

105 Amritananda Das, Peter Philip, and S. Subramanian, *The Marketing of Tea: Report*

on a Study Undertaken by a Team of Experts Sponsored by the Tea Industry (Calcutta: Consultative Committee of Plantation Associations, 1975), 58; Rowland Owen, *India: Economic and Commercial Conditions in India: Overseas Economic Surveys* (London: HMSO, September 1952), 176.

106 Amartya Sen, *Poverty and Famines: An Essay on Entitlement and Deprivation* (Oxford: Clarendon, 1981), 52–85; Debarshi Das, "A Relook at the Bengal Famine," *Economic and Political Weekly* 43, no. 31 (2–8 August 2008): 59–64; Paul R. Greenough, *Prosperity and Misery in Modern Bengal: The Famine of 1943–1944* (New York: Oxford University Press, 1982).

107 Sugata Bose, "Starvation Amidst Plenty: The Making of Famine in Bengal, Honan, and Tonkin, 1942–45," *Modern Asian Studies* 24, no. 4 (1990): 709–11.

108 *CTPB Report,* 1941, 33, ITA Mss Eur F174/793.

109 Ibid.,28–32.

110 *Report of the ITMEB* (1939), 11, ITA Mss Eur F174/924.

111 "Appendix II: Report by the Commissioner on Propaganda Operations in India during the year April 1, 1938," in ibid., 48.

112 Ibid., 50.

113 Ibid., 53.

114 Ibid., 55.

115 Jan Breman, *The Making and Unmaking of an Industrial Working Class: Sliding Down the Labour Hierarchy in Ahmedabad, India* (New Delhi: Oxford University Press, 2004), 74.

116 "Appendix III, Report on Propaganda Operations in India during the Period April 1, 1939 to March 31, 1940," *Report of the ITMEB* (1940), 59–65, ITA Mss Eur F174/924.

117 "Appendix II, Report on Propaganda Operations in India during the Period April 1, 1940 to March 31, 1941," *Report of the ITMEB* (1941), 62, ITA Mss Eur F174/924.

118 *Report of the ITMEB* (1944), 33, ITA Mss Eur F174/924.

119 *Tea at Work* (London: Gas Council and the Tea Bureau, c. 1950s); *Tea for the Workers* (London: Tea Centre, c. 1950s), Bin A7 Typhoo Archive, Moreton.

120 Huxley, *Both Hands*, 196.

121 Morrison, *Tea,* 55.

122 Huxley, *Both Hands,* 197.

123 Ibid., 198.

124 *CTPB Report,* 1940, 22, ITA Mss Eur F174/793.

125 我怀疑实际上这种服务中存在很多紧张关系，就像这些志愿机构本身一样。著名的战时家庭主妇 Nella Last 写了一本名为《大众观察》的日记，其中描述了她的流动餐厅拒绝向军人提供餐饮，而只向平民提供服务。See her discussion in Patricia Malcolmson and Robert Malcolmson, *Women at the Ready: The Remarkable Story of the Womens Voluntary Services on the Home Front* (London: Little, Brown, 2013), 90. For these tensions, James Hinton, *Women, Social Leadership, and the Second World War: Continuities of Class* (Oxford: Oxford University Press, 2002)。

126 Forrest, *Tea for the British*, 232.

127 R. L. Barnes, *Tea Times* (December 1951), 引自 Forrest, *Tea for the British*, 232。

128 *CTPB Report,* 1940, 24, ITA Mss Eur F174/793.

129 "Third List of Gifts and Promises: National Y.M.C.A. War Service Fund," *The Times,* 13 February 1940, 5.

130 "Y.M.C.A Tea Cars en Route Overseas," *Montreal Gazette,* 11 July 1941, 13.

131 Ibid.

132 J. Mallet, East African Committee, YMCA, South African War Work Council to the National Secretary, SAWAS, Pretoria, 2 April 1941, W Box 12, DR 12/58, SAWAS,

Canteens, Mobile and Otherwise, South African Women's Auxiliary Archive, South African National Defence Force Archive, Pretoria, South Africa.

133 *CTPB Report,* 1941, 11, ITA Mss Eur F174/793.

134 Ibid.,23.

135 "A Day in the Life: Girls of the Blitz Canteen," *Picture Post,* 1941.

136 *Report of the ITMEB* (1940), 12, ITA Mss Eur F174/924.

137 Children's supplement, *BW,* 9 May 1942.

138 "Hot Drinks Mean Much in the Jungle," *Cairns Post* (Queensland), 27 April 1944, 3.

139 Griffiths, *History of the Indian Tea Industry,* 369.

140 Farmer, *Food Companions,* 185−216.

141 车队去往白金汉宫，参见 www.britishpathe.com, ID #588.13.Huxley 当时在场，在 *Both Hands,* 198 中描述了这一事件。

142 "Tea for Tommy Atkins," (1939), www.britishpathe.com, ID #1029.06.

143 Newsreel of Gracie Fields serving tea in France (1940), www.britishpathe.com, ID #1655.17.

144 *CTPB Report,* 1941,22, ITA Mss Eur F174/793.

145 *CTPB Report,* 1941, 17, ITA Mss Eur F174/793.

146 *Report of the ITMEB* (1943), 4, ITA Mss Eur F174/924.

147 *Report of the ITMEB* (1944), 32, ITA Mss Eur F174/924.

148 关于这些画面更为广泛的讨论，参见 Rose, *Which Peoples War* and Wendy Webster, *Englishness and Empire, 1939−1965* (Oxford: Oxford University Press, 2005), chap. 2.Stuart Ward, ed., *British Culture and the End of Empire* (Manchester: Manchester University Press, 2001) 中的一些文章也很有用。

149 例如，英国官员站在花园阴影里的照片，可能是在突尼斯。Catalogue #TR 44, Ministry of Information, Second World War Colour Transparency Collection, Imperial War Museum, London。

150 例如，Mary Louise Roberts, *What Soldiers Do: Sex and the American G.I. in World War II France* (Chicago: University of Chicago Press, 2013).另外两本重要的新书，Yasmin Khan, *India at War: The Subcontinent and the Second World War* (Oxford: Oxford University Press, 2015) and Judith Byfield and Carolyn Brown, eds., *Africa and World War II* (Cambridge: Cambridge University Press, 2015)。

151 关于这些场景是如何在英国的消费文化中创造出来和流传的，参见 Frank Mort, *Cultures of Consumption: Masculinities and Social Space in Late Twentieth-Century Britain* (London: Routledge, 1996)。

152 Orwell 在 "A Nice Cup of Tea," *Evening Standard,* 12 January 1946 中提出了相似的观点，reprinted in George Orwell, *Essays,* ed. John Carey (New York: Knopf, 1946), 991。

153 *Report of the ITMEB* (1940), 1, ITA Mss Eur F174/924.

10 残羹冷茶

1 Broadcast script of talk given on the Home Service, 7 April 1954, by Philip Witham, Tetley Group Archive (TGA), London Metropolitan Archive (LMA), 4364/01/006.1954 年，在印度 776 898 英亩的茶叶种植面积中，外国（主要是英国）公司控制了 86%。Sunat Kumar Bose, *Capital and Labour in the Indian Tea Industry* (Bombay: All-India Trade Union Congress, 1954), 46. 关于 1954 年的茶产业概况，参见 Anthony Hyde, *New Global Strategyfor Trade and Tea: The Dynamics of an Expanding Market* (New York: Tea Association of the United States, 1954)。

2 实际上，很多白人种植园主和他们的妻子继续享受着殖民生活方式。例如，参见 Iris Macfarlane, "Memoirs of a Memsahib," in Alan Macfarlane and Iris Macfarlane, *Green Gold: The Empire of Tea* (London: Ebury Press, 2003), 1–27; Edward Bramah, *Tea and Coffee: A Modern View of Three Hundred Years of Tradition* (London: Hutchinson and Co., 1972), 8–10, 53–66; Beryl T. Mitchell, *Tea, Tytlers and Tribes: An Australian Womans Memories of Tea Planting in Ceylon* (Adelaide, Australia: Seaview Press, 1996); "Kelavan" (Charles T. Brooke-Smith), *Two Leaves and a Bud: Tales of a Ceylon Tea Planter* (Colchester: Bloozoo Publishing, 2000); Navarathnam Uthayakumaran, *Life on Spring Valley: A Magnificent Tea Estate in Uva, Sri Lanka* (Castle Hill, Australia: Navarathnam Uthayakumaran, 2011); and Tony Peries, *George Steuart & Co. Ltd., 1952–1973: A Personal Odyssey* (Kohuwala, Nugegoda, Sri Lanka: Wasala Publications, 1973)。

3 V. D. Wickizer, *Coffee, Tea, and Cocoa: An Economic and Political Analysis* (Stanford: Stanford University Press, 1951), 169.

4 Witham, BBC broadcast.

5 Bill Schwarz, *Memories of Empire*, vol. 1, *The White Mans World* (Oxford: Oxford University Press, 2011).

6 一个出色的总结，参见 the introduction to Christopher J. Lee, ed., *Making a World after Empire: The Bandung Moment and Its Political Afterlives* (Athens: Ohio University Press, 2010)。

7 D. K. Fieldhouse, *Black Africa: Decolonization and Arrested Development* (London: Allen and Unwin, 1986); Josephine F. Milburn, *British Business and Ghanaian Independence* (Hanover, NH: University Press of New England, 1977); B. R. Tomlinson, *The Political Economy of the Raj, 1914–1947* (London: Macmillan, 1979); S. E. Stockwell, *The Business of Decolonization: British Business Strategies in the Gold Coast* (Oxford: Clarendon Press, 2000); and Maria Misra, *Business, Race, and Politics in British India, c. 1850–1960* (Oxford: Clarendon Press, 1999); Frank Heinlein, *British Government Policy and Decolonisation, 1945–1963: Scrutinising the Official Mind* (London: Frank Cass, 2002).

8 P. J. Cain and A. G. Hopkins, *British Imperialism, 1688–2000*, 2nd ed. (New York: Longman, 2002). Raymond E. Dummett, ed., *Gentlemanly Capitalism and British Imperialism: The New Debate on Empire* (London: Longman, 1999) and Shigeru Akita, ed., *Gentlemanly Capitalism, Imperialism and Global History* (Houndmills, Hampshire: Palgrave Macmillan, 2002). 关于跨国公司，参见 D. K. Fieldhouse, *Unilever Overseas: The Anatomy of a Multinational* (London: Croom Helm, 1978) and his *Merchant Capital and Economic Decolonization: The United African Company, 1929–1987* (Oxford: Clarendon, 1994) and Robert Tignor, *Capitalism and Nationalism at the End of Empire: State and Business in Decolonizing Egypt, Nigeria, and Kenya, 1945–1963* (Princeton: Princeton University Press, 1998), 16. 对于这部作品的介绍，参见 Alfred D. Chandler Jr. and Bruce Mazlish, eds., *Leviathans: Multinational Corporations and the New Global History* (Cambridge: Cambridge University Press, 2005); Geoffrey Jones, *The Multinational and Global Capitalism from the Nineteenth to the Twenty-First Century* (Oxford: Oxford University Press, 2005); Geoffrey Jones, *British Multinationals: Origins, Management and Performance* (Aldershot: Gower, 1986); Mira Wilkins, *The Emergence of Multinational Enterprise* (Cambridge, MA: Harvard University Press, 1970) and *The Maturing of the Multinational Enterprise* (Cambridge, MA: Harvard University Press, 1974)。

9 Anne Orde, *The Eclipse of Great Britain: The United States and British Imperial Decline, 1895–1956* (New York: St. MartinJs Press, 1996). 关于连续性，参见 Joseph Morgan Hodge, *Triumph of the Expert: Agrarian Doctrines of Development and the Legacies of British Colonialism* (Athens: Ohio University Press, 2007), 207–76。

10 Goutam K. Sarkar, *The World Tea Economy* (Delhi: Oxford University Press, 1972); *Tea:*

UNFAO Commodity Report, August 1953 (Rome: UN FAO, 1953); Dieter Elz, *Report on the World Tea Economy* (Washington, DC: World Bank, 1971).

11   Nicholas J. White, "Decolonisation in the 1950s: The Version According to British Business," in *The British Empire in the 1950s: Retreat or Revival?* ed. Martin Lynn (Houndmills, Basingstoke: Palgrave Macmillan, 2006).

12   Jayeeta Sharma, *Empire's Garden: Assam and the Making of India* (Durham: Duke University Press, 2011), 238–41.

13   Yasmin Khan, *The Great Partition: The Making of India and Pakistan* (New Haven: Yale University Press, 2007). Urvashi Butalia, *The Other Side of Silence: Voices from the Partition of India* (Durham: Duke University Press, 2000) and Gyanendra Pandey, *Remembering Partition: Violence, Nationalism and History in India* (Cambridge: Cambridge University Press, 2001); 最近一批优秀的藏品，参见 Amritjit Singh, Nalini Iyer, and Rahul K. Gairola, eds., *Indias Partition: New Essays on Memory, Culture, and Politics* (Lanham, MD: Lexington Books, 2016)。

14   J. L. Llewellyn to Sir Percival Griffiths, "Notes on the Political Situation in India and Pakistan and Its Implications for the Tea Industry," 28 June 1948, 5–6, ITA Mss Eur F174/1124.

15   Ibid., 13.

16   Ibid., 16.

17   Llewellyn, "Indian Tea Association Adviser's Note," no. 3, 4 March 1948, 1, ITA Mss Eur F174/1124.

18   关于这一点的影响，参见 H. A. Antrobus, *A History ofthe Assam Company, 1839–1953* (Edinburgh: T. and A. Constable, 1957), 236–37。

19   *Tea Marketing Systems in Bangladesh, China, India, Indonesia and Sri Lanka* (New York: United Nations, 1996), 14; Willem van Schendel, *The Bengal Borderland: Beyond State and Nation in South Asia* (London: Anthcm, 2005), 148.

20   Anthony G. Tasker, "The Problem of U.S. Tea Promotion," *The Spice Mill* (June 1948): 41.

21   Sir Percival Griffiths, *The History of the Indian Tea Industry* (London: Weidenfeld and Nicolson), 218–19.1950 年年初，巴基斯坦禁止通过其领土运输货物，切断了阿萨姆地区和加尔各答的联系。*Tea Times of Africa* (January 1950): 1。

22   K. L. Khaitan, Chairman's Address, annual meeting of the Cachar Branch of the Tea Association of India, *The Tea* (January 1965): 9.

23   Van Schendel, *Bengal Borderland,* 148.

24   K. M. de Silva, "Sri Lanka in 1948," *Ceylon Journal of Historical and Social Studies 4,* n.s. (1974): 107. W. David McIntyre, *British Decolonization, 1946–1997* (New York: St. Martin's Press, 1998), 28–29.

25   Kumari Jayawardena, *Nobodies to Somebodies: The Rise of the Colonial Bourgeoisie in SriLanka* (London: Zed Books, 2002), 192–93.

26   Patrick Peebles, *The Plantation Tamils of Ceylon* (London: Leicester University Press, 2001),225–26.

27   P. Kanapathypillai, *The Epic of Tea: Politics in the Plantations of Sri Lanka* (Colombo: Social Scientists' Association, 2011); Nira Wickramasinghe, *Ethnic Politics in Colonial Sri Lanka, 1927–1947* (New Delhi: Vikas, 1995).

28   Minutes of a Meeting of the Board of Directors, 17 July 1947, Kardomah Ltd. Minute Book, no. 5, Bin A15, Typhoo Archives, Moreton.

29   Bramah, *Tea and Coffee,* 99.

30   关于价格活动的各种新闻剪报，包括 tea (1955), Tweedy Papers, Accession 98/17/14, National Archives, Dublin, Ireland。

31   *Financial Times,* 28 July 1955; *Sunday Express,* 31 July 1955; Peter David Shore Papers,

file titled "Labour Party and Consumer Policy, 1952–53," SHORE/3/57, London School of Economics.

32   Managing Director Report, Kardomah and Company, *Minutes of a Meeting of the Board of Directors,* 14 September 1955, Bin A15, Typhoo Archives, Moreton.

33   Bramah, *Tea and Coffee,* 151.

34   "Brief on Nationalisation of Tea and Rubber Plantations in Ceylon for Meeting with S. de Zoysa, Ceylon Minister of Finance," NA: DO 35/8580.

35   Mr. L. J. D. Mackie's speech before the 70th Annual General Meeting of the Ceylon Association reported in *The Times,* 5 January 1959, NA: DO 35/8580. "Brief for Mr. Alport's meeting with representatives of the Ceylon Association," 22 October 1958, NA: DO 35/8580.

36   Louis Stephens, *Tea Share Manual, 1952* (London: Jones and Cornelius, 1953).

37   Stockwell, *Business of Decolonization,* 124. Jacquie L'Etang, *Public Relations in Britain: A History of Professional Practice in the Twentieth Century* (London: Lawrence Erlbaum, 2004), 153.

38   E. D. Obrien, "Report on Ceylon," directed to the Special Committee of the Ceylon Association, London, Ceylon Association Minutes (1954–59), 6 May 1959, 2, NA: DO 35/8580.

39   Ibid., 5.

40   Ibid., 7.

41   Ibid., 8.

42   E. D. O' Brien, "Annex 'A' : Publicity in Ceylon: Benefits of Company Ownership," NA: DO 35/8580.

43   N. Ramachanadran, *Foreign Plantation Investment in Ceylon, 1889–1958* (Colombo: Central Bank of Ceylon Research Series, 1963); Kidron, *Foreign Investments;* M. Habibullah, *Tea Industry of Pakistan* (Dacca: Bureau of Economic Research, University of Dacca, 1964); Sarkar, *World Tea Economy.*

44   George Schwarz, "A Nice Cup of Tea," *Sunday Times,* 7 May 1950, 关于茶和咖啡问题的剪报, 1950–52, LMA 4364/02/023, TGA, LMA。

45   S. A. Dange, introduction to Bose, *Capital and Labour.*

46   McFarlane, *Green Gold,* 228–32,236–41.

47   Priyadarsshini Sharma, "Patriotism Is Needed Today," *The Hindu,* 8 August 2006, online edition. 由于担心国有化, 英国公司正在出售地产, 在维护上花费很少, 并将利润汇回英国。 Roy Moxham, *Tea: Addiction, Exploitation, and Empire* (New York: Carroll and Graf, 2003), 207。

48   Piya Chatterjee, *A Time for Tea: Women, Labor and Post/Colonial Politics on an Indian Plantation* (Durham: Duke University Press, 2001); K. Ravi Ramen, *Global Capital and Peripheral Labour: The History and Political Economy of Plantation Workers in India* (London: Routledge, 2010). 例如, 关于锡兰, 参见 Ronald Rote, *A Taste of Bitterness: The Political Economy of Tea Plantations in Sri Lanka* (Amsterdam: Free University Press, 1986); Kanapathypillai, *Epic of Tea*; Ridwan Ali, Yusuf A. Choudhry, and Douglas W. Lister, *Sri Lankas Tea Industry: Succeeding in the Global Market* (Washington, DC: World Bank Discussion Paper, 1997); and Youngil Lim, "Impact of the Tea Industry on the Growth of the Ceylonese Economy," *Social and Economic Studies* 17, no. 4 (1 December 1968): 453–67。

49   Sidney Pollard, *The Development of the British Economy, 1914–1950* (London: Edward Arnold, 1962), 356–410; David Kynaston, *Austerity Britain, 1945–51* (London: Bloomsbury, 2007); Arthur Marwick, *British Society Since 1945,* 4th ed. (London: Penguin, 2003), especially 3–73. 对于这个时期的其他阐述, 参见 Peter Hennessy, *Having It So*

Good: Britain in the Fifties (London: Penguin, 2007) and Avner Offer, *The Challenge of Affluence: Self-Control and Well-Being in the United States and Britain since 1950* (Oxford: Oxford University Press, 2006)。

50 Heinlein, *British Government Policy,* 27; Allistair Hinds, *Britain's Sterling Colonial Policy and Decolonization, 1939–1958* (London: Greenwood, 2001); Gerold Krozewski, *Money and the End of Empire: British International Economic Policy and the Colonies, 1947–58* (Basingstoke: Palgrave, 2001); Toyin Falola, *Development Planning and Decolonization in Nigeria* (Gainesville: University Press of Florida, 1996); Michael Havinden and David Meredith, *Colonialism and Development: Britain and Its Tropical Colonies, 1850–1960* (New York: Routledge, 1993).

51 Philip Murphy, *Party Politics and Decolonisation: The Conservative Party and British Colonial Policy in Tropical Africa, 1951–1964* (Oxford: Oxford University Press, 1995).

52 Heinlein, *British Government Policy,* 56–58.

53 Caroline Elkins, *Imperial Reckoning: The Untold Story of Britain' Gulag in Kenya* (New York: Henry Holt, 2005); David Anderson, *Histories of the Hanged: Testimonies from the Mau Mau Rebellion in Kenya* (London: Phoenix, 2006).

54 Michael Lipton and John Firn, *The Erosion ofa Relationship: India and Britain since 1960* (London: Oxford University Press, 1975), 19–28.

55 关于 20 世纪中叶和 70 年代之间印度做出的妥协，参见 B. R. Tomlinson, *Economy of Modern India, 1860–1970* (Cambridge: Cambridge University Press, 1993). Hiranyappa Venkatasubbiah, *Indian Economy since Independence* (New York: Asia, 1961); Dwijendra Tripathi, *The Oxford History of Indian Business* (New Delhi: Oxford University Press, 2004), 282–325. 对于这个时期简明但是面向全球的概述，参见 Jeffry A. Frieden, *Global Capitalism: Its Fall and Rise in the Twentieth Century* (New York: W. W. Norton, 2006), chap. 13。

56 Dennis. J. Encarnation, *Dislodging Multinationals: India's Strategy in Comparative Perspective* (Ithaca: Cornell University Press, 1989); V. N. Balasubramanyam and V. Mahambare, "FDI in India," *Transnational Corporations* 12, no. 2 (2003): 45–72.

57 J. S. Graham, Chairman of the ITMEB, *Report,* 1949, 5, ITA Mss Eur F174/961; *Report of the Plantation Inquiry Commission, 1956: Part I: Tea* (Delhi: Government of India Press, 1956), 1–12; G. D. Banerjee and Srijeet Banerji, *Global Tea Trade: Dimensions and Dynamics* (Delhi: Abhijeet Publications, 2008) and their study *Export Potential of Indian Tea* (Delhi: Abhijeet Publications, 2008).

58 United Nations Conference on Trade and Development, *Studies in the Processing, Marketing and Distribution of Commodities* (New York: United Nations, 1984), 3; Maxwell Fernando, *The Geography of Tea* (Colombo: Standard Trading Co., 2001).

59 Banerjee and Banerji, *Global Tea Trade,* 303; "The South American Way," *The Tea Flyer: "Two Leaves and a Budn: The Newspaper of the Brooke Bond Group* 11, no. 6 (May 1958): 1. 斯大林在苏联鼓励生产，供国内消费；土耳其和阿根廷也是如此。Elz, *Report on the World Tea Economy,* 35–36。

60 *The Tea Industry* (Melbourne: Economics Department, Australia and New Zealand Bank, 1970), 24–25.

61 Fernando, *Geography of Tea,* 88–119.

62 A. W. Lovatt, "Tea in Malawi," *Marga* 3, no. 4 (1976): 123; John McCracken, *A History of Malawi, 1859—1966* (Surrey: James Currey, 2012), 167.

63 McCracken, *Malawi,* 167, 194–97; Robin Palmer, "The Nyasaland Tea Industry in the Era of International Restrictions, 1933–1950," Journal *of African History* 26, no. 2 (1985): 215–39, 220; Robin Palmer, "White Farmers in Malawi: Before and after the Depression," *African Affairs* 84, no. 334 (1985): 211–45.

64 Peter Bird, *The First Food Empire: A History of J. Lyons Co.* (London: Butler and Tanner, 2000), 160.

65 *Tea from British Africa* (London: Tea Bureau, 1950).

66 David Wainwright, *Brooke Bond: A Hundred Years* (Brooke Bond Liebig, Ltd.), 30–31.

67 *James Finlay & Company Ltd.: Manufacturers and East India Merchants, 1750–1950* (Glasgow: Jackson and Son, 1951), 108.

68 D. M. Etherington, "An Econometric Analysis of Smallholder Tea Growing in Kenya" (PhD diss., Stanford University, 1970), 8–9. 与咖啡的对比，参见 W. G. Clarence-Smith and Steven Topik, eds., *The Global Coffee Economy in Africa, Asia, and Latin America, 1500–1989* (Cambridge: Cambridge University Press, 2003), 11。

69 Charles Hornsby, *Kenya: A History since Independence,* reprint ed. (New York: I. B. Tauris, 2012), 49.

70 Etherington, *Smallholder Tea Growing in Kenya,* 5–6.

71 Hornsby, *Kenya,* 134–35, 302.

72 *Kenya's Tea Estates: The Story of the Kenya Growers' Association* (1986), Bin A7, Typhoo Company Archive, Moreton.

73 *The Tea* 15, no. 3 (February 1965): 76; Denys Mostyn Forrest, *A Hundred Years of Ceylon Tea, 1867–1967* (London: Chatto and Windus, 1967), 248.

74 Ali, Choudhry, and Lister, *Sri Lankas Tea Industry,* 50. 2003 年，小农户生产了斯里兰卡 46% 的茶叶。Deepananda Herath and Alfons Weersink, "Peasants and Plantations in the Sri Lankan Tea Sector: Causes of the Change in Their Relative Viability," *Australian Journal of Agricultural and Resource Economics* 51, no. 1 (1 March 2007): 77. 斯里兰卡的茶产业在 1977 年得以重建。Sunil Bastian, *The Tea Industry since Nationalisation* (Colombo: Centre for Society and Religion, 1981)。

75 Bastian, *Tea since Nationalisation,* 53. 巴基斯坦吸收了锡兰 16.2% 的茶叶。

76 Ibid., 19.

77 Ali, Choudhry, and Lister, *Sri Lanka s Tea Industry,* 45–46. 锡兰茶叶的税负更高，其中包括税、运输和其他成本，致使其价格比印度和肯尼亚茶叶高。Bastian, *Tea since Nationalisation,* 70, 91–92。

78 Hans–Joachim Fuchs, " 'Ceylon Tea' : Development and Changes," in *Sri Lanka Past and Present: Archaeology, Geography, Economics,* ed. Manfred Domros and Helmet Roth (Weikersheim: Margraf Verlag, 1998), 152–67. 1996 年，茶产业有 120 万工人，40% 的茶叶由种植园出产，其他的由小农户出产 (156)。

79 1947 年，印度茶叶产量为 59 250 万磅，而锡兰为 29 850 万磅。Rowland Owen, *India: Economic and Commercial Conditions in India: Overseas Economic Surveys* (London: HMSO, March 1949), 84. Griffiths, *History of the Indian Tea Industry,* especially chaps. 17–19. 这些统计数据中不包括与苏联直接进行的小麦换茶叶的贸易。另外，印度是第一个抗议南非种族政治的国家，于 1946 年 3 月 12 日断绝了与南非的贸易关系。T. G. Ramamurthi, *Fight against Apartheid: India's Pioneering Role in the World Campaign against Racial Discrimination in South Africa* (New Delhi: ABC Publishing House, 1984), 57。

80 Amritananda Das, Peter Philip, and S. Subramanian, *Marketing of Tea: Report on a Study Undertaken by a Team of Experts Sponsored by the Tea Industry* (Calcutta: Consultative Committee of Plantation Associations, 1975), 58.

81 P. N. Agarwala, *The History of Indian Business: A Complete Account of Trade Exchanges from 3000 B.C. to the Present Day* (New Delhi: Vikas, 1985), 347.

82 Das, Philip, and Subramanian, *Marketing of Tea,* 58.

83 Ibid., 61.

84 Dan M. Etherington, "The Indonesian Tea Industry," *Bulletin of Indonesian Economic*

Studies 10, no. 2 (1974): 87–89.

85   Ibid., 89.

86   Ibid., 94.

87   Dan M. Etherington and Keith Forster, *Green Gold: The Political Economy of Chinas Post-1949 Tea Industry* (New York: Oxford University Press, 1993).

88   Ibid.,85–86.

89   Ibid.,203–5.

90   Henry Benjamin Wheatley, *London Past and Present: Its History, Associations and Traditions* (1891; Cambridge: Cambridge University Press, 2011), 2:546.

91   "Moreton—Production Center for Cadbury Biscuits and Typhoo Tea, prepared in February 1983," Bin #A9, Typhoo Company Archives, Moreton.

92   *Report of the Executive Committee of the Tea Buyers' Association*, 1955.

93   Denys Mostyn Forrest, *Tea for the British: The Social and Economic History of a Famous Trade* (London: Chatto and Windus, 1973), 256–57.

94   *Marketing and Distribution of Commodities*, 3–7.

95   *Marketing and Processing of Tea*, 7. 集装箱船只的使用也改变了茶叶分销的地理格局，参见 *Retail Business, Special Issue on Tea*, no. 320 (October 1984): 28。

96   Papers related to the Chettur Ad Hoc Committee, 1949–50, 6 September 1949, ITA Mss Eur F174/829; *Report of the Committee of the Bengal Chamber of Commerce, 1950*, 26, ITA Mss Eur F174/2203.

97   *Tea Marketing Systems*, 24; Llewellyn, "Indian Tea Association Advisers Note, no.3," 3, ITA Mss Eur F174/1124.

98   "Tea Notes, produced by Thomson, Smithett and Ewart, Ltd., c. 1963," ITA Mss Eur F174/2296.

99   *Tea Digest* (Calcutta: Calcutta Tea Traders Association, 1975), 13.

100 Lipton 在旁遮普西部开设了新的包装设施。*Proceedings of the Tea Conference held at Sylhet, 26 and 27 January 1949* (Karachi: Governor Generals Press, 1949), 4, 54 (PAK) 4, London School of Economics-Government Publications. Lyons 在德班附近的派恩敦开设了新的包装工厂，并将之命名为 Cadby Hall。*Tea Times of Africa* (September 1948): 5. "Prosperity for Kenya: This Is What the Tea Industry Means," *The Tea Flyer* 6, no. 1 (January 1962): 3。

101 *The Times,* 30 January 1937, 9.

102 Harry Kissin, "Commodity Traders' Role in Exports," The Times, 13 April 1970, 9; John Dunning and Victor E. Morgan, eds., *An Economic Study of the History of London* (London: George Allen and Unwin, 1971), 340–41, 351.

103 Forrest, *Tea for the British*, 262.

104 John Sutherland Hamilton, *Tea: The Colonial Legacy* (Cambridge: Cambridge World Development Action Group, 1975), 1.

105 Ibid., 5.

106 引自 1953 F.A.O. Report cited in Hamilton, *Tea*, 5。

107 Hamilton, *Tea*, 7.

108 1977 年，价格是 1962 年的一半。*Report on the Fourth Intergovernmental Group on Tea to the Committee on the Commodity Problems* (London: UN FAO Report, 1977), 1. 关于茶叶和发展政治，参见 Banerjee and Banerji, *Global Tea Trade* and their *Export Potential of Indian Tea*。

109 Minutes of the 74th Annual Meeting of the ITMEB, London, 25 September 1947, ITA Mss Eur F174/961.

110 F. E. B. Gourlay, "Developments of the Board's Work in Africa: Confidential, for the use of the Directors and Representatives Only (5 June 1947)," in ibid.

111 Ibid., 3. Gourlay 没有提到或者没有意识到，1946 年之后，由于经济制裁，印度茶不能再在南非销售。

112 Ibid.,5.

113 Ibid.

114 Ibid.

115 Verbal report by C. J. Harpur at the 74th ITMEB Annual Meeting, 8 October 1947, 6.

116 Ibid.,9.

117 Mark Pendergrast, *For God, Country and Coca-Cola,* rev. ed. (New York: Basic Books, 2000), 233. 20 世纪 30 年代末，可口可乐在南非、澳大利亚和特立尼达建立了滩头阵地。Giebelhaus, "The Pause That Refreshed the World: The Evolution of Coca-Cola's Global Marketing Strategy," in *Adding Value: Brands and Marketing in Food and Drink,* ed. Geoffrey Jones and Nicholas Morgan (London: Routledge, 1994), 199-200. 消费者改变了饮料的含义和性质，参见 Daniel Miller, "Coca-Cola: A Black Sweet Drink from Trinidad," in *Material Cultures: Why Some Things Matter,* ed. Daniel Miller (Chicago: University of Chicago Press, 1998)。

118 H. W. Brands, "Coca-Cola Goes to War,"*American History* 34, no. 3 (August 1999): 30-36; Robert J. Foster, *Coca-Globalization:Following Soft Drinks from New York to New Guinea* (New York: Palgrave Macmillan, 2008), 37-38.

119 Pendergrast, *For God, Country and Coca-Cola,* 201.

120 John Burnett, *Liquid Pleasures: A Social History of Drinks in Modern Britain* (London: Routledge, 1999), 104; Derek Cooper, *The Beverage Report* (London: Routledge and Kegan Paul, 1970), 49.

121 Cooper, *Beverage Report,* 50.

122 Burnett, *Liquid Pleasures*, 107.

123 "Tea and Soft Drinks," *Tea Times of Africa* (October 1948): 6.

124 Richard Kuisel, *Seducing the French: The Dilemma of Americanization* (Berkeley: University of California Press, 1993), 52-69.

125 Victoria De Grazia, *Irresistible Empire: America's Advance through Twentieth-Century Europe* (Cambridge, MA: Belknap Press of Harvard University Press, 2005).

126 Gervas Huxley, "International Newsletter, #4—Functions and Organization of a Bureau," *The International Tea Market Expansion Board Proceedings,* 1947, 1, ITA Mss Eur F174/961.

127 *Report of the ITMEB,* no. 14 (1949), 2, ITA Mss Eur F174/961.

128 *Report of the Tea Buyers' Association, 1952—53,* 14.

129 Memorandum from Newsom to K. P. Chen, "The Tea Bureau and Its Operation," 4 April 1946, 1, Newsom Papers, Box 48/20, Wisconsin Historical Society, Madison.

130 Jones, *Merchants to Multinationals*, 270.

131 "The International Tea Market Expansion Board," *Tea Trade and Industry* (April 1952):195-97.

132 Habibullah, *Tea Industry of Pakistan,* 31.

133 巴基斯坦的茶叶委员会帮助发展国内的市场，但是 1955 年它加大了国外市场的开拓力度，希望增加外汇收入。*Proceedings of the Tea Conference Held at Sylhet, 26 and 27 January 1949* (Karachi: Governor General's Press, 1949); 54 (PAK) 41, London School of Economics-Government Publications; Habibullah, *Tea Industry of Pakistan,* 126, 264, 267。

134 "Comments by the Tea Brokers' Association of London, on the Questionnaire issued by the Government of India's Ministry of Commerce and the Ad Hoc Committee on Tea," papers related to the Chettur Ad Hoc Committee, 1949-50, 6 September 1949, ITA Mss Eur F174/829. 关于委员会的目的和作用，参见 *Central Tea Boards First Annual Report* (Calcutta, 1951), 22-24。

135 Tea and Coffee Association of Canada, Responses, 6 June 1949, and the Tea Association of the United States Responses, 28 July 1949, papers related to the Chettur Ad Hoc Committee, 1949−50, ITA Mss Eur F174/829.

136 ITMEB replies to questionnaire, 30 May 1949, papers related to the Chettur Ad Hoc Committee, 1949−50, ITA Mss Eur F174/829.

137 "The International Tea Market Expansion Board," *Tea Trade and Industry* (April 1952): 197.

138 *Report of the Work of the CTPB* (1949), 19, ITA Mss Eur F174/793.

139 Central Tea Board, *First Annual Report* (1951), 3−4, 7−15.

140 Owen, *India,* 177.

141 "New Campaigns," *Tea Promotion* 2 (January 1950): 4, 10; "Tea Promotion in West Africa," *Tea Promotion* 3 (May, 1950): 2−5; *Tea Times of Africa, 1948—1951* (September 1948): 1.

142 这些数字是根据支出的估计数计算出来的，in *ITMEB Report,* no. 16 (1951): 6。

143 *Tea Trade and Industry* (January 1952): 15.

144 Huxley, *Both Hands,* 211.

145 *ITMEB Report* (1946), 7, ITA Eur F174/961.

146 特别是关于摄政街的商业文化，参见 Erika Rappaport, "Art, Commerce, or Empire? The Rebuilding of Regent Street, 1880−1927," *History Workshop Journal* 53 (Spring 2002): 73−94。

147 Judith R. Walkowitz, *Nights Out: Life in Cosmopolitan London* (New Haven: Yale University Press, 2012); Frank Mort, *Cultures of Consumption: Masculinities in Late Twentieth-Century Britain* (London: Routledge, 1996) and his recent *Capital Affairs: London and the Making of the Permissive Society* (New Haven: Yale University Press, 2010); Justin Bengry, "Peacock Revolution: Mainstreaming Queer Styles in Post-War Britain, 1945−1967," *Socialist History* 36 (2010): 55−68.

148 Hugh Casson, as cited in Becky E. Conekin, *The Autobiography of a Nation1: The 1951 Festival of Britain* (Manchester: Manchester University Press, 2003), 35.

149 L' Etang, *Public Relations in Britain*, 81.

150 Conekin, *Autobiography of a Nation*, 35.

151 Huxley, *Both Hands*, 211.

152 *Tea Times* (November 1948): 2; "Verbal Report by the Commissioner, The Tea Bureau, U.K.," *ITMEB Minutes,* meeting 11 December 1947, ITA Mss Eur F174/963; "Planning—Tea Services," *Tea Promotion,* no. 3 (May 1950): 5−8; "Equipment for Tea," *Tea Promotion* (January 1950): 5−9.

153 我记得我的家人在 1973 年到伦敦旅行时，曾在摄政街茶叶中心喝了一杯茶。

154 *Library Catalogue of the Tea Bureau* (London: Tea Centre Publication, 1951).

155 *A Good Cup of Tea* (London: The Tea Centre, 1946), 1; "Tea-Making for Caterers," *Tea Times* (December 1949); "Tea Making Courses for Industry," *Tea Times* (August 1949): 11; "The Bureau at Glasgow and Liverpool," *Tea Times* (November 1949): 6; "Tea in Hospitals," *Tea Times* (November 1948): 10.

156 "'Projects' on Tea," *Tea Times* (November 1948): 12.

157 开始时的两场展览，"The English Tea-Table" 和 "Tea Round the World— With B.O.A.C.," 强调茶叶的英国性及其世界现代性。*ITMEB Report,* 1946, 7, ITA Mss Eur F174/961。

158 *Tea: A Progressive Industry* (London: The Tea Centre, 1950), 24.

159 *Tea Promotion* (November 1951): 2−5.

160 Oliver Warner, *Tea in Festival* (London: The Tea Centre, 1951), 12. 例 如， 参 见 Inner London Educational Authority, Schools Department, Catering Branch, ILEA/S/CS/10/031,

LMA。

161 *Tea Times* (October 1949): 2.

162 *Tea Leaf: Display Ideas about Tea and the Things That Go with It, August/September 1959, July 1961, and June 1960.*

163 Exhibition pamphlet, "The Romance of Tea," 13 January to 8 February 1949, ITA Mss Eur F174/963.

164 Huxley, *Talking of Tea.*

165 *ITMEB Report* (1949), 25, ITA Mss Eur F174/961.

166 "Tea as a Beverage for West Africans," *Crown Colonist* (August 1950): 479. 感谢 Bianca Murillo 让我注意到这篇文章。

167 Ibid.

168 "The International Tea Market Expansion Board," *Tea Trade and Industry* (April 1952):195−97.

169 Huxley, *Both Hands*, 214.

170 "Propaganda for Tea," *Tea Trade and Industry* (July 1953): 329.

171 *Times of Ceylon,* 10 January 1952, TGA, LMA/4364 02/024.

172 Huxley, *Both Hands,* 214.

173 *Tea Leaf,* October 1957.

174 *Tea Leaf,* April 1960.

175 *Glasgow Herald,* 4 August 1961, 5.

176 *Tea Leaf,* April 1963; *Birmingham Post, 21* May 1963.

177 *Tea Leaf,* January 1964.

178 *Tea Leaf,* November 1965.

179 *Tea Leaf,* June 1961.

180 *Tea Leaf,* December 1958, 2.

181 *Tea Leaf,* May 1956 and July 1956; Ceylon Tea Centre ads, *Punch,* 1 December 1965; *Daily Mail,* 6 December 1965; *Grocery Marketing,* January 1966; *Grocers' Gazette,* 29 January 1966.

182 *Tea Leaf,* December 1958.

183 *Tea Leaf,* June 1961.

184 *Tea Leaf,* June 1960.

185 "How (and Why) Ceylon Teas Will Make Selling Profitable Again," *The Grocer,* 30 July 1966.

186 Ogilvy and Mather, *Survey of High Quality Tea: A Report Prepared for the Tea Council,* 21 September 1966, ITA Mss Eur F174/802.

187 "Notes on the Scheme for the Development of Tea Propaganda in India," 29, Central Tea Board of India, January 1955, 9−10, ITA Mss Eur F174/928.

188 *Central Tea Board Third Administrative Report* (1956−57), 47, ITA Mss Eur F174/2114.

189 Gautam Bhadra, *From an Imperial Product to a National Drink: The Culture of Tea Consumption in Modern India* (Kolkata: Centre for Studies in Social Sciences in association with Tea Board India, 2005).

190 Chatterjee, *A Time for Tea,* 108−14.

191 "Tea Propaganda in India," ITA Mss Eur F174/928.

192 Ibid.,34.

193 Ibid.,31.

194 *Central Tea Board Second Administrative Report,* 49.

195 *Indian Tea* (Calcutta: Tea Board of India, 196?), n.p.

196 实际上茶叶不是孟加拉的国民性饮料，但它在孟加拉无处不在。社会学家 A. R. Desai 在研究古吉拉特的一个村庄时表示，虽然 "以前几乎没有一个家庭天天都喝茶。现在几乎所有的家庭都喝茶，有些家庭每天喝两次”。A. R. Desai, *Rural Sociology in India*, 4th ed. (Bombay: Popular Prakashan, 1969), 366。

197 *Report on the Work of the CTPB* (1962), 5, ITA Eur MSS F174/793; "Notes on India," *The Tea* 14, no. 3 (March 1964): 87.

198 Michael Butterwick, *Prospects for Indian Tea Exports* (Oxford: Oxford University Press, 1965), 206–9.

199 私营公司持续在印度打广告、做宣传，以扩大其市场份额，不过也因为广告预算抵销了应得利润。A. S. Bam, "Indian Tea Industry and the Tea Board," *The Tea: A Monthly Journal on World Tea Plantation and Trade* 14, no. 6 (June 1964): 212–17.

200 Merchandising and Marketing Ltd., "Review of Advertising and Sales Promotion 1964/5," 3, presented to the Tea Board of India, ITA Mss Eur F174/2052.

201 "Financial Assistance for Export Houses," *The Tea* 14, no. 2 (February 1964): 52–53.

202 *Tea Board Fourth Administrative Report* (1959), 47–48, ITA Mss Eur F174/2114.

203 *Sri Lanka Tea Board Report for the Year 2002*, 48–49.

204 B. K. Goswami, "Indian Tea: A Bright Prospect in the Offing," Capital [Supplement] (12 April 1979): 98.

205 1965 年，全国人均消费量仍为三分之二磅。Butterwick, *Prospects, 215.*

206 Afshan Yasmeen, "Chai, Everyone's Cup of Joy," *The Hindu* (1 March 2002), http://www.thehindu.com/thehindu/lf/2002/03/01/stories/2002030100010200.htm.

207 "Tea Promotion in the USA," *Tea Trade and Industry* (November 1952): 569; Sir Percival Griffiths, *Report of the Indian Tea Delegation to the USA and Canada* (September/October 1954): 3, ITA Mss Eur F174/1275.

208 "Centre of Ceylon's Tea Propaganda Passes from London to United States," Tea *Trade and Industry* (April 1953): 202.

209 Huxley, *Both Hands*, 213.

210 "Tea Today in the USA," memo from U.S. Tea Bureau, 1951, Accession 2407, Subject Files, Box 6/ file 102e, Dichter Papers, Hagley Museum and Archives; "Tea Council of the USA," *Tea Trade and Industry* (July 1953): 357.

211 "Anthony Hyde," biography, http://prabook.com/web/person-view.html?profileId=365868.

212 "Tea Council of the USA," *Tea Trade and Industry* (July 1953): 357.

213 S. C. Datta, "A Visit to the United States," *Tea Trade and Industry* (August 1953): 420. Fred Rosen 是 Fred Rosen Associates 的创始人，这个组织在 20 世纪中叶在其他地方为意大利和印度服务。2000 年，他的客户包括 American Express, Goldman Sachs, and the *New York Times*。参见 "Fred Rosen, 84, Dies," *New York Times,* 21 June 2000, http://www.nytimes.com/2000/06/21/nyregion /fred-rosen-84-dies-led-a-publicity-firm.html。

214 Datta, "A Visit to the United States," 425.

215 Anthony Hyde, "The Dynamics of an Expanding Market," in *New Global Strategy for Trade and Tea*, 1.

216 参与制定这些协议的英国人和美国人的关系相当紧张；约翰·梅纳德·凯恩斯抱怨美国人想把 "大英帝国的眼睛戳瞎"。引自 Frieden, *Global Capitalism, 259*。

217 Philip Mason, "Obituary: Sir Percival Griffiths," *The Independent,* 20 July 1992. Sir Percival's son, John Griffiths 曾是自由党主席，也是一位多产作家，曾出版 Tea: *The Drink That Changed the World* (London: Andre Deutsch, 2007)。

218 Griffiths 在上述一书的 pages 256–59 讨论的辩论中，主张重新恢复茶税。

219 *Report of the ITMEB,* 1948, 1, ITA Mss Eur F174/961.

220 Sir Percival Griffiths, *Report of the Indian Tea Delegation to the USA and Canada* (September/October 1954). 附件 "A" 列出了正式的活动和会议，但不包括私人活动或事务，ITA Mss Eur F174/1275。

221 Ibid.

222 Ibid.

223 Griffiths, *Indian Tea Delegation to the USA and Canada*, 1954.

224 Ibid.

225 20 世纪 20 年代，这一点还未成真，参见 Katherine J. Parkin, *Food Is Love: Advertising and Gender Roles in Modern America* (Philadelphia: University of Pennsylvania Press, 2006), 2。

226 Tracey Deutsch, *Building a Housewife's Paradise: Gender, Politics and American Grocery Stores in the Twentieth Century* (Chapel Hill: University of North Carolina Press, 2010).

227 D. H. Kay, "Zeisel, Hans (1905−1992)," in *Encyclopedia of Law and Society: American and Global Perspectives,* ed. D. Clark (New York: Sage, 2007), 3:1599−1600.

228 Griffiths, *Report of the Indian Tea Delegation to the United States and Canada,* 1954,6.

229 Daniel Horowitz, *The Anxieties of Affluence: Critiques of American Consumer Culture, 1939−1979* (Amherst: University of Massachusetts Press, 2004), 52.

230 Ibid.

231 Ibid., 54.

232 引自 Stefan Schwarzkopf and Rainer Gries, "Ernest Dichter, Motivation Research and the 'Century of the Consumer,J' " in *Ernest Dichter and Motivation Research: New Perspectives on the Making of Post-War Consumer Culture,* ed. Stefan Schwarzkopf and Rainer Gries (Houndmills, Hampshire: Palgrave Macmillan, 2010), 9。

233 信件总结了 Dichter 和 Henry Starr 的电话交谈，Research Director, Leo Burnett, Accession 2407, Box 6/file 102A, Dichter Papers, Hagley Museum and Archive, Delaware。

234 Ernest Dichter, "Can We Build a New 'Tea Culture in the United States?" summary of speech to Annual Convention of the Tea Association of the USA, White Sulphur Springs, Virginia, 20 September 1955, Subject Files, Box 176, Dichter Papers, Hagley Museum and Archive, Delaware.

235 Ernest Dichter, "How to Make People Drink Tea: A Psychological Research Study," April 1951, Subject Files, Box 6, Dichter Papers, Hagley Museum and Archive.

236 Ibid., 15.

237 Ibid., 36.

238 Ibid., 44.

239 Ibid., 49.

240 Ibid., 32.

241 Ibid., 55.

242 Ibid., 14.

243 Dichter，"Can We Build a New 'Tea Culture, '" 3.

244 "Tea Goes to Town," *Tea Promotion* (March 1952): 3.

245 *Report on the Work of fice CTPB* (1954)，23, ITA Mss Eur F174/793.

246 *Report on the Work of the CTPB* (1960)，26, ITA Mss Eur F174/793.

247 *Report on the Work of the CTPB* (1957)，26, ITA Mss Eur F174/793.

248 Ernest Dichter, "A Proposal for a Motivational Research Study on Lyons Tea," submitted to J. Lyons and Co., by the Motivational and Social Research Centre, Ltd., London office, April 1958, 2, 7, Dichter Papers, Hagley Museum and Archives, Delaware.

249 Ibid., 2.

250 Griffiths, *Indian Tea Delegation to the USA and Canada*, 1962, 8, ITA Mss Eur F174/1276.

251 引自 "Tea in the U.S.A.," *The Tea* 14, no. 2 (February 1964): 52。

252 Griffiths，*Indian Tea Delegation to the USA and Canada*, 1962, 3−4, ITA Mss Eur F174/1276.

253 从 1946 年到 1950 年，印度出口美国的茶叶总量为 3840 万磅，而锡兰为 3560 万磅。

从 1956 年到 1960 年，印度的这一数字下降到 2890 万磅，锡兰上升为 4530 万磅（ibid.）。

11 "加入茶聚"

1 这一章标题的出处是 "Advice to the Tea Trade," *The Grocer*, 3 March 1962, Scrapbook J. Lyons Company Archive, Acc. 3527, London Metropolitan Archives (LMA) (hereafter Lyons Archive). Peter Mathias, *Retailing Revolution: A History of Multiple Retailing in the Food Trades Based upon the Allied Suppliers Group of Companies* (London: Longmans, 1967), chap. 18。

2 William Hardcastle, "The Cup of Tea, Another Valued Tradition Seems to Be Dying," BBC *Today Programme*, 20 May 1965, Telex Report, Telex Monitors Ltd., ITA Mss Eur F174/800.

3 Ibid.

4 *Financial Times*, 13 January 1958, LMA/4364/03/004, Tetley Group Archive (TGA), LMA. "Suez! Brooke Bond in Egypt," *Tea Flyer: Two Leaves and a Bud* 1 (January 1957): 4 and "Brooke Bond in Egypt" (January 1957): 2; Minutes of a Meeting of the Board of Directors, 16 March 1956 and "Managing Directors' Report on Trading," 27 October 1956, Kardomah Ltd., Minute Book no. 8, Bin A15, 1955–58, Typhoo Archives, Moreton, UK. 另一个主要的问题是这一时期印度尼西亚正在进行中的政治转变。

5 John Burnett, *Liquid Pleasures: A Social History of Drinks in Modern Britain* (London: Routledge, 1999), 67.

6 Ibid., 90.

7 Roberto A. Ferdman, "Where the World's Biggest Tea Drinkers Are," *Quartz* (20 January 2014), http://qz.com/168690/where-the-worlds-biggest-tea-drinkers-are/; Lauren Davidson, "Is Britain Falling out of Love with Tea?" *The Telegraph* (5 August 2015), http://www.telegraph.co.uk/finance/newsbysector/retailandconsumer/11782555/Is-Britain-falling-out-of-love-with-tea.html.

8 Kaison Chang, *World Tea Production and Trade: Current and Future Development* (Rome: FAO, 2015).

9 Ridwan Ali, Yusuf Choudhry, Douglas W. Lister, *Sri Lankas Tea Industry: Succeeding in the Global Market* (Washington, DC: World Bank Discussion Paper, 1997), 8–11.

10 关于非殖民化的文化和社会历史的著作越来越多。例如，Elizabeth Buettner, *Europe after Empire: Decolonization, Society, and Culture* (Cambridge: Cambridge University Press, 2016); Ruth Craggs and Claire Wintle, eds., *Cultures of Decolonisation: Transnational Production and Practices, 1945–70* (Manchester: Manchester University Press, 2016); Stuart Ward, ed., *British Culture and the End of Empire* (Manchester: Manchester University Press, 2001); Jordanna Bailkin, *The Afterlife of Empire* (Berkeley: Global, Area and International Archive and University of California Press, 2012)。

11 *Evening Standard,* 11 April 1951, LMA/4364/01/005, TGA, LMA.

12 见 *Financial Times, Daily Telegraph, Daily Mirror* 的重要消息，其他信息可参考 Cuttings Book II on General Tea and Coffee Issues, 1952–54, LMA/4364/02/024, TGA, LMA. 关于 20 世纪中叶的配给制历史及其影响，参见 Ina Zweiniger-Bargielowska, *Austerity in Britain: Rationing, Controls, and Consumption, 1939–1955* (Oxford: Oxford University Press, 2000). 其他国家更早解除了管制，例如，荷兰在 1949 年 1 月 1 日结束了茶叶配给。*Tea Times* (February 1949): 9。

13 Tea Bureau ad, *Daily Telegraph,* 8 September 1952, LMA/4364/02/023, TGA, LMA.

14 *Newark Sunday News* (Newark, NJ), 12 October 1952, LMA/4364/02/023, TGA, LMA.

15 Brooke Bond ad, LMA/4364/02/024, TGA, LMA.

16 Central Tea Board of India ad, *The Times,* 12 October 1953, LMA/4364/02/023, TGA, LMA.

17 Becky Conekin, Frank Mort, and Chris Waters, eds., *Moments of Modernity: Reconstructing Britain, 1945-1964* (London: Rivers Oram Press, 1999), 1. Becky Conekin, *The Autobiography of a Nation: The 1951 Festivalof Britain* (Manchester: Manchester University Press, 2003) and Peter H. Hansen, "Coronation Everest: The Empire and Commonwealth in the 'Second Elizabethan Age,'" in *British Culture and the End of Empire,* ed. Stuart Ward (Manchester: Manchester University Press, 2001), 57-72.

18 Eric Wainwright, "Mash Me a Hot Sweet Brew," *Daily Mirror,* October 1952, LMA/4364/02/024, TGA, LMA.

19 Dudley Barker, *Daily Herald,* August 1952, LMA/4364/02/024, TGA, LMA.

20 *Daily Mirror,* 1 November 1952, LMA/4364/02/024, TGA, LMA.

21 *Tea Bureau: Third Consumer Survey among Housewives* (London: Tea Bureau, 1953), 3-4. 1953 年 4 月，即减税 6 个月后，进行了这项调查。

22 Petula Clark with Tony Osborne, "Anytime Is Tea Time Now," Polygon records, 1952, *The Caterer and Hotel Keeper,* 1 November 1952.

23 Black and Green advertisement, 1967, Press Cuttings and Advertisements, 1950-1969, LMA/4364/02/025, TGA, LMA.

24 Elizabeth Ho, *Neo-Victorianism and the Memory of Empire* (London: Continuum International Publishing, 2012); Antoinette Burton, "India, Inc.? Nostalgia, Memory and the Empire of Things," in *British Culture at the End of Empire,* ed. Ward, 217-32.

25 Co-op tea ad, *Daily Herald,* 2 February 1954, 5, LMA/4364/02/024, TGA, LMA.

26 Ridgways advertisement, *Evening Standard,* 7 July 1953, LMA/4364/02/024, TGA, LMA.

27 Horniman's advertisement, *Middlesex Hospital Concert,* 1953, LMA/4364/01/006, TGA, LMA.

28 Hornimans advertisement, *Sunderland Echo,* November 1952. 相似的例子，参见 *Sunday Times,,* 3 July 1966 和 *Womans Realm,* 12 November 1966. 即使在 20 世纪 60 年代末，霍尼曼的广告也开玩笑说，把茶放在一个有 140 年历史的茶缸里。参见 *South Wales Argus South Wales Echo, Merthyr Express, Ponty Pridd Observer* 及其他 . Cuttings file for Horniman's Dividend Tea, 1961-67, LMA/4364/01/008, TGA, LMA。

29 Twinings ad, *The Caterer and Hotel Keeper,* 1 April 1961, 16.

30 *Leicester Evening Mail,* 22 September 1958, Tea Press Cuttings, 1958, LMA/4364/02/026, TGA, LMA.

31 "Saving the Cutty Sark," *Evening Standard,* 15 December 1952, 4. J. Lyons, the Tea Centre, Tea Trade Committee, and the advertising firm S. H. Benson contributed, for example. *Cutty Sark: A Brief Description of the Ship, Her Voyages and How She Came to Greenwich* (London: Cutty Sark Society, 1957).

32 *Tea Digest* (Calcutta: Calcutta Tea Traders Association, 1975), 29.

33 例如，*Norwood News,* 9 February 1954, *Streatham News* and *Balham and Tooting News* 有相似的广告。Tetley cuttings book regarding teabags, LMA/4364/03/004, TGA, LMA。

34 *Mtswell Hill Record,* 1 April 1955, LMA/4364/03/004, TGA, LMA.

35 Tetley ad, 1954, 没有给出特定的日期，LMA/4364/03/004, TGA, LMA。

36 Tetley ad, spring 1954, LMA/4364/03/004, TGA, LMA.

37 Lyons Quick Brew ad, *Womans Realm,* 2 December 1963, Quick Brew Press Cuttings, LMA/4364/02/030, TGA, LMA.

38 *The Tea* 15, no. 4 (April 1965): 102.

39 Winston Fletcher, *Powers of Persuasion: The Inside Story of British Advertising, 1951-*

2000 (Oxford: Oxford University Press, 2008), 23‒61.

40　Ibid., 27.

41　Ibid.,29‒30.

42　"Chimpanzees Drinking Tea," *Tea Times of Africa* (March 1951): 1.

43　"The Chimps Have Been Invited to Butlin's," *The Tea Flyer* (May 1958): 1 and (August 1958): 5.

44　Tetley Tea Folk Facebook Page, 1 May 2015, https://www.facebook.com/ TheTetleyTeaFolk?fref=ts.

45　A. Vinter, Ltd., "Tea Board of India: Summary of Sales Promotion Policy for the UK," 1967, 1, ITA Mss Eur F174/806.

46　"Tea in an Instant," *Retail Business* 23 (January 1960): 497.

47　A. Vinter, Ltd., "Tea Board of India: Summary of Sales Promotion Policy for the UK" (1966), marked confidential, ITA Mss Eur F174/806.

48　Vinter, "Summary of Sales Promotion Policy for the UK" (1967).

49　"Tea and Coffee in Canada," *Tea Times* (November 1948): 6.

50　Tea Association of Canada response to Chettur Ad Hoc Committee Questionnaire, 6 June 1949, ITA Mss Eur F174/829.

51　Sir Percival Griffiths, *Report of the Indian Tea Delegation to the U.S.A. and Canada,* 1954, pt. 2, 23, ITA Mss Eur F174/1275.

52　*The Tea Industry* (Melbourne: Economics Department, Australia and New Zealand Bank, 1970), 55‒60.

53　Ibid., 56, 59. *The Coffee Industry in Papua-New Guinea: An Economic Survey* (Canberra: Bureau of Agricultural Economics, 1951).

54　*The Tea Industry,* 55.

55　Ibid., 60.

56　"Market Appreciation and Brief for the Period October 1966 to September 1967, prepared for the Tea Council by Ogilvy and Mather Ltd., 1967," ITA Mss Eur F174/803.

57　"The Young Idea," *Tea Flyer* 9, no. 7 (July 1965): 1.

58　关于战后消费者家庭主妇，参见 Bianca Murillo, "Ideal Homes and the Gender Politics of Consumerism in Postcolonial Ghana, 1960‒1970," *Gender and History* 21, no. 3 (November 2009): 560‒75. *Market Encounters: Consumer Cultures in Twentieth Century Ghana* (Athens: University of Ohio Press, 2017); Judy Giles, *The Parlour and the Suburb: Domestic Identities, Class, Femininity and Modernity* (Oxford: Berg, 2004), chap. 3; Erica Carter, *How German Is She? Postwar West German Reconstruction and the Consuming Woman* (Ann Arbor: University of Michigan Press, 1997); Victoria de Grazia, *Irresistible Empire: Americas Advance through Twentieth-Century Europe* (Cambridge, MA: Belknap Press of Harvard University Press, 2005), chap. 9 and Lizabeth Cohen, *A Consumers' Republic: The Politics of Mass Consumption in Postwar America* (New York: Knopf, 2003)。

59　根据 Dick Hebdige 的解释，我了解了 "作为隐喻政治的青年文化：它处理的是符号 的流通，因此总是模棱两可的"，"隐藏在光明中：青少年的监视和展示"，见 *Hiding in the Light* (London: Routledge, 1988), 35. 关于这种现象的历史研究，参见 Penny Tinkler, *Constructing Girlhood: Popular Magazines for Girls Growing Up in England, 1920‒1950* (London: Taylor and Francis, 1995); David Fowler, *The First Teenagers: The Lifestyle of Young Wage-earners in Interwar Britain* (London: Woburn Press, 1995); David Fowler, *Youth Culture in Modern Britain, c. 1920‒1970: From Ivory Tower to Global Movement— A New History* (London: Palgrave Macmillan, 2008); Jon Savage, *Teenage: The Creation of Youth Culture, 1875‒1945* (New York: Viking, 2007); and Melanie Tebbutt, *Being Boys: Youth, Leisure and Identity in the Inter-War Years* (Manchester: Manchester

University Press, 2012)。

60 Harry Hopkins, *The New Look: A Social History of the Forties and Fifties in Britain* (Boston: Houghton Mifflin, 1964), 423.

61 Ibid., 424.

62 Ibid.,425−26.

63 Adrian Horn, *Juke Box Britain: Americanisation and Youth Culture, 1945−60* (Manchester: Manchester University Press, 2009), 171−78; Markman Ellis, *The Coffee House: A Cultural History* (London: Weidenfeld and Nicolson, 2004), 225−45; Joe Moran, "Milk Bars, Starbucks and the Uses of Literacy", *Cultural Studies* 20, no. 6 (2006): 552−73.

64 Christina Hardyment, *Slice of Life: The British Way of Eating since 1945* (London: BBC Books, 1995), 80.

65 Ian Samwell, "The History of the 2i's Coffee Bar," Musicstorytellers Blog, http:// musicstorytellers.wordpress.com. Also Anthony Clayton, "2i's," http://www.sohomemories. org.uk/index.aspx.

66 David Wainwright, *Brooke Bond: A Hundred Years* (London: Brooke Bond, 1969), 30−31.

67 1964 年，观看 Sutch 表演"开膛手杰克"的片段，参见 https://www.youtube.com/ watch?v=c2ZsWENobls. 关于"开膛手杰克"在维多利亚文化中的地位，参见 Judith R. Walkowitz, *City of Dreadful Delight: Narratives of Sexual Danger in Late-Victorian London* (Chicago: University of Chicago Press, 1992)。

68 重要著作包括 Stuart Hall and Tony Jefferson, eds., *Resistance through Rituals: Youth Subcultures in Post-war Britain* (London: Hutchinson, 1976); Dick Hebdige, *Subculture: The Meaning of Style* (London: Methuen, 1979); and Angela McRobbie, *In the Culture Society: Art, Fashion and Popular Music* (London: Routledge, 1999)。

69 关于这本期刊的政治及其早期历史，参见"A Brief History of *New Left Review,* 1960− 2010," https://newleftreview.org/history。

70 Richard Hoggart, *The Uses of Literacy: Aspects of Working-Class Life with Special Reference to Publications and Entertainments* (London: Penguin, 1957), 246.

71 Ray Gosling, *Personal Copy: A Memoir of the Sixties* (London: Faber and Faber, 1980), 22.

72 Fowler, *Youth Culture,* 117, 122−44.

73 Gosling, *Personal Copy,* 24−25.

74 Ray Gosling, 引自 Hardyment, *Slice of Life,* 73。

75 Ray Gosling, *Sum Total* (London: Faber and Faber, 1962), 62.

76 Kate Bradley, "Rational Recreation in the Age of Affluence: The Cafe and Working-Class Youth in London, c. 1939−65," in *Consuming Behaviours: Identity, Politics and Pleasure in Twentieth-Century Britain,* ed. Erika Rappaport, Sandra Trudgen Dawson, and Mark J. Crowley (London: Bloomsbury, 2015), 71−86.

77 Gosling, *Personal Copy,* 65.

78 Peter Bird, *The First Food Empire: A History of J. Lyons & Co.* (London: Phillimore, 2000), 192−96.

79 "An Abstract of Non-Confidential Research Findings from Motivational Investigations Concerning Consumer Attitudes towards Tea and Coffee," submitted to J. Lyons and Co., London (London: Ernest Dichter Association, 1962), Accession 2407 (Box 49), 64, Dichter Papers, Hagley Museum and Archive.

80 Ibid., 56.

81 Ibid.

82 Ibid., 64.

83 Ibid.

84 "An Advertising and Public Relations Campaign for the Maintenance and Expansion of Tea Consumption in the U.K." (1964), 7, report produced by Mather and Crowther, Ltd., to

the Tea Trade Committee, ITA Mss Eur F174/800. "Market Appreciation and Brief for the Period, October 1966–September 1967 prepared for the Tea Council by Ogilvy and Mather Ltd., 1967," ITA Mss Eur F174/803.

85 Mather and Crowther, "Advertising and Public Relations Campaign," (1964), 15.

86 "Special Report on Coffee, Market and Prospects," *Retail Business* 21 (November 1959): 385.

87 *The Grocer,* 22 May 1965, 40.

88 *Sun*, 20 May 1965.

89 *The Times,* 21 May 1965. 关于这些变化的讨论，参见 E.J.T. Collins, "The 'Consumer Revolution' and the Growth of Factory Foods: Changing Patterns of Bread and Cereal Eating in Britain in the Twentieth Century," in *The Making of the Modern British Diet,* ed. Derek J. Oddy and Derek S. Miller (London: Croom Helm, 1976), 26–43。

90 1965—1966 年，这些调查包括全国饮料调查、茶态度调查、阿特伍德餐饮调查和高品质茶调查，参见 "Summary of Market Research Programme, 1965/66," prepared for the Tea Council by Ogilvy and Mather's Research Department, 3 March 1966, ITA Mss Eur F174/802。

91 *Report on the First Tea Attitude Survey, 1965,* prepared for the Tea Council by Ogilvy and Mather, 1965, ITA Mss Eur F174/802.

92 家庭主妇的各种反应引自 *Survey of High Quality Tea: A Report on the First Stage,* prepared for the Tea Council by Ogilvy and Mather, September 1966, ITA Mss Eur F174/802。

93 Ibid.

94 Ibid.

95 Ibid.

96 Ibid.

97 Ibid.

98 Mather and Crowther, "Advertising and Public Relations Campaign, 1964."

99 Ibid.

100 例如，"Tea and Coffee in Canada," *Tea Times* (November 1948): 6; "Tea News from Africa," *Tea Times* (February 1949): 6–9; "Australia—A Great Tea Market," *Tea Times* (April 1949): 10–12; "Africa as a Potential Market," *Tea Times* (July 1949): 5–6。

101 "Join the Tea Set," *The Tea Flyer* 9, no. 9 (September 1965): 2.

102 "Propaganda for Tea in the United Kingdom," *Report of the General Committee of the Indian Tea Association* (1962–63), 2. 关于这个机构和加入茶聚这一活动，参见 Denys Mostyn Forrest, *Tea for the British: The Social and Economic History of a Famous Trade* (London: Chatto and Windus, 1973), 279; Edward Bramah, *Tea and Coffee: A Modern View of Three Hundred Years of Tradition* (London: Hutchinson & Co. Ltd., 1972), 140; and Burnett, *Liquid Pleasures,* 68。

103 B. C. Ghose, presidential address, 49th Annual General Meeting of the Indian Tea Planters' Association, 16 May 1964; *The Tea: Monthly Journal on World Tea Plantation and Trade* 14, no. 5 (May 1964): 141.

104 "Britain in 1964—Expansion without Inflation," *The Tea* 14, no. 1 (January 1964): 29–31.

105 Vinter, "Summary of Sales Promotion Policy for the U.K. (1967)," 3.

106 Gervas Huxley, *Both Hands: An Autobiography* (London: Chatto and Windus, 1970), 215.

107 Fletcher, *Powers of Persuasion,* 42, 44; Stanley Pigott, *OBM: A Celebration: One Hundred and Twenty-five Years in Advertising* (London: Ogilvy Benson and Mather, 1975), 58. Ogilvy and Mather report, "Presentation to the U.K. Tea Trade," held at the Baltic Exchange, 20 September 1967, 114–15, ITA Mss Eur F174/805. 关于牛奶运动，参见 Deborah M. Valenze, *Milk: A Local and Global History* (New Haven: Yale University Press,

2011), 263. Derek J. Oddy, *From Plain Fare to Fusion Food: British Diet from the 1890s to the 1990s* (Woodbridge: Boydell Press, 2003),107-9。

108 Fletcher, *Powers of Persuasion,* 45.

109 Pigott, *OBM,* 61. 这两家公司在一年内保留了各自独特的名字。

110 *Tea Campaign News 2* (January 1966): 11, ITA Mss Eur F174/2053. D. M. Forrest 是锡兰 - 英国的茶叶中心主席，1965 年 7 月退休，*The Tea Flyer 9*, no. 7 (July 1965): 5。

111 Ray Culverhouse, biographical insert, *Tea: The Journal of the UK Tea Council* 1 (Autumn 1967): 1.

112 The Tea Trade Committee Drink More Tea Campaign memo, 10 August 1965, Tea Trade Committee Minutes, 1964-65, ITA Mss Eur F174/1299.

113 Minutes of an Emergency Meeting of the Tea Trade Committee held in London, 4 August 1965, Tea Trade Committee Minutes, 1964-65, ITA Mss Eur F174/1299.

114 Tea Campaign Bulletin #1, September 1965, Tea Trade Committee Minutes, 1964-65, ITA Mss Eur F174/1299.

115 例如，1966 年的新闻和电视广告支出：啤酒 3 999 000 英镑，葡萄酒 3 156 000 英镑，保健饮料和食品 2 525 000 英镑，茶 (包括茶议会)2 511 000 英镑，软饮料 2 329 000 英镑，牛奶 1 824 000 英镑，咖啡和咖啡提取物 1 650 000 英镑。参见英国广告支出，*Ogilvy and Mather Report Presented to the U.K. Tea Trade* (20 September 1967), 8, ITA Mss Eur F174/805. 占总销售额的百分比，参见 page 7。

116 A. E. Pitcher, "Room in the Tea Set—An Advertising Appraisal," *Tea* 1 (Autumn 1967): 12; *Report of the Management Committee of the Tea Council Ltd* (November 1967), 7, ITA Mss Eur F174/1274.

117 "Notes on India," *The Tea* 14, no. 5 (May 1964): 153; ITA Report, *International Tea Promotion* (March 1971), 5-7, ITA Mss Eur F174/2213.

118 S. Guha, Editorial, *The Tea* 14, no. 2 (February 1964): 37.

119 "£2 Million over Three Years to Encourage Tea Drinking," *World Press News and Advertisers1 Review,* 24 September 1965, 50.

120 引自 "Encourage the Younger Generation to Drink Tea," *The Tea* 14, no. 5 (May 1964): 157。

121 J. R. Hugh Sumner, *Ty-Phoo Tea (Holdings) Ltd. Report and Accounts, 1964,* 2 March 1965, Bin A9, Ty-Phoo Archives, Moreton.

122 "Whether You' re 16 or 60 Join the Tea Set," *The Tea Flyer* 9, no. 8 (August 1965): 4.

123 Julian Palacios, *Syd Barrett & Pink Floyd: Dark Globe* (London: Plexus, 2010), 66.

124 我怀疑这支乐队是由荷兰茶叶利益者组建的，但没有找到支持我这种直觉的证据。

125 *Tea Campaign News 2* (January 1966): 2, ITA Mss Eur F174/2053.

126 "List of Singles Chart Number Ones of the 1960s," http://en.wikipedia.org/wiki/List_of_UK_Singles_Chart_number_ones_of_the_1960s.

127 "The Ivy League Official Website," http://www.theivyleague.co.uk.

128 *Tea Campaign News 2* (January 1966): 3.

129 "A Time for Tea," report prepared by Ogilvy and Mather presented to the U.K. Tea Trade at the Baltic Exchange on 20 September 1967, ITA Mss Eur F174/805.

130 *New Musical Express* (7 February 1967), HAT OM (L) 02, Ogilvy and Mather Archive, History of Advertising Trust, Norwich.

131 "Meet the Tea Set Group," *The Tea Flyer* 10, no. 7 (July 1966): 6, ITA Mss Eur F174/2053.

132 *Tea Campaign News* 1 (November 1965): 1, ITA Mss Eur F174/2053.

133 "For a Teenage Party," *The Tea Flyer 9,* no. 9 (September 1965): *4;* "Brooke Bond Has an Eye on the Younger Generation," *The Tea Flyer 9,* no. 9 (September 1965): 1.

134 "Top of the Pops," *The Tea Flyer* 9, no. 1 (January 1965): 1; *The Tea Flyer* 9, no. 5 (May 1965): 5.

135 *Tea Campaign News* 2 (January 1966): 4, ITA Mss Eur F174/2053.

136 "A Time for Tea," ITA Mss Eur F174/805.

137 *The United Kingdom Tea Council Limited Annual Report* (1973/74), 5–10, ITA Mss Eur F174/804.

138 "Get to Know the Tea Set Tea Bar—It's a Swinging Place," *Slough Observer,* 22 November 1966.

139 *UK Tea Council Report,* 1973/74, 5–10, ITA Mss Eur F174/804.

140 Ibid.,10.

141 David Gray and Peter Watt, *Giving Victims a Voice: A Joint MPS and NSPCC Report into Sexual Allegations Made against Jimmy Savile* (January 2013), https://www.nspcc.org.uk/globalassets/documents/research-reports/yewtree-report-giving-victims-voice-jimmy-savile.pdf.

142 其中 8 个广告可以在 YouTube: https://www.youtube.com/watch?v=PMZ4Ztpybcw 上观看。*Tea Council Annual Report,* 1969, 7, ITA Mss Eur F174/804。

143 *Tea Campaign News* 1 (November 1965): 1, Mss Eur F174/2053.

144 Tea Campaign Bulletin #1, September 1965, Tea Trade Committee Minutes, 1964–65, ITA Mss Eur F174/1299.

145 *Tea Campaign News* 1 (November 1965): 10, ITA Mss Eur F174/2053.

146 *Caterer and Hotel Keeper,* final proof of ad, 27 September 1968, HAT/OM (L) 30, Tea Council Ads, Ogilvy and Mather Archive, History of Advertising Trust, Norwich.

147 S. S. Jayawickrama, "The System of Marketing Tea—Improvements or Alternatives," *Marga* 3, no. 4 (1976): 72.

148 *Tea Buyers Association: Report of the Committee* (1969), 11, ITA Mss Eur F174/1263.

149 Michael Lipton and John Firn, *The Erosion of a Relationship: India and Britain since 1960* (London: Oxford University Press, 1975), 50.

150 "Tea Promotion: A New Approach," memo submitted to the Government of India by the Indian Tea Association and the United Planters of Southern India, 1972, 2, ITA Mss Eur F174/805.

151 Ibid., 7.

152 Paul Gilroy, *After Empire: Melancholia or Convivial Culture?* (London: Routledge, 2004), especially chap. 3.

153 Sidney W. Mintz, *Sweetness and Power: The Place of Sugar in Modern History* (New York: Penguin, 1985).

154 "Old and New Ethnicities," in *Culture, Globalization and the World System: Contemporary Conditions for the Representation of Identity,* ed. Anthony D. King (Minneapolis: University of Minnesota Press, 1997), 48–49.

155 Bailkin, *Afterlife of Empire.*

156 Joint CTC/ESCAP Unit on Transnational Corporations, *Transnational Corporations and the Tea Export Industry of Sri Lanka* (Bangkok: UN Economic and Social Commission for Asia and the Pacific, 1982), 12.

157 Ali, Choudhry, and Lister, *Sri Lankas Tea Industry,* 17.

158 Dwijendra Tripathi and M. Mehta, *Business Houses in Western India: A Study in Entrepreneurial Response, 1850–1956* (New Delhi: Manohar, 1999); http://www.tataglobalbeverages.com.

159 关于茶园旅游，参见 Lee Joliffe, *Tea and Tourism: Tourists, Tradition and Transformations* (Buffalo: Channel View Publications, 2007); Indrani Dutta, "Harvesting Tourist Dollars in Tea Gardens," *The Hindu,* 26 October 2005; "Recrowning the Queen of Hills," *Hindu Sunday Magazine,* 27 April 2003; and R. Ramabhadran Pillai, "A Museum for Tea," *The Hindu,* 20 March 2004. 重要的产业网址，参见 UK Tea and Infusions Association, http://

www.tea.co.uk; Tea Association of the USA, http://www.teausa.com/index.cfm; Sri Lanka Tea Board, http://www.pureceylontea.com; Indian Tea Association, http://www.indiatea.org; and Tea Association of Canada, http://www.tea.ca. 目前参与茶叶推广的协会名单可以在国际茶叶委员会的网站上找到，http://www.inttea.com/member_details.asp. 以前的茶厂也被改造成了博物馆和旅游景点，例如泰米尔纳德邦尼尔吉里斯的多达贝塔茶厂博物馆，http://www.teamuseum-india.com/index.html. 塔塔茶最近在喀拉拉邦穆纳尔的一处庄园开设了一家茶叶博物馆，http://www.keralatourism.org/destination/destination.php?id=191979895.2003 年，喀拉拉邦的工业受到另一场危机的重创。"A Bitter Brew in the High Ranges," *The Hindu*, 28 September 2003. 康提的锡兰茶叶博物馆，http://www.ceylonteamuseum.com/about.html. 在伦敦，这段帝国历史曾被记载在布拉马茶与咖啡博物馆，但该博物馆于 2008 年关闭。位于斯特兰德大街的川宁商店仍然对购买者和游客开放，并展示了英国早期现代和国内的茶叶历史，http://twinings.co.uk/our-stores/twinings,-216,-strand,-london。

160 "India Tea Strikes Gold at London Olympics Village," *Hindustani Times*, 11 August 2012, http://www.hindustantimes.com/StoryPage/Print/912131.aspx#. 另见 "Indian Tea to Be Promoted during the London Olympics," *The Hindu*, 6 July 2012, http://www.thehindubusinessline.com/industry-and-economy/agri-biz/indian-tea-to-be-promoted-during-london-olympics/article3610253.ece。

出版后记

茶有着悠久的历史，凭借其独特的口味和良好的疗愈效用，已成为风靡世界的饮品之一。你知道茶叶是如何作为一种商品从中国传播到英国乃至世界各地的吗？这种古老而迷人的植物又是如何成为大英帝国不断扩张与膨胀的工具的？它如何塑造了我们当前的世界？

本书追溯了从加拿大西部延伸到印度东部的茶叶帝国的兴衰，讲述了生产和销售茶叶的企业、种植园主、政治家和工人乃至这种帝国产品的交易市场的故事，展示了把现代全球世界编织到一起又撕裂开来的信仰体系、身份、利益、政治和多种多样的茶产业活动，进而揭示了茶叶对现代世界的塑造作用。

本书的作者埃丽卡·拉帕波特是美国加利福尼亚大学圣巴巴拉分校的历史学教授，她从宏观和微观两个视角写作，参考引用了大量文献，调查研究了能够阐明那些塑造了跨国企业行为的潜在意识形态和文化规范，以及政治和经济思维的关键事件。

我们希望将这部出色的作品分享给国内读者，但因时间及水平有限，书中难免有不足之处，恳请广大读者批评指正，以便再版时做出修改。

服务热线：133-6631-2326 188-1142-1266
服务信箱：reader@hinabook.com

后浪出版公司
2020 年 8 月

图书在版编目（CIP）数据

茶叶与帝国：口味如何塑造现代世界 /（美）埃丽
卡·拉帕波特著；宋世锋译. -- 北京：北京联合出版
公司, 2022.1（2025.1重印）

ISBN 978-7-5596-5702-2

Ⅰ.①茶… Ⅱ.①埃… ②宋… Ⅲ.①茶文化—文化
史—世界 Ⅳ.①TS971.21

中国版本图书馆CIP数据核字(2021)第254374号

审图号：GS（2020）5300

北京市版权局著作权合同登记 图字：01-2021-6513

茶叶与帝国：口味如何塑造现代世界

编　著：〔美〕埃丽卡·拉帕波特

译　者：宋世锋

出 品 人：赵红仕

选题策划：**后浪出版公司**

出版统筹：吴兴元

特约编辑：范　琳　沙芳洲　朱　柠

责任编辑：李　伟

营销推广：ONEBOOK

装帧制造：墨白空间·陈威伸

北京联合出版公司出版

（北京市西城区德外大街 83 号楼 9 层 100088）

小森印刷（天津）有限公司　新华书店经销

字数 503 千字　655 毫米 × 1000 毫米　1/16　35 印张

2022 年 1 月第 1 版　2025 年 1 月第 8 次印刷

ISBN 978-7-5596-5702-2

定价：110.00 元